대한상공회의소 시행
최신 출제경향 반영

독학으로 합격이
가능한 필수교재

# 컴퓨터활용능력

## 필기+실기 한권으로 끝내기

- 독학으로 합격이 가능한 필수 교재
- 필기 합격에 필요한 핵심요약 정리
- 필기 실전문제 +기출문제 수록
- 실기 출제 경향에 맞춘 실전 이론+문제 수록

김재현 편저

**컴퓨터활용능력 2급 필기 과목**
컴퓨터 일반 스프레드시트 일반

**컴퓨터활용능력 2급 실기 과목**
스프레드시트 실무

동영상 강의 mainedu.co.kr

# 머리말

컴퓨터활용능력 2급 자격증은 누구나 컴퓨터를 사용할 줄 알고 접하는 정보화 시대에 개개인의 컴퓨터 활용 능력을 객관적으로 검증하기 위하여 도입되었으며 컴퓨터에 관한 중급 숙련 기능을 가지고 이와 관련된 업무를 신속하고 정확하게 수행할 수 있는지의 능력을 평가하는 대한민국 OA 대표 국가 기술 자격증입니다.

다른 자격증들과 다르게 상설 시험이라는 시험 방식이 있어 원하는 시험 장소에서 원하는 시간을 선택해서 자격증 시험을 응시할 수 있기 때문에 컴퓨터 전공자뿐만 아니라 전공을 하지 않는 비전공자도 많이 응시하는 자격증입니다.

자격증 시험은 문제 은행식으로 출제가 되기 때문에 공개가 되지 않지만 과거와 다르게 응용력을 평가하는 문제들이 많이 출제되고 있기 때문에 단순한 암기만으로는 합격하기가 힘든 시험이기도 합니다.

따라서 본 수험서는 시험에 자주 나오는 핵심 개념과 함께 응용력을 높일 수 있도록 다양한 예제 문제들을 구성하였습니다.

본 수험서로 공부하시는 모든 분들의 합격을 진심으로 기원합니다.

# 컴퓨터활용능력2급 기본 정보

자격요건 : 연령 · 나이 제한 없이 누구나 응시 가능
시험일정 : 상시 검정 시험(매주 시행)
응시 방법 :

필기 시험 접수
(https://license.korcham.net, 원서 접수비 : 20,500원[인터넷 접수 수수료 : 1,200원] 추가 발생)

→

필기 시험 응시
(객관식 4지선 다형(문제 은행식) / 40분)
(각 과목별 40점 이상씩 획득 + 평균 60점 이상 획득)

→

합격자 발표 확인
(바로 다음 날 오전 10시 이후 확인 가능)
(합격일로부터 2년 이내 자유롭게 실기 시험 응시 가능)

실기 시험 접수
(https://license.korcham.net, 원서 접수비 : 25,000원[인터넷 접수 수수료 : 1,200원] 추가 발생)

실기 시험 응시
(컴퓨터 작업형(문제 은행식) / 40분)
(70점 이상 획득)

합격자 발표 확인
(약 15일 내외, 매주 금요일 오전 10시 이후 발표)

자격증 신청

## 컴퓨터활용능력2급 필기 / 실기

### ♣ 필기 시험 특징

필기과목 : 1과목 - 컴퓨터 일반 / 2과목 : 스프레드시트 일반

| 과목명 | 문항수 | 합격 기준 |
|---|---|---|
| 컴퓨터 일반 | 20 문항 | 과목별로 40점 이상씩 획득하면서 평균이 60점 이상일 경우 합격 (두 과목 중 한 과목이라도 40점 미만이거나 평균이 60점 미만이면 불합격) |
| 스프레드시트 일반 | 20 문항 | |

### ♣ 실기 시험 특징

실기과목(스프레드시트 실무)

| SW : MS Office LTCS Professional Plus 2021 시험시간 : 40분 부분점수X | | | |
|---|---|---|---|
| 기본작업 (20점) | 기본작업-1(5점) | 1문항 | 출력 형태와 같이 셀에 데이터를 입력 |
| | 기본작업-2(10점) | 5문항 | 서식 지정, 이름 정의, 사용자 지정 서식, 테두리 지정 등 |
| | 기본작업-3(5점) | 1문항 | 조건부 서식, 고급 필터, 외부 데이터 |
| 계산작업 (40점) | 계산작업(40점) | 5문항 | 수학&통계 함수(기본 함수), 논리 함수, 조건 함수, 날짜/시간 함수, 문자/선택 함수, 데이터베이스 함수, 참조 함수 등 |
| 분석작업 (20점) | 분석작업-1(10점) | 1문항 | 정렬, 부분합, 시나리오, 피벗테이블, 데이터 통합, 목표값 찾기, 데이터 표 |
| | 분석작업-2(10점) | 1문항 | |
| 기타작업 (20점) | 매크로작업(10점) | 2문항 | 매크로 기록/실행 |
| | 차트작업(10점) | 5문항 | 차트 수정 |

## 컴퓨터활용능력2급 진로 및 전망

○ 사무 직종은 모든 분야를 망라하여 사용할 수 있으므로 가장 기본적으로 요구하는 자격증이다. 일반 회사의 총무부, 마케팅부, 기획부 등 사무원으로 진출할 수 있다.

○ 정보화 사회로 이행함에 따라 지식과 정보의 양이 증대되어 작업량과 업무량이 급속하게 증가했다. 또한 각종 업무의 전산화 요구가 더욱 증대되어 사회 전문 분야로 컴퓨터 사용이 보편화되면서 컴퓨터 산업은 급속도로 확대되었다. 컴퓨터 산업의 확대는 곧 이 분야의 전문 인력에 대한 수요 증가로 이어졌다. 따라서 컴퓨터 관련 자격증에 대한 관심도 증가하고 있어 최근 응시자 수와 합격자 수가 증가하고 있는 추세이다. 특히 기업 입사 시에도 유리하지만, 학점 인정 등에 관한 법률 제 7조 제 2항 제 4호에 의거하여 6학점을 인정받을 수 있다. 또한, 공무원 임용시 소방 공무원(공채)는 1%, 경찰 공무원은 2점의 가산점을 받을 수 있으며 공무원이나 일반 기업체에서 승진시 가산점 혜택을 확대 실시 중에 있어 실생활에 널리 통용되고 인정받을 수 있다.

## 1. 정기 검정과 상시 검정이 있다고 하던데 어떻게 다를까요?

정기 검정은 1년에 2번 정해진 날짜에 시험을 치르고, 상시 검정은 정해진 일정과 관계없이 원하는 날짜와 원하는 시간에 시험이 열리면 응시할 수 있습니다. 정기 검정이나 상시 검정의 난이도는 모두 동일합니다.

## 2. 상시 검정 시험 일자 변경은 어떻게 하나요?

상시 검정 시험 일자 변경은 접수 기간 내(시험일 기준 4일전)까지 총 3회 변경이 가능하며, 홈페이지(https://license.korcham.net/)에서 변경하시면 됩니다.

〈시험 일자 변경이 불가능한 경우〉

| | |
|---|---|
| ① | 실기시험 접수 시 필기 합격 유효 기간이 지난 경우(시험 일자 기준) |
| ② | 변경하려는 시험 날짜의 시험 기간에 수험 인원이 모두 찼을 경우 |
| ③ | 시험장 및 종목 |
| ④ | 해당 상공회의소에서 이미 시험장을 마감했을 경우 |
| ⑤ | 변경 등급의 자격증을 취득한 경우 |
| ⑥ | 수험료 반환을 신청한 경우 |
| ⑦ | 당해 연도 접수 내역을 내년도로 변경할 경우 |
| ⑧ | 변경하려는 시험 날짜가 최초 접수일 기준 180일 초과하였을 경우 |
| ⑨ | 변경 가능 횟수가 3번을 초과했을 경우 |

## 3. 컴퓨터활용능력 필기 합격 유효 기간은 어떻게 되나요?

필기 합격 유효 기간은 필기 합격 발표일을 기준으로 만 2년입니다. 예를 들어 컴퓨터활용능력2급 필기를 2023년 10월 10일에 합격하시면 필기 합격 유효 기간은 2025년 10월 09일입니다. 본인의 정확한 필기 합격 유효 기간은 대한상공회의소 자격평가사업단 홈페이지(https://license.korcham.net/)에서 확인할 수 있습니다.

### 4. 컴퓨터활용능력 필기 합격 유효 기간을 연장할 수 있나요?

필기 합격 유효 기간은 국가기술자격법 시행령에 의하여 시행되는 것으로 기간의 변경이나 연장은 불가능합니다.

### 5. 컴퓨터활용능력 상위 급수 필기를 합격 후 하위 급수 실기를 응시할 수 있나요?

필기 합격 유효 기간 내에 상위 급수의 필기에 합격하시고 하위 급수의 실기에 응시하여도 되고 나중에 다시 원래 급수의 실기도 응시할 수 있습니다.

### 6. 필기와 실기는 서로 다른 지역에서 응시 가능한가요?

가능합니다. 필기 합격 지역과 관계없이 실기를 원하는 지역에서 응시하실 수 있습니다

### 7. 필기시험 합격 후 실기 시험에 불합격하면 실기 시험을 몇 회까지 응시할 수 있나요?

필기 시험 면제 기간은 2년이며 실기 시험은 횟수에 관계없이 필기 시험 면제 기간 동안 계속 접수하여 응시하실 수 있습니다. 필기 시험 합격 후 시간이 많이 지나 면제 기간이 지났는지의 여부를 확인하려면 대한상공회의소 검정사업단 홈페이지에서 확인할 수 있습니다.

## 8. 실기 점수 확인은 어떻게 하나요?

대한상공회의소 검정사업단 홈페이지에서 확인이 가능하며 실기 시험 합격시 점수는 공개되지 않습니다. 또한, 결과는 합격자 발표일로부터 60일 동안만 제공되며 60일이 경과하면 대한상공회의소에 직접 문의해야 합니다.

## 9. 실기 시험 응시 후 합격자 발표 이전에 다시 상시 검정에 응시할 수 있나요?

가능합니다. 상시 검정은 합격자 발표 전까지는 얼마든지 접수하여 응시할 수 있습니다. 그리고 이미 실기 시험에 합격이 되었다면 그 이후에 응시한 시험 결과는 무효 처리 됩니다.

## 10. 자격증 신청은 어떻게 하나요?

자격증은 신청하신 분에 한하여 발급해 드리고 있습니다. 자격증 신청 기간은 따로 없으며 필요할 때 신청하시면 됩니다.(단, 신청 후 10일-15일 사이 수령 가능) 또한, 자격증 신청은 인터넷에서 전자결제 신청만 하고 있습니다. 또한, 자격증 신청 시 수령 방법은 우편 등기 배송만 있으며 배송료가 추가로 발생됩니다.

# Contents

## 필기



## 실기

Contents

## 국가기술 자격검정

필기

# 1과목

## 컴퓨터 일반

# 1과목 | 컴퓨터 일반

## Chapter 01 컴퓨터 시스템(1)

### 1. 컴퓨터 개요와 발전

컴퓨터란 '계산한다'는 뜻의 라틴어에서 유래된 것으로 전자 회로를 이용해 입력된 자료들을 프로그램을 통해 순서대로 처리하여 결과값을 사람이 알아볼 수 있도록 보여주는 장치를 의미한다.

① 컴퓨터의 발전

파스칼의 계산기 → 해석기관 → 천공 카드 시스템 → 튜링 기계 → MARK-I → ABC → ENIAC → EDSAC → UNIVAC-I → EDVAC 순서로 발전하였다.

㉠ 컴퓨터의 주요 특징

| | |
|---|---|
| ENIAC(애니악) | 현대 컴퓨터의 기원으로 세계 최초의 전자식 컴퓨터이다. |
| EDSAC(애드삭) | 최초로 프로그램 내장 방식을 구현시켰다. |
| UNIVAC-I(유니박-I) | 최초의 상업용 컴퓨터이다. |
| EDVAC(애드박) | 프로그램 내장 방식과 2진법을 채택하였다. |

㉡ 컴퓨터의 세대별 특징

| | |
|---|---|
| 제 1세대 | 기계어를 사용하였으며 일괄처리 시스템을 사용하였다. |
| 제 2세대 | 고급 언어를 개발하였으며 운영체제가 도입되고 실시간 처리 시스템을 사용하였다. |
| 제 3세대 | 시분할 처리 시스템을 사용하였다. |
| 제 4세대 | 개인용 컴퓨터를 개발하였으며 가상 기억 장치, 분산 처리 시스템을 사용하였다. |
| 제 5세대 | 인터넷, 인공지능, 퍼지 이론, 패턴 인식 등의 신기술을 개발하여 사용하였다. |

② 컴퓨터의 구성은 크게 2개로 분류할 수 있다.

| 하드웨어 | 컴퓨터를 구성하는 물리적인 부품을 의미한다. |
|---|---|
| 소프트웨어 | 하드웨어를 사용하기 위해 컴퓨터 안에 들어가 있는 프로그램들을 의미한다. |

③ 컴퓨터의 분류

컴퓨터는 크게 처리 능력에 따른 분류, 데이터 취급에 따른 분류, 사용 용도에 따른 분류 등으로 나누어진다.

㉠ 처리 능력에 따른 분류

| 미니 컴퓨터 | 개인용 컴퓨터와 대형 컴퓨터 중간 단계에 있는 컴퓨터로, 학교나 연구소 등에서 업무용으로 사용한다. |
|---|---|
| 메인 프레임 컴퓨터 | 다수의 사용자가 동시에 사용할 수 있는 컴퓨터로 병원이나 정부기관 등에서 사용한다. |
| 슈퍼 컴퓨터 | 계산 속도가 매우 빠르고 많은 자료를 오랫동안 보관할 수 있는 컴퓨터로 일기 예보 등과 같은 특수 분야에 많이 사용된다. |

㉡ 데이터 취급에 따른 분류

| 디지털 컴퓨터 | 논리 회로, 이산적인 데이터, 숫자/문자, 논리/연산, 범용(개인용), 프로그램 필요 등의 특징이 있다. |
|---|---|
| 아날로그 컴퓨터 | 증폭 회로, 연속적인 데이터, 곡선/그래프 미적분 연산, 프로그램 불필요 등의 특징이 있다. |
| 하이브리드 컴퓨터 | 디지털과 아날로그의 장점이 합쳐져 있다. |

㉢ 사용 용도에 따른 분류

| 범용 컴퓨터 | 누구나 원하는 목적에 맞게 사용할 수 있는 컴퓨터이다. |
|---|---|
| 전용 컴퓨터 | 특수한 목적을 위해 만들어진 컴퓨터이다. |

## 2. 운영체제

운영체제(OS : Operating System)는 사용자가 편리하게 컴퓨터를 사용할 수 있도록 중간에서 하드웨어와 응용 소프트웨어를 제어하고 중재하는 역할을 해 준다.

① 운영체제 종류는 Windows(7/10), DOS, OS/2, Unix, Linux 등이 있으며 컴퓨터가 동작하는 동안에는 주기억장치에 위치하고 있는다.

② 운영체제 프로그램은 제어 프로그램과 처리 프로그램이 있다.

㉠ 운영체제 프로그램

| | |
|---|---|
| 제어 프로그램 | 데이터 관리, 작업 관리, 감시 프로그램이 있다. |
| 처리 프로그램 | 언어 번역, 문제 처리, 유틸리티 프로그램이 있다. |

㉡ 응용 소프트웨어

| | |
|---|---|
| OA 관련 소프트웨어 | 워드프로세서, 스프레드시트 데이터베이스, 프레젠테이션 프로그램 등이 있다. |
| 그래픽 관련 소프트웨어 | 페인팅, 드로잉, 리터칭 프로그램 등이 있다. |
| 기타 소프트웨어 | 통계, CAD 등이 있다. |

㉢ 사용권에 따른 소프트웨어 분류

| | |
|---|---|
| 상용 소프트웨어 | 비용을 지불하고 구입하여 사용하는 프로그램이다. |
| 프리웨어(Freeware) | 공개(무료) 프로그램이다. |
| 셰어웨어(Shareware) | 특정 기능 또는 기간을 제한하여 공개하고, 사용한 후에 사용자의 구매를 유도하는 프로그램이다. |
| 알파(Alpha) 버전 | 베타 테스트를 하기 전 제작사에서 먼저 시행하는 테스트이다. |
| 베타(Beta) 버전 | 알파 테스트 진행 이후 제품이 출시되기 전에 불특정 다수에게 시행하는 테스트이다. |
| 데모(Demo) 버전 | 홍보용 프로그램이다. |
| 패치(Patch) 버전 | 오류를 수정하거나 성능을 향상시키는 것, UPDATE 등이 해당된다. |

㉣ 언어 번역 프로그램

| | |
|---|---|
| 컴파일러(Compiler) | 고급 언어를 기계어로 번역하는 프로그램으로 목적 프로그램이 필요하며 실행은 빠르지만 번역이 느리다. |
| 인터프리터(Interpreter) | 줄 단위 번역을 통해 바로 실행하는 프로그램으로 목적 프로그램이 필요하지 않으며 번역은 빠르지만 실행이 느리다. |

㉤ 유틸리티 프로그램은 사용자 편의를 위해 제공되는 Windows Media Player, 계산기, 메모장, 그림판, 알집 등을 의미한다. 해당 프로그램들은 없더라도 컴퓨터 동작에는 전혀 상관이 없다. 특히 Windows Media Player는 재생은 가능하지만 편집은 불가능하다. 또한, 메모장에서는 글자색, 맞춤법 검사, 표 작성, OLE 기능 등은 작업이 불가능하다.

③ 운영체제 성능 평가 4요소는 처리량, 신뢰도, 사용 가능도, 응답 시간이다.

④ 운영체제 운용 기법의 발달 과정은 아래와 같다.

| | |
|---|---|
| 일괄 처리 시스템 | 일정량 또는 일정 기간 동안 데이터를 모아서 한꺼번에 처리하는 방식이다. |
| 실시간 처리 시스템 | 데이터를 처리하는 요청이 발생하면 바로 처리하여 결과를 보여주는 방식이다. |
| 분산 처리 시스템 | 네트워크 연결을 통해 여러 대의 컴퓨터에 작업을 나누어 동시에 처리하는 방식이다. |

⑤ 프로그래밍 기법 중 하나인 객체 지향 프로그래밍은 크고 복잡한 프로그램 구축이 어려운 절차형 언어의 문제점을 해결하기 위해 개발된 프로그래밍 기법으로 추상화, 캡슐화, 상속성, 다형성 등의 특징을 지니고 있다.

## 3. Windows 운영체제 및 특징

① Windows 특징

Windows 운영체제는 컴퓨터의 하드웨어를 효율적으로 관리하고 컴퓨터를 사용하는 사용자에게 편리한 컴퓨터 환경을 제공하기 위하여 만들어진 것을 의미한다.

㉠ 한글 Windows 특징

| | |
|---|---|
| 플러그 앤 플레이 (Plug & Play, PnP) | 컴퓨터 시스템에 하드웨어를 설치할 때 사용자가 직접 설정할 필요 없이 운영체제가 자동으로 하드웨어를 인식하는 기능이다. |
| 파일 이름 | 최대 255자까지 가능하다. (단, ₩, /, ?, :, *, ", 〉, 〈 등은 불가능) |
| 선점형 멀티태스킹 (Preemptive Multi-Tasking) | 멀티태스킹은 다중 작업이란 뜻으로 컴퓨터 운영체제가 여러 개의 작업을 진행할 때 이용 시간을 제어하며, 문제가 발생 시 해당 프로그램을 강제 종료시켜서 시스템 다운 현상이 없도록 하는 것을 의미한다. |
| OLE (Object Linking and Embedding) | 그림이나 도형, 차트 등의 모양을 가진 것을 개체(Onject)라고 하는데 개체를 현재 사용하고 있는 문서 프로그램에 연결하거나 삽입하여 편집할 수 있게 하는 기능을 의미한다. |
| 그래픽 사용자 인터페이스(GUI) 사용 | 과거에는 키보드를 통한 명령어로 작업 수행이 가능하였지만, 사용자가 마우스를 이용하여 아이콘을 선택해서 작업을 지시할 수 있는 기능이다. |

㉡ 한글 Windows 바로 가기 키

| 키 | 설명 |
|---|---|
| F1 | 도움말을 표시하는 키이다. 도움말은 복사나 인쇄는 가능하지만 이동, 편집, 추가, 삭제는 불가능하다. |
| F2 | 폴더나 파일 등의 이름을 변경하는 키이다. |
| F3 | 검색 상자를 표시하는 키이다. |
| F5 | 새로 고침을 하는 키이다. |
| F8 | 윈도우 운영체제에서 안전 모드를 실행시키는 키이다. |
| Esc | 작업을 취소시키는 키이다. |
| Shift | 연속적인 것들을 선택하거나 이동할 때 사용한다. |
| Ctrl | 비연속적인 것들을 선택하거나 복사할 때 사용한다. |
| Caps Lock | 영어를 대/소문자로 변환하는 키이다. |
| Delete | 커서 위치의 변화 없이 하나씩 삭제하는 키이다. |
| BackSpace (←) | 커서가 왼쪽으로 이동하면서 하나씩 삭제하는 키이다. |
| Ctrl + Esc | 시작 메뉴를 표시하는 단축키이다. |
| Ctrl + A | 전체를 선택하는 단축키이다. |
| Ctrl + C | 복사를 하는 단축키이다. |
| Ctrl + V | 붙여넣기를 하는 단축키이다. |
| Ctrl + Z | 작업을 실행 취소하는 단축키이다. |
| Ctrl + Shift + Esc | 작업 관리자 창을 표시하는 단축키이다. |
| Alt + Esc | 현재 작업 중인 프로그램들을 순서대로 전환하는 단축키이다. |
| Alt + F4 | 실행 중인 프로그램을 강제 종료하는 단축키이다. |
| Alt + Enter | 선택된 항목의 속성을 표시하는 단축키이다. |
| Alt + Tab | 실행 중인 프로그램의 목록을 표시하는 단축키이다. |
| Alt + Print Screen | 현재 보이는 화면을 캡쳐하는 단축키이다. |
| Shift + Delete | 휴지통에 보관하지 않고 영구 삭제시키는 단축키이다. |

② 작업 표시줄

작업 표시줄이란 현재 실행되고 있는 프로그램 아이콘들과 프로그램을 빠르게 실행하기 위해 미리 등록한 아이콘 등이 표시되는 곳이며 시작 단추, 알림 영역(날짜와 시간 등) 등이 있고, 기본적으로 모니터 화면의 아래쪽에 배치되어 있다.

[바탕 화면 이미지]

[작업 표시줄 이미지]

㉠ 작업 표시줄 위치 변경

- 상, 하, 좌, 우로 이동이 가능하며 자동 숨기기 기능이 있다.

㉡ 작업 표시줄 크기

- 화면의 1/2(50%)까지 크기 변경이 가능하다.

㉢ 아이콘 크기

- 작업 표시줄 내에서 아이콘 크기는 자동 조정이 되지 않으며 Delete 키를 사용하는 것이 불가능하다.

㉣ 에어로 피크(Aero Peek)

- 작업 표시줄의 오른쪽 끝에 있는 〈바탕 화면 미리 보기〉를 클릭하면 미리 실행시켰던 창들을 따로 최소화할 필요 없이 바로 바탕화면을 볼 수 있도록 하는 기능이다.

ⓜ 점프 목록

- 최근에 실행하였던 파일이나 폴더, 사이트 등을 목록 형태로 구성해 주는 것을 의미한다.

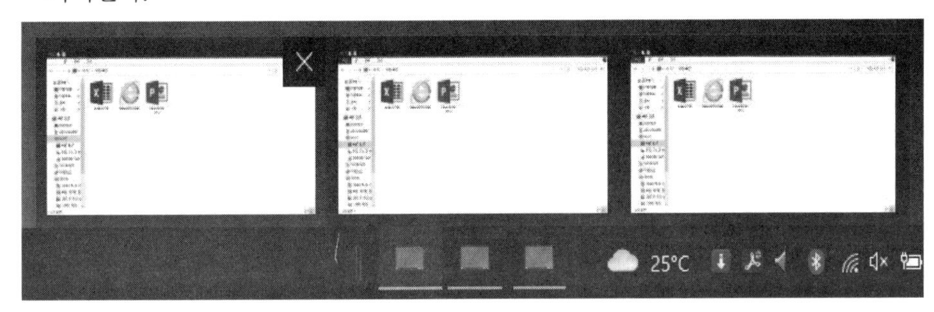

[점프 목록 이미지]

③ 휴지통

휴지통은 폴더나 파일을 삭제하면 임시 보관해주는 장소를 의미한다.

㉠ 휴지통의 크기는 0%부터 100%까지 설정이 가능하다. 기본적으로 10% 이내에서 시스템이 자동적으로 설정해준다. 또한, 하드 디스크 드라이브 1개당 1개씩의 휴지통을 만들 수 있다.

㉡ 휴지통 안에서는 복원이나 영구 삭제는 가능하지만 그 외에 복사, 이름 변경, 검색, 실행 등은 불가능하다.

㉢ 휴지통의 용량이 초과되면 가장 오랫동안 휴지통에 보관되어 있던 파일이나 폴더부터 영구 삭제되어서 공간을 확보하여 새로운 파일이나 폴더를 보관한다.

㉣ 휴지통에 보관이 안 되는 경우로는 USB에서 삭제, 네트워크 드라이브에서 삭제, Shift + Delete 로 삭제, 휴지통의 크기가 0%인 경우 등이 있다.

④ 개인 설정

개인 설정은 바탕화면의 배경, 창 색, 소리, 화면 보호기 등의 기능을 이용할 수 있다.

| | |
|---|---|
| 테마 | 컴퓨터의 배경, 창 색, 소리, 화면 보호기 등을 하나의 그룹으로 묶어서 사용하는 것을 의미한다. |
| 배경 | 바탕 화면 배경으로 사진이나 그림 등을 표시할 수 있다. |
| 창 색 | 창 테두리 색깔, 시작 메뉴, 작업 표시줄 등에 색깔을 표시하는 기능이다. |
| 소리 | 각종 알림에 대해 소리를 표현할 수 있다. |
| 화면 보호기 | 일정 시간 동안 컴퓨터를 사용하지 않을 때 모니터에 다른 화면을 띄워서 화면을 보호하는 기능이다. |

⑤ 디스플레이

디스플레이는 모니터 화면에 표시되는 아이콘, 글자 등의 크기나 화면의 색깔 등을 변경하는 기능을 이용할 수 있다.

| 텍스트 크기 | 화면에 표시되는 글자나 아이콘 등의 크기를 조정한다. |
|---|---|
| 색 보정 | 모니터의 색깔이 잘 표시되도록 밝기, 색 밸런스 등을 설정할 수 있다. |
| 디스플레이 설정 변경 | 모니터의 방향을 설정하거나 한 대의 PC에서 여러 대의 모니터를 연결하려고 할 때 사용한다. |
| 해상도 조정 | 이미지의 정밀도를 나타내는 지표로 픽셀을 사용하며 픽셀이 많을수록 고해상도로 표시할 수 있다. |

⑥ 바로 가기 아이콘

바로 가기 아이콘은 자주 사용하는 프로그램이나 아이콘 등을 원하는 위치에 복사하여 사용하는 기능이다.

㉠ 바로 가기 아이콘의 확장자는 .LNK이다.

㉡ Ctrl + Shift 를 사용하면 바로 가기 아이콘이 만들어진다.

㉢ 아이콘의 왼쪽 아래 화살표 표시가 나타나며, 이름을 변경할 수 있고 무제한으로 만들 수 있다.

㉣ 바로 가기 아이콘을 삭제하여도 원본 프로그램은 아무런 영향이 없다. 단, 원본 프로그램을 삭제하면 바로 가기 아이콘은 실행할 수 없다.

⑦ Windows 작업 관리자

㉠ Ctrl + Shift + Esc 를 누르거나 Ctrl + Alt + Delete 를 누른다.

㉡ 실행 프로그램을 강제 종료할 수 있다. (단, 프로그램 추가/삭제 불가능)

㉢ 프로그램 실행 순서를 변경하는 것도 불가능하다.

㉣ 성능 : CPU, 메모리 사용 현황 그래프로 표시된다.

㉤ 사용자 : 사용자의 이름, 상태 등을 표시한다. (등록/수정 불가능)

⑧ 접근성

접근성 기능은 시ㆍ청각 등 장애가 있는 사용자가 컴퓨터를 편리하게 사용하기 위한 기능들이 있다.

㉠ 디스플레이가 없는 컴퓨터 사용

| 내레이터 켜기 | 내레이터가 화면의 모든 텍스트를 소리 내어 읽어준다. 단, 스피커가 필요하다. |
|---|---|
| 오디오 설명 켜기 | 비디오에서 발생하는 상황에 대한 설명을 들려준다. |
| 시간 제한 및 깜박이는 시각 신호 조정 | 5초, 7초, 15초, 30초, 1분, 5분 중에서 Windows 알림 대화 상자 표시 시간을 설정할 수 있다. |

㉡ 컴퓨터를 보기 쉽게 설정

| | |
|---|---|
| 고대비 테마 선택 | 왼쪽 Alt + ← Shift + Print Screen 을 누르면 빛에 민감한 분들을 위한 고대비 테마를 설정할 수 있다. |
| 텍스트 및 아이콘 크기 변경 | 텍스트나 아이콘을 크게 변경할 수 있다. |
| 돋보기 켜기 | 화면에서 원하는 영역을 크게 표시할 수 있다. |
| 화면의 항목을 읽기 쉽도록 표시 | 창 테두리 색 및 투명도 조정이나 디스플레이 효과 미세 조정 등을 할 수 있다. |

㉢ 마우스 또는 키보드가 없는 컴퓨터 사용

| | |
|---|---|
| 마우스 포인터 | 마우스 포인터의 색과 크기를 변경한다. |
| 마우스 키 켜기 | 숫자 키패드를 사용하여 화면에서 마우스를 이동할 수 있다. |

㉣ 소리 대신 텍스트나 시각적 표시 방법 사용

| | |
|---|---|
| 소리 대신 시각 신호 사용 | 소리에 대한 시각적 알림 켜기 기능이 있다. |
| 시각적 경고 선택 | 없음, 활성 자막 표시줄 깜박임, 활성 창 깜박임, 바탕화면 깜박임 중 선택할 수 있다. |
| 음성 대화에 텍스트 자막 사용 | 컴퓨터에서 하는 작업에 대해 소리를 문자로 표시해 준다. |

⑨ 핫 스와핑(Hot Swapping)

핫 스와핑(Hot Swapping)은 전원이 켜진 상태에서 장치를 연결하거나 분리할 수 있다.

# Chapter 02 컴퓨터 시스템(2)

## 1. 자료 구성의 단위

자료 구성은 Bit→Nibble→Byte→Word→Field→Record→File→DB 순서로 이루어져 있다.

| | |
|---|---|
| Bit(비트) | 자료 표현의 최소 단위이다. |
| Nibble(니블) | 4개의 비트가 모이면 1 Nibble(니블)이 된다. |
| Byte(바이트) | 8개의 비트가 모이면 1 Byte(바이트)가 된다. |
| Word(워드) | 컴퓨터에서 각종 명령을 처리하는 기본 단위이다. |
| Field(필드) | 파일 구성의 최소 단위이다. |
| Record(레코드) | 여러 개의 필드가 모여서 만들어진다. |
| File(파일) | 프로그램 구성의 기본 단위이다. |
| DataBase(데이터베이스) | 여러 개의 파일이 모여서 만들어진다. |

## 2. 처리 속도의 단위

처리 속도는 ms→㎲→ns→ps→fs→as 순서로 이루어져 있다.

| | |
|---|---|
| ms(밀리) | $10^{-3}$의 속도를 가지고 있다. |
| ㎲(마이크로) | $10^{-6}$의 속도를 가지고 있다. |
| ns(나노) | $10^{-9}$의 속도를 가지고 있다. |
| ps(피코) | $10^{-12}$의 속도를 가지고 있다. |
| fs(펨토) | $10^{-15}$의 속도를 가지고 있다. |
| as(아토) | $10^{-18}$의 속도를 가지고 있다. |

## 3. 에러 검출 코드

에러 검출 코드로는 패러티 비트와 해밍 코드 등이 있다.

| | |
|---|---|
| 패러티 비트(Parity Bit) | 에러 검출만 가능하다. |
| 해밍 코드(Hamming Code) | 에러 검출 및 교정이 가능하다. |

## 4. 문자 표현 코드

문자 표현 코드는 컴퓨터에서 처리한 결과를 사람이 확인하기 쉽도록 문자로 표현해주는 코드이다.

| | |
|---|---|
| ASC II 코드 | 개인용 컴퓨터 통신에 사용하며 하나의 문자를 3개의 Zone 비트와 4개의 Digit 비트로 총 7비트로 표현한다.<br>표현할 수 있는 문자의 개수는 $2^7$=128개 문자 표현이 가능하다. |
| 확장 ASC II 코드 | 개인용 컴퓨터 통신에 사용하며 하나의 문자를 4개의 Zone 비트와 4개의 Digit 비트로 총 8비트로 표현한다.<br>표현할 수 있는 문자의 개수는 $2^8$=256개 문자 표현이 가능하다. |
| BCD 코드 | 하나의 문자를 2개의 Zone 비트와 4개의 Digit 비트로 총 6비트로 표현한다.<br>표현할 수 있는 문자의 개수는 $2^6$=64개 문자 표현이 가능하다. |
| EBCDIC 코드 | 대형 컴퓨터 통신에 사용하며 하나의 문자를 4개의 Zone 비트와 4개의 Digit 비트로 총 8비트로 표현한다.<br>표현할 수 있는 문자의 개수는 $2^8$=256개 문자 표현이 가능하다. |
| KS X 1005-1 (유니 코드) | 영문만 사용할 수 있었던 컴퓨터에 한글을 사용할 수 있도록 코드화 한 것으로 전 세계의 모든 문자를 2 바이트로 표현한다. |

## 5. 사용자 계정

사용자 계정은 여러 사용자가 한 대의 컴퓨터를 각각 사용하려는 경우 각 사용자마다 자신에게 맞는 윈도우 설정을 지정할 수 있도록 해 주는 기능이다. 이러한 사용자 계정 유형으로는 관리자 계정, 표준 사용자 계정, GUEST 계정이 있다.

| | |
|---|---|
| 관리자 계정 | 계정 만들기/변경, 암호 변경/제거, 프로그램 설치/제거/실행 등 아무런 제한 없이 컴퓨터 설정을 변경할 수 있다. |
| 표준 사용자 계정 (제한된 계정) | 개인 계정을 변경/삭제하거나 암호 만들기 등은 가능하지만 시스템 설정, 시스템 설치/제거 등은 못 한다. |
| Guest 계정 | 시스템을 사용만 할 수 있으며, 개인 계정을 변경, 삭제, 시스템 설정, 시스템 설치/제거 등은 못 한다. |

* 사용자 계정 컨트롤 : 불법 사용자가 컴퓨터 설정을 임의로 변경하려는 경우 이를 경고창 표시 등을 통해 사용자에게 알려주어서 컴퓨터를 제어하는 방법이다.

## 6. 시스템 도구

시스템 도구로는 디스크 조각 모음, 디스크 정리, 백업 및 복원 등이 있다.

㉠ 디스크 조각 모음 : 디스크 조각 모음은 단편화를 제거하여 디스크 처리 속도를 향상시켜 디스크의 최적화와 안정성을 향상시킨다. 다만, 공간이 추가적으로 확보되지는 않으며 CD, DVD, 네트워크 드라이브 등에서는 사용이 불가능하다.

㉡ 디스크 정리 : 디스크 정리는 임시 인터넷 파일, 휴지통 파일, 다운로드 파일 등을 삭제하여 공간을 확보한다. 다만 속도는 전혀 변화가 없다.

㉢ 백업 및 복원 : 백업은 업데이트나 기타 다른 상황에 의해 시스템이 손상될 경우를 대비하여 미리 중요한 데이터를 선택해서 따로 저장해두는 기능이다. 또한, 특정 날짜와 시간에 백업이 시작되도록 백업 주기도 미리 예약할 수 있다. 다만, 시스템을 복원할 때 개인 파일을 백업하지 않으므로 삭제되었거나 손상된 개인 파일은 복구할 수 없다.

Chapter 03

# 컴퓨터 장치

1. **입력 장치는 키보드, 마우스, 스캐너, OMR, OCR, MICR, 바코드, 디지털 카메라, 터치패드(스크린), 트랙볼(노트북) 등이 있다.**

① 마우스는 컴퓨터의 손과 같은 기능으로 마우스 포인터의 움직임을 통해 컴퓨터에 입력하는 장치이다.

㉠ 마우스 속성 : 단추

| 단추 구성 | 오른쪽 단추와 왼쪽 단추 기능 바꾸기가 있다. |
|---|---|
| 두 번 클릭 속도 | 빠르게 두 번 클릭하거나 느리게 두 번 클릭할 수 있도록 설정을 바꿀 수 있다. |
| 클릭 잠금 | 왼쪽 단추를 잠깐 동안 누르고 있으면 왼쪽 단추에서 손을 떼어도 계속 누르고 있는 효과가 나타나도록 하는 기능이다. |

㉡ 마우스 속성 : 포인터 옵션 및 휠

| 동작 | 포인터 속도를 빠르거나 느리게 지정할 수 있다. |
|---|---|
| 맞추기 | 대화 상자의 기본 단추로 포인터를 자동으로 이동시켜 주는 기능이다. |
| 포인터 자국 표시 | 포인터가 움직이면 흔적을 짧게 남기거나 길게 남기도록 설정할 수 있다. |
| 입력할 때는 포인터 숨기기 | 포인터를 일시적으로 숨겨주는 기능이다. |
| Ctrl 을 누르면 포인터 위치 표시 | Ctrl 을 누르면 포인터가 어디에 있는지 보여주는 기능이다. |
| 휠 | 휠을 돌리면 한 번에 어느 정도 스크롤할 것인지 지정하는 기능이다. (최대 100줄까지 가능함) |

② 키보드는 문자나 숫자 등을 입력하여서 프로그램 실행 등을 할 수 있다. 키보드에서도 다양한 기능들이 있지만 이동 시간을 조절할 수는 없다.

㉠ 키보드 속성 : 속도

| 문자 반복 재입력 시간 | 키보드 재입력 시간을 짧게나 길게 조절하여서 문자를 연속적으로 입력할 때의 반응 속도를 변경할 수 있다. |
|---|---|
| 문자 반복 속도 | 특정 키를 계속 누르고 있을 때 문자가 반복되는 반응 속도를 짧게부터 길게까지 변경할 수 있다. |
| 커서 깜박임 속도 | 커서가 깜박이는 속도를 없음부터 빠름까지 지정할 수 있다. |

㉡ 키보드 속성 : 하드웨어

| 장치 속성 | 키보드 이름, 제조업체, 위치, 장치 상태 등을 확인할 수 있다. |
|---|---|
| 속성 | 키보드의 드라이버 정보를 확인하고 설정을 변경할 수 있다. |

③ 기타 입력 장치

| 스캐너 | 그림이나 사진 등의 영상을 컴퓨터에 입력하는 장치이다. |
|---|---|
| 트랙볼 | 볼을 손으로 움직여 포인터의 위치를 이동시키는 장치이다. |
| 터치 패드 | 센서 위를 손가락으로 터치하여 위치를 이동시키는 장치이다. |

## 2. 출력 장치는 프린터, 플로터, 마이크로필름 등이 있다.

① 프린터 종류

| 잉크젯 프린터 | 노즐을 통해 잉크를 분사하는 인쇄 방식으로 기본적으로 많이 사용한다. |
|---|---|
| 레이저 프린터 | 레이저 빛을 이용해 출력하는 방식으로 인쇄 속도가 매우 빠르다. |
| 플로터 | 고해상도의 출력이 가능하며 용지 크기에 제한이 없는 장치이다. |

② 프린터 특징

| 기본 프린터 | 특정 프린터를 지정하지 않으면 자동으로 인쇄 작업이 전달되는 프린터로 써 반드시 1대만 지정할 수 있다. 단, 기본 프린터는 삭제하거나 변경하는 것도 가능하며, 네트워크 프린터를 기본 프린터로 지정할 수도 있다. |
|---|---|
| 인쇄 대기 | 인쇄가 시작되기 전에는 문서를 삭제하거나 출력 순서를 변경할 수 있다. |
| 인쇄 중 | 인쇄 중인 작업에 대해서 취소나 일시 중지만 가능하다.<br>(문서 편집, 프린터 종류 변경, 인쇄 매수 변경 등은 불가능하다.) |

## 3. 표시 장치는 CRT, LCD, LED, PDP 등이 있다.

① 모니터 관련 기본 용어

| 모니터의 크기 | 왼쪽 대각선 위에서 오른쪽 대각선 아래로 길이를 cm로 표시한다. |
|---|---|
| 픽셀(Pixel) | 모니터 화면을 구성하는 가장 작은 단위로 작은 점을 의미한다. |
| 해상도(Resolution) | 모니터 등의 표시 장치의 선명도를 표현하는 단위로 픽셀이 많을수록 고해상도로 표시할 수 있다. |

② 표시 장치 종류

| | |
|---|---|
| CRT | 가장 오래되고 대중적인 디스플레이 장치이다. 현재는 거의 단종된 상태이다. |
| LCD | 얇고 가벼운 특징을 가지고 있다. |
| LED | LCD 모니터의 한 종류로 전력 소비가 낮고 화질이 좋으며 두께도 얇으며 발열도 낮은 편이다. |
| PDP | 가스를 이용하여 문자나 영상을 표시하는 장치이다. |

**4. 중앙처리장치(CPU, Central Processing Unit)는 컴퓨터의 모든 동작을 제어하고 지시하여 명령을 실행하는 장치이다. 이러한 중앙처리장치는 제어 장치와 연산 장치가 있다.**

(*레지스터 : CPU에서 사용하는 임시 기억장치이다.)

① 제어 장치(Control Unit, 지시, 감독, 관리, 제어)

| | |
|---|---|
| 부호기 | 기억 장치의 주소를 지정해주는 레지스터이다. |
| 프로그램 카운터(PC) | 다음번에 실행해야 할 주소(번지)를 기억해주는 레지스터이다. |
| 명령 레지스터 | 현재 실행중인 명령을 기억하는 레지스터이다. |

② 연산 장치(ALU(Arithmetic&Logic Unit), 계산)

| | |
|---|---|
| 누산기(ACC, Accumulator) | 연산 결과를 임시 기억하는 장치이다. |
| 보수기 | 뺄셈을 수행하기 위하여 보수로 값을 변환하는 장치이다. |
| 가산기 | 2개 이상의 수를 입력하여 덧셈을 수행하는 장치이다. |

**5. 주기억장치는 CPU와 직접 자료를 교환할 수 있는 기억 장치이다. 이러한 주기억장치는 ROM(롬)과 RAM(램)이 있다.**

① ROM(롬) : ROM(롬)은 기억된 내용을 읽을 수만 있는 비휘발성 메모리로써 전원이 꺼져도 기억된 내용은 지워지지 않는다. 그 중에서 EPROM은 자외선을 이용하고 EEPROM은 전기를 이용한다.

② RAM(램) : RAM(램)은 읽고 쓰기가 가능한 휘발성 메모리로써 전원이 꺼지면 기억된 내용은 모두 지워진다. 특히 RAM(램)은 다른 장치들과 다르게 속도 수치가 작을수록 좋다.

③ 기타 메모리

| | |
|---|---|
| **플래시 메모리 (Flash Memory)** | 하드 디스크에 비해 작고 충격에 강한 장치로써 휴대전화, 디지털 카메라 등에 사용한다. |
| **캐시 메모리 (Cache Memory)** | 중앙처리장치(CPU)와 주기억장치 사이에 위치하여 컴퓨터의 처리 속도를 빠르게 하는 역할을 하는 메모리로써 SRAM을 사용한다. |
| **가상 메모리 (Virtual Memory)** | 보조기억장치의 일부를 주기억장치처럼 사용하는 메모리이다. |

**6. 보조기억장치는 주기억장치의 단점을 보완하는 장치로써 속도는 느리지만 저장 용량이 많다는 장점이 있다.**

**[보조 기억장치 종류]**

| | |
|---|---|
| **하드디스크** | 저장 용량이 크고 데이터 접근 속도가 빠른 저장 장치이다. |
| SSD | 기존 하드디스크를 대체하는 장치로써 빠르고, 에러율이 적으며 소형화 되어 있다. |
| Blu-Ray | 차세대 광학 장치로써 HD급 고화질을 표현할 수 있으며 25GB 용량을 가지고 있다. |

Chapter 04

# 네트워크 및 프로토콜

## 1. 네트워크는 두 대 이상의 컴퓨터를 선을 통해 연결하여 프로그램, 데이터 등을 공유하는 목적으로 사용한다.

① 네트워크 기능

| | |
|---|---|
| 클라이언트(Client) | 네트워크의 다른 컴퓨터나 서버에 연결하는 기능이다. |
| 서비스(Service) | 내 컴퓨터에 있는 자원을 다른 컴퓨터에서도 공유할 수 있도록 하는 기능이다. |
| 프로토콜(Protocol) | 서로 다른 컴퓨터와 정보 교환이 가능하도록 한 통신 규약/규칙이다. |

② 네트워크 관련 명령어

| | |
|---|---|
| PING | 컴퓨터가 현재 네트워크에 제대로 연결되어 작동하고 있는지 확인한다. |
| IPCONFIG | '명령 프롬포트'에서 현재 컴퓨터의 IP 주소, 서브넷 마스크, 기본 게이트웨이 등을 보여준다. |

③ 네트워크 장비

| | |
|---|---|
| 게이트웨이(Gateway) | 서로 다른 통신망(프로토콜)을 연결하는 장치이다. |
| 라우터(Router) | 최적의 경로를 결정한 후 전달하는 장치이다. |
| 리피터(Repeater) | 신호를 증폭하여 전달하는 장치이다. |
| 브리지(Bridge) | 서로 같은 통신망을 사용하여 두 개의 네트워크를 연결하는 장치이다. |

④ LAN 접근

| | |
|---|---|
| 링형 | 인접한 노드끼리 둥글게 연결하는 방식으로 가장 많이 사용한다. |
| 스타형(성형) | 모든 단말기를 중앙 컴퓨터에 연결하는 방식으로 중앙 컴퓨터가 고장나면 전체가 마비된다. |
| 버스형 | 회선의 길이는 제한이 없지만 보안에 취약하다. |
| 트리형 | 분산 처리 시스템이 가능하지만 통신 선로가 짧다. |

⑤ OSI 7 계층은 국제표준기구(ISO)에서 네트워크 구성 요소들을 나누어서 계층별로 표준화시킨 것으로 아래 그림과 같이 이루어져 있다.

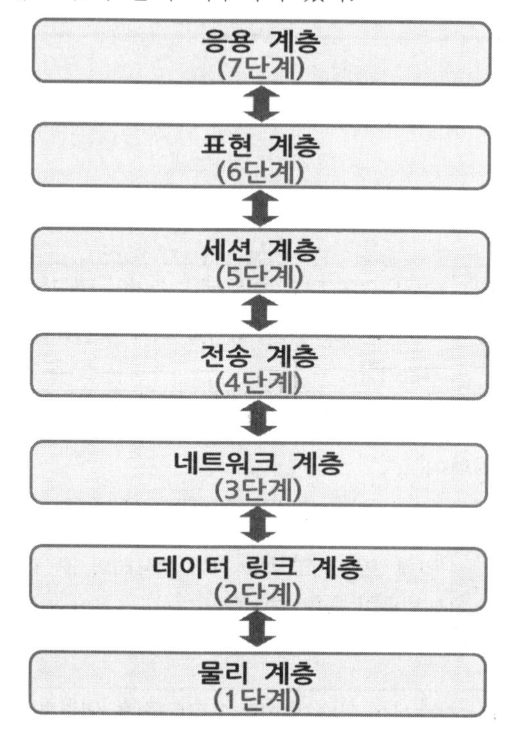


**2. 프로토콜은 컴퓨터와 컴퓨터 사이에서 데이터를 효과적으로 전송하기 위한 통신 규칙을 의미한다. 특히 인터넷 전용 프로토콜인 TCP/IP는 중앙 통제 기구가 없다.**

① 프로토콜 관련 용어

| | |
|---|---|
| DHCP | 자동으로 IP 주소를 동적으로 할당한다. |
| 도메인(네임) | 문자로 된 주소로 URL(표준 주소 체계)를 의미한다. |
| DNS | 도메인 주소(문자)를 IP 주소(숫자)로 변환해 준다. |
| IP 주소 | 숫자로 된 주소이다. (ex : 167.164.61.3) |

② IP 주소의 특징

| | |
|---|---|
| IPv4 | 현재 사용중이며 8진수로 32비트 주소를 마침표(.)로 구분한다. |
| IPv6 | 차세대용이며, 16진수로 128비트 주소를 콜론(:)으로 구분한다. |

Chapter 05

# 인터넷

인터넷이란 TCP/IP 프로토콜을 기반으로 하여 전세계 수많은 컴퓨터와 컴퓨터 네트워크를 연결하는 광범위한 컴퓨터 네트워크 통신망을 의미한다. 이러한 인터넷에 연결된 모든 컴퓨터는 고유한 IP 주소를 가지고 있게 된다.

## 1. 인터넷 종류

| | |
|---|---|
| 이더넷(Ethernet) | 유선 네트워크로 구성되어 있으며 공유할 수 없다. |
| 인트라넷(Intranet) | 기업 내부에서 전자우편, 전자결재 등 함께 사용하는 시스템이다. |
| 엑스트라넷(Extranet) | 기업 내부 및 외부(납품업체, 고객)도 함께 사용하는 시스템이다. |
| 포털 사이트(Portal Site) | 메일, 뉴스, 쇼핑 다양한 서비스를 통합한 사이트이다. |
| 미러 사이트(Mirror Site) | 동시에 다수의 접속을 방지하기 위해 만들어진 사이트이다. |

## 2. 전자우편(E-mail) 서비스는 문자 표현 코드인 ASC Ⅱ 코드를 사용한다.

| | |
|---|---|
| SMTP(Simple Mail Transfer Protocol) | 인터넷 상에서 전자우편(E-mail)을 전송할 때 사용되는 표준 프로토콜로 사용자의 컴퓨터에서 작성한 메일을 다른 사람의 이메일 계정으로 전송해준다. |
| POP3(Post Office Protocol 3) | 받은 전자우편(E-mail)을 사용자 자신의 컴퓨터로 가져올 수 있도록 메일 서버에서 제공하는 프로토콜이다. |
| MIME(Multipurpose Internet Mail Extensions) | 기존에 사용하던 ASC Ⅱ 코드의 메시지 형식을 그대로 유지하면서 각종 멀티미디어 파일의 내용을 확인하고 실행시켜 주는 프로토콜이다. |

## 3. 전자우편(E-mail) 서비스의 주요 기능은 아래와 같다.

| | |
|---|---|
| 회신(Reply) | 받은 이메일에 대하여 보낸 사람에게 답장을 하는 기능이다. |
| 전체 회신(Reply All) | 보낸 사람 뿐만 아니라 참조인들한테도 같이 답장을 하는 기능이다. |
| 전달(Foward) | 받은 이메일에 대하여 보낸 사람이나 참조인들 뿐만 아니라 다른 사람들한테도 메일의 원본을 보내주는 기능이다. |

**4. 기타 인터넷 서비스는 아래와 같다.**

| | |
|---|---|
| FTP(File Transfer Protocol) | 원격 파일 전송 프로토콜이다. 원격 서비스를 진행할 때는 상대방의 동의만 있으면 된다. |
| Tracert | 인터넷 서버까지의 경로를 추적하는 명령어이다. |
| IRC(Internet Relay Chat) | 인터넷을 활용하여 전세계 사람들과 실시간으로 대화나 토론 등을 할 수 있는 것이다. |
| HTTP | 웹페이지 · 웹브라우저 사이에서 문서를 전송하는 통신 규약이다. |

# Chapter 06 보안 서비스

보안이란 컴퓨터를 불법적인 침입으로부터 보호하는 것을 의미한다.

## 1. 보안을 위협하는 행위

| | |
|---|---|
| 스푸핑(Spoofing) | 속임수를 통해 방문을 유도하는 공격 행위이다. |
| 스니핑(Sniffing) | 패킷을 엿보면서 계정과 패스워드를 알아내는 방법이다. |
| 피싱(Phishing) | 정확한 웹 페이지 주소를 입력해도 가짜 웹 페이지에 접속하여 개인정보 훔치는 방법이다. |
| 피기배킹(Piggybacking) | 종료하지 않고 자리에 없을 때 비 인가된 사용자가 작업을 수행하여 불법적 접근하는 범죄 행위이다. |
| 분산 서비스 거부 공격(DDOS) | 특정 서버가 동작하지 못하도록 데이터를 범람시켜 시스템 성능 저하(마비)시키는 행위이다. |
| 가로막기(Interruption) | 데이터의 전달을 가로막는 행위로 가용성이 저해된다. |
| 가로채기(Interception) | 데이터가 전달되던 도중 도청하는 행위로 기밀성이 저해된다. |
| 수정(Modification) | 전송된 데이터의 내용을 바꾸는 행위로 무결성이 저해된다. |
| 위조(Fabrication) | 다른 사람이 보낸 것처럼 꾸미는 행위로 무결성이 저해된다. |

## 2. 보안 요건

| | |
|---|---|
| 기밀성(Confidenntiality) | 비밀성이라고도 하며 인가된 사용자에게만 시스템에 접근을 허용한다. |
| 무결성(Integrity) | 인가된 사용자만 시스템에서 정보를 수정할 수 있다. |
| 가용성(Availavility) | 인가된 사용자만 시스템을 사용할 수 있다. |
| 인증(Authentication) | 사용자를 확인한 다음 접근 권한을 설정한다. |
| 부인 방지(Non Repudiation) | 데이터를 보내거나 받은 사실을 부정할 수 없도록 증거를 제공힌다. |

## 3. 보안 기법

| | |
|---|---|
| 방화벽(Fire Wall) | 외부의 불법적인 침입을 방지하며 역추적 기능이 있다. 다만, 내부는 불가능하며 바이러스를 치료하는 것도 불가능하다.) |
| 비밀키 암호화 방식 (Secret-Key Encryption) | 동일한 키로 데이터를 암호화하고 복호화하는 방법으로 암호화 및 복호화의 속도가 매우 빠르고 파일 크기가 작다는 장점이 있지만, 관리해야 할 키의 개수가 많다는 단점도 있다. |
| 공개키 암호화 방식 | 서로 다른 키로 데이터를 암호화하고 복호화하는 방법으로 관리해야 할 키의 개수가 적다는 장점이 있지만 암호화 및 복호화의 속도가 느리고 파일 크기가 크다는 단점도 있다. |

Chapter 07

# 웹 프로그래밍 언어 및 ICT(정보통신기술) 신기술 용어

## 1. 웹 프로그래밍 언어는 www에서 사용되는 웹 문서를 제작할 때 사용하는 언어이다.

| | |
|---|---|
| HTML5<br>(Hyper Text Markup Language 5) | W3C에서 제안한 웹 표준 언어이다. |
| DHTML | 동적인 웹 페이지를 제작하는 언어이다. |
| 자바(JAVA) | C++ 언어를 기반으로 개발된 언어로 객체 지향 언어이다. |

## 2. ICT(정보통신기술) 신기술 용어는 정보통신 기술 발전과 타 분야와의 기술 융합에 따라 무수히 생성되는 정보통신용어를 표준화한 것이다.

| | |
|---|---|
| 클라우드 컴퓨팅(Cloud Computing) | 무형 형태의 H/W, S/W 등을 필요한 만큼만 빌려 쓰고 비용을 지급하는 방식이다. |
| IoT(사물인터넷) | 세상에 존재하는 모든 사물을 네트워크로 연결하여 서로 소통하는 방식이다. 단, 비용이 증가하고 보안을 구축하는 것이 어렵다. |
| RFID(Radio Frequency IDentification) | 사물에 전자 태그를 부착하고 무선 통신을 이용하여 사물의 정보 및 주변 상황 정보를 감지하는 센서 기술이다. |
| LBS(Location Based Service) | GPS 등을 이용하여 위치를 기반으로 하여 사용자에게 다양한 서비스를 제공하는 시스템이다. |
| 킬 스위치(Kill Switch) | 스마트폰 도난 방지 기술로 분실한 정보기기 내의 정보를 원격으로 삭제하거나 그 기기를 사용할 수 없도록 하는 기술이다. |
| 아이핀(i-PIN) | 주민등록번호 대신 인터넷상에서 활용하는 신분 확인 수단이다. |
| RSS(Rich Site Summary) | RSS 리더를 통해 콘텐츠가 새롭게 업데이트 되었을 때 해당 사이트를 방문하지 않고도 최신 정보를 얻을 수 있도록 해 주는 기술이다. |
| Smart TV | 인터넷 + TV가 합쳐진 기능으로 다기능 TV이다. |
| 시맨틱 웹(Semantic Web) | 사람 대신 컴퓨터가 정보를 읽고 이해하고 가공할 수 있는 차세대 지능형 웹이다. |
| 플로팅 앱(Floating App) | 여러 개의 앱을 한꺼번에 사용하는 기능을 의미한다. |
| 웨어러블(Wearable) | 의류, 안경, 시계 등 몸에 착용하는 컴퓨터를 의미한다. |

# Chapter 08 멀티미디어

멀티미디어는 Multi(다중)과 Media(매체)의 합성어로 텍스트 · 그림 · 동영상 · 음성 등의 다양한 정보가 미디어에 혼합된 것을 의미한다.

## 1. 멀티디미어의 특징

| | |
|---|---|
| 디지털화(Digitalization) | 다양한 종류의 아날로그 데이터를 디지털 데이터로 변환시킨다. |
| 쌍방향성(Interactive) | 정보 제공자와 사용자가 의견 교환을 통해 상호 작용하여 데이터가 전달된다. |
| 비선형성(Non-Linear) | 데이터가 순서와 상관없이 사용자가 원하는 방향으로 선택하여 다양하게 처리한다. |
| 통합성(Integration) | 텍스트, 그림, 동영상, 음성 등의 여러 미디어를 통합하여 처리한다. |

## 2. 멀티디미어 그래픽 기법

| | |
|---|---|
| 리터칭(Retouching) | 기존 이미지를 다른 형태로 변환한다. |
| 스프레드(Spread) | 배경색에 가려 대상체가 안 보이는 현상이다. |
| 랜더링(Rendering) | 3차원 그래픽에서 입체감, 사실감을 나타내는 기법이다. |
| 모핑(Morphing) | 두 개의 이미지를 부드럽게 연결·변환하는 기법이다. |
| 디더링(Dithering) | 색상을 조합하여 새로운 색을 만드는 작업이다. |
| 워터마크(Watermark) | 배경을 희미하게 나타낼 때 사용한다. |
| 앨리어싱(Aliasing) | 매끄럽지 않고 계단 형태로 나타나는 현상이다. |
| 안티 앨리어싱(Anti-Aliasing) | 계단 형태 현상을 없애주는 것이다. |

## 3. 멀티디미어 그래픽 데이터 표현 방식

| | |
|---|---|
| 비트맵(Bitmap) | 이미지 데이터를 저장하는 방식 중 하나로 픽셀(Pixel)을 이용하여 표현한다. 여러 개의 픽셀을 활용하기 때문에 이미지를 확대하거나 축소하면 앨리어싱 현상(계단 형태 현상)이 발생하기도 한다. |
| 벡터(Vector) | 점, 직선, 선분, 곡선 등을 이용하여 이미지 데이터를 저장하는 방식 중 하나로 앨리어싱(계단 형태 현상) 현상이 발생하지 않고 파일 용량이 비트맵보다 작다. |

## 4. 멀티디미어 그래픽 데이터 파일 형식

| | |
|---|---|
| JPEG | 사진처럼 움직이지 않고 멈춰있는 현상을 표현하기 위해 압축하는 국제 표준 압축 방식 기술이다. |
| GIF | 이미지를 표현하는 파일 형식의 하나로써 무손실 압축 기법을 사용하여 선명한 화질을 제공해주고 애니메이션 표현이 가능하다. |
| PNG | 그림 파일 형식의 하나로써 GIF의 문제점을 한계를 극복하기 위해 개발되었다. 다만, GIF처럼 애니메이션 표현은 가능하지 않다. |

## 5. 멀티디미어 오디오/비디오 데이터

| | |
|---|---|
| WAVE | 실제 소리가 저장되어 자연 음향이나 사람 음성 등의 표현이 가능한 Windows 기본 규격이다. |
| MIDI(Musical Instrument Digital Interface) | 전자 악기의 음악 기호, 음높이, 음길이 등의 연주 데이터를 전송하는 표준 규격이다. |
| AVI(Audio Visual Interleaved) | Windows의 표준 동영상 파일 포맷이다. |
| MPEG(Moving Picture Experts Group) | 동영상을 압축하고 코드로 표현하는 국제 표준 규격이다. |

## 6. 멀티디미어 활용

| | |
|---|---|
| VOD(Video On Demand) | 영상 정보를 볼 수 있는 서비스이다. |
| MOD(Music On Demand) | 주문형 음악 서비스로써 스트리밍(Streaming) 기술 등을 이용한다. (*스트리밍(Streaming) : 동영상 및 음악 파일을 다운로드하면서 실시간으로 재생하는 기능) |
| VCS(Video Conference System) | 컴퓨터 통신을 이용한 화상회의 시스템이다. |
| CAI(Computer Aided Instruction) | 컴퓨터 통신을 이용한 원격 교육이다. |
| 시뮬레이션(Simulation) | 가상 모의 실험이다. |
| 가상현실(Virtual Reality) | 컴퓨터가 만들어 낸 가상세계의 다양한 경험을 체험할 수 있도록 하는 컴퓨터 그래픽 기술과 시뮬레이션 기능 등 관련 기술을 모두 포함한다. |
| 키오스크(Kiosk) | 무인 안내 시스템(입간판 형태)이다. |

# 1과목 | 총정리 문제

**문제 1** 다음 중 컴퓨터 운영체제의 주요 기능으로 옳지 않은 것은? [20.02]

① 자원의 효율적인 관리를 위해 자원의 스케줄링을 제공한다.
② 시스템과 사용자 간의 편리한 인터페이스를 제공한다.
③ 데이터 및 자원 공유 기능을 제공한다.
④ 시스템을 실시간으로 감시하여 바이러스 침입 및 방지하는 기능을 제공한다.

**문제 2** 다음 중 Windows에서 [표준 사용자 계정]의 사용자가 할 수 있는 작업으로 옳지 않은 것은? [17.03]

① 사용자 자신의 암호를 변경할 수 있다.
② 마우스 포인터의 모양을 변경할 수 있다.
③ 관리자가 설정해 놓은 프린터를 프린터 목록에서 제거할 수 있다.
④ 사용자의 사진으로 자신만의 바탕 화면을 설정할 수 있다.

**문제 3** 다음 중 전시장이나 쇼핑센터 등에 설치하여 방문객이 각종 안내를 받을 수 있도록 한 것으로, 터치 패널을 이용해 메뉴를 손가락으로 선택해서 얻을 수 있는 것이 특징인 것은? [13.06]

① 킨들
② 프리젠터
③ 키오스크
④ UPS

**문제 4** 다음 중 멀티미디어 기법에 대한 설명으로 옳지 않은 것은? [16.03, 19.08]

① 안티앨리어싱(Anti-Aliasing)은 2차원 그래픽에서 개체 색상과 배경 색상을 혼합하여 경계면 픽셀을 표현함으로써 경계면을 부드럽게 보이도록 하는 기법이다.
② 모델링(Modeling)은 컴퓨터 그래픽에서 명암, 색상, 농도의 변화 등과 같은 3차원 질감을 넣음으로써 사실감을 더하는 기법을 말한다.
③ 디더링(Dithering)은 제한된 색을 조합하여 음영이나 색을 나타내는 것으로 여러 컬러의 색을 최대한 나타내는 기법을 말한다.
④ 모핑(Morphing)은 한 이미지가 다른 이미지로 서서히 변화하는 과정을 나타내는 기법이다.

**문제 5** 다음 중 사물 인터넷(IoT)에 대한 설명으로 옳지 않은 것은? [20.02]

① IoT 구성품 가운데 디바이스는 빅데이터를 수집하며, 클라우드와 AI는 수집된 빅데이터를 저장하고 분석한다.
② IoT는 인터넷 기반으로 다양한 사물, 사람, 공간을 긴밀하게 연결하고 상황을 분석, 예측, 판단해서 지능화된 서비스를 자율 제공하는 제반 인프라 및 융복합 기술이다.
③ 현재는 사물을 단순히 연결시켜 주는 단계에서 수집된 데이터를 분석해 스스로 사물에 의사결정을 내리는 단계로 발전하고 있다.
④ IoT 네트워크를 이용할 경우 통신비용이 절감되는 효과가 있으며, 정보보안기술의 적용이 용이해진다.

**문제 6** 다음 중 인터넷에서 사용하는 IPv6 주소 체계에 대한 설명으로 옳지 않은 것은? [16.10]

① 16비트씩 8부분으로 총 128비트로 구성된다.
② 각 부분은 16진수로 표현하고, 세미콜론(;)으로 구분한다.
③ 유니캐스트, 멀티캐스트, 애니캐스트 등의 3가지 주소 체계로 나누어진다.
④ IPv4의 주소 부족 문제를 해결해 줄 수 있다.

**문제 7** 다음 중 Windows의 [메모장]에 대한 설명으로 옳지 않은 것은? [19.03]

① 작성한 문서를 저장할 때 확장자는 기본적으로 .txt가 부여된다.
② 특정한 문자열을 찾을 수 있는 찾기 기능이 있다.
③ 그림, 차트 등의 OLE 개체를 삽입할 수 있다.
④ 현재 시간/날짜를 삽입하는 기능이 있다.

**문제 8** 다음 중 컴퓨터의 기본 기능 중에서 제어 기능에 대한 설명으로 옳은 것은? [15.03]

① 자료와 명령을 컴퓨터에 입력하는 기능
② 입출력 및 저장, 연산 장치들에 대한 지시 또는 감독 기능을 수행하는 기능
③ 입력된 자료들을 주기억장치나 보조기억장치에 기억하거나 저장하는 기능
④ 산술적 / 논리적 연산을 수행하는 기능

**문제 9** 다음 중 컴퓨터 운영체제에 관한 설명으로 옳지 않은 것은? [18.09]

① 운영체제는 컴퓨터가 작동하는 동안 하드 디스크에 위치하여 실행된다.
② 프로세스, 기억장치, 주변장치, 파일 등의 관리가 주요 기능이다.
③ 운영체제의 평가 항목으로 처리 능력, 응답시간, 사용 가능도, 신뢰도 등이 있다.
④ 사용자들 간의 하드웨어 공동 사용 및 자원의 스케줄링을 수행한다.

**문제 10** 다음 중 유틸리티 프로그램에 대한 설명으로 적절하지 않은 것은? [16.06, 19.08]

① 다수의 작업이나 목적에 대하여 적용되는 편리한 서비스 프로그램이나 루틴을 말한다.
② 컴퓨터의 동작에 필수적이고, 컴퓨터를 이용하는 주 목적에 대한 일부 특정 작업을 수행하는 소프트웨어들을 가리킨다.
③ 컴퓨터 하드웨어, 운영 체제, 응용 소프트웨어를 관리하는 데 도움을 주도록 설계된 프로그램을 의미한다.
④ Windows에서 제공하는 유틸리티 프로그램으로는 메모장, 그림판, 계산기 등을 예로 들 수 있다.

**문제 11** 다음 중 컴퓨터의 연산장치에 있는 누산기(Accumulator)에 관한 설명으로 옳은 것은? [14.03, 16.06]

① 연산 결과를 일시적으로 기억하는 장치이다.
② 명령의 순서를 기억하는 장치이다.
③ 명령어를 기억하는 장치이다.
④ 명령을 해독하는 장치이다.

**문제 12** 다음 중 중앙 컴퓨터와 일정 지역의 단말장치까지는 하나의 통신 회선으로 연결시키고, 이웃하는 단말장치는 일정 지역 내에 설치된 중간 단말장치로부터 다시 연결시키는 형태로 분산 처리 환경에 적합한 망의 구성 형태는? [13.06]

① 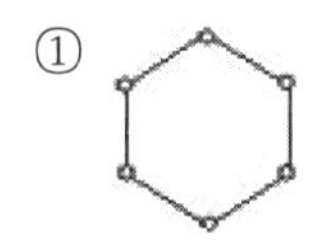
② 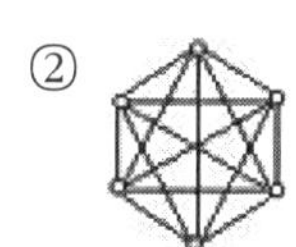
③ 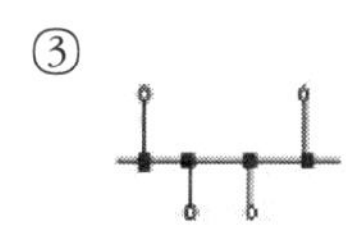
④ 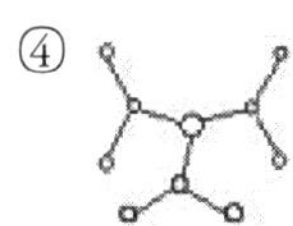

**문제 13** 다음 중 컴퓨터에서 사용되는 입력 장치에 해당되지 않는 것은? [15.10]

① 키보드(Keyboard)
② 스캐너(Image Scanner)
③ 터치 스크린(Touch Screen)
④ 펌웨어(Firmware)

**문제 14** 다음 중 유명 기업이나 금융기관을 사칭한 가짜 웹 사이트나 이메일 등으로 개인의 금융정보와 비밀번호를 입력하도록 유도하여 예금 인출 및 다른 범죄에 이용하는 컴퓨터 범죄 유형은? [18.09]

① 웜(Worm)
② 해킹(Hacking)
③ 피싱(Phishing)
④ 스니핑(Sniffing)

**문제 15** 다음 중 제어 프로그램에 해당하지 않는 것은? [17.03]

① 데이터 관리 ② 연산장치
③ 감시 프로그램 ④ 작업 관리

**문제 16** 다음 중 컴퓨터에서 사용하는 ASCII 코드에 관한 설명으로 옳은 것은? [15.06]

① 패러티 비트를 이용하여 오류 검출과 오류 교정이 가능하다.
② 표준 ASCII 코드는 3개의 존 비트와 4개의 디지트 비트로 구성되며, 주로 대형 컴퓨터의 범용 코드로 사용된다.
③ 표준 ASCII 코드는 7비트를 사용하여 영문 대소문자, 숫자, 문장 부호, 특수 제어 문자 등을 표현한다.
④ 확장 ASCII 코드는 8비트를 사용하며 멀티미디어 데이터 표현에 적합하도록 확장된 코드표이다.

**문제 17** 다음 중 컴퓨터를 이용한 자료 처리 방식을 발달 과정 순서대로 옳게 나열한 것은? [17.03]

① 실시간 처리 시스템 - 일괄 처리 시스템 - 분산 처리 시스템
② 일괄 처리 시스템 - 실시간 처리 시스템 - 분산 처리 시스템
③ 분산 처리 시스템 - 실시간 처리 시스템 - 일괄 처리 시스템
④ 실시간 처리 시스템 - 분산 처리 시스템 - 일괄 처리 시스템

**문제 18** 다음 중 비트맵 이미지를 확대하였을 때 이미지의 경계선이 매끄럽지 않고 계단 형태로 나타나는 현상을 의미하는 용어는? [16.03]

① 디더링(dithering) ② 앨리어싱(aliasing)
③ 모델링(modeling) ④ 렌더링(rendering)

**문제 19** 다음 중 Windows의 에어로 피크(Aero Peek) 기능에 대한 설명으로 옳은 것은? [16.06, 20.07]

① 파일이나 폴더의 저장된 위치에 상관없이 종류별로 파일을 구성하고 파일에 엑세스할 수 있게 한다.
② 모든 창을 최소화할 필요 없이 바탕화면을 빠르게 미리 보거나 작업 표시줄의 해당 아이콘을 가리켜서 열린 창을 미리 볼 수 있게 한다.
③ 바탕 화면의 배경으로 여러 장의 사진을 선택하여 슬라이드 쇼 효과를 주면서 번갈아 표시할 수 있게 한다.
④ 작업 표시줄에서 프로그램 아이콘을 마우스 오른쪽 단추로 클릭하여 열린 파일 목록을 확인할 수 있게 한다.

**문제 20** 다음 중 입출력 장치 중 성격이 다른 장치는? [15.03]

① 터치패드
② OCR
③ LCD
④ 트랙볼

**문제 21** 다음 중 멀티미디어의 특징에 대한 설명으로 옳지 않은 것은? [20.02]

① 다양한 아날로그 데이터를 디지털 데이터로 변환하여 통합 처리한다.
② 정보제공자와 사용자 간의 상호 작용에 의해 데이터가 전달된다.
③ 미디어별 파일 형식이 획일화되어 멀티미디어의 제작이 용이해진다.
④ 텍스트, 그래픽, 사운드, 동영상 등의 여러 미디어를 통합 처리한다.

**문제 22** 다음 중 Windows의 [키보드 속성] 대화상자에서 설정할 수 없는 것은? [14.06]

① 문자 재입력 시간
② 문자 반복 속도
③ 한 번에 스크롤할 줄의 수
④ 커서 깜박임 속도

**문제 23** 다음 중 한글 Windows의 [명령 프롬프트] 창에서 원격 장비의 네트워크 연결 상태 및 작동 여부를 확인할 때 사용하는 명령어로 옳은 것은? [14.03]

① echo
② ipconfig
③ regedit
④ ping

**문제 24** 다음 중 디지털 컴퓨터의 특성을 설명한 것으로 옳지 않은 것은? [10.03, 14.03]

① 부호화된 숫자와 문자, 이산 데이터 등을 사용한다.
② 산술 논리 연산을 주로 한다.
③ 증폭 회로를 사용한다.
④ 연산 속도가 아날로그 컴퓨터보다 느리다.

**문제 25** 다음 중 한글 Windows의 [개인 설정]에서 설정할 수 있는 옳지 않은 것은? [14.03]

① 화면 보호기
② 마우스 포인터 변경
③ 바탕 화면 배경
④ 해상도 변경

**문제 26** 다음 중 네트워크 장비인 게이트웨이(Gateway)에 관한 설명으로 옳은 것은? [16.03]

① 1:1 통신을 통하여 리피터(Repeater)와 동일한 역할을 하는 장비이다.
② 데이터의 효율적인 전송 속도를 제어하는 장비이다.
③ 컴퓨터와 네트워크를 연결하는 장비이다.
④ 서로 다른 네트워크 간에 데이터를 주고받기 위한 장비이다.

**문제 27** 다음 중 Windows의 드라이브 조각 모음 및 최적화 기능에 관한 설명으로 옳지 않은 것은? [19.08]

① 하드 디스크에 단편화되어 조각난 파일들을 모아준다.
② USB 플래시 드라이브와 같은 이동식 저장 장치도 조각화 될 수 있다.
③ 수행 후에는 디스크 공간의 최적화가 이루어져 디스크의 용량이 증가한다.
④ 일정을 구성하여 드라이브 조각 모음 및 최적화를 예약 실행할 수 있다.

**문제 28** 다음 중 여러 대의 컴퓨터를 일제히 동작시켜 대량의 데이터를 한 곳의 서버 컴퓨터에 집중적으로 전송시킴으로써 특정 서버가 정상적으로 동작하지 못하게 하는 공격 방식은? [17.03]

① 스니핑(Sniffing)
② 분산 서비스 거부(DDoS)
③ 백도어(Back Door)
④ 해킹(Hacking)

**문제 29** 다음 중 한글 Windows의 [작업 관리자] 창에서 할 수 있는 작업으로 옳지 않은 것은? [13.06]

① 실행 중인 앱(응용 프로그램)의 작업 끝내기를 할 수 있다.
② CPU와 메모리의 사용 현황을 알 수 있다.
③ 사용자 전환을 할 수 있다.
④ 실행 중인 앱(응용 프로그램)의 실행 순서를 변경할 수 있다.

**문제 30** 다음 중 네트워크 구성 형태에 관한 설명으로 옳지 않은 것은? [19.08]

① 망(Mesh)형은 응답 시간이 빠르고 노드의 연결성이 우수하다.
② 성형(중앙집중형)은 통신망의 처리 능력 및 신뢰성이 중앙 노드의 제어장치에 좌우된다.
③ 버스(Bus)형은 기밀 보장이 우수하고 회선 길이의 제한이 없다.
④ 링(Ring)형은 통신회선 중 어느 하나라도 고장 나면 전체 통신망에 영향을 미친다.

**문제 31** 다음 중 컴퓨터를 처리 능력에 따라 분류할 때 이에 해당되지 않는 컴퓨터는? [15.03]

① 하이브리드 컴퓨터
② 메인프레임 컴퓨터
③ 퍼스널 컴퓨터
④ 슈퍼 컴퓨터

**문제 32** 다음 중 한글 Windows에서 다른 사용자 계정의 이름, 암호 및 계정 유형을 변경할 수 있는 [사용자 계정]의 유형으로 옳은 것은? [13.06]

① 컴퓨터 관리자 계정
② Guest 계정
③ 제한된 계정
④ 모든 사용자 계정

**문제 33** 다음 중 JPEG 표준에 대한 설명으로 옳지 않은 것은? [20.07]

① 손실압축기법과 무손실 압축기법이 있지만 특허문제나 압축률 등의 이유로 무손실압축 방식은 잘 쓰이지 않는다.
② JPEG 표준을 사용하는 파일 형식에는 jpg, jpeg, jpe 등의 확장자를 사용한다.
③ 파일 크기가 작아 웹 상에서 사진 같은 이미지를 보관하고 전송하는 데 사용한다.
④ 문자, 선, 세밀한 격자 등 고주파 성분이 많은 이미지의 변환에서는 GIF나 PNG에 비해 품질이 매우 우수하다.

**문제 34** 다음 중 파일 삭제 시 파일이 [휴지통]에 임시 보관되어 복원이 가능한 경우는? [14.10, 20.07]

① 바탕 화면에 있는 파일을 [휴지통]으로 드래그 앤 드롭하여 삭제한 경우
② USB 메모리에 저장되어 있는 파일을 Delete 로 삭제한 경우
③ 네트워크 드라이브의 파일을 바로 가기 메뉴의 [삭제]를 클릭하여 삭제한 경우
④ [휴지통 속성]의 [파일을 휴지통에 버리지 않고 삭제할 때 바로 제거]를 선택한 경우

**문제 35** 다음 중 컴퓨터에서 문자 데이터를 표현하는 방법으로 옳지 않은 것은? [19.03]

① EBCDIC
② Unicode
③ ASCII
④ Parity bit

**문제 36** 다음 중 모든 사물을 네트워크로 연결하여 인간과 사물, 사물과 사물 간에 언제 어디서나 서로 소통할 수 있게 하는 새로운 정보통신 환경을 의미하는 것은? [18.03]

① 클라우드 컴퓨팅(Cloud Computing)
② RSS(Rich Site Summary)
③ IoT(Internet of Things)
④ 빅 데이터(Big Data)

**문제 37** 다음 중 컴퓨터의 CPU에 있는 레지스터(register)에 관한 설명으로 옳지 않은 것은? [16.10]

① 주기억장치보다 저장 용량이 적고 속도가 느리다.
② 계산 결과의 임시 저장, 주소색인 등 여러 가지 목적으로 사용될 수 있는 레지스터들을 범용 레지스터라고 한다.
③ ALU(산술/논리장치)에서 연산된 자료를 일시적으로 저장한다.
④ 프로그램 카운터는 다음에 수행할 명령어의 주소를 저장하는 레지스터이다.

**문제 38** 다음 중 아래 내용의 설명에 해당하는 것은? [13.06]

> 웹사이트의 정보를 그대로 복사하여 관리하는 사이트를 말한다. 방문자가 많은 웹사이트의 경우 네트워크상의 트래픽이 빈번해지기 때문에 접속이 힘들고 속도가 떨어지므로 이런 상황을 방지하기 위해 자신이 가진 정보와 같은 정보를 세계 여러 곳에 복사해 두는 것이다.

① 미러(Mirror) 사이트
② 페어(Pair) 사이트
③ 패밀리(Family) 사이트
④ 서브(Sub) 사이트

**문제 39** 다음 중 정보의 기밀성을 저해하는 데이터 보안 침해 형태는? [15.10, 16.03]

① 가로막기(Interruption)
② 가로채기(Interception)
③ 위조(Fabrication)
④ 수정(Modification)

**문제 40** 다음 중 Windows의 인쇄 기능에 대한 설명으로 옳지 않은 것은? [16.10]

① 기본 프린터란 인쇄 시 특정 프린터를 지정하지 않아도 자동으로 인쇄되는 프린터를 말한다.
② 프린터 속성 창에서 공급용지의 종류, 공유, 포트 등을 설정할 수 있다.
③ 인쇄 대기 중인 작업은 취소시킬 수 있다.
④ 인쇄 중인 작업은 취소할 수는 없으나 잠시 중단시킬 수 있다.

**문제 41** 다음 중 EPROM에 대한 설명으로 옳은 것은? [16.03]

① 제조과정에서 한 번만 기록이 가능하며, 수정할 수 없다.
② 자외선을 이용하여 기록된 내용을 여러 번 수정할 수 있다.
③ 특수 프로그램을 이용하여 한 번만 기록할 수 있다.
④ 전기적 방법으로 기록된 내용을 여러 번 수정할 수 있다.

**문제 42** 다음 중 Windows에서 휴지통에 관한 설명으로 옳지 않은 것은? [14.03]

① 작업 도중 삭제된 자료들이 임시로 보관되는 장소로 필요한 경우 복원이 가능하다.
② 각 드라이브마다 휴지통의 크기를 다르게 설정하는 것이 가능하다.
③ 원하는 경우 휴지통에 보관된 폴더나 파일을 직접 실행할 수도 있고 복원할 수도 있다.
④ 지정된 휴지통의 용량을 초과하면 가장 오래전에 삭제되어 보관된 파일부터 지워진다.

**문제 43** 다음 중 컴퓨터의 전원이 연결된 상태에서 장치를 연결하거나 분리할 수 있도록 하는 기능을 의미하는 것은? [15.03]

① 플러그 앤 플레이(Plug and Play)
② 핫 스와핑(Hot Swapping)
③ 채널(Channel)
④ 인터럽트(Interrupt)

**문제 44** 다음 중 한글 Windows에서 프린터 인쇄에 대한 설명으로 옳지 않은 것은? [13.03]

① 특정한 지정 없이 문서의 인쇄를 선택하면 기본 프린터로 인쇄된다.
② 인쇄 관리자 창에서 파일의 인쇄 진행 상황을 파악할 수 있다.
③ 인쇄 관리자 창에서 인쇄 대기 중인 문서를 편집할 수 있다.
④ 인쇄 관리자 창에서 문서 파일의 인쇄 작업을 취소할 수 있다.

**문제 45** 다음 중 컴퓨터의 연산 속도 단위로 가장 빠른 것은? [14.06, 16.03, 18.03]

① 1 ms
② 1 ㎲
③ 1 ns
④ 1 ps

**문제 46** 다음 중 한글 Windows의 바탕화면에 있는 바로 가기 아이콘에 관한 설명으로 옳지 않은 것은? [11.07]

① 바로 가기 아이콘의 왼쪽 아래에는 화살표 모양의 그림이 표시된다.
② 바로 가기 아이콘을 삭제하면 연결된 실제의 대상 파일도 삭제된다.
③ 바로 가기 아이콘의 속성 창에서 연결된 대상 파일을 변경할 수 있다.
④ 바로 가기 아이콘의 이름, 크기, 형식, 수정한 날짜 등의 순으로 정렬하여 표시할 수 있다.

**문제 47** 다음 중 인터넷에 대한 설명으로 적절하지 않은 것은? [18.03]

① URL은 인터넷 상에 있는 각종 자원의 위치를 나타내는 표준 주소 체계이다.
② 인터넷은 TCP/IP 프로토콜을 통해 연결된 상업용 네트워크로 중앙통제기구인 InterNIC에 의해 운영된다.
③ IP주소는 인터넷에 연결된 모든 컴퓨터 자원을 구분하기 위한 고유의 주소이다.
④ www는 웹 브라우저를 통해 인터넷을 효과적으로 사용할 수 있게 하는 서비스이다.

**문제 48** 다음 중 그래픽 데이터의 표현에서 벡터(Vector) 방식에 관한 설명으로 옳은 것은? [18.09]

① 점과 점을 연결하는 직선 또는 곡선을 이용하여 이미지를 표현한다.
② 이미지를 확대하면 테두리에 계단 현상과 같은 앨리어싱이 발생한다.
③ 래스터 방식이라고도 하며 화면 표시 속도가 빠르다.
④ 많은 픽셀로 정교하고 다양한 색상을 표시할 수 있다.

**문제 49** 다음 중 Windows에서 사용하는 바로 가기 아이콘에 관한 설명으로 옳지 않은 것은? [15.03]

① 하나의 원본 파일에 대하여 하나의 바로 가기 아이콘만 만들 수 있다.
② 바로 가기 아이콘을 실행하면 연결된 원본 파일이 실행된다.
③ 다른 컴퓨터나 프린터 등에 대해서도 바로 가기 아이콘을 만들 수 있다.
④ 원본 파일이 있는 위치와 관계없이 만들 수 있다.

**문제 50** 다음 중 컴퓨터의 발전 과정을 세대별로 구분할 때, 5세대 컴퓨터의 특징으로 볼 수 없는 것은? [14.03]

① 퍼지 컴퓨터
② 인공 지능
③ 패턴 인식
④ 집적 회로(IC) 사용

**문제 51** 다음 중 운영체제를 구성하는 제어 프로그램의 종류에 해당하지 않는 것은? [17.03]

① 감시 프로그램
② 언어 번역 프로그램
③ 작업 관리 프로그램
④ 데이터 관리 프로그램

**문제 52** 다음 중 인터넷 전자우편에 관한 설명으로 옳지 않은 것은? [20.02]

① 한 사람이 동시에 여러 사람에게 전자우편을 보낼 수 있다.
② 기본적으로 8비트의 EBCDIC 코드를 사용하여 메시지를 보내고 받는다.
③ SMTP, POP3, MIME 등의 프로토콜이 사용된다.
④ 전자우편 주소는 '사용자 ID@호스트 주소'의 형식이 사용된다.

**문제 53** 다음 중 W3C에서 제안한 표준안으로 문서 작성 중심으로 구성된 기존 표준에 비디오, 오디오 등 다양한 부가 기능과 최신 멀티미디어 콘텐츠를 액티브X 없이 브라우저에서 쉽게 볼 수 있도록 한 웹의 표준 언어는? [16.03, 20.07]

① XML　　② VRML
③ HTML5　　④ JSP

**문제 54** 다음 중 버전에 따른 소프트웨어에 대한 설명으로 옳지 않은 것은? [16.03]

① 트라이얼 버전(Trial Version)은 특정한 하드웨어나 소프트웨어를 구매하였을 때 무료로 주는 프로그램이다.
② 베타 버전(Beta Version)은 소프트웨어의 정식 발표 전 테스트를 위하여 사용자들에게 무료로 배포하는 시험용 프로그램이다.
③ 데모 버전(Demo Version)은 정식 프로그램을 홍보하기 위해 사용기간이나 기능을 제한하여 배포하는 프로그램이다.
④ 패치 버전(Patch Version)은 이미 제작하여 배포된 프로그램의 오류 수정이나 성능 향상을 위해 프로그램의 일부 파일을 변경해 주는 프로그램이다.

**문제 55** 다음 중 컴퓨터의 특징에 관한 설명으로 옳지 않은 것은? [13.10]

① 컴퓨터에서 사용되는 용어 중 'GIGO'는 입력 데이터가 옳지 않으면 출력 결과도 옳지 않다는 의미의 용어로 'Garbage In Garbage Out'의 약자이다.
② 호환성은 컴퓨터 기종에 상관없이 데이터 값을 동일하게 공유하게 처리할 수 있는 것을 의미한다.
③ 컴퓨터의 처리 속도 단위는 KB, MB, GB, TB 등으로 표현된다.
④ 컴퓨터 사용에는 사무처리, 학습, 과학계산 등 다양한 분야에서 이용될 수 있는 특징이 있으며, 이러한 특징을 범용성이라고 한다.

**문제 56** 다음 중 네트워크 장비와 관련하여 라우터에 대한 설명으로 옳은 것은? [20.07]

① 네트워크를 구성할 때 여러 대의 컴퓨터를 연결하여 각 회선을 통합 관리하는 장비이다.
② 네트워크 상에서 가장 최적의 IP 경로를 설정하여 전송하는 장비이다.
③ 다른 네트워크와 데이터를 보내고 받기 위한 출입구 역할을 하는 장비이다.
④ 인터넷 도메인 네임을 숫자로 된 IP 주소로 바꾸어 주는 장비이다.

**문제 57** 다음 중 이기종 단말 간 통신과 호환성 등 모든 네트워크상의 원활한 통신을 위해 최소한의 네트워크 구조를 제공하는 모델로 네트워크 프로토콜 디자인과 통신을 여러 계층으로 나누어 정의한 통신 규약 명칭은? [20.02]

① ISO 7 계층
② Network 7 계층
③ TCP/IP 7 계층
④ OSI 7 계층

**문제 58** 다음 중 Windows의 [설정]에서 시각 장애가 있는 사용자가 컴퓨터를 사용하기에 편리하도록 설정할 수 있는 기능은? [14.06, 17.03]

① 개인 설정
② 계정
③ 접근성
④ 장치

**문제 59** 다음 중 Windows에서 Ctrl + Esc 를 눌러 수행되는 작업으로 옳은 것은? [12.03, 14.03]

① 시작 화면이 나타난다.
② 실행 창이 종료된다.
③ 작업 중인 항목의 바로 가기 메뉴가 나타난다.
④ 창 조절 메뉴가 나타난다.

**문제 60** 다음 중 컴퓨터에서 사용하는 일반 하드디스크에 비하여 속도가 빠르고 기계적 지연이나 에러의 확률 및 발열 소음이 적으며, 소형화, 경량화할 수 있는 하드디스크 대체 저장 장치는? [13.03, 14.03, 16.06, 19.03]

① DVD
② HDD
③ SSD
④ ZIP

### 1과목 총정리 문제 정답 및 해설

| 1 | 2 | 3 | 4 | 5 | 6 | 7 | 8 | 9 | 10 |
|---|---|---|---|---|---|---|---|---|---|
| ④ | ③ | ③ | ② | ④ | ② | ③ | ② | ① | ② |
| 11 | 12 | 13 | 14 | 15 | 16 | 17 | 18 | 19 | 20 |
| ① | ④ | ④ | ③ | ② | ④ | ② | ② | ② | ③ |
| 21 | 22 | 23 | 24 | 25 | 26 | 27 | 28 | 29 | 30 |
| ③ | ③ | ④ | ③ | ④ | ④ | ③ | ② | ④ | ③ |
| 31 | 32 | 33 | 34 | 35 | 36 | 37 | 38 | 39 | 40 |
| ① | ① | ④ | ① | ④ | ③ | ① | ① | ② | ④ |
| 41 | 42 | 43 | 44 | 45 | 46 | 47 | 48 | 49 | 50 |
| ② | ③ | ② | ③ | ④ | ② | ② | ① | ① | ④ |
| 51 | 52 | 53 | 54 | 55 | 56 | 57 | 58 | 59 | 60 |
| ② | ② | ③ | ① | ③ | ② | ④ | ③ | ① | ③ |

**문제 1** ④번은 백신 프로그램에 대한 설명입니다.

**문제 2** 관리자가 설정해 놓은 것에 대해서는 작업할 수 없습니다.

**문제 3** 키오스크에 대한 설명이었습니다.

**문제 4** 입체감이나 사실감이라는 표현이 들어가는 것은 랜더링입니다. 안티앨리어싱, 디더링, 모핑에 대한 설명도 한 번씩 잘 확인해주세요.

**문제 5** IoT 네트워크를 구성하면 비용이 많이 발생되어 통신비가 크게 증가하고 각 기기간 보안문제가 더욱 어려워진다.

**문제 6** 세미콜론(;)이 아니로 콜론(:)으로 구분합니다.

**문제 7** 메모장에서는 OLE 개체를 삽입하거나 편집할 수 없습니다.

**문제 8** ②번이 제어 기능에 대한 설명입니다. 지시, 감독, 관리, 제어라는 단어 중 1개 이상만 들어가 있으면 됩니다.

**문제 9** 컴퓨터가 작동하고 있는 동안에는 운영체제는 주기억장치에 위치하고 있습니다.

**문제 10** ②번은 운영체제에 대한 설명이었습니다. 유틸리티 프로그램은 컴퓨터 동작에 필수적이지 않습니다.

**문제 11** ①번이 누산기에 대한 설명입니다.

**문제 12** ④번 트리형에 대한 설명이었습니다. ①번은 링형 그림입니다. ②번은 망형 그림입니다. ③번은 버스형 그림입니다.

**문제 13** 펌웨어(Firmware)는 입력장치에 해당하지 않습니다.

**문제 14** 파밍(피싱)의 핵심 단어는 가짜 웹 페이지(가짜 웹 사이트)입니다.

**문제 15** ②번 연산장치는 제어 프로그램에 해당하지 않습니다.

**문제 16** ASCII는 문자 표현 코드입니다. 따라서 확장 ASCII 코드도 동일하게 문자 표현에 적합하도록 확장된 코드표입니다.

**문제 17** 자료 처리 방식은 일괄 처리 → 실시간 처리 → 분산 처리 순서로 발전하였습니다.

**문제 18** 계단 형태 = 앨리어싱을 꼭 기억해주세요. 디더링은 여러 개의 색상을 조합해서 새로운 색을 만드는 과정이며 랜더링은 입체감, 사실감 둘 중 1개의 단어는 들어가야 됩니다.

**문제 19** 에어로 피크(Aero Peek)의 핵심 단어는 '바탕화면', '미리보기'입니다. 2개의 단어가 같이 나와야 정답이 됩니다.

**문제 20** LCD는 표시장치에 대한 설명입니다.

**문제 21** 멀티미디어는 파일 형식이 매우 다양화되어 있습니다. 획일화되어 있다는 단어가 틀렸습니다.

**문제 22** ③번은 마우스 속성에 대한 설명입니다.

**문제 23** 네트워크의 연결 상태를 확인하는 명령어로 ping이 정답입니다.

**문제 24** 디지털 컴퓨터는 논리 회로를 사용합니다.

**문제 25** 해상도를 변경하는 것은 [개인 설정]이 아닌 [디스플레이]에서 할 수 있습니다.

**문제 26** 게이트웨이에 대한 핵심 단어는 '다른'입니다.

**문제 27** 디스크 드라이브 조각 모음을 실행할 경우 속도는 빨라지지만 디스크 용량 확보랑은 전혀 상관이 없습니다. ③번은 디스크 정리에 대한 설명이었습니다.

**문제 28** ②번 분산 서비스 거부 공격에 대한 설명이었습니다.

**문제 29** 작업 관리자에서 실행 중인 앱(응용 프로그램)의 실행 순서는 변경할 수 없습니다. 또한, 프로그램을 추가하거나 삭제할 수도 없습니다.

**문제 30** 버스형은 회선 길이의 제한은 없지만 기밀 보장은 취약합니다.

**문제 31** 하이브리드 컴퓨터는 자료를 분류하는 능력이 있는 컴퓨터입니다. 나머지는 처리 능력에 따른 분류를 한 컴퓨터들입니다.

**문제 32** 관리자 계정은 컴퓨터에서 할 수 있는 모든 권한을 다 가지고 있습니다.

**문제 33** 복잡하고 다양한 이미지에 대해 선명한 화질을 제공해주는 것은 GIF나 PNG 등으로 JPEG보다 품질이 우수합니다.

**문제 34** 드래그 앤 드롭은 끌어서 이동시킨다는 의미로 휴지통에 넣어서 보관한다는 뜻이기 때문에 ①번의 경우에는 휴지통에 보관이 됩니다.

**문제 35** Parity bit(패러티 비트)는 에러를 검출만 하는 코드로 문자 데이터를 표현하는 것과는 전혀 상관이 없습니다.

**문제 36** IoT(사물 인터넷)에 대한 설명이었습니다.

**문제 37** 레지스터는 주기억 장치보다 저장 용량은 적지만 속도는 빠릅니다.

**문제 38** 미러 사이트에 대한 설명이었습니다.

**문제 39** ②번 가로채기에 대한 설명이었습니다. ①번 가로막기는 말 그대로 정보가 전달되는 과정을 중간에 막아버려서 정보의 가용성이 저해됩니다. ③번 위조와 ④번 수정은 정보의 무결성을 저해합니다.

**문제 40** 인쇄 중인 작업은 취소하거나 일시 중지 시킬 수 있습니다.

**문제 41** E가 한 개만 있으면 자외선이라는 단어를 찾으시면 됩니다. EEPROM처럼 EE로 있을 경우에는 전기라는 단어를 찾으시면 됩니다.

**문제 42** 휴지통에 보관된 폴더나 파일은 실행할 수 없습니다. 복원을 하거나 영구 삭제만 가능합니다.

**문제 43** 핫 스와핑(Hot Swapping)에 대한 설명이었습니다.

**문제 44** 인쇄 관리자 창에서는 편집을 할 수 없습니다. 편집을 하려면 문서 프로그램을 다시 열어서 편집을 해야 하고 편집된 부분을 반영하려면 인쇄를 취소하고 다시 인쇄를 시작해야 합니다.

**문제 45** 연산속도가 느린 것에서 빠른 순서는 ms → μs → ns → ps → fs → as입니다. 따라서 ④번이 정답입니다.

**문제 46** 바로 가기 아이콘을 삭제하여도 연결된 실제 대상 파일은 아무런 영향이 없습니다.

**문제 47** 인터넷은 중앙통제기구가 없습니다.

**문제 48** 벡터(Vector) 방식의 핵심 단어는 선분, 곡선입니다. 픽셀로 이미지를 표현하는 방식은 비트맵 방식으로 앨리어싱 현상이 발생하기도 합니다.

**문제 49** 바로 가기 아이콘은 숫자 제한 없이 무제한으로 만들 수 있습니다.

**문제 50** 집적 회로(IC)는 3세대 특징에 해당합니다.

**문제 51** 언어 번역 프로그램은 처리 프로그램에 해당합니다.

**문제 52** 인터넷 전자우편은 7비트의 ASCII 코드를 사용합니다.

**문제 53** 문제에서 웹이라는 단어가 나오면 영어 알파벳 'H'를 찾아주시면 됩니다.

**문제 54** ①번은 번들(Bundle)에 대한 설명입니다.

**문제 55** 컴퓨터의 처리 속도 단위는 ms → μs → ns → ps → fs → as으로 표시됩니다. KB, MB, GB, TB 등은 용량 크기입니다.

**문제 56** 라우터에 대한 핵심 단어는 '경로'입니다.

**문제 57** ④번 OSI 7계층에 대한 설명이었습니다.

**문제 58** 장애가 있으신 분들이 컴퓨터를 잘 다룰 수 있도록 유용한 기능들을 모아 놓은 곳이 접근성 센터입니다.

**문제 59** Ctrl + Esc : 시작 메뉴 표시가 표시됩니다. Alt + F4 는 열려있는 실행 창을 닫습니다.

**문제 60** 하드디스크를 대체하는 저장 장치로 다양한 장점을 가지고 있는 것은 SSD입니다.

필기

# 2과목

## 스프레드시트 일반

# 2과목 | 스프레드시트 일반

## Chapter 09 입력 및 편집 작업

1. 엑셀 화면 구성은 아래 그림과 같이 되어 있다.

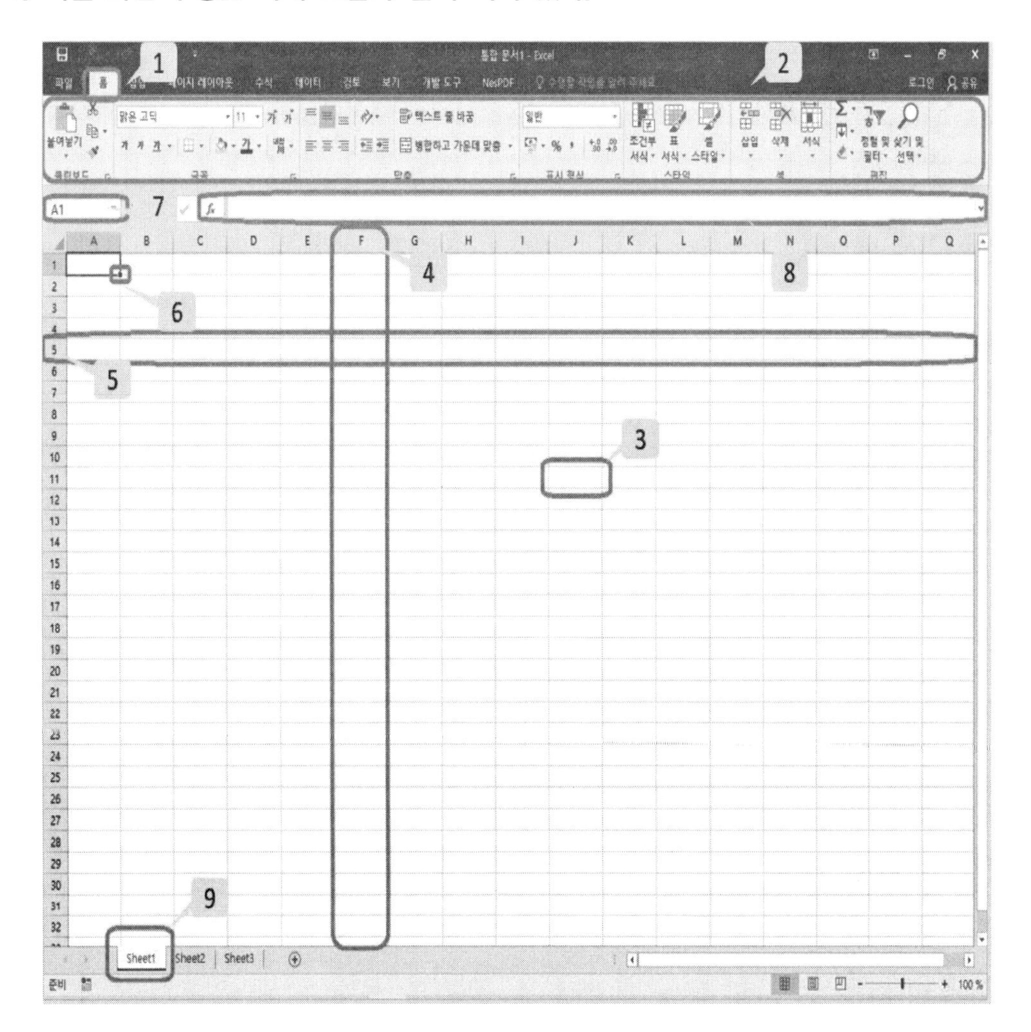

① 탭 이름 : 파일 탭, 홈 탭, 삽입 탭, 페이지 레이아웃 탭 등등 각 탭을 클릭하면 다양한 기능들을 선택할 수 있다.

② 도구 상자 모음 : 탭 아래에 나타나는 화면으로 각 탭에 맞는 기능들을 선택할 수 있는 아이콘들이 있다.

③ 셀 : 숫자, 문자 등이 입력되는 곳으로 엑셀의 가장 기본 단위에 속한다.

④ 열 : 세로 방향으로 정렬된 셀들의 모임으로 영어 알파벳으로 구성되어 있다.

⑤ 행 : 가로 방향으로 정렬된 셀들의 모임으로 숫자로 구성되어 있다.

⑥ 셀 포인터 / 자동 채우기 핸들

- 셀 포인터 : 현재 선택되어 있는 셀의 위치를 나타내 주는 것으로 셀에 테두리가 그려져 있다.
- 자동 채우기 핸들 : 진행 방향(왼쪽, 오른쪽, 위쪽, 아래쪽)에 따라 데이터를 규칙에 맞게 복사하거나 증가/감소할 때 사용한다.

⑦ 이름 상자 : 셀 또는 범위 지정된 셀들의 이름을 정의할 때 사용한다.

⑧ 수식 입력줄 : 계산식(함수식 등)이나 원래 입력된 데이터들의 원본 형태가 나타나는 곳이다.

⑨ 워크시트 : 파일 안에 있는 작은 문서 단위로 사용된다.

## 2. 데이터 입력/셀 참조 및 찾기/바꾸기

① 데이터 입력

㉠ 데이터를 입력하였을 경우 셀의 위치

| 왼쪽 | 오른쪽 |
|---|---|
| 문자, 숫자+문자, 공백, 주민등록번호 등 | 숫자, 날짜, 시간 |

㉡ 특수 문자 입력 방법

| 자음('ㅁ' 또는 'ㅇ')을 입력하고 한자 키를 누르면 특수 문자 선택 창이 나온다. |
|---|

② 셀 참조

| 상대 참조 | B2처럼 아무 것도 고정하지 않은 상태를 의미한다. |
|---|---|
| 절대 참조 | $B$2처럼 열과 행을 모두 고정한 상태를 의미한다. |
| 혼합 참조 | $B2, B$2처럼 열이나 행 중 하나만 고정한 상태를 의미한다. |

③ 찾기/바꾸기는 숫자, 문자, 서식, 메모, 수식, 값, 병합된 셀, 숨겨진 행/열 등에서 모두 가능하다. 단축키는 Ctrl + F 를 누르면 된다.

④ 엑셀 단축키

| | |
|---|---|
| Shift + Enter | 이전 칸(위 칸)으로 이동한다. (ex) [B5] 셀에서 Shift + Enter 를 누르면 [B4] 셀로 이동함. |
| Ctrl + Enter | 선택된 셀에 동일한 값을 입력한다. |
| Alt + Enter | 해당 셀 내에서 줄을 바꿔 입력한다. |
| Home | 무조건 A열로 이동하지만 행은 변화가 없다. (ex) [M2] 셀에서 Home 키를 누르면 [A2] 셀로 이동함. |

⑤ 데이터 자동 채우기

| 셀이 1개일 경우 | | 셀이 여러개일 경우 | |
|---|---|---|---|
| 자동 채우기 핸들 사용 | Ctrl +자동 채우기 핸들 | 자동 채우기 핸들 사용 | Ctrl +자동 채우기 핸들 |
| 복사된다. | 1씩 증가한다. | 규칙에 따라 증가/감소 한다. | 복사된다. |

공통 사항 : ㉠ 숫자만 변화하며 문자는 변하지 않고 복사된다. 단, 숫자도 소수 자리수는 증가하거나 감소하지 않는다.

㉡ 날짜는 1일씩 증가하고, 시간은 1시간씩 증가한다.

⑥ 셀 표시 형식 : 데이터의 종류에 따라 미리 정의된 표시 형식이나 사용자가 직접 만든 표시 형식을 적용할 수 있는 창이 나온다.

㉠ 숫자, 통화, 회계 형식

| | |
|---|---|
| **숫자 형식** | 숫자를 나타내는 표시 형식으로, 0을 입력할 경우 0으로 표시된다. |
| **통화 형식** | 돈의 액수를 나타내는 표시 형식으로, 숫자 바로 앞에 통화 기호가 표시된다. |
| **회계 형식** | 숫자와 돈의 액수를 나타내는 표시 형식인데, 0을 입력할 경우 -(하이픈)으로 표시가 되며 회계 기호를 넣을 경우 셀의 왼쪽 끝에 배치된다. |

㉡ 사용자 지정 형식은 사용자가 직접 만들고 싶은 형식이 있을 때 사용한다. (숫자/문자)

| 형식 | 설명 | 예시 |
|---|---|---|
| # | 의미 없는 0을 표시하지 않는다. | 35.0 → ##.# → 35 |
| 0 | 의미 없는 0을 표시한다. | 35.0 → ##.0 → 35.0 |
| #,###(=#,##0) | 천 단위 구분기호 표시할 때 사용한다. | 1000000 → #,### → 1,000,000 |
| #,###,(=#,##0,) | 천의 배수를 표시할 때 사용한다. | 1000000 → #,###, → 1,000 |
| #,###,,(=#,##0,,) | 백만 단위의 배수를 표시할 때 사용한다. | 1000000 → #,##0,, → 1 |
| @ | 문자를 표시할 때 사용한다. | 대한 → @"민국" → 대한민국 |
| 0.00 | 소수점의 자리수를 표시한다. | 1.456 → 0.00 → 1.46 |

공통 사항 : (1) 문자를 표현하기 위해서는 ""(큰 따옴표)를 넣는다.
(2) 지정된 자리수가 5 이상이면 반올림 된다.

㉢ 사용자 지정 형식은 사용자가 직접 만들고 싶은 형식이 있을 때 사용한다. (날짜/시간)

| 형식 | 설명 | 예시 |
|---|---|---|
| YY / YYYY | 년도(Year)를 표시한다. | YY → 23, YYYY → 2023 |
| M / MM / MMM / MMMM | 월(Month)을 표시한다. | M → 1, MM → 01,<br>MMM → JAN, MMMM → JANUARY |
| D / DD / DDD / DDDD | 일(Day)을 표시한다. | D → 1, DD → 01,<br>DDD → MON, DDDD → MONDAY |
| AAA / AAAA | 요일을 표시한다. | AAA → 토, AAAA → 토요일 |
| H / HH | 시간(Hour)을 표시한다. | H → 1, HH → 01 |
| M / MM | 분(Minute)을 표시한다. | M → 5, MM → 05 |
| S / SS | 초(Second)를 표시한다. | S → 10, SS → 10 |

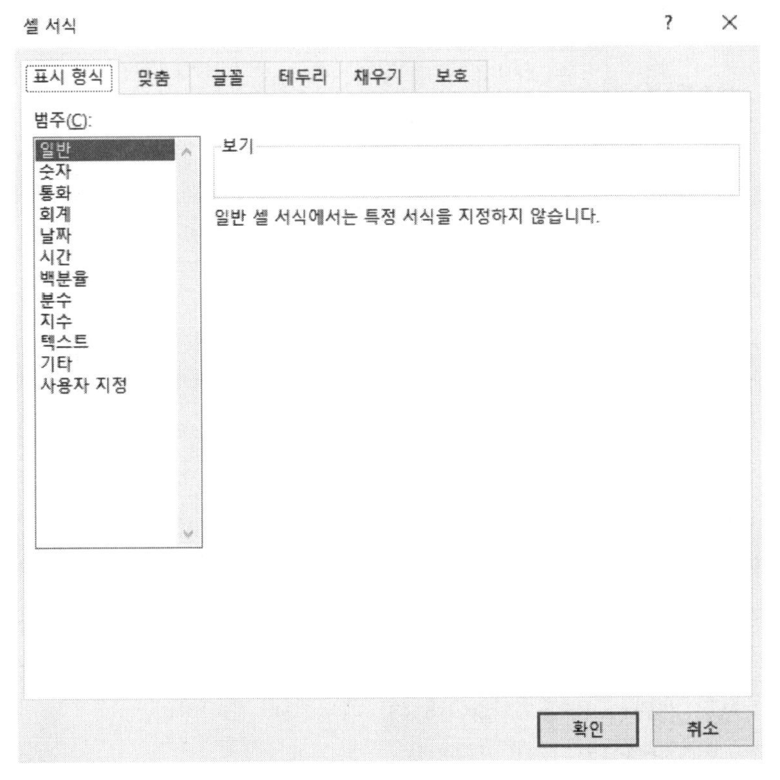


**[셀 서식 창]**

⑦ 메모 및 노트는 셀의 내용을 보충하고 싶을 때 포스트 잇(Post-it) 형태로 삽입하여 쓰는 기능을 의미한다.

㉠ 메모 및 노트의 크기는 조절이 가능하며, 인쇄 여부도 설정이 가능하다.

㉡ 삭제하려고 할 경우 메모 삭제 기능을 이용해야 하며 Delete 키로 지우는 것은 불가능하다.

㉢ 만약 Delete 키를 사용하면 선택된 셀의 내용만 지워지고 메모는 지워지지 않는다.

⑧ 이름 정의(셀/시트)

㉠ 이름의 첫 글자는 반드시 문자로 시작해야 함(공백 안 됨)

㉡ 시트가 다른 경우도 같은 이름을 정의할 수 없음(단, 사용은 가능함)

㉢ 영문 대 · 소문자 구분 안 함, 기본적으로 절대 참조

㉣ 이름이나 시트에 대한 작업(삽입, 삭제, 이름 변경 등)은 실행 취소( Ctrl + Z )가 불가능하다.

⑨ 기타 항목(하이퍼링크 / 유효성 검사 / 일러스트레이션 등)

| | |
|---|---|
| 하이퍼링크 | 웹 페이지, 현재 문서, 새 문서 만들기, 전자메일 등 연결을 시키는 기능이다. (단, 단추만 불가능) |
| 데이터 유효성 검사 | 목록값 입력, 원본 설정 쉼표 등으로 구분할 수 있다. 오류 메시지 종류로는 경고, 중지, 정보가 있다. (단, 목록 너비는 지정하지 못 한다.) |
| 일러스트레이션 | 그림, 클립아트, 도형, SmartArt 등을 의미한다. |

⑪ 기타 항목2(틀 고정/창 나누기)

㉠ [틀 고정]은 데이터의 양이 많을 때 행이나 열 또는 특정 위치만 고정해서 셀 포인터의 이동과 상관없이 화면을 표시하는 것을 의미하며, 마우스로 위치를 이동시키는 것은 불가능하며 인쇄 시 틀 고정한 형태는 적용되지 않는다.

㉡ [창 나누기]는 하나의 화면에서 여러 개(최대 4개)의 구역을 나누는 작업으로 서로 떨어져 있는 데이터를 한 번에 확인하려고 할 때 사용하며, 구역의 확대/축소 비율을 지정할 수는 없다.

㉢ 작업 열은 선택한 셀 왼쪽이고 작업 행은 선택한 셀 위쪽으로 고정선이 표시되기 때문에 고정하고자 하는 위치의 열은 오른쪽에 위치하고 행은 아래쪽에 위치하는 셀을 클릭하고 [틀 고정]이나 [창 나누기]를 클릭한다.

⑫ 기타 항목3(페이지 설정 및 인쇄)

| 기능 | 설명 |
|---|---|
| 페이지 설정 | 용지 방향, 확대/축소 배율, 자동 맞춤, 용지 크기, 시작 페이지 번호 등을 설정할 수 있다. |
| 여백 설정 | 용지 여백, 페이지 가운데 맞춤을 지정할 수 있다. |
| 시트 설정 | ㉠ 반복할 행([$3:$3] 3행만 모든 페이지에 인쇄)에 대해 지정할 수 있다.<br>㉡ 인쇄 영역, 인쇄 제목, 눈금선, 행/열 머리글, 메모, 셀 오류 표시 등을 인쇄하는 기능들을 지정할 수 있다. |
| 페이지 나누기 미리 보기 설정 | 작성한 문서를 페이지 단위로 나누어 인쇄할 때 사용하며, 개체(그림, 차트) 삽입, 데이터 입력, 편집 등이 가능하고 [자동 페이지 나누기]와 [수동 페이지 나누기]를 선택할 수 있다. 다만, 머리글/바닥글은 삽입할 수 없다. |
| 머리글/바닥글 설정 | 문서 내에서 고정적으로 표시되는 부분에 머리글이나 바닥글을 설정할 때 사용하며, 표는 삽입할 수 없다. |
| 인쇄 미리 보기 | 인쇄하려는 부분을 미리 확인하려고 할 때 사용하며, 열 너비는 조정이 가능하며 열 너비 조정시 인쇄 미리보기 창을 나가면 시트에 바로 반영이 된다. 단, 행 높이 조절은 불가능하다. |

⑬ 비교 연산자

| 형식 | 설명 | 예시 |
|---|---|---|
| > | 크다, 초과 | A>B(A1>10) |
| < | 작다, 미만 | A<B(A1<10) |
| = | 같다 | A=B(A1="팀장") |
| >= | 크거나 같다, 이상 | A>=B(A1>=10) |
| <= | 작거나 같다, 이하 | A<=B(A1<=10) |
| <> | 같지 않다, 부정 | A<>B(A1<>"과장") |

⑭ 조건부 서식은 특정한 규칙을 만족하는 셀에 대해서만 서식 작업(꾸미는 작업)을 진행한다.

㉠ 행 전체에 조건부 서식을 적용하려면 열만 고정($B2)해야 한다.

㉡ 여러 개 조건이 존재할 경우에는 제일 처음 만족하는 조건이 적용된다.

㉢ ~이고, ~이면서, 모두 등의 단어가 나오면 AND 함수를 사용하면 된다.

㉣ ~이거나, ~거나, 또는 등의 단어가 나오면 OR 함수를 사용하면 된다.

㉤ 조건부 서식을 수정해야 할 경우 [홈]-[조건부 서식]- 규칙 관리 -잘못된 규칙을 삭제하고 [새 규칙]을 누르면 된다.

**[조건부 서식 AND 함수 사용]**

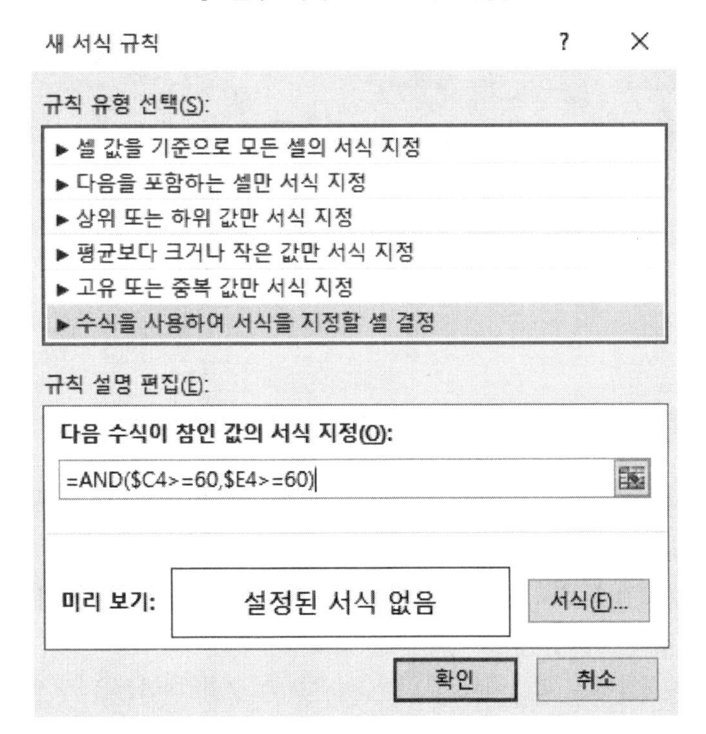

[조건부 서식 OR 함수 사용]

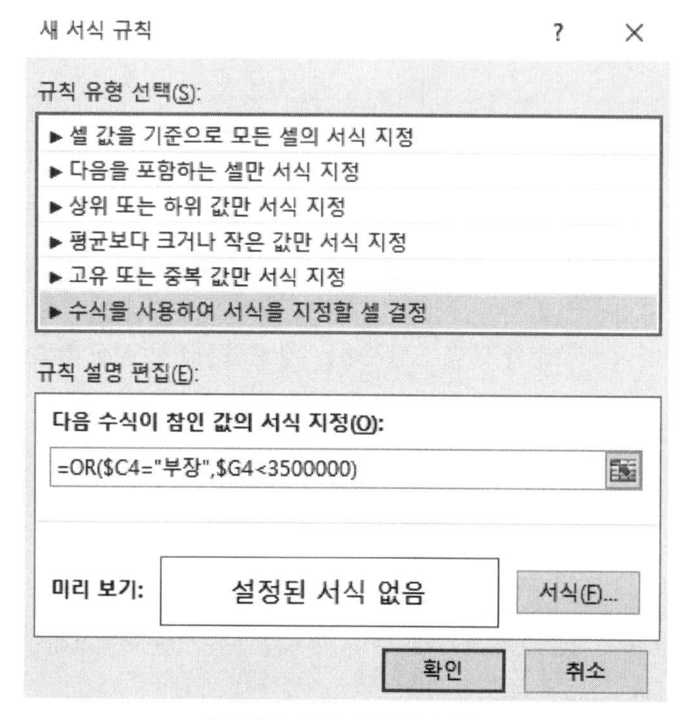


[조건부 서식 규칙관리 창]

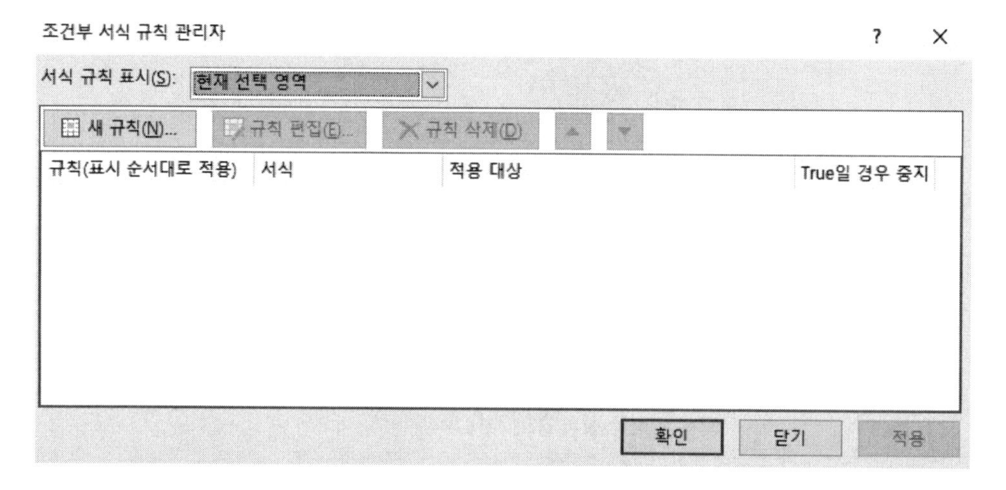


⑮ 자동 필터 / 고급 필터 / 와일드카드(*, ?)

필터는 조건을 충족하는 데이터만 따로 추출해주는 작업을 의미하며 자동 필터와 고급 필터로 나누어진다.

(1) 자동 필터는 워크시트의 다른 영역으로 결과 테이블을 생성 못 한다.

(2) 고급 필터는 워크시트의 다른 영역으로 결과 테이블을 생성할 수 있다.

㉠ 고급 필터를 사용할 때는 AND 조건이나 OR 조건에 상관없이 제목은 무조건 같은 행(같은 줄)에 있어야 한다.

㉡ ~이고, ~이면서, 모두 등의 단어가 나오면 AND 함수를 의미하기 때문에 조건은 같은 행(같은 줄)에 있으면 된다.

㉢ ~이거나, ~거나, 또는 등의 단어가 나오면 OR 함수를 의미하기 때문에 조건은 다른 행(다른 줄)에 있으면 된다.

**[자동 필터]**

| 전공학 | 성명 | 결석회 | 출결점 | 과제 | 중간고 | 기말고 | 평점 |
|---|---|---|---|---|---|---|---|
| 경영 | 성인지 | 2 | 94 | 87 | 77 | 78 | 84.0 |
| 영문 | 참사랑 | 0 | 100 | 98 | 80 | 67 | 86.3 |
| 국문 | 피성훈 | 3 | 91 | 67 | 98 | 89 | 86.3 |
| 경영 | 남주나 | 4 | 88 | 56 | 96 | 98 | 84.5 |
| 영문 | 도연명 | 1 | 97 | 83 | 90 | 90 | 90.0 |
| 경영 | 장태호 | 5 | 85 | 90 | 67 | 96 | 84.5 |
| 영문 | 김우진 | 0 | 100 | 76 | 78 | 88 | 85.5 |
| 국문 | 호지운 | 0 | 100 | 65 | 56 | 86 | 76.8 |
| 영문 | 태우나 | 2 | 94 | 78 | 90 | 84 | 86.5 |
| 국문 | 강태공 | 1 | 97 | 90 | 96 | 89 | 93.0 |
| 영문 | 구만리 | 6 | 82 | 100 | 98 | 95 | 93.8 |

**[고급 필터 AND 조건]**

| 전공학과 | 평점 |
|---|---|
| 영문 | >=80 |

**[고급 필터 OR 조건]**

| 전공학과 | 평점 |
|---|---|
| 영문 | |
| | >=80 |

(3) 와일드 카드

| 〈시작〉 | 〈끝〉 | 〈포함〉 | 〈글자수〉 |
|---|---|---|---|
| 김* | *김 | *연* | 일? |
| 김밥 | 밥김 | 연나라 | 일월 |
| 김나라 | 나라김 | 필연 | 일반 |
| 김대한민국 | 대한민국김 | 우연하게 | 일식 |

⑯ 외부 데이터 : 엑셀에서 사용하고 있는 데이터 뿐만 아니라 다른 문서 형식의 파일들도 가지고 올 수 있는 기능을 의미한다. 텍스트 파일(txt, prn), 엑셀 파일(xlsx), 데이터베이스 파일(SQL, Access, dBase 등), 쿼리 파일(dqy) 등의 파일은 모두 가져올 수 있지만 한글파일(HWP)은 가져올 수 없다. 또한 한 열에 입력되어 있는 데이터들을 [텍스트 나누기]를 통해서 열을 분리하여서 각 셀에 데이터를 입력할 수도 있다.

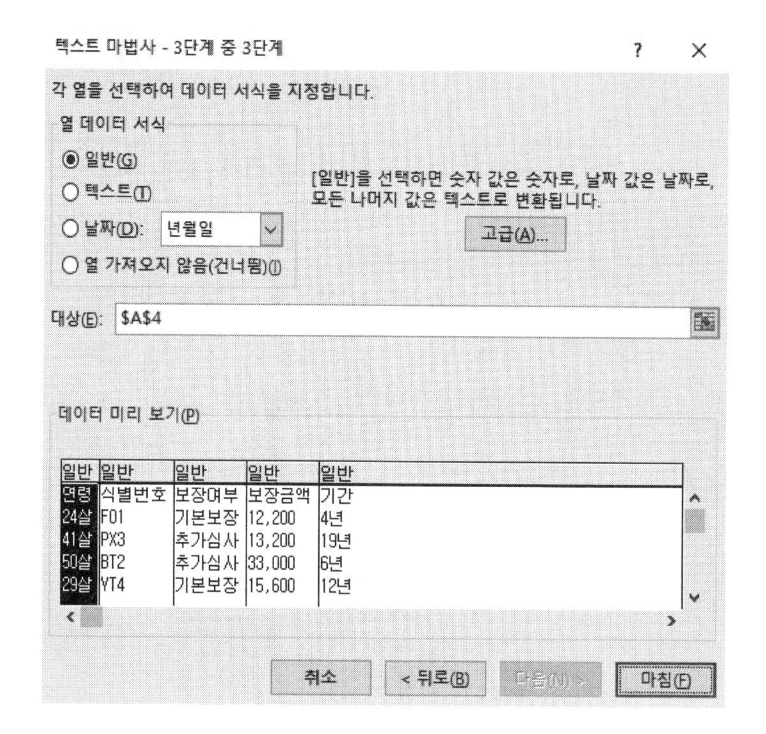

Chapter 10

# 분석 작업

## 1. 정렬은 불규칙하게 배치되어 있는 데이터들을 특정 규칙에 맞게 재배치하는 작업이다.

① 공백은 정렬 순서와 관계없이 항상 마지막에 위치한다.

② 오름차순 : 숫자-기호 문자-소문자-대문자-한글-공백으로 정렬된다. (날짜를 정렬시 이전 날짜 → 최근 날짜순으로 정렬된다.)

③ 내림차순 : 한글-대문자-소문자-기호 문자-숫자-공백으로 정렬된다. (날짜를 정렬시 최근 날짜 → 이전 날짜순으로 정렬된다.)

④ 정렬의 개수는 64개이다.

⑤ 정렬 방향은 위쪽에서 아래쪽, 왼쪽에서 오른쪽으로 진행된다.

⑥ 숨겨진 행/열, 병합된 셀은 정렬되지 않는다.

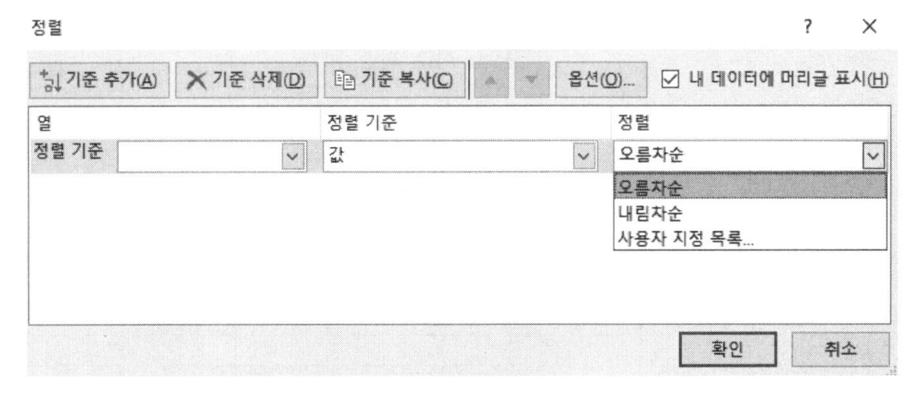


[정렬 작업 화면]

## 2. 부분합은 그룹별로 분류하고 그룹별로 특정한 계산하는 작업이다.

① 부분합을 하기 위해서는 반드시 정렬 작업이 선행되어야 한다. (단, 오름차순이나 내림차순은 어떤 것이든 상관 없다.)

② 새로운 값 대치 : 체크되어 있으면 바로 이전에 실행한 부분합에 대한 결과값 항목이 없어진다.

③ 부분합을 수정하는 방법 : [데이터] → [부분합] → 모두 제거 클릭한다.

④ 부분합 계산 항목으로 백분율, 중앙값, 순위, 절대 표준 편차는 사용하지 못 한다.

⑤ 윤곽 기호란 부분합된 항목들을 그룹화하여 필요시에 보여지거나 감출 수 있는 기능을 말한다. (1에서 4로 갈수록 보다 상세하고 많은 양의 데이터 표시된다)

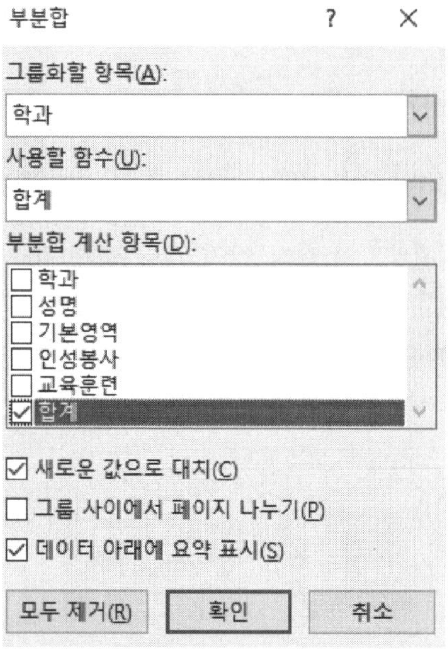

부분합 ? ×

그룹화할 항목(A):

학과

사용할 함수(U):

합계

부분합 계산 항목(D):

- ☐ 학과
- ☐ 성명
- ☐ 기본영역
- ☐ 인성봉사
- ☐ 교육훈련
- ☑ 합계

☑ 새로운 값으로 대치(C)

☐ 그룹 사이에서 페이지 나누기(P)

☑ 데이터 아래에 요약 표시(S)

모두 제거(R) | 확인 | 취소

[부분합 작업 화면]

| | A | B | C | D | E | F |
|---|---|---|---|---|---|---|
| 1 | 소양인증포인트 현황 | | | | | |
| 2 | | | | | | |
| 3 | 학과 | 성명 | 기본영역 | 인성봉사 | 교육훈련 | 합계 |
| 4 | 경영정보 | 정소영 | 85 | 75 | 75 | 235 |
| 5 | 경영정보 | 주경철 | 85 | 85 | 75 | 245 |
| 6 | 경영정보 | 한기철 | 90 | 70 | 85 | 245 |
| 7 | **경영정보 평균** | | 86.66666667 | 77 | 78 | |
| 8 | **경영정보 최대값** | | | | | 245 |
| 9 | 유아교육 | 강소미 | 95 | 65 | 65 | 225 |
| 10 | 유아교육 | 이주현 | 100 | 90 | 80 | 270 |
| 11 | 유아교육 | 한보미 | 80 | 70 | 90 | 240 |
| 12 | **유아교육 평균** | | 91.66666667 | 75 | 78 | |
| 13 | **유아교육 최대값** | | | | | 270 |
| 14 | 정보통신 | 김경호 | 95 | 75 | 95 | 265 |
| 15 | 정보통신 | 박주영 | 85 | 50 | 80 | 215 |
| 16 | 정보통신 | 임정민 | 90 | 80 | 60 | 230 |
| 17 | **정보통신 평균** | | 90 | 68 | 78 | |
| 18 | **정보통신 최대값** | | | | | 265 |
| 19 | **전체 평균** | | 89.44444444 | 73 | 78 | |
| 20 | **전체 최대값** | | | | | 270 |
| 21 | | | | | | |

[부분합 결과 화면]

**3. 목표값 찾기는 결과값은 알고 있지만, 입력값을 모르는 경우 사용한다. (원하는 값이 되기 위한 예측이다.)**

① 수식 셀 : 결과값을 지정할 셀을 의미한다.
② 찾는 값 : 결과값(숫자)을 의미한다.
③ 값을 바꿀 셀 : 결과값이 되기 위해서 변경될 셀을 의미한다.

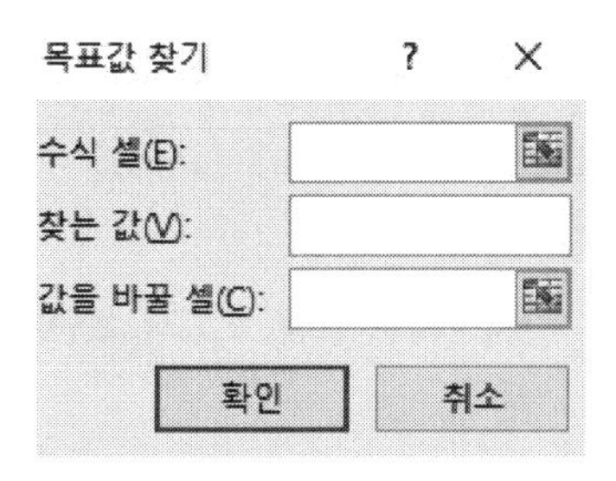


[목표값 찾기 화면]

**4. 시나리오는 가상의 상황을 통해 예측(예상)하여 분석하는 작업이다.**

① 변경 셀은 최대 32개까지 지정이 가능하다.
② 현재 값은 주어진 값을 의미하며 작성된 시나리오는 아니다.
③ 시나리오 요약 보고서를 수정하여도 원본 데이터가 자동으로 변경되지는 않는다.

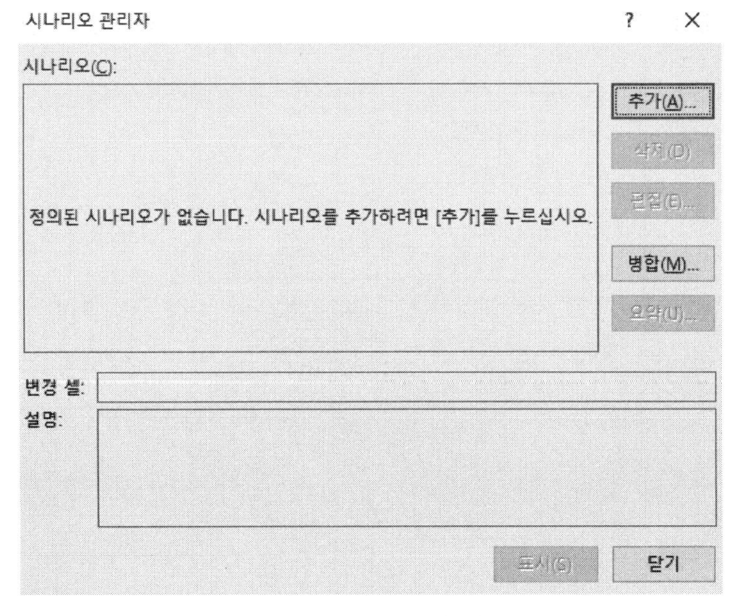


[시나리오 관리자 화면]

| | A | B | C | D | E | F |
|---|---|---|---|---|---|---|
| 1 | | | | | | |
| 2 | | 시나리오 요약 | | | | |
| 3 | | | | 현재 값: | 환율인상 | 환율인하 |
| 5 | | 변경 셀: | | | | |
| 6 | | | 환율 | 1,000 | 1,100 | 900 |
| 7 | | 결과 셀: | | | | |
| 8 | | | 이익금합계 | 111,518,100 | 122,678,100 | 100,358,100 |
| 9 | | 참고: 현재 값 열은 시나리오 요약 보고서가 작성될 때의 | | | | |
| 10 | | 변경 셀 값을 나타냅니다. 각 시나리오의 변경 셀들은 | | | | |
| 11 | | 회색으로 표시됩니다. | | | | |

[시나리오 요약 보고서 화면]

**5. 피벗 테이블은 데이터를 효율적으로 분석하고 요약해서 보고서 형태로 보여주는 기능이다.**

① 피벗 테이블을 작성 후 이동하거나 항목을 추가하는 것도 가능하다. (기존 시트/새로운 시트 모두 가능하다.)

② 원본 데이터를 변경하면 자동으로 변경되지 않으며 새로 고침을 실행해야 한다.

③ 피벗 테이블을 삭제하면 피벗 차트는 일반 차트로 변경된다.

④ 피벗 테이블이 삽입된 위치는 색칠이 되어 있어야 하며 아무런 문자도 없어야 한다.

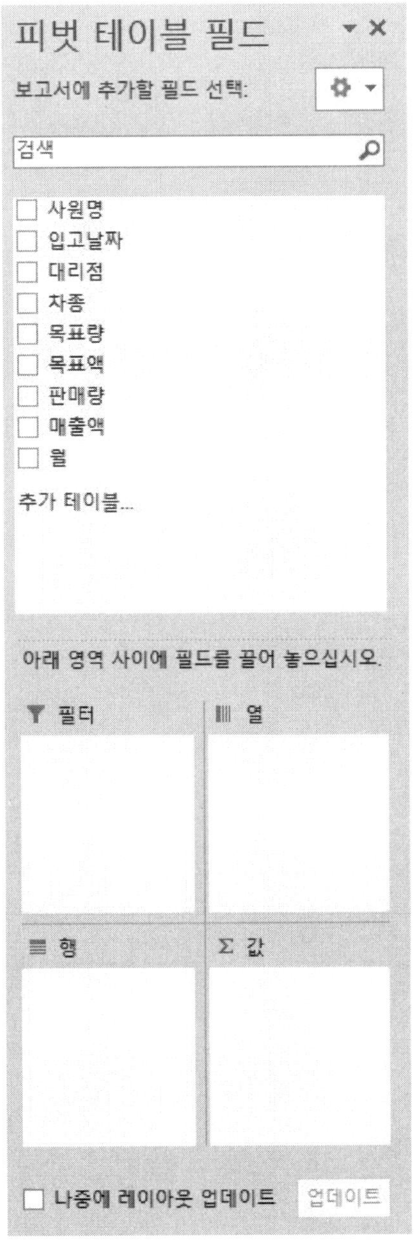

**[피벗 테이블 필드 창]**

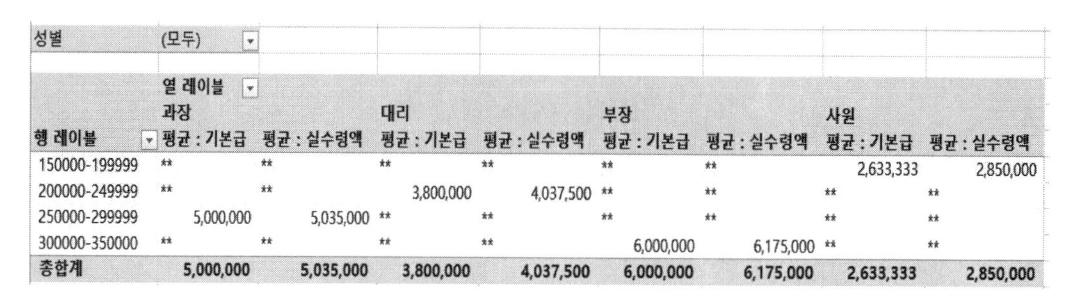

| 성별 | (모두) | | | | | | | |
|---|---|---|---|---|---|---|---|---|
| | 열 레이블 | | | | | | | |
| | 과장 | | 대리 | | 부장 | | 사원 | |
| 행 레이블 | 평균 : 기본급 | 평균 : 실수령액 | 평균 : 기본급 | 평균 : 실수령액 | 평균 : 기본급 | 평균 : 실수령액 | 평균 : 기본급 | 평균 : 실수령액 |
| 150000-199999 | ** | ** | ** | ** | ** | ** | 2,633,333 | 2,850,000 |
| 200000-249999 | ** | ** | 3,800,000 | 4,037,500 | ** | ** | ** | ** |
| 250000-299999 | 5,000,000 | 5,035,000 | ** | ** | ** | ** | ** | ** |
| 300000-350000 | ** | ** | ** | ** | 6,000,000 | 6,175,000 | ** | ** |
| 총합계 | 5,000,000 | 5,035,000 | 3,800,000 | 4,037,500 | 6,000,000 | 6,175,000 | 2,633,333 | 2,850,000 |

[피벗 테이블 보고서 화면]

6. 데이터 통합은 여러 곳에 분산된 데이터를 하나로 합쳐 요약하고 계산하는 기능으로 다른 문서에 있는 데이터도 통합할 수 있다.

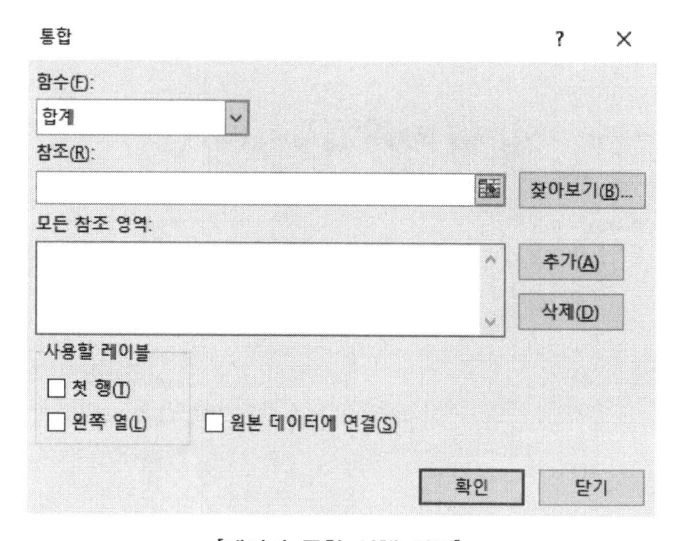


[데이터 통합 실행 화면]

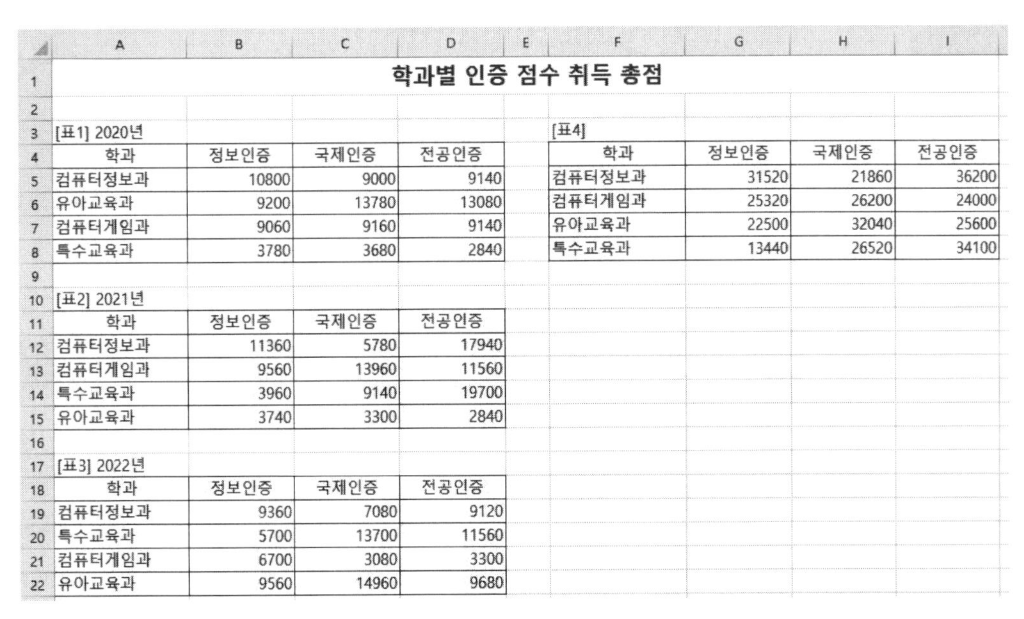

**학과별 인증 점수 취득 총점**

[표1] 2020년

| 학과 | 정보인증 | 국제인증 | 전공인증 |
|---|---|---|---|
| 컴퓨터정보과 | 10800 | 9000 | 9140 |
| 유아교육과 | 9200 | 13780 | 13080 |
| 컴퓨터게임과 | 9060 | 9160 | 9140 |
| 특수교육과 | 3780 | 3680 | 2840 |

[표2] 2021년

| 학과 | 정보인증 | 국제인증 | 전공인증 |
|---|---|---|---|
| 컴퓨터정보과 | 11360 | 5780 | 17940 |
| 컴퓨터게임과 | 9560 | 13960 | 11560 |
| 특수교육과 | 3960 | 9140 | 19700 |
| 유아교육과 | 3740 | 3300 | 2840 |

[표3] 2022년

| 학과 | 정보인증 | 국제인증 | 전공인증 |
|---|---|---|---|
| 컴퓨터정보과 | 9360 | 7080 | 9120 |
| 특수교육과 | 5700 | 13700 | 11560 |
| 컴퓨터게임과 | 6700 | 3080 | 3300 |
| 유아교육과 | 9560 | 14960 | 9680 |

[표4]

| 학과 | 정보인증 | 국제인증 | 전공인증 |
|---|---|---|---|
| 컴퓨터정보과 | 31520 | 21860 | 36200 |
| 컴퓨터게임과 | 25320 | 26200 | 24000 |
| 유아교육과 | 22500 | 32040 | 25600 |
| 특수교육과 | 13440 | 26520 | 34100 |

[데이터 통합 결과 화면]

7. 데이터 표는 특정 값의 변화에 따른 결과 값의 변화 과정을 표의 형태로 표시한 기능이다.

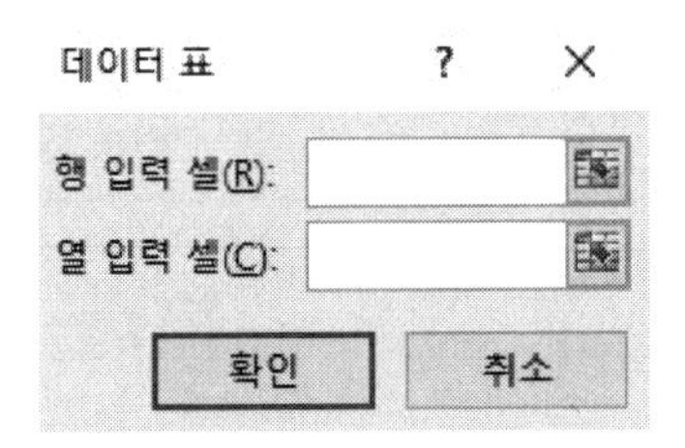


[데이터 표 실행 화면]

| | | 상환기간(년) | | | |
|---|---|---|---|---|---|
| | 516275 | 2 | 3 | 4 | 5 |
| 이자율 | 8% | 723636.7 | 501381.8 | 390606.8 | 324422.3 |
| | 9% | 730955.9 | 508795.7 | 398160.7 | 332133.7 |
| | 10% | 738318.8 | 516275 | 405801.3 | 339952.7 |
| | 11% | 745725.4 | 523819.5 | 413528.4 | 347878.8 |
| | 12% | 753175.6 | 531429 | 421341.4 | 355911.2 |
| | 14% | 768206.1 | 546842.1 | 437223.6 | 372292 |
| | 15% | 775786.4 | 554645.3 | 445292 | 380638.9 |

[데이터 표 결과 화면]

# Chapter 11 매크로 작업

매크로는 반복적인 작업을 자동화하여 단순한 명령으로 실행할 수 있도록 하는 기능이다.

① 매크로는 수정, 삭제, 편집이 모두 가능하다.

② 매크로 저장 위치는 새 통합 문서, 현재 통합 문서, 개인용 통합 문서(어디서든 실행이 가능하다)가 있다.

③ 매크로 이름은 이름 변경이 가능하며 공백이나 특수 문자는 사용이 불가능하고, 첫 글자는 반드시 문자로 시작하여야 한다.

④ 매크로의 바로 가기 키는 소문자와 대문자만 가능하며 숫자, 한글, 특수문자는 사용이 불가능하다. 또한 만드는 규칙만 일치하면 Excel 단축키와 중복으로 사용할 수 있다. 단, 이 경우에는 매크로가 우선적으로 실행된다.

- Ctrl + 영어 소문자
- Ctrl + Shift + 영어 대문자

⑤ 매크로 옵션

| 종류 | 설명 |
|---|---|
| 알림이 없는 매크로 사용 안 함 | 매크로를 사용할 수 없으며 알림이 표시되지 않는다. |
| 알림이 포함된 VBA 매크로 사용 안 함 | 기본 권장 항목으로 매크로를 사용할 수 없으며 알림이 표시된다. |
| 디지털 서명된 매크로를 제외하고 VBA 매크로 사용 안 함 | 디지털 서명이 된 파일이 있을 경우에만 매크로를 실행할 수 있다. |
| VBA 매크로 사용(권장 안 함, 위험한 코드가 시행될 수 있음) | 매크로를 사용하기 위해서는 해당 옵션을 선택해야 한다. |

⑥ 매크로 기록 을 누르면 기록이 시작되고 기록 중지 버튼을 클릭하면 매크로 기록이 완료되는데 이때까지 움직인 마우스와 키보드의 모든 동작은 전부 기록이 된다.

⑦ 매크로 연결 가능한 것으로는 양식(단추), 클립아트, 그림, 도형 등이며 셀과 텍스트는 연결이 불가능하다.

⑧ Alt + F8 : 매크로 상자를 호출하는 단축키이다.

⑨ 도형/차트를 셀에 맞춰 조절할 경우 Alt 키를 이용하면 된다.

Chapter 12

# 차트 작업

## 1. 차트 구성 요소

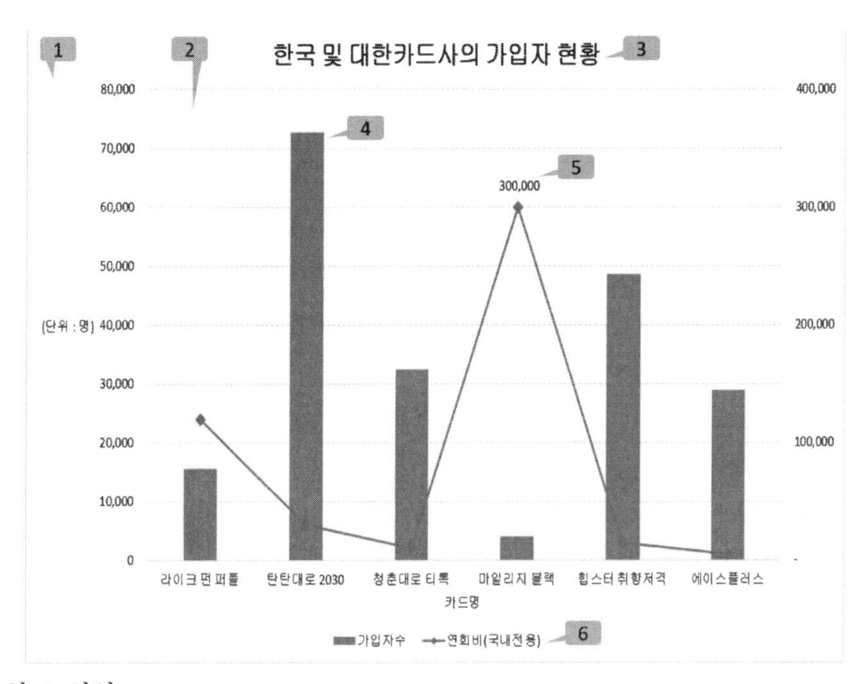


① 차트 영역
② 그림 영역
③ 차트 제목
④ 데이터 계열(데이터 막대)
⑤ 데이터 레이블(값)
⑥ 범례

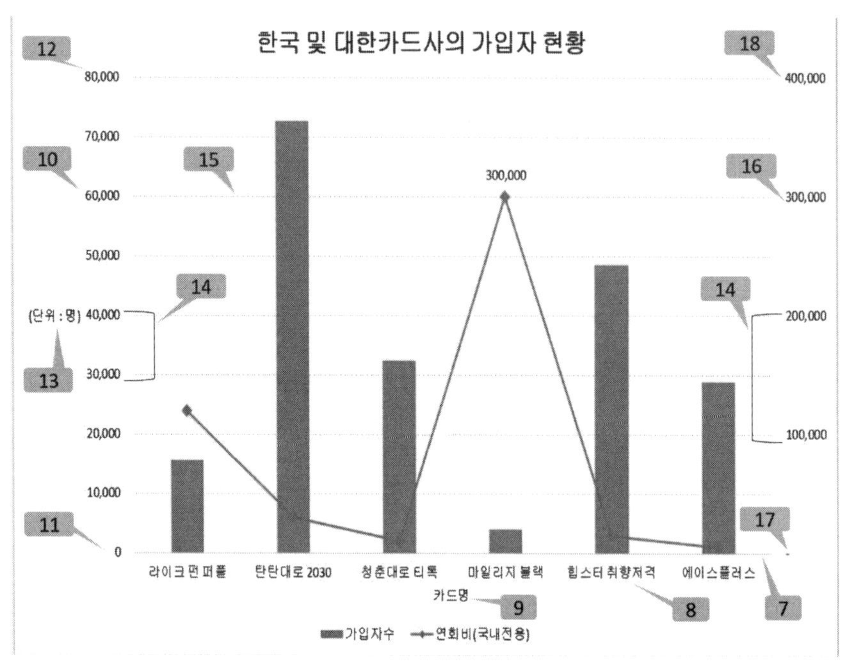


⑦ 기본 가로 축

⑧ 가로 축 항목(값)

⑨ 가로 축 제목

⑩ 기본 세로 축

⑪ 기본 세로 축 최소값

⑫ 기본 세로 축 최대값

⑬ 기본 세로 축 제목

⑭ 주 단위(=간격)

⑮ 기본 세로 축 주 눈금선

⑯ 보조 세로 축

⑰ 보조 세로 축 최소값

⑱ 보조 세로 축 최대값

## 2. 차트 종류

① 원형 : 한 개의 데이터 계열만 표시 가능한 차트이다.

② 도넛형 : 원형 차트와는 달리 여러 개의 데이터 계열을 표현하는 차트이다.

③ 꺾은선형 : 일정 기간 동안의 데이터의 변화 추세를 표현하는 차트이다.

④ 추세선 : 데이터에 대한 변화 추세를 파악하는 차트이다.

※ 추세선이 불가능한 차트로는 원형, 도넛형, 방사형, 표면형, 3차원 차트가 있다.

⑤ 3차원이 불가능한 차트로는 분산형, 도넛형, 주식형, 방사형 차트가 있다.

⑥ 데이터 선택 : 범위 수정, 계열 편집(계열 순서 변경), 행/열 전환 기능 등이 있다.

⑦ 범례는 마우스로 이동하여 크기를 조절할 경우 자동으로 조정되지 않는다.

⑧ 계열 겹치기

- 양수 : 데이터 계열 사이가 좁아진다.
- 음수 : 데이터 계열 사이가 벌어진다.

| 차트 모양 | 차트 종류 |
|---|---|
| | 원형 차트 |
| | 분산형 차트 |
| | 방사형 차트 |
| | 도넛형 차트 |
| | 꺾은선형 차트 |
| | 주식형 차트 |
| | 표면형 차트 |
| | 3차원 원형 차트 |
| | 3차원 묶은 세로 막대형 차트 |

[계열 겹치기 양수로 지정시 화면]

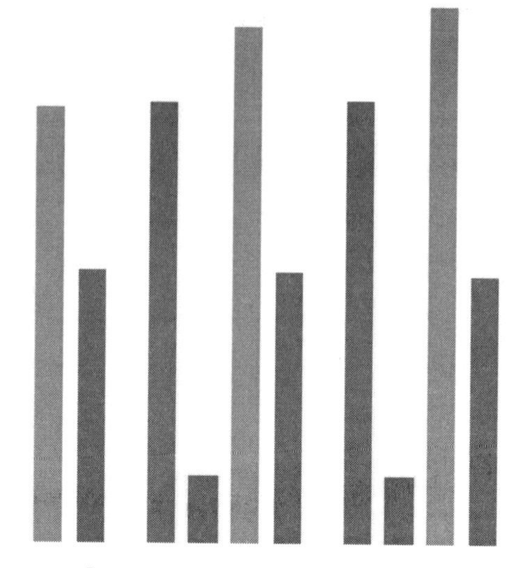

[계열 겹치기 음수로 지정시 화면]

Chapter 13

# 수식/계산 작업

## 1. 오류 메시지

① ##### : 셀 너비가 결과값보다 작을 때 나타나는 오류 메시지이다.
② Name? : 인식할 수 없는 이름(오타)을 사용했을 경우 나타나는 오류 메시지이다.
③ N/A : 함수나 수식에 사용할 수 없는 값을 지정했을 경우 나타나는 오류 메시지이다.
④ VALUE : 잘못된 인수나 피연산자(수식 자동고침 안 될 때)를 지정했을 경우 나타나는 오류 메시지이다.
⑤ #NUM! : 표현할 수 있는 숫자의 범위를 벗어났을 때 나타나는 오류 메시지이다.
⑥ REF! : 셀 참조를 잘못 하였을 때 나타나는 오류 메시지이다.

## 2. 수학&통계 함수

| 함수 종류 | 설명 | 사용 방법 |
|---|---|---|
| SUM 함수 | 합계를 구하는 함수이다. | =SUM(범위 지정) |
| AVERAGE 함수 | 평균을 구하는 함수이다. | =AVERAGE(범위 지정) |
| MAX 함수 | 최대값을 구하는 함수이다. | =MAX(범위 지정) |
| MIN 함수 | 최소값을 구하는 함수이다. | =MIN(범위 지정) |
| LARGE 함수 | 몇 번째 큰 값을 구하는 함수이다. | =LARGE(범위 지정,숫자) |
| SMALL 함수 | 몇 번째 작은 값을 구하는 함수이다. | =SMALL(범위 지정,숫자) |
| COUNT 함수 | 범위에 숫자만 입력된 셀의 개수를 구하는 함수이다. | =COUNT(범위 지정) |
| COUNTA 함수 | 범위에 비어있지 않은 셀의 개수를 구하는 함수이다. | =COUNTA(범위 지정) |
| COUNTBLANK 함수 | 범위에 비어있는 셀의 개수를 구하는 함수이다. | =COUNTBLANK(범위 지정) |
| MOD 함수 | 나머지를 구하는 함수이다. | =MOD(나누어질 숫자,나눌 숫자) |
| POWER 함수 | 거듭 제곱근 함수이다. | =POWER(셀(숫자),셀(숫자)) |
| RANK.EQ 함수 | 순위를 구하는 함수이다. | =RANK.EQ(셀,셀이 포함된 전체 범위(절대참조), [③])<br>③ 옵션<br>• 내림차순(높은 값이 1등) : 생략하거나 0을 입력<br>• 오름차순(낮은 값이 1등) : 추가로 1을 입력 |

## 3. 논리 함수

<table>
<tr><th>함수 종류</th><th>설명</th><th>사용 방법</th></tr>
<tr><td>IF 함수</td><td>조건에 대한 참, 거짓을 구하는 함수이다.</td><td>=IF(조건문,참,거짓)</td></tr>
<tr><td colspan="3">⋆ IF 함수 규칙 : ① 조건이 여러 개일 경우 결과값 개수 -1 만큼 IF를 사용한다.<br>② 다른 함수와 사용 시 IF를 먼저 사용하고 다른 함수는 IF 개수만큼 사용한다.<br>③ 반드시 비교 연산자를 사용한다.</td></tr>
<tr><td>AND 함수</td><td>모든 조건이 참이면 TRUE 값을, 거짓이면 FALSE 값을 구하는 함수이다.</td><td>=AND(조건1,조건2,…)</td></tr>
<tr><td>OR 함수</td><td>한 가지 조건이라도 만족하면 TRUE 값을, 모두 만족하지 않으면 FALSE 값을 구하는 함수이다.</td><td>=OR(조건1,조건2,…)</td></tr>
<tr><td colspan="3">⋆ AND, OR 함수 규칙 : 반드시 비교 연산자를 사용한다.</td></tr>
<tr><td>IFERROR 함수</td><td>원하는 결과값이 없을 때 에러 메시지를 나타내는 함수이다.</td><td>=IFERROR(수식(함수), "에러 메세지")</td></tr>
<tr><td colspan="3">⋆ IFERROR 함수 규칙 : 다른 함수랑 사용시 무조건 맨 앞에 한 번 사용한다.</td></tr>
</table>

## 4. 조건 함수

| 함수 종류 | 설명 | 사용 방법 |
|---|---|---|
| SUMIF 함수 | 조건에 맞는 합계를 구하는 함수이다. | =SUMIF(조건 범위,조건,합계 범위) |
| AVERAGEIF 함수 | 조건에 맞는 평균을 구하는 함수이다. | =AVERAGEIF(조건 범위,조건,평균 범위) |
| COUNTIF 함수 | 조건에 맞는 개수를 구하는 함수이다. | =COUNTIF(조건 범위,조건) |
| SUMIFS 함수 | 2개 이상의 조건을 만족할 때 합계를 구하는 함수이다. | =SUMIFS(합계 범위,조건 범위1,조건1, 조건 범위2,조건2,….) |
| AVERAGEIFS 함수 | 2개 이상의 조건을 만족할 때 평균을 구하는 함수이다. | =AVERAGEIFS(평균 범위,조건 범위1,조건1,조건 범위2,조건2,….) |
| COUNTIFS 함수 | 2개 이상의 조건을 만족할 때 개수를 구하는 함수이다. | =COUNTIFS(조건 범위1,조건1,조건 범위2,조건2,….) |

## 5. 문자/선택 함수

| 함수 종류 | 설명 | 사용 방법 |
|---|---|---|
| UPPER 함수 | 모든 영어 문자를 대문자로 변환하는 함수이다. | =UPPER(영어셀) |
| LOWER 함수 | 모든 영어 문자를 소문자로 변환하는 함수이다. | =LOWER(영어셀) |
| PROPER 함수 | 첫 영어 문자만 대문자, 나머지는 소문자로 변환하는 함수이다. | =PROPER(영어셀) |
| LEFT 함수 | 왼쪽부터 지정된 숫자만큼 문자를 가져오는 함수이다. | =LEFT(문자셀,숫자) |
| RIGHT 함수 | 오른쪽부터 지정된 숫자만큼 문자를 가져오는 함수이다. | =RIGHT(문자셀,숫자) |
| MID 함수 | 지정된 위치부터 지정된 숫자만큼 문자를 가져오는 함수이다. | =MID(문자셀,왼쪽부터 몇 번째 위치 숫자,숫자) |
| CHOOSE 함수 | 인덱스 번호에 의해 결과값을 순서대로 나타내는 함수이다. | =CHOOSE(인덱스 번호(함수), 결과값1,결과값2,…) |

* CHOOSE 함수 규칙 : ① IFERROR 함수를 제외한 다른 함수랑 사용시 무조건 맨 앞에 한 번 사용한다.
② 결과값이 중복되더라도 결과값 개수만큼 작성한다.
③ 비교 연산자는 사용하지 않는다.

## 6. 날짜/시간 함수

| 함수 종류 | 설명 | 사용 방법 |
|---|---|---|
| TODAY 함수 | 현재 날짜를 표시하는 함수이다. | =TODAY() |
| NOW 함수 | 현재 날짜와 시간을 표시하는 함수이다. | =NOW() |
| YEAR 함수 | 날짜에서 년도만 표시하는 함수이다. | =YEAR(날짜셀) |
| MONTH 함수 | 날짜에서 월만 표시하는 함수이다. | =MONTH(날짜셀) |
| DAY 함수 | 날짜에서 일만 표시하는 함수이다. | =DAY(날짜셀) |
| HOUR 함수 | 시간에서 시만 표시하는 함수이다. | =HOUR(시간셀) |
| MINUTE 함수 | 시간에서 분만 표시하는 함수이다. | =MINUTE(시간셀) |
| SECOND 함수 | 시간에서 초만 표시하는 함수이다. | =SECOND(시간셀) |
| DATE 함수 | 날짜를 년,월,일 형식으로 표시하는 함수이다. | =DATE(YEAR,MONTH,DAY) |
| TIME 함수 | 시간을 시,분,초 형식으로 표시하는 함수이다. | =TIME(HOUR,MINUTE,SECOND) |
| WEEKDAY 함수 | 요일을 숫자로 표시하는 함수이다. | =WEEKDAY(날짜셀,방식[②])<br>② 방식<br>• 1 : 일요일이 1로 시작하는 방식이다.<br>• 2 : 월요일이 1로 시작하는 방식이다. |

## 7. 데이터베이스 함수(D함수)

| 함수 종류 | 설명 | 사용 방법 |
|---|---|---|
| DSUM 함수 | 주어진 조건에 일치하는 항목의 합계를 계산하는 함수이다. | =D함수(제목 포함 전체 범위, 계산할 곳 제목셀(왼쪽부터 몇 번째 숫자),조건 범위) |
| DAVERAGE 함수 | 주어진 조건에 일치하는 항목의 평균을 계산하는 함수이다. | |
| DCOUNT 함수 | 주어진 조건에 일치하는 항목의 개수를 계산하는 함수이다. | |
| DMAX 함수 | 주어진 조건에 일치하는 항목의 최대값을 계산하는 함수이다. | |

특징 : ① D로 시작하며 사용 방법은 모두 동일하다.
② 유일하게 제목을 포함하여 작업하는 함수이다.

## 8. 자리수 지정 / 절삭 함수

| 함수 종류 | 설명 | 사용 방법 |
|---|---|---|
| ROUND 함수 | 자리수를 반올림(5 이상)하는 함수이다. | =ROUND(수식(함수),자리수 지정) |
| ROUNDUP 함수 | 자리수를 올림하는 함수이다. | =ROUNDUP(수식(함수),자리수 지정) |
| ROUNDDOWN 함수 | 자리수를 내림(버림)하는 함수이다. | =ROUNDDOWN(수식(함수),자리수 지정) |
| TRUNC 함수 | 자리수를 내림(버림)하는 함수이다. | =TRUNC(수식(함수),[자리수 지정]) |
| INT 함수 | 자리수를 소수점을 버리고 정수로 표시하는 함수이다. | =INT(수식(함수)) |
| ABS 함수 | 절대값으로 표시하는 함수이다. | =ABS(수식(함수)) |

* 자리수 지정 방법
① 소수점 : 1(소수점 첫 째 자리, 예 : 90.1), 2(소수점 둘 째 자리, 예 : 90.12)
② 정수 : 0(예 : 39.8→40)
③ 양수 : -1(십의 자리, 예 : 13→20), -2(백의 자리, 예 : 111→100)

## 9. 참조 함수

| 함수 종류 | 설명 | 사용 방법 |
|---|---|---|
| VLOOKUP 함수 | 참조 범위의 데이터 진행 방향이 아래쪽이면 사용한다. | =VLOOKUP/HLOOKUP(①셀(함수),참조 범위 전체(절대 참조),행 번호/열 번호, ②[옵션])<br>② 옵션<br>• 0 또는 FALSE : ①번 위치에 문자가 들어가 있을 경우<br>• 1 또는 TRUE : ①번 위치에 숫자가 들어가 있을 경우 |
| HLOOKUP 함수 | 참조 범위의 데이터 진행 방향이 오른쪽이면 사용한다. | |

# 2과목 | 총정리 문제

**문제 1** 다음 중 틀 고정과 창 나누기에 대한 설명으로 옳지 않은 것은? [16.06]

① 틀 고정은 기본적으로 워크시트의 아래쪽에 있는 행과 오른쪽에 있는 열이 고정되지만 워크시트의 중간에 있는 행과 열도 고정할 수 있다.
② 셀 편집 모드에 있거나 워크시트가 보호된 경우에는 틀 고정 명령을 사용할 수 없다.
③ 틀 고정 구분선은 마우스를 이용하여 위치를 변경할 수 없으나 창 나누기 구분선은 위치 변경이 가능하다.
④ 두 개의 스크롤 가능한 영역으로 나뉜 창을 복원하려면 두 창을 나누고 있는 분할 줄을 아무 곳이나 두 번 클릭한다.

**문제 2** 다음 중 매크로 작성 시 [매크로 기록] 대화상자에서 선택할 수 있는 매크로의 저장 위치로 옳지 않은 것은? [17.09]

① 새 통합 문서
② 개인용 매크로 통합 문서
③ 현재 통합 문서
④ 작업 통합 문서

**문제 3** 문제3. 다음 중 부분합의 계산 항목에 사용할 수 있는 함수의 종류로 옳지 않은 것은? [11.10, 12.09]

① 최대값
② 표준 편차
③ 중앙값
④ 수치 개수

**문제 4** **다음 중 엑셀의 날짜 및 시간 데이터 관련 함수에 대한 설명으로 옳지 않은 것은?**
[17.09]

① 날짜 데이터는 순차적인 일련번호로 저장되기 때문에 날짜 데이터를 이용한 수식을 작성할 수 있다.
② 시간 데이터는 날짜의 일부로 인식하여 소수로 저장되며, 낮 12시는 0.5로 계산된다.
③ TODAY 함수는 셀이 활성화되거나 워크시트가 계산될 때 또는 함수가 포함된 매크로가 실행될 때마다 시스템으로부터 현재 날짜를 업데이트한다.
④ WEEKDAY 함수는 날짜에 해당하는 요일을 구하는 함수로 Return_type 인수를 생략하는 경우 '일월화수목금토' 중 해당하는 한 자리 요일이 텍스트 값으로 반환된다.

**문제 5** **다음 중 [찾기 및 바꾸기] 대화상자에서 설정 가능한 기능으로 옳지 않은 것은?**
[14.06, 16.10]

① 대/소문자를 구분하여 찾을 수 있다.
② 수식이나 값을 찾을 수 있지만, 메모 안의 텍스트는 찾을 수 없다.
③ 이전 항목을 찾으려면 Shift 키를 누른 상태에서 [다음 찾기] 단추를 클릭한다.
④ 와일드카드 문자인 '*' 기호를 이용하여 특정 글자로 시작하는 텍스트를 찾을 수 있다.

문제 6 다음 중 [시나리오 추가] 대화 상자에 대한 설명으로 옳지 않은 것은? [19.03]

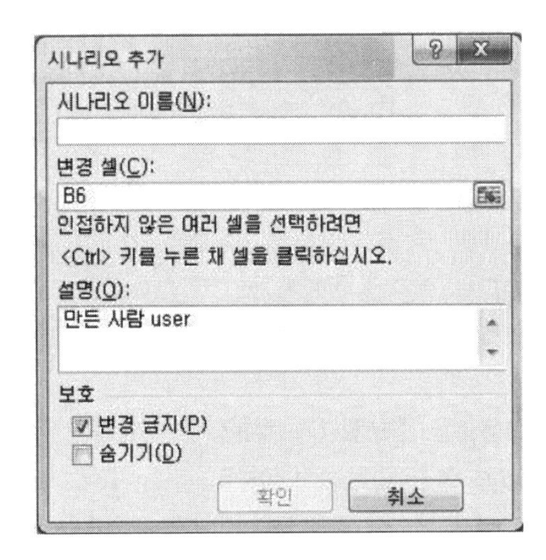


① [데이터]-[데이터 도구]-[가상 분석]-[시나리오 관리자] 대화상자에서 [추가] 단추를 클릭하면 표시되는 대화상자이다.

② '변경 셀'은 변경 요소가 되는 값의 그룹이며, 하나의 시나리오에 최대 32개까지 지정할 수 있다.

③ '설명'은 시나리오에 대한 추가적인 설명으로 반드시 입력해야 한다.

④ '보호'의 체크 박스들은 [검토]-[변경 내용]-[시트 보호]를 설정한 경우에만 적용되는 항목들이다.

문제 7 다음 중 조건부 서식을 이용하여 [A2:C5] 영역에 EXCEL과 ACCESS 점수의 합계가 170 이하인 행 전체에 셀 배경색을 지정하기 위한 수식으로 옳은 것은? [17.09]

| | A | B | C |
|---|---|---|---|
| 1 | 이름 | EXCEL | ACCESS |
| 2 | 김경희 | 75 | 73 |
| 3 | 원은형 | 89 | 88 |
| 4 | 나도향 | 65 | 68 |
| 5 | 최은심 | 98 | 96 |

① =B$2+C$2<=170

② =$B2+$C2<=170

③ =$B$2+$C$2<=170

④ =B2+C2<=170

**문제 8** 다음 중 아래의 괄호 안에 들어갈 단추명이 바르게 연결된 것은? [16.06]

> 매크로 대화상자의 ( ㉮ ) 단추는 바로 가기 키나 설명을 변경할 수 있고, ( ㉯ ) 단추는 매크로 이름이나 명령 코드를 수정할 수 있다.

① ㉮-옵션, ㉯-편집
② ㉮-편집, ㉯-옵션
③ ㉮-매크로, ㉯-보기 편집
④ ㉮-편집, ㉯-매크로 보기

**문제 9** 다음 중 부분합을 실행했다가 부분합을 실행하지 않은 상태로 다시 되돌리려고 할 때의 방법으로 옳은 것은? [18.03]

① [부분합] 대화상자에서 [그룹화할 항목]을 '없음'으로 선택하고 [확인]을 클릭한다.
② [데이터] 탭의 [윤곽선] 그룹에서 [그룹 해제]를 선택하여 부분합에서 설정된 그룹을 모두 해제한다.
③ [부분합] 대화상자에서 '새로운 값으로 대치'를 선택하고 [확인]을 클릭한다.
④ [부분합] 대화상자에서 모두 제거 를 누른다.

**문제 10** 다음 중 [A4] 셀의 메모가 지워지는 작업에 해당하는 것은? [20.07]

| | A | B | C | D |
|---|---|---|---|---|
| 1 | | 성적 관리 | | |
| 2 | 성명 | 영어 | 국어 | 총점 |
| 3 | 배순용 | [illegible] | 89 | 170 |
| 4 | 이길순 | [illegible] | 98 | 186 |
| 5 | 하길주 | 87 | 88 | 175 |
| 6 | 이선호 | 67 | 78 | 145 |

장학생

① [A3] 셀의 채우기 핸들을 아래쪽으로 드래그하였다.
② [A4] 셀의 바로 가기 메뉴에서 [메모 숨기기]를 선택 하였다.
③ [A4] 셀을 선택하고, [홈] 탭 [편집] 그룹의 [지우기]에서 [모두 지우기]를 선택하였다.
④ [A4] 셀을 선택하고, 키보드의 BackSpace (←) 키를 눌렀다.

문제 11 다음 중 데이터 통합에 관한 설명으로 옳지 않은 것은? [16.03]

① 데이터 통합은 위치를 기준으로 통합할 수도 있고, 영역의 이름을 정의하여 통합할 수도 있다.
② '원본 데이터에 연결 기능'은 통합할 데이터가 있는 워크시트와 통합 결과가 작성될 워크시트가 같은 통합 문서에 있는 경우에만 적용할 수 있다.
③ 다른 원본 영역의 레이블과 일치하지 않는 레이블이 있는 경우에 통합하면 별도의 행이나 열이 만들어진다.
④ 여러 시트에 있는 데이터나 다른 통합 문서에 입력되어 있는 데이터를 통합할 수 있다.

문제 12 다음 중 아래 워크시트에서 [E2] 셀의 함수식이 '=CHOOSE(RANK.EQ(D2,$D$2:$D$5),"천하","대한","영광","기쁨")' 일 때 결과로 옳은 것은? [15.03, 18.03]

| | A | B | C | D | E |
|---|---|---|---|---|---|
| 1 | 성명 | 이론 | 실기 | 합계 | 수상 |
| 2 | 김나래 | 47 | 45 | 92 | |
| 3 | 이석주 | 38 | 47 | 85 | |
| 4 | 박명호 | 46 | 48 | 94 | |
| 5 | 장영민 | 49 | 48 | 97 | |

① 천하
② 대한
③ 영광
④ 기쁨

문제 13 다음 중 참조의 대상 범위로 사용하는 이름에 대한 설명으로 옳은 것은? [14.03]

① 이름은 기본적으로 절대참조로 대상 범위를 참조한다.
② 하나의 통합문서 내에서 시트가 다르면 동일한 이름을 지정할 수 있다.
③ 이름 정의 시 영문자는 대소문자를 구분하므로 주의하여야 한다.
④ 이름 정의 시 첫 글자는 반드시 숫자로 시작해야 한다.

**문제 14** 다음 중 데이터 정렬에 대한 설명으로 옳지 않은 것은? [19.03]

① 사용자 지정 목록을 사용하면 사용자가 정의한 순서대로 정렬할 수 있다.
② 색상별 정렬이 가능하여 글꼴 색 또는 셀 색을 기준으로 정렬할 수도 있다.
③ 정렬 옵션을 이용하면 데이터를 열 방향 또는 행 방향으로 선택하여 정렬할 수 있다.
④ 표에 병합된 셀들이 포함되어 있는 경우 병합된 셀들은 맨 아래쪽으로 정렬된다.

**문제 15** 다음 중 데이터 관리 기능인 자동 필터에 대한 설명으로 옳지 않은 것은? [16.06]

① 필터는 데이터 목록에서 설정된 조건에 맞는 데이터만을 추출하여 나타내기 위한 기능으로 워크시트의 다른 영역으로 결과 테이블을 자동 생성할 수 있다.
② 두 개 이상의 필드(열)로 필터링 할 수 있으며, 필터는 누적 적용되므로 추가하는 각 필터는 현재 필터 위에 적용된다.
③ 필터는 필요한 데이터 추출을 위해 조건을 만족하지 않는 데이터를 잠시 숨기는 것이므로 목록 자체의 내용은 변경되지 않는다.
④ 자동 필터를 사용하여 추출한 데이터는 레코드(행) 단위로 표시된다.

**문제 16** 다음 중 아래 워크시트에서 '직무'가 90 이상이거나, '국사'와 '상식'이 모두 80 이상이면 '평가'에 "통과"를 표시하고 그렇지 않으면 공백을 표시하는 [E2] 셀의 함수식으로 옳은 것은? [20.02]

| | A | B | C | D | E |
|---|---|---|---|---|---|
| 1 | 이름 | 직무 | 국사 | 상식 | 평가 |
| 2 | 이몽룡 | 87 | 92 | 84 | |
| 3 | 성춘향 | 91 | 86 | 77 | |
| 4 | 조방자 | 78 | 80 | 75 | |

① =IF(AND(B2〉=90,OR(C2〉=80,D2〉=80)),"통과","")
② =IF(OR(AND(B2〉=90,C2〉=80),D2〉=80)),"통과","")
③ =IF(OR(B2〉=90,AND(C2〉=80,D2〉=80)),"통과","")
④ =IF(AND(OR(B2〉=90,C2〉=80),D2〉=80)),"통과","")

**문제 17** 다음 중 셀에 데이터를 입력하는 방법에 대한 설명으로 옳지 않은 것은? [16.03, 20.02]

① [A1] 셀에 값을 입력하고 Esc 키를 누르면 [A1] 셀에 입력한 값이 취소된다.
② [A1] 셀에 값을 입력하고 오른쪽 방향키(→)를 누르면 [A1] 셀에 값이 입력된 후 [B1] 셀로 셀 포인터가 이동한다.
③ [A1] 셀에 값을 입력하고 Enter 키를 누르면 [A1] 셀에 값이 입력된 후 [A2] 셀로 셀 포인터가 이동한다.
④ [C5] 셀에 값을 입력하고 Home 키를 누르면 [C5] 셀에 값이 입력된 후 [C1] 셀로 셀 포인터가 이동한다.

**문제 18** 다음 중 아래 그림과 같이 연 이율과 월 적금액이 고정되어 있고, 적금 기간이 1년, 2년, 3년, 4년, 5년인 경우 각 만기 후의 금액을 확인하기 위한 도구로 적합한 것은? [15.10, 16.03]

| | A | B | C | D | E | F |
|---|---|---|---|---|---|---|
| 1 | | | | | | |
| 2 | | 연 이율 | 3% | | 적금기간(연) | 만기 후 금액 |
| 3 | | 적금기간(연) | 1 | | | 6,083,191 |
| 4 | | 월 적금액 | 500,000 | | 1 | |
| 5 | | 만기 후 금액 | ₩6,083,191 | | 2 | |
| 6 | | | | | 3 | |
| 7 | | | | | 4 | |
| 8 | | | | | 5 | |

① 고급 필터
② 데이터 통합
③ 목표값 찾기
④ 데이터 표

**문제 19** 다음 중 원 단위로 입력된 숫자를 백 만원 단위로 표시하기 위한 사용자 지정 표시 형식으로 옳은 것은? [12.09, 14.06]

① #,###
② #,###,
③ #,###,,
④ #,###,,,

**문제 20** 다음 중 아래의 워크시트에서 몸무게가 70Kg 이상인 사람의 수를 구하고자 할 때 [E7] 셀에 입력할 수식으로 옳지 않은 것은? [15.06]

| | A | B | C | D | E | F |
|---|---|---|---|---|---|---|
| 1 | 번호 | 이름 | 키(Cm) | 몸무게(Kg) | | |
| 2 | 12001 | 홍길동 | 165 | 67 | | 몸무게(Kg) |
| 3 | 12002 | 이대한 | 171 | 69 | | >=70 |
| 4 | 12003 | 한민국 | 177 | 78 | | |
| 5 | 12004 | 이우리 | 162 | 80 | | |
| 6 | | | | | | |
| 7 | 몸무게가 70Kg 이상인 사람의 수? | | | | 2 | |

① =DCOUNT(A1:D5,2,F2:F3)
② =DCOUNTA(A1:D5,2,F2:F3)
③ =DCOUNT(A1:D5,3,F2:F3)
④ =DCOUNTA(A1:D5,3,F2:F3)

**문제 21** 다음 중 차트의 데이터 계열 서식에 대한 설명으로 옳지 않은 것은? [17.03]

① 계열 겹치기 수치를 양수로 지정하면 데이터 계열 사이가 벌어진다.
② 차트에서 데이터 계열의 간격을 넓게 또는 좁게 지정할 수 있다.
③ 특정 데이터 계열의 값이 다른 데이터 계열 값과 차이가 많이 나거나 데이터 형식이 혼합되어 있는 경우 하나 이상의 데이터 계열을 보조 세로 (값) 축에 표시할 수 있다.
④ 보조 축에 그려지는 데이터 계열을 구분하기 위하여 보조 축의 데이터 계열만 선택하여 차트 종류를 변경할 수 있다.

**문제 22** 다음 중 창 나누기에 대한 설명으로 옳지 않은 것은? [18.09]

① 창 나누기를 실행하면 하나의 작업 창은 최대 4개 부분으로 나눌 수 있다.
② 첫 행과 첫 열을 제외한 나머지 셀에서 창 나누기를 수행하면 현재 셀의 위쪽과 왼쪽에 창 분할선이 생긴다.
③ 현재의 창 나누기 상태를 유지하면서 추가로 창 나누기를 지정할 수 있다.
④ 화면에 표시되는 창 나누기 형태는 인쇄 시 적용되지 않는다.

**문제 23** **다음 중 채우기 핸들을 이용하여 데이터를 입력하는 방법으로 옳지 않은 것은?** [16.06]

① 인접한 셀의 내용으로 현재 셀을 빠르게 입력하려면 위쪽 셀의 내용은 Ctrl + D, 왼쪽 셀의 내용은 Ctrl + R을 클릭한다.

② 숫자와 문자가 혼합된 문자열이 입력된 셀의 채우기 핸들을 아래쪽으로 끌면 문자는 복사되고 숫자는 1씩 증가한다.

③ 숫자가 입력된 셀의 채우기 핸들을 Ctrl 키를 누른 채 아래쪽으로 끌면 똑같은 내용이 복사되어 입력된다.

④ 날짜가 입력된 셀의 채우기 핸들을 아래쪽으로 끌면 기본적으로 1일 단위로 증가하여 자동 채우기가 된다.

**문제 24** **다음 중 다양한 상황과 변수에 따른 여러 가지 결과 값의 변화를 가상의 상황을 통해 예측하여 분석할 수 있는 도구는?** [14.06, 17.03]

① 시나리오 관리자　　② 목표값 찾기

③ 부분합　　④ 통합

**문제 25** **다음 중 하이퍼링크에 대한 설명으로 옳지 않은 것은?** [14.03]

① 단추에는 하이퍼링크를 지정할 수 있지만 도형에는 하이퍼링크를 지정할 수 없다.

② 다른 통합 문서에 있는 특정 시트의 특정 셀로 하이퍼링크를 지정할 수 있다.

③ 특정 웹 사이트로 하이퍼링크를 지정할 수 있다.

④ 현재 사용 중인 통합 문서의 다른 시트로 하이퍼링크를 지정할 수 있다.

**문제 26** **다음 중 [외부 데이터 가져오기] 기능으로 가져올 수 없는 파일 형식은?** [15.10]

① 데이터베이스 파일(*.accdb)　　② 한글 파일(*.hwp)

③ 텍스트 파일(*.txt)　　④ 쿼리 파일(*.dqy)

**문제 27** 다음 중 수식에 잘못된 인수나 피연산자를 사용한 경우 표시되는 오류 메시지는? [14.10, 15.03, 18.03]

① #DIV/0!
② #NUM!
③ #NAME?
④ #VALUE!

**문제 28** 다음 중 판매 관리표에서 수식으로 작성된 판매액의 총 합계가 원하는 값이 되기 위한 판매수량을 예측하는데 가장 적절한 데이터 분석 도구는? (단, 판매액의 총 합계를 구하는 수식은 판매수량을 참조하여 계산된다.) [16.10]

① 시나리오 관리자
② 데이터 표
③ 피벗 테이블
④ 목표값 찾기

**문제 29** 다음 중 데이터 유효성 검사에 대한 설명으로 옳지 않은 것은? [17.03]

① 목록의 값들을 미리 지정하여 데이터 입력을 제한할 수 있다.
② 입력할 수 있는 정수의 범위를 제한할 수 있다.
③ 목록으로 값을 제한하는 경우 드롭다운 목록의 너비를 지정할 수 있다.
④ 유효성 조건 변경 시 변경 내용을 범위로 지정된 모든 셀에 적용할 수 있다.

**문제 30** 다음 중 아래 차트에 대한 설명으로 옳지 않은 것은? [16.06]

| | A | B | C | D |
|---|---|---|---|---|
| 10 | | | | |
| 11 | 성명 | 학과 | 국어 | 영어 |
| 14 | | 경영과 평균 | 84 | 87 |
| 18 | | 수학과 평균 | 82 | 84 |
| 22 | | 정보과 평균 | 82 | 91 |
| 23 | | 전체 평균 | 82.5 | 87.375 |



① 세로 (값) 축의 축 서식에서 주 눈금선 표시는 '바깥쪽', 보조 눈금 표시는 '안쪽'으로 설정하였다.

② 세로 (값) 축의 축 서식에서 주 단위 간격을 '5'로 설정하였다.

③ 데이터 계열 서식의 '계열 겹치기' 값을 0보다 작은 값으로 설정하였다.

④ 윤곽기호를 이용하여 워크시트와 차트에 수준 3의 정보 행이 표시되지 않도록 설정하였다.

**문제 31** 다음 중 아래 시트에서 [C2:G3] 영역을 참조하여 [C5] 셀의 점수 값에 해당하는 학점을 [C6] 셀에 구하기 위한 함수식으로 옳은 것은? [18.03]

| | A | B | C | D | E | F | G |
|---|---|---|---|---|---|---|---|
| 1 | | | | | | | |
| 2 | | 점수 | 0 | 60 | 70 | 80 | 90 |
| 3 | | 학점 | F | D | C | B | A |
| 4 | | | | | | | |
| 5 | | 점수 | 76 | | | | |
| 6 | | 학점 | | | | | |
| 7 | | | | | | | |

① =VLOOKUP(C5,C2:G3,2,TRUE)

② =VLOOKUP(C5,C2:G3,2,FALSE)

③ =HLOOKUP(C5,C2:G3,2,TRUE)

④ =HLOOKUP(C5,C2:G3,2,FALSE)

**문제 32** 다음 중 원본 데이터를 지정된 서식으로 설정하였을 때, 결과가 옳지 않은 것은? [14.03, 16.06]

① 원본 데이터 : 2013-02-01, 서식 : yyyy-mm-ddd→ 결과 데이터 : 2013-02-Fri
② 원본 데이터 : 5054.2, 서식 : ###→ 결과 데이터 : 5054
③ 원본 데이터 : 대한민국, 서식 : @"화이팅"→ 결과 데이터 : 대한민국화이팅
④ 원본 데이터 : 15:30:22, 서식 : hh:mm:ss AM/PM→ 결과 데이터 : 3:30:22 PM

**문제 33** 다음 중 매크로의 바로 가기 키에 대한 설명으로 옳지 않은 것은? [20.07]

① 매크로 생성 시 설정한 바로 가기 키는 [매크로] 대화 상자의 [옵션]에서 변경할 수 있다.
② 기본적으로 바로 가기 키는 Ctrl 키와 조합하여 사용하지만 대문자로 지정하면 Shift 키가 자동으로 덧붙는다.
③ 바로 가기 키의 조합 문자는 영문자만 가능하고, 바로 가기 키를 설정하지 않아도 매크로를 생성할 수 있다.
④ 엑셀에서 기본적으로 지정되어 있는 바로 가기 키는 매크로의 바로 가기 키로 지정할 수 없다.

**문제 34** 다음 중 아래와 같이 조건을 설정한 고급 필터의 실행 결과에 대한 설명으로 옳은 것은? [18.09]

| 소속 | 근무경력 |
|---|---|
| <>영업팀 | >=30 |

① 소속이 '영업팀'이 아니면서 근무경력이 30년 이상인 사원 정보
② 소속이 '영업팀'이면서 근무경력이 30년 이상인 사원 정보
③ 소속이 '영업팀'이 아니거나 근무경력이 30년 이상인 사원 정보
④ 소속이 '영업팀'이거나 근무경력이 30년 이상인 사원정보

**문제 35** 다음 중 입력자료에 주어진 표시형식으로 지정한 경우 그 결과가 옳지 않은 것은? [17.03]

① 표시형식: #,##0,　　입력자료: 12345　　표시결과: 12
② 표시형식: 0.00　　입력자료: 12345　　표시결과: 12345.00
③ 표시형식: dd-mmm-yy　　입력자료: 2015/06/25　　표시결과 : 25-June-15
④ 표시형식: @@"**"　　입력자료: 컴활　　표시결과: 컴활컴활**

**문제 36** 아래 견적서에서 총합계 [F2] 셀을 1,170,000원으로 맞추기 위해서 [D6] 셀의 할인율을 어느 정도로 조정해야 하는지 그 목표값을 찾고자 한다. 다음 중 [목표값 찾기] 대화상자의 각 항목에 들어갈 내용으로 옳은 것은? [18.03]

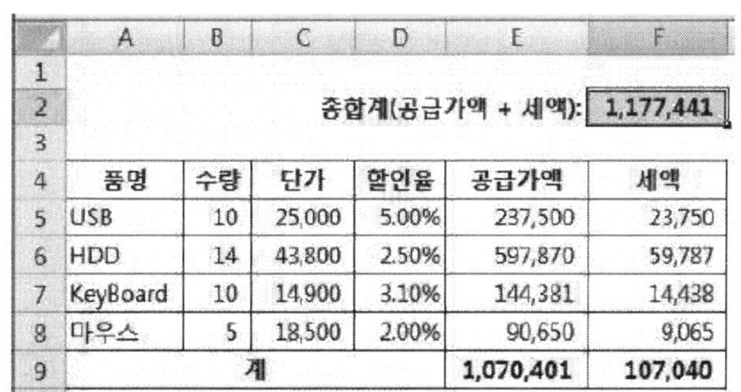

| | A | B | C | D | E | F |
|---|---|---|---|---|---|---|
| 1 | | | | | | |
| 2 | | | | | 총합계(공급가액 + 세액): | 1,177,441 |
| 3 | | | | | | |
| 4 | 품명 | 수량 | 단가 | 할인율 | 공급가액 | 세액 |
| 5 | USB | 10 | 25,000 | 5.00% | 237,500 | 23,750 |
| 6 | HDD | 14 | 43,800 | 2.50% | 597,870 | 59,787 |
| 7 | KeyBoard | 10 | 14,900 | 3.10% | 144,381 | 14,438 |
| 8 | 마우스 | 5 | 18,500 | 2.00% | 90,650 | 9,065 |
| 9 | 계 | | | | 1,070,401 | 107,040 |

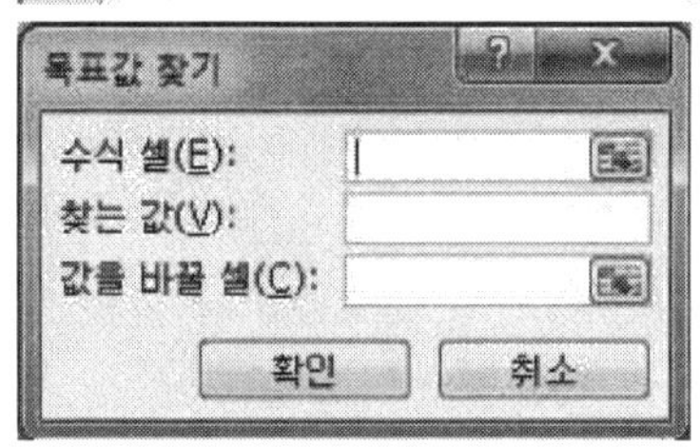


① 수식 셀: $F$2, 찾는 값: 1170000, 값을 바꿀 셀: $D$6
② 수식 셀: $D$6, 찾는 값: $F$2, 값을 바꿀 셀: 1170000
③ 수식 셀: $D$6, 찾는 값: 1170000, 값을 바꿀 셀: $F$2
④ 수식 셀: $F$2, 찾는 값: $D$6, 값을 바꿀 셀: 1170000

**문제 37** 다음 중 참조의 대상 범위로 사용하는 이름 정의 시 이름의 지정 방법에 대한 설명으로 옳지 않은 것은? [17.09]

① 이름의 첫 글자로 밑줄(_)을 사용할 수 없다.
② 이름에 공백 문자는 포함할 수 없다.
③ 'A1'과 같은 셀 참조 주소 이름은 사용할 수 없다.
④ 여러 시트에서 동일한 이름으로 정의할 수 있다.

**문제 38** 다음 중 매크로에 관한 설명으로 옳지 않은 것은? [15.06]

① 서로 다른 매크로에 동일한 이름을 부여할 수 없다.
② 매크로는 반복적인 작업을 자동화하여 복잡한 작업을 단순한 명령으로 실행할 수 있도록 한다.
③ 매크로 기록 시 사용자의 마우스 동작은 기록되지만 키보드 작업은 기록되지 않는다.
④ 현재 셀의 위치를 기준으로 매크로가 실행되도록 하려면 '상대 참조로 기록'을 설정한 후 매크로를 기록한다.

**문제 39** 다음 중 각 함수식과 그 결과가 옳지 않은 것은? [17.03]

① =TRIM(" 1/4분기 수익") → 1/4분기 수익
② =SEARCH("세","세금 명세서", 3) → 5
③ =PROPER("republic of korea") → REPUBLIC OF KOREA
④ =LOWER("Republic of Korea") → republic of korea

**문제 40** 다음 중 입력한 수식에서 발생한 오류 메시지와 그 발생 원인으로 옳지 않은 것은? [18.09]

① #VALUE! : 잘못된 인수나 피연산자를 사용했을 때
② #DIV/0! : 특정 값(셀)을 0 또는 빈 셀로 나누었을 때
③ #NAME? : 함수 이름을 잘못 입력하거나 인식할 수 없는 텍스트를 수식에 사용했을 때
④ #REF! : 숫자 인수가 필요한 함수에 다른 인수를 지정했을 때

**문제 41** 다음 중 수식의 실행 결과가 옳지 않은 것은? [14.10]

① =ROUND(4561.604,1) → 4561.6
② =ROUND(4561.604,-1) → 4560
③ =ROUNDUP(4561.604,1) → 4561.7
④ =ROUNDUP(4561.604,-1) → 4562

**문제 42** 다음 중 피벗 테이블 보고서에 대한 설명으로 옳지 않은 것은? [16.06]

① 피벗 테이블 보고서를 작성한 후에 사용자가 새로운 수식을 추가하여 표시할 수 있다.
② 원본 데이터가 변경되면 피벗 테이블 보고서의 데이터도 자동으로 변경된다.
③ 피벗 테이블 보고서는 현재 작업 중인 워크시트나 새로운 워크시트에 작성할 수 있다.
④ 피벗 테이블을 삭제하더라도 피벗 테이블과 연결된 피벗 차트는 삭제되지 않고 일반 차트로 변경된다.

**문제 43** 다음 중 셀 범위를 선택한 후 그 범위에 이름을 정의하여 사용하는 것에 대한 설명으로 옳지 않은 것은? [19.03]

① 이름은 기본적으로 상대참조를 사용한다.
② 이름에는 공백이 없어야 한다.
③ 이름은 대소문자를 구별하지 않는다.
④ 정의된 이름은 다른 시트에서도 사용할 수 있다.

**문제 44** 다음 중 엑셀에서 기본 오름차순 정렬 순서에 대한 설명으로 옳지 않은 것은? [14.03, 18.03]

① 날짜는 가장 이전 날짜에서 가장 최근 날짜의 순서로 정렬된다.
② 논리값의 경우 TRUE 다음 FALSE의 순서로 정렬된다.
③ 숫자는 가장 작은 음수에서 가장 큰 양수의 순서로 정렬된다.
④ 빈 셀은 오름차순과 내림차순 정렬에서 항상 마지막에 정렬된다.

**문제 45** 다음 중 아래의 워크시트에서 함수의 사용 결과가 나머지 셋과 다른 것은? [15.10]

| | A | B | C | D |
|---|---|---|---|---|
| 1 | | | | |
| 2 | 100 | 200 | 300 | 400 |

① =LARGE(A2:C2,2)　　② =LARGE(A2:D2,2)
③ =SMALL($A$2:$C$2,2)　　④ =SMALL($A$2:$D$2,2)

**문제 46** 아래 보기는 입력 데이터, 표시 형식, 결과 순으로 표시한 것이다. 입력 데이터에 주어진 표시 형식으로 지정한 경우 그 결과가 옳지 않은 것은? [18.09]

① 10 : ##0.0 → 10.0
② 2123500 : #,###,"천원" → 2,123.5천원
③ 홍길동 : @"귀하" → 홍길동귀하
④ 123.1 : 0.00 → 123.10

**문제 47** [페이지 설정] 대화상자의 [시트] 탭에서 '반복할 행'에 [$4:$4]을 입력하고 워크시트 문서를 출력하였다. 다음 중 출력 결과에 대한 설명으로 옳은 것은? [13.03]

① 첫 페이지만 1행부터 4행의 내용이 반복되어 인쇄된다.
② 모든 페이지에 4행의 내용이 반복되어 인쇄된다.
③ 모든 페이지에 4열의 내용이 반복되어 인쇄된다.
④ 모든 페이지에 4행과 4열의 내용이 반복되어 인쇄된다.

**문제 48** 다음 중 메모에 대한 설명으로 옳지 않은 것은? [15.10]

① 통합 문서에 포함된 메모를 시트에 표시된 대로 인쇄 하거나 시트 끝에 인쇄할 수 있다.
② 메모에는 어떠한 문자나 숫자, 특수 문자도 입력 가능하며, 텍스트 서식도 지정할 수 있다.
③ 시트에 삽입된 모든 메모를 표시하려면 [검토] 탭의 [메모] 그룹에서 '메모 모두 표시'를 선택한다.
④ 셀에 입력된 데이터를 Delete 키로 삭제한 경우 메모도 함께 삭제된다.

**문제 49** 다음 중 아래 워크시트에서 가입일이 2000년 이전이면 회원등급을 '골드회원', 아니면 '일반회원'으로 표시하려고 할 때 [C19] 셀에 입력할 수식으로 옳은 것은? [14.06]

| | A | B | C |
|---|---|---|---|
| 17 | 회원가입현황 | | |
| 18 | 성명 | 가입일 | 회원등급 |
| 19 | 강민호 | 2000-01-05 | 골드회원 |
| 20 | 김보라 | 1996-03-07 | 골드회원 |
| 21 | 이수연 | 2002-06-20 | 일반회원 |
| 22 | 황정민 | 2006-11-23 | 일반회원 |
| 23 | 최경수 | 1998-10-20 | 골드회원 |
| 24 | 박정태 | 1999-12-05 | 골드회원 |

① =TODAY(IF(B19〈=2000,"골드회원","일반회원")

② =IF(TODAY(B19)〈=2000,"골드회원","일반회원")

③ =IF(DATE(B19)〈=2000,"골드회원","일반회원")

④ =IF(YEAR(B19)〈=2000,"골드회원","일반회원")

**문제 50** 다음 중 새 워크시트에서 보기의 내용을 그대로 입력하였을 때, 입력한 내용이 텍스트로 인식되지 않는 것은? [20.07]

① 01:02AM
② 0 1/4
③ '1234
④ 1월 30일

**문제 51** 다음 중 날짜 및 시간 데이터에 관한 설명으로 옳지 않은 것은? [19.03]

① 날짜 데이터를 입력할 때 년도와 월만 입력하면 일자는 자동으로 해당 월의 1일로 입력된다.

② 셀에 '4/9'을 입력하고 Enter 키를 누르면 셀에는 '04월 09일'로 표시된다.

③ 날짜 및 시간 데이터의 텍스트 맞춤은 기본 왼쪽 맞춤으로 표시된다.

④ Ctrl + ; 키를 누르면 시스템의 오늘 날짜, Ctrl + Shift + ; 키를 누르면 현재 시간이 입력된다.

**문제 52** 아래 워크시트에서 [A2:B8] 영역을 참조하여 [E3:E7] 영역에 학점별 학생수를 표시하고자 한다. 다음 중 [E3] 셀에 수식을 입력한 후 채우기 핸들을 이용하여 [E7] 셀까지 계산하려고 할 때 [E3] 셀에 입력해야 할 수식으로 옳은 것은? [16.10]

| | A | B | C | D | E |
|---|---|---|---|---|---|
| 1 | 엑셀 성적 분포 | | | | |
| 2 | 이름 | 학점 | | 학점 | 학생수 |
| 3 | 김현미 | B | | A | 2 |
| 4 | 조미림 | C | | B | 1 |
| 5 | 심기훈 | A | | C | 2 |
| 6 | 박원석 | A | | D | 1 |
| 7 | 이영준 | D | | F | 0 |
| 8 | 최세종 | C | | | |

① =COUNTIF(B3:B8,D3)
② =COUNTIF($B$3:$B$8,D3)
③ =SUMIF(B3:B8,D3)
④ =SUMIF($B$3:$B$8,D3)

**문제 53** 다음 중 가상 분석 도구인 [데이터 표]에 대한 설명으로 옳지 않은 것은? [17.09]

① 테스트 할 변수의 수에 따라 변수가 한 개이거나 두 개인 데이터 표를 만들 수 있다.
② 데이터 표를 이용하여 입력된 데이터는 부분적으로 수정 또는 삭제할 수 있다.
③ 워크시트가 다시 계산될 때마다 데이터 표도 변경 여부에 관계없이 다시 계산된다.
④ 데이터 표의 결과값은 반드시 변화하는 변수를 포함한 수식으로 작성해야 한다.

**문제 54** 다음 중 함수식과 그 결과로 옳지 않은 것은? [16.06]

① =ODD(4) → 5
② =EVEN(5) → 6
③ =MOD(18,-4) → -2
④ =POWER(5,3) → 15

**문제 55** **다음 중 틀 고정 및 창 나누기에 대한 설명으로 옳지 않은 것은?** [17.03]

① 화면에 나타나는 창 나누기 형태는 인쇄 시 적용되지 않는다.
② 창 나누기를 수행하면 셀 포인트의 오른쪽과 아래쪽으로 창 구분선이 표시된다.
③ 창 나누기는 셀 포인트의 위치에 따라 수직, 수평, 수직·수평 분할이 가능하다.
④ 첫 행을 고정하려면 셀 포인트의 위치에 상관없이 [틀 고정] - [첫 행 고정]을 선택한다.

**문제 56** **다음 중 [D9] 셀에서 사과나무의 평균 수확량을 구하고자 하는 경우 나머지 셋과 다른 결과를 표시하는 수식은?** [16.10, 20.07]

| | A | B | C | D | E | F |
|---|---|---|---|---|---|---|
| 1 | 나무번호 | 종류 | 높이 | 나이 | 수확량 | 수익 |
| 2 | 001 | 사과 | 18 | 20 | 18 | 105000 |
| 3 | 002 | 배 | 12 | 12 | 10 | 96000 |
| 4 | 003 | 체리 | 13 | 14 | 9 | 105000 |
| 5 | 004 | 사과 | 14 | 15 | 10 | 75000 |
| 6 | 005 | 배 | 9 | 8 | 8 | 77000 |
| 7 | 006 | 사과 | 8 | 9 | 10 | 45000 |
| 8 | | | | | | |
| 9 | 사과나무의 평균 수확량 | | | | | |
| 10 | | | | | | |

① =INT(DAVERAGE(A1:F7,5,B1:B2))
② =TRUNC(DAVERAGE(A1:F7,5,B1:B2))
③ =ROUND(DAVERAGE(A1:F7,5,B1:B2),0)
④ =ROUNDDOWN(DAVERAGE(A1:F7,5,B1:B2),0)

**문제 57** **다음 중 피벗 테이블에 대한 설명으로 옳지 않은 것은?** [15.03, 18.03]

① 값 영역의 특정 항목을 마우스로 더블클릭하면 해당 데이터에 대한 세부적인 데이터가 새로운 시트에 표시된다.
② 데이터 그룹 수준을 확장하거나 축소해서 요약 정보만 표시할 수도 있고 요약된 내용의 세부 데이터를 표시할 수도 있다.
③ 행을 열로 또는 열을 행으로 이동하여 원본 데이터를 다양한 방식으로 요약하여 표시할 수 있다.
④ 피벗 테이블과 피벗 차트를 함께 만든 후에 피벗 테이블을 삭제하면 피벗 차트도 자동으로 삭제된다.

**문제 58** 다음 중 조건부 서식에 대한 설명으로 옳지 않은 것은? [13.10]

① 조건부 서식의 규칙별로 다른 서식을 적용할 수 있다.
② 해당 셀이 여러 개의 조건을 동시에 만족하는 경우 가장 나중에 만족된 조건부 서식이 적용된다.
③ 조건을 수식으로 입력할 경우 수식 앞에 등호(=)를 반드시 입력해야 한다.
④ 조건부 서식에 의해 서식이 설정된 셀에서 값이 변경되어 조건에 만족하지 않을 경우 적용된 서식은 바로 해제된다.

**문제 59** 다음 중 워크시트의 [머리글/바닥글] 설정에 대한 설명으로 옳지 않은 것은? [14.10]

① '페이지 레이아웃' 보기 상태에서는 워크시트 페이지 위쪽이나 아래쪽을 클릭하여 머리글/바닥글을 추가할 수 있다.
② 첫 페이지, 홀수 페이지, 짝수 페이지의 머리글/바닥글 내용을 다르게 지정할 수 있다.
③ 머리글/바닥글에 그림을 삽입하고, 그림 서식을 지정할 수 있다.
④ '페이지 나누기 미리 보기' 상태에서는 미리 정의된 머리글이나 바닥글을 선택하여 쉽게 추가할 수 있다.

**문제 60** 다음 중 아래의 워크시트에서 '박지성'의 결석 값을 찾기 위한 함수식은? [17.03]

| | A | B | C | D |
|---|---|---|---|---|
| 1 | 성적표 | | | |
| 2 | 이름 | 중간 | 기말 | 결석 |
| 3 | 김남일 | 86 | 90 | 4 |
| 4 | 이천수 | 70 | 80 | 2 |
| 5 | 박지성 | 95 | 85 | 5 |

① =VLOOKUP("박지성",$A$3:$D$5,4,1)
② =VLOOKUP("박지성",$A$3:$D$5,4,0)
③ =HLOOKUP("박지성",$A$3:$D$5,4,0)
④ =HLOOKUP("박지성",$A$3:$D$5,4,1)

## 2과목 총정리 문제 정답 및 해설

| 1 | 2 | 3 | 4 | 5 | 6 | 7 | 8 | 9 | 10 |
|---|---|---|---|---|---|---|---|---|---|
| ① | ④ | ③ | ④ | ② | ③ | ② | ① | ④ | ③ |
| 11 | 12 | 13 | 14 | 15 | 16 | 17 | 18 | 19 | 20 |
| ② | ③ | ① | ④ | ① | ③ | ④ | ③ | ③ | ① |
| 21 | 22 | 23 | 24 | 25 | 26 | 27 | 28 | 29 | 30 |
| ① | ③ | ③ | ① | ① | ② | ④ | ④ | ③ | ③ |
| 31 | 32 | 33 | 34 | 35 | 36 | 37 | 38 | 39 | 40 |
| ③ | ④ | ④ | ① | ③ | ① | ④ | ③ | ③ | ④ |
| 41 | 42 | 43 | 44 | 45 | 46 | 47 | 48 | 49 | 50 |
| ④ | ② | ① | ② | ② | ② | ② | ④ | ④ | ② |
| 51 | 52 | 53 | 54 | 55 | 56 | 57 | 58 | 59 | 60 |
| ③ | ② | ② | ④ | ② | ③ | ④ | ② | ④ | ② |

**문제 1** 틀 고정은 위쪽 행과 왼쪽 열에 고정이 됩니다.

**문제 2** 매크로의 저장 위치는 '새 통합 문서', '개인용 매크로 통합 문서', '현재 통합 문서' 입니다.

**문제 3** 부분합 계산 항목으로 백분율, 중앙값, 순위, 절대 표준 편차는 사용하지 못 합니다.

**문제 4** WEEKDAY 함수는 결과값이 숫자로 반환됩니다.

**문제 5** [찾기 및 바꾸기]는 수식, 값, 숨겨진 행/열에 있는 값, 메모 안의 텍스트 등 모두 찾거나 바꿀 수 있습니다.

**문제 6** 시나리오에서 설명은 반드시 입력하지 않아도 됩니다.

**문제 7** 조건부 서식은 유일하게 열 고정을 합니다. 따라서 $A1형태처럼 영어 단어 앞에만 $가 들어간 것을 찾으시면 됩니다.

**문제 8** '옵션' 단추를 누르면 바로 가기 키, 설명이 나타나고 편집 단추를 누르면 매크로 이름이나 명령 코드를 수정할 수 있습니다.

**문제 9** 부분합을 되돌리려고 할 경우에는 [데이터] 탭-[부분합]에서 모두 제거 버튼을 누르면 됩니다.

**문제 10** 메모는 Delete 나 BackSpace (←) 로 지울 수는 없습니다. 그 외에 지운다는 표현이 들어간 문장은 ③번밖에 없었습니다.

**문제 11** 통합할 데이터가 다른 통합 문서에 있어도 적용할 수 있습니다.

**문제 12** RANK.EQ 함수는 순위를 구하는 함수로 RANK.EQ(D2,$D$2:$D$5)의 결과값은 3이 나옵니다. CHOOSE 함수는 숫자에 해당하는 위치의 결과값을 나타내는 함수로 3번째

결과값, 영광이 나오게 됩니다.

**문제 13** ② 이름은 중복적으로 정의할 수 없습니다.
③ Excel은 기본적으로 대문자와 소문자를 구별하지 않습니다.
④ 이름의 첫 글자는 반드시 문자로 시작해야 하며 공백은 사용 불가능합니다.

**문제 14** 병합된 셀이나 숨겨진 행/열은 같이 작업할 수 없습니다. 따라서 맨 아래쪽으로 정렬되지 않고 에러창이 나오게 됩니다.

**문제 15** 워크시트의 다른 영역으로 결과 테이블을 자동 생성할 수 있는 기능은 고급 필터입니다.

**문제 16** IF는 다른 함수와 사용할 경우 가장 먼저 사용하는 함수입니다. 그리고 직무가 90 이상이거나 라고 하였기 때문에 '이거나'를 의미하는 OR을 먼저 사용하게 됩니다. 그렇게 첫 번째 조건을 작성한 이후 국사와 상식이 모두라고 하였는데 '모두'라는 단어는 AND를 의미합니다. 따라서 첫 번째 조건이 끝나고 두 번째 조건에 AND를 넣어서 작성하면 됩니다.

**문제 17** Home 키는 영어 알파벳만 A로 바뀌고 숫자는 변화가 없습니다. 따라서 [A5] 셀로 셀 포인터가 이동합니다.

**문제 18** 특정 값의 변화에 따른 결과 값의 변화 과정을 찾는 것이기 때문에 데이터 표 기능을 이용하면 됩니다.

**문제 19** 단순 암기 문제였습니다. 백 만원 단위로 표시되는 것은 뒤에 ,(쉼표)가 2개 들어가면 됩니다.

**문제 20** DCOUNT는 숫자만 개수를 구할 수 있으며 DCOUNTA는 숫자나 문자 모두 개수를 구할 수 있습니다. ①번에서 보시면 =DCOUNT(A1:D5,2,F2:F3)으로 되어 있는데 가운데 2는 계산할 곳 위치를 의미합니다. 2번째 제목 '이름' 밑에 있는 항목들이 모두 문자로 이루어져 있기 때문에 DCOUNT로는 값을 구할 수 없습니다.

**문제 21** 계열 겹치기 수치를 양수로 지정하면 데이터 계열 사이가 좁아지고 음수로 지정하면 데이터 계열 사이가 벌어집니다.

**문제 22** 현재의 창 나누기 상태를 유지하면서 추가로 창 나누기를 지정할 수는 없습니다.

**문제 23** 셀이 1개일 경우 채우기 핸들을 Ctrl 을 누른 채 아래쪽으로 끌면 1씩 증가합니다. 셀이 1개일 때 아무 것도 누르지 않고 채우기 핸들을 사용해야 내용이 복사됩니다.

**문제 24** 가상의 상황을 통해 예상/예측/분석하는 데이터 도구는 시나리오입니다.

**문제 25** 하이퍼링크는 단추에만 지정할 수 없습니다. 단추를 제외한 나머지는 모두 지정할 수 있습니다.

**문제 26** 외부 데이터에서는 한글 파일은 가져올 수 없습니다.

**문제 27** 잘못된 인수나 피연산자를 사용한 경우 표시되는 오류 메시지는 #VALUE!입니다.

**문제 28** 원하는 값(목표값)을 찾는 과정으로 목표값 찾기를 이용하면 됩니다.

**문제 29** 데이터 유효성 검사에서 드롭다운 목록의 너비는 따로 지정할 수 없습니다.

**문제 30** 계열 겹치기 값이 0보다 큰 양수로 지정이 되었기 때문에 데이터 계열이 겹쳐지게 되었습니다.

**문제 31** 제목이 같은 열에 위치하고 있으며 제목을 기준으로 해서 데이터들이 모두 오른쪽으로 진행하고 있기 때문에 이 경우에는 HLOOKUP 함수를 사용하면 됩니다. 그리고 HLOOKUP 다음 첫 번째 위치에 C5셀이 들어가 있는데 문제에서 C5셀을 보면 숫자가 들어가 있습니다. 따라서 =HLOOKUP(1,2,3,4) 마지막 4번 위치에는 1이나 TRUE가 들어가 있거나 또는 마지막 4번째 위치는 생략이 되어도 됩니다.

**문제 32** hh로 표시되었기 때문에 의미 없는 0도 표시해야 합니다. 따라서 03:30:22 PM으로 나타나게 됩니다.

**문제 33** 엑셀에서 기본적으로 지정되어 있는 바로 가기 키와 매크로의 바로 가기 키는 중복해서 지정할 수 있습니다. 다만 중복해서 지정할 경우 매크로의 바로 가기 키가 실행됩니다.

**문제 34** 비교 연산자 중 <>는 부정 연산자로 ~이 아니다의 뜻을 가지고 있습니다. 그리고 제목 바로 밑에 조건들이 붙어있는 조건은 AND 조건으로 ~이고, ~이면서 등의 단어가 들어간 문장을 찾으면 됩니다.

**문제 35** dd-mmm-yy로 표시하면 25-Jun-15 형식으로 나와야 합니다. mmm이 3개이면 앞에서 3글자, 4개이면 전체 이름이 나오게 됩니다. 만약 ③번 표시결과처럼 나오게 하고 싶으면 dd-mmmm-yy로 하면 됩니다.

**문제 36** 목표값 찾기 문제를 풀 때는 숫자를 기준으로 해서 수식 셀에는 문제에서 숫자 앞에 셀 확인을 확인하고 찾는 값에 숫자를 입력한 다음 값을 바꿀 셀에 문제에서 숫자 뒤에 있는 셀을 확인하면 됩니다.

**문제 37** 이름 정의 규칙 중 시트가 달라도 동일한 이름으로 정의할 수는 없습니다.

**문제 38** 매크로는 키보드와 마우스의 동작을 모두 기록합니다.

**문제 39** PROPER 함수는 첫 글자만 대문자로 변환하고 나머지 문자는 소문자로 변환하는 함수입니다. 따라서, PROPER 함수를 사용시 Republic Of Korea가 나와야 정답이 됩니다. 'REPUBLIC OF KOREA'처럼 모두 대문자가 나오려면 UPPER 함수를 사용하면 됩니다.

**문제 40** 숫자 인수가 필요한 함수에 다른 인수를 지정했을 때 나오는 오류 메시지는 #NUM! 입니다. #REF!는 셀 참조를 잘못 사용한 경우에 나타나는 오류 메시지입니다.

**문제 41** ROUNDUP의 경우 숫자에 상관 없이 자리수를 올립니다. 자리수를 지정할 경우 자리수가 소수점이면 숫자, 정수면 0, 양수이면 -0의 개수를 지정하면 되기 때문에 ④번의 경우 4570이 나오면 됩니다.

**문제 42** 원본 데이터가 변경되어도 피벗 테이블 보고서의 데이터는 자동으로 변경되지 않고 변경하려면 새로고침을 누르거나 처음부터 다시 피벗 테이블을 만들어야 합니다.

**문제 43** 이름 정의 규칙 중 하나로 이름은 절대참조를 사용합니다.

**문제 44** 논리값의 경우 FALSE 다음 TRUE 순서로 정렬됩니다.

**문제 45** LARGE 함수는 데이터 범위에서 k번째로 큰 값을 찾는 함수이고 SMALL 함수는 데이터 범위에서 k번째로 작은 값을 찾는 함수입니다. 따라서 ①, ③, ④번은 200이 나오지만 ②번은 300이 결과값으로 나오게 됩니다.

**문제 46** #,###,를 이용하면 천의 배수로 표시되는데 뒤에서 3자리 숫자는 없어지지만 남아있는 숫자 바로 뒤의 숫자에서 반올림 되기 때문에 2,124천원으로 표시됩니다.

**문제 47** $는 고정을 의미하고 숫자는 행을 의미합니다 그리고 : 은 ~을 의미합니다. 따라서 4행을 고정시킨 다음 추가로 4행까지 범위를 지정한다는 의미로 모든 페이지에 4행만 반복시킨다는 의미로 해석됩니다.

**문제 48** 메모는 Delete 나 BackSpace (←) 로 지울 수는 없습니다.

**문제 49** IF는 다른 함수와 사용할 경우 가장 먼저 사용하는 함수입니다. 그리고 문제에서 2000년이라고 하였기 때문에 연도를 구하는 함수(YEAR 함수)가 IF 함수 바로 다음에 위치하면 됩니다.

**문제 50** 0을 쓴 다음에 한 칸을 띄우고 1/4 형태로 입력하게 되면 분수로 입력됩니다.
① 시간으로 인식되려면 01:02 AM으로 되어야 합니다.
③ '가 있기 때문에 문자로 인식됩니다.
④ 01월 30일 형태로 나와야 날짜가 되며 날짜를 입력할 때는 '-' 나 '/'를 이용하면 됩니다.

**문제 51** 숫자, 시간, 날짜 3개 데이터의 텍스트는 모두 기본 오른쪽 맞춤으로 표시됩니다.

**문제 52** 문제에서 학생수를 구하고자 하였기 때문에 조건에 맞는 개수를 구하는 함수 COUNTIF를 사용합니다. 그리고 [E3] 셀에 결과를 입력하고 [E7] 셀까지 자동 채우기 핸들을 사용한다고 하였는데 이 경우 조건 범위(B3:B8)셀은 같이 움직이면 안 되기 때문에 절대참조를 사용해야 합니다.

**문제 53** 데이터 표에서는 데이터를 부분적으로 수정하거나 삭제할 수 없습니다.

**문제 54** POWER 함수는 거듭 제곱근 함수로 앞에 있는 숫자를 뒤에 있는 숫자의 개수만큼 곱하는 함수입니다. 따라서 =POWER(5,3)은 $5 \times 5 \times 5 = 125$가 나오게 됩니다.

**문제 55** 틀 고정이나 창 나누기는 셀 포인터의 왼쪽과 위쪽으로 표시됩니다.

**문제 56** INT는 소수점 아래를 모두 버리고 정수만 남기며, TRUNC와 ROUNDDOWN 또한 지정된 자리수 외에 나머지를 모두 버리는 함수입니다. 다만, ROUND는 지정된 자리수 외에는 반올림되는 함수입니다. 따라서 자리수 함수를 제외한 DAVERAGE 함수의 결과값을 보면 12.66666……이 나오게 됩니다. 그 앞에 있는 자리수를 적용하면 ①, ②, ④번은 모두 12라는 정수가 나오지만 ③번은 13이라는 정수가 나옵니다.

**문제 57** 피벗 테이블과 피벗 차트를 함께 만든 후 피벗 테이블을 삭제하면 피벗 차트는 일반 차트로 변경됩니다.

**문제 58** 조건부 서식은 조건이 만족하는 부분에 대해서 꾸미는 작업으로 여러 개의 조건을 동시에 만족하면 가장 처음에 만족된 조건부 서식이 적용됩니다.

**문제 59** '페이지 나누기 미리 보기' 상태에서는 머리글이나 바닥글을 추가할 수는 없습니다.

**문제 60** 제목이 같은 행에 위치하고 있으며 제목을 기준으로 해서 데이터들이 모두 밑으로 내려가고 있기 때문에 이 경우에는 VLOOKUP 함수를 사용하면 됩니다. 그리고 VLOOKUP 다음 첫 번째 위치에 "박지성"이라는 문자가 들어갔기 때문에 =VLOOKUP(1,2,3,4) 마지막 4번 위치에는 0이나 FALSE가 들어가면 됩니다.

# 과년도 기출문제 / 2020년 02월

**문제 1** 다음 중 멀티미디어의 특징에 대한 설명으로 옳지 않은 것은?

① 다양한 아날로그 데이터를 디지털 데이터로 변환하여 통합 처리한다.
② 정보 제공자와 사용자 간의 상호 작용에 의해 데이터가 전달된다.
③ 미디어별 파일 형식이 획일화되어 멀티미디어의 제작이 용이해진다.
④ 텍스트, 그래픽, 사운드, 동영상 등의 여러 미디어를 통합 처리한다.

**문제 2** 다음 중 컴퓨터에서 사용하는 오디오 포맷인 웨이브 파일(WAV file)에 관한 설명으로 옳지 않은 것은?

① 파일의 확장자는 'WAV'이다.
② 녹음 조건에 따라 파일의 크기가 가변적이다.
③ Windows Media Player로 파일을 재생할 수 있다.
④ 음높이, 음길이, 세기 등 다양한 음악 기호가 정의되어 있다.

**문제 3** 다음 중 정보 사회에서 발생할 수 있는 문제점으로 적절하지 않은 것은?

① 정보의 편중으로 계층 간의 정보 차이를 줄일 수 있다.
② 중앙 컴퓨터 또는 서버의 장애나 오류로 사회적, 경제적으로 혼란을 초래할 수 있다.
③ 정보기술을 이용한 새로운 범죄가 증가할 수 있다.
④ VDT 증후군이나 테크노스트레스 같은 직업병이 발생할 수 있다.

**문제 4** 다음 중 데이터 보안 침해 형태 중 하나인 변조에 대한 설명으로 옳은 것은?

① 데이터가 정상적으로 전송되는 것을 방해하는 것이다.
② 데이터가 전송되는 도중에 몰래 엿보거나 정보를 유출하는 것이다.
③ 전송된 데이터를 다른 내용으로 바꾸는 것이다.
④ 데이터를 다른 사람이 송신한 것처럼 꾸미는 것이다.

**문제 5** 다음 중 인터넷의 표준 주소 체계인 URL(Uniform Resource Locator)의 형식으로 옳은 것은?

① 프로토콜://호스트 서버 주소[:포트번호][/파일 경로]
② 프로토콜://호스트 서버 주소[/파일 경로][:포트번호]
③ 호스트 서버 주소://프로토콜[/파일 경로][:포트번호]
④ 호스트 서버 주소://프로토콜[:포트번호][/파일 경로]

**문제 6** 6. 다음 중 가상 메모리에 관한 설명으로 옳은 것은?

① EEPROM의 일종으로 디지털 기기에서 널리 사용되는 비휘발성 메모리이다.
② 주기억 장치의 크기보다 큰 용량을 필요로 하는 프로그램을 실행해야 할 때 유용하게 사용된다.
③ 중앙 처리 장치와 주기억 장치 사이에 위치하여 컴퓨터의 처리 속도를 향상시킨다.
④ 두 장치 간의 속도 차이를 해결하기 위해 사용되는 임시 저장 공간으로 각 장치 내에 위치한다.

**문제 7** 다음 중 이기종 단말 간 통신과 호환성 등 모든 네트워크상의 원활한 통신을 위해 최소한의 네트워크 구조를 제공하는 모델로 네트워크 프로토콜 디자인과 통신을 여러 계층으로 나누어 정의한 통신 규약 명칭은?

① ISO 7 계층 ② Network 7 계층
③ TCP/IP 7 계층 ④ OSI 7 계층

**문제 8** 다음 중 인트라넷(Intranet)에 관한 설명으로 옳은 것은?

① 핸드폰, 노트북 등과 같은 단말장치의 근거리 무선접속을 지원하기 위한 통신 기술이다.
② 인터넷 기술과 통신 규약을 기업 내의 전자 우편, 전자 결재 등과 같은 정보시스템에 적용한 것이다.
③ 납품업체나 고객업체 등 관련 있는 기업들 간의 원활한 통신을 위한 시스템이다.
④ 분야별 공통의 관심사를 가진 인터넷 사용자들이 서로의 의견을 주고받을 수 있게 하는 서비스이다.

**문제 9** 다음 중 인터넷 전자우편에 관한 설명으로 옳지 않은 것은?

① 한 사람이 동시에 여러 사람에게 전자우편을 보낼 수 있다.
② 기본적으로 8비트의 EBCDIC 코드를 사용하여 메시지를 보내고 받는다.
③ SMTP, POP3, MIME 등의 프로토콜이 사용된다.
④ 전자우편 주소는 '사용자 ID@호스트 주소'의 형식이 사용된다.

**문제 10** 다음 중 컴퓨터 운영체제의 주요 기능으로 옳지 않은 것은?

① 자원의 효율적인 관리를 위해 자원의 스케줄링을 제공한다.
② 시스템과 사용자간의 편리한 인터페이스를 제공한다.
③ 데이터 및 자원 공유 기능을 제공한다.
④ 시스템을 실시간으로 감시하여 바이러스 침입을 방지하는 기능을 제공한다.

**문제 11** 다음 중 USB 인터페이스에 대한 설명으로 옳지 않은 것은?

① 직렬포트보다 USB 포트의 데이터 전송 속도가 더 빠르다.
② USB는 컨트롤러 당 최대 127개까지 포트의 확장이 가능하다.
③ 핫 플러그 인(Hot Plug In)과 플러그 앤 플레이(Plug &Play)를 지원한다.
④ USB 커넥터를 색상으로 구분하는 경우 USB 3.0은 빨간색, USB 2.0은 파란색을 사용한다.

**문제 12** 다음 중 빈 칸의 용어를 올바르게 나열한 것은?

> ( ⓐ )은(는) 생활에서 관찰이나 측정을 통해 얻을 수 있는 문자나 그림, 숫자 등의 값을 의미한다. 이러한 요소들을 모아서 의미 있는 이용 가능한 형태로 바꾸면 ( ⓑ )이(가) 된다.
> ( ⓒ )란 정보통신기술의 혁신을 바탕으로 경제와 사회의 중심이 물질이나 에너지로부터 정보로 이동하여 정보가 사회의 전 분야에 널리 확산되는 것을 말한다.

① ⓐ 자료 ⓑ 지식 ⓒ 정보화
② ⓐ 자료 ⓑ 정보 ⓒ 정보화
③ ⓐ 정보 ⓑ DB ⓒ 스마트
④ ⓐ 정보 ⓑ 지식 ⓒ 스마트

**문제 13** 다음 중 사물 인터넷(IoT)에 대한 설명으로 옳지 않은 것은?

① IoT 구성품 가운데 디바이스는 빅데이터를 수집하며, 클라우드와 AI는 수집된 빅데이터를 저장하고 분석한다.
② IoT는 인터넷 기반으로 다양한 사물, 사람, 공간을 긴밀하게 연결하고 상황을 분석, 예측, 판단해서 지능화된 서비스를 자율 제공하는 제반 인프라 및 융복합 기술이다.
③ 현재는 사물을 단순히 연결시켜 주는 단계에서 수집된 데이터를 분석해 스스로 사물에 의사결정을 내리는 단계로 발전하고 있다.
④ IoT 네트워크를 이용할 경우 통신비용이 절감되는 효과가 있으며, 정보보안기술의 적용이 용이해진다.

**문제 14** 다음 중 컴퓨터 소프트웨어에서 셰어웨어(Shareware)에 관한 설명으로 옳은 것은?

① 정상 대가를 지불하고 사용하는 소프트웨어이다.
② 특정 기능이나 사용 기간에 제한을 두고 무료로 배포하는 소프트웨어이다.
③ 개발자가 소스를 공개한 소프트웨어이다.
④ 배포 이전의 테스트 버전의 소프트웨어이다.

**문제 15** 다음 중 모니터 화면의 이미지를 얼마나 세밀하게 표시할 수 있는가를 나타내는 정보로 픽셀 수에 따라 결정되는 것은?

① 재생률(refresh rate)
② 해상도(resolution)
③ 색깊이(color depth)
④ 색공간(color space)

**문제 16** 다음 중 Windows 운영체제에서 시스템의 속도가 느려진 경우 문제 해결 방법으로 가장 적절한 것은?

① [장치 관리자] 창에서 중복 설치된 해당 장치를 제거한다.
② 드라이브 조각 모음 및 최적화를 수행하여 하드 디스크의 단편화를 제거한다.
③ [작업 관리자] 창에서 시스템의 속도를 저해하는 Windows 프로세스를 찾아 '작업 끝내기'를 실행한다.
④ [시스템 관리자] 창에서 하드 디스크의 파티션을 재설정한다.

**문제 17** 다음 중 Windows의 방화벽 기능에 대한 설명으로 옳지 않은 것은?

① 통신을 허용할 프로그램 및 기능을 설정한다.
② 네트워크 및 인터넷 사용과 관련된 문제 해결 방법을 제공한다.
③ 바이러스의 감염을 인지하는 알림을 설정한다.
④ 네트워크 위치에 따른 외부 연결의 차단 여부를 설정한다.

**문제 18** 다음 중 Windows의 사용자 계정에 대한 설명으로 옳지 않은 것은?

① 관리자 계정의 사용자는 다른 계정의 컴퓨터 사용 시간을 제어할 수 있다.
② 관리자 계정의 사용자는 다른 계정의 계정 유형과 계정 이름, 암호를 변경할 수 있다.
③ 표준 계정의 사용자는 컴퓨터 보안에 영향을 주는 설정을 변경할 수 있다.
④ 표준 계정의 사용자는 컴퓨터에 설치된 대부분의 프로그램을 사용할 수 있고, 자신의 계정에 대한 암호 등을 설정할 수 있다.

**문제 19** 다음 중 Windows에서 파일을 선택한 후 Ctrl + Shift 키를 누른 채 다른 위치로 끌어다 놓은 결과는?

① 해당 파일의 바로 가기 아이콘이 만들어진다.
② 해당 파일이 복사된다.
③ 해당 파일이 이동된다.
④ 해당 파일이 휴지통을 거치지 않고 영구히 삭제된다.

**문제 20** 다음 중 Windows의 [제어판]에서 [시스템]을 선택했을 때 확인할 수 있는 정보에 해당하지 않는 것은?

① 설치된 Windows 운영체제의 버전
② CPU의 종류와 설치된 메모리의 용량
③ 설치된 Windows 정품 인증 내용
④ 컴퓨터 이름과 현재 로그인한 사용자 계정

**문제 21** 다음 중 아래 그림의 시나리오 요약 보고서에 대한 설명으로 옳지 않은 것은?

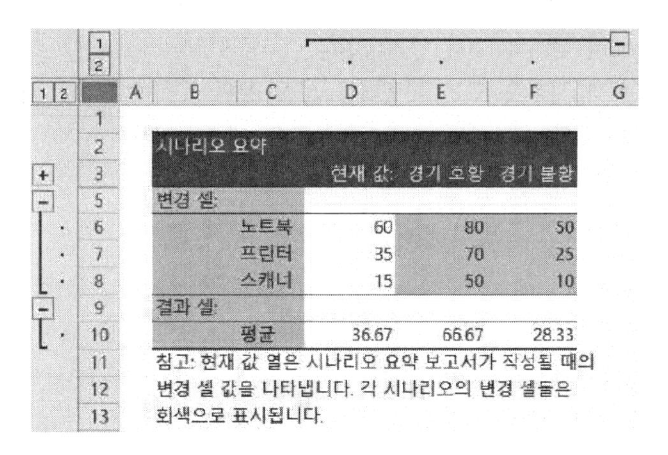

| 시나리오 요약 | | 현재 값: | 경기 호황 | 경기 불황 |
|---|---|---|---|---|
| 변경 셀: | | | | |
| | 노트북 | 60 | 80 | 50 |
| | 프린터 | 35 | 70 | 25 |
| | 스캐너 | 15 | 50 | 10 |
| 결과 셀: | | | | |
| | 평균 | 36.67 | 66.67 | 28.33 |

참고: 현재 값 열은 시나리오 요약 보고서가 작성될 때의 변경 셀 값을 나타냅니다. 각 시나리오의 변경 셀들은 회색으로 표시됩니다.

① 노트북, 프린터, 스캐너 값의 변화에 따른 평균 값을 확인할 수 있다.
② '경기 호황'과 '경기 불황' 시나리오에 대한 시나리오 요약 보고서이다.
③ 시나리오의 값을 변경하면 해당 변경 내용이 기존 요약 보고서에 자동으로 다시 계산되어 표시된다.
④ 시나리오 요약 보고서를 실행하기 전에 변경 셀과 결과셀에 대해 이름을 정의하였다.

**문제 22** 다음 중 아래의 고급 필터 조건에 대한 설명으로 옳은 것은?

| 국사 | 영어 | 평균 |
|---|---|---|
| >=80 | >=85 | |
| | | >=85 |

① 국사가 80 이상이거나, 영어가 85 이상이거나, 평균이 85 이상인 경우
② 국사가 80 이상이거나, 영어가 85 이상이면서 평균이 85 이상인 경우
③ 국사가 80 이상이면서 영어가 85 이상이거나, 평균이 85 이상인 경우
④ 국사가 80 이상이면서 영어가 85 이상이면서 평균이 85 이상인 경우

**문제 23** 다음 중 데이터 통합에 관한 설명으로 옳지 않은 것은?

① 데이터 통합은 위치를 기준으로 통합할 수도 있고, 영역의 이름을 정의하여 통합할 수도 있다.
② '원본 데이터에 연결' 기능은 통합할 데이터가 있는 워크시트와 통합 결과가 작성될 워크시트가 같은 통합 문서에 있는 경우에만 적용할 수 있다.
③ 다른 원본 영역의 레이블과 일치하지 않는 레이블이 있는 경우에 통합하면 별도의 행이나 열이 만들어진다.
④ 여러 시트에 있는 데이터나 다른 통합 문서에 입력되어 있는 데이터를 통합할 수 있다.

문제 24 다음 중 아래의 부분합 대화상자에 대한 설명으로 옳지 않은 것은?

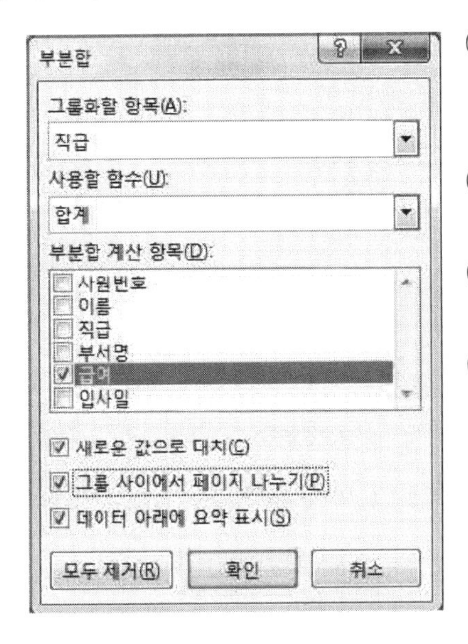


① 부분합을 실행하기 전에 직급 항목으로 정렬되어 있어야 올바른 결과를 얻을 수 있다.

② 부분합의 실행 결과는 직급별로 급여 항목에 대한 합계가 표시된다.

③ 인쇄시 직급별로 다른 페이지에 인쇄된다.

④ 계산 결과는 그룹별로 각 그룹의 위쪽에 표시된다.

문제 25 다음 중 [매크로] 대화상자에 대한 설명으로 옳지 않은 것은?

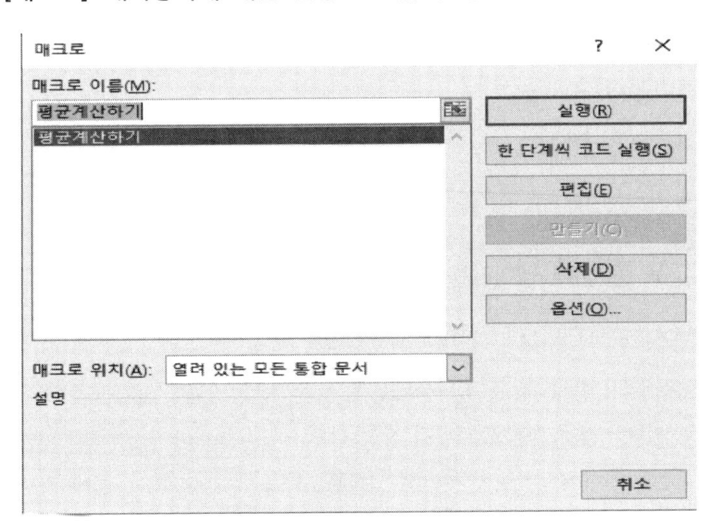


① [실행] 단추를 클릭하면 선택한 매크로를 실행한다.

② [한 단계씩 코드 실행] 단추를 클릭하면 선택한 매크로의 코드를 한 단계씩 실행할 수 있도록 Visual Basic 편집기를 실행한다.

③ [편집] 단추를 클릭하면 선택한 매크로의 명령을 수정할 수 있도록 Visual Basic 편집기를 실행한다.

④ [옵션] 단추를 클릭하면 선택한 매크로의 매크로 이름과 설명을 수정할 수 있는 [매크로 옵션] 대화상자를 표시한다.

**문제 26** 다음 중 날짜 데이터를 자동 채우기 옵션( ) 단추를 이용하여 데이터를 채운 경우, 채울 수 있는 값에 해당하지 않는 것은?

① 평일로만 일 단위 증가되는 날짜를 채울 수 있다.
②주 단위로 증가되는 날짜를 채울 수 있다.
③ 월 단위로 증가되는 날짜를 채울 수 있다.
④ 연 단위로 증가되는 날짜를 채울 수 있다.

**문제 27** 다음 중 [셀 서식] 대화상자에서 [맞춤] 탭의 기능으로 옳지 않은 것은?

① '셀 병합'은 선택 영역에서 데이터 값이 여러 개인 경우 마지막 셀의 내용만 남기고 모두 지운다.
② '셀에 맞춤'은 입력 데이터의 길이가 셀의 너비보다 긴 경우 글자 크기를 자동으로 줄인다.
③ '방향'은 데이터를 세로 방향으로 설정하거나 가로의 회전 각도를 지정하여 방향을 설정한다.
④ '텍스트 줄 바꿈'은 텍스트의 길이가 셀의 너비보다 긴 경우 자동으로 줄을 나누어 표시한다.

**문제 28** 다음 중 셀에 데이터를 입력하는 방법에 대한 설명으로 옳지 않은 것은?

① [C5] 셀에 값을 입력하고 Esc 키를 누르면 [C5] 셀에 입력한 값이 취소된다.
② [C5] 셀에 값을 입력하고 오른쪽 방향키를 누르면 [C5] 셀에 값이 입력된 후 [D5] 셀로 셀 포인터가 이동한다.
③ [C5] 셀에 값을 입력하고 Enter 키를 누르면 [C5] 셀에 값이 입력된 후 [C6] 셀로 셀 포인터가 이동한다.
④ [C5] 셀에 값을 입력하고 Home 키를 누르면 [C5] 셀에 값이 입력된 후 [C1] 셀로 셀 포인터가 이동한다.

문제 29 다음 중 아래 시트에서 [C2:C5] 영역에 수행한 결과가 다르게 나타나는 것은?

|  | A | B | C | D | E |
|---|---|---|---|---|---|
| 1 | 성명 | 출석 | 과제 | 실기 | 총점 |
| 2 | 박경수 | 20 | 20 | 55 | 95 |
| 3 | 이정수 | 15 | 10 | 60 | 85 |
| 4 | 경동식 | 20 | 14 | 50 | 84 |
| 5 | 김미경 | 5 | 11 | 45 | 61 |

① 키보드의 BackSpace (←) 키를 누른다.

② 마우스의 오른쪽 버튼을 눌러서 나온 바로 가기 메뉴에서 [내용 지우기]를 선택한다.

③ [홈]-[편집]-[지우기] 메뉴에서 [내용 지우기]를 선택한다.

④ 키보드의 Delete 키를 누른다.

문제 30 다음 중 시트 보호와 통합 문서 보호에 대한 설명으로 옳지 않은 것은?

① 시트 보호에서 '잠긴 셀 선택'을 허용하지 않으려면 시트 보호 설정 전 [셀 서식] 대화상자의 [보호] 탭에 '숨김' 항목이 선택되어 있어야 한다.

② 시트 보호 시 시트 보호 해제 암호를 지정할 수 있으며, 암호를 설정하지 않으면 모든 사용자가 시트의 보호를 해제하고 보호된 요소를 변경할 수 있다.

③ 통합 문서 보호는 시트의 삽입, 삭제, 이동, 숨기기, 이름 바꾸기 등의 작업을 할 수 없도록 보호하는 것이다.

④ 통합 문서 보호에서 보호할 대상으로 창을 선택하면 통합 문서의 창을 옮기거나 크기 조정, 닫기 등을 할수 없도록 보호한다.

문제 31 다음 중 매크로 이름을 정의하는 규칙으로 옳지 않은 것은?

① '?', '/', '-' 등의 문자는 매크로 이름에 사용할 수 없다.

② 기존의 매크로 이름과 동일한 이름을 사용하면 기존의 매크로를 새로 기록하려는 매크로로 바꿀 것인지를 선택할 수 있다.

③ 매크로 이름의 첫 글자는 반드시 문자로 지정해야 한다.

④ 매크로 이름에 사용되는 영문자는 대소문자를 구분한다.

**문제 32** 다음 중 아래 워크시트에서 '직무'가 90 이상이거나, '국사'와 '상식'이 모두 80 이상이면 '평가'에 "통과"를 표시하고 그렇지 않으면 공백을 표시하는 [E2] 셀의 함수식으로 옳은 것은?

| | A | B | C | D | E |
|---|---|---|---|---|---|
| 1 | 이름 | 직무 | 국사 | 상식 | 평가 |
| 2 | 이몽룡 | 87 | 92 | 84 | |
| 3 | 성춘향 | 91 | 86 | 77 | |
| 4 | 조방자 | 78 | 80 | 75 | |

① =IF(AND(B2>=90,OR(C2>=80,D2>=80)),"통과","")

② =IF(OR(AND(B2>=90,C2>=80),D2>=80)),"통과","")

③ =IF(OR(B2>=90,AND(C2>=80,D2>=80)),"통과","")

④ =IF(AND(OR(B2>=90,C2>=80),D2>=80)),"통과","")

**문제 33** 아래 시트에서 수강생들의 학점별 학생수를 [E3:E7] 영역에 계산하였다. 다음 중 [E3] 셀에 입력한 수식으로 옳은 것은?

| | A | B | C | D | E |
|---|---|---|---|---|---|
| 1 | 엑셀 성적 분포 | | | | |
| 2 | 이름 | 학점 | | 학점 | 학생수 |
| 3 | 이현미 | A | | A | 2 |
| 4 | 장조림 | B | | B | 3 |
| 5 | 나기훈 | B | | C | 1 |
| 6 | 백원석 | C | | D | 0 |
| 7 | 이영호 | A | | F | 0 |
| 8 | 세종시 | B | | | |
| 9 | | | | | |

① =COUNT(B3:B8,D3)

② =COUNTA($B$3:$B$8,D3)

③ =COUNTIF(D3,$B$3:$B$8)

④ =COUNTIF($B$3:$B$8,D3)

**문제 34** 다음 중 수식에 따른 실행 결과가 옳은 것은?

① =LEFT(MID("Sound of Music",5,6),3) → of

② =MID(RIGHT("Sound of Music",7),2,3) → Mu

③ =RIGHT(MID("Sound of Music",3,7),3) → f M

④ =MID(LEFT("Sound of Music",7),2,3) → und

**문제 35** 다음 중 차트에 대한 설명으로 옳지 않은 것은?

① 기본적으로 워크시트의 행과 열에서 숨겨진 데이터는 차트에 표시되지 않는다.
② 차트 제목, 가로/세로 축 제목, 범례, 그림 영역 등은 마우스로 드래그하여 이동할 수 있다.
③ Ctrl 키를 누른 상태에서 차트 크기를 조절하면 차트의 크기가 셀에 맞춰 조절된다.
④ 사용자가 자주 사용하는 차트 종류를 차트 서식 파일로 저장할 수 있다.

**문제 36** 아래 워크시트는 수량과 상품코드별 단가를 이용하여 금액을 산출한 것이다. 다음 중 [D2] 셀에 사용된 수식으로 옳은 것은? (단, 금액 = 수량 × 단가)

| | A | B | C | D |
|---|---|---|---|---|
| 1 | 매장명 | 상품코드 | 수량 | 금액 |
| 2 | 강북 | AA-10 | 15 | 45,000 |
| 3 | 강남 | BB-20 | 25 | 125,000 |
| 4 | 강서 | AA-10 | 30 | 90,000 |
| 5 | 강동 | CC-30 | 35 | 245,000 |
| 6 | | | | |
| 7 | | 상품코드 | 단가 | |
| 8 | | AA-10 | 3000 | |
| 9 | | CC-30 | 7000 | |
| 10 | | BB-20 | 5000 | |

① =C2*VLOOKUP(B2,$B$8:$C$10,2)
② =C2*VLOOKUP($B$8:$C$10,2,B2,FALSE)
③ =C2*VLOOKUP(B2,$B$8:$C$10,2,FALSE)
④ =C2*VLOOKUP($B$8:$C$10,2,B2)

**문제 37** 다음 중 특정한 데이터 계열에 대한 변화 추세를 파악하기 위한 추세선을 표시할 수 있는 차트 종류는?

①

② 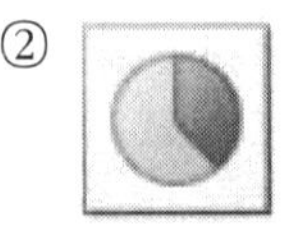

③ 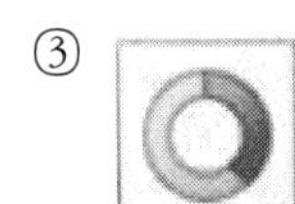

④ 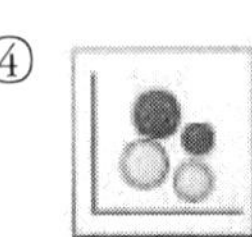

**문제 38** 다음 중 아래 차트에 대한 설명으로 옳은 것은?

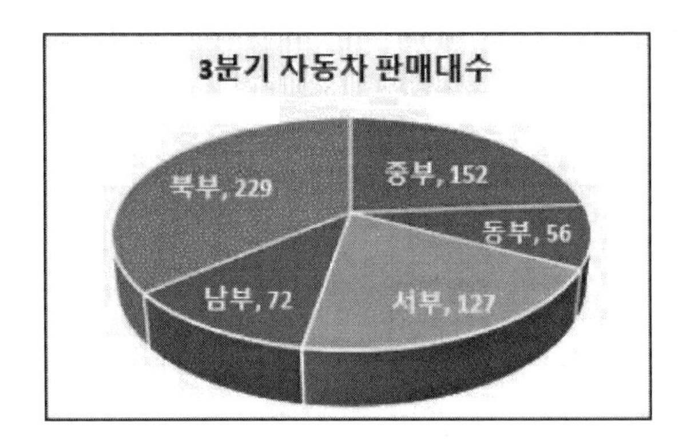


① 계열 옵션으로 첫째 조각의 각을 90°로 설정하였다.
② 차트 종류는 원형으로 지정하였다.
③ 데이터 레이블 내용으로 항목 이름과 값을 함께 표시하였다.
④ 차트 제목을 그림 영역 안의 위쪽에 표시하였다.

**문제 39** 다음 중 페이지 나누기에 대한 설명으로 옳지 않은 것은?

① 페이지 나누기는 워크시트를 인쇄할 수 있도록 페이지 단위로 나누는 구분선이다.
② [페이지 나누기 미리 보기] 상태에서 마우스로 페이지 나누기 구분선을 클릭하여 끌면 페이지를 나눌 위치를 조정할 수 있다.
③ 행 높이와 열 너비를 변경해도 자동 페이지 나누기 구분선의 위치는 변경되지 않는다.
④ [페이지 나누기 미리 보기] 상태에서 파선은 자동 페이지 나누기를 나타내고 실선은 사용자 지정 페이지 나누기를 나타낸다.

**문제 40** 다음 중 머리글 편집과 바닥글 편집에서 명령 단추와 기능의 연결이 옳지 않은 것은?

① [아이콘] : 그림 서식　　② [아이콘] : 페이지 번호 삽입

③ [아이콘] : 시간 삽입　　④ [아이콘] : 시트 이름 삽입

## 과년도 기출문제 정답 및 해설 / 2020년 02월

| 1 | 2 | 3 | 4 | 5 | 6 | 7 | 8 | 9 | 10 |
|---|---|---|---|---|---|---|---|---|---|
| ③ | ④ | ① | ③ | ① | ② | ④ | ② | ② | ④ |
| 11 | 12 | 13 | 14 | 15 | 16 | 17 | 18 | 19 | 20 |
| ④ | ② | ④ | ② | ② | ② | ③ | ③ | ① | ④ |
| 21 | 22 | 23 | 24 | 25 | 26 | 27 | 28 | 29 | 30 |
| ③ | ③ | ② | ④ | ④ | ② | ① | ④ | ① | ① |
| 31 | 32 | 33 | 34 | 35 | 36 | 37 | 38 | 39 | 40 |
| ④ | ③ | ④ | ② | ③ | ③ | ④ | ③ | ③ | ④ |

**문제 1** 멀티미디어는 파일 형식이 매우 다양화되어 있습니다. 획일화되어 있다는 단어가 틀렸습니다.

**문제 2** ④번은 MIDI에 대한 설명이었습니다.

**문제 3** 정보 사회에서 발생할 수 있는 대표적인 문제점 중 하나로 계층 간의 정보 차이가 심해졌습니다.

**문제 4** ③번과 ④번이 바꾼다는 의미에서 비슷해 보이지만 ④번은 위조에 대한 설명이었습니다.

**문제 5** URL은 ①번처럼 표시하며 []가 들어가 있는 포트번호와 파일 경로는 생략이 가능합니다.

**문제 6** 가상 메모리는 필요에 의해서 추가적으로 상상해내는 공간의 개념처럼 생각해주시면 좋습니다. 따라서 주기억 장치의 크기보다 큰 용량을 사용할 때 매우 유용합니다.

**문제 7** ④번 OSI 7계층에 대한 설명이었습니다.

**문제 8** 인트라넷의 핵심 단어는 '기업 내부'입니다. 따라서 정답이 ②번입니다.

**문제 9** 인터넷 전자우편은 7비트의 ASCII 코드를 사용합니다.

**문제 10** ④번은 백신 프로그램에 대한 설명입니다.

**문제 11** USB가 2.0이면 검정색, 3.0이면 파란색을 사용합니다.

**문제 12** 자료는 가공되지 않은 것, 자료를 모아서 가공하면 정보, 그리고 정보가 모여서 사회에 확산되는 것을 정보화라고 합니다.

**문제 13** IoT 네트워크를 구성하면 비용이 많이 발생되어 통신비가 크게 증가하고 각 기기간 보안문제가 더욱 어려워집니다.

**문제 14** 셰어웨어(Shareware)의 핵심 단어는 '특정한 기능이나 기간을 제한'이라는 단어입니다. 따라서 정답은 ②번입니다.

**문제 15** 해상도(Resolution)는 픽셀 수에 따라 결정됩니다. 일반적으로 픽셀 수가 많을수록 해상도는 높아집니다.

**문제 16** 시스템의 속도가 느려지면 디스크 조각 모음을 통해 속도를 빠르게 할 수 있습니다.

**문제 17** 방화벽의 핵심은 외부에서 오는 불법적인 접근을 차단하는 것입니다. 다만, 내부에서 발생하는 문제에 대해서는 대처할 수 없습니다. 따라서 바이러스의 감염을 인지할 수 없고 알림을 설정할 수도 없습니다.

**문제 18** 표준 사용자 계정은 컴퓨터 보안에 영향을 주는 설정은 변경할 수 없습니다. 컴퓨터 보안에 영향을 주는 설정은 관리자 계정만 가능합니다.

**문제 19** 바로 가기 아이콘을 만드는 단축키는 Ctrl + Shift 입니다.

**문제 20** ①, ②, ③번은 [제어판]-[시스템]에 있지만 ④번은 없습니다.

**문제 21** 시나리오의 값을 변경해도 기존 요약 보고서에 자동으로 다시 계산되지 않습니다. 만약 변경된 값을 다시 나타내고 싶으면 [데이터]-[가상 분석]-[시나리오 관리자]에서 [요약]을 다시 클릭해야 합니다.

**문제 22** 고급 필터는 먼저 제목이 AND 조건이나 OR 조건에 상관 없이 같은 줄(행)에 있어야 합니다. 그림을 보면 국사와 영어라는 제목 바로 밑에 같은 행에 조건이 있기 때문에 국사와 영어는 '~이고, ~이면서, 모두' 등의 단어가 들어가면 됩니다. 그리고 영어와 평균의 조건은 서로 다른 줄(행)에 있기 때문에 '~이거나, ~거나, 또는' 등의 단어가 들어가면 됩니다.

**문제 23** '원본 데이터에 연결' 기능은 같은 통합 문서 내에서는 적용할 수 없습니다.

**문제 24** 그림을 보시면 '데이터 아래에 요약 표시(S)'에 체크되어 있습니다. 그러면 계산 결과는 그룹별로 각 그룹의 위쪽이 아닌 아래쪽에 표시됩니다.

**문제 25** 매크로 이름은 [매크로 옵션] 대화상자에서 수정할 수 없습니다.

**문제 26** 일 단위, 평일 단위, 월 단위, 연 단위 등으로만 채울 수 있으며 주 단위는 없습니다.

**문제 27** '셀 병합'을 선택하면 가장 첫 번째 셀의 내용만 남기고 모두 지웁니다.

**문제 28** Home 키는 영어 알파벳만 A로 바뀌고 숫자는 변화가 없습니다. 따라서 [A5] 셀로 셀 포인터가 이동합니다.

**문제 29** ①번은 C2셀만 지워지며 ②번, ③번, ④번의 경우 [C2:C5]가 모두 지워집니다.

**문제 30** 시트 보호에서 '잠긴 셀 선택'을 허용하지 않으려면 [보호] 탭의 '숨김' 항목이 아닌 '잠금' 항목을 해제하면 됩니다.

**문제 31** 이름 정의 규칙 중 하나로 엑셀에서는 기본적으로 영어의 대/소문자를 구분하지 않습니다.

**문제 32** IF는 다른 함수와 사용할 경우 가장 먼저 사용하는 함수입니다. 그리고 직무가 90 이상이거나 라고 하였기 때문에 '이거나'를 의미하는 OR을 먼저 사용하게 됩니다. 그렇게 첫 번째 조건을 작성한 이후 국사와 상식이 모두라고 하였는데 '모두'라는 단어는 AND를 의미합니다. 따라서 첫 번째 조건이 끝나고 두 번째 조건에 AND를 넣어서 작성하면 됩니다.

**문제 33** 문제에서 조건(학점별)에 맞는 개수(학생 수)를 구하고자 하기 때문에 =COUNTIF(조건 범위,조건) 함수를 사용하면 됩니다. 그리고 [E3] 셀에 결과를 입력하고 [E7] 셀까지 자동 채우기 핸들을 할 경우 조건 범위([B3:B8] 영역)은 고정되어 있어야 하며 조건([D3] 셀)은 고정되어 있지 않아도 되기 때문에 ④번이 정답입니다.

**문제 34** LEFT 함수는 왼쪽부터 정해진 숫자만큼 글자를 가져오며, RIGHT 함수는 오른쪽부터 정해진 숫자만큼 글자를 가져오고, MID 함수는 왼쪽에서 지정한 위치부터 정해진 숫자만큼 글자를 가져옵니다.

① MID("Sound of Music",5,6)을 하면 'd of M'이 되고 여기서 LEFT("문자",3)를 사용하면 'd o'가 나오게 됩니다.

③ MID("Sound of Music",3,7)을 하면 'und of '이 되고 여기서 RIGHT("문자",3)을 하면 'of '이 나오게 됩니다.

④ LEFT("Sound of Music",7)을 하면 'Sound o'가 되고 여기서 MID("문자",2,3)을 하면 'oun'이 나오게 됩니다.

**문제 35** 차트 크기를 셀에 맞게 조절하려면 Alt 키를 누르면 됩니다.

**문제 36** 참조 함수 VLOOKUP 사용 방법은 =VLOOKUP(셀/함수,참조 범위(절대참조),가져올 데이터 위치(숫자),[옵션])입니다. 이렇게 사용 방법을 알면 ①번 또는 ③번 중에서 선택을 할 수 있는데 B2셀에 해당하는 값이 AA-10으로 문자이기 때문에 마지막 옵션 위치에는 FALSE나 0이 들어가면 됩니다.

**문제 37** 추세선을 표시할 수 없는 차트는 원형, 도넛형, 방사형, 표현형, 3차원 차트가 있습니다. ①번은 방사형 차트, ②번은 원형 차트, ③번은 도넛형 차트, ④번은 거품형 차트입니다.

**문제 38** ① 계열 옵션으로 각도를 지정하지 않았습니다.

② 차트 종류는 3차원 원형 차트입니다.

④ 차트 제목은 차트 위로 표시하였습니다.

**문제 39** 행 높이와 열 너비를 변경시 자동 페이지 나누기 구분선의 위치도 같이 변경됩니다.

**문제 40** ④번은 파일 이름 삽입에 대한 명령 단추입니다.

# 과년도 기출문제 / 2020년 07월

**문제 1** 다음 중 아래에서 설명하는 그래픽 기법은?

> 컴퓨터 프로그램을 이용하여 3차원 애니메이션을 만드는 과정으로 사물 모형에 명암과 색상을 추가하여 사실감을 더해주는 작업이다.

① 안티앨리어싱(Anti-Aliasing)
② 렌더링(Rendering)
③ 인터레이싱(Interlacing)
④ 메조틴트(Mezzotint)

**문제 2** 다음 중 JPEG 표준에 대한 설명으로 옳지 않은 것은?

① 손실압축기법과 무손실압축기법이 있지만 특허문제나 압축률 등의 이유로 무손실압축 방식은 잘 쓰이지 않는다.
② JPEG 표준을 사용하는 파일 형식에는 jpg, jpeg, jpe 등의 확장자를 사용한다.
③ 파일 크기가 작아 웹 상에서 사진 같은 이미지를 보관하고 전송하는데 사용한다.
④ 문자, 선, 세밀한 격자 등 고주파 성분이 많은 이미지의 변환에서는 GIF나 PNG에 비해 품질이 매우 우수하다.

**문제 3** 다음 중 컴퓨터 바이러스의 예방법으로 가장 거리가 먼 것은?

① 최신 버전의 백신 프로그램을 사용한다.
② 다운로드 받은 파일은 작업에 사용하기 전에 바이러스 검사 후 사용한다.
③ 전자우편에 첨부된 파일은 다른 이름으로 저장하고 사용한다.
④ 네트워크 공유 폴더에 있는 파일은 읽기 전용으로 지정한다.

**문제 4** 다음 중 네트워크 장비와 관련하여 라우터에 관한 설명으로 옳은 것은?

① 네트워크를 구성할 때 여러 대의 컴퓨터를 연결하여 각 회선을 통합 관리하는 장비이다.
② 네트워크 상에서 가장 최적의 IP 경로를 설정하여 전송하는 장비이다.
③ 다른 네트워크와 데이터를 보내고 받기 위한 출입구 역할을 하는 장비이다.
④ 인터넷 도메인 네임을 숫자로 된 IP 주소로 바꾸어 주는 장비이다.

**문제 5** 다음 중 인터넷을 수동으로 연결하기 위하여 지정해야 할 TCP/IP 구성요소로 옳지 않은 것은?

① IP 주소
② 서브넷 마스크
③ 어댑터 주소
④ DNS 서버 주소

**문제 6** 다음 중 Windows에서 사용하는 바로 가기 키에 관한 설명으로 옳지 않은 것은?

① Ctrl + Esc : 시작 메뉴를 표시
② Shift + F10 : 선택한 항목의 바로 가기 메뉴 표시
③ Alt + Enter : 선택한 항목 실행
④ ⊞ + E : 탐색기 실행

**문제 7** 다음 중 라디오와 같이 한쪽은 송신만, 다른 한쪽은 수신만 가능한 정보 전송 방식은?

① 단방향 통신
② 반이중 통신
③ 전이중 통신
④ 양방향 통신

**문제 8** 다음 중 Windows Update가 속한 사용권에 따른 소프트웨어 분류 유형으로 가장 적절한 것은?

① 패치 버전
② 알파 버전
③ 트라이얼 버전
④ 프리웨어

**문제 9** 다음 중 차세대 웹 표준으로 텍스트와 하이퍼링크를 이용한 문서 작성 중심으로 구성된 기존 표준에 비디오, 오디오 등의 다양한 부가 기능을 추가하여 최신 멀티미디어 콘텐츠를 ActiveX 없이도 웹 서비스로 제공할 수 있는 언어는?

① XML
② VRML
③ HTML5
④ JSP

**문제 10** 다음 중 파일이나 폴더를 복사하거나 이동하는 방법으로 옳지 않은 것은?

① 폴더를 마우스로 선택한 후 동일한 드라이브의 다른 폴더로 끌어서 놓으면 이동이 된다.
② USB에 저장되어 있는 파일을 마우스로 선택한 후 바탕화면으로 끌어서 놓으면 복사가 된다.
③ 파일을 마우스로 선택한 후 Ctrl 키를 누른 채 같은 드라이브의 다른 폴더로 끌어서 놓으면 복사가 된다.
④ 폴더를 마우스로 선택한 후 Alt 키를 누른 채 같은 드라이브의 다른 폴더로 끌어서 놓으면 이동이 된다.

**문제 11** 다음 중 Windows의 에어로 피크(Aero Peek) 기능에 대한 설명으로 옳은 것은?

① 파일이나 폴더의 저장된 위치에 상관없이 종류별로 파일을 구성하고 액세스할 수 있게 한다.
② 모든 창을 최소화할 필요 없이 바탕 화면을 빠르게 미리 보거나 작업 표시줄의 해당 아이콘을 가리켜서 열린 창을 미리 볼 수 있게 한다.
③ 바탕 화면의 배경으로 여러 장의 사진을 선택하여 슬라이드 쇼 효과를 주면서 번갈아 표시할 수 있게 한다.
④ 작업 표시줄에서 프로그램 아이콘을 마우스 오른쪽 단추로 클릭하여 최근에 열린 파일 목록을 확인할 수 있게 한다.

**문제 12** 다음 중 정보 보안을 위협하는 유형에서 가로채기에 해당하는 것은?

① 데이터의 전달을 가로막아 수신자측으로 정보가 전달되는 것을 방해하는 행위
② 전송되는 데이터를 전송 도중에 도청 및 몰래 보는 행위
③ 전송된 원래의 데이터를 다른 내용으로 수정하여 변조하는 행위
④ 다른 송신자로부터 데이터가 송신된 것처럼 꾸미는 행위

**문제 13** 다음 중 Windows [제어판]의 [접근성 센터]에서 설정할 수 없는 기능은?

① 다중 디스플레이를 설정하여 두 대의 모니터에 화면을 확장하여 표시할 수 있다.
② 돋보기를 사용하여 화면에서 원하는 영역을 확대하여 크게 표시할 수 있다.
③ 내레이터를 사용하여 화면의 모든 텍스트를 소리 내어 읽어 주도록 설정할 수 있다.
④ 키보드가 없어도 입력 가능한 화상 키보드를 표시할 수 있다.

**문제 14** 다음 중 삭제된 파일이 [휴지통]에 임시 보관되어 복원이 가능한 경우는?

① 바탕 화면에 있는 파일을 [휴지통]으로 드래그 앤 드롭 하여 삭제한 경우
② USB 메모리에 저장되어 있는 파일을 Delete 키로 삭제한 경우
③ 네트워크 드라이브의 파일을 바로 가기 메뉴의 [삭제]를 클릭하여 삭제한 경우
④ [휴지통 속성]에서 최대 크기를 0 MB로 설정한 후 [내 문서] 폴더 안의 파일을 삭제한 경우

**문제 15** 다음 중 영상신호와 음향신호를 압축하지 않고 통합하여 전송하는 고선명 멀티미디어 인터페이스로 S-비디오, 컴포지트 등의 아날로그 케이블보다 고품질의 음향 및 영상을 감상할 수 있는 것은?

① DVI ② HDMI
③ USB ④ IEEE-1394

**문제 16** 다음 중 컴퓨터에서 사용하는 캐시 메모리에 관한 설명으로 옳은 것은?

① 보조기억장치의 일부를 주기억장치처럼 사용하는 메모리이다.
② 기억된 정보의 내용 일부를 이용하여 주기억장치에 접근하는 장치이다.
③ EEPROM의 일종으로 비휘발성 메모리이다.
④ 중앙처리장치(CPU)와 주기억장치 사이에 위치하여 컴퓨터 처리 속도를 향상시키는 메모리이다.

**문제 17** 다음 중 컴퓨터에서 사용하는 레이저 프린터에 관한 설명으로 옳지 않은 것은?

① 회전하는 드럼에 토너를 묻혀서 인쇄하는 방식이다.
② 비충격식이라 비교적 인쇄 소음이 적고 인쇄 속도가 빠르다.
③ 인쇄 방식에는 드럼식, 체인식, 밴드식 등이 있다.
④ 인쇄 해상도가 높으며 복사기와 같은 원리를 사용한다.

**문제 18** 아래는 노트북의 사양을 나타낸 것이다. 다음 중 ㉠~㉣에 대한 설명이 옳은 것은?

| | |
|---|---|
| ㉠ Intel Core i5-8세대 | ㉡ Intel UHD Grapics 620 |
| ㉢ 16GB DDR4 RAM | ㉣ SSD 256GB |

① ㉠ - 메모리 종류와 용량
② ㉡ - 프로세서 종류
③ ㉢ - 디스플레이 크기와 해상도
④ ㉣ - 저장장치 종류와 용량

**문제 19** 다음 중 소형화, 경량화를 비롯해 음성과 동작 인식 등 다양한 기술이 적용되어 장소에 구애받지 않고 컴퓨터를 활용할 수 있도록 몸에 착용하는 컴퓨터를 의미하는 것은?

① 웨어러블 컴퓨터 ② 마이크로 컴퓨터
③ 인공지능 컴퓨터 ④ 서버 컴퓨터

**문제 20** 다음 중 인터넷에서 웹 서버와 사용자의 인터넷 브라우저 사이에 하이퍼텍스트 문서를 전송하기 위해 사용되는 통신 규약은?

① TCP
② HTTP
③ FTP
④ SMTP

**문제 21** 다음 중 워크시트에 대한 설명으로 옳지 않은 것은?

① 여러 개의 시트를 한 번에 선택하면 제목 표시줄의 파일명 뒤에 [그룹]이 표시된다.
② 선택된 시트의 왼쪽에 새로운 시트를 삽입하려면 Shift + F11 키를 누른다.
③ 마지막 작업이 시트 삭제인 경우 빠른 실행 도구 모음의 '실행 취소( )' 명령을 클릭하여 되살릴 수 있다.
④ 동일한 통합 문서 내에서 시트를 복사하면 원래의 시트 이름에 '(일련번호)' 형식이 추가되어 시트 이름이 만들어진다.

**문제 22** 다음 중 [시트 보호] 기능에 대한 설명으로 옳지 않은 것은?

① 새 워크시트의 모든 셀은 기본적으로 '잠금' 속성이 설정되어 있다.
② 워크시트에 있는 셀을 보호하기 위해서는 먼저 셀의 '잠금' 속성을 해제해야 한다.
③ 시트 보호를 설정하면 셀에 데이터를 입력하거나 수정하려고 했을 때 경고 메시지가 나타난다.
④ 셀의 '잠금' 속성과 '숨김' 속성은 시트를 보호하기 전까지는 아무런 효과를 내지 못한다.

**문제 23** 다음 중 아래 그림과 같이 목표값 찾기를 설정했을 때, 이에 대한 의미로 옳은 것은?

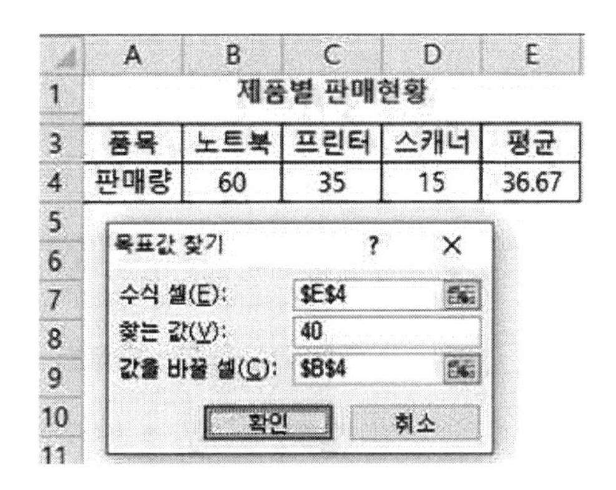


① 평균이 40이 되려면 노트북 판매량이 얼마가 되어야 하는가?

② 노트북 판매량이 40이 되려면 평균이 얼마가 되어야 하는가?

③ 노트북 판매량을 40으로 변경하였을 때 평균은 얼마가 되어야 하는가?

④ 평균이 40이 되려면 노트북을 제외한 나머지 제품의 판매량이 얼마가 되어야 하는가?

**문제 24** 다음 중 새 워크시트에서 보기의 내용을 그대로 입력하였을 때, 입력한 내용이 텍스트로 인식되지 않는 것은?

① 01:02AM　　② 0 1/4

③ '1234　　④ 1월30일

**문제 25** 다음 중 근무기간이 15년 이상이면서 나이가 50세 이상인 직원의 데이터를 조회하기 위한 고급 필터의 조건으로 옳은 것은?

①

| 근무기간 | 나이 |
|---|---|
| >=15 | >=50 |

②

| 근무기간 | 나이 |
|---|---|
| >=15 | |
| | >=50 |

③

| 근무기간 | >=15 |
|---|---|
| 나이 | >=50 |

④

| 근무기간 | >=15 | |
|---|---|---|
| 나이 | | >=50 |

**문제 26** 다음 중 부분합에 대한 설명으로 옳지 않은 것은?

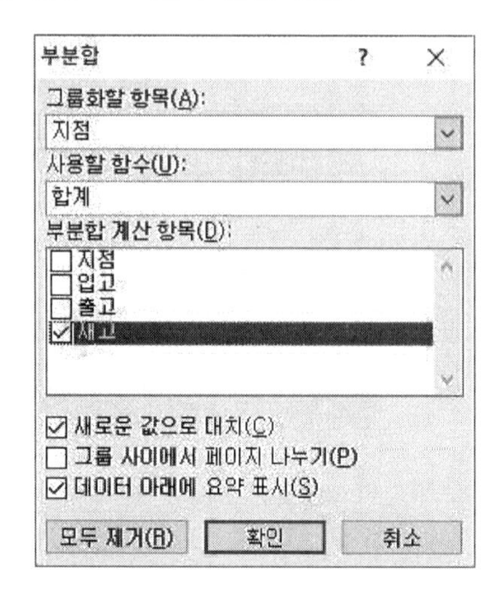


① 부분합을 실행하면 각 부분합에 대한 정보 행을 표시하고 숨길 수 있도록 목록에 윤곽이 자동으로 설정된다.
② 부분합은 한 번에 한 개의 함수만 계산할 수 있으므로 두 개 이상의 함수를 이용하려면 함수의 개수만큼 부분합을 중첩해서 삽입해야 한다.
③ '새로운 값으로 대치'를 선택하면 이전의 부분합의 결과는 제거되고 새로운 부분합의 결과로 변경한다.
④ 그룹화할 항목으로 선택된 필드는 자동으로 오름차순 정렬하여 부분합이 계산된다.

**문제 27** 다음 중 입력 데이터에 주어진 표시 형식으로 지정한 경우 그 결과가 옳지 않은 것은?

| | 입력 데이터 | 표시 형식 | 표시 결과 |
|---|---|---|---|
| ① | 7.5 | #.00 | 7.50 |
| ② | 44.398 | ???.??? | 044.398 |
| ③ | 12,200,000 | #,##0, | 12,200 |
| ④ | 상공상사 | @ "귀중" | 상공상사 귀중 |

**문제 28** 다음 중 [통합] 데이터 도구에 대한 설명으로 옳지 않은 것은?

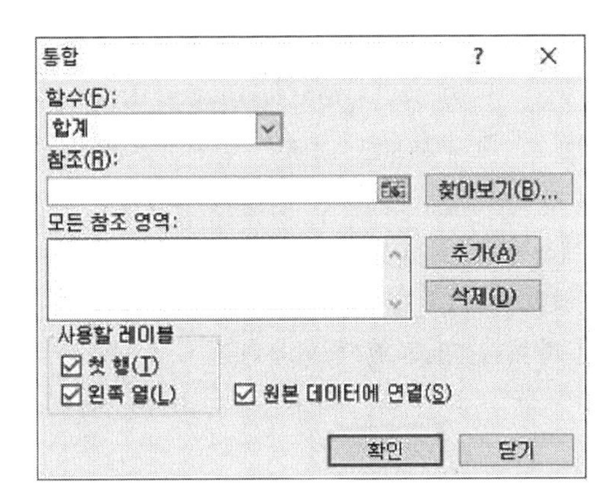


① '모든 참조 영역'에 다른 통합 문서의 워크시트를 추가하여 통합할 수 있다.
② '사용할 레이블'을 모두 선택한 경우 각 참조 영역에 결과 표의 레이블과 일치하지 않은 레이블이 있으면 통합 결과 표에 별도의 행이나 열이 만들어진다.
③ 지정한 영역에 계산될 요약 함수는 '함수'에서 선택하며, 요약 함수로는 합계, 개수, 평균, 최대값, 최소값 등이 있다.
④ '원본 데이터에 연결' 확인란을 선택하여 통합한 경우 통합에 참조된 영역에서의 행 또는 열이 변경될 때 통합된 데이터 결과도 자동으로 업데이트 된다.

**문제 29** 다음 중 [A1:D1] 영역을 선택한 후 채우기 핸들을 이용하여 아래쪽으로 드래그하였을 때, 데이터가 변하지 않고 같은 데이터로 채워지는 것은?

| | A | B | C | D |
|---|---|---|---|---|
| 1 | 가 | 갑 | 월 | 자 |
| 2 | | | | |
| 3 | | | | |
| 4 | | | | |
| 5 | | | | |
| 6 | | | | |

① 가　　② 갑
③ 월　　④ 자

**문제 30** 다음 중 [페이지 설정] 대화상자의 [시트] 탭에 대한 설명으로 옳은 것은?

① '메모'는 셀에 설정된 메모의 인쇄 여부를 설정하는 것으로 '없음'과 '시트에 표시된 대로' 중 하나를 선택하여 인쇄할 수 있다.
② 워크시트의 셀 구분선을 그대로 인쇄하려면 '눈금선'에 체크하여 표시하면 된다.
③ '간단하게 인쇄'를 체크하면 설정된 글꼴색은 모두 검정으로, 도형은 테두리 색만 인쇄하여 인쇄 속도를 높인다.
④ '인쇄 영역'에 범위를 지정하면 특정 부분만 인쇄할 수 있으며, 지정한 범위에 숨겨진 행이나 열도 함께 인쇄된다.

**문제 31** 다음 중 막대형 차트에서 각 데이터 계열을 그림으로 표시하는 방법으로 옳지 않은 것은?

① 막대에 채워질 그림은 저장된 파일, 클립보드에 복사되어 있는 파일, 클립아트에서 선택할 수 있다.
② 늘이기는 값에 비례하여 그림의 너비와 높이가 증가한다.
③ 쌓기는 원본 그림의 크기에 따라 단위/그림이 달라진다.
④ '다음 배율에 맞게 쌓기'는 계열 간의 원본 그림 크기가 달라도 단위/그림 같게 설정하면 같은 크기로 표시된다.

**문제 32** 다음 중 [A4] 셀의 메모가 지워지는 작업에 해당하는 것은?

| | A | B | C | D |
|---|---|---|---|---|
| 1 | | 성적 관리 | | |
| 2 | 성명 | 영어 | 국어 | 총점 |
| 3 | 배순용 | [illegible] | 89 | 170 |
| 4 | 이길순 | [illegible] | 98 | 186 |
| 5 | 하길주 | 87 | 88 | 175 |
| 6 | 이선호 | 67 | 78 | 145 |

장학생

① [A3] 셀의 채우기 핸들을 아래쪽으로 드래그하였다.
② [A4] 셀의 바로 가기 메뉴에서 [메모 숨기기]를 선택 하였다.
③ [A4] 셀을 선택하고, [홈] 탭 [편집] 그룹의 [지우기]에서 [모두 지우기]를 선택하였다.
④ [A4] 셀을 선택하고, 키보드의 BackSpace (←) 키를 눌렀다.

**문제 33** 아래 표에서 원금[C4:F4]과 이율[B5:B8]을 각각 곱하여 수익금액[C5:F8]을 계산하기 위해서, [C5] 셀에 수식을 입력하고 나머지 모든 셀은 [자동 채우기] 기능으로 채우려고 한다. 다음 중 [C5] 셀에 입력할 수식으로 옳은 것은?

| | A | B | C | D | E | F |
|---|---|---|---|---|---|---|
| 1 | | | 이율과 원금에 따른 수익금액 | | | |
| 2 | | | | | | |
| 3 | | | 원금 | | | |
| 4 | | | 5,000,000 | 10,000,000 | 30,000,000 | 500,000,000 |
| 5 | | 1.5% | | | | |
| 6 | 이 | 2.3% | | | | |
| 7 | 율 | 3.0% | | | | |
| 8 | | 5.0% | | | | |

① =C4*B5  ② =$C4*B$5
③ =C$4*$B5  ④ =$C$4*$B$5

**문제 34** 다음 중 매크로의 바로 가기 키에 대한 설명으로 옳지 않은 것은?

① 매크로 생성 시 설정한 바로 가기 키는 [매크로] 대화 상자의 [옵션]에서 변경할 수 있다.
② 기본적으로 바로 가기 키는 Ctrl 키와 조합하여 사용하지만 대문자로 지정하면 Shift 키가 자동으로 덧붙는다.
③ 바로 가기 키의 조합 문자는 영문자만 가능하고, 바로 가기 키를 설정하지 않아도 매크로를 생성할 수 있다.
④ 엑셀에서 기본적으로 지정되어 있는 바로 가기 키는 매크로의 바로 가기 키로 지정할 수 없다.

**문제 35** 다음 중 환자번호[C2:C5]를 이용하여 성별[D2:D5]을 표시하기 위해 [D2] 셀에 입력할 수식으로 옳지 않은 것은? (단, 환자번호의 4번째 문자가 'M'이면 '남', 'F'이면 '여' 임)

| | A | B | C | D |
|---|---|---|---|---|
| 1 | 번호 | 이름 | 환자번호 | 성별 |
| 2 | 1 | 박상훈 | 01-M0001 | |
| 3 | 2 | 서윤희 | 07-F1002 | |
| 4 | 3 | 김소민 | 02-F5111 | |
| 5 | 4 | 이진 | 03-M0224 | |
| 6 | | | | |
| 7 | 코드 | 성별 | | |
| 8 | M | 남 | | |
| 9 | F | 여 | | |

① =IF(MID(C2,4,1)="M","남","여")

② =INDEX($A$8:$B$9,MATCH(MID(C2,4,1),$A$8:$A$9,0),2)

③ =VLOOKUP(MID(C2,4,1),$A$8:$B$9,2,FALSE)

④ =IFERROR(IF(SEARCH(C2,"M"),"남"),"여")

**문제 36** 다음 중 [D9] 셀에서 사과나무의 평균 수확량을 구하는 경우 나머지 셋과 다른 결과를 표시하는 수식은?

| | A | B | C | D | E | F |
|---|---|---|---|---|---|---|
| 1 | 나무번호 | 종류 | 높이 | 나이 | 수확량 | 수익 |
| 2 | 001 | 사과 | 18 | 20 | 18 | 105000 |
| 3 | 002 | 배 | 12 | 12 | 10 | 96000 |
| 4 | 003 | 체리 | 13 | 14 | 9 | 105000 |
| 5 | 004 | 사과 | 14 | 15 | 10 | 75000 |
| 6 | 005 | 배 | 9 | 8 | 8 | 77000 |
| 7 | 006 | 사과 | 8 | 9 | 10 | 45000 |
| 8 | | | | | | |
| 9 | 사과나무의 평균 수확량 | | | | | |
| 10 | | | | | | |

① =INT(DAVERAGE(A1:F7,5,B1:B2))

② =TRUNC(DAVERAGE(A1:F7,5,B1:B2))

③ =ROUND(DAVERAGE(A1:F7,5,B1:B2),0)

④ =ROUNDDOWN(DAVERAGE(A1:F7,5,B1:B2),0)

**문제 37** 다음 중 '페이지 나누기'에 대한 설명으로 옳지 않은 것은?

① [페이지 나누기 미리 보기]에서 행 높이와 열 너비를 변경하면 '자동 페이지 나누기'의 위치도 변경된다.
② [페이지 나누기 미리 보기]에서 수동으로 삽입된 페이지 나누기는 점선으로 표시된다.
③ 수동으로 삽입한 페이지 나누기를 제거하려면 페이지 나누기 선 아래 셀의 바로 가기 메뉴에서 [페이지 나누기 제거]를 선택한다.
④ 용지 크기, 여백 설정, 배율 옵션 등에 따라 자동 페이지 나누기가 삽입된다.

**문제 38** 다음 중 매크로가 포함된 엑셀 파일을 열었을 때 엑셀 화면이 다음과 같이 되었다면, 아래 통합문서에 적용된 매크로 보안은?

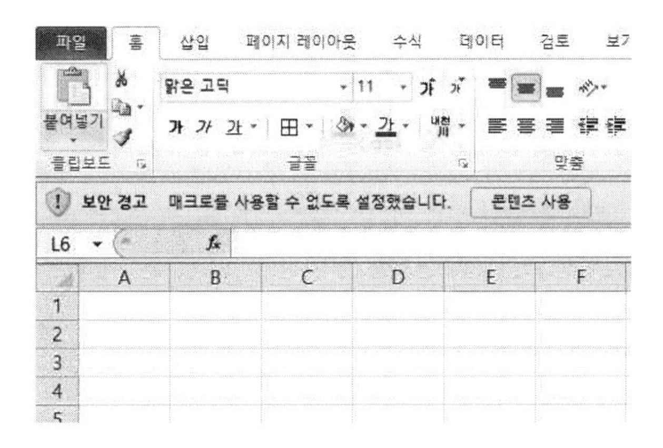


① 모든 매크로 제외(알림 표시 없음)
② 모든 매크로 제외(알림 표시)
③ 디지털 서명된 매크로만 포함
④ 모든 매크로 포함

**문제 39** 다음 중 학점[B3:B10]을 이용하여 [E3:E7] 영역에 학점별 학생수만큼 '♣' 기호를 표시하고자 할 때, [E3] 셀에 입력해야 할 수식으로 옳은 것은?

| | A | B | C | D | E |
|---|---|---|---|---|---|
| 1 | 엑셀 성적 분포 | | | | |
| 2 | 이름 | 학점 | | 학점 | 성적그래프 |
| 3 | 김현미 | A | | A | ♣ |
| 4 | 조미림 | B | | B | ♣♣♣♣ |
| 5 | 심기훈 | F | | C | ♣ |
| 6 | 박원석 | C | | D | |
| 7 | 이영준 | B | | F | ♣♣ |
| 8 | 최세종 | F | | | |
| 9 | 김수현 | B | | | |
| 10 | 이미도 | B | | | |
| 11 | | | | | |

① =REPT("♣",COUNTIF(D3,$B$3:$B$10))

② =REPT(COUNTIF(D3,$B$3:$B$10),"♣")

③ =REPT("♣",COUNTIF($B$3:$B$10,D3))

④ =REPT(COUNTIF($B$3:$B$10,D3),"♣")

**문제 40** 다음 중 아래 차트에 대한 설명으로 옳지 않은 것은?

| 구분 | 남 | 여 | 합계 |
|---|---|---|---|
| 1반 | 23 | 21 | 44 |
| 2반 | 22 | 25 | 47 |
| 3반 | 20 | 17 | 37 |
| 4반 | 21 | 19 | 40 |
| 합계 | 86 | 82 | 168 |

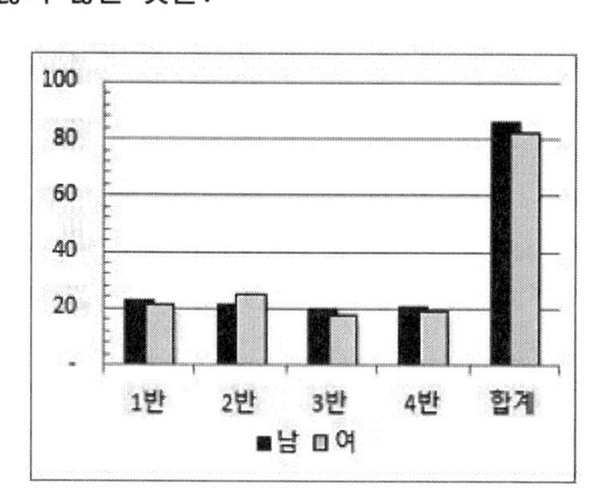


① 차트의 종류는 묶은 세로 막대형으로 계열 옵션의 '계열 겹치기'가 적용되었다.

② 세로 (값) 축의 [축 서식]에는 주 눈금과 보조 눈금이 '안쪽'으로 표시되도록 설정되었다.

③ 데이터 계열로 '남'과 '여'가 사용되고 있다.

④ 표 전체 영역을 데이터 원본으로 사용하여 차트를 작성하였다.

| 과년도 기출문제 정답 및 해설 / 2020년 07월 | | | | | | | | | |
|---|---|---|---|---|---|---|---|---|---|
| 1 | 2 | 3 | 4 | 5 | 6 | 7 | 8 | 9 | 10 |
| ② | ④ | ③ | ② | ③ | ③ | ① | ① | ③ | ④ |
| 11 | 12 | 13 | 14 | 15 | 16 | 17 | 18 | 19 | 20 |
| ② | ② | ① | ① | ② | ④ | ③ | ④ | ① | ② |
| 21 | 22 | 23 | 24 | 25 | 26 | 27 | 28 | 29 | 30 |
| ③ | ② | ① | ② | ① | ④ | ② | ④ | ① | ② |
| 31 | 32 | 33 | 34 | 35 | 36 | 37 | 38 | 39 | 40 |
| ② | ③ | ③ | ④ | ④ | ③ | ② | ② | ③ | ④ |

**문제 1** 입체감이나 사실감이라는 표현이 들어가는 것은 랜더링입니다.

**문제 2** 복잡하고 다양한 이미지에 대해 선명한 화질을 제공해주는 것은 GIF나 PNG 등으로 JPEG보다 품질이 우수합니다.

**문제 3** 전자우편에 첨부된 파일은 다른 이름으로 저장하는 것이 아니라 미리 바이러스 검사를 한 후 이상이 없을 경우 저장을 하는 것이 좋습니다.

**문제 4** 라우터에 대한 핵심 단어는 '경로'입니다.

**문제 5** 어뎁터는 네트워크와 관련된 용어입니다.

**문제 6** Alt + Enter 는 선택한 항목의 속성을 표시합니다.

**문제 7** 단방향 통신의 대표적인 예는 라디오, TV 등이 있습니다. 반이중 통신의 대표적인 예는 무전기가 있으며, 전이중 통신의 대표적인 예는 전화가 있습니다.

**문제 8** UPDATE는 오류 수정, 성능 향상이라는 단어와 일맥상통합니다. 따라서 패치 버전이 정답입니다.

**문제 9** 문제에서 웹이라는 단어가 나오면 영어 알파벳 'H'를 찾아주시면 됩니다.

**문제 10** 폴더를 마우스로 선택한 후 Shift 키를 눌러야 이동이 됩니다.

**문제 11** 에어로 피크(Aero Peek)의 핵심 단어는 '바탕화면', '미리보기'입니다. 2개의 단어가 같이 나와야 정답이 됩니다.

**문제 12** 가로재기의 핵심은 '도청'이라는 단어입니다.

**문제 13** 접근성은 '장애'가 핵심 단어입니다. 따라서 ②, ③, ④번은 몸이 불편하신 분들을 위한 유용한 기능들이 있지만 ①번은 몸이 불편하신 분들은 위한 유용한 기능이 아닙니다. 해당 기능은 [디스플레이]에서 할 수 있습니다.

**문제 14** 드래그 앤 드롭은 끌어서 이동시킨다는 의미로 휴지통에 넣어서 보관한다는 뜻이기 때문에 ①번의 경우에는 휴지통에 보관이 됩니다.

**문제 15** 신기술 용어로 아날로그 케이블보다 고품질의 음향 및 영상을 감상할 수 있는 것은 HDMI(High-Definition Multimedia Interface)에 대한 설명입니다.

**문제 16** 캐시 메모리는 휘발성 메모리(RAM)의 메모리 종류 중 하나입니다. RAM의 가장 큰 특징은 속도와 관련되어 있기 때문에 수치가 작을수록 좋습니다. ①번은 가상 메모리에 대한 설명이니 참고해서 보시면 됩니다.

**문제 17** ①, ②, ④번은 모두 레이저 프린터에 대한 설명이며, ③번은 활자식 프린터에 대한 설명입니다.

**문제 18** 메모리 종류와 용량 - ㉢, 프로세서 종류 - ㉠, 디스플레이 크기와 해상도 - ㉡으로 연결됩니다.

**문제 19** 신기술 용어로 몸에 착용하는 컴퓨터는 웨어러블입니다.

**문제 20** 문제에서 웹이라는 단어가 나오면 영어 알파벳 'H'를 찾아주시면 됩니다.

**문제 21** 워크시트는 실행 취소( ) 명령을 클릭하여 되살릴 수 없습니다.

**문제 22** 워크시트에 있는 셀을 보호하기 위해서는 셀의 '잠금' 속성이 해제되면 안 되고 오히려 설정되어 있어야 합니다.

**문제 23** 목표값 찾기는 원하는 값을 찾는 과정으로 찾는 값(40) 앞에 있는 수식 셀($E$4)이 바꾸고 싶은 현재값을 의미합니다. 따라서 바로 위에 제목이 '평균'이기 때문에 평균을 40으로 바꾸려면 값을 바꿀 셀($B$4) 위에 있는 제목(노트북)이 얼마가 되어야 하는지 찾아가는 과정입니다.

**문제 24** 0을 쓴 다음에 한 칸을 띄우고 1/4 형태로 입력하게 되면 분수로 입력됩니다.
① 시간으로 인식되려면 01:02 AM으로 되어야 합니다.
③ '가' 있기 때문에 문자로 인식됩니다.
④ 01월 30일 형태로 나와야 날짜가 되며 날짜를 입력할 때는 '-' 나 '/'를 이용하면 됩니다.

**문제 25** 고급 필터는 먼저 제목이 AND 조건이나 OR 조건에 상관 없이 같은 줄(행)에 있어야 합니다. 이 것만 확인해도 정답은 ①번 또는 ②번 중 고를 수 있게 됩니다. 문제에서 '~이면서'라는 표현이 나왔는데 AND 조건에 대한 설명입니다. AND 조건은 제목 바로 밑에 조건들이 붙여있으면 되기 때문에 ①번이 정답입니다. ②번은 OR 조건에 대한 그림입니다.

**문제 26** 그룹화할 항목으로 선택된 필드는 자동으로 정렬되지 않습니다.

**문제 27** 와일드 카드 ?는 글자수를 의미합니다. 다만 정수를 표현할 때는 044로 표현 안 하고 44로 표현하기 때문에 앞에 0은 의미가 없어서 표현되지 않습니다. 따라서 44.398을 ???.??? 형식으로 표시하여도 43.398이 나오게 됩니다.

**문제 28** 데이터 통합에서 참조된 영역에서의 데이터 값이 변경되더라도 통합된 데이터 결과가 자동으로 업데이트 되지는 않습니다.

**문제 29** ① 가는 문자 데이터로 결과값이 변하지 않습니다
② 갑→을→병→정→무→기→경→신→임→계
③ 월→화→수→목→금→토→일
④ 자→축→인→묘→진→사→오→미→신→유→슬→해
②번, ③번, ④번은 [데이터]-[정렬]-[사용자 지정]에 기본적으로 지정되어 있는 값으로 변경이 불가능합니다.

**문제 30** ① '없음', '시트 끝', '시트에 표시된 대로' 중 선택할 수 있습니다.
③ '간단하게 인쇄'를 선택하면 데이터만 인쇄합니다.
④ 숨겨진 행이나 열은 함께 인쇄할 수 없습니다.

**문제 31** 늘이기는 데이터 값에 비례하지 않습니다.

**문제 32** 메모는 Delete 나 BackSpace (←) 로 지울 수는 없습니다. 그 외에 지운다는 표현이 들어간 문장은 ③번밖에 없었습니다.

**문제 33** 출력형태에서 원금을 기준으로 C열→D열→E열→F열 순서로 보면
(1) C5셀 입력값 : C4*B5, D5셀 입력값 : D4*B5, E5셀 입력값 : E5*B5, F5셀 입력값 : F5*B5 형태로 C4→D4→E4→F4 순서로 행은 변하지 않고 열만 변하고 있음.
출력형태에서 이율을 기준으로 5행→6행→7행→8행 순서로 보면
(2) C5셀 입력값 : C4*B5, C6셀 입력값 : C4*B6, C7셀 입력값 : C4*B7, C8셀 입력값 : C4*B8 형태로 B5→B6→B7→B8 순서로 열은 변하지 않고 행만 변하고 있음
따라서 [C5] 셀에 값을 입력하고 자동 채우기 핸들을 하기 위해서는 C$4*SB5 형태가 되면 됩니다.

**문제 34** 엑셀에서 기본적으로 지정되어 있는 바로 가기 키와 매크로의 바로 가기 키는 중복해서 지정할 수 있습니다. 다만 중복해서 지정할 경우 매크로의 바로 가기 키가 실행됩니다.

**문제 35** SEARCH 함수는 =SEARCH("문자",찾을 위치,[시작 위치]) 형태로 이루어져 있습니다.

**문제 36** INT는 소수점 아래를 모두 버리고 정수만 남기며, TRUNC와 ROUNDDOWN 또한 지정된 자리수 외에 나머지를 모두 버리는 함수입니다. 다만, ROUND는 지정된 자리수 외에는 반올림되는 함수입니다. 따라서 자리수 함수를 제외한 DAVERAGE 함수의 결과값을 보면 12.66666……이 나오게 됩니다. 그 앞에 있는 자리수를 적용하면 ①, ②, ④번은 모누 12라는 정수가 나오지민 ③번은 13이라는 정수가 나옵니다.

**문제 37** 수동으로 삽입된 페이지 나누기는 점선이 아니라 실선으로 표시됩니다.

**문제 38** 매크로를 사용할 수 없도록 설정하였다 했기 때문에 '모든 매크로 제외'된 것이며 알림창이 표시되어 있습니다.

**문제 39** REPT 함수는 반복 함수로 =REPT("문자",반복할 횟수) 형태로 사용하게 됩니다. 그리

고 COUNTIF 함수는 조건 함수로 =COUNTIF(조건 범위,조건) 형태로 사용하게 됩니다. 따라서 규칙을 모두 맞춘 것은 ③번입니다.

문제 40 가로 축에서는 1반, 2반, 3반, 4반, 합계를 모두 사용하였지만 범례에는 남, 여 밖에 없습니다. 따라서 범례에서 '합계'가 보이지 않기 때문에 표 전체 영역을 데이터 원본으로 사용하지는 않았습니다.

실기

# 스프레드시트 실무

Chapter 01

# 엑셀(Excel) 기본

## 1. 엑셀 화면 구성

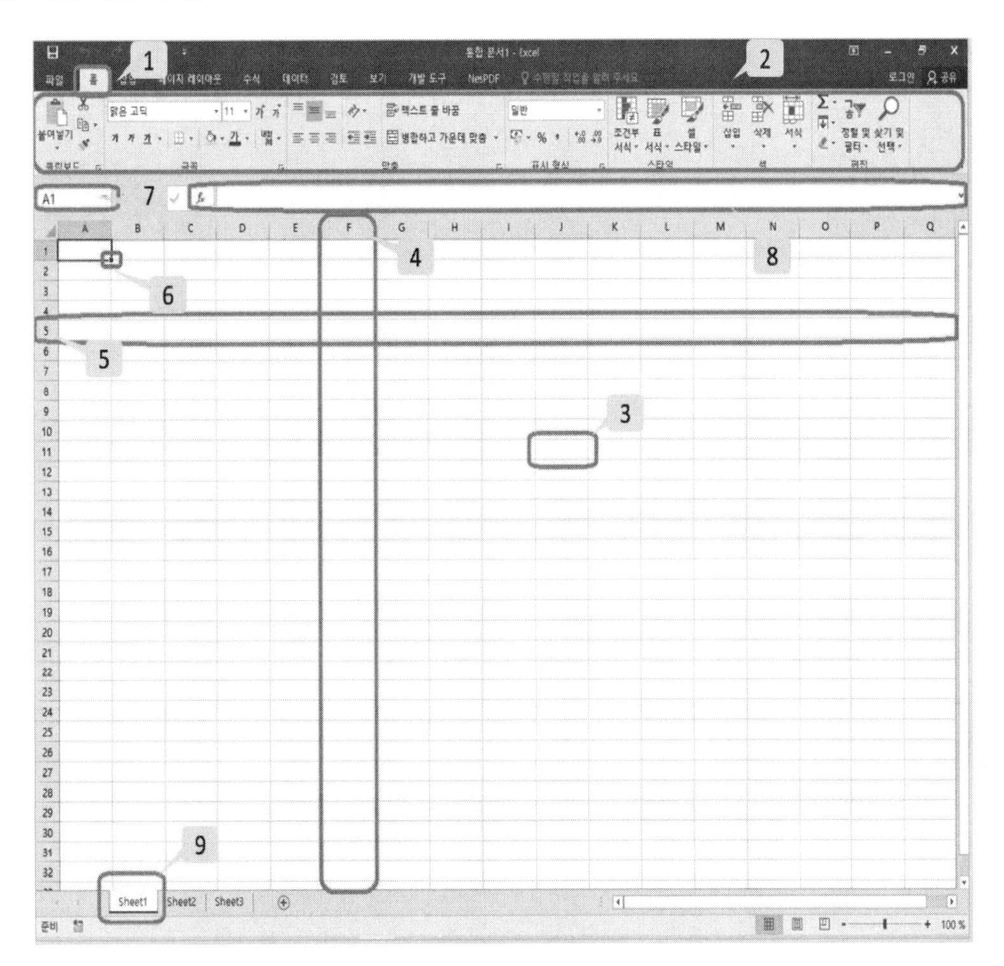


① 탭 이름 : 파일 탭, 홈 탭, 삽입 탭, 페이지 레이아웃 탭 등등 각 탭을 클릭하면 다양한 기능들을 선택할 수 있다.

② 도구 상자 모음 : 탭 아래에 나타나는 화면으로 각 탭에 맞는 기능들을 선택할 수 있는 아이콘들이 있다.

③ 셀 : 숫자, 문자 등이 입력되는 곳으로 엑셀의 가장 기본 단위에 속한다.

④ 열 : 세로 방향으로 정렬된 셀들의 모임으로 영어 알파벳으로 구성되어 있다.

⑤ 행 : 가로 방향으로 정렬된 셀들의 모임으로 숫자로 구성되어 있다.

⑥ 셀 포인터 / 자동 채우기 핸들

㉠ 셀 포인터 : 현재 선택되어 있는 셀의 위치를 나타내 주는 것으로 셀에 테두리가 그려져 있다.

㉡ 자동 채우기 핸들 : 진행 방향(왼쪽, 오른쪽, 위쪽, 아래쪽)에 따라 데이터를 규칙에 맞게 복사하거나 증가/감소할 때 사용한다.

⑦ 이름 상자 : 셀 또는 범위 지정된 셀들의 이름을 정의할 때 사용한다.

⑧ 수식 입력줄 : 계산식(함수식 등)이나 원래 입력된 데이터들의 원본 형태가 나타나는 곳이다.

⑨ 워크시트 : 파일 안에 있는 작은 문서 단위로 사용된다.

## 2. 기본 단축키

- Ctrl : (비)연속적인 셀 또는 범위를 선택할 때 사용
- Alt : 도형 또는 차트 등의 개체를 셀 크기에 정확하게 맞출 때 사용
- Ctrl + Enter : 범위 지정 후 사용(지정된 범위 안에 동일한 값을 입력)
- Ctrl + S : 저장하기
- Ctrl + C : 복사하기
- Ctrl + V : 붙여넣기
- Ctrl + Z : 되돌리기

## 3. 암호 설정 및 해제 방법

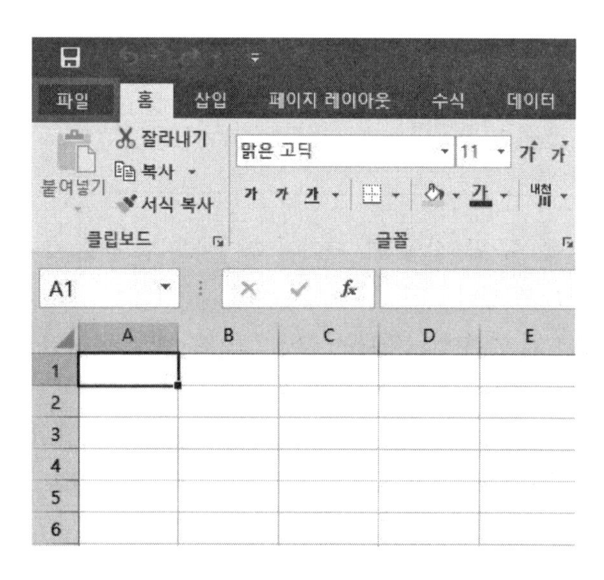

엑셀 화면 창 위에 있는 [파일] 탭으로 들어간다.

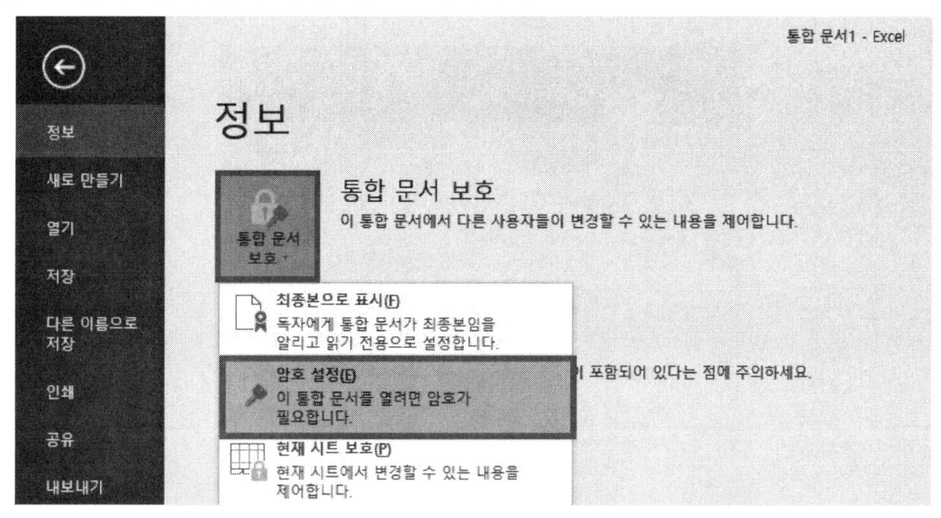


[정보]-[통합 문서 보호]-'암호 설정'을 클릭한 다음 암호를 입력한다.

암호가 설정되면 그림과 같이 노랑색 배경색이 생긴다.

## 암호 해제 방법

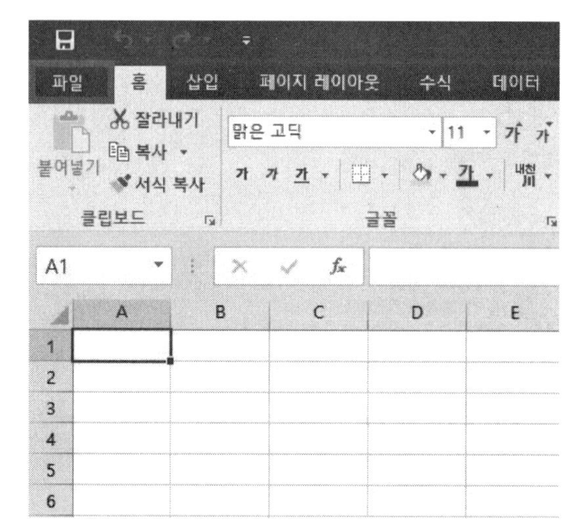


엑셀 화면 창 위에 있는 [파일] 탭으로 들어간다.

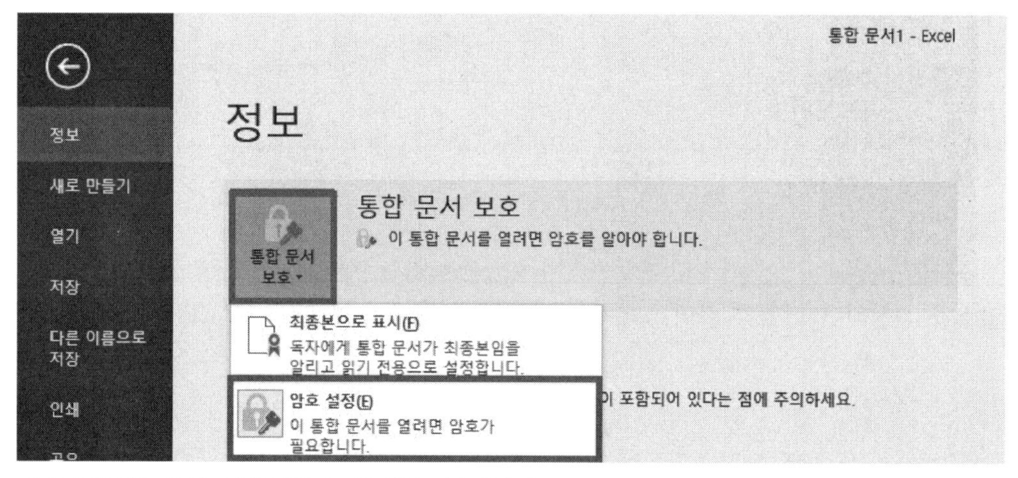


[정보]-[통합 문서 보호]-'암호 설정'을 클릭한다.

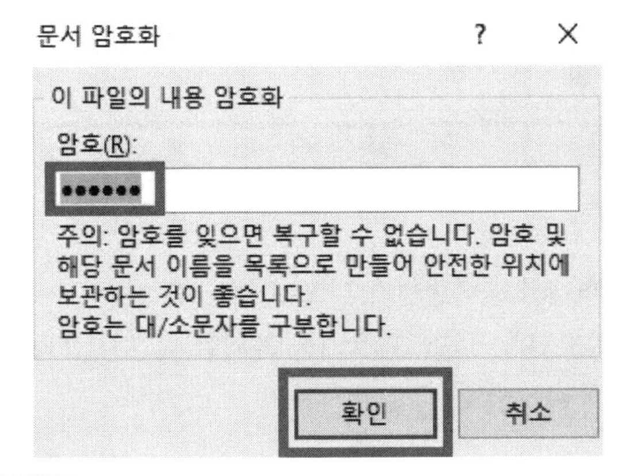


표시된 암호를 BackSpace(←)를 누르거나 Delete 키를 눌러서 전부 삭제한 다음 확인 을 클릭한다.

Chapter 02

# 기본작업

## 1. 기본작업1(5점)

컴퓨터활용능력2급 시험에서 출력형태가 나오는 것은 총 3개이다. 그 중 1개로 출력형태에 보이는 것처럼 입력을 하면 된다. 다만, 단축키를 제외한 다른 기능들을 이용하면 0점 처리되기 때문에 주의하여야 할 파트이다.

데이터를 셀에 입력하면 왼쪽 또는 오른쪽으로 정렬된다.

왼쪽에 정렬되는 것은 문자, 문자+숫자, 주민등록번호, 특수 문자 등이 있으며 오른쪽에 정렬되는 것은 숫자, 시간, 날짜이다.

특수 문자를 입력할 때는 자음 'ㅁ'이나 'ㅇ'을 먼저 입력한 후 한자 키를 눌러서 특수 문자를 찾으면 된다.

**실습용 문제**

Q) 기본작업-1 시트에 다음의 자료를 주어진 대로 입력하시오. (5점)

| | A | B | C | D | E | F | G |
|---|---|---|---|---|---|---|---|
| 1 | 상공마트 인사기록 | | | | | | |
| 2 | | | | | | | |
| 3 | 사번 | 성명 | 부서 | 입사일자 | 직통번호 | 주소지 | 실적 |
| 4 | Kw11-05 | 김충희 | 경리부 | 2011-05-18 | 02) 302-4445 | 강북구 삼양동 | 12,530 |
| 5 | Gp10-22 | 박선종 | 고객부 | 2010-02-18 | 02) 853-1520 | 도봉구 쌍문동 | 35,100 |
| 6 | Au01-02 | 이국명 | 총무부 | 2001-03-01 | 02) 4655-6566 | 마포구 도화동 | 65,000 |
| 7 | Ks04-01 | 장선호 | 식품부 | 2004-07-02 | 031) 8088-2322 | 의정부시 가능동 | 35,000 |
| 8 | Sb09-15 | 최미란 | 가전부 | 2009-11-15 | 02) 526-5555 | 성북구 돈암동 | 58,260 |
| 9 | Pm12-25 | 태진형 | 총무부 | 2012-03-28 | 031) 333-2356 | 부평구 작전동 | 8,352 |
| 10 | Xv13-06 | 홍미선 | 식품부 | 2013-11-16 | 031) 750-1010 | 김포시 사우동 | 14,053 |

## 2. 기본작업2(10점)

기본작업2는 셀을 꾸미는 서식 문제로 이루어져 있다. 해당 파트는 중복되거나 비슷한 조건들을 요구하는 경우가 많기 때문에 반복적으로 연습하면 단기간에 빠르게 익힐 수 있는 파트이다.

① 셀 서식 문제

셀 안에 입력되어 있는 데이터를 꾸미기 위해서는

마우스 우클릭(마우스 오른쪽 버튼 클릭)은 해당 위치에서 할 수 있는 다양한 옵션들이 나오게 되는데 '셀 서식'을 클릭하게 되면 '표시 형식', '맞춤', '글꼴', '테두리', '채우기' 등의 다양한 옵션들이 나오게 된다. 여기에서 문제를 보면서 알맞은 조건들을 찾아서 기능들을 선택하면 된다.

표시 형식- 범주 : 숫자, 회계, 통화, 날짜, 사용자 지정 등

맞춤 : 병합하고 가운데 맞춤, 가로 가운데 맞춤, 세로 가운데 맞춤, 선택 영역의 가운데로 등

글꼴 : 글꼴 종류, 글꼴 스타일, 글꼴 크기, 밑줄, 글꼴 색 등

테두리 : 선 그리기

채우기 색 : 배경색(음영색)

② 메모 삽입 문제

메모를 삽입하기 위해서는

을 선택하면 됩니다. 그리고 문제에서 요구하는 문자를 넣습니다

메모 삽입 문제는 총 3가지 유형으로 나오는데

1. 메모를 삽입한 후 '자동 크기'를 지정하고, 항상 표시되도록 하시오.
2. 메모를 삽입한 후 '자동 크기'를 지정하시오.
3. 메모를 삽입한 후 항상 표시되도록 하시오.

각각의 유형에 대해서는 방법을 정확하게 숙지해주시면 됩니다.

자동 크기 지정 방법 : 메모 테두리 클릭 → 마우스 우클릭 → 메모 서식 → 맞춤 → '자동 크기' 클릭

항상 표시하는 방법 : 메모가 삽입된 셀 선택 → 마우스 우클릭 → 메모 표시/메모 숨기기 클릭

③ 이름 정의 문제

범위 지정(셀 선택) → 이름 상자 클릭 → 이름 입력

이름을 정의하기 위해서는

문제에서 요구하는 범위 지정 → 이름 상자 클릭 → 이름 입력 → Enter 키 누르기

* 만약 이름을 잘못 입력하였을 경우에는 다시 이름 상자에서 이름을 수정할 수는 없습니다. 따라서 이 경우에는 수식 탭 → 이름 관리자 → 잘못된 이름 선택 후 수정하거나 삭제하시면 됩니다.

④ 사용자 지정 문제

- # : 의미 없는 0을 표시하지 않는다 : 35.0 → #.# → 35.
- 0 : 의미 없는 0을 표시한다 : 35.0 → #.0 → 35.0
- 서식을 지정 후 문자를 입력하고자 할 때는 [G/표준"문자"] 형식으로 넣고 싶은 문자 사이에 ""(큰 따옴표)를 넣으면 된다.

사용자 지정 서식 종류

(1) 천 단위 구분 기호 없을 시 : G/표준

(2) 천 단위 구분 기호 있을 시 : #,##0

(3) 문자 서식 : @

(4) 소수점 : 0.00

(5) 날짜/시간 서식

- 년도(YEAR) 표시 : YY → 21 YYYY → 2021
- 월(MONTH) 표시 : M → 1, MM → 01, MMM → JAN, MMMM → JANUARY
- 일(DAY) 표시 : D → 1, DD → 01, DDD → MON, DDDD → MONDAY

- 요일 표시 : AAA → 토, AAAA → 토요일
- 시간 : 01:05:08 → HH:MM:SS, 1:5:8 → H:M:S, 1:30:8 → H:M:S(H:MM:S)

**실습용 문제**

Q1) 기본작업-2(1)' 시트에 다음의 지시사항을 처리하시오. (각 2점)

① [A5:A6], [A7:A9], [A10:A12], [A13:B13] 영역은 '병합하고 가운데 맞춤'을 지정하고, [C4:G4] 영역은 글꼴 스타일 '굵게', 채우기 색 '표준 색 - 노랑'으로 지정하시오.

② [C5:H13] 영역은 사용자 지정 표시 형식을 이용하여 '1000 단위 구분 기호'와 숫자 뒤에 '개'를 표시 예와 같이 표시하시오. [표시 예: 3456 → 3,456개, 0 → 0개 ]

③ [A3:H13] 영역에 '모든 테두리( ⊞ )'를 적용하시오.

④ [B5:B12] 영역의 이름을 '제품명'으로 정의하시오.

⑤ [H7] 셀에 '최고 인기품목'이라는 메모를 삽입한 후 항상 표시되도록 지정하고, 메모 서식에서 맞춤 '자동 크기'를 설정하시오.

**정답**

| | A | B | C | D | E | F | G | H |
|---|---|---|---|---|---|---|---|---|
| 1 | 상공유통 3월 라면류 매출현황 | | | | | | | |
| 2 | | | | | | | | |
| 3 | 제품군 | 제품명 | 강북 | | 강서 | 경기 | | 제품별합계 |
| 4 | | | **삼양마트** | **수유마트** | **화곡마트** | **김포마트** | **강화마트** | |
| 5 | 짜장 | 왕짜장면 | 25개 | 58개 | 56개 | 32개 | 24개 | 195개 |
| 6 | | 첨짜장면 | 52개 | 36개 | 27개 | 47개 | 36개 | 198개 |
| 7 | 짬뽕 | 왕짬뽕면 | 125개 | 156개 | 204개 | 157개 | 347개 | 989개 |
| 8 | | 첨짬뽕면 | 34개 | 62개 | 62개 | 34개 | 82개 | 274개 |
| 9 | | 핫짬뽕면 | 85개 | 36개 | 75개 | 64개 | 28개 | 288개 |
| 10 | 비빔면 | 열무비빔면 | 68개 | 92개 | 51개 | 73개 | 54개 | 338개 |
| 11 | | 고추장면 | 31개 | 30개 | 42개 | 17개 | 25개 | 145개 |
| 12 | | 메밀면 | 106개 | 88개 | 124개 | 64개 | 72개 | 454개 |
| 13 | 마트별합계 | | 526개 | 558개 | 641개 | 488개 | 668개 | 2,881개 |

최고 인기품목

해설

서식 작업(기본작업-2(1) 시트에서 따라하기)

| | 제품군 | 제품명 | 삼양마트 | 수유마트 | 화곡마트 | 김포마트 |
|---|---|---|---|---|---|---|
| 5 | 짜장 | 왕짜장면 | 25 | 58 | 56 | 32 |
| 6 | | 첨짜장면 | 52 | 36 | 27 | 47 |
| 7 | 짬뽕 | 왕짬뽕면 | 125 | 156 | 204 | 157 |
| 8 | | 첨짬뽕면 | 34 | 62 | 62 | 34 |
| 9 | | 핫짬뽕면 | 85 | 36 | 75 | 64 |
| 10 | 비빔면 | 열무 | | | | 73 |
| 11 | | 고 | | | | 17 |
| 12 | | | | | | 64 |
| 13 | 마트별합계 | | | | 641 | 488 |

[A5:A6]을 먼저 범위 지정한 다음, Ctrl 을 먼저 누른 상태로 마우스를 이용하여 [A7:A9], [A10:A12], [A13:B13]을 범위 지정하고 범위 지정한 곳 안에서 마우스 우클릭을 한 다음에 오른쪽 끝에 있는 '병합하고 가운데 맞춤'을 클릭한다.

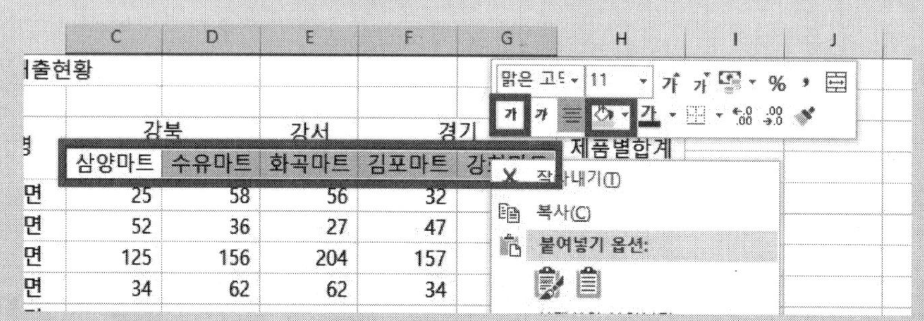


[C4:G4] 영역을 범위 지정하고 마우스 우클릭을 한 다음 '굵게'를 누르고 채우기 색(페인트통) 옆에 삼각형을 클릭해서 '표준 색 - 노랑'을 찾은 다음 클릭한다.

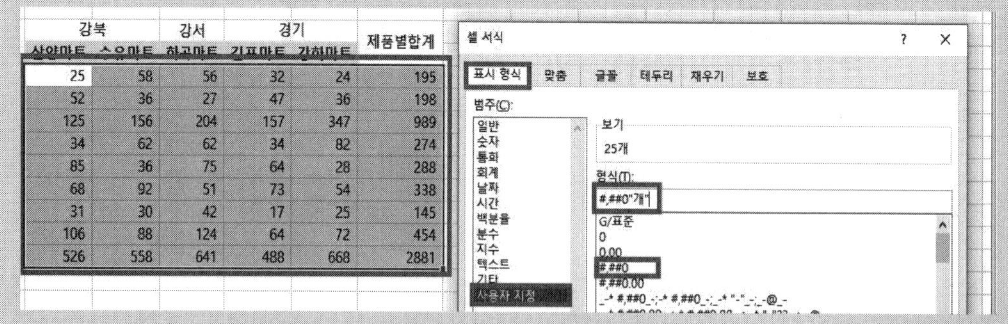


[C5:H13] 영역을 범위 지정한 다음 범위 지정한 곳 안에서 마우스 우클릭을 해서 셀 서식을 클릭한다. 그리고 [표시 형식]-[사용자 지정]에서 '#,##0'을 클릭한 후 뒤에 "개"를 입력한다.

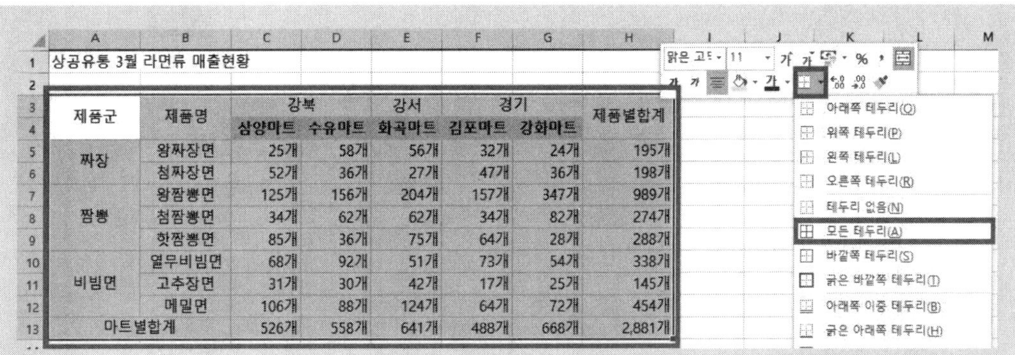

[A3:H13] 영역을 범위 지정한 다음 범위 지정한 곳 안에서 마우스 우클릭을 해서 테두리 옆에 삼각형을 클릭한 다음 '모든 테두리'를 선택한다.

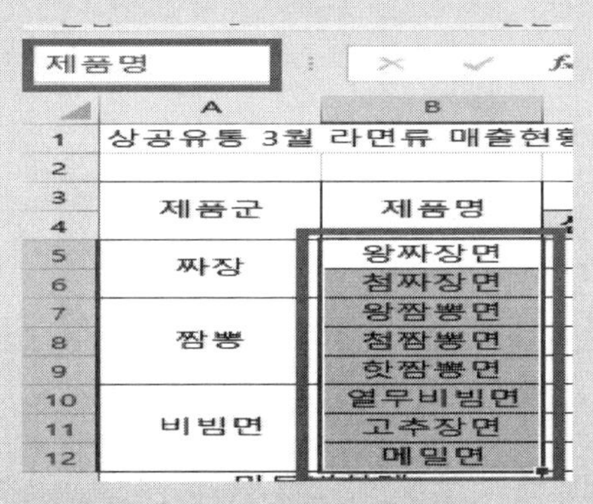

[B5:B12] 영역을 범위 지정한 다음 이름 상자로 가서 '제품명'이라고 입력한 다음 Enter를 누른다.

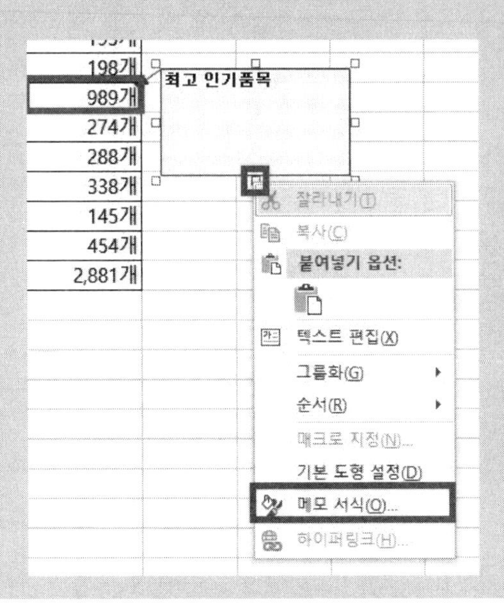

[H7] 셀에서 마우스 우클릭-[새 노트]를 클릭한 다음에 메모가 나오면 제일 먼저 BackSpace (←)를 눌러서 글자를 모두 지운 다음 키보드 방향키 중 아래쪽 방향키(↓)를 눌러서 커서가 밑으로 안 내려가는지 확인한다. 그리고 '최고 인기품목'이라는 글자를 입력한 다음에 다시 [H7] 셀에서 마우스 우클릭을 한다. 그리고 '메모 표시/숨기기'를 먼저 선택한 후 메모의 테두리 바깥에 있는 흰색 사각형 중 아무 데나 마우스를 가져가서 커서 모양이 바뀌면 마우스 오른쪽 버튼을 누른다. 그림처럼 옵션이 나오면 [메모 서식]을 클릭한 다음 [맞춤]-'자동 크기'를 클릭하고 확인 을 클릭한다.

**실습용 문제**

Q2) 기본작업-2(2)' 시트에 다음의 지시사항을 처리하시오. (각 2점)

① [A1:F1] 영역은 '병합하고 가운데 맞춤', 글꼴 '맑은 고딕', 글꼴 크기 '16', 글꼴 스타일 '굵게', 밑줄 '이중 밑줄'으로 지정하시오.

② [A4:A6], [A7:A9], [B4:B6], [F4:F6], [F7:F9] 영역에서 가로 맞춤을 '선택 영역의 가운데로' 지정하고, [A3:F3] 영역은 셀 스타일 '강조색5'를 적용하시오.

③ [C4:C6] 영역은 사용자 지정 표시 형식을 이용하여 문자 뒤에 '%'를 [표시 예]와 같이 표시하시오. [표시 예: 80~90 → 80~90%]

④ [D4:D9] 영역의 이름을 '배점'으로 정의하시오.

⑤ [A3:F9] 영역에 '모든 테두리( )'를 적용한 후, '굵은 바깥쪽 테두리( )'를 적용하시오.

**정답**

| | A | B | C | D | E | F |
|---|---|---|---|---|---|---|
| 1 | **인성인증 항목 및 배점표** | | | | | |
| 2 | | | | | | |
| 3 | 인증영역 | 인증항목 | 내용 | 배점 | 회수 | 최대배점 |
| 4 | 기본영역 | 출석률 | 95~100% | 45 | 2 | 90 |
| 5 | | | 90~95% | 40 | 2 | |
| 6 | | | 80~89% | 40 | 2 | |
| 7 | 인성점수 | 문화관람 | 영화/연극/전시회 | 3 | 10 | 30 |
| 8 | | 헌혈 | 헌혈참여 | 10 | 5 | |
| 9 | | 교외봉사 | 봉사시간 | 2 | 35 | |

**해설**

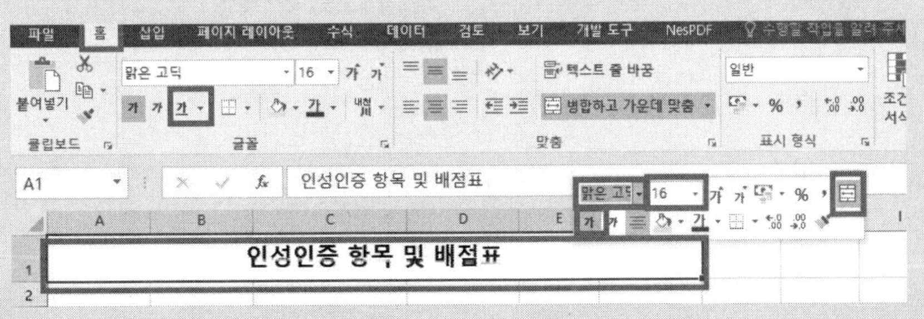


[A1:F1] 영역을 범위 지정한 후 마우스 우클릭해서 '병합하고 가운데 맞춤', 글꼴 '맑은 고딕', 글꼴 크기 '16', 글꼴 스타일 '굵게'를 클릭한 다음, 홈 탭 밑에서 밑줄을 찾아서 옆에 삼각형을 클릭한 다음 '이중 밑줄'을 클릭한다.

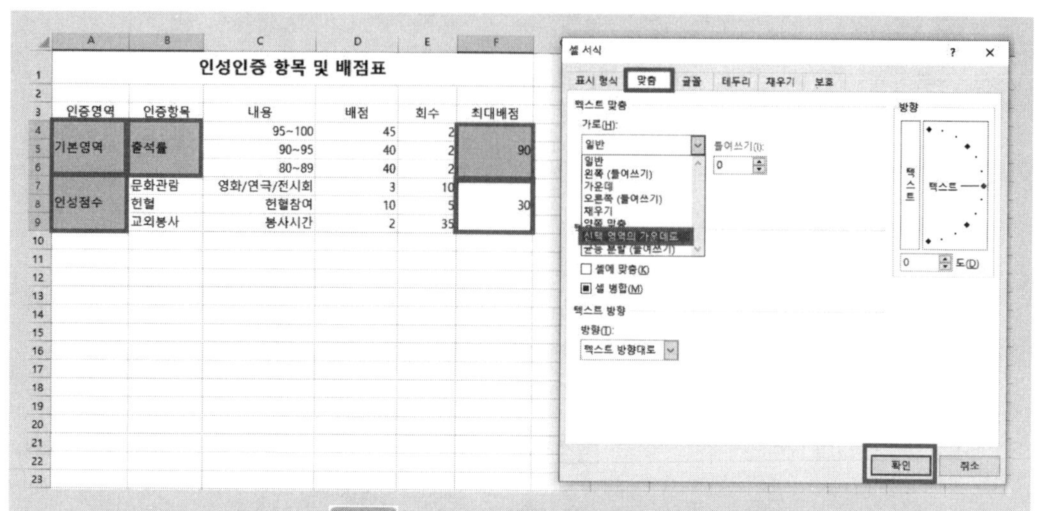

[A4:A6]을 먼저 선택한 다음 Ctrl 을 눌러서 [A7:A9], [B4:B6], [F4:F6], [F7:F9] 영역을 선택하고 선택한 영역 안에서 마우스 우클릭해서 셀 서식으로 들어간 다음 '맞춤'으로 간다. 그리고 가로 맞춤에서 '선택 영역의 가운데로'를 클릭한다.

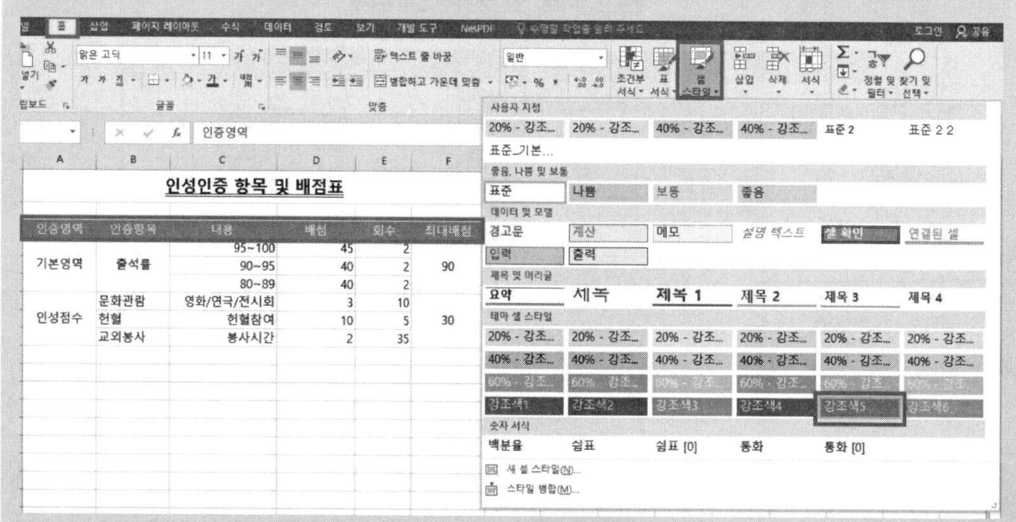

[A3:F3] 영역을 범위 지정한 다음 홈 탭 밑에 있는 [셀 스타일]을 찾아서 삼각형을 클릭한 다음 테마 셀 스타일-'강조색5'를 클릭한다.

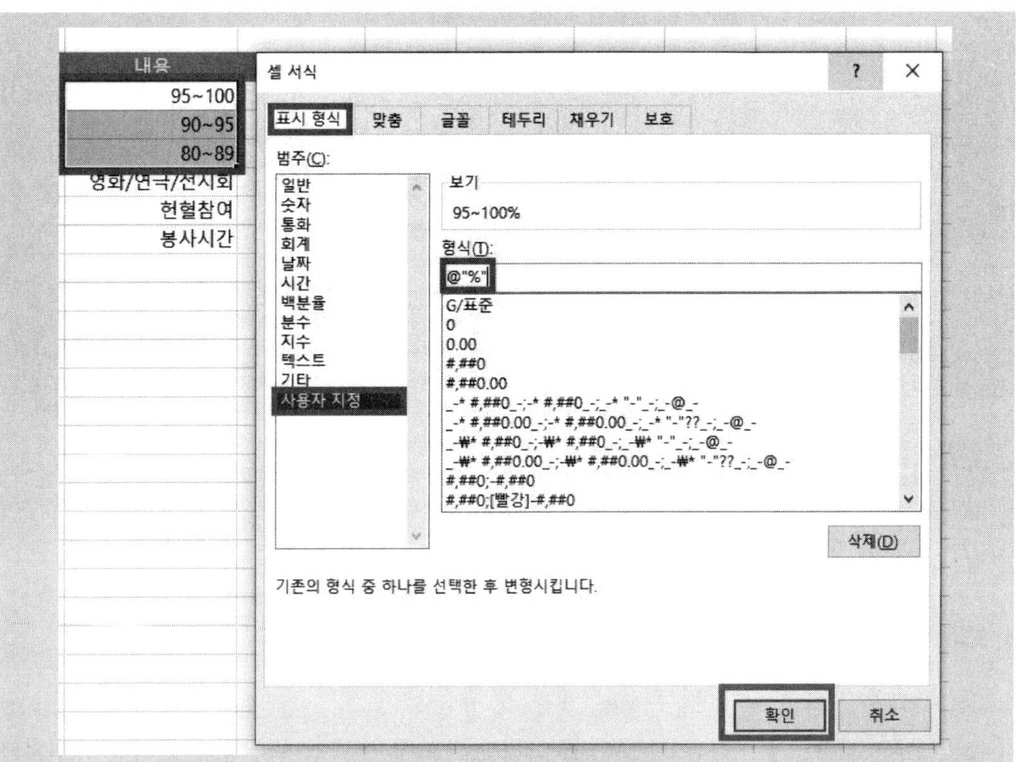


[C4:C6] 영역을 범위 지정한 다음 범위 지정한 곳 안에서 마우스 우클릭을 해서 셀 서식을 클릭한다. 그리고 [표시 형식]-[사용자 지정]의 형식에서 'G/표준'을 지우고 @"%"을 입력한다.

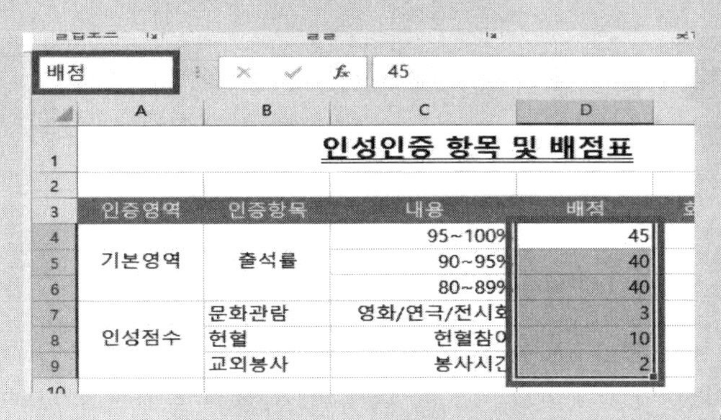


[D4:D9] 영역을 범위 지정한 다음 이름 상자로 가서 '배점'이라고 입력한 다음 Enter 를 누른다.

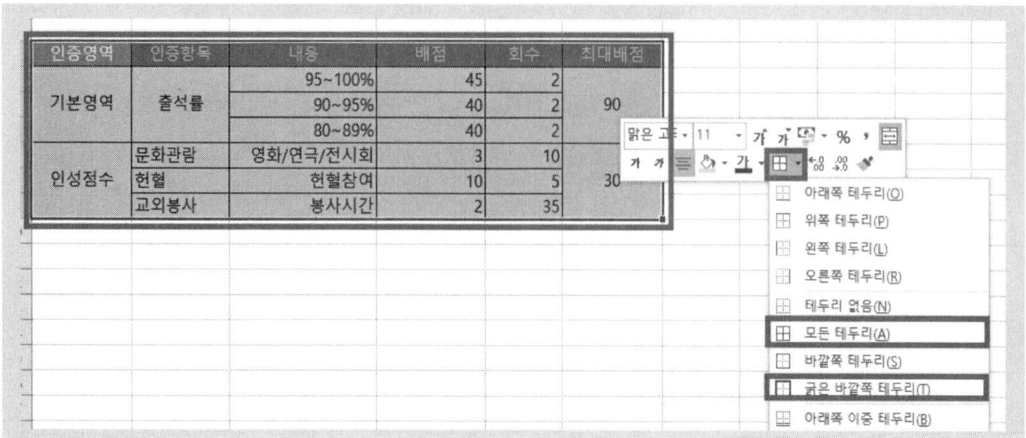

| 인증영역 | 인증항목 | 내용 | 배점 | 회수 | 최대배점 |
|---|---|---|---|---|---|
| 기본영역 | 출석률 | 95~100% | 45 | 2 | 90 |
| | | 90~95% | 40 | 2 | |
| | | 80~89% | 40 | 2 | |
| 인성점수 | 문화관람 | 영화/연극/전시회 | 3 | 10 | 30 |
| | 헌혈 | 헌혈참여 | 10 | 5 | |
| | 교외봉사 | 봉사시간 | 2 | 35 | |

아래쪽 테두리(O)
위쪽 테두리(P)
왼쪽 테두리(L)
오른쪽 테두리(R)
테두리 없음(N)
모든 테두리(A)
바깥쪽 테두리(S)
굵은 바깥쪽 테두리(T)
아래쪽 이중 테두리(B)

[A3:F9] 영역을 범위 지정한 다음 범위 지정한 곳 안에서 마우스 우클릭을 해서 테두리 옆에 삼각형을 클릭한 다음 '모든 테두리'를 선택하고 '굵은 바깥쪽 테두리'를 선택한다.

### 3. 기본작업3(5점)

기본작업3은 조건부 서식, 고급 필터, 외부 데이터(텍스트 나누기) 중 1문제가 출제되고 있다. 3개 모두 문제를 풀이하는 방법이 전부 다르기 때문에 각각의 기능들에 대해서 정확한 방법을 숙지하면 된다. 그리고 기본작업3을 하기 위해서는 먼저 기본적으로 알아야 될 것이 있다.

① 산술 연산자, 비교 연산자, 셀 참조, 조건 함수, 와일드 카드

㉠ 산술 연산자(사칙 연산)

+(더하기), -(빼기), *(곱하기), /(나누기)

㉡ 비교 연산자

규칙 : (1) 반드시 숫자나 문자 앞에 사용한다.

(2) 비교 연산자 앞 · 뒤에는 공백이 없어야 한다.

(3) 비교 연산자 앞 · 뒤에는 ,(쉼표)나 '(작은 따옴표)도 금지된다.

종류

| 형식 | 설명 | 예시 |
|---|---|---|
| > | 크다, 초과 | A>B(A1>10) |
| < | 작다, 미만 | A<B(A1<10) |
| = | 같다 | A=B(A1="팀장") |
| >= | 크거나 같다, 이상 | A>=B(A1>=10) |
| <= | 작거나 같다, 이하 | A<=B(A1<=10) |
| <> | 같지 않다, 부정 | A<>B(A1<>"과장") |

㉢ 셀 참조

상대 참조 : A1 → F4 → 절대 참조 : $A$1 → F4 → 혼합참조 : $A1, A$1

㉣ 조건을 연결시키는 함수

- AND : ~이고, ~이면서, 모두 등 =AND(A1〉10,B1〈20)
- OR : ~이거나, ~거나, 또는 등 =OR(A1〉10,B1〈20)

㉤ 와일드카드

| 〈시작〉 | 〈끝〉 |
|---|---|
| 김* | *김 |
| 김밥 | 밥김 |
| 김나라 | 나라김 |
| 김대한민국 | 대한민국김 |

② 조건부 서식 및 실습용 문제

조건부 서식은 특정 셀에 조건을 걸어서 조건이 일치하는 부분에 대해서만 서식 작업(꾸미는 작업)을 진행하는 것을 의미한다.

**조건부 서식 작성 방법**

① 제목행 제외 전체 범위 지정 → 홈 → 조건부 서식 → [새 규칙] → '수식을 사용하여 서식을 지정할 셀 결정' 클릭 → 수식 편집 박스 클릭 → '=' 입력 후 시작한다

② 문제에 주어진 제목 밑에 첫 번째 셀 클릭 → F4 두 번 클릭 → 비교 연산자를 사용하여 문제에서 요구하는 조건을 작성한다

③ 서식 클릭 → 문제에서 주어진 서식을 적용한 후 확인 버튼을 누른다.

*** 조건부 서식 재작성 방법**

조건부 서식을 잘못 하였을 경우 [제목행 제외 전체 범위 지정 → [홈] → [조건부 서식] → 규칙 관리 → 규칙 편집 → 잘못 작성된 규칙 클릭 → 규칙 삭제 후 '적용' 클릭 → [새 규칙] 클릭해서 다시 조건부 서식 작성하기]의 순서로 진행하면 된다.

**실습용 문제**

**Q1) '기본작업-3(조건부서식1)' 시트에서 다음의 지시사항을 처리하시오. (5점)**

[A4:H18] 영역에 대하여 '중간' 점수가 60 이상이면서 '기말' 점수가 60 이상인 행 전체에 대하여 글꼴 색을 '표준 색-파랑'으로 지정하는 조건부 서식을 작성하시오.

▶ AND 함수 사용

▶ 단, 규칙 유형은 '수식을 사용하여 서식을 지정할 셀 결정'을 사용하고, 한 개의 규칙으로만 작성하시오.

정답

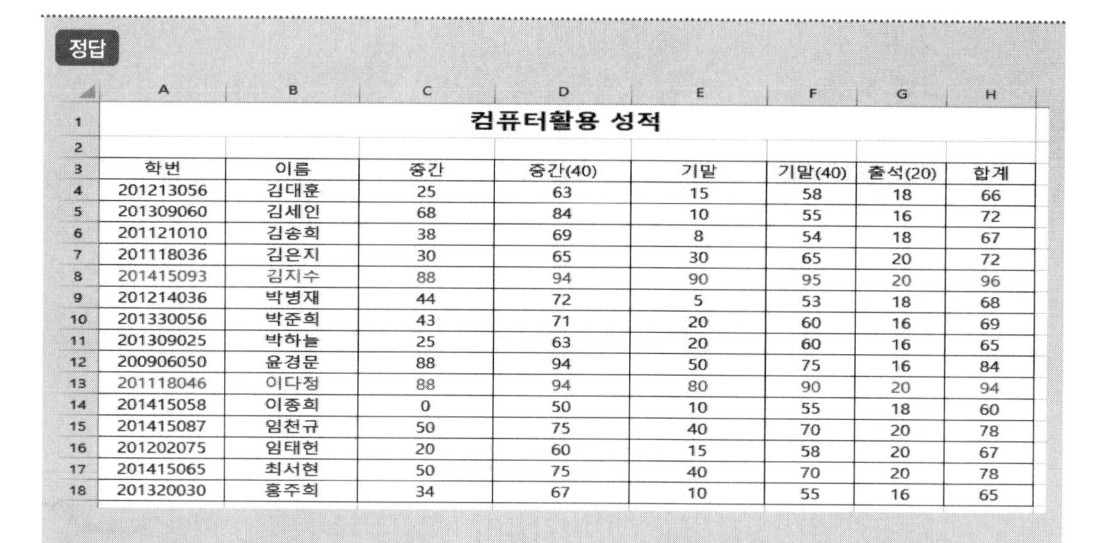

| | A | B | C | D | E | F | G | H |
|---|---|---|---|---|---|---|---|---|
| 1 | 컴퓨터활용 성적 | | | | | | | |
| 2 | | | | | | | | |
| 3 | 학번 | 이름 | 중간 | 중간(40) | 기말 | 기말(40) | 출석(20) | 합계 |
| 4 | 201213056 | 김대훈 | 25 | 63 | 15 | 58 | 18 | 66 |
| 5 | 201309060 | 김세인 | 68 | 84 | 10 | 55 | 16 | 72 |
| 6 | 201121010 | 김송희 | 38 | 69 | 8 | 54 | 18 | 67 |
| 7 | 201118036 | 김은지 | 30 | 65 | 30 | 65 | 20 | 72 |
| 8 | 201415093 | 김지수 | 88 | 94 | 90 | 95 | 20 | 96 |
| 9 | 201214036 | 박병재 | 44 | 72 | 5 | 53 | 18 | 68 |
| 10 | 201330056 | 박준희 | 43 | 71 | 20 | 60 | 16 | 69 |
| 11 | 201309025 | 박하늘 | 25 | 63 | 20 | 60 | 16 | 65 |
| 12 | 200906050 | 윤경문 | 88 | 94 | 50 | 75 | 16 | 84 |
| 13 | 201118046 | 이다정 | 88 | 94 | 80 | 90 | 20 | 94 |
| 14 | 201415058 | 이종희 | 0 | 50 | 10 | 55 | 18 | 60 |
| 15 | 201415087 | 임천규 | 50 | 75 | 40 | 70 | 20 | 78 |
| 16 | 201202075 | 임태헌 | 20 | 60 | 15 | 58 | 20 | 67 |
| 17 | 201415065 | 최서현 | 50 | 75 | 40 | 70 | 20 | 78 |
| 18 | 201320030 | 홍주희 | 34 | 67 | 10 | 55 | 16 | 65 |

해설

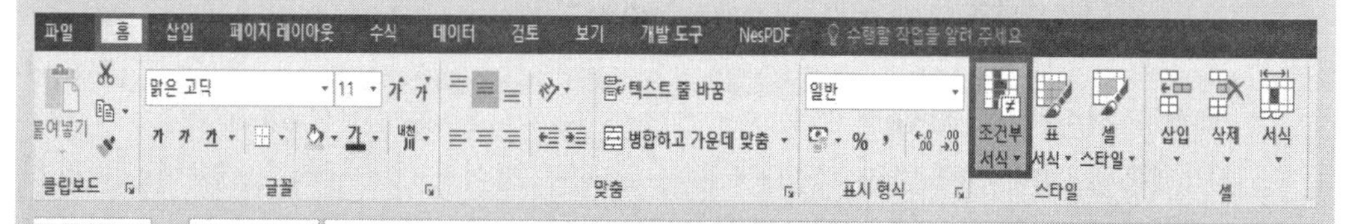

[A4:H18] 영역을 범위 지정한 후 [홈]-[조건부 서식]의 삼각형 클릭-[새 규칙]을 클릭한다.

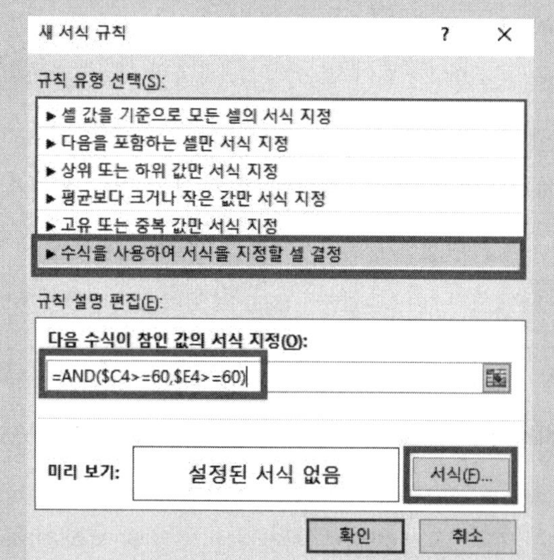


규칙 유형은 '수식을 사용하여 서식을 지정할 셀 결정'을 클릭하고 하단에 =AND($C4>=60,$E4>=60)을 입력한 다음 서식 을 누른다.

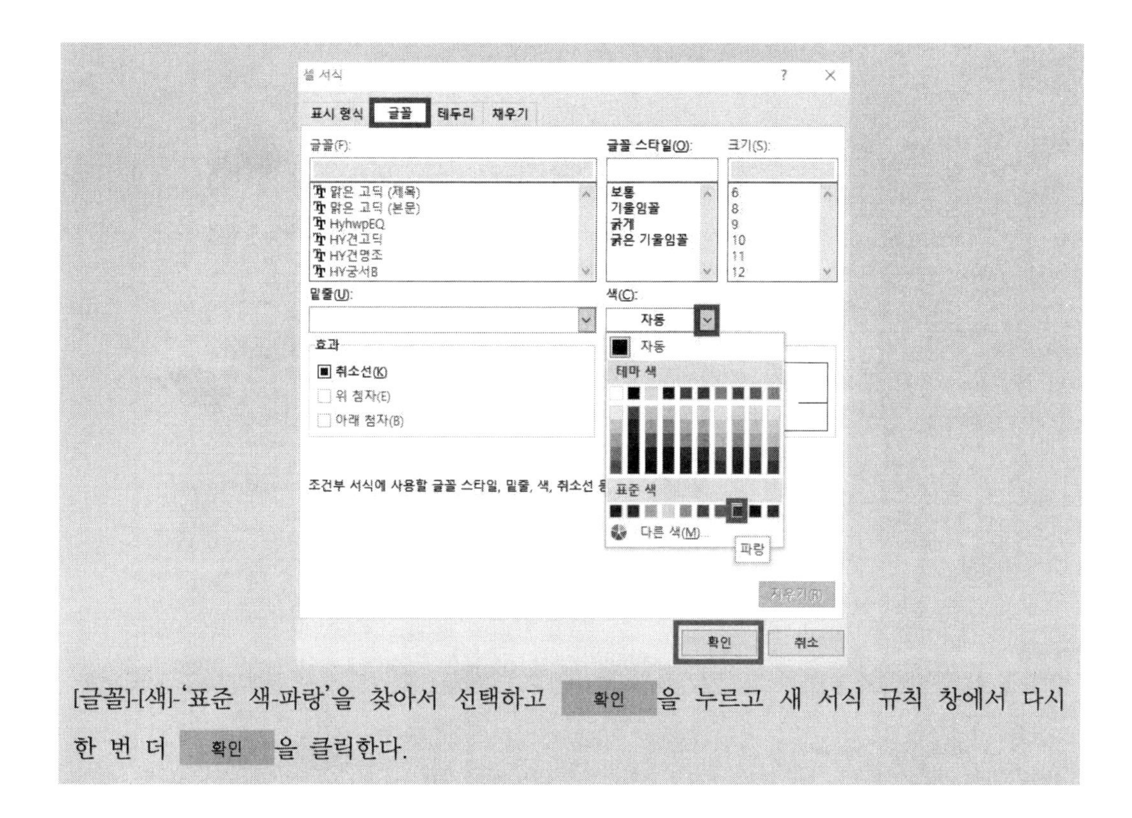


[글꼴]-[색]-'표준 색-파랑'을 찾아서 선택하고 확인 을 누르고 새 서식 규칙 창에서 다시 한 번 더 확인 을 클릭한다.

**실습용 문제**

**Q2) '기본작업-3(조건부서식2)' 시트에서 다음의 지시사항을 처리하시오. (5점)**

[A4:G15] 영역에 대하여 직위가 '부장'이거나 총급여가 3,500,000 미만인 행 전체에 대하여 글꼴 스타일을 '굵은 기울임꼴', 글꼴 색을 '표준 색-빨강'으로 지정하는 조건부 서식을 작성하시오.

▶ OR 함수 사용

▶ 단, 규칙 유형은 '수식을 사용하여 서식을 지정할 셀 결정'을 사용하고, 한 개의 규칙으로만 작성하시오.

정답

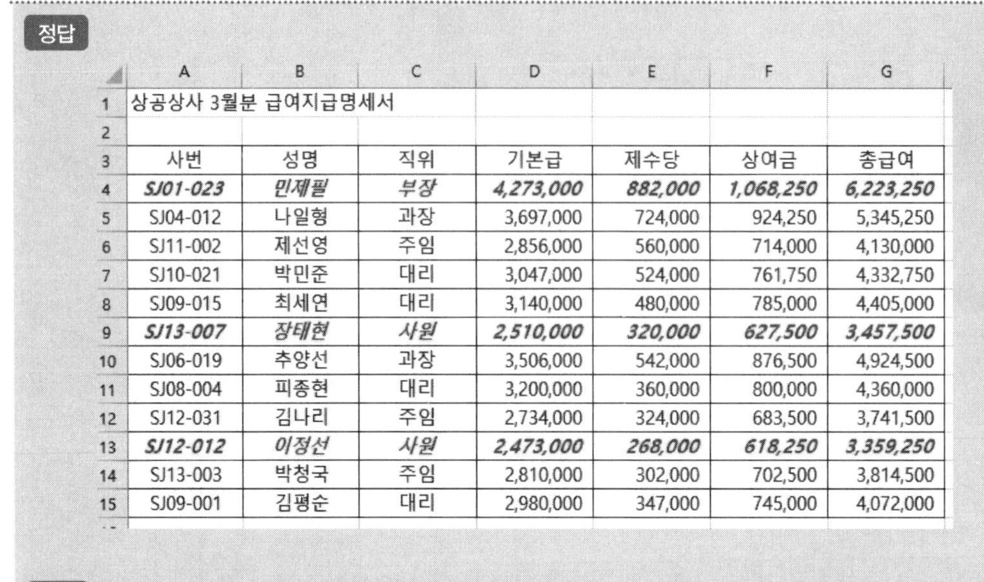

| | A | B | C | D | E | F | G |
|---|---|---|---|---|---|---|---|
| 1 | 상공상사 3월분 급여지급명세서 | | | | | | |
| 2 | | | | | | | |
| 3 | 사번 | 성명 | 직위 | 기본급 | 제수당 | 상여금 | 총급여 |
| 4 | ***SJ01-023*** | ***민제필*** | ***부장*** | ***4,273,000*** | ***882,000*** | ***1,068,250*** | ***6,223,250*** |
| 5 | SJ04-012 | 나일형 | 과장 | 3,697,000 | 724,000 | 924,250 | 5,345,250 |
| 6 | SJ11-002 | 제선영 | 주임 | 2,856,000 | 560,000 | 714,000 | 4,130,000 |
| 7 | SJ10-021 | 박민준 | 대리 | 3,047,000 | 524,000 | 761,750 | 4,332,750 |
| 8 | SJ09-015 | 최세연 | 대리 | 3,140,000 | 480,000 | 785,000 | 4,405,000 |
| 9 | ***SJ13-007*** | ***장태현*** | ***사원*** | ***2,510,000*** | ***320,000*** | ***627,500*** | ***3,457,500*** |
| 10 | SJ06-019 | 추양선 | 과장 | 3,506,000 | 542,000 | 876,500 | 4,924,500 |
| 11 | SJ08-004 | 피종현 | 대리 | 3,200,000 | 360,000 | 800,000 | 4,360,000 |
| 12 | SJ12-031 | 김나리 | 주임 | 2,734,000 | 324,000 | 683,500 | 3,741,500 |
| 13 | ***SJ12-012*** | ***이정선*** | ***사원*** | ***2,473,000*** | ***268,000*** | ***618,250*** | ***3,359,250*** |
| 14 | SJ13-003 | 박청국 | 주임 | 2,810,000 | 302,000 | 702,500 | 3,814,500 |
| 15 | SJ09-001 | 김평순 | 대리 | 2,980,000 | 347,000 | 745,000 | 4,072,000 |

해설

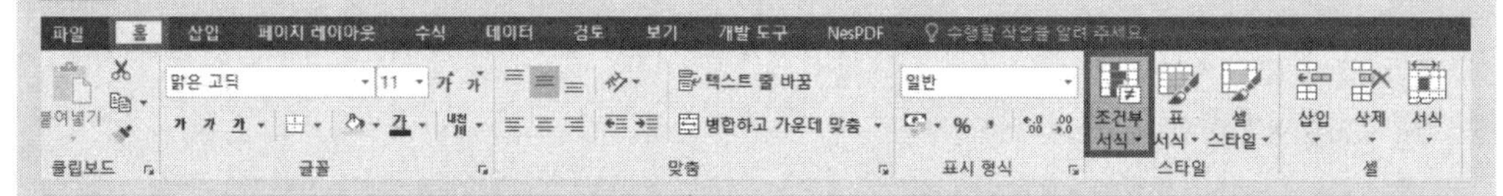


[A4:G15] 영역을 범위 지정한 후 [홈]-[조건부 서식]의 삼각형 클릭-[새 규칙]을 클릭한다.

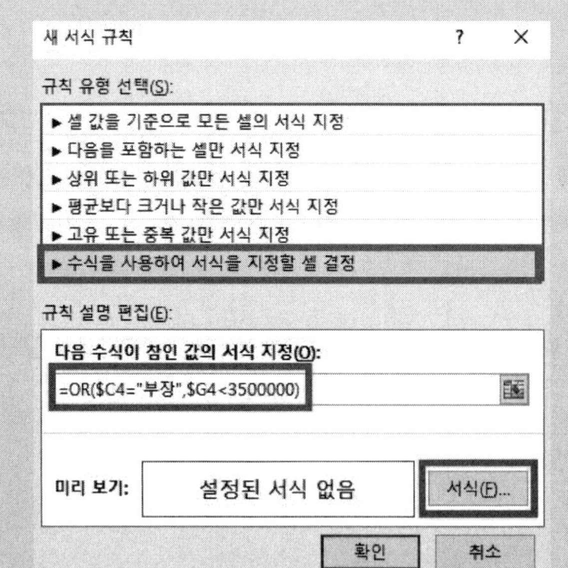


규칙 유형은 '수식을 사용하여 서식을 지정할 셀 결정'을 클릭하고 하단에 =OR($C4="부장",$G4<3500000)을 입력한 다음 서식 을 클릭한다.

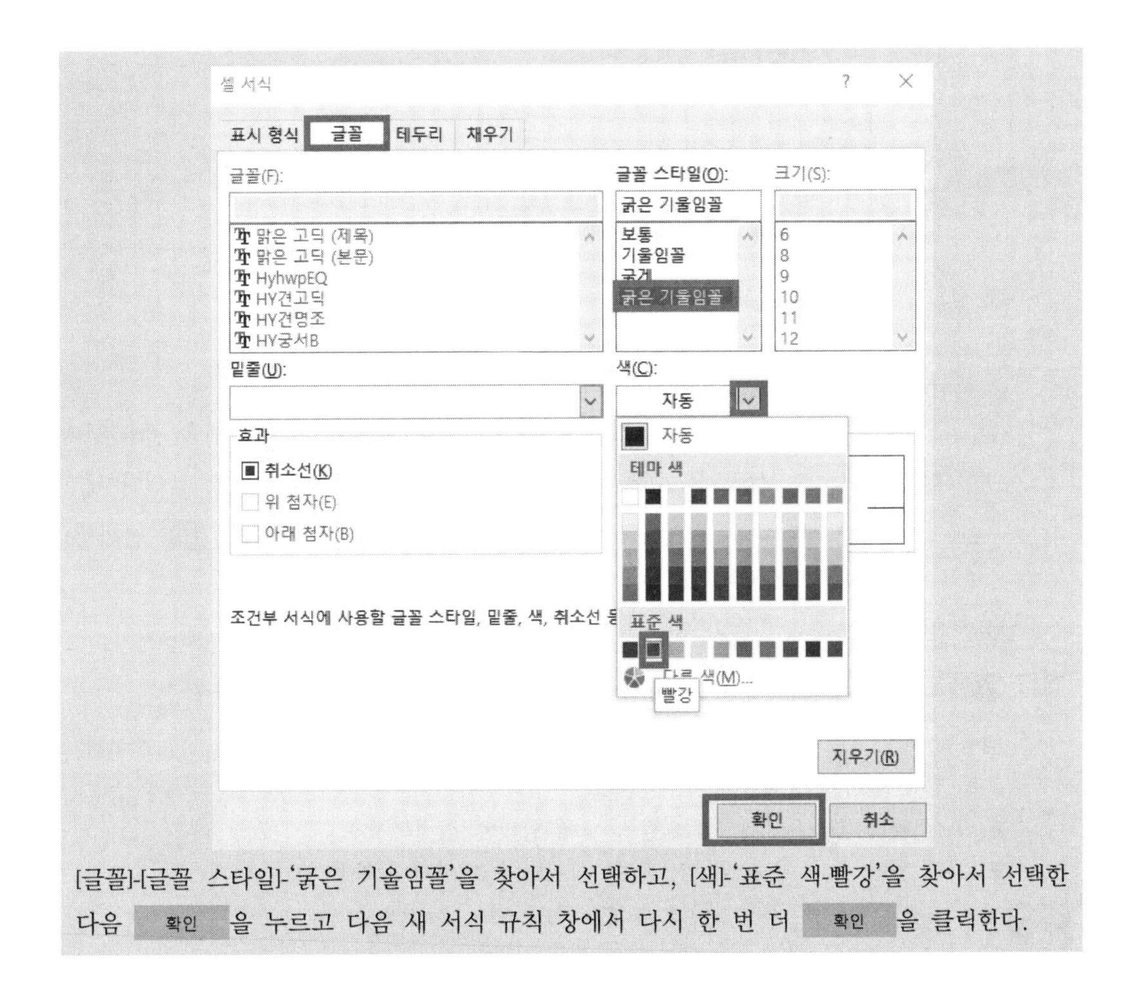


[글꼴]-[글꼴 스타일]-'굵은 기울임꼴'을 찾아서 선택하고, [색]-'표준 색-빨강'을 찾아서 선택한 다음 확인 을 누르고 다음 새 서식 규칙 창에서 다시 한 번 더 확인 을 클릭한다.

③ 고급 필터 및 실습용 문제

고급 필터는 특정 셀에 조건을 따로 입력한 후 조건이 일치하는 부분에 대해서만 다른 영역으로 결과값을 가지고 오는 작업을 의미한다.

고급 필터 작성 방법

㉠ 문제에서 조거 범위를 입력할 곳을 확인한 후 시작하는 셀을 확인하고 제목을 포함하여 조건을 입력한다.

㉡ 위에 있는 표를 제목을 포함하여 전체 범위를 지정한다.

㉢ [데이터] - [고급]을 클릭한다.

㉣ 새로운 창이 나타나면

| 다른 장소에 복사 클릭<br>목록 범위 : 확인<br>조건 범위 : 따로 입력한 조건 범위를 모두 범위 지정<br>복사 위치 : 문제에 주어진 셀 클릭 |
|---|

순서로 진행하면 된다.

*** 고급 필터 재작성 방법**

고급 필터를 잘못 하였을 경우 조건 범위 또는 결과 범위가 포함된 행을 전부 선택한 다음에 마우스 우클릭을 해서 '행 삭제' 클릭 → [데이터] → [고급]을 눌러서 새로운 창이 나타나면 다시 순서대로 작업을 진행한다. (이유 : Ctrl + Z 불가능)

**실습용 문제**

Q1) '기본작업-3(고급필터1)' 시트에서 다음의 지시사항을 처리하시오. (5점)

'컴퓨터 과학 1학기 성적' 표에서 '전공학과'가 영문이고, '평점'이 80점 이상인 데이터 값을 고급 필터를 사용하여 검색하시오.

▶ 고급 필터 조건은 [A18:F21] 범위 내에 알맞게 입력하시오.

▶ 고급 필터 결과 복사 위치는 동일 시트의 [A23]에서 시작하시오.

**정답**

| | | | | | | | | |
|---|---|---|---|---|---|---|---|---|
| 22 | | | | | | | | |
| 23 | 전공학과 | 성명 | 결석회수 | 출결점수 | 과제 | 중간고사 | 기말고사 | 평점 |
| 24 | 영문 | 참사랑 | 0 | 100 | 98 | 80 | 67 | 86.3 |
| 25 | 영문 | 도연명 | 1 | 97 | 83 | 90 | 90 | 90.0 |
| 26 | 영문 | 김우진 | 0 | 100 | 76 | 78 | 88 | 85.5 |
| 27 | 영문 | 태우나 | 2 | 94 | 78 | 90 | 84 | 86.5 |
| 28 | 영문 | 구만리 | 6 | 82 | 100 | 98 | 95 | 93.8 |

**해설**

| | | |
|---|---|---|
| 17 | | |
| 18 | 전공학과 | 평점 |
| 19 | 영문 | >=80 |
| 20 | | |

[A18:C19] 영역에 그림과 같이 조건을 입력한다.

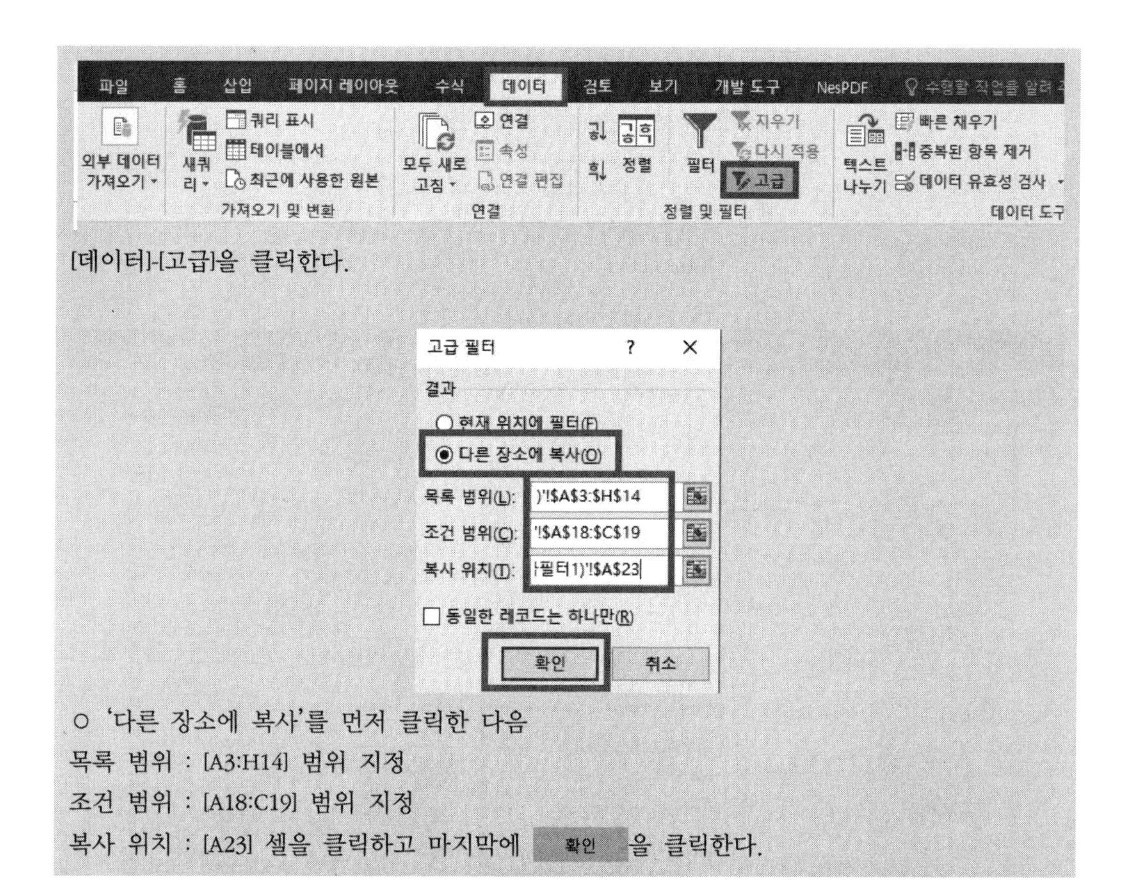


[데이터]-[고급]을 클릭한다.

○ '다른 장소에 복사'를 먼저 클릭한 다음

목록 범위 : [A3:H14] 범위 지정

조건 범위 : [A18:C19] 범위 지정

복사 위치 : [A23] 셀을 클릭하고 마지막에 확인 을 클릭한다.

**실습용 문제**

**Q2) '기본작업-3(고급필터2)' 시트에서 다음의 지시사항을 처리하시오. (5점)**

'상공종합학원 지원서 현황' 표에서 '주민등록번호'가 8로 시작하거나 '평가'가 A급인 데이터 값을 고급 필터를 사용하여 검색하시오.

▶ 고급 필터 조건은 [B15:D18] 범위 내에 알맞게 입력하시오.

▶ 고급 필터 결과 복사 위치는 동일 시트의 [B20]에서 시작하시오.

**정답**

| | | 성명 | 주민등록번호 | 국어 | 외국어 | 수학 | 총점 | 평가 |
|---|---|---|---|---|---|---|---|---|
| 20 | | 성명 | 주민등록번호 | 국어 | 외국어 | 수학 | 총점 | 평가 |
| 21 | | 김순호 | 770124-1907654 | 48 | 28 | 19 | 95 | A급 |
| 22 | | 김흥기 | 800519-1209834 | 45 | 29 | 18 | 92 | A급 |
| 23 | | 명현주 | 811230-2671234 | 33 | 29 | 18 | 80 | B급 |
| 24 | | 우지원 | 770909-1345987 | 49 | 22 | 20 | 91 | A급 |
| 25 | | 김현우 | 821003-1375727 | 40 | 30 | 25 | 95 | A급 |

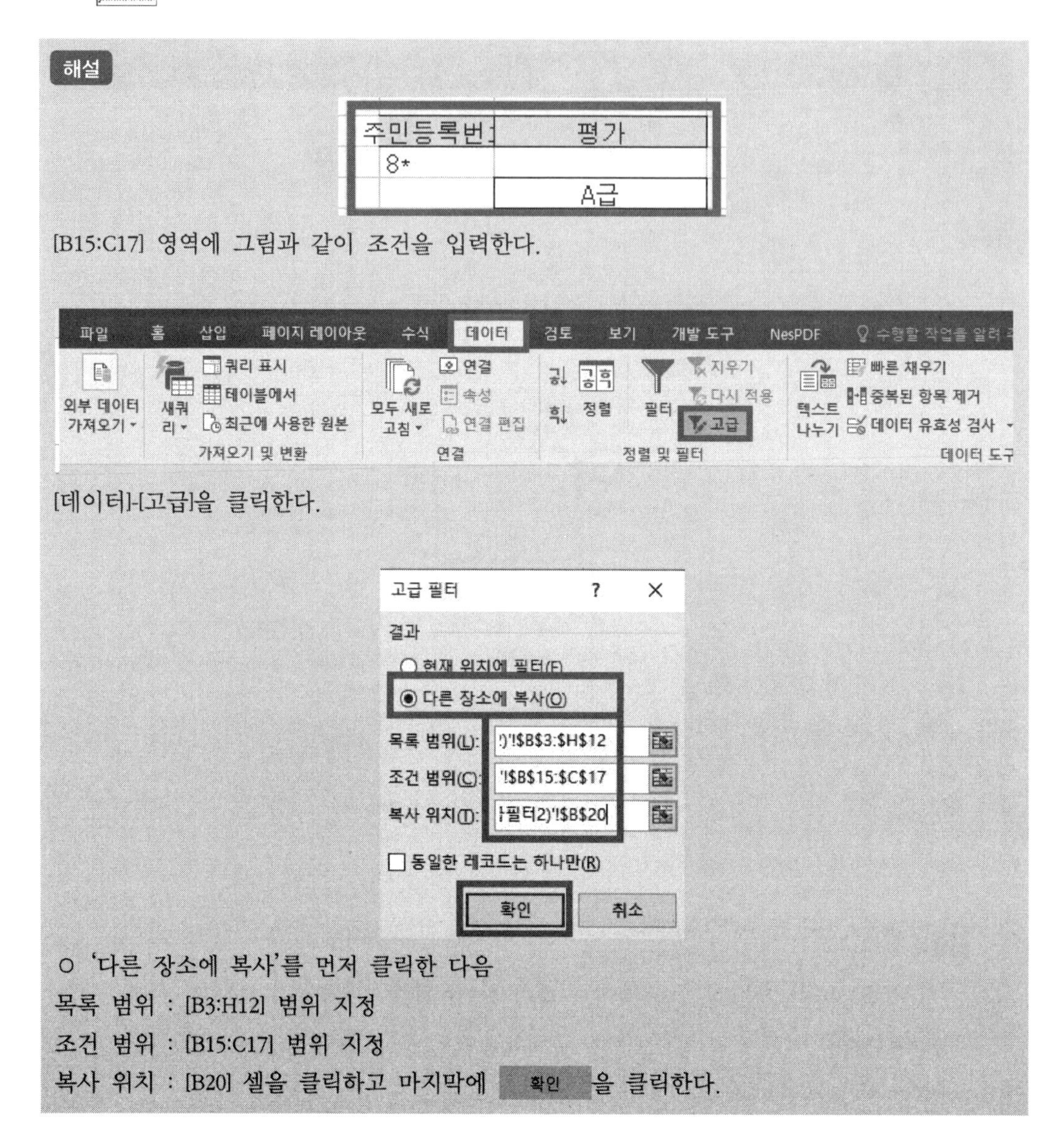


해설

[B15:C17] 영역에 그림과 같이 조건을 입력한다.

[데이터]-[고급]을 클릭한다.

ㅇ '다른 장소에 복사'를 먼저 클릭한 다음

목록 범위 : [B3:H12] 범위 지정

조건 범위 : [B15:C17] 범위 지정

복사 위치 : [B20] 셀을 클릭하고 마지막에 확인 을 클릭한다.

④ 외부 데이터 및 실습용 문제

외부 데이터 문제는 '텍스트 나누기' 문제가 나오는데 '텍스트 나누기'는 열을 기준으로 하여 하나의 열에 들어가 있는 데이터를 여러 개의 열로 나누는 작업을 의미한다.

외부 데이터(텍스트 나누기) 작성 방법

① 데이터가 시작하는 첫 번째 열만 전부 범위 지정을 한다.

② [데이터] - [텍스트 나누기]를 클릭한다.

③ 조건을 보고 총 3단계에 걸쳐서 작업을 진행한다.

④ 만약 잘못 하였을 경우 Ctrl + Z (되돌리기)를 진행한 후 처음부터 다시 시작한다.

**실습용 문제**

**Q1) '기본작업-3(외부데이터)' 시트에서 다음의 지시사항을 처리하시오. (5점)**

'입사지원 현황' 표에서 [B3:B11] 영역의 데이터를 아래의 조건에 맞춰서 텍스트 나누기를 실행하여 나타내시오.

▶ 데이터는 쉼표(,)로 구분되어 있음.

▶ '나이' 열은 제외할 것

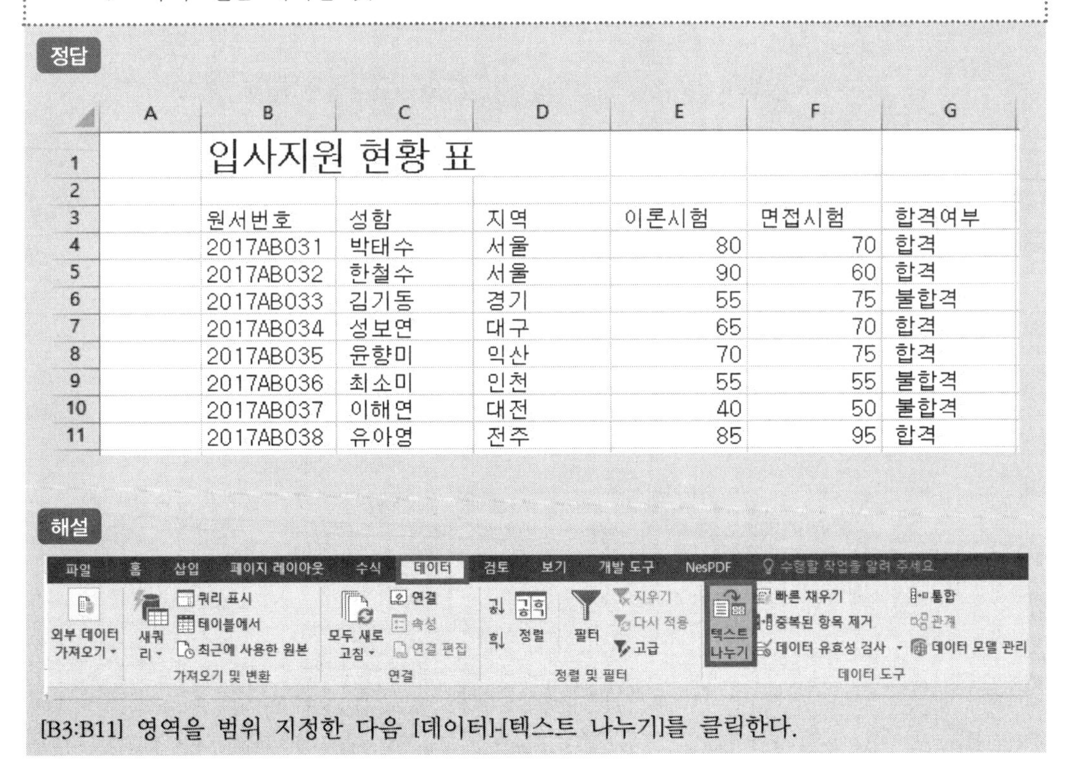

정답

| | A | B | C | D | E | F | G |
|---|---|---|---|---|---|---|---|
| 1 | | 입사지원 현황 표 | | | | | |
| 2 | | | | | | | |
| 3 | | 원서번호 | 성함 | 지역 | 이론시험 | 면접시험 | 합격여부 |
| 4 | | 2017AB031 | 박태수 | 서울 | 80 | 70 | 합격 |
| 5 | | 2017AB032 | 한철수 | 서울 | 90 | 60 | 합격 |
| 6 | | 2017AB033 | 김기동 | 경기 | 55 | 75 | 불합격 |
| 7 | | 2017AB034 | 성보연 | 대구 | 65 | 70 | 합격 |
| 8 | | 2017AB035 | 윤향미 | 익산 | 70 | 75 | 합격 |
| 9 | | 2017AB036 | 최소미 | 인천 | 55 | 55 | 불합격 |
| 10 | | 2017AB037 | 이해연 | 대전 | 40 | 50 | 불합격 |
| 11 | | 2017AB038 | 유아영 | 전주 | 85 | 95 | 합격 |

해설



[B3:B11] 영역을 범위 지정한 다음 [데이터]-[텍스트 나누기]를 클릭한다.

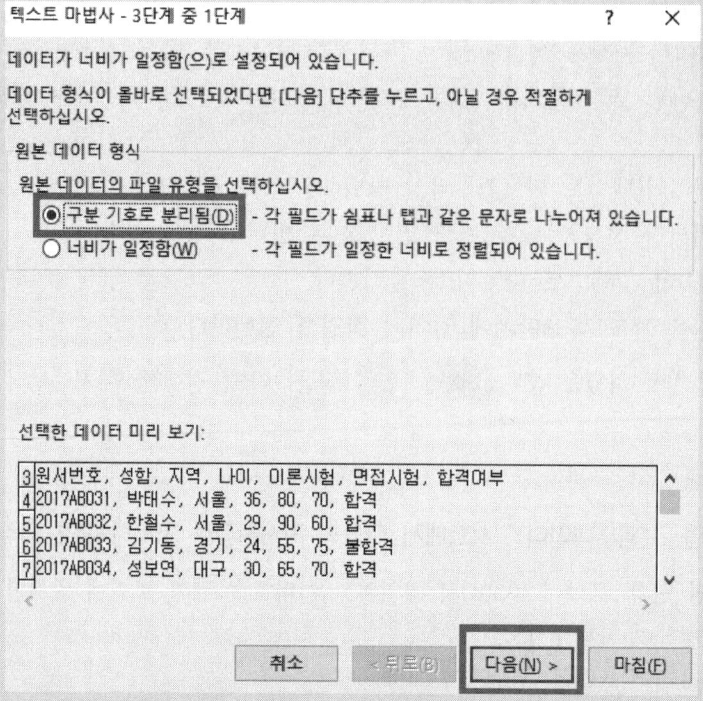

텍스트 마법사 - 3단계 중 1단계 ? ×

데이터가 너비가 일정함(으)로 설정되어 있습니다.

데이터 형식이 올바로 선택되었다면 [다음] 단추를 누르고, 아닐 경우 적절하게 선택하십시오.

원본 데이터 형식

원본 데이터의 파일 유형을 선택하십시오.

◉ 구분 기호로 분리됨(D) - 각 필드가 쉼표나 탭과 같은 문자로 나누어져 있습니다.

○ 너비가 일정함(W) - 각 필드가 일정한 너비로 정렬되어 있습니다.

선택한 데이터 미리 보기:

3 원서번호, 성함, 지역, 나이, 이론시험, 면접시험, 합격여부
4 2017AB031, 박태수, 서울, 36, 80, 70, 합격
5 2017AB032, 한철수, 서울, 29, 90, 60, 합격
6 2017AB033, 김기동, 경기, 24, 55, 75, 불합격
7 2017AB034, 성보연, 대구, 30, 65, 70, 합격

취소 < 뒤로(B) 다음(N) > 마침(F)

1단계에서는 '구분 기호로 분리됨'을 체크하고 다음 을 누른다.

텍스트 마법사 - 3단계 중 2단계 ? ×

데이터의 구분 기호를 설정합니다. 미리 보기 상자에서 적용된 텍스트를 볼 수 있습니다.

구분 기호

☐ 탭(T)
☐ 세미콜론(M)
☑ 쉼표(C)
☐ 공백(S)
☐ 기타(O):

☐ 연속된 구분 기호를 하나로 처리(R)

텍스트 한정자(Q): "

데이터 미리 보기(P)

| 원서번호 | 성함 | 지역 | 나이 | 이론시험 | 면접시험 | 합격여부 |
|---|---|---|---|---|---|---|
| 2017AB031 | 박태수 | 서울 | 36 | 80 | 70 | 합격 |
| 2017AB032 | 한철수 | 서울 | 29 | 90 | 60 | 합격 |
| 2017AB033 | 김기동 | 경기 | 24 | 55 | 75 | 불합격 |
| 2017AB034 | 성보연 | 대구 | 30 | 65 | 70 | 합격 |

취소 < 뒤로(B) 다음(N) > 마침(F)

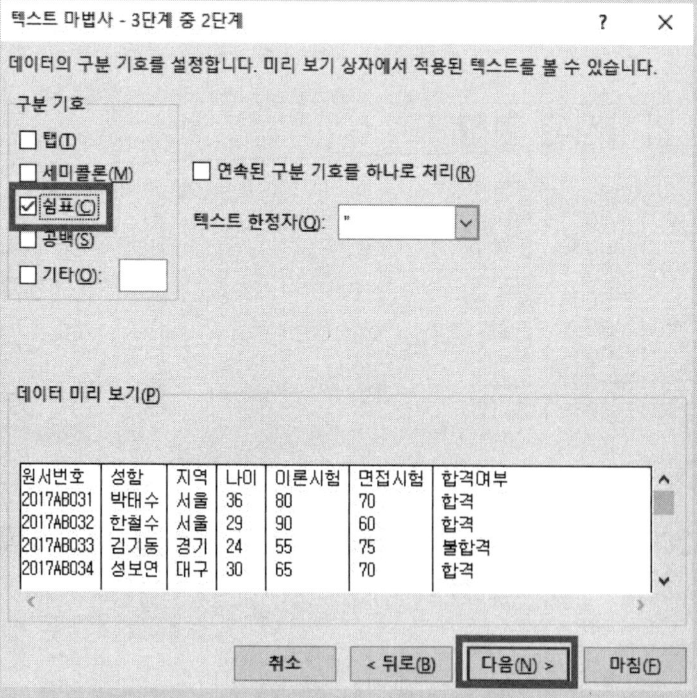

2단계에서는 구분 기호에서 '탭'은 체크 해제하고 '쉼표'를 체크하고 다음 을 누른다.

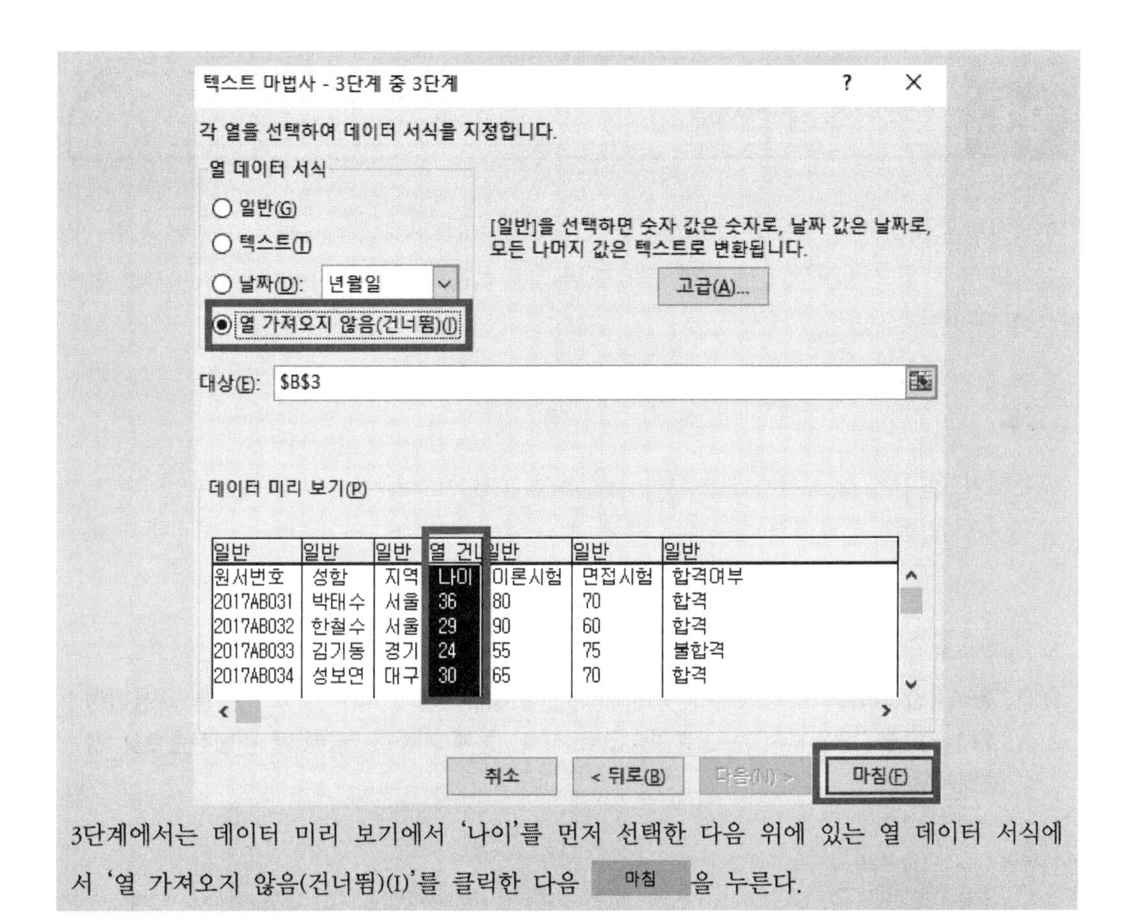

3단계에서는 데이터 미리 보기에서 '나이'를 먼저 선택한 다음 위에 있는 열 데이터 서식에서 '열 가져오지 않음(건너뜀)(I)'를 클릭한 다음 마침 을 누른다.

# Chapter 03 분석작업(20점)

분석작업은 총 7개의 기능 중에서 2문제가 출제되는데 1문제당 10점씩 배정되어 있다. 분석작업의 종류 및 각각의 기능에 대해 문제를 푸는 방법만 정확히 숙지한다면 짧은 시간 안에 빠르게 완성할 수 있다.

## 1. 정렬

구분되어 있지 않고 흩어져있는 데이터를 특정 조건에 맞춰서 분류해주는 작업이다.

문제 풀이 방법 : 문제에서 요구하는 제목 셀 클릭 → [데이터] → [정렬] → 문제에서 요구하는 작업을 진행한다.

**실습용 문제**

Q1) '분석작업(정렬)-1' 시트에서 '대한고교 전산비품 현황표'에서 정렬 기능을 이용하여 첫째 기준을 '구입부서'는 오름차순으로 하고, 둘째 기준을 '금액'별 내림차순으로 정렬하시오.

**정답**

대한고교 전산비품 현황표

| 구입일자 | 구입부서 | 품명 | 모델명 | 수량 | 단가 | 금액 |
|---|---|---|---|---|---|---|
| 03월 23일 | 교무부 | 공 CD | CD-700 | 500 | 1,000 | 500,000 |
| 10월 10일 | 교무부 | 공 CD | CD-700 | 400 | 1,000 | 400,000 |
| 07월 11일 | 실과부 | 프린터 토너 | PR-3000 | 20 | 120,000 | 2,400,000 |
| 05월 17일 | 실과부 | 잉크(검정) | INK-BK | 50 | 35,000 | 1,750,000 |
| 09월 23일 | 전산부 | 인쇄용지 B4 | PP-B4 | 300 | 30,000 | 9,000,000 |
| 03월 10일 | 전산부 | 인쇄용지 A4 | PP-A4 | 200 | 20,000 | 4,000,000 |
| 11월 25일 | 전산부 | 프린터 토너 | PK-80 | 30 | 120,000 | 3,600,000 |
| 06월 05일 | 정보부 | 잉크(칼라) | INK-CR | 100 | 40,000 | 4,000,000 |
| 04월 25일 | 정보부 | 디스켓 | FD-35 | 1,000 | 500 | 500,000 |

**해설**



구입부서[C2] 셀을 클릭한 후 [데이터]-[정렬]을 클릭한다.

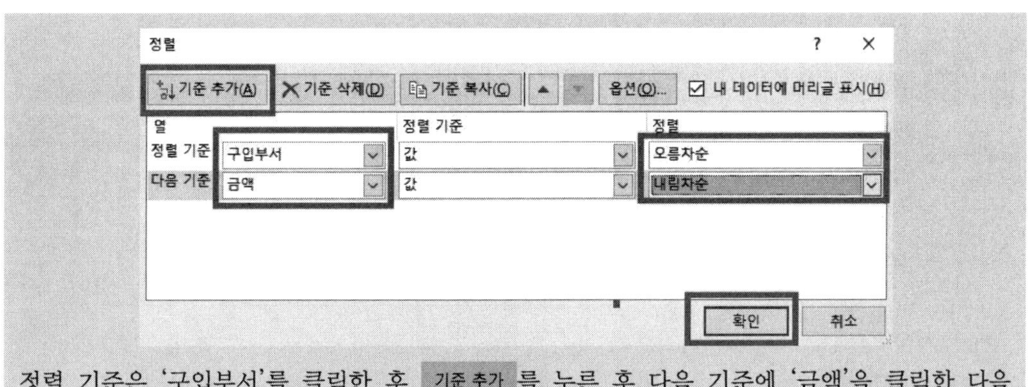


정렬 기준은 '구입부서'를 클릭한 후 기준 추가 를 누른 후 다음 기준에 '금액'을 클릭한 다음 정렬에서 '내림차순'을 선택한 후 확인 을 클릭한다.

**실습용 문제**

Q2) '분석작업(정렬)-2' 시트에서 [정렬] 기능을 이용하여 '조기 축구 모임 회원 리스트' 표의 '포지션'을 '공격수-미드필더-수비수-골기퍼' 순으로 정렬하고, 동일한 포지션인 경우 '가입년도'의 셀 색이 'RGB(166.244.186)'인 값이 위에 표시되도록 정렬하시오.

**정답**

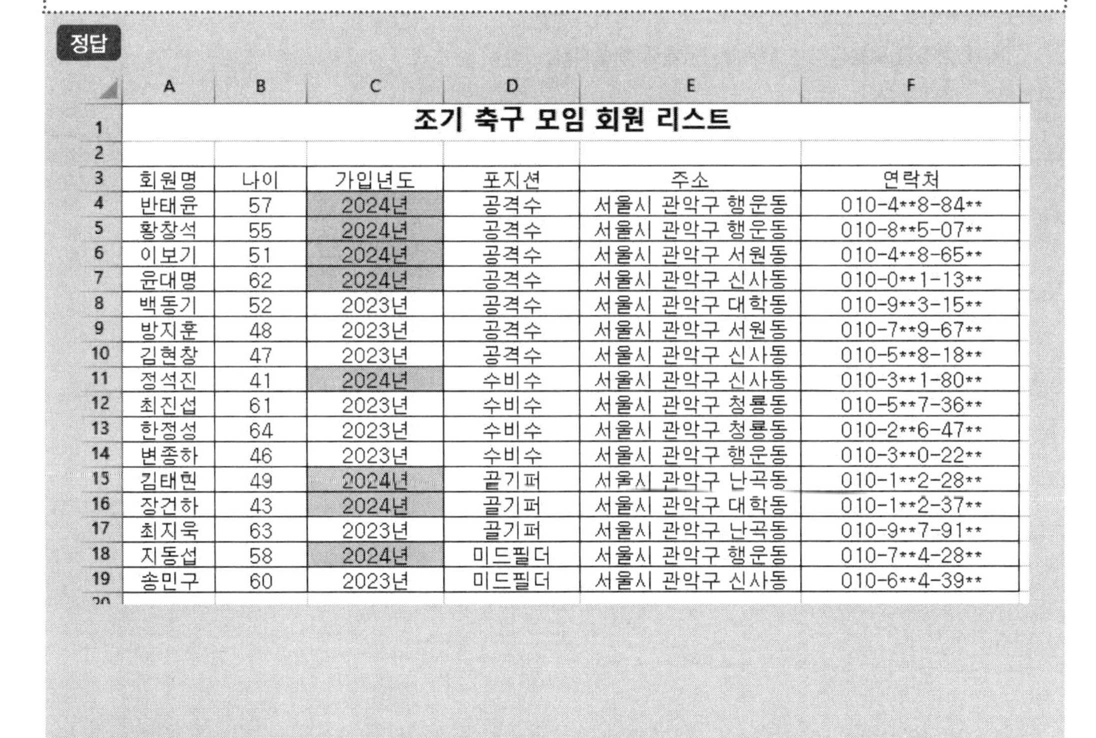

| | A | B | C | D | E | F |
|---|---|---|---|---|---|---|
| 1 | 조기 축구 모임 회원 리스트 | | | | | |
| 2 | | | | | | |
| 3 | 회원명 | 나이 | 가입년도 | 포지션 | 주소 | 연락처 |
| 4 | 반태윤 | 57 | 2024년 | 공격수 | 서울시 관악구 행운동 | 010-4**8-84** |
| 5 | 황창석 | 55 | 2024년 | 공격수 | 서울시 관악구 행운동 | 010-8**5-07** |
| 6 | 이보기 | 51 | 2024년 | 공격수 | 서울시 관악구 서원동 | 010-4**8-65** |
| 7 | 윤대명 | 62 | 2024년 | 공격수 | 서울시 관악구 신사동 | 010-0**1-13** |
| 8 | 백동기 | 52 | 2023년 | 공격수 | 서울시 관악구 대학동 | 010-9**3-15** |
| 9 | 방지훈 | 48 | 2023년 | 공격수 | 서울시 관악구 서원동 | 010-7**9-67** |
| 10 | 김현창 | 47 | 2023년 | 공격수 | 서울시 관악구 신사동 | 010-5**8-18** |
| 11 | 정석진 | 41 | 2024년 | 수비수 | 서울시 관악구 신사동 | 010-3**1-80** |
| 12 | 최진섭 | 61 | 2023년 | 수비수 | 서울시 관악구 청룡동 | 010-5**7-36** |
| 13 | 한정성 | 64 | 2023년 | 수비수 | 서울시 관악구 청룡동 | 010-2**6-47** |
| 14 | 변종하 | 46 | 2023년 | 수비수 | 서울시 관악구 행운동 | 010-3**0-22** |
| 15 | 김태헌 | 49 | 2024년 | 골기퍼 | 서울시 관악구 난곡동 | 010-1**2-28** |
| 16 | 장건하 | 43 | 2024년 | 골기퍼 | 서울시 관악구 대학동 | 010-1**2-37** |
| 17 | 최지욱 | 63 | 2023년 | 골기퍼 | 서울시 관악구 난곡동 | 010-9**7-91** |
| 18 | 지동섭 | 58 | 2024년 | 미드필더 | 서울시 관악구 행운동 | 010-7**4-28** |
| 19 | 송민구 | 60 | 2023년 | 미드필더 | 서울시 관악구 신사동 | 010-6**4-39** |
| 20 | | | | | | |

해설

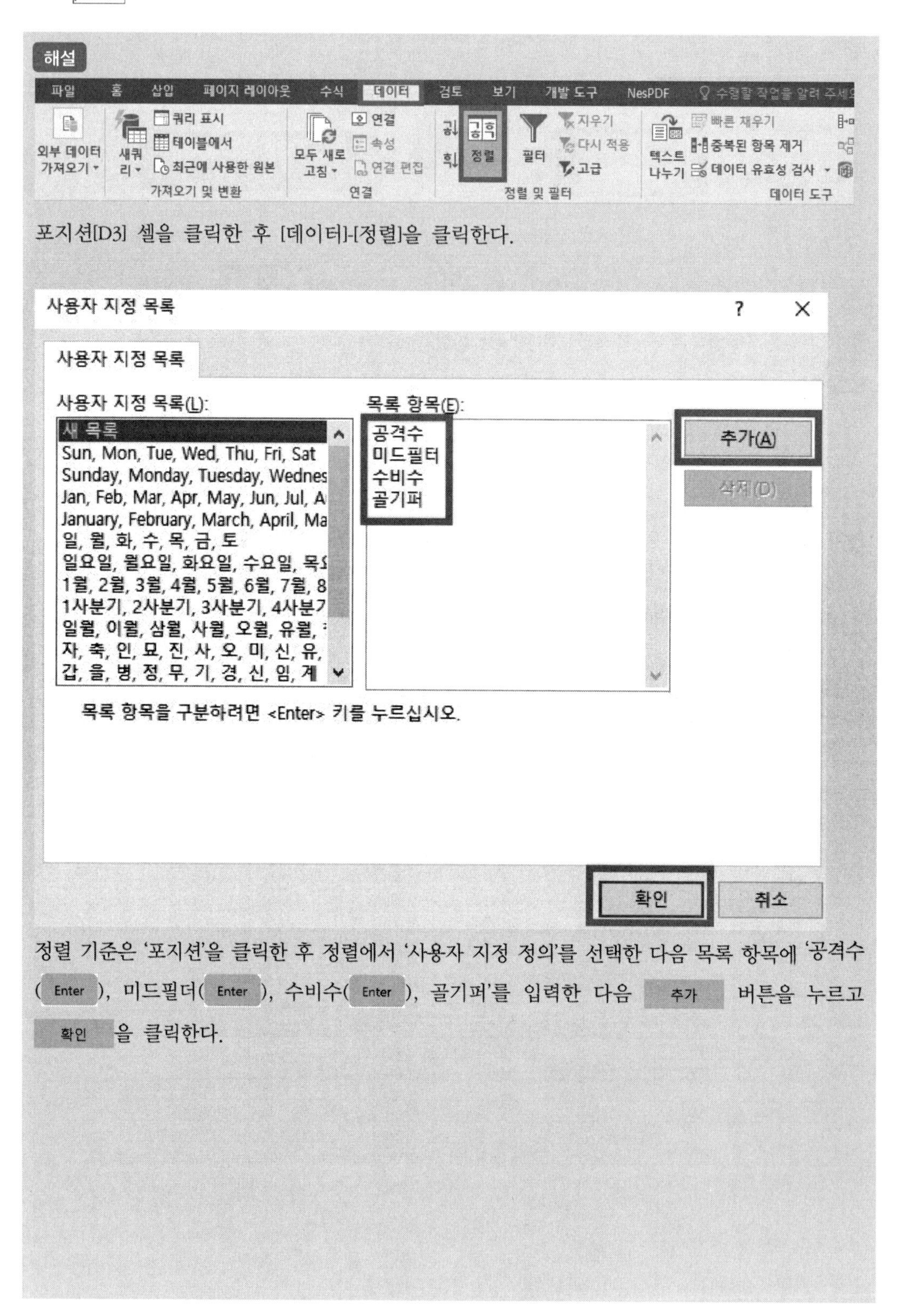


포지션[D3] 셀을 클릭한 후 [데이터]-[정렬]을 클릭한다.

정렬 기준은 '포지션'을 클릭한 후 정렬에서 '사용자 지정 정의'를 선택한 다음 목록 항목에 '공격수( Enter ), 미드필더( Enter ), 수비수( Enter ), 골기퍼'를 입력한 다음 추가 버튼을 누르고 확인 을 클릭한다.

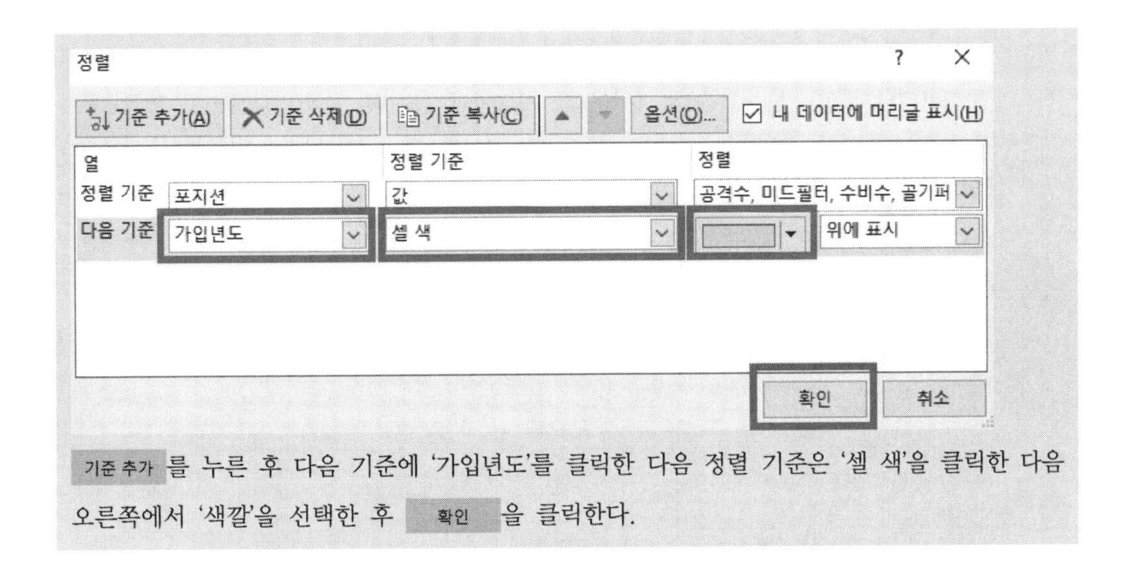


기준 추가 를 누른 후 다음 기준에 '가입년도'를 클릭한 다음 정렬 기준은 '셀 색'을 클릭한 다음 오른쪽에서 '색깔'을 선택한 후 확인 을 클릭한다.

## 2. 부분합 및 실습용 문제

데이터를 그룹별로 분류하고 그룹별로 계산하는 작업이다. 컴퓨터활용능력2급 실기 시험에서 출력형태가 나오는 2번째 유형이기도 하다. 따라서 최종적인 결과물이 출력형태와 똑같이 나오면 된다.

**문제 풀이 방법 :**

① 문제에서 요구하는 제목 셀 클릭 → [데이터] → [정렬] → 문제에서 요구하는 작업을 진행한다.

② 정렬 작업을 끝난 다음, [데이터] → [부분합]을 클릭한다.

③ 그룹화할 항목은 정렬한 제목하고 일치시키고, 부분합 계산 항목 맨 아래가 체크되어 있기 때문에 체크 해제를 한다.

④ '새로운 값으로 대치'까지만 체크를 해제한다.

⑤ 문제에서 요구하는 1번째 조건에 맞춰서 부분합 계산 항목에서 항목들을 클릭한 후 사용할 함수를 선택한 다음 확인 버튼을 누른다.

⑥ 다시 [데이터] → [부분합]으로 가서 부분합 계산 항목난 체크 해제를 한 다음에 문제에서 2번째로 요구하는 조건에 맞춰서 부분합 계산 항목에서 항목들을 클릭한 후 사용할 함수를 선택한 다음 확인 버튼을 누른다.

*** 부분합 재작성 방법**

만약 부분합을 잘못 하였을 경우 부분합 데이터 셀을 아무데나 하나 클릭한 다음 데이터 → [부분합] → 모두 제거 버튼을 누르고 처음부터 다시 시작한다.

실습용 문제

Q1) '분석작업(부분합)-1' 시트에서 [부분합] 기능을 이용하여 '소양인증포인트 현황' 표에 〈그림〉과 같이 학과별 '합계'의 최대값을 계산한 후 '기본영역', '인성봉사', '교육훈련'의 평균을 계산하시오.

▶ 정렬은 '학과'를 기준으로 오름차순으로 처리하시오.

▶ 최대값과 평균은 위에 명시된 순서대로 처리하시오.

| | A | B | C | D | E | F |
|---|---|---|---|---|---|---|
| 1 | 소양인증포인트 현황 | | | | | |
| 2 | | | | | | |
| 3 | 학과 | 성명 | 기본영역 | 인성봉사 | 교육훈련 | 합계 |
| 4 | 경영정보 | 정소영 | 85 | 75 | 75 | 235 |
| 5 | 경영정보 | 주경철 | 85 | 85 | 75 | 245 |
| 6 | 경영정보 | 한기철 | 90 | 70 | 85 | 245 |
| 7 | 경영정보 평균 | | 86.66666667 | 77 | 78 | |
| 8 | 경영정보 최대값 | | | | | 245 |
| 9 | 유아교육 | 강소미 | 95 | 65 | 65 | 225 |
| 10 | 유아교육 | 이주현 | 100 | 90 | 80 | 270 |
| 11 | 유아교육 | 한보미 | 80 | 70 | 90 | 240 |
| 12 | 유아교육 평균 | | 91.66666667 | 75 | 78 | |
| 13 | 유아교육 최대값 | | | | | 270 |
| 14 | 정보통신 | 김경호 | 95 | 75 | 95 | 265 |
| 15 | 정보통신 | 박주영 | 85 | 50 | 80 | 215 |
| 16 | 정보통신 | 임정민 | 90 | 80 | 60 | 230 |
| 17 | 정보통신 평균 | | 90 | 68 | 78 | |
| 18 | 정보통신 최대값 | | | | | 265 |
| 19 | 전체 평균 | | 89.44444444 | 73 | 78 | |
| 20 | 전체 최대값 | | | | | 270 |

정답

| | A | B | C | D | E | F |
|---|---|---|---|---|---|---|
| 1 | 소양인증포인트 현황 | | | | | |
| 2 | | | | | | |
| 3 | 학과 | 성명 | 기본영역 | 인성봉사 | 교육훈련 | 합계 |
| 4 | 경영정보 | 정소영 | 85 | 75 | 75 | 235 |
| 5 | 경영정보 | 주경철 | 85 | 85 | 75 | 245 |
| 6 | 경영정보 | 한기철 | 90 | 70 | 85 | 245 |
| 7 | 경영정보 평균 | | 86.66666667 | 77 | 78 | |
| 8 | 경영정보 최대값 | | | | | 245 |
| 9 | 유아교육 | 강소미 | 95 | 65 | 65 | 225 |
| 10 | 유아교육 | 이주현 | 100 | 90 | 80 | 270 |
| 11 | 유아교육 | 한보미 | 80 | 70 | 90 | 240 |
| 12 | 유아교육 평균 | | 91.66666667 | 75 | 78 | |
| 13 | 유아교육 최대값 | | | | | 270 |
| 14 | 정보통신 | 김경호 | 95 | 75 | 95 | 265 |
| 15 | 정보통신 | 박주영 | 85 | 50 | 80 | 215 |
| 16 | 정보통신 | 임정민 | 90 | 80 | 60 | 230 |
| 17 | 정보통신 평균 | | 90 | 68 | 78 | |
| 18 | 정보통신 최대값 | | | | | 265 |
| 19 | 전체 평균 | | 89.44444444 | 73 | 78 | |
| 20 | 전체 최대값 | | | | | 270 |

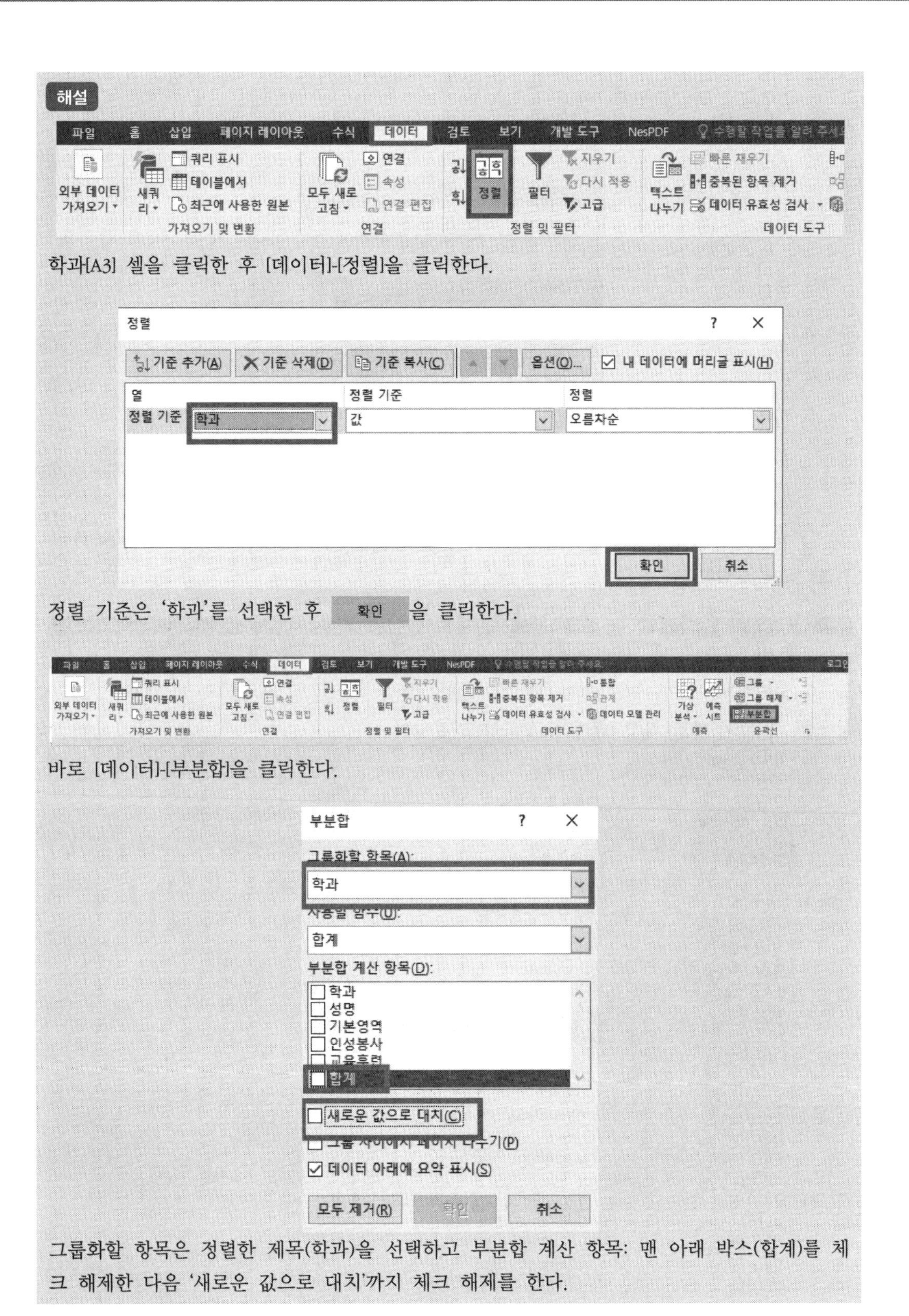

해설

학과[A3] 셀을 클릭한 후 [데이터]-[정렬]을 클릭한다.

정렬 기준은 '학과'를 선택한 후 확인 을 클릭한다.

바로 [데이터]-[부분합]을 클릭한다.

그룹화할 항목은 정렬한 제목(학과)을 선택하고 부분합 계산 항목: 맨 아래 박스(합계)를 체크 해제한 다음 '새로운 값으로 대치'까지 체크 해제를 한다.

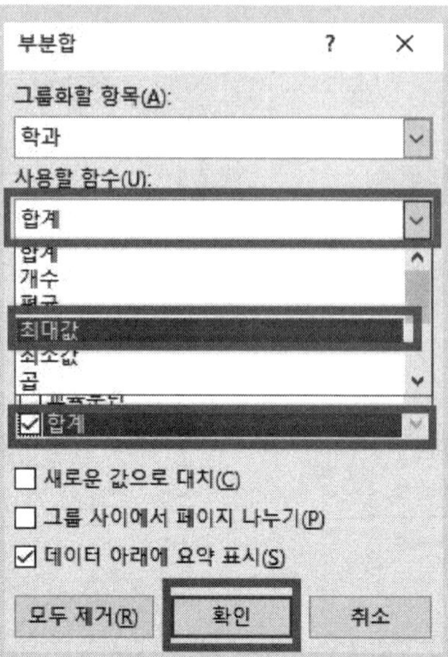

부분합 ? ×

그룹화할 항목(A):

학과

사용할 함수(U):

합계

합계
개수
평균
최대값
최소값
곱

☑ 합계

☐ 새로운 값으로 대치(C)

☐ 그룹 사이에서 페이지 나누기(P)

☑ 데이터 아래에 요약 표시(S)

모두 제거(R) 확인 취소

부분합 계산 항목에서 '합계'를 체크한 후 사용할 함수를 선택해서 '최대값'으로 바꾼 다음 확인 을 클릭한다.

파일 홈 삽입 페이지 레이아웃 수식 데이터 검토 보기 개발 도구 NesPDF 수행할 작업을 알려 주세요 로그인

외부 데이터 가져오기 · 새 쿼리 · 쿼리 표시 테이블에서 최근에 사용한 원본 가져오기 및 변환 · 모두 새로 고침 · 연결 속성 연결 편집 연결 · 정렬 필터 지우기 다시 적용 고급 정렬 및 필터 · 텍스트 나누기 빠른 채우기 중복된 항목 제거 데이터 유효성 검사 통합 관계 데이터 모델 관리 데이터 도구 · 가상 분석 예측 시트 예측 · 그룹 그룹 해제 부분합 윤곽선

결과값이 나오면 바로 다시 [데이터]-[부분합]을 클릭한다.

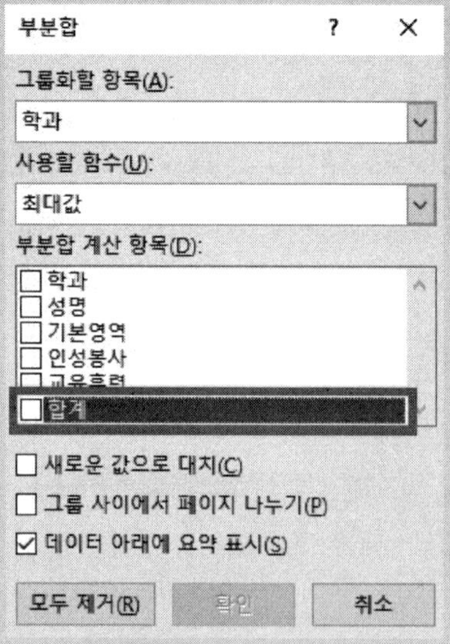

부분합 ? ×

그룹화할 항목(A):

학과

사용할 함수(U):

최대값

부분합 계산 항목(D):

☐ 학과
☐ 성명
☐ 기본영역
☐ 인성봉사
☐ 교육훈련
☐ 합계

☐ 새로운 값으로 대치(C)

☐ 그룹 사이에서 페이지 나누기(P)

☑ 데이터 아래에 요약 표시(S)

모두 제거(R) 확인 취소

부분합 계산 항목에서 처음에 사용하였던 '합계'만 체크 해제를 한다.

부분합 계산 항목에서 '기본영역', '인성봉사', '교육훈련'을 체크한 후 사용할 함수를 선택해서 '평균'으로 바꾼 다음 확인 을 클릭한다.

**실습용 문제**

Q2) '분석작업(부분합)-2' 시트에서 [부분합] 기능을 이용하여 〈그림〉과 같이 학부별로 '출석'과 '평소'의 합계를 계산한 후 '총점'의 최대값을 계산하시오.

▶ 정렬은 '학부'를 기준으로 내림차순으로 처리하시오.

▶ 합계와 최대값은 위에 명시된 순서대로 처리하시오.

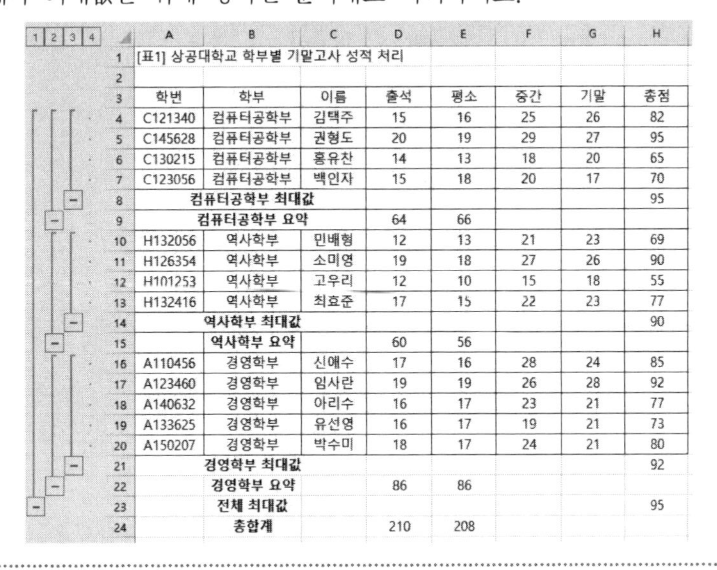

| | A | B | C | D | E | F | G | H |
|---|---|---|---|---|---|---|---|---|
| 1 | [표1] 상공대학교 학부별 기말고사 성적 처리 | | | | | | | |
| 2 | | | | | | | | |
| 3 | 학번 | 학부 | 이름 | 출석 | 평소 | 중간 | 기말 | 총점 |
| 4 | C121340 | 컴퓨터공학부 | 김택주 | 15 | 16 | 25 | 26 | 82 |
| 5 | C145628 | 컴퓨터공학부 | 권형도 | 20 | 19 | 29 | 27 | 95 |
| 6 | C130215 | 컴퓨터공학부 | 홍유찬 | 14 | 13 | 18 | 20 | 65 |
| 7 | C123056 | 컴퓨터공학부 | 백인자 | 15 | 18 | 20 | 17 | 70 |
| 8 | | 컴퓨터공학부 최대값 | | | | | | 95 |
| 9 | | 컴퓨터공학부 요약 | | 64 | 66 | | | |
| 10 | H132056 | 역사학부 | 민배형 | 12 | 13 | 21 | 23 | 69 |
| 11 | H126354 | 역사학부 | 소미영 | 19 | 18 | 27 | 26 | 90 |
| 12 | H101253 | 역사학부 | 고우리 | 12 | 10 | 15 | 18 | 55 |
| 13 | H132416 | 역사학부 | 최효준 | 17 | 15 | 22 | 23 | 77 |
| 14 | | 역사학부 최대값 | | | | | | 90 |
| 15 | | 역사학부 요약 | | 60 | 56 | | | |
| 16 | A110456 | 경영학부 | 신애수 | 17 | 16 | 28 | 24 | 85 |
| 17 | A123460 | 경영학부 | 임사란 | 19 | 19 | 26 | 28 | 92 |
| 18 | A140632 | 경영학부 | 아리수 | 16 | 17 | 23 | 21 | 77 |
| 19 | A133625 | 경영학부 | 유선영 | 16 | 17 | 19 | 21 | 73 |
| 20 | A150207 | 경영학부 | 박수미 | 18 | 17 | 24 | 21 | 80 |
| 21 | | 경영학부 최대값 | | | | | | 92 |
| 22 | | 경영학부 요약 | | 86 | 86 | | | |
| 23 | | 전체 최대값 | | | | | | 95 |
| 24 | | 총합계 | | 210 | 208 | | | |

정답

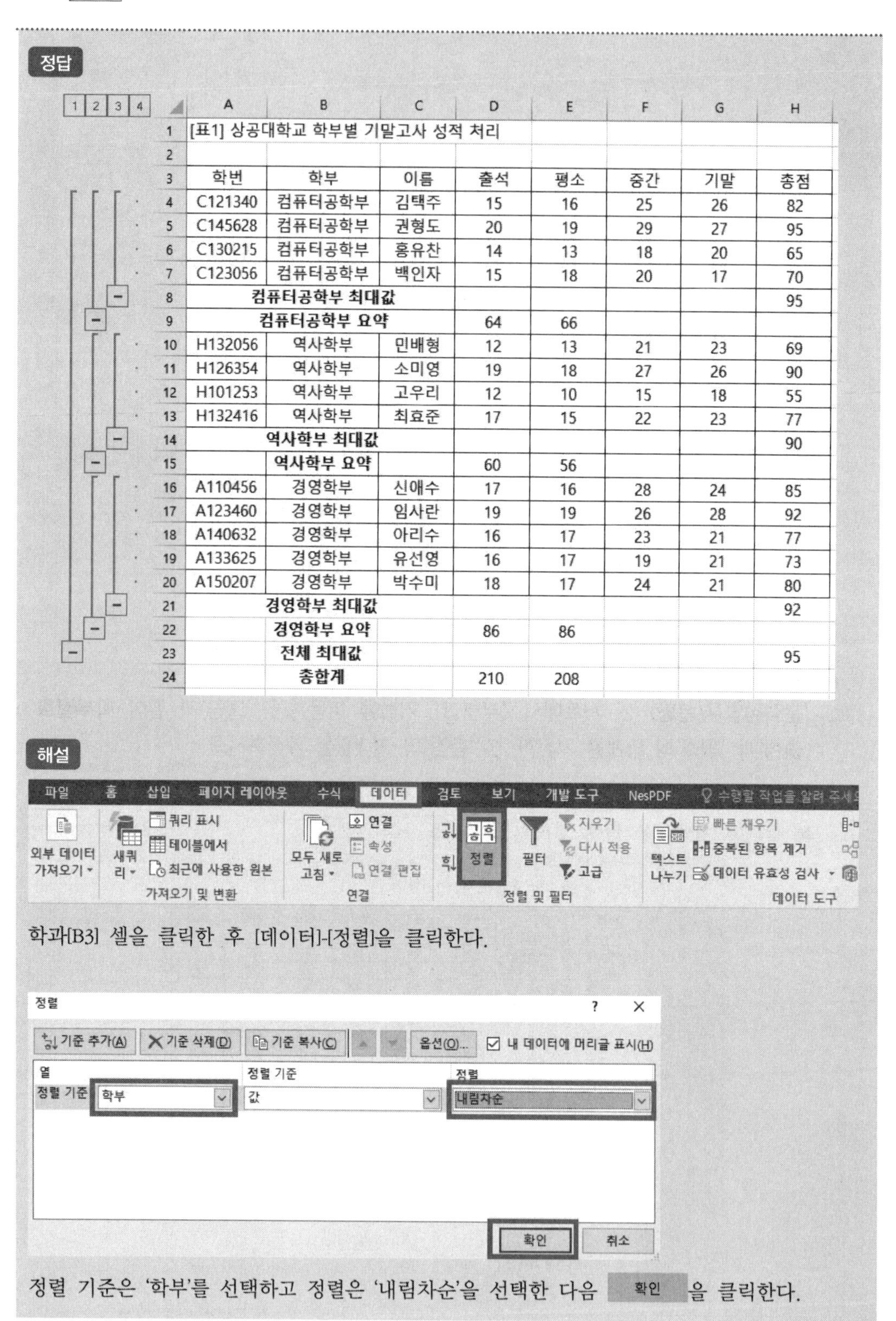

| | A | B | C | D | E | F | G | H |
|---|---|---|---|---|---|---|---|---|
| 1 | [표1] 상공대학교 학부별 기말고사 성적 처리 | | | | | | | |
| 2 | | | | | | | | |
| 3 | 학번 | 학부 | 이름 | 출석 | 평소 | 중간 | 기말 | 총점 |
| 4 | C121340 | 컴퓨터공학부 | 김택주 | 15 | 16 | 25 | 26 | 82 |
| 5 | C145628 | 컴퓨터공학부 | 권형도 | 20 | 19 | 29 | 27 | 95 |
| 6 | C130215 | 컴퓨터공학부 | 홍유찬 | 14 | 13 | 18 | 20 | 65 |
| 7 | C123056 | 컴퓨터공학부 | 백인자 | 15 | 18 | 20 | 17 | 70 |
| 8 | | **컴퓨터공학부 최대값** | | | | | | 95 |
| 9 | | **컴퓨터공학부 요약** | | 64 | 66 | | | |
| 10 | H132056 | 역사학부 | 민배형 | 12 | 13 | 21 | 23 | 69 |
| 11 | H126354 | 역사학부 | 소미영 | 19 | 18 | 27 | 26 | 90 |
| 12 | H101253 | 역사학부 | 고우리 | 12 | 10 | 15 | 18 | 55 |
| 13 | H132416 | 역사학부 | 최효준 | 17 | 15 | 22 | 23 | 77 |
| 14 | | **역사학부 최대값** | | | | | | 90 |
| 15 | | **역사학부 요약** | | 60 | 56 | | | |
| 16 | A110456 | 경영학부 | 신애수 | 17 | 16 | 28 | 24 | 85 |
| 17 | A123460 | 경영학부 | 임사란 | 19 | 19 | 26 | 28 | 92 |
| 18 | A140632 | 경영학부 | 아리수 | 16 | 17 | 23 | 21 | 77 |
| 19 | A133625 | 경영학부 | 유선영 | 16 | 17 | 19 | 21 | 73 |
| 20 | A150207 | 경영학부 | 박수미 | 18 | 17 | 24 | 21 | 80 |
| 21 | | **경영학부 최대값** | | | | | | 92 |
| 22 | | **경영학부 요약** | | 86 | 86 | | | |
| 23 | | **전체 최대값** | | | | | | 95 |
| 24 | | **총합계** | | 210 | 208 | | | |

해설



학과[B3] 셀을 클릭한 후 [데이터]-[정렬]을 클릭한다.



정렬 기준은 '학부'를 선택하고 정렬은 '내림차순'을 선택한 다음 확인 을 클릭한다.

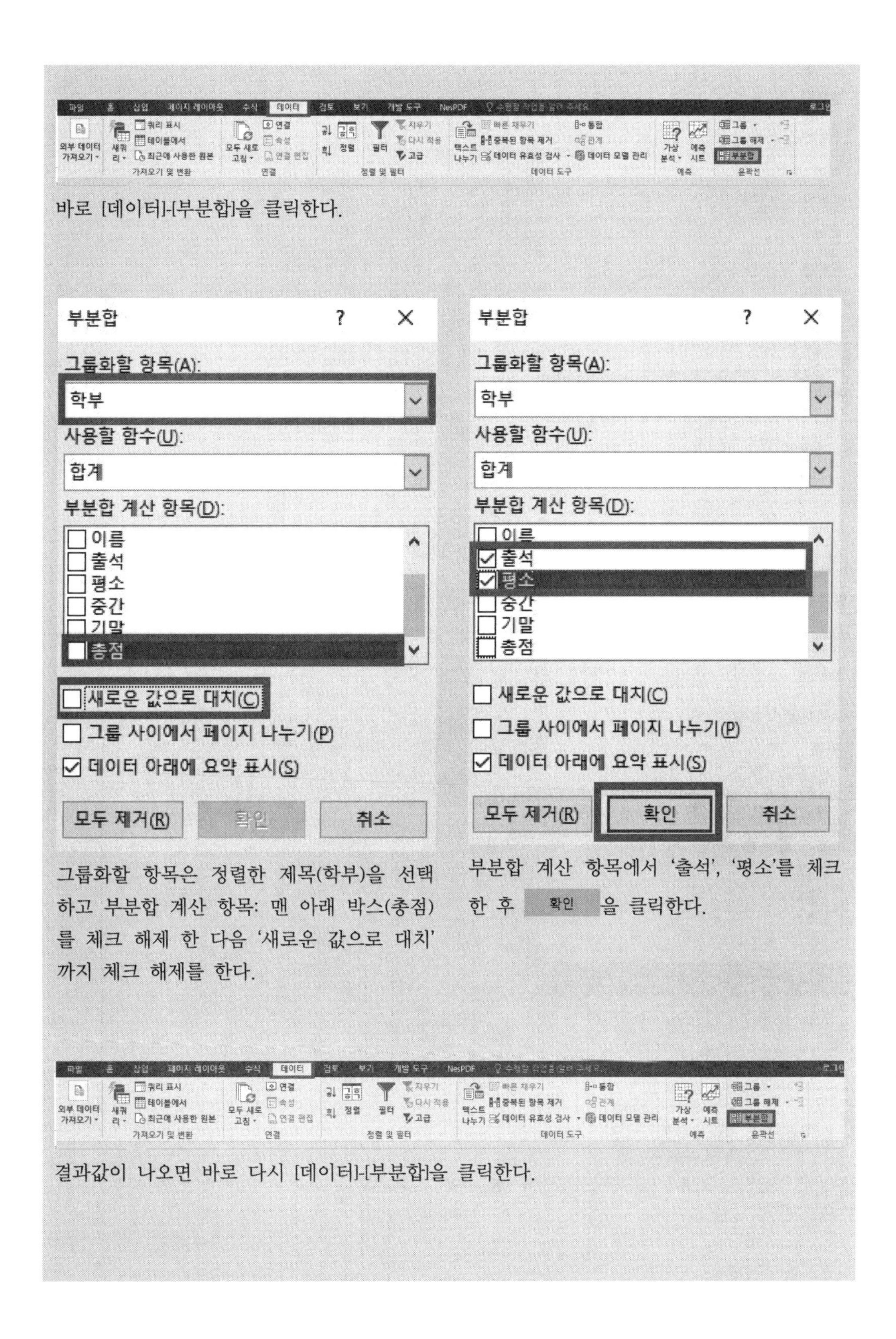


바로 [데이터]-[부분합]을 클릭한다.

그룹화할 항목은 정렬한 제목(학부)을 선택하고 부분합 계산 항목: 맨 아래 박스(총점)를 체크 해제 한 다음 '새로운 값으로 대치'까지 체크 해제를 한다.

부분합 계산 항목에서 '출석', '평소'를 체크한 후 확인 을 클릭한다.

결과값이 나오면 바로 다시 [데이터]-[부분합]을 클릭한다.

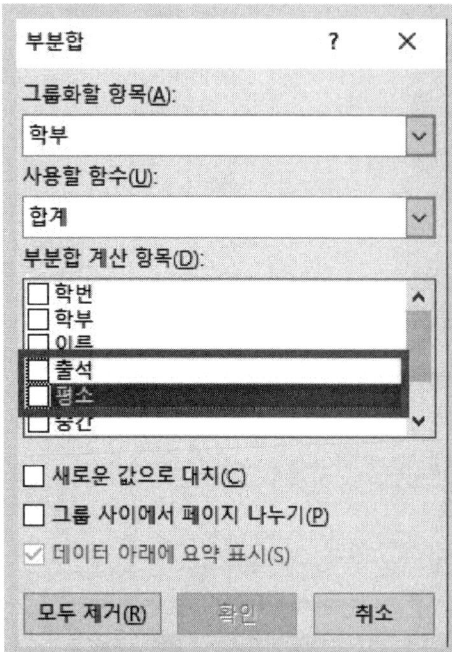

부분합 ? ×

그룹화할 항목(A):

학부

사용할 함수(U):

합계

부분합 계산 항목(D):

☐ 학번
☐ 학부
☐ 이름
☐ 출석
☐ 평소
☐ 중간

☐ 새로운 값으로 대치(C)
☐ 그룹 사이에서 페이지 나누기(P)
☑ 데이터 아래에 요약 표시(S)

모두 제거(R) 확인 취소

부분합 계산 항목에서 처음에 사용하였던 '출석', '평소'만 체크 해제를 한다.

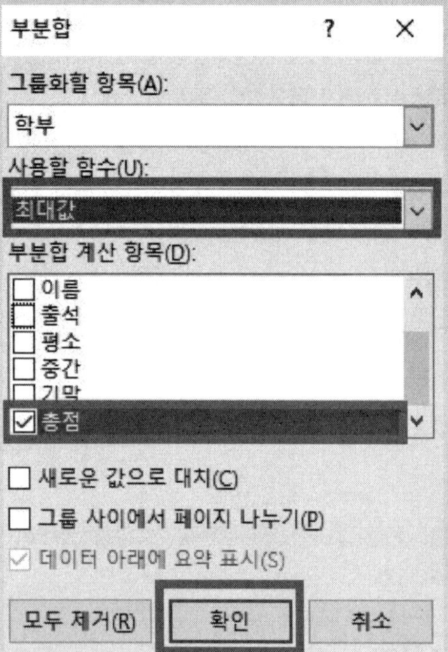

부분합 ? ×

그룹화할 항목(A):

학부

사용할 함수(U):

최대값

부분합 계산 항목(D):

☐ 이름
☐ 출석
☐ 평소
☐ 중간
☐ 기말
☑ 총점

☐ 새로운 값으로 대치(C)
☐ 그룹 사이에서 페이지 나누기(P)
☑ 데이터 아래에 요약 표시(S)

모두 제거(R) 확인 취소

부분합 계산 항목에서 '총점'을 체크한 후 사용할 함수를 선택해서 '최대값'으로 바꾼 다음 확인 을 클릭한다.

## 3. 시나리오 및 실습용 문제

시나리오는 가상의 상황을 예상/예측/분석하는 작업이다. 현재 값을 기준으로 해서 여러 가지 상황을 예측하는 보고서라고 생각하면 된다.

**문제 풀이 방법 :**

① 문제에서 요구하는 셀을 클릭해서 이름을 정의한다. (이름 상자에서 이름 입력)

② [데이터] → [가상 분석] → [시나리오 관리자]를 클릭한 후 시나리오 관리자가 나오면 추가 버튼을 누른다.

③ 시나리오 이름을 입력한 다음 변경 셀을 선택하고 조건에 나오는 이름에 해당하는 셀(셀 들)을 선택한 후 확인 버튼을 누른다.

④ 변경 셀에 해당하는 숫자값을 입력한다.

⑤ 두 번째 시나리오도 첫 번째 시나리오와 같은 방법으로 진행한다.

⑥ 시나리오가 2개가 만들어졌으면 요약 버튼을 누른다.

⑦ 결과 셀을 선택한 다음 이름 정의를 한 셀들 중에서 변경 셀에서 사용한 셀을 제외한 나머지 셀(셀 들)을 선택한 다음 확인 버튼을 누른다.

* 시나리오를 잘못 하였을 경우 '시나리오 요약' 시트에서 마우스 우클릭 → '시트 삭제' 버튼을 클릭한 다음 [데이터] → [가상 분석] → [시나리오 관리자] → 변경 사항을 수정하고 다시 요약 을 클릭하면 된다.

**실습용 문제**

**Q1) '분석작업(시나리오)-1' 시트에 대하여 다음의 지시사항을 처리하시오.**

환율[F16]이 다음과 같이 변동하는 경우 이익금합계[F14]의 변동 시나리오를 작성하시오.

- ▶ [F16] 셀의 이름은 '환율', [F14] 셀의 이름은 '이익금합계'로 정의하시오.
- ▶ 시나리오1 : 시나리오 이름은 '환율인상', 환율을 1,100으로 설정하시오.
- ▶ 시나리오2 : 시나리오 이름은 '환율인하', 환율을 900으로 설정하시오.
- ▶ 위 시나리오에 의한 '시나리오 요약' 보고서는 '분석작업(시나리오)-1' 시트 왼쪽에 위치시키시오.

* 시나리오 요약 보고서 작성시 정답과 일치하여야 하며, 오자로 인한 부분점수는 인정하지 않음.

정답

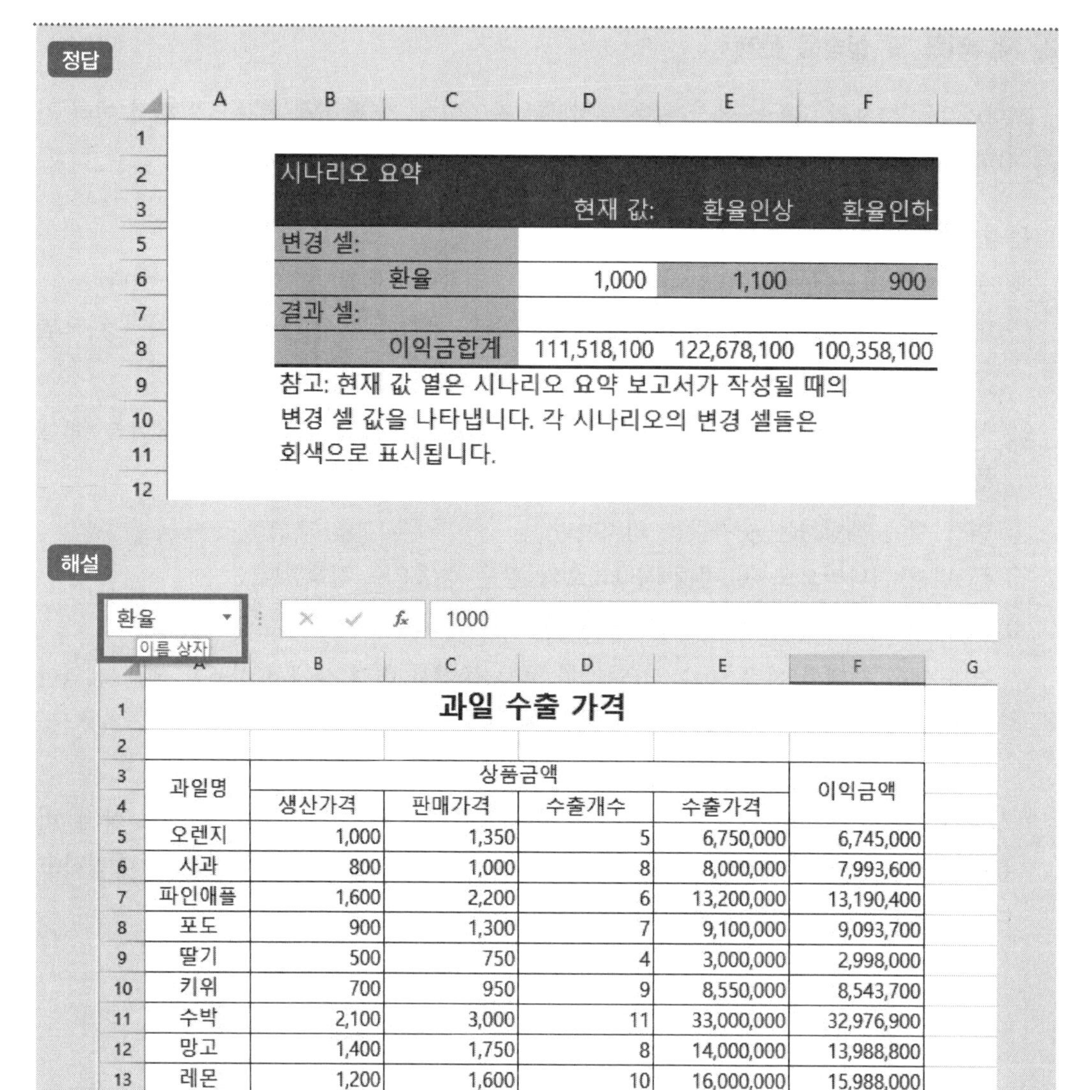

| 시나리오 요약 | | | | |
|---|---|---|---|---|
| | | 현재 값: | 환율인상 | 환율인하 |
| 변경 셀: | | | | |
| | 환율 | 1,000 | 1,100 | 900 |
| 결과 셀: | | | | |
| | 이익금합계 | 111,518,100 | 122,678,100 | 100,358,100 |

참고: 현재 값 열은 시나리오 요약 보고서가 작성될 때의
변경 셀 값을 나타냅니다. 각 시나리오의 변경 셀들은
회색으로 표시됩니다.

해설

환율 (이름 상자) | 1000

과일 수출 가격

| 과일명 | 상품금액 | | | | 이익금액 |
|---|---|---|---|---|---|
| | 생산가격 | 판매가격 | 수출개수 | 수출가격 | |
| 오렌지 | 1,000 | 1,350 | 5 | 6,750,000 | 6,745,000 |
| 사과 | 800 | 1,000 | 8 | 8,000,000 | 7,993,600 |
| 파인애플 | 1,600 | 2,200 | 6 | 13,200,000 | 13,190,400 |
| 포도 | 900 | 1,300 | 7 | 9,100,000 | 9,093,700 |
| 딸기 | 500 | 750 | 4 | 3,000,000 | 2,998,000 |
| 키위 | 700 | 950 | 9 | 8,550,000 | 8,543,700 |
| 수박 | 2,100 | 3,000 | 11 | 33,000,000 | 32,976,900 |
| 망고 | 1,400 | 1,750 | 8 | 14,000,000 | 13,988,800 |
| 레몬 | 1,200 | 1,600 | 10 | 16,000,000 | 15,988,000 |
| 합계 | | | | | 111,518,100 |
| | | | | 환율 | 1,000 |

[F16] 셀을 클릭한 후 이름 상자로 가서 '환율'로 입력한 다음 Enter 를 누르고, [F14] 셀을 클릭한 후 이름 상자로 가서 '이익금합계'로 입력한 다음 Enter 를 누른다.

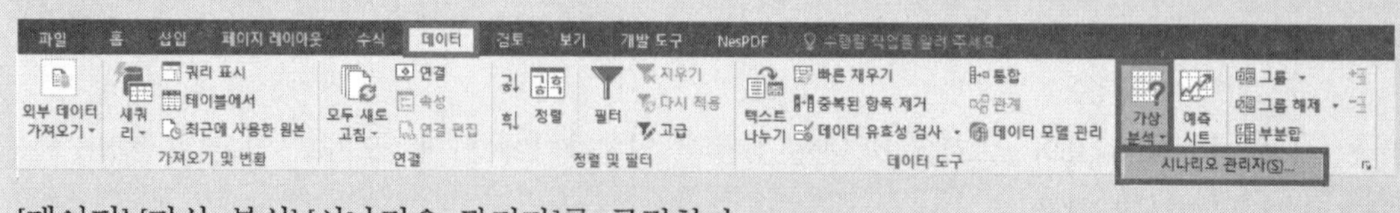


[데이터]-[가상 분석]-[시나리오 관리자]를 클릭한다.

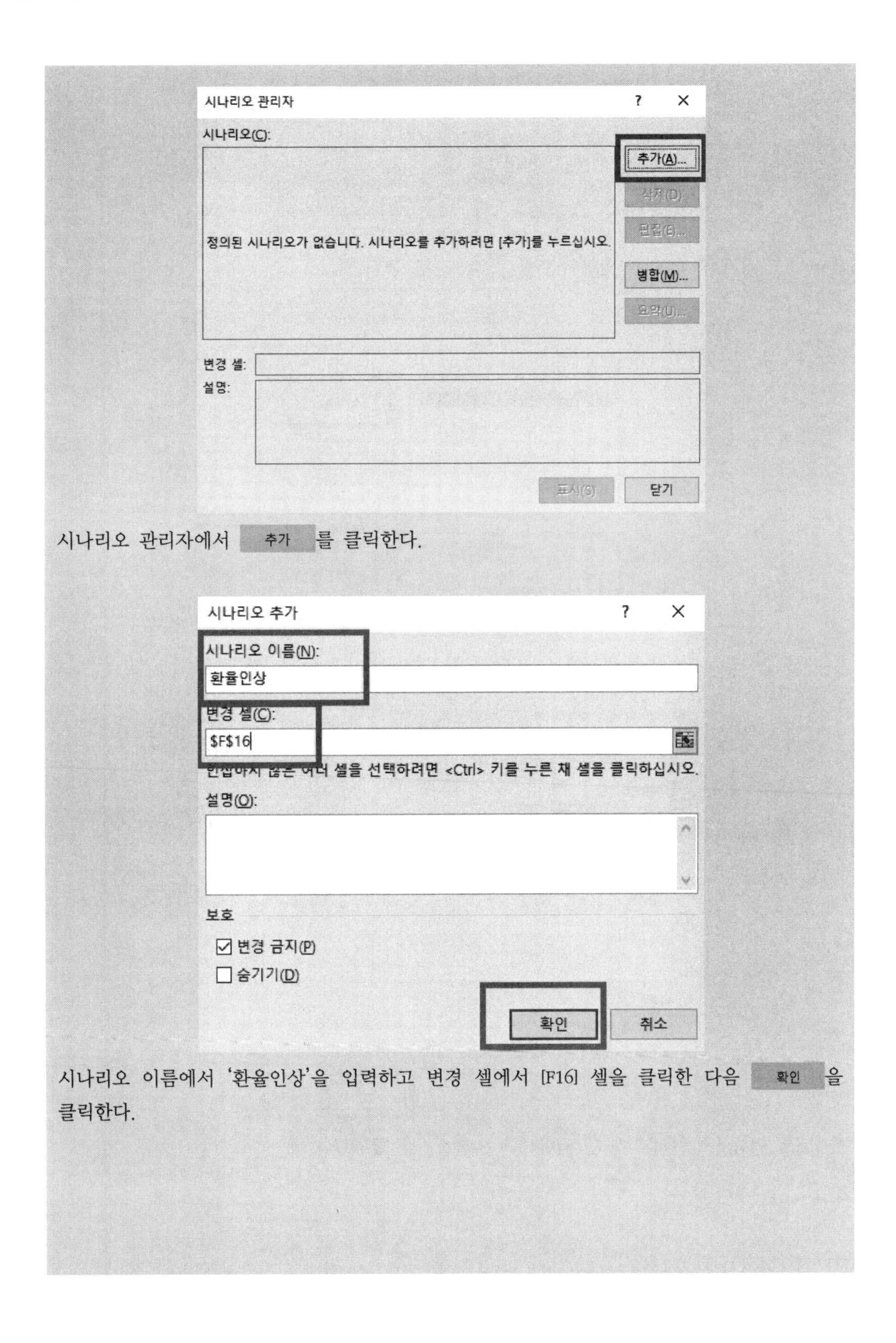


시나리오 관리자에서 추가 를 클릭한다.



시나리오 이름에서 '환율인상'을 입력하고 변경 셀에서 [F16] 셀을 클릭한 다음 확인 을 클릭한다.

시나리오 값 ? ×

변경 셀에 해당하는 값을 입력하십시오.

1: 환율 1100

추가(A) 확인 취소

흰색 네모 상자에 '1100'을 입력한 다음 확인 을 클릭한다.

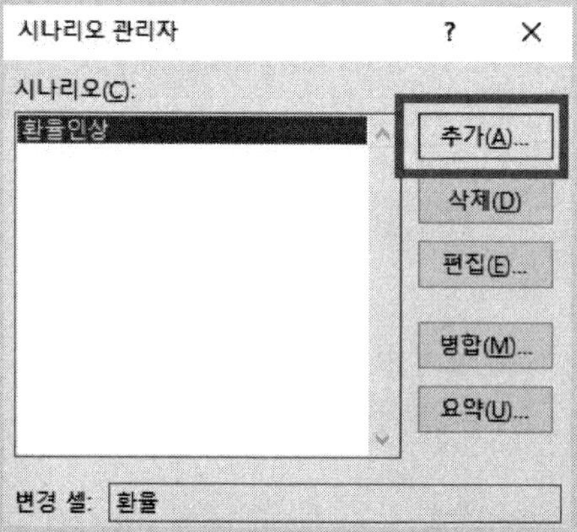

시나리오 관리자 ? ×

시나리오(C):

환율인상

추가(A)...

삭제(D)

편집(E)...

병합(M)...

요약(U)...

변경 셀: 환율

다시 한 번 더 시나리오 관리자에서 추가 를 클릭한다.

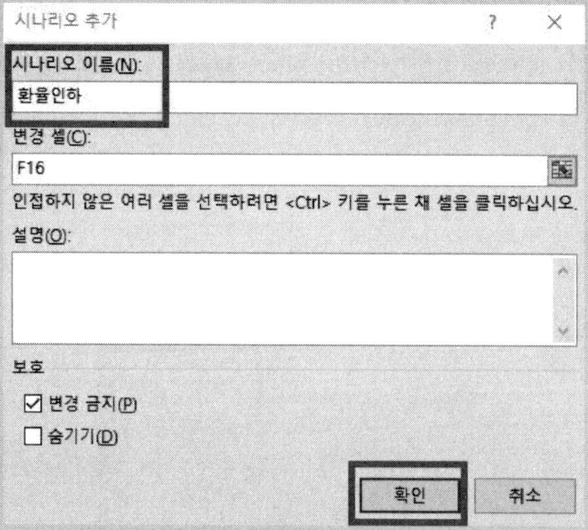

시나리오 추가 ? ×

시나리오 이름(N):

환율인하

변경 셀(C):

F16

인접하지 않은 여러 셀을 선택하려면 <Ctrl> 키를 누른 채 셀을 클릭하십시오.

설명(O):

보호

☑ 변경 금지(P)

☐ 숨기기(D)

확인 취소

시나리오 이름에서 '환율인하'를 입력하고 확인 을 클릭한다.

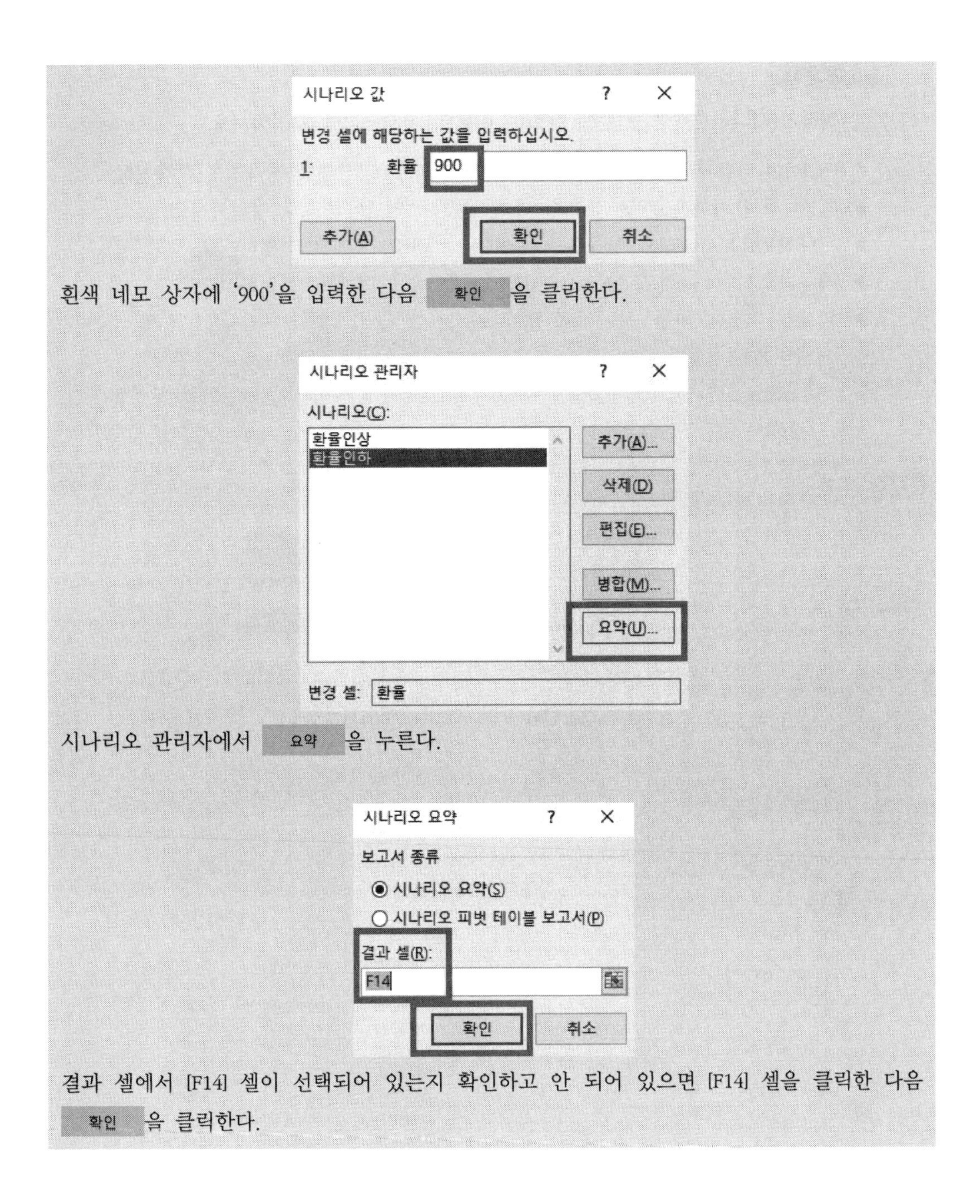


흰색 네모 상자에 '900'을 입력한 다음 확인 을 클릭한다.

시나리오 관리자에서 요약 을 누른다.

결과 셀에서 [F14] 셀이 선택되어 있는지 확인하고 안 되어 있으면 [F14] 셀을 클릭한 다음 확인 을 클릭한다.

**실습용 문제**

**Q2) '분석작업(시나리오)-2' 시트에 대하여 다음의 지시사항을 처리하시오.**

이윤[C17]이 다음과 같이 변동하는 경우 영업이익[G15]의 변동 시나리오를 작성하시오.

- ▶ [C17] 셀의 이름은 '이윤', [G15] 셀의 이름은 '영업이익'으로 정의하시오.
- ▶ 시나리오1 : 시나리오 이름은 '이윤증가', 이윤을 '30%'로 설정하시오.
- ▶ 시나리오2 : 시나리오 이름은 '이윤감소', 이윤을 '20%'로 설정하시오.
- ▶ 위 시나리오에 의한 '시나리오 요약' 보고서는 '분석작업(시나리오)-2' 시트 오른쪽에 위치시키시오.

* 시나리오 요약 보고서 작성시 정답과 일치하여야 하며, 오자로 인한 부분점수는 인정하지 않음.

**정답**

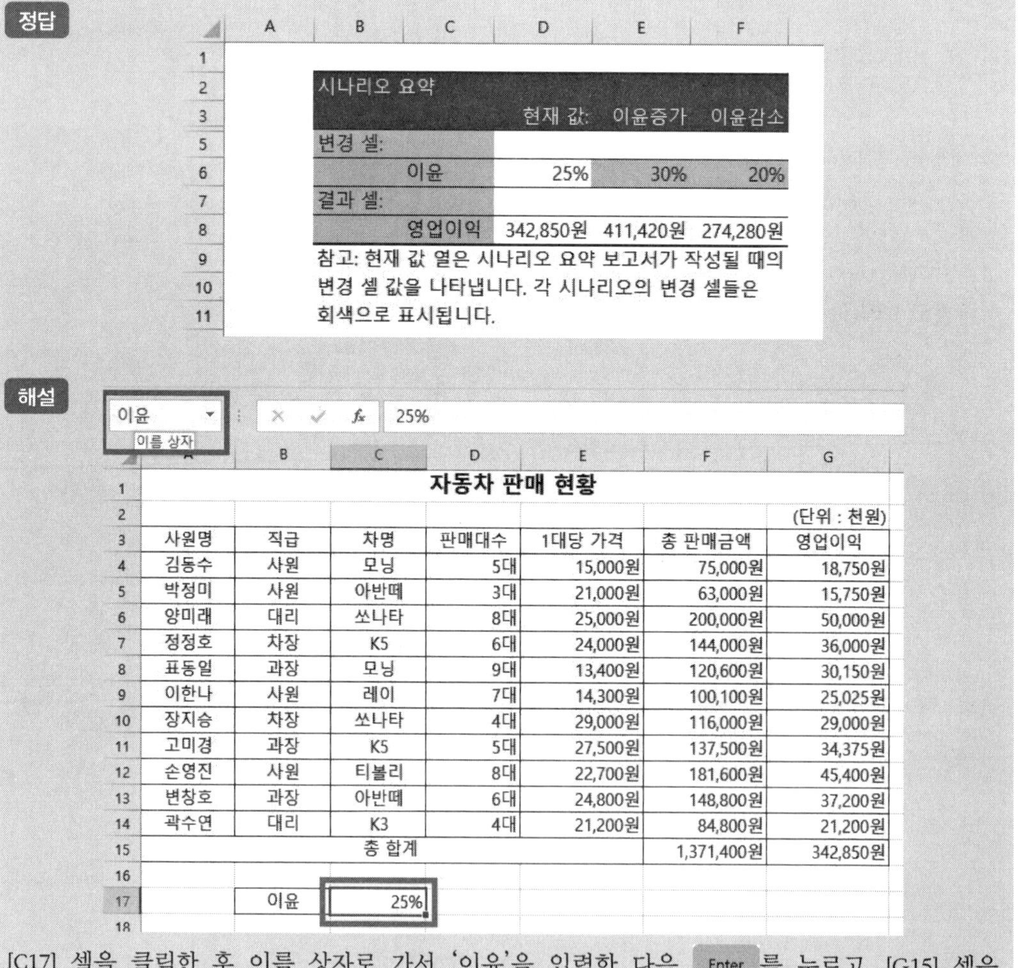

| | A | B | C | D | E | F |
|---|---|---|---|---|---|---|
| 1 | | | | | | |
| 2 | | 시나리오 요약 | | | | |
| 3 | | | | 현재 값: | 이윤증가 | 이윤감소 |
| 5 | | 변경 셀: | | | | |
| 6 | | | 이윤 | 25% | 30% | 20% |
| 7 | | 결과 셀: | | | | |
| 8 | | | 영업이익 | 342,850원 | 411,420원 | 274,280원 |
| 9 | | 참고: 현재 값 열은 시나리오 요약 보고서가 작성될 때의 | | | | |
| 10 | | 변경 셀 값을 나타냅니다. 각 시나리오의 변경 셀들은 | | | | |
| 11 | | 회색으로 표시됩니다. | | | | |

**해설**

이윤 (이름 상자) | 25%

| | A | B | C | D | E | F | G |
|---|---|---|---|---|---|---|---|
| 1 | 자동차 판매 현황 | | | | | | |
| 2 | | | | | | | (단위 : 천원) |
| 3 | 사원명 | 직급 | 차명 | 판매대수 | 1대당 가격 | 총 판매금액 | 영업이익 |
| 4 | 김동수 | 사원 | 모닝 | 5대 | 15,000원 | 75,000원 | 18,750원 |
| 5 | 박정미 | 사원 | 아반떼 | 3대 | 21,000원 | 63,000원 | 15,750원 |
| 6 | 양미래 | 대리 | 쏘나타 | 8대 | 25,000원 | 200,000원 | 50,000원 |
| 7 | 정정호 | 차장 | K5 | 6대 | 24,000원 | 144,000원 | 36,000원 |
| 8 | 표동일 | 과장 | 모닝 | 9대 | 13,400원 | 120,600원 | 30,150원 |
| 9 | 이한나 | 사원 | 레이 | 7대 | 14,300원 | 100,100원 | 25,025원 |
| 10 | 장지승 | 차장 | 쏘나타 | 4대 | 29,000원 | 116,000원 | 29,000원 |
| 11 | 고미경 | 과장 | K5 | 5대 | 27,500원 | 137,500원 | 34,375원 |
| 12 | 손영진 | 사원 | 티볼리 | 8대 | 22,700원 | 181,600원 | 45,400원 |
| 13 | 변창호 | 과장 | 아반떼 | 6대 | 24,800원 | 148,800원 | 37,200원 |
| 14 | 곽수연 | 대리 | K3 | 4대 | 21,200원 | 84,800원 | 21,200원 |
| 15 | 총 합계 | | | | | 1,371,400원 | 342,850원 |
| 16 | | | | | | | |
| 17 | | 이윤 | 25% | | | | |

[C17] 셀을 클릭한 후 이름 상자로 가서 '이윤'을 입력한 다음 Enter 를 누르고, [G15] 셀을 클릭한 후 이름 상자로 가서 '영업이익'으로 입력한 다음 Enter 를 누른다.

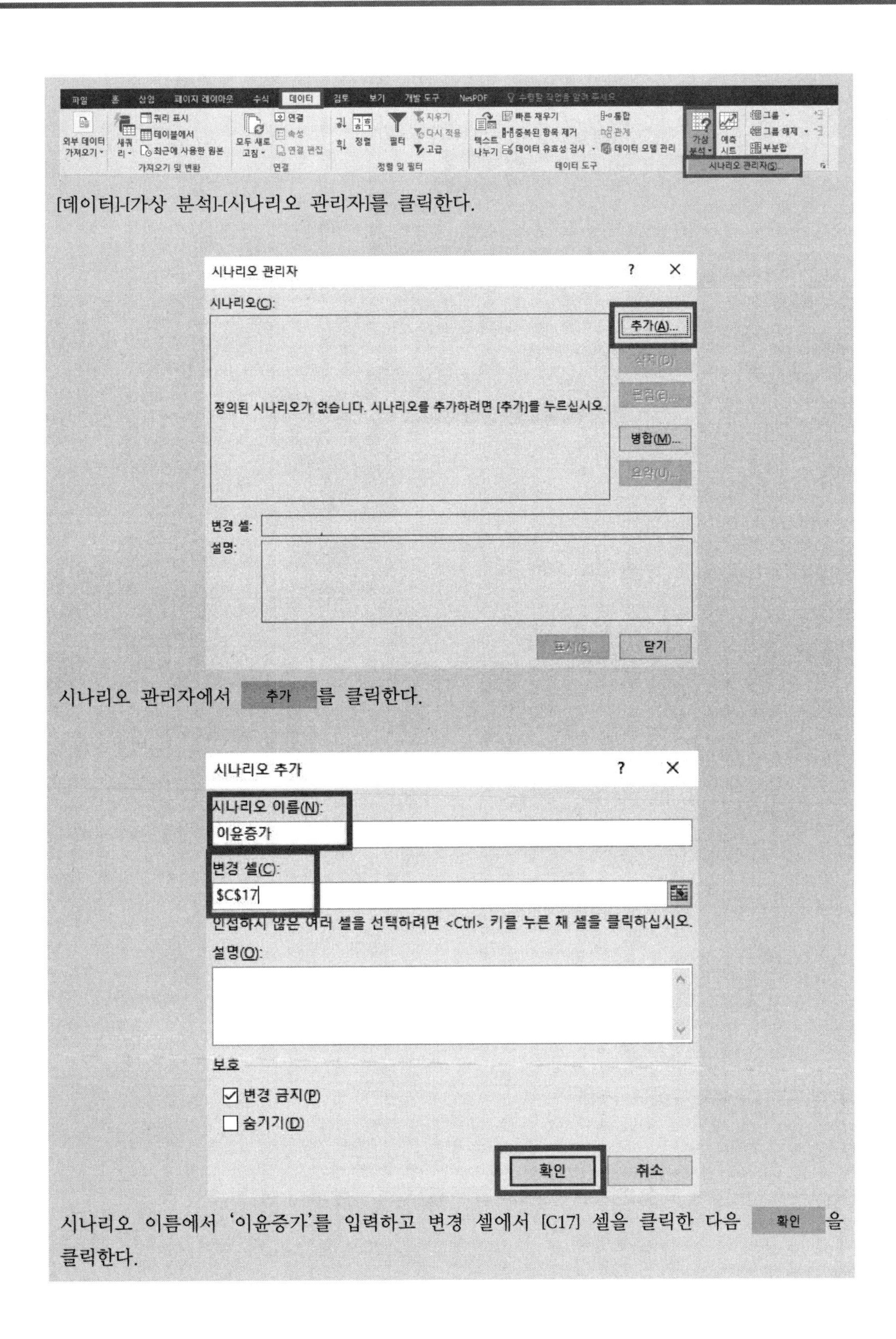


[데이터]-[가상 분석]-[시나리오 관리자]를 클릭한다.

시나리오 관리자에서 추가 를 클릭한다.

시나리오 이름에서 '이윤증가'를 입력하고 변경 셀에서 [C17] 셀을 클릭한 다음 확인 을 클릭한다.

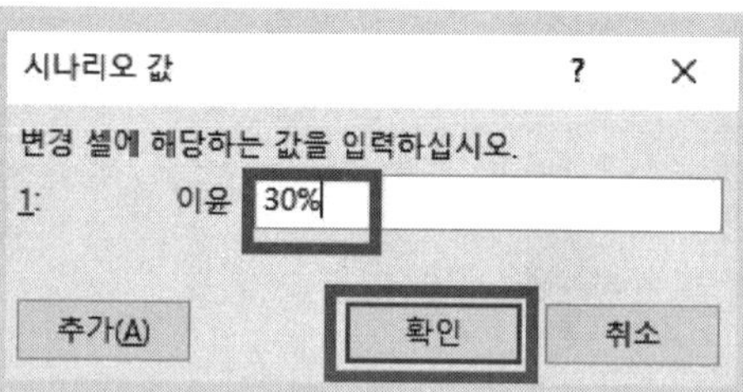

시나리오 값

변경 셀에 해당하는 값을 입력하십시오.

1: 이윤 30%

추가(A) 확인 취소

흰색 네모 상자에 '30%'를 입력한 다음 확인 을 클릭한다.

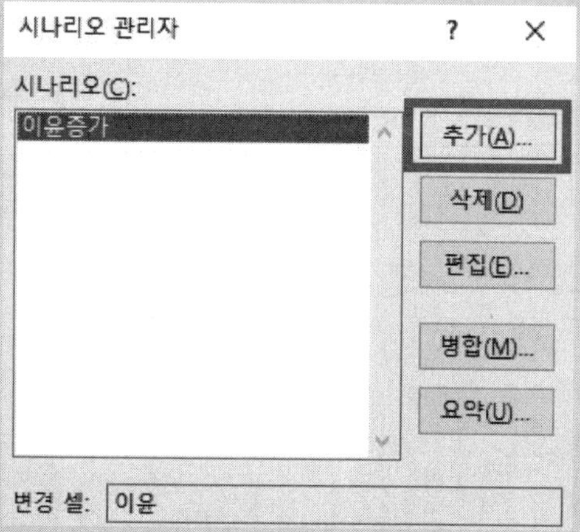

시나리오 관리자

시나리오(C):

이윤증가

추가(A)... 삭제(D) 편집(E)... 병합(M)... 요약(U)...

변경 셀: 이윤

다시 한 번 더 시나리오 관리자에서 추가 를 클릭한다.

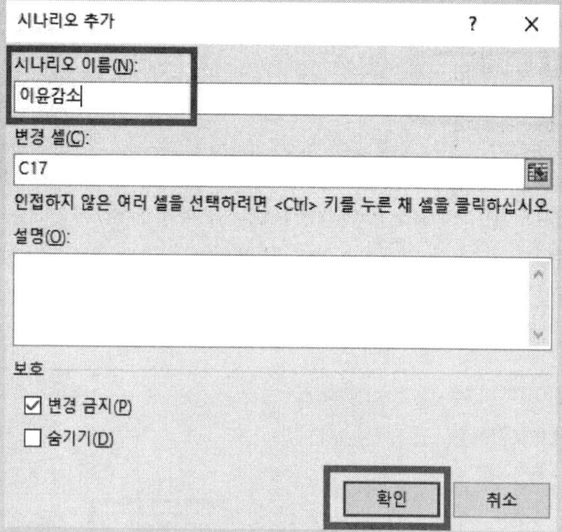

시나리오 추가

시나리오 이름(N):

이윤감소

변경 셀(C):

C17

인접하지 않은 여러 셀을 선택하려면 <Ctrl> 키를 누른 채 셀을 클릭하십시오.

설명(O):

보호

☑ 변경 금지(P)

☐ 숨기기(D)

확인 취소

시나리오 이름에서 '이윤감소'를 입력하고 확인 을 클릭한다.

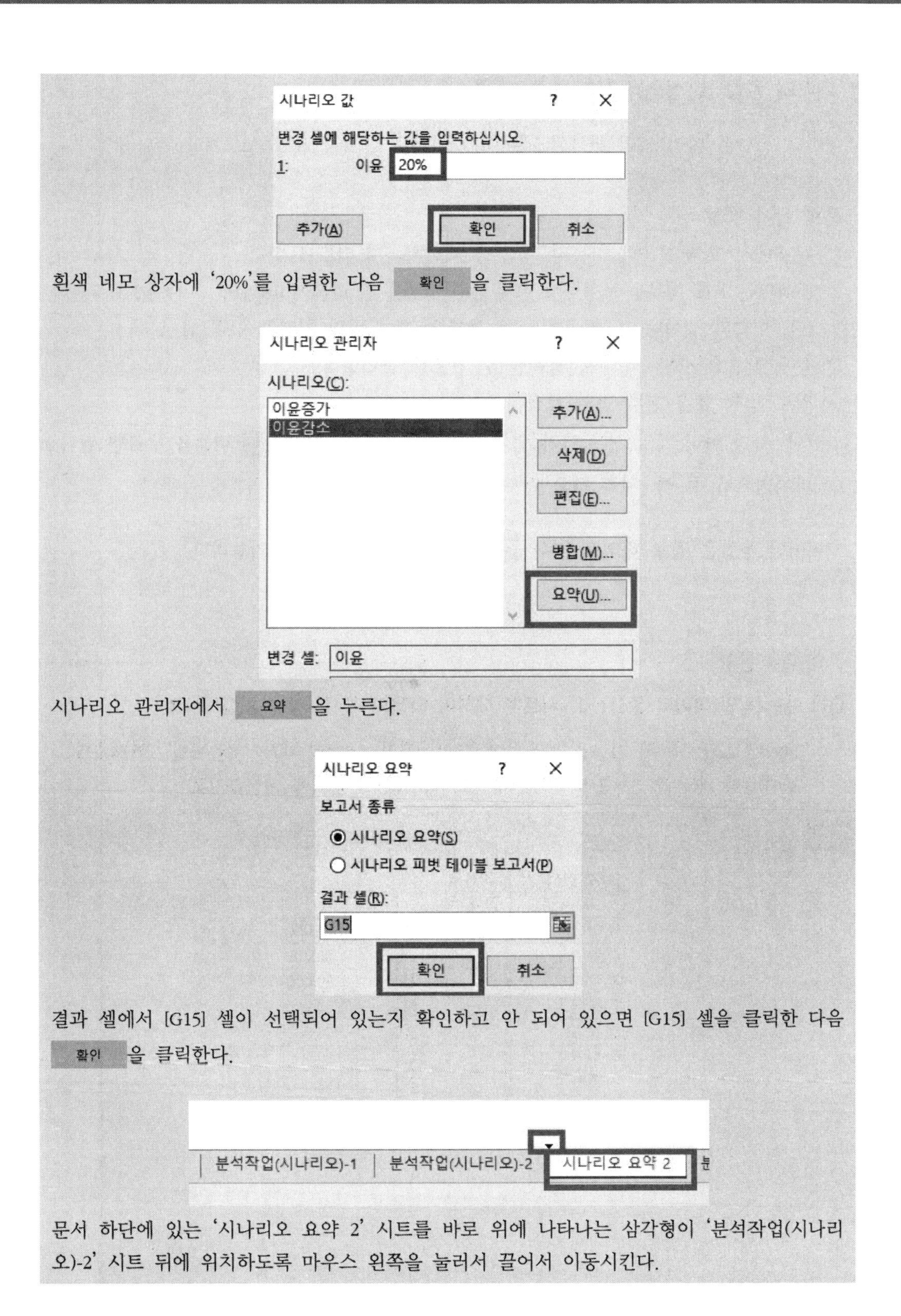


흰색 네모 상자에 '20%'를 입력한 다음 확인 을 클릭한다.

시나리오 관리자에서 요약 을 누른다.

결과 셀에서 [G15] 셀이 선택되어 있는지 확인하고 안 되어 있으면 [G15] 셀을 클릭한 다음 확인 을 클릭한다.

문서 하단에 있는 '시나리오 요약 2' 시트를 바로 위에 나타나는 삼각형이 '분석작업(시나리오)-2' 시트 뒤에 위치하도록 마우스 왼쪽을 눌러서 끌어서 이동시킨다.

## 4. 데이터 통합 및 실습용 문제

데이터 통합은 여러 군데 분산된 데이터를 하나로 합쳐서 요약하고 계산하는 작업이다.

**문제 풀이 방법 :**

① 문제에서 '합계'를 계산하는지 '평균'을 계산하는지 확인을 한다

② 비어있는 표를 제목을 포함해서 전체 범위 지정을 한 다음에 [데이터] → [통합]을 누른다.
(단, 병합된 셀이나 표 형태가 다른 부분은 같이 범위 지정을 하면 안 된다.)

③ 문제에서 요구하는 함수를 선택한 후 참조를 클릭한다.

④ 참조 범위 표를 전부 범위 지정을 한다.
(단, 표가 여러 개일 경우 각각 범위 지정을 한 다음에 추가 버튼을 누르면 된다.)

⑤ 마지막으로 첫 행, 왼쪽 열을 반드시 체크한 다음 확인 버튼을 누른다.

* 데이터 통합은 잘못 하였을 경우 Ctrl + Z 로 되돌리기가 가능하다.

**실습용 문제**

**Q1) '분석작업(데이터 통합)-1' 시트에 대하여 다음의 지시사항을 처리하시오.**

데이터 도구 [통합] 기능을 이용하여 [표1], [표2], [표3]에 대한 '제품명별', '판매수량', '판매금액' 평균을 '3/4분기 판매현황' 표의 [E5:G11] 영역에 계산하시오.

**정답**

[표4] 3/4분기 판매현황

| 제품명 | 판매수량 | 판매금액 |
|---|---|---|
| 에어컨 | 55 | 665,000 |
| 전화기 | 5 | 50,000 |
| 세탁기 | 10 | 92,000 |
| 컴퓨터 | 47 | 720,000 |
| 냉장고 | 50 | 500,000 |
| 정수기 | 112 | 784,000 |
| 카메라 | 22 | 198,000 |

해설

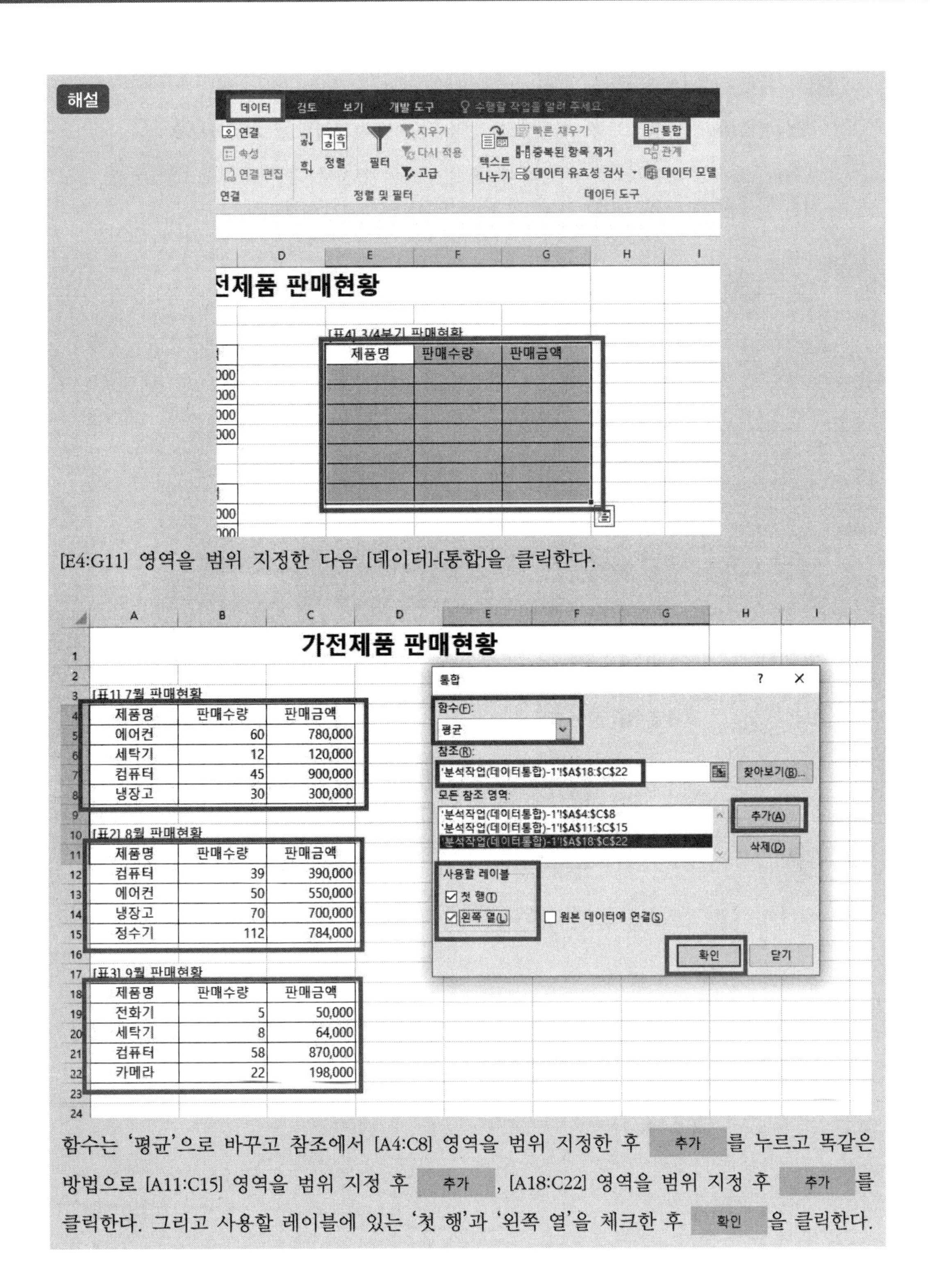


[E4:G11] 영역을 범위 지정한 다음 [데이터]-[통합]을 클릭한다.

함수는 '평균'으로 바꾸고 참조에서 [A4:C8] 영역을 범위 지정한 후 추가 를 누르고 똑같은 방법으로 [A11:C15] 영역을 범위 지정 후 추가 , [A18:C22] 영역을 범위 지정 후 추가 를 클릭한다. 그리고 사용할 레이블에 있는 '첫 행'과 '왼쪽 열'을 체크한 후 확인 을 클릭한다.

실습용 문제

Q2) '분석작업(데이터 통합)-2' 시트에 대하여 다음의 지시사항을 처리하시오.

데이터 도구 [통합] 기능을 이용하여 [표1], [표2], [표3]에 대한 학과별 '정보인증', '국제인증', '전공인증'의 합계를 [표4]의 [G5:I8] 영역에 계산하시오.

정답

[표4]

| 학과 | 정보인증 | 국제인증 | 전공인증 |
|---|---|---|---|
| 컴퓨터정보과 | 31520 | 21860 | 36200 |
| 컴퓨터게임과 | 25320 | 26200 | 24000 |
| 유아교육과 | 22500 | 32040 | 25600 |
| 특수교육과 | 13440 | 26520 | 34100 |

해설

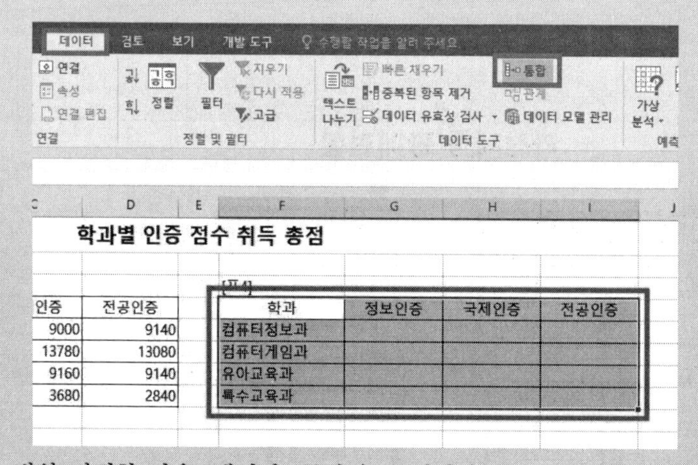


[F4:I8] 영역을 범위 지정한 다음 [데이터]-[통합]을 클릭한다.

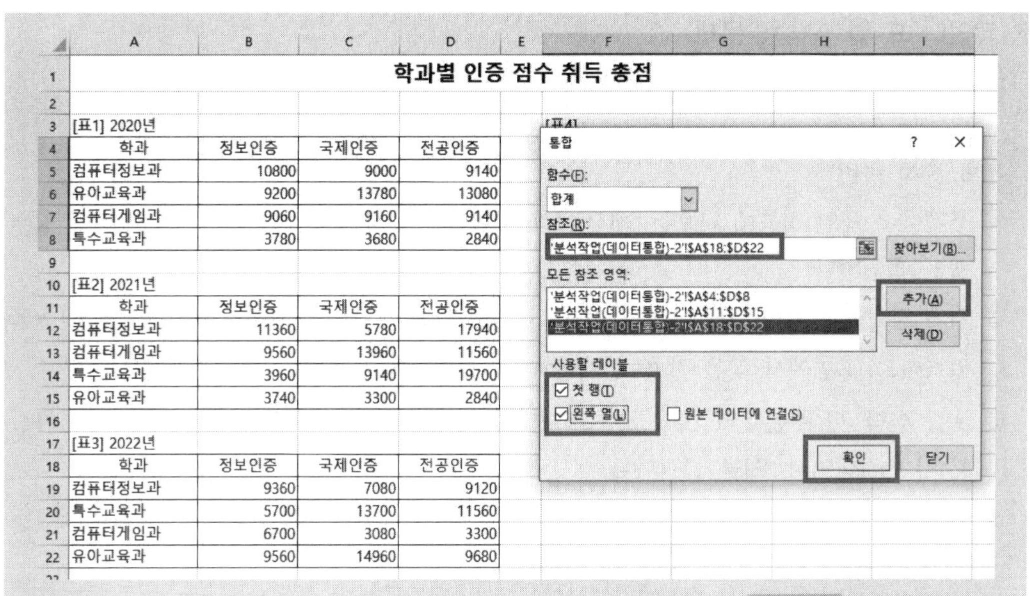


[표1] 2020년

| 학과 | 정보인증 | 국제인증 | 전공인증 |
|---|---|---|---|
| 컴퓨터정보과 | 10800 | 9000 | 9140 |
| 유아교육과 | 9200 | 13780 | 13080 |
| 컴퓨터게임과 | 9060 | 9160 | 9140 |
| 특수교육과 | 3780 | 3680 | 2840 |

[표2] 2021년

| 학과 | 정보인증 | 국제인증 | 전공인증 |
|---|---|---|---|
| 컴퓨터정보과 | 11360 | 5780 | 17940 |
| 컴퓨터게임과 | 9560 | 13960 | 11560 |
| 특수교육과 | 3960 | 9140 | 19700 |
| 유아교육과 | 3740 | 3300 | 2840 |

[표3] 2022년

| 학과 | 정보인증 | 국제인증 | 전공인증 |
|---|---|---|---|
| 컴퓨터정보과 | 9360 | 7080 | 9120 |
| 특수교육과 | 5700 | 13700 | 11560 |
| 컴퓨터게임과 | 6700 | 3080 | 3300 |
| 유아교육과 | 9560 | 14960 | 9680 |

함수는 '합계'인지 확인만 하고 참조에서 [A4:D8] 영역을 범위 지정한 후 추가 를 누르고 똑같은 방법으로 [A11:D15] 영역을 범위 지정 후 추가 , [A18:D22] 영역을 범위 지정 후 추가 를 클릭한다. 그리고 사용할 레이블에 있는 '첫 행'과 '왼쪽 열'을 체크한 후 확인 을 클릭한다.

## 5. 데이터 표 및 실습용 문제

데이터 표는 특정 값의 변화에 따른 결과값의 변화 과정을 표의 형태로 표시하는 작업이다.

**문제 풀이 방법 :**

① 문제에서 제일 처음에 나오는 '계산'이라는 단어를 먼저 찾은 다음에 그 단어 앞에 있는 셀을 확인한다.

② 엑셀 화면에서 비어 있는 표를 확인한 다음 행과 열이 만나는 지점의 셀을 클릭하여 =을 입력하고 ①번에서 찾은 셀을 선택한 다음 Enter 를 누른다.

③ '=셀 클릭' 된 부분부터 비어있는 표 전체를 범위 지정을 한 다음에 [데이터] → [가상분석] → [데이터 표]를 클릭한다.

④ 범위 지정한 부분의 데이터나 데이터 제목을 확인한 다음 참조 표에서 행 입력 셀, 열 입력 셀 숫자 값을 각각 찾아서 클릭한다.

* 데이터 표를 잘못 하였을 경우 Ctrl + Z (되돌리기)는 되지 않지만 데이터가 입력되어 있는 상태에서 다시 ③, ④번 순서로 진행하면 된다.

**실습용 문제**

**Q1) '분석작업(데이터표)-1' 시트에 대하여 다음의 지시사항을 처리하시오.**

'대출금 상환 금액' 표는 대출금[C3], 연이율[C4], 상환기간(년)[C5]를 이용하여 상환금액(월)[C6]을 계산한 것이다. '데이터 표' 기능을 이용하여 이자율, 상환기간(년)의 변동에 따른 상환금액(월)의 변화를 [G6:J12] 영역에 계산하시오.

**정답**

| | | 상환기간(년) | | | |
|---|---|---|---|---|---|
| | 516275 | 2 | 3 | 4 | 5 |
| 이자율 | 8% | 723636.7 | 501381.8 | 390606.8 | 324422.3 |
| | 9% | 730955.9 | 508795.7 | 398160.7 | 332133.7 |
| | 10% | 738318.8 | 516275 | 405801.3 | 339952.7 |
| | 11% | 745725.4 | 523819.5 | 413528.4 | 347878.8 |
| | 12% | 753175.6 | 531429 | 421341.4 | 355911.2 |
| | 14% | 768206.1 | 546842.1 | 437223.6 | 372292 |
| | 15% | 775786.4 | 554645.3 | 445292 | 380638.9 |

해설

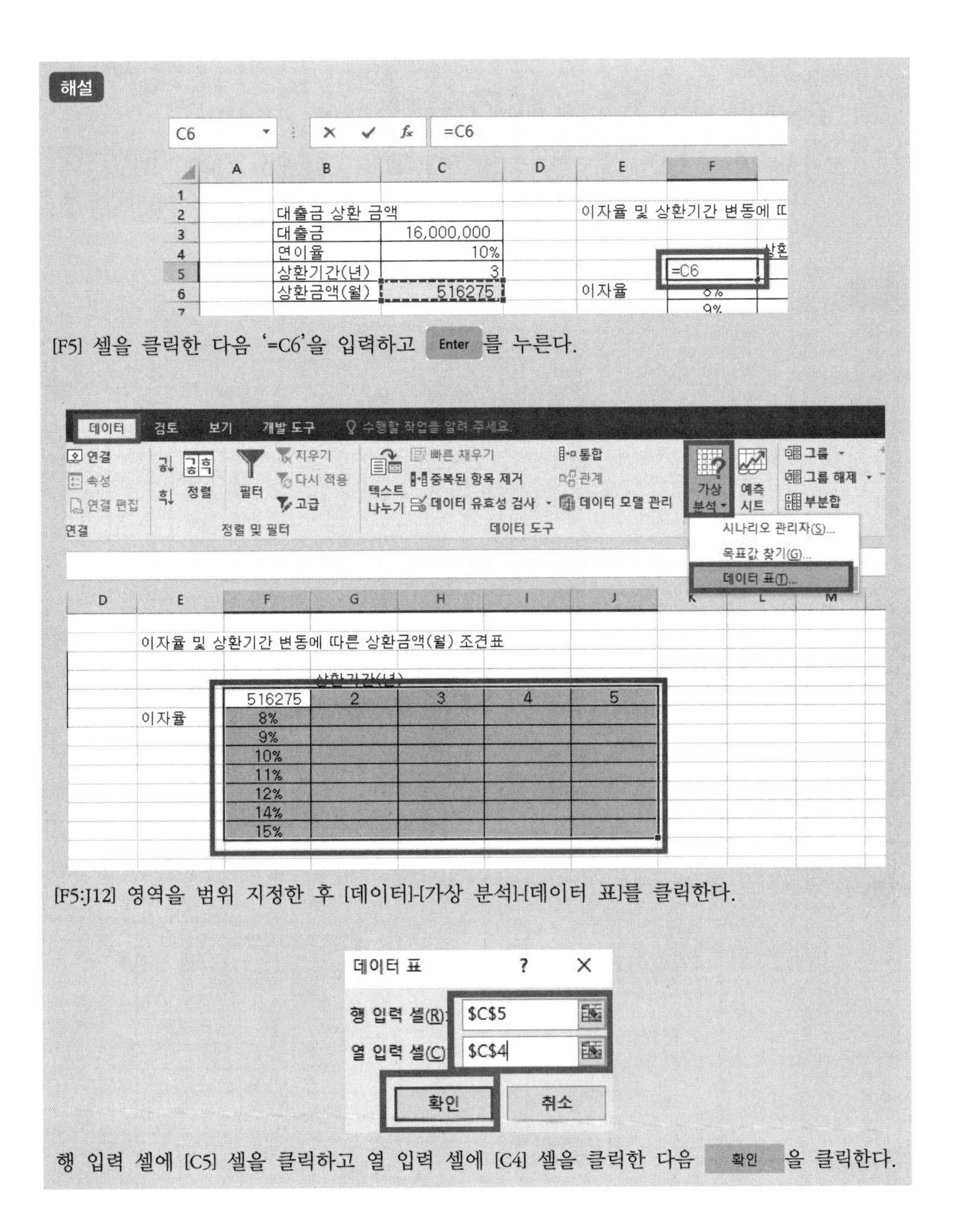


[F5] 셀을 클릭한 다음 '=C6'을 입력하고 Enter 를 누른다.

[F5:J12] 영역을 범위 지정한 후 [데이터]-[가상 분석]-[데이터 표]를 클릭한다.

행 입력 셀에 [C5] 셀을 클릭하고 열 입력 셀에 [C4] 셀을 클릭한 다음 확인 을 클릭한다.

**실습용 문제**

**Q2) '분석작업(데이터표)-2' 시트에 대하여 다음의 지시사항을 처리하시오.**

판매량[C5]과 판매단가[C6]를 기초로 영업이익[C14]을 계산하는 과정을 나타낸 것이다. '데이터 표' 기능을 이용하여 '판매량'과 '판매단가'의 변동에 따른 영업이익의 변화를 [G7:K16]에 계산하시오.

**정답**

| | | 판매량 | | | | |
|---|---|---|---|---|---|---|
| | ₩5,370 | 10 | 20 | 30 | 40 | 50 |
| 판매단가 | ₩50 | (₩1,130) | (₩630) | (₩130) | ₩370 | ₩870 |
| | ₩60 | (₩1,030) | (₩430) | ₩170 | ₩770 | ₩1,370 |
| | ₩70 | (₩930) | (₩230) | ₩470 | ₩1,170 | ₩1,870 |
| | ₩80 | (₩830) | (₩30) | ₩770 | ₩1,570 | ₩2,370 |
| | ₩90 | (₩730) | ₩170 | ₩1,070 | ₩1,970 | ₩2,870 |
| | ₩100 | (₩630) | ₩370 | ₩1,370 | ₩2,370 | ₩3,370 |
| | ₩110 | (₩530) | ₩570 | ₩1,670 | ₩2,770 | ₩3,870 |
| | ₩120 | (₩430) | ₩770 | ₩1,970 | ₩3,170 | ₩4,370 |
| | ₩130 | (₩330) | ₩970 | ₩2,270 | ₩3,570 | ₩4,870 |
| | ₩140 | (₩230) | ₩1,170 | ₩2,570 | ₩3,970 | ₩5,370 |

**해설**

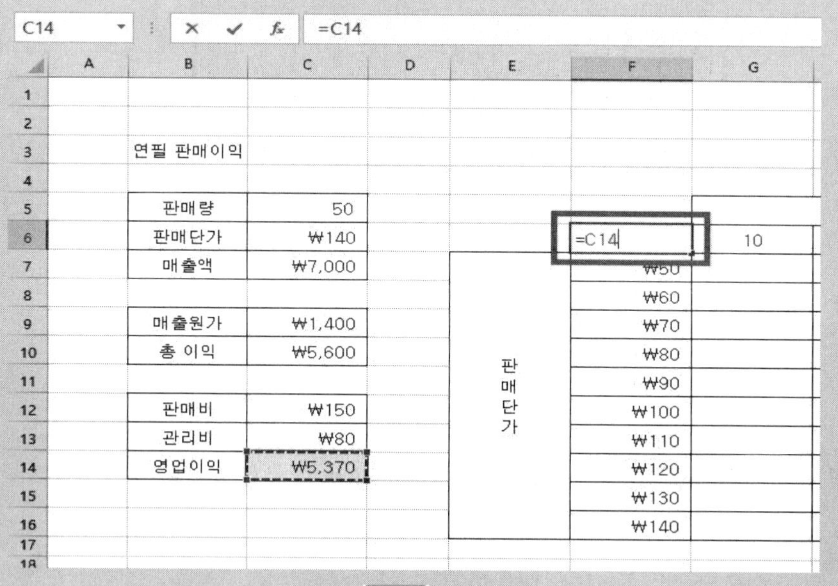


[F6] 셀을 클릭한 다음 '=C14'을 입력하고 Enter 를 누른다.

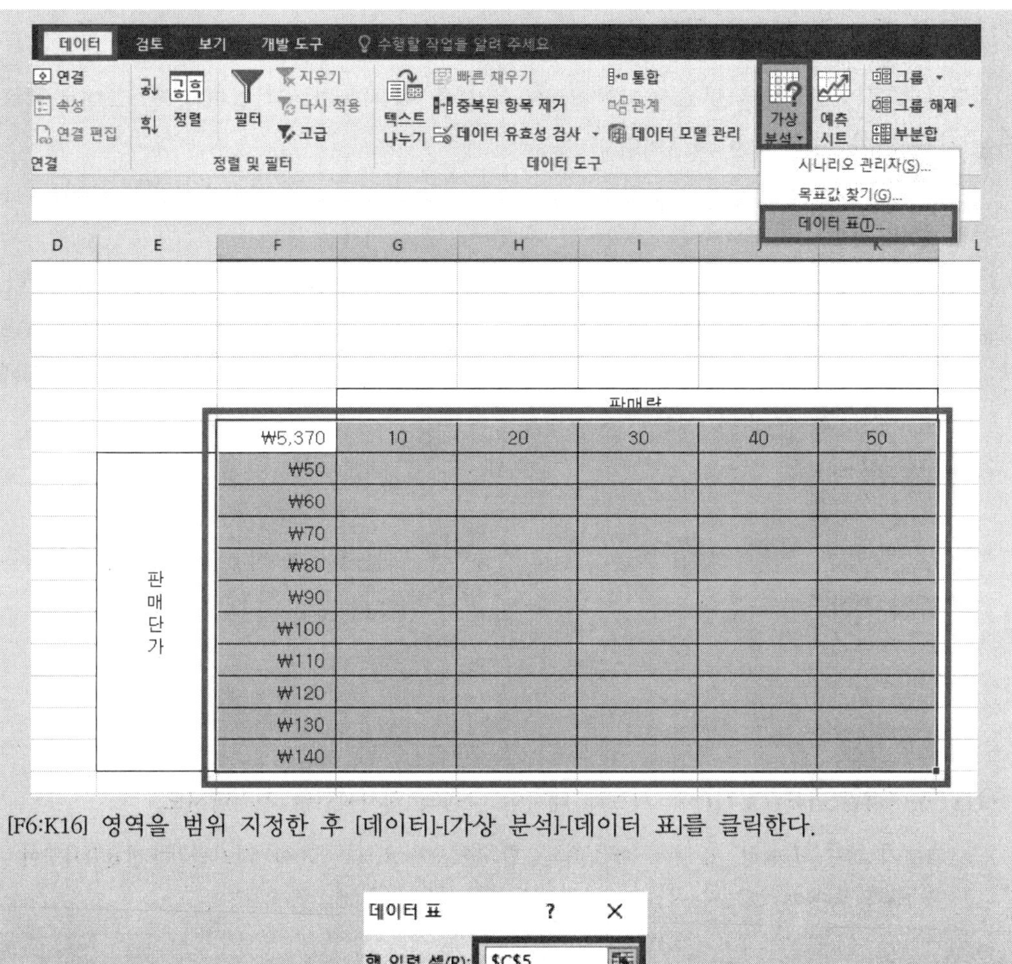

[F6:K16] 영역을 범위 지정한 후 [데이터]-[가상 분석]-[데이터 표]를 클릭한다.

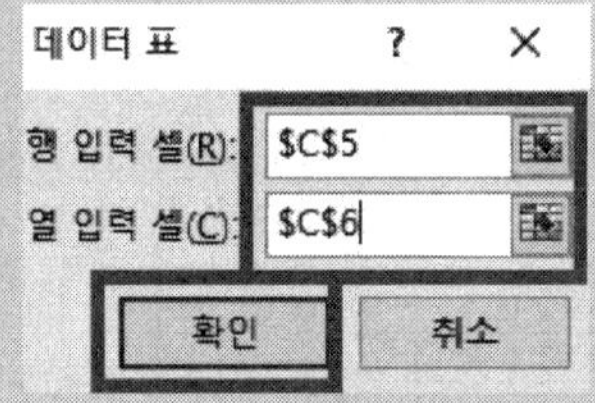


행 입력 셀에 [C5] 셀을 클릭하고 열 입력 셀에 [C6] 셀을 클릭한 다음 확인 을 클릭한다.

## 6. 목표값 찾기 및 실습용 문제

목표값 찾기는 결과값은 알고 있지만 입력값을 모를 때 사용하는 작업이다. 말 그대로 목표하는 값을 찾기 위해 하는 작업이다.

**문제 풀이 방법 :**

① 셀 포인터 위치는 아무 상관 없이 바로 [데이터] → [가상 분석] → [목표값 찾기]를 클릭한다.

② 문제에서 숫자를 먼저 찾은 다음에 수식 셀에는 숫자 바로 앞에 셀을 클릭하거나 셀을 입력하고 찾는 값에는 숫자를 입력한 후 마지막으로 값을 바꿀 셀에는 숫자 바로 뒤에 있는 셀을 클릭하거나 셀을 입력한다.

③ 확인 버튼을 누른다.

* 목표값 찾기는 Ctrl + Z (되돌리기)도 가능하기 때문에 잘못 하였을 경우 되돌린 다음에 다시 시작하여도 된다.

**실습용 문제**

**Q1) '분석작업(목표값찾기)-1' 시트에 대하여 다음의 지시사항을 처리하시오.**

'1분기 맥주 판매량' 표에서 '매출이익' 합계[J13]가 4,500,000이 되려면 '마진율'[D15]이 몇 %가 되어야 하는지 목표값 찾기 기능을 이용하여 계산하시오.

**정답**

| | A | B | C | D | E | F | G | H | I | J |
|---|---|---|---|---|---|---|---|---|---|---|
| 1 | | | | | | 1분기 맥주 판매량 | | | | |
| 2 | | | | | | | | | | 2022년 3월 |
| 3 | | 월별 | 품명 | 전월이월 | 매입수량 | 매입금액 | 매출수량 | 매출금액 | 차월이월 | 매출이익 |
| 4 | | 1월 | 칭따오 | 55 | 1,000 | 1,500,000 | 900 | 1,903,884 | 155 | 553,884 |
| 5 | | | 카스 | 110 | 800 | 720,000 | 860 | 1,091,560 | 50 | 317,560 |
| 6 | | | 테라 | 190 | 650 | 780,000 | 990 | 1,675,418 | - 150 | 487,418 |
| 7 | | 2월 | 라거 | 50 | 1,300 | 1,560,000 | 1,000 | 1,692,341 | 350 | 492,341 |
| 8 | | | 하이트 | 68 | 790 | 948,000 | 860 | 1,455,414 | - 2 | 423,414 |
| 9 | | | 테라 | 102 | 670 | 804,000 | 830 | 1,404,643 | - 58 | 408,643 |
| 10 | | 3월 | 라거 | 112 | 1,100 | 1,320,000 | 1,320 | 2,233,891 | - 108 | 649,891 |
| 11 | | | 하이트 | 80 | 1,200 | 1,440,000 | 1,250 | 2,115,427 | 30 | 615,427 |
| 12 | | | 테라 | 31 | 660 | 792,000 | 1,120 | 1,895,422 | - 429 | 551,422 |
| 13 | | 합계 | | 798 | 8,170 | 9,864,000 | 9,130 | 15,468,000 | - 162 | 4,500,000 |
| 14 | | | | | | | | | | |
| 15 | | | 마진율 | 41% | | | | | | |
| 16 | | | | | | | | | | |
| 17 | | | 품목별 단가표 | | | | | | | |
| 18 | | 품명 | 매입단가 | 매출단가 | | | | | | |
| 19 | | 칭따오 | 1,500 | 2,115 | | | | | | |
| 20 | | 카스 | 900 | 1,269 | | | | | | |
| 21 | | 테라 | 1,200 | 1,692 | | | | | | |

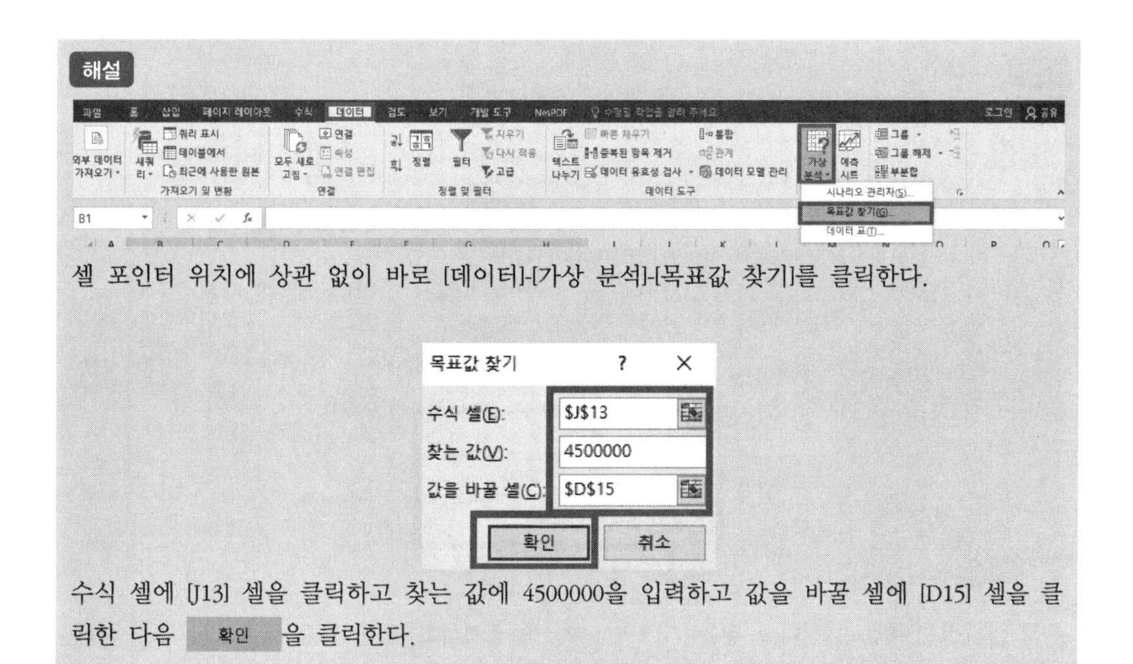

해설

셀 포인터 위치에 상관 없이 바로 [데이터]-[가상 분석]-[목표값 찾기]를 클릭한다.

수식 셀에 [J13] 셀을 클릭하고 찾는 값에 4500000을 입력하고 값을 바꿀 셀에 [D15] 셀을 클릭한 다음 확인 을 클릭한다.

**실습용 문제**

**Q2) '분석작업(목표값찾기)-2' 시트에 대하여 다음의 지시사항을 처리하시오.**

'월 평균 급여 계산' 표에서 월평균 급여[C8]가 2,500,000이 되려면 보너스비율[C4]이 몇 %가 되어야 하는지 목표값 찾기 기능을 이용하여 계산하시오.

정답

| | A | B | C |
|---|---|---|---|
| 1 | | | |
| 2 | | 월 평균 급여계산 | |
| 3 | | 기본급 | 2,000,000 |
| 4 | | 보너스비율 | 438% |
| 5 | | 소득세 | 1,638,095 |
| 6 | | 주민세 | 163,810 |
| 7 | | 국민연금 | 80,000 |
| 8 | | 월평균급여 | 2,500,000 |

해설

셀 포인터 위치에 상관 없이 바로 [데이터]-[가상 분석]-[목표값 찾기]를 클릭한다.

수식 셀에 [C8] 셀을 클릭하고 찾는 값에 2500000을 입력하고 값을 바꿀 셀에 [C4] 셀을 클릭한 다음 확인 을 클릭한다.

## 7. 피벗 테이블 및 실습용 문제

피벗 테이블은 복잡한 데이터를 쉽게 정렬하고 요약해서 보고서 형태로 만드는 작업이다. 피벗 테이블은 5가지 유형의 문제가 잘 나오기 때문에 먼저 5개의 유형을 푸는 방법에 대해서 숙지하는 것이 좋다.

### 5개 유형 종류

(1) 1000 단위 구분 기호 사용
- 필드 창 → 값 항목에서 마우스 왼쪽 클릭 → [값 필드 설정] 클릭 → '표시 형식' 클릭 → 셀 서식-문제에서 요구하는 범주에서 작업을 진행한다.

(2) 행/열 총 합계 표시, 빈 셀 표시
- 피벗 테이블 보고서 아무데서나 마우스 우클릭 → '피벗 테이블 옵션' 클릭 → 문제에서 요구하는 작업을 진행한다.

(3) 보고서 레이아웃 / 피벗 스타일
- 피벗 테이블 보고서 아무데서나 마우스 왼쪽 클릭 → 탭 쪽에 있는 피벗 테이블 도구 [디자인] 탭 클릭 → 문제에서 요구하는 작업을 진행한다.

(4) 그룹화

- 행 레이블 흰색 셀 아무거나 하나 클릭 → 마우스 우클릭 → [그룹]을 클릭한 다음 문제에서 요구하는 작업을 진행한다.

(5) 기타 정렬(사용자 정렬)

- 옮기고자 하는 제목 셀 클릭 → 마우스 왼쪽을 길게 눌러서 끌어서 이동시키면 된다.

**문제 풀이 방법 :**

① 조건에서 피벗 테이블을 넣고자 하는 위치의 셀을 클릭한다.

② [삽입] → [피벗 테이블]을 클릭한다.

③ 시트에 있는 표를 제목을 포함해서 전체 범위를 지정한 후 확인 버튼을 누른다. (단, 병합된 셀이나 표 형태가 다른 부분은 같이 범위 지정을 하면 안 된다.)

④ 오른쪽에 필드 창이 표시되면 문제에서 요구하는 순서대로 제목들을 체크한 후 '필터', '행', '열', '∑ 값'의 위치에 배치한다.

⑤ 5개 유형 중 문제에서 나온 조건들을 각각 처리한다.

* 피벗 테이블도 Ctrl + Z (되돌리기)가 가능하지만 가급적이면 필드 창이나 마우스 우클릭 등의 옵션을 이용해서 작업을 하는 것이 좋다.

**실습용 문제**

**Q1) '분석작업(피벗테이블)-1' 시트에 대하여 다음의 지시사항을 처리하시오.**

'전국 대리점별 매출현황' 표를 이용하여 입고날짜는 '행', 차종은 '열'로 처리하고, '값'에 목표량과 판매량의 합계를 계산하는 피벗 테이블을 작성하시오.

▶ 피벗 테이블 보고서는 동일 시트의 [A23] 셀에서 시작하시오.

▶ 보고서 레이아웃은 '개요 형식'으로 지정하시오.

▶ 피벗 테이블에 '피벗 스타일 보통 4' 서식을 적용하시오.

**정답**

| | 차종 | 값 | | | | | | |
|---|---|---|---|---|---|---|---|---|
| | 베라크루즈 | | 싼타페 | | 투싼 | | 전체 합계 : 목표량 | 전체 합계 : 판매량 |
| 입고날짜 | 합계 : 목표량 | 합계 : 판매량 | 합계 : 목표량 | 합계 : 판매량 | 합계 : 목표량 | 합계 : 판매량 | | |
| 10월2일 | | | 50 | 45 | | | 50 | 45 |
| 10월8일 | | | | | 20 | 19 | 20 | 19 |
| 10월10일 | 65 | 35 | | | | | 65 | 35 |
| 10월20일 | | | | | 15 | 15 | 15 | 15 |
| 10월24일 | | | | | 87 | 60 | 87 | 60 |
| 10월30일 | 75 | 70 | | | | | 75 | 70 |
| 11월4일 | 76 | 75 | | | 77 | 45 | 153 | 120 |
| 11월11일 | | | | | 45 | 34 | 45 | 34 |
| 11월18일 | | | 51 | 55 | | | 51 | 55 |
| 11월25일 | 67 | 60 | | | | | 67 | 60 |
| 11월29일 | | | | | 25 | 25 | 25 | 25 |
| 12월8일 | 20 | 15 | | | | | 20 | 15 |
| 12월12일 | | | 44 | 40 | | | 44 | 40 |
| 12월15일 | | | 120 | 105 | | | 120 | 105 |
| 12월23일 | | | 65 | 60 | | | 65 | 60 |
| **총합계** | **303** | **255** | **330** | **305** | **269** | **198** | **902** | **758** |

**해설**

파일 홈 삽입 페이지 레이아웃 수식 데이

피벗 테이블 | 추천 피벗 테이블 | 표 | 그림 | 온라인 그림 | 도형 | SmartArt | 스크린샷

표 | 일러스트레이션

A23

| | A | B | C | D |
|---|---|---|---|---|
| 1 | | | | 전국 |
| 2 | | | | |
| 3 | 사원명 | 입고날짜 | 대리점 | 차종 |
| 4 | 한상수 | 2019-10-20 | 강남 | 투싼 |
| 5 | 이도원 | 2019-10-02 | 북부 | 싼타 |
| 6 | 전옥희 | 2019-11-04 | 강남 | 베라크 |
| 7 | 박선희 | 2019-12-08 | 동부 | 베라크 |
| 8 | 차현미 | 2019-12-23 | 서부 | 싼타 |
| 9 | 강주영 | 2019-11-04 | 동부 | 투싼 |
| 10 | 이영미 | 2019-12-15 | 서부 | 싼타 |
| 11 | 이병화 | 2019-11-29 | 북부 | 투싼 |
| 12 | 이상미 | 2019-11-25 | 강남 | 베라크 |
| 13 | 홍정선 | 2019-10-30 | 서부 | 베라크 |
| 14 | 오덕순 | 2019-10-24 | 강남 | 투싼 |
| 15 | 나현호 | 2019-12-15 | 북부 | 싼타 |
| 16 | 김희숙 | 2019-11-11 | 강남 | 투싼 |
| 17 | 최유미 | 2019-10-10 | 북부 | 베라크 |
| 18 | 박종한 | 2019-12-12 | 북부 | 싼타 |
| 19 | 윤지환 | 2019-10-08 | 동부 | 투싼 |
| 20 | 박미숙 | 2019-11-18 | 북부 | 싼타 |
| 21 | | | | |
| 22 | | | | |
| 23 | | | | |
| 24 | | | | |

[A23] 셀을 클릭한 후 [삽입]-[피벗 테이블]을 클릭한다.

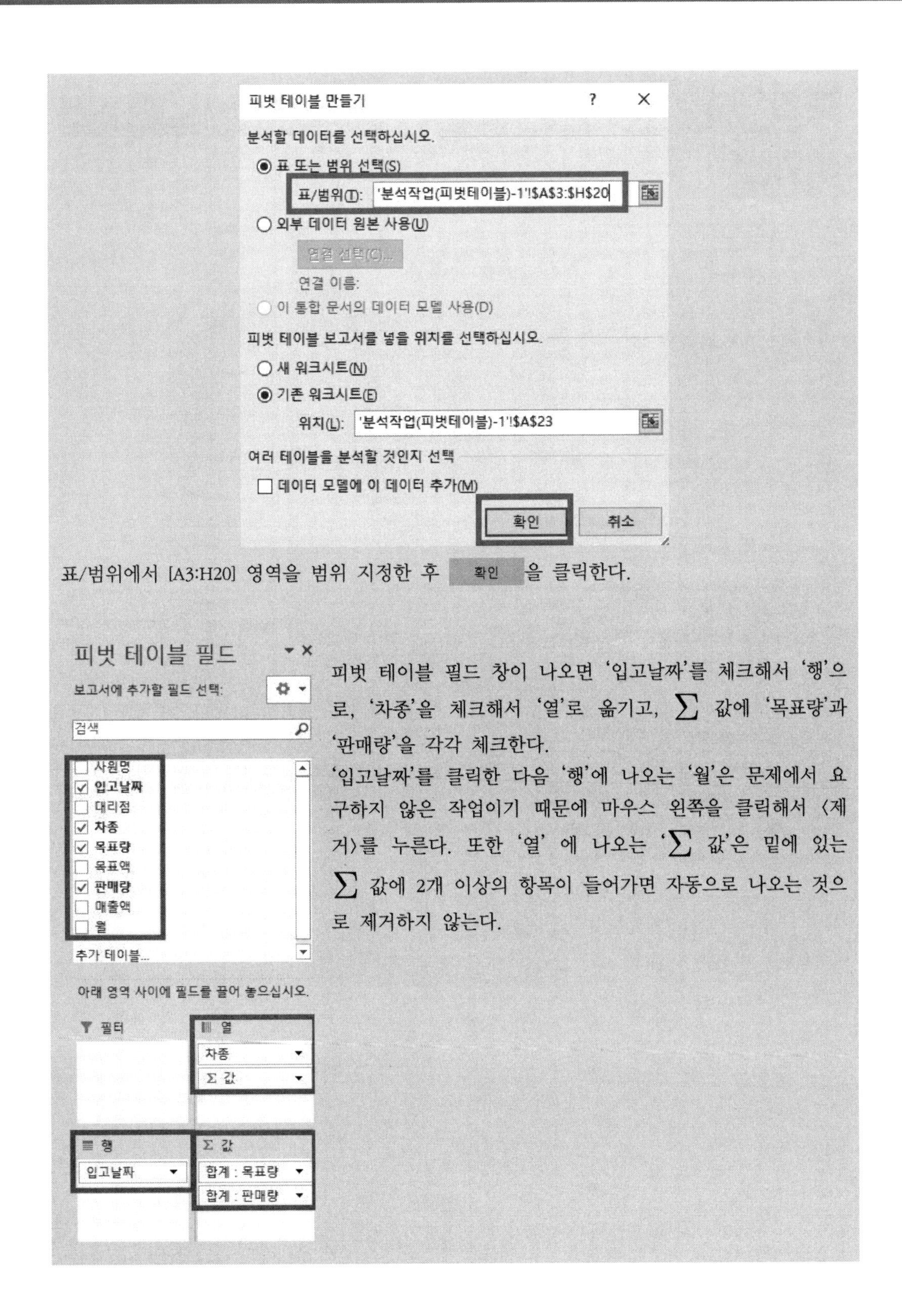


표/범위에서 [A3:H20] 영역을 범위 지정한 후 확인 을 클릭한다.



피벗 테이블 필드 창이 나오면 '입고날짜'를 체크해서 '행'으로, '차종'을 체크해서 '열'로 옮기고, ∑ 값에 '목표량'과 '판매량'을 각각 체크한다.
'입고날짜'를 클릭한 다음 '행'에 나오는 '월'은 문제에서 요구하지 않은 작업이기 때문에 마우스 왼쪽을 클릭해서 〈제거〉를 누른다. 또한 '열' 에 나오는 '∑ 값'은 밑에 있는 ∑ 값에 2개 이상의 항목이 들어가면 자동으로 나오는 것으로 제거하지 않는다.

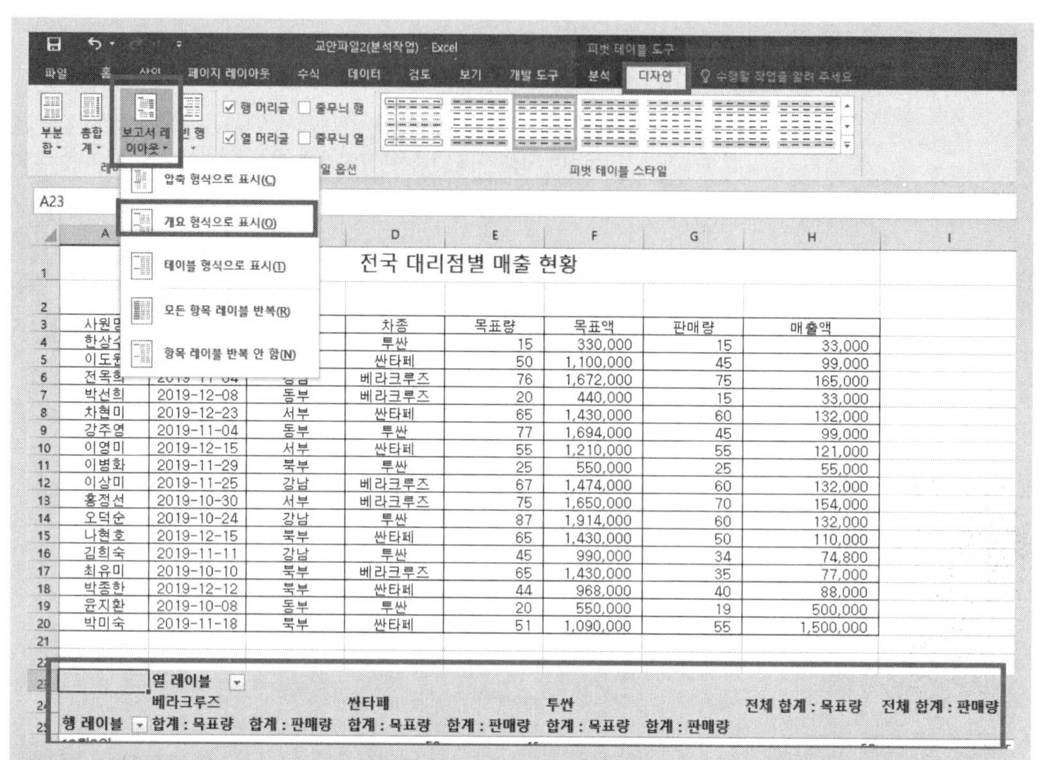


피벗 테이블 보고서 안에서 아무 셀이나 클릭한 다음 위를 보면 [피벗 테이블 도구]-[디자인]에서 [보고서 레이아웃]을 클릭한 다음 '개요 형식으로 표시'를 클릭한다.

[피벗 테이블 도구]-[디자인]에서 오른쪽에 있는 피벗 테이블 스타일에서 자세히( )를 클릭한 다음 '피벗 스타일 보통 4'를 클릭한다.

실습용 문제

Q2) '분석작업(피벗테이블)-2' 시트에 대하여 다음의 지시사항을 처리하시오.

'부서별 급여 수령 현황' 표를 이용하여 성별은 '필터', 세금은 '행', 직위는 '열'로 처리하고, '값'에 기본급, 실수령액의 평균을 계산하는 피벗 테이블을 작성하시오.

- ▶ 피벗 테이블 보고서는 동일 시트의 [A15] 셀에서 시작하시오.
- ▶ 행 레이블의 금액 단위를 '50,000'으로 그룹화하여 표시하시오.
- ▶ 값 영역의 표시 형식은 '셀 서식' 대화상자에서 '숫자' 범주의 '1000 단위 구분 기호 사용'을 이용하여 지정하시오.
- ▶ 피벗 테이블 보고서의 행의 총합계는 표시하지 않고, 빈 셀은 '**' 기호로 표시하시오.

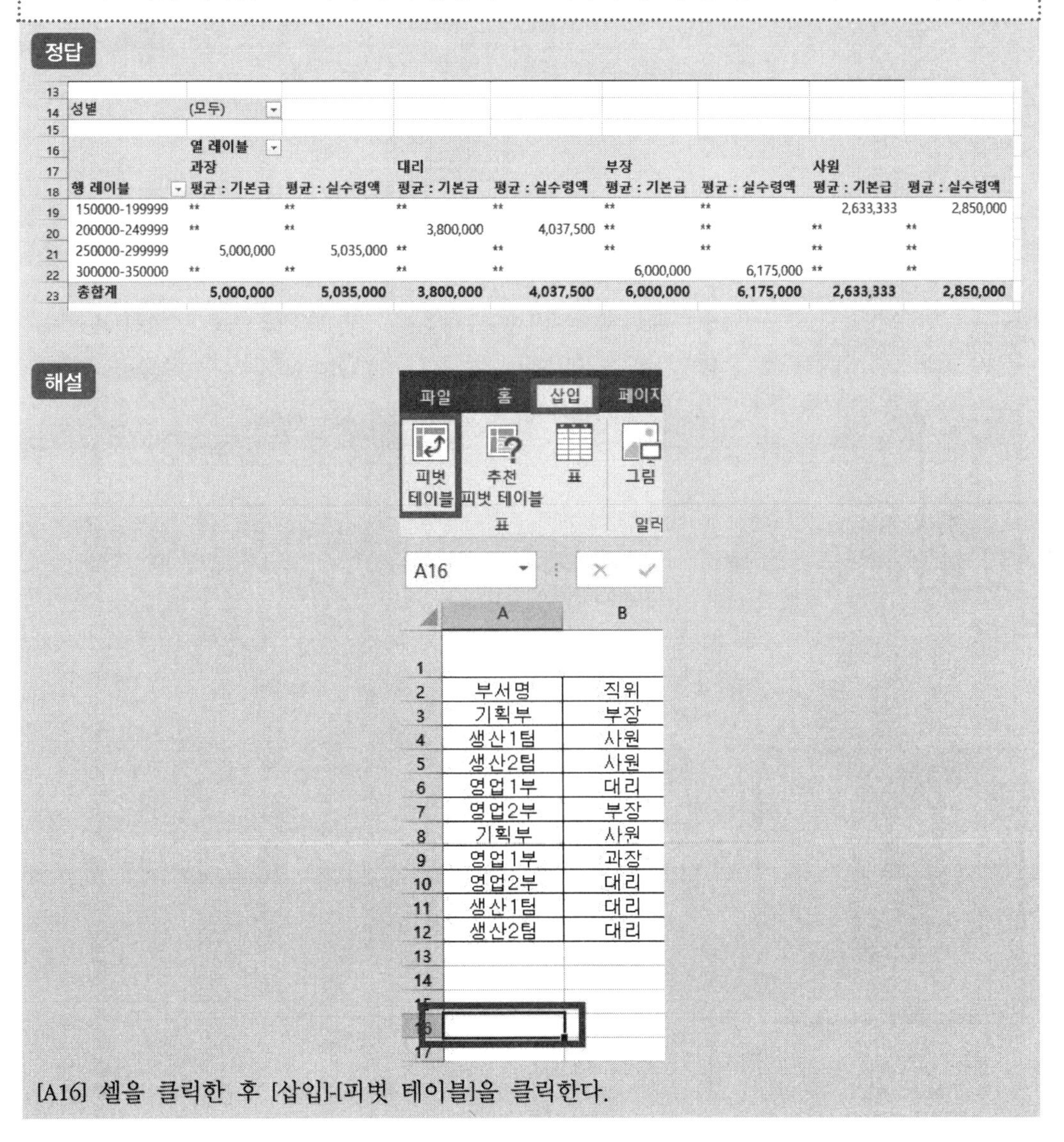

정답

| | A | B | C | D | E | F | G | H | I |
|---|---|---|---|---|---|---|---|---|---|
| 13 | | | | | | | | | |
| 14 | 성별 | (모두) | | | | | | | |
| 15 | | | | | | | | | |
| 16 | | 열 레이블 | | | | | | | |
| 17 | | 과장 | | 대리 | | 부장 | | 사원 | |
| 18 | 행 레이블 | 평균 : 기본급 | 평균 : 실수령액 | 평균 : 기본급 | 평균 : 실수령액 | 평균 : 기본급 | 평균 : 실수령액 | 평균 : 기본급 | 평균 : 실수령액 |
| 19 | 150000-199999 | ** | ** | ** | ** | ** | ** | 2,633,333 | 2,850,000 |
| 20 | 200000-249999 | ** | ** | 3,800,000 | 4,037,500 | ** | ** | ** | ** |
| 21 | 250000-299999 | 5,000,000 | 5,035,000 | ** | ** | ** | ** | ** | ** |
| 22 | 300000-350000 | ** | ** | ** | ** | 6,000,000 | 6,175,000 | ** | ** |
| 23 | 총합계 | 5,000,000 | 5,035,000 | 3,800,000 | 4,037,500 | 6,000,000 | 6,175,000 | 2,633,333 | 2,850,000 |

해설



[A16] 셀을 클릭한 후 [삽입]-[피벗 테이블]을 클릭한다.

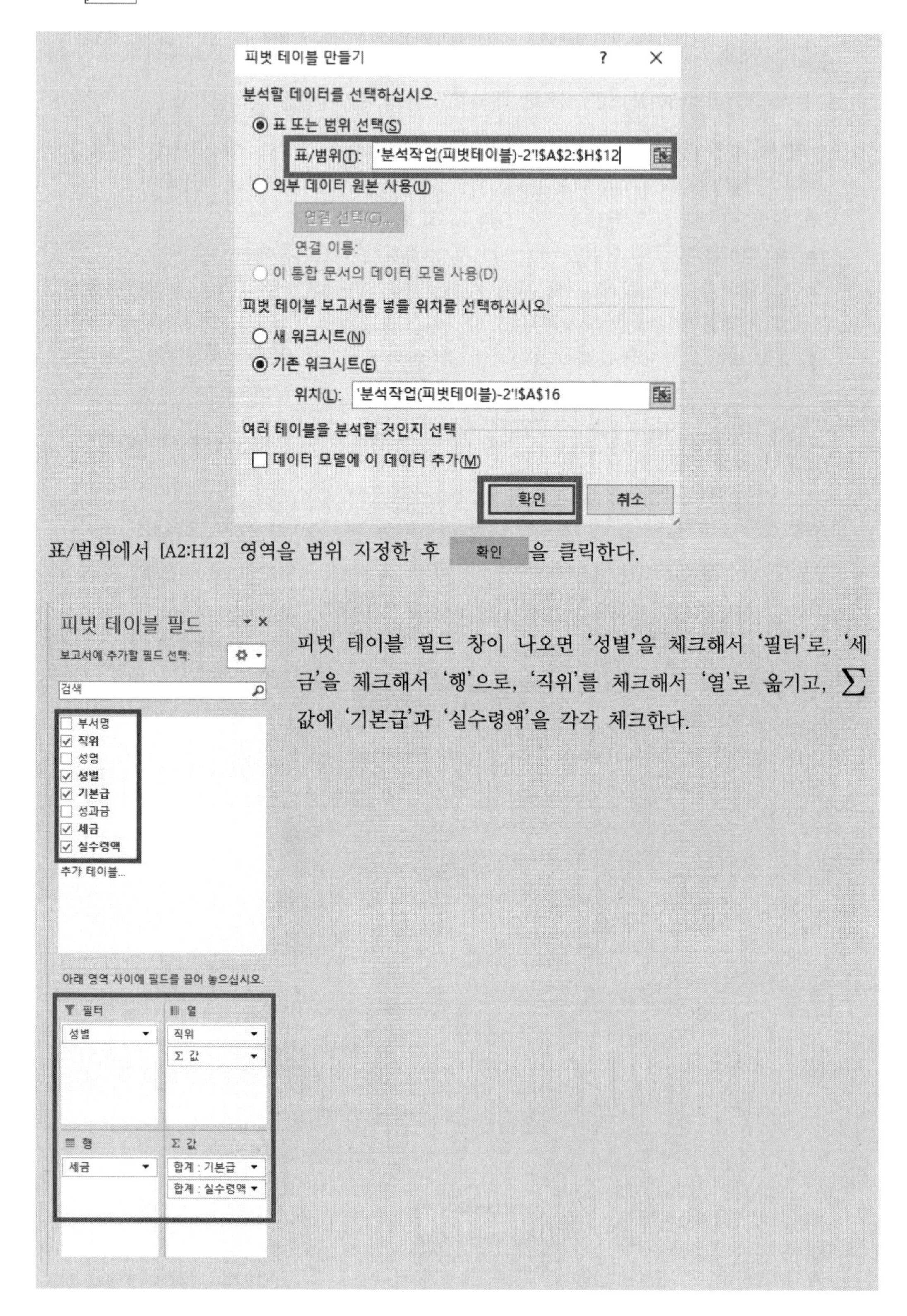


표/범위에서 [A2:H12] 영역을 범위 지정한 후 확인 을 클릭한다.

피벗 테이블 필드 창이 나오면 '성별'을 체크해서 '필터'로, '세금'을 체크해서 '행'으로, '직위'를 체크해서 '열'로 옮기고, Σ 값에 '기본급'과 '실수령액'을 각각 체크한다.

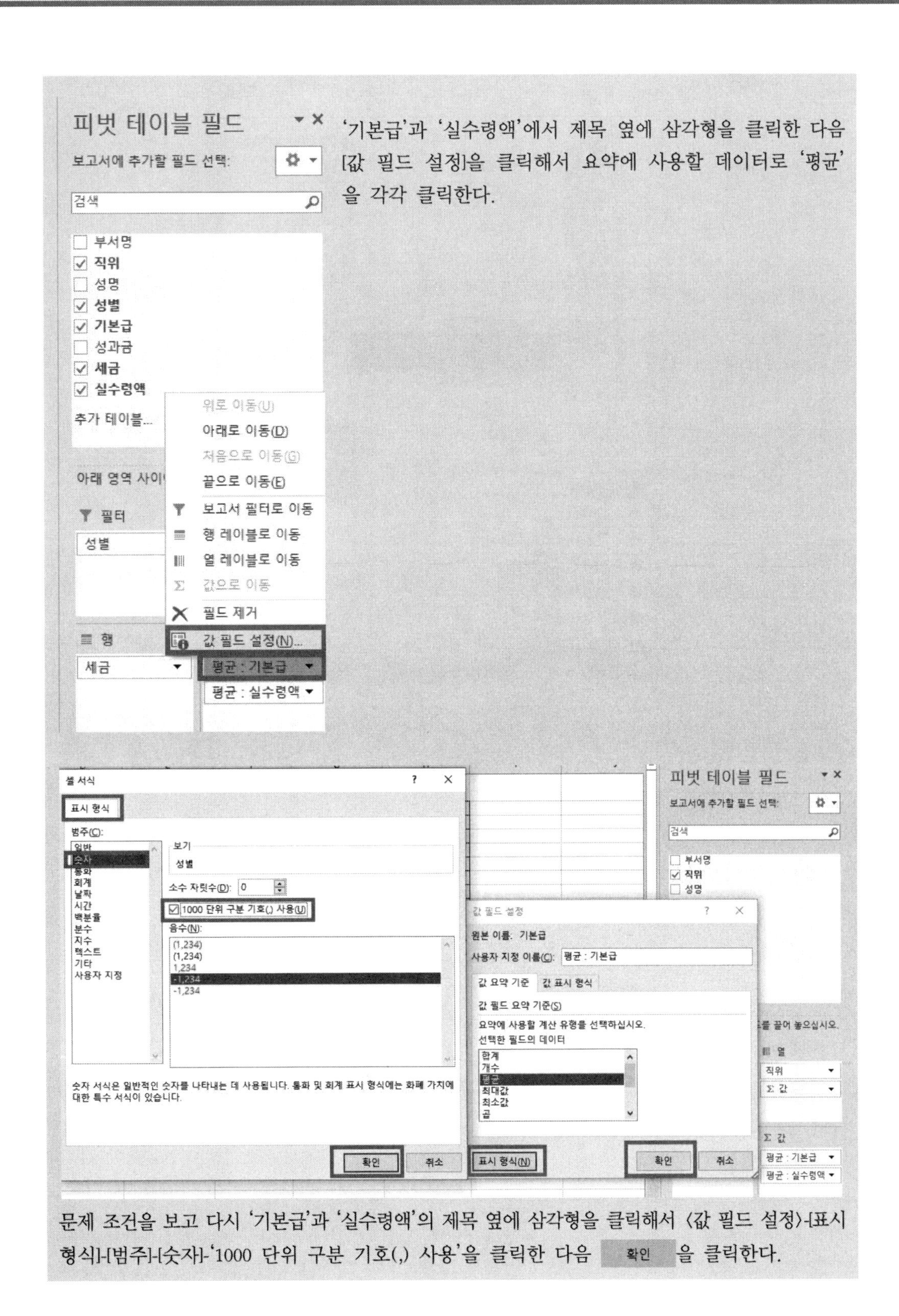


'기본급'과 '실수령액'에서 제목 옆에 삼각형을 클릭한 다음 [값 필드 설정]을 클릭해서 요약에 사용할 데이터로 '평균'을 각각 클릭한다.

문제 조건을 보고 다시 '기본급'과 '실수령액'의 제목 옆에 삼각형을 클릭해서 〈값 필드 설정〉-[표시 형식]-[범주]-[숫자]-'1000 단위 구분 기호(,) 사용'을 클릭한 다음 확인 을 클릭한다.

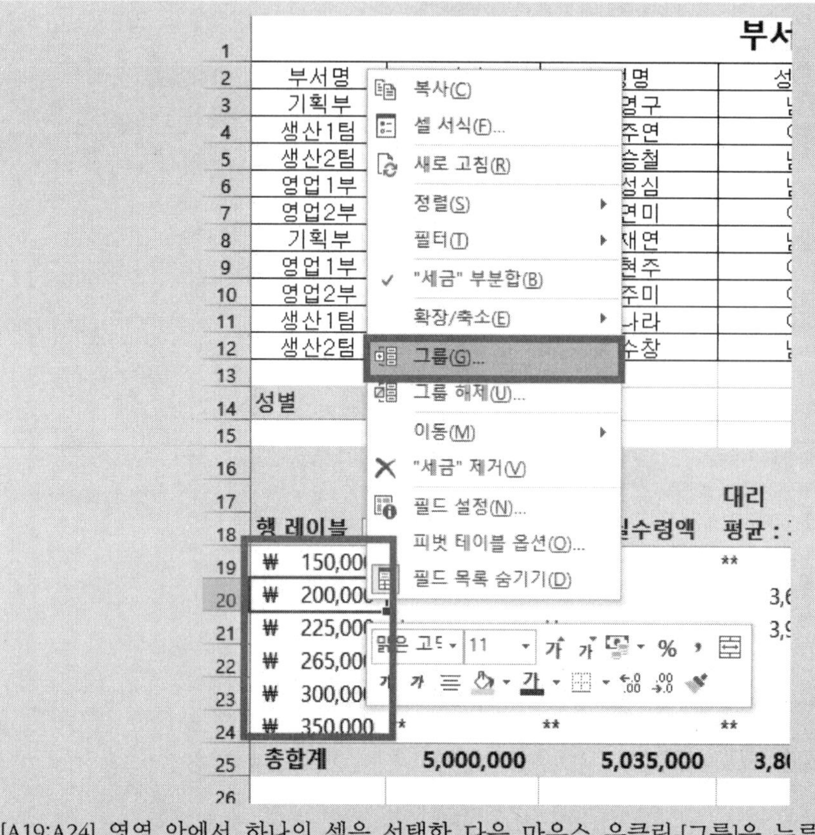


[A19:A24] 영역 안에서 하나의 셀을 선택한 다음 마우스 우클릭-[그룹]을 누른다.

그룹화

자동

☑ 시작(S): 150000

☑ 끝(E): 350000

단위(B): 50000

확인 취소

그룹화 창에서 단위만 '50000'으로 바꾼 다음 확인 을 클릭한다.

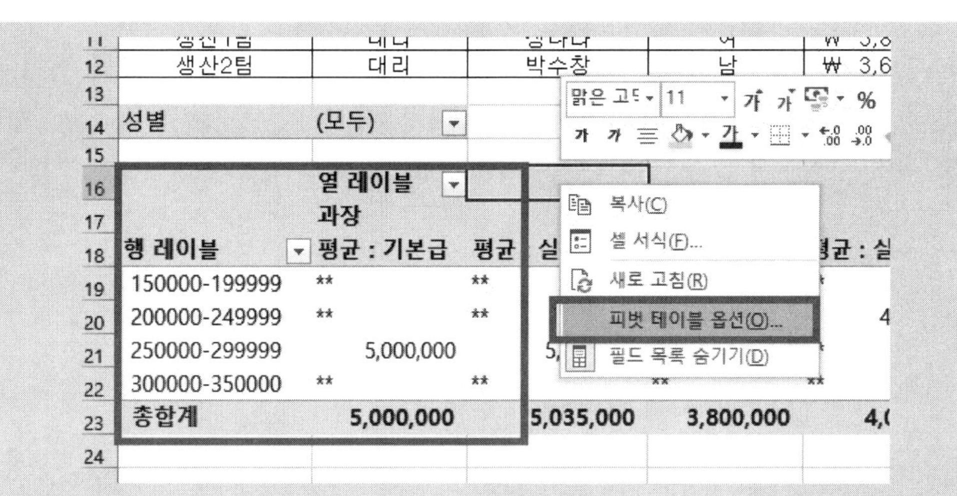


피벗 테이블 안에서는 아무 셀이나 하나를 선택한 다음 마우스 우클릭-[피벗 테이블 옵션]을 클릭한다.

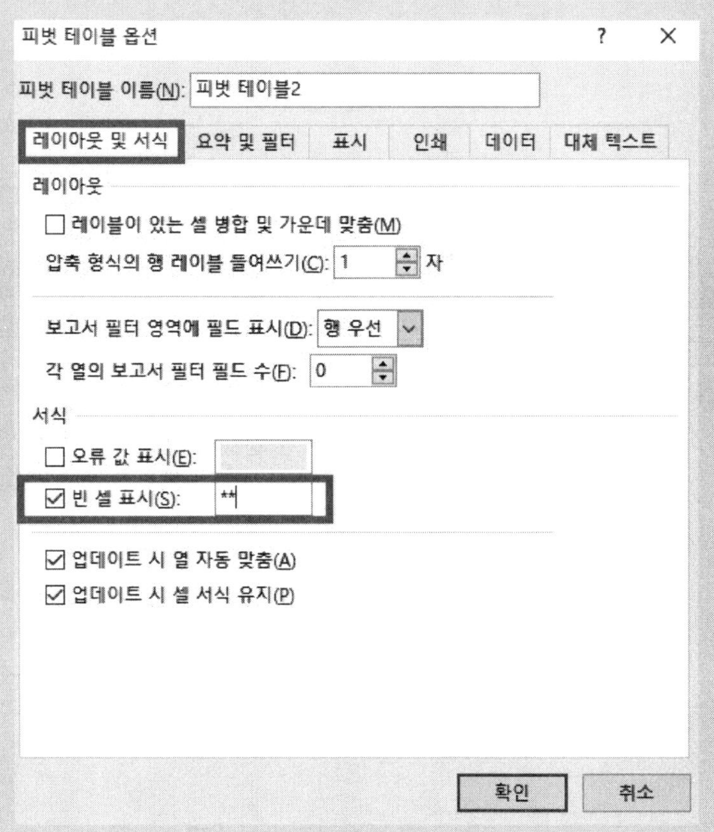


[레이아웃 및 서식]-[빈 셀 표시] 옆에 있는 흰색 박스에 '**'을 입력한다.

피벗 테이블 옵션

피벗 테이블 이름(N): 피벗 테이블2

레이아웃 및 서식 | 요약 및 필터 | 표시 | 인쇄 | 데이터 | 대체 텍스트

총합계

☐ 행 총합계 표시(S)

☑ 열 총합계 표시(G)

필터

☐ 필터링된 페이지 항목 부분합(F)

☐ 필드 하나에 여러 필터 허용(A)

정렬

☑ 정렬할 때 사용자 지정 목록 사용(L)

확인 취소

[요약 및 필터]-[행 총합계 표시]를 체크 해제한 다음 확인 을 클릭한다.

Chapter 04

# 기타작업

## 1. 기타작업(1)–매크로(10점)

기타작업은 매크로와 차트 문제가 각각 10점씩 차지한다. 그 중 매크로는 2문제가 출제되는데 1문제당 5점씩 배정되어 있다. 매크로를 기록하는 방법과 매크로를 연결하여 실행시키는 방법에 대해 정확히 숙지하고 있으면 많이 어렵지 않게 풀 수 있는 파트 중 하나이다.

매크로는 반복적인 작업을 자동화하여 단순한 명령으로 실행할 수 있도록 하는 기능이다.

- 매크로는 수정, 삭제, 편집이 모두 가능하다.
- 매크로 기록 을 누르면 기록이 시작되고 기록 중지 버튼을 클릭하면 매크로 기록이 완료되는데 이 때까지 움직인 마우스와 키보드의 모든 동작은 전부 기록이 된다.
- 도형이나 단추를 셀에 맞춰 조절할 경우 Alt 키를 이용하면 된다.

① [개발 도구] 탭 만들기

상위 메뉴에서 [개발 도구] 탭을 만드는 방법(시험장에서는 이미 준비되어 있다)

㉠ 파일 → 옵션(왼쪽 맨 아래) → 리본 사용자 지정 → 오른쪽(개발 도구 체크) 후 왼쪽에 있는 보안 센터를 클릭한다.

㉡ 보안 센터 설정 → 매크로 설정 → 'VBA 매크로 사용(권장 안 함, 위험한 코드가 시행될 수 있음)'을 체크한 다음 확인 버튼을 누른다.

㉢ 엑셀을 그대로 종료한 후 다시 재시작한다.

② 수학&통계 함수

매크로 문제를 풀기 위해서는 기본 함수(수학&통계 함수)를 2개 알고 있어야 한다.

- SUM 함수 : 합계를 구하는 함수이다. / 사용 형식 : =SUM(범위 지정)
- AVERAGE 함수 : 평균을 구하는 함수이다. / 사용 형식 : =AVERAGE(범위 지정)

연습 문제

기본 함수 Q1) '기본함수' 시트에서 수강생별로 국어, 영어, 수학 점수의 합계를 계산하시오.

▶ SUM 함수 사용

기본 함수 Q2) '기본함수' 시트에서 수강생별로 국어, 영어, 수학 점수의 평균을 계산하시오.

▶ AVERAGE 함수 사용

정답

※ 기본함수

| 성명 | 반명 | 국어 | 영어 | 수학 | 합계 | 평균 |
|---|---|---|---|---|---|---|
| 강동형 | 1반 | 68 | 78 | 90 | 236 | 78.666667 |
| 이순신 | 2반 | 75 | 59 | 65 | 199 | 66.333333 |
| 홍길동 | 3반 | 85 | 91 | 88 | 264 | 88 |
| 김하림 | 1반 | 58 | 48 | 82 | 188 | 62.666667 |
| 성기숙 | 2반 | 76 | 79 | 87 | 242 | 80.666667 |
| 채종수 | 3반 | 85 | 83 | 95 | 263 | 87.666667 |
| 한경숙 | 1반 | 84 | 69 | 82 | 235 | 78.333333 |
| 황보림 | 3반 | 75 | 45 | 90 | 210 | 70 |
| 감자리 | 1반 | 95 | 91 | 86 | 272 | 90.666667 |
| 이주순 | 2반 | 68 | 86 | 92 | 246 | 82 |

해설

Q1) [G4:G13] 영역을 범위 지정한 다음 =SUM(D4:F4)를 입력하고 Ctrl + Enter를 누른다.

Q2) [H4:H13] 영역을 범위 지정한 다음 =AVERAGE(D4:F4)를 입력하고 Ctrl + Enter를 누른다.

③ 매크로 기록/수정 방법 및 실습용 문제

㉠ 표 바깥에 있는 임의의 빈 셀을 클릭한다.

㉡ [개발 도구] → 매크로 기록 → 매크로 이름 입력 후 확인 버튼을 누른다.

㉢ 문제에서 요구하는 셀(또는 범위)을 선택 후 문제에서 요구하는 조건(계산 문제/서식 문제)에 맞춰서 매크로를 기록한다.

㉣ 모든 기록이 완료되면 표 바깥에 있는 임의의 빈 셀을 클릭한 다음 [개발 도구] → 기록 중지 버튼을 누른다.

㉤ 마지막 조건(▶)에서 범위를 먼저 찾아서 범위를 지정 → 도형/단추 삽입( Alt 키를 누르면 셀에 정확하게 맞춰진다) → 텍스트 입력(필요시)

㉥ 도형은 매크로를 따로 지정해야 되기 때문에 도형을 클릭한 다음 마우스 우클릭 → 매크로 지정 → 매크로 이름을 클릭해서 확인 버튼을 누른다. (단, 단추는 텍스트 입력 전 매크로 지정 창이 나오기 때문에 바로 매크로 이름을 클릭해서 확인 버튼을 누르면 따로 지정하지 않아도 된다.)

㉦ 계산 매크로는 계산한 영역만 Delete 키를 눌러서 지우고 서식 작업은 다른 형태로 바꾼 다음에 도형/단추를 클릭해서 매크로가 잘 실행되는지 확인한다.

* 매크로를 잘못 기록하였을 경우 Ctrl + Z (되돌리기)가 불가능하다. 따라서, [개발 도구] → [매크로] → 매크로 이름을 삭제한 다음 시트의 원본 표를 매크로를 기록하기 전 상태로 원상 복구를 시킨 다음에 처음부터 다시 시작한다.
(주의 : 처음 형태를 기억하지 못 하고 매크로가 이미 실행이 되었으면 되돌릴 방법은 없다.)

**실습용 문제**

**Q1) '매크로작업1' 시트의 [표]에서 다음과 같은 기능을 수행하는 매크로를 현재 통합 문서에 작성하고 실행하시오.**

① [E4:E8] 영역에 총점을 계산하는 매크로를 생성하여 실행하시오.
▶ 매크로 이름 : 총점
▶ SUM 함수 사용
▶ [개발 도구]-[삽입]-[양식 컨트롤]의 '단추'를 동일 시트의 [A10:B11] 영역에 생성하고, 텍스트를 '총점'으로 입력한 후 단추를 클릭할 때 '총점' 매크로가 실행되도록 설정하시오.

② [A3:E3] 영역에 채우기 색 '표준 색-노랑'을 적용하는 매크로를 생성하여 실행하시오.

▶ 매크로 이름 : 채우기

▶ [도형]-[기본 도형]의 '빗면(▢)'을 동일 시트의 [D10:E11] 영역에 생성하고, 텍스트를 '채우기'로 입력한 후 도형을 클릭할 때 '채우기' 매크로가 실행되도록 설정하시오.

※ 셀 포인터의 위치에 상관 없이 현재 통합 문서에서 매크로가 실행되어야 정답으로 인정됨

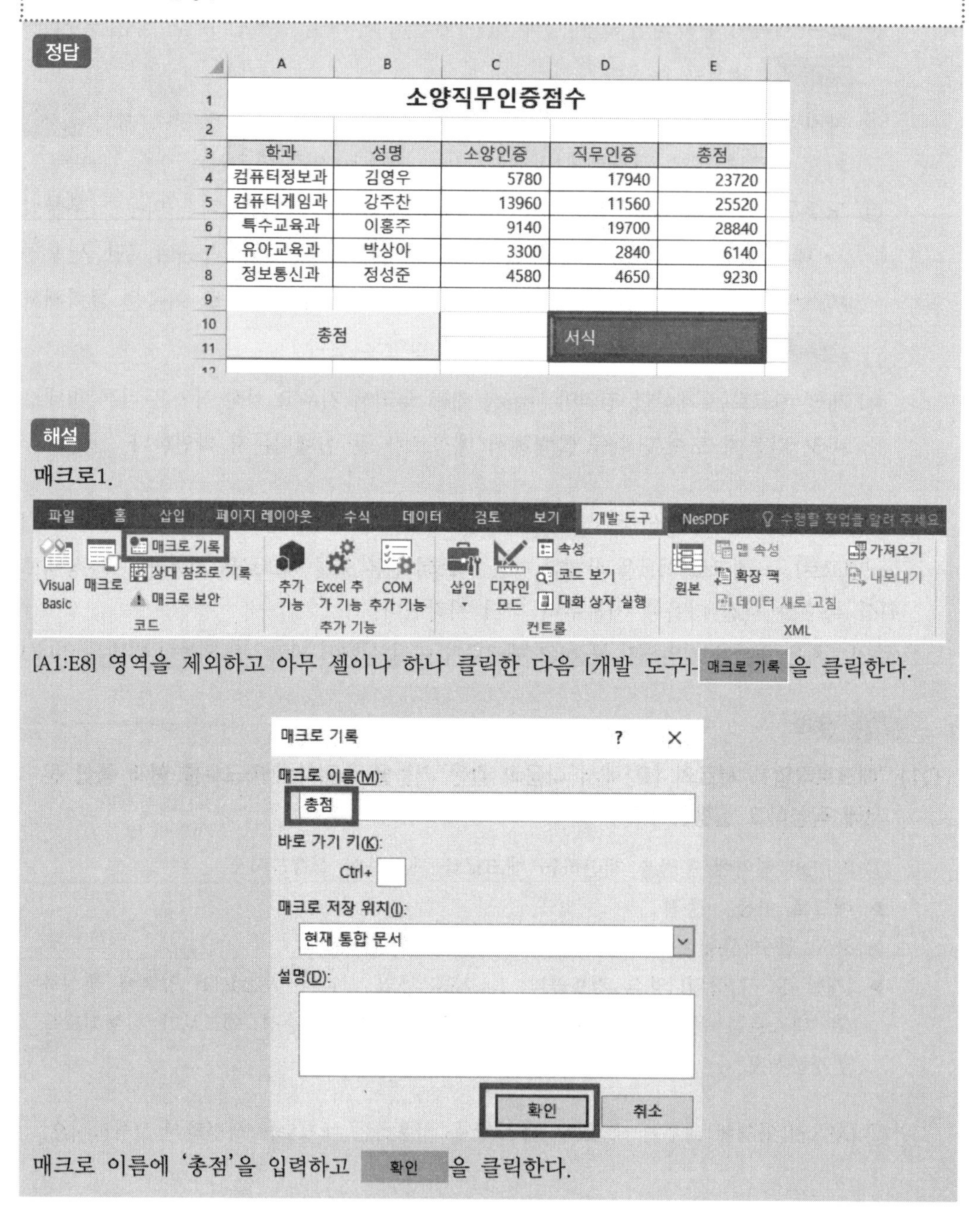

정답

| | A | B | C | D | E |
|---|---|---|---|---|---|
| 1 | 소양직무인증점수 | | | | |
| 2 | | | | | |
| 3 | 학과 | 성명 | 소양인증 | 직무인증 | 총점 |
| 4 | 컴퓨터정보과 | 김영우 | 5780 | 17940 | 23720 |
| 5 | 컴퓨터게임과 | 강주찬 | 13960 | 11560 | 25520 |
| 6 | 특수교육과 | 이홍주 | 9140 | 19700 | 28840 |
| 7 | 유아교육과 | 박상아 | 3300 | 2840 | 6140 |
| 8 | 정보통신과 | 정성준 | 4580 | 4650 | 9230 |
| 9 | | | | | |
| 10 | 총점 | | | 서식 | |
| 11 | | | | | |

해설

매크로1.



[A1:E8] 영역을 제외하고 아무 셀이나 하나 클릭한 다음 [개발 도구]-매크로 기록을 클릭한다.



매크로 이름에 '총점'을 입력하고 확인을 클릭한다.

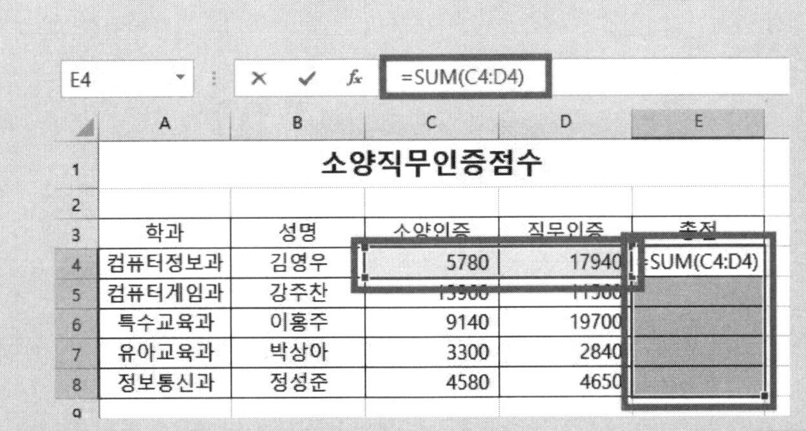

E4 =SUM(C4:D4)

| | A | B | C | D | E |
|---|---|---|---|---|---|
| 1 | 소양직무인증점수 | | | | |
| 2 | | | | | |
| 3 | 학과 | 성명 | 소양인증 | 직무인증 | 총점 |
| 4 | 컴퓨터정보과 | 김영우 | 5780 | 17940 | =SUM(C4:D4) |
| 5 | 컴퓨터게임과 | 강주찬 | [illegible] | [illegible] | |
| 6 | 특수교육과 | 이홍주 | 9140 | 19700 | |
| 7 | 유아교육과 | 박상아 | 3300 | 2840 | |
| 8 | 정보통신과 | 정성준 | 4580 | 4650 | |

[E4:E8] 영역을 범위 지정한 다음 수식 입력줄에 =SUM(C4:D4)를 입력하고 Ctrl + Enter 를 누른다.

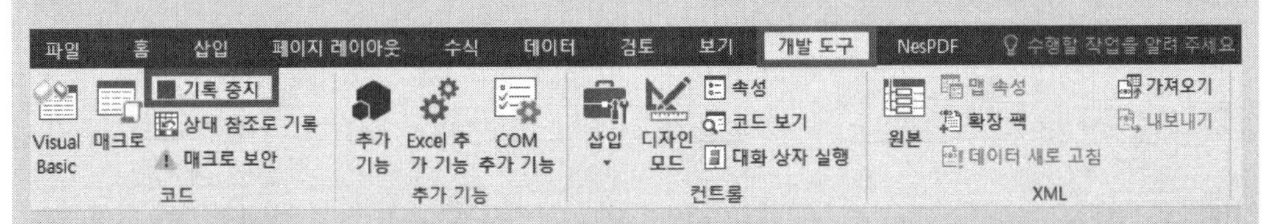


[A1:E8] 영역을 제외하고 아무 셀이나 하나 클릭한 다음 [개발 도구]- 기록 중지 를 클릭한다.

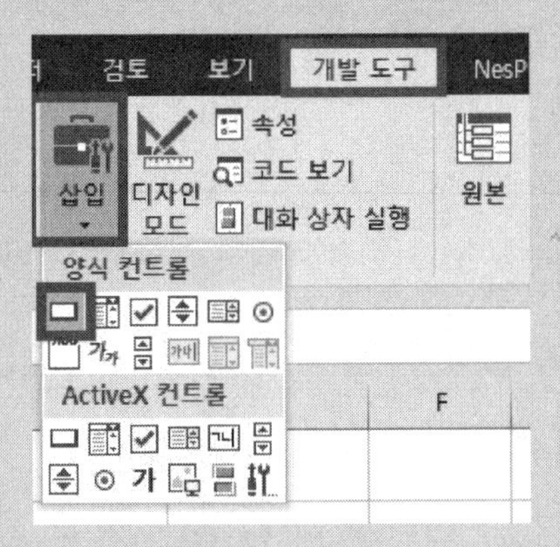


[A10:B11] 영역을 범위 지정한 다음 [개발 도구]-[삽입]-[양식 컨트롤]-단추를 선택해서 Alt 키를 같이 누르고 마우스로 끌어서 단추를 삽입한다.

매크로 지정 ? ×
매크로 이름(M):
총점
총점
편집(E)
기록(R)...
매크로 위치(A): 열려 있는 모든 통합 문서
설명
확인 취소

단추를 그리면 나오는 매크로 지정 창에서 '총점'을 클릭한 다음 확인 을 클릭하고 단추에 '총점'이라고 입력한다.

**매크로2.**

파일 홈 삽입 페이지 레이아웃 수식 데이터 검토 보기 개발 도구 NesPDF 수행할 작업을 알려 주세요
Visual Basic 매크로 매크로 기록 상대 참조로 기록 매크로 보안 코드
추가 기능 Excel 추가 기능 COM 추가 기능 추가 기능
삽입 디자인 모드 속성 코드 보기 대화 상자 실행 컨트롤
원본 맵 속성 확장 팩 데이터 새로 고침 가져오기 내보내기 XML

[A1:E8] 영역을 제외하고 아무 셀이나 하나 클릭한 다음 [개발 도구]-매크로 기록 을 클릭한다.

매크로 기록 ? ×
매크로 이름(M):
서식
바로 가기 키(K):
Ctrl+
매크로 저장 위치(I):
현재 통합 문서
설명(D):
확인 취소

매크로 이름에 '서식'을 입력하고 확인 을 클릭한다.

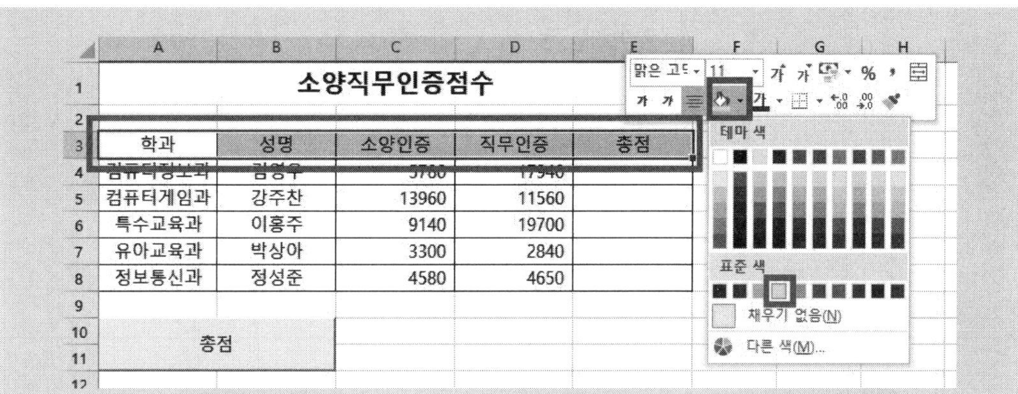

[A3:E3] 영역을 범위 지정한 후 마우스 우클릭 - 채우기 색 - '표준 색 - 노랑'을 클릭한다.

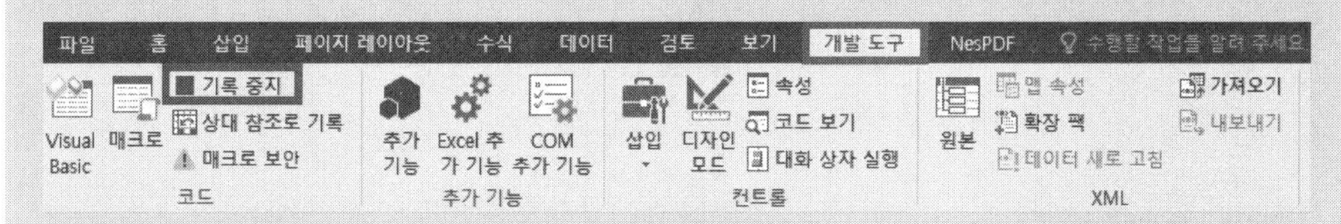

[A1:E8] 영역을 제외하고 아무 셀이나 하나 클릭한 다음 [개발 도구]- 기록 중지 를 클릭한다.

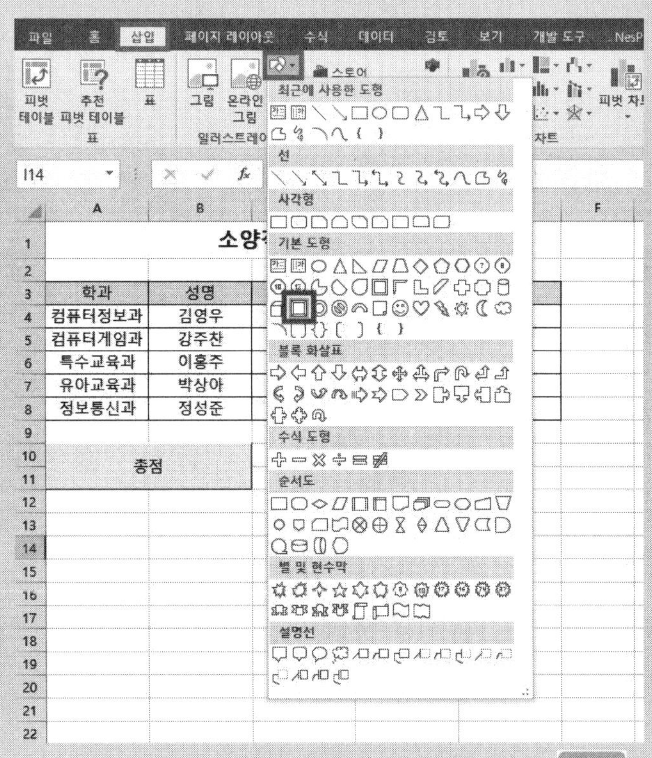

[D10:E11] 영역을 범위 지정한 다음 [삽입]-[도형]-'빗면'을 선택해서 Alt 키를 같이 누르고 마우스로 끌어서 빗면을 삽입한다.

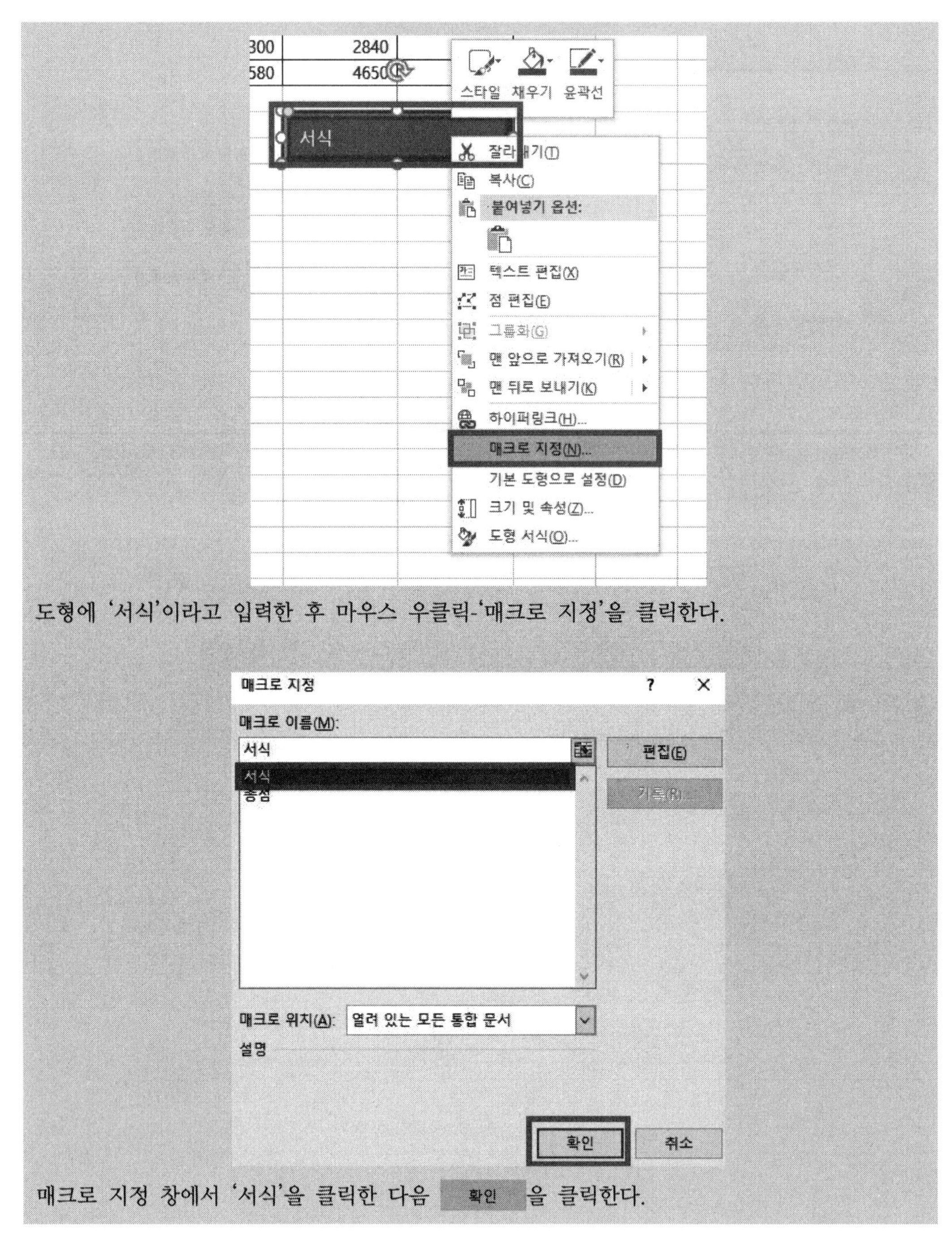


도형에 '서식'이라고 입력한 후 마우스 우클릭-'매크로 지정'을 클릭한다.

매크로 지정 창에서 '서식'을 클릭한 다음 확인 을 클릭한다.

실습용 문제

Q2) '매크로작업2' 시트의 [표]에서 다음과 같은 기능을 수행하는 매크로를 현재 통합 문서에 작성하고 실행하시오.

① [N4:N14] 영역에 평균을 계산하는 매크로를 생성하여 실행하시오.

▶ 매크로 이름 : 평균

▶ AVERAGE 함수 사용

▶ [개발 도구]-[삽입]-[양식 컨트롤]의 '단추'를 동일 시트의 [C18:D19] 영역에 생성하고, 텍스트를 '평균'으로 입력한 후 단추를 클릭할 때 '평균' 매크로가 실행되도록 설정하시오.

② [B3:B14], [D3:D14] 영역에 글꼴 색을 '표준 색-빨강'으로 적용하는 매크로를 생성하여 실행하시오.

▶ 매크로 이름 : 글꼴색

▶ [도형]-[사각형]의 '직사각형(□)'을 동일 시트의 [F18:G19] 영역에 생성하고, 텍스트를 '글꼴색'으로 입력한 후 도형을 클릭할 때 '글꼴색' 매크로가 실행되도록 설정하시오.

※ 셀 포인터의 위치에 상관 없이 현재 통합 문서에서 매크로가 실행되어야 정답으로 인정됨

정답

[표1] 발화요인에 대한 월별 화재 발생건수 현황

| 발화요인 | 1월 | 2월 | 3월 | 4월 | 5월 | 6월 | 7월 | 8월 | 9월 | 10월 | 11월 | 12월 | 평균 |
|---|---|---|---|---|---|---|---|---|---|---|---|---|---|
| 전기적요인 | 1,239 | 1,006 | 853 | 786 | 795 | 835 | 1,156 | 924 | 683 | 664 | 763 | 959 | 889 |
| 기계적요인 | 537 | 372 | 332 | 330 | 306 | 265 | 313 | 289 | 306 | 320 | 292 | 410 | 339 |
| 화학적요인 | 26 | 26 | 22 | 28 | 19 | 36 | 28 | 26 | 26 | 14 | 30 | 18 | 25 |
| 가스누출 | 26 | 22 | 8 | 19 | 13 | 16 | 17 | 17 | 11 | 23 | 23 | 22 | 18 |
| 교통사고 | 55 | 33 | 43 | 42 | 43 | 47 | 42 | 40 | 41 | 45 | 47 | 54 | 44 |
| 부주의 | 2,306 | 2,173 | 3,210 | 2,470 | 1,468 | 1,399 | 738 | 704 | 1,269 | 1,397 | 1,258 | 1,846 | 1,687 |
| 기타(실화) | 103 | 79 | 96 | 84 | 53 | 52 | 52 | 54 | 50 | 66 | 69 | 103 | 72 |
| 자연적요인 | 4 | 2 | 3 | 102 | 22 | 36 | 101 | 81 | 14 | 14 | 4 | 3 | 32 |
| 방화 | 38 | 43 | 56 | 48 | 54 | 29 | 38 | 29 | 38 | 42 | 38 | 35 | 41 |
| 방화의심 | 148 | 149 | 209 | 198 | 167 | 132 | 98 | 102 | 125 | 144 | 166 | 124 | 147 |
| 미상 | 521 | 420 | 430 | 428 | 313 | 327 | 247 | 221 | 306 | 345 | 344 | 455 | 363 |

평균 글꼴색

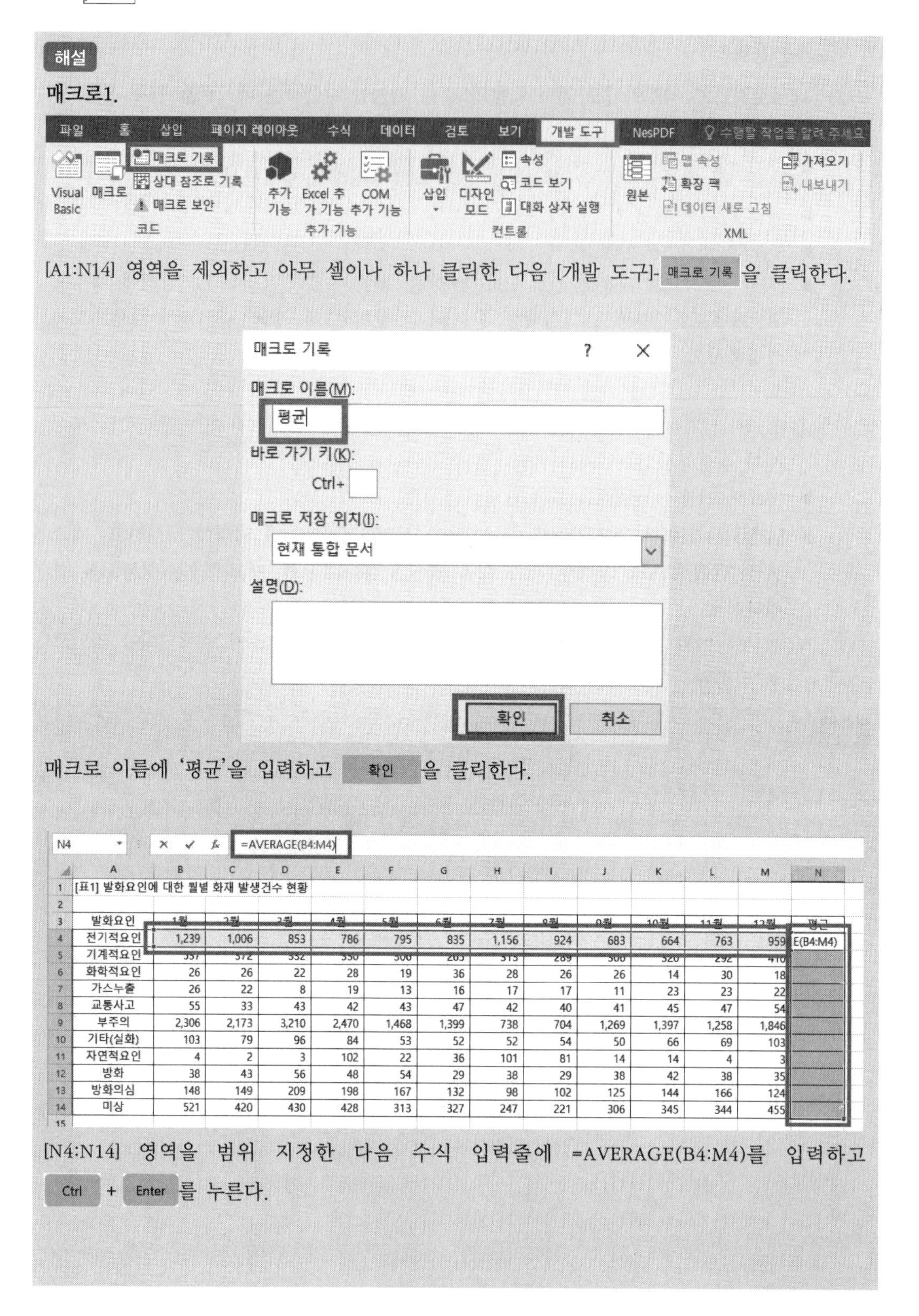

해설

매크로1.

[A1:N14] 영역을 제외하고 아무 셀이나 하나 클릭한 다음 [개발 도구]-매크로 기록을 클릭한다.

매크로 이름에 '평균'을 입력하고 확인을 클릭한다.

[N4:N14] 영역을 범위 지정한 다음 수식 입력줄에 =AVERAGE(B4:M4)를 입력하고 Ctrl + Enter를 누른다.

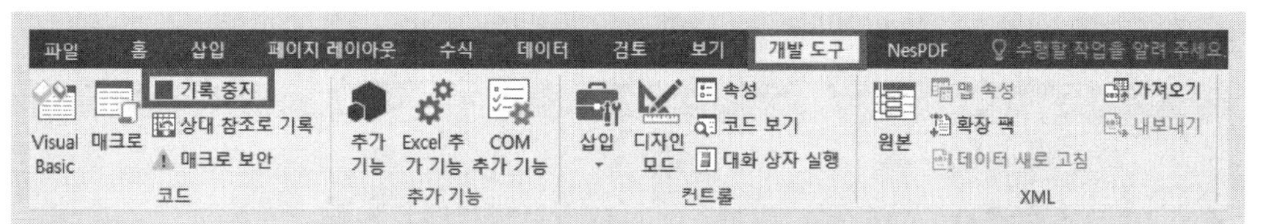


[A1:N14] 영역을 제외하고 아무 셀이나 하나 클릭한 다음 [개발 도구]-기록 중지를 클릭한다.

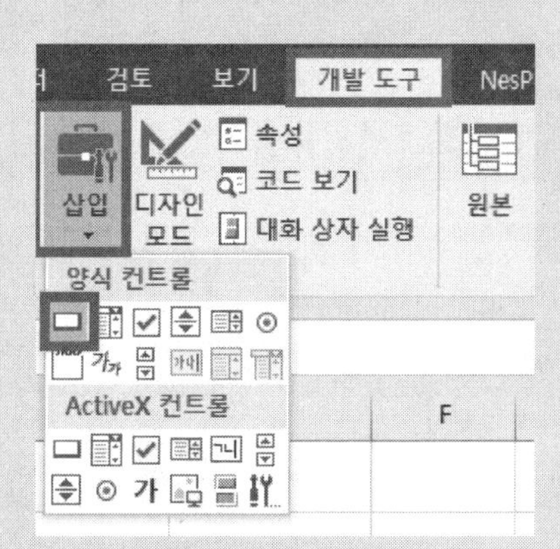


[C18:D19] 영역을 범위 지정한 다음 [개발 도구]-[삽입]-[양식 컨트롤]-단추를 선택해서 Alt 키를 같이 누르고 마우스로 끌어서 단추를 삽입한다.

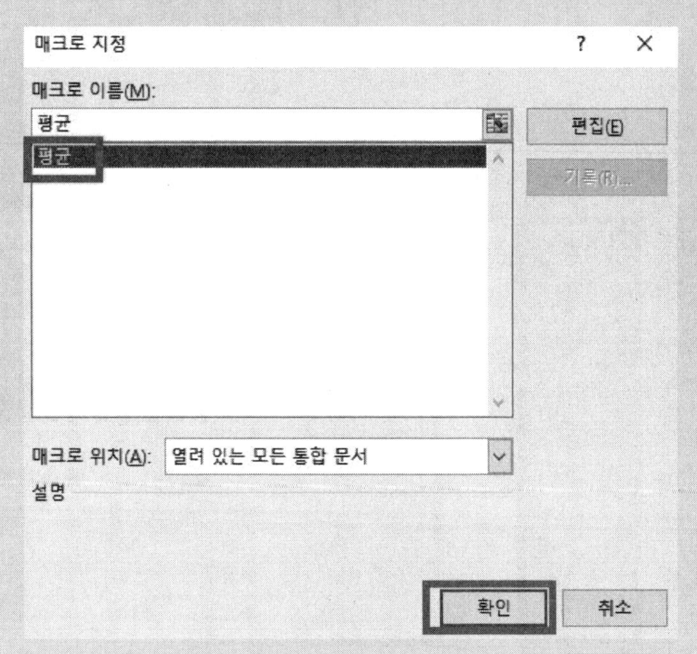


단추를 그리면 나오는 매크로 지정 창에서 '평균'을 클릭한 다음 확인 을 클릭하고 단추에 '평균'이라고 입력한다.

매크로2.



[A1:N14] 영역을 제외하고 아무 셀이나 하나 클릭한 다음 [개발 도구]-매크로 기록을 클릭한다.



매크로 이름에 '글꼴색'을 입력하고 확인을 클릭한다.

| | A | B | C | D | E | F | G | H |
|---|---|---|---|---|---|---|---|---|
| 1 | [표1] 발화요인에 대한 월별 화재 발생건수 | | | | | | | |
| 2 | | | | | | | | |
| 3 | 발화요인 | 1월 | 2월 | 3월 | 4월 | | | 7월 |
| 4 | 전기적요인 | 1,239 | 1,00 | 853 | 786 | | | 1,156 |
| 5 | 기계적요인 | 537 | 37 | 332 | 330 | | | 313 |
| 6 | 화학적요인 | 26 | 2 | 22 | 28 | | | 28 |
| 7 | 가스누출 | 26 | 2 | 8 | 19 | | | 17 |
| 8 | 교통사고 | 55 | 3 | 43 | 42 | | | 42 |
| 9 | 부주의 | 2,306 | 2,17 | 3,210 | 2,470 | | | 738 |
| 10 | 기타(실화) | 103 | 7 | 96 | 84 | | | 52 |
| 11 | 자연적요인 | 4 | | 3 | 102 | | | 101 |
| 12 | 방화 | 38 | 4 | 56 | 48 | 54 | 29 | 38 |
| 13 | 방화의심 | 148 | 14 | 209 | 198 | 167 | 132 | 98 |
| 14 | 미상 | 521 | 42 | 430 | 428 | 313 | 327 | 247 |



[B3:B14] 영역을 범위 지정한 후 Ctrl 을 누른 상태로 [D3:D14] 영역까지 범위 지정한 다음 마우스 우클릭 - 글꼴 색 - '표준 색 - 빨강'을 클릭한다.

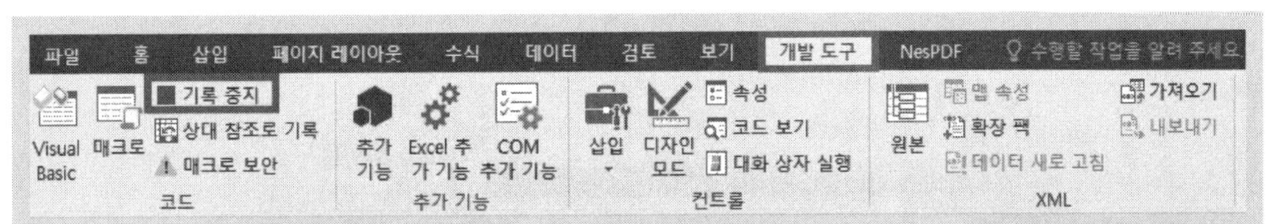


[A1:N14] 영역을 제외하고 아무 셀이나 하나 클릭한 다음 [개발 도구]- 기록 중지 를 클릭한다.

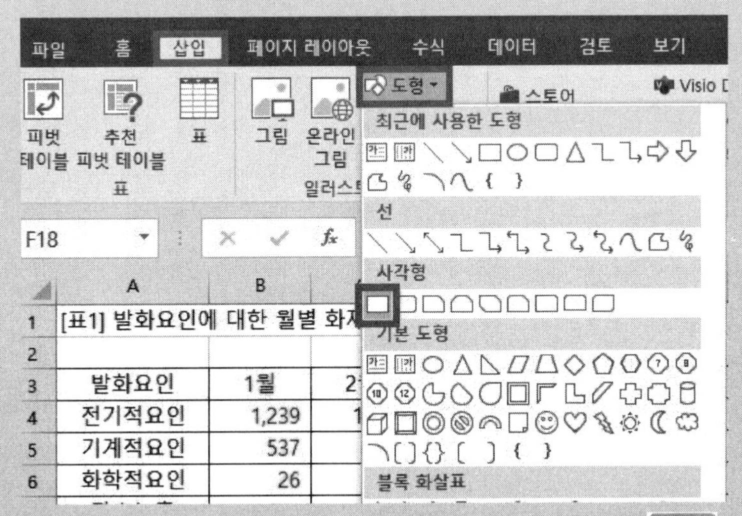


[F18:G19] 영역을 범위 지정한 다음 [삽입]-[도형]-'직사각형'을 선택해서 Alt 키를 같이 누르고 마우스로 끌어서 직사각형을 삽입한다.

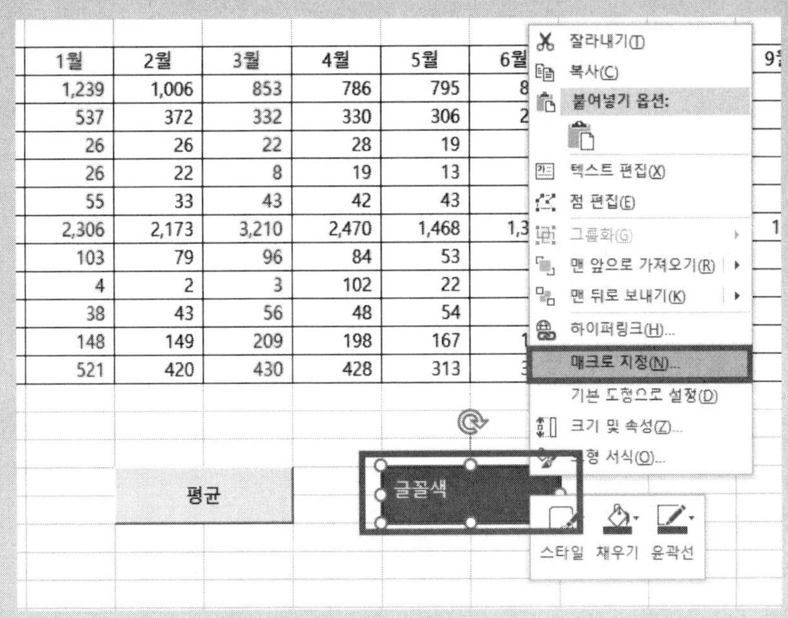


| 1월 | 2월 | 3월 | 4월 | 5월 |
|---|---|---|---|---|
| 1,239 | 1,006 | 853 | 786 | 795 |
| 537 | 372 | 332 | 330 | 306 |
| 26 | 26 | 22 | 28 | 19 |
| 26 | 22 | 8 | 19 | 13 |
| 55 | 33 | 43 | 42 | 43 |
| 2,306 | 2,173 | 3,210 | 2,470 | 1,468 |
| 103 | 79 | 96 | 84 | 53 |
| 4 | 2 | 3 | 102 | 22 |
| 38 | 43 | 56 | 48 | 54 |
| 148 | 149 | 209 | 198 | 167 |
| 521 | 420 | 430 | 428 | 313 |

도형에 '글꼴색'이라고 입력한 후 마우스 우클릭-'매크로 지정'을 클릭한다.

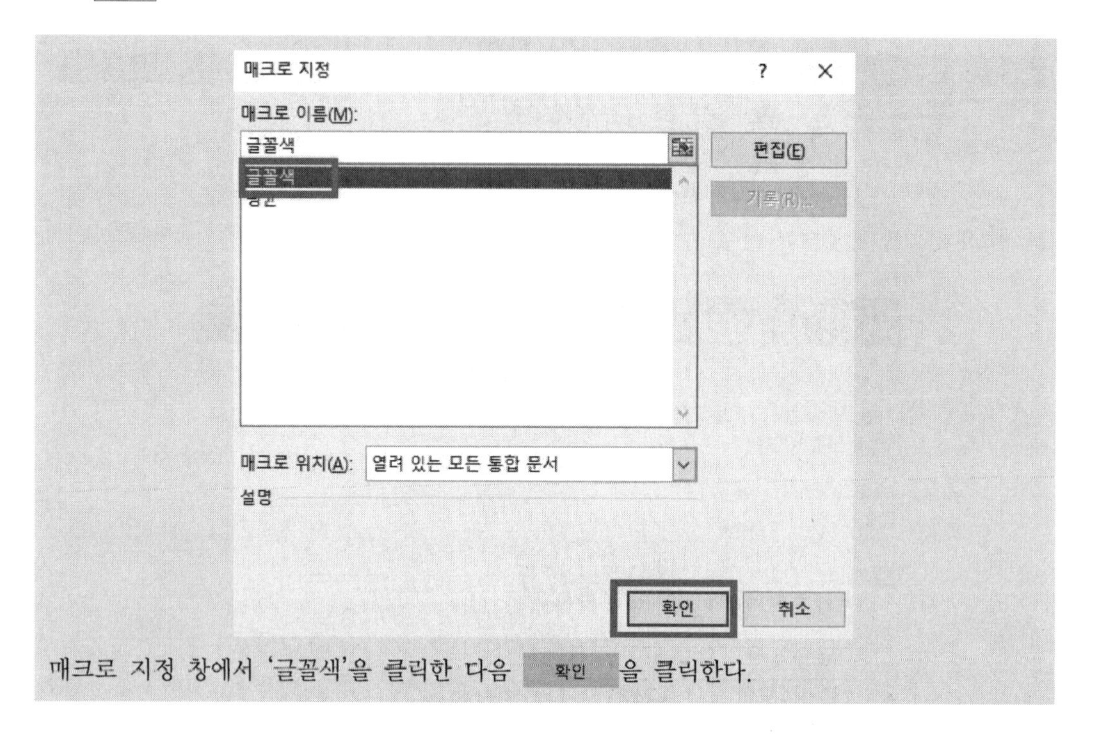


매크로 지정 창에서 '글꼴색'을 클릭한 다음 확인 을 클릭한다.

## 2. 기타작업(2)–차트(10점)

기타작업은 매크로와 차트 문제가 각각 10점씩 차지한다. 그 중 차트는 5문제가 출제되는데 1문제당 2점씩 배정되어 있다. 차트 문제는 서식 문제인데 셀을 꾸미는 것이 아니라 차트라는 그래프를 꾸민다는 것이 차이점이다. 따라서 차트 요소에 대해 정확히 숙지하고 있으며 서식 작업하는 방법을 숙지하면 된다. 참고로 컴퓨터활용능력2급 실기 시험에서 출력형태가 나오는 마지막 3번째 유형이기도 하기 때문에 최종적인 결과물이 출력형태와 똑같이 나오면 된다.

① 차트 요소

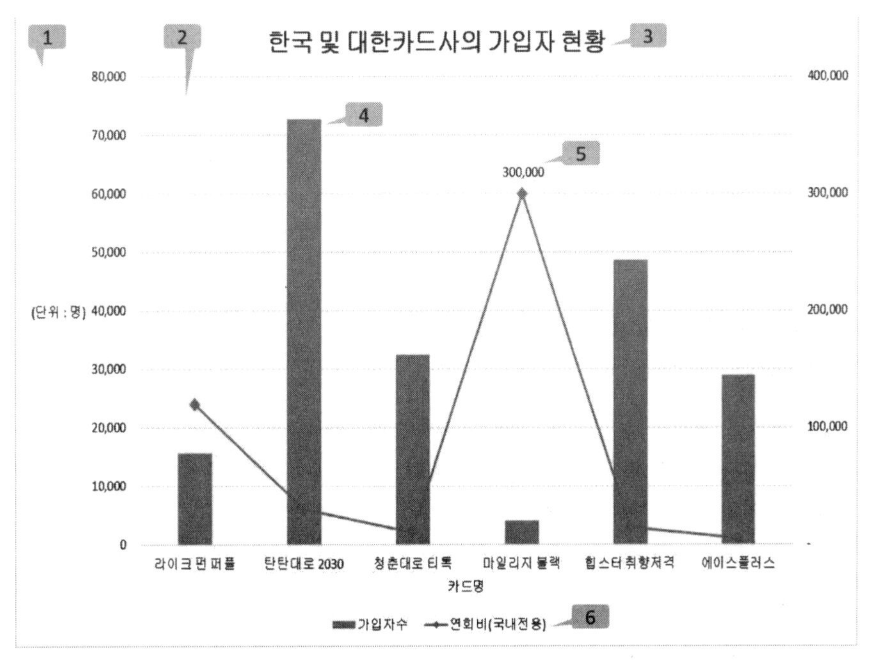


(1) 차트 영역

(2) 그림 영역

(3) 차트 제목

(4) 데이터 계열(데이터 막대)

(5) 데이터 레이블(값)

(6) 범례

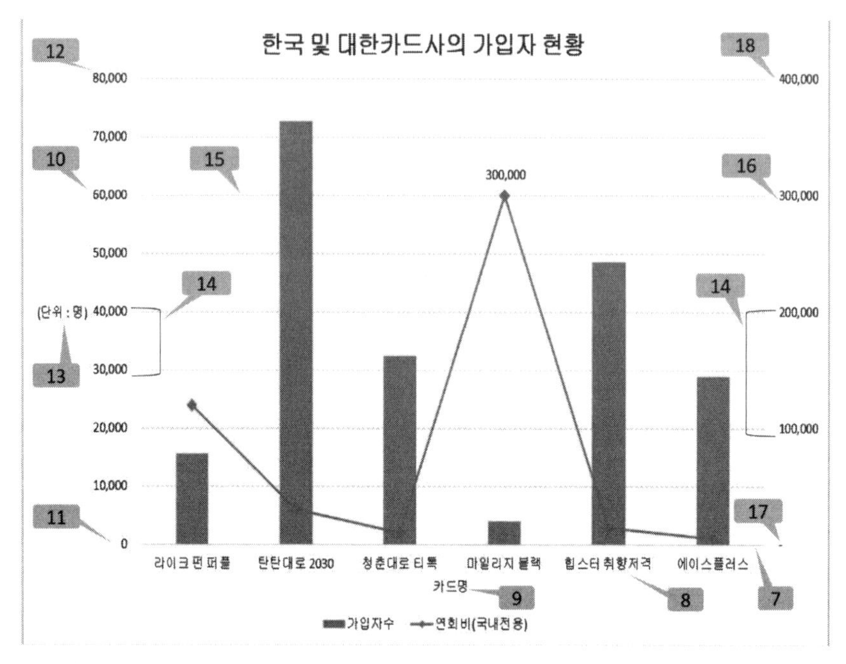


(7) 기본 가로 축

(8) 가로 축 항목(값)

(9) 가로 축 제목

(10) 기본 세로 축

(11) 기본 세로 축 최소값

(12) 기본 세로 축 최대값

(13) 기본 세로 축 제목

(14) 주 단위(=간격)

(15) 기본 세로 축 주 눈금선

(16) 보조 세로 축

(17) 보조 세로 축 최소값

(18) 보조 세로 축 최대값

② 차트 수정 방법 및 실습용 문제

㉠ 차트를 먼저 더블 클릭을 한다. (마우스 왼쪽을 빠르게 2번 누른다.)

㉡ 차트 도구 - 디자인 탭과 오른쪽에 서식 창이 표시된다.

㉢ 문제에서 요구하는 차트 요소에 맞춰서 차트 도구-[디자인]에 있는 '차트 요소 추가' 나 서식 창을 이용해서 작업을 진행한다.

실습용 문제

Q1) '차트작업1' 시트의 차트를 지시사항에 따라 아래 그림과 같이 수정하시오.

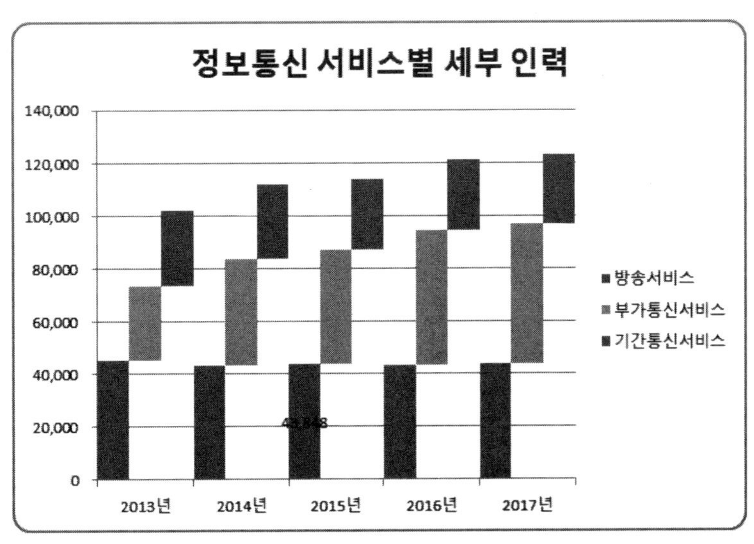


※ 차트는 반드시 문제에서 제공한 차트를 사용하여야 하며, 신규로 작성 시 0점 처리됨

① '별정통신서비스' 계열이 제거되도록 데이터 범위를 수정하시오.

② 차트 종류를 '누적 세로 막대형'으로 변경하시오.

③ 차트 제목은 '차트 위'로 추가하여 그림과 같이 입력하시오.

④ '기간통신서비스' 계열의 '2015년' 요소에만 데이터 레이블 '값'을 표시하고, 레이블의 위치를 '가운데'로 설정하시오.

⑤ 전체 계열의 계열 겹치기와 간격 너비를 각각 '0%'로 설정하시오.

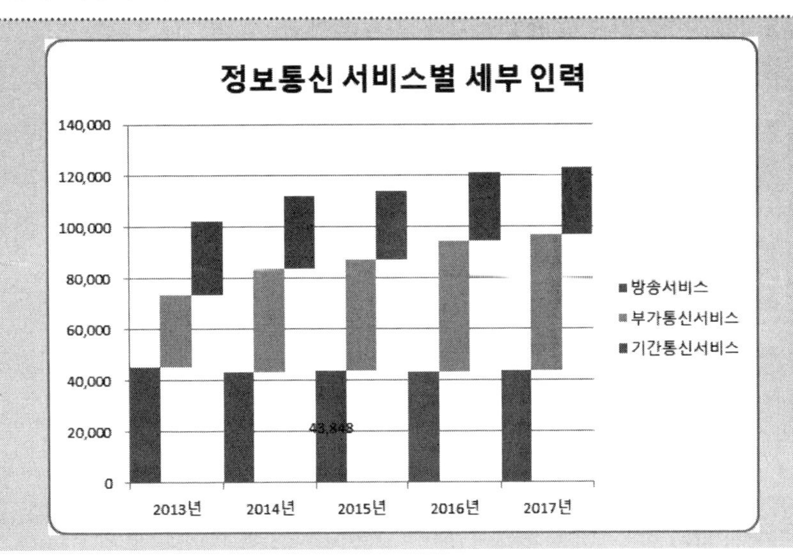

해설

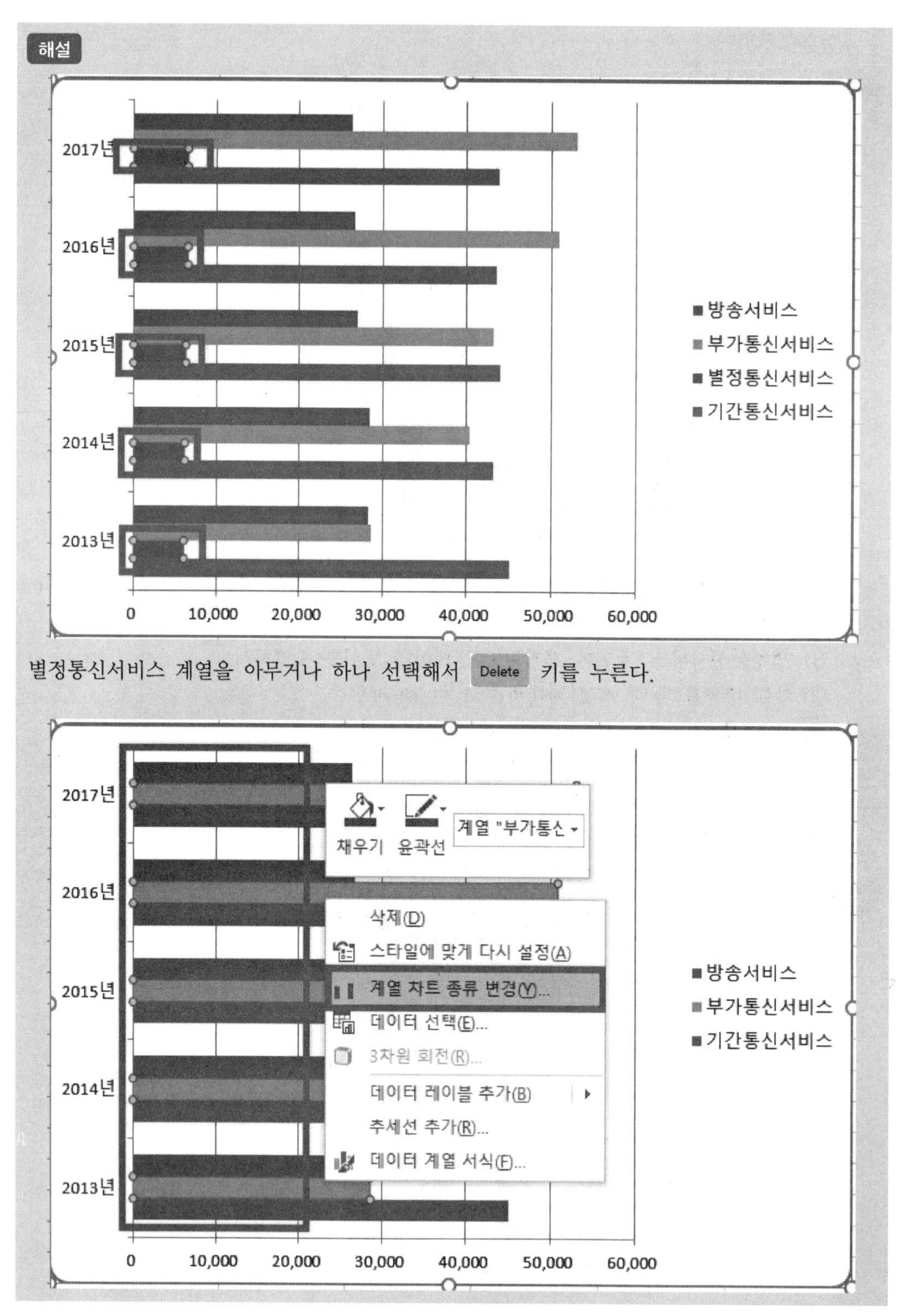


별정통신서비스 계열을 아무거나 하나 선택해서 Delete 키를 누른다.

아무 계열이나 하나를 선택한 다음 마우스 우클릭-[계열 차트 종류 변경]을 누른다.

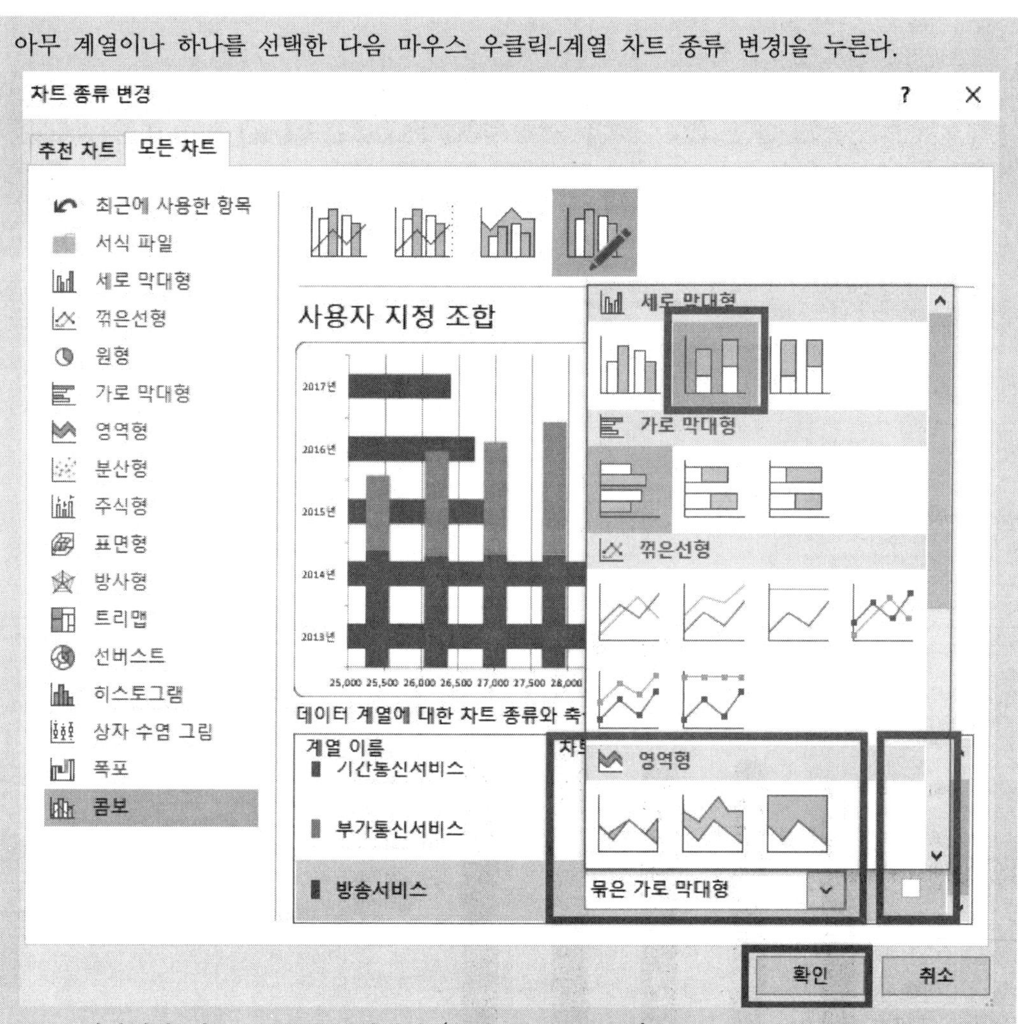


[콤보] 상자에서 차트 종류를 클릭해서 '누적 세로 막대형'으로 각각 변경한 다음 오른쪽에 있는 '기간통신서비스'와 '부가통신서비스'에 있는 '보조 축'을 체크 해제한다.

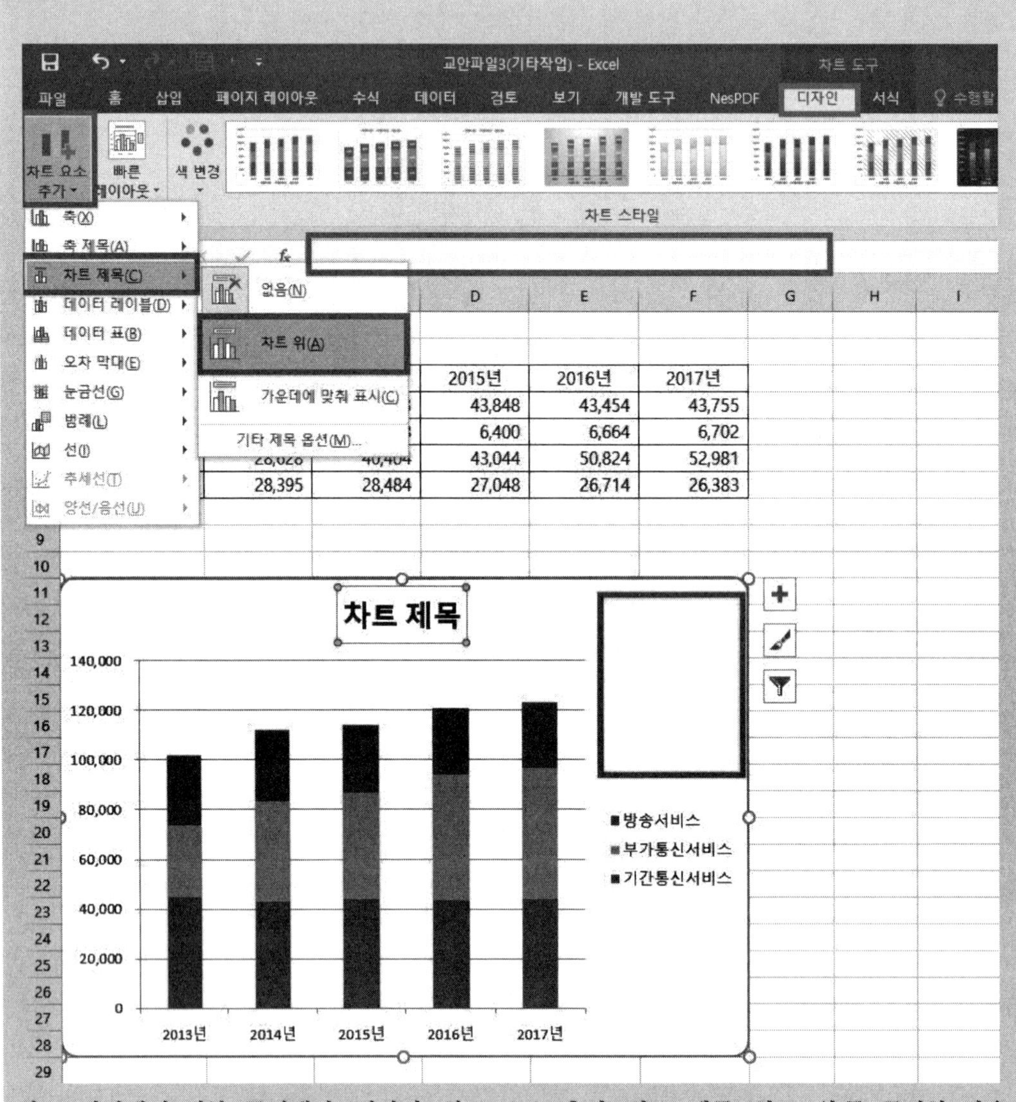


차트 영역에서 더블 클릭해서 [디자인]-[차트 요소 추가]-[차트 제목]-[차트 위]를 클릭한 다음 수식 입력줄에 '정보통신 서비스별 세부 인력'을 입력하고 Enter 를 누른다.

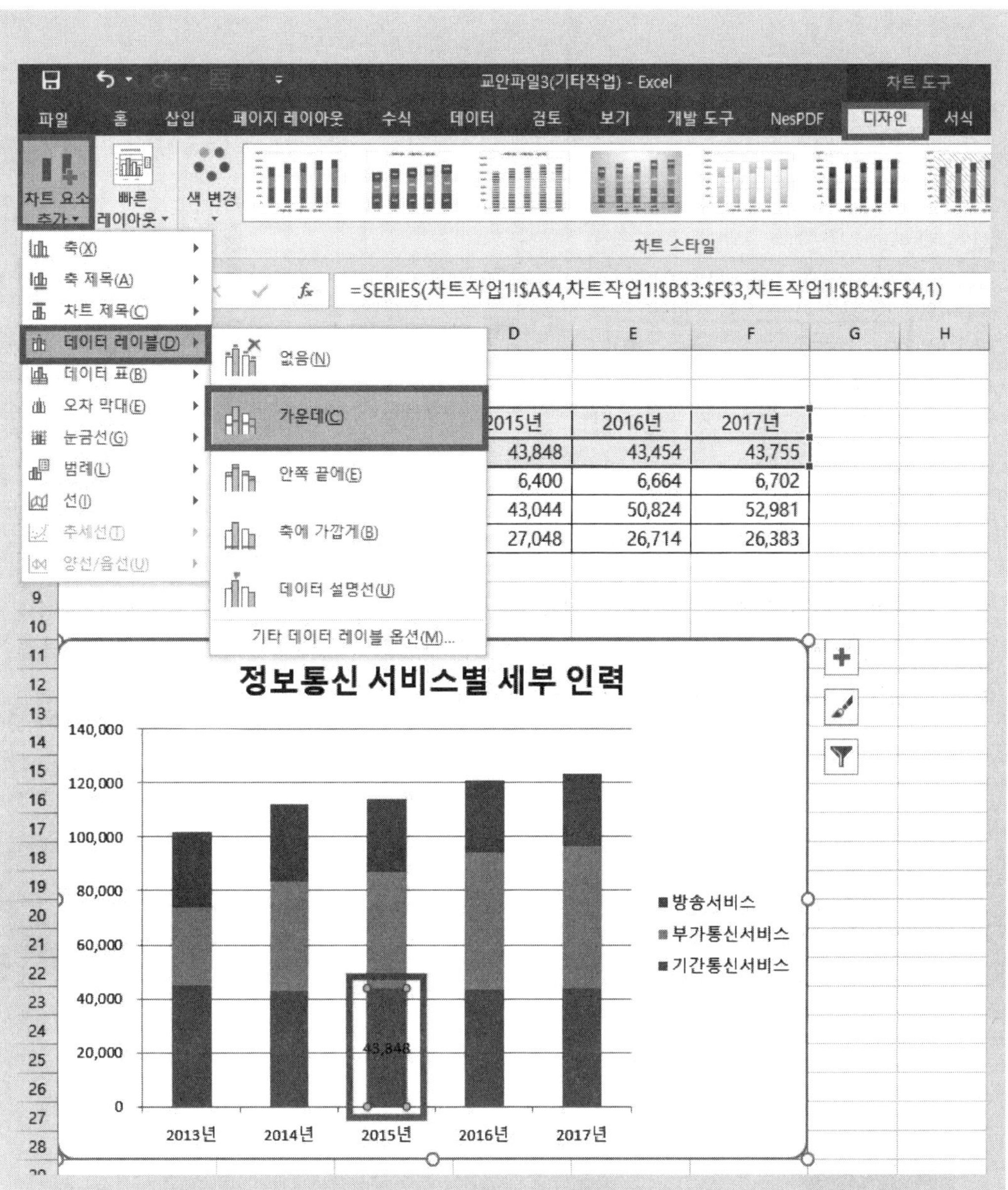


기간통신서비스 계열 중 2015년 요소를 처음에 선택하면 전체 계열이 선택되고 다시 한 번 마우스 왼쪽으로 2015년 요소를 선택하면 한 개만 선택이 된다. 그 때 [디자인]-[차트 요소 추가]-[데이터 레이블]-[가운데]를 선택한다.

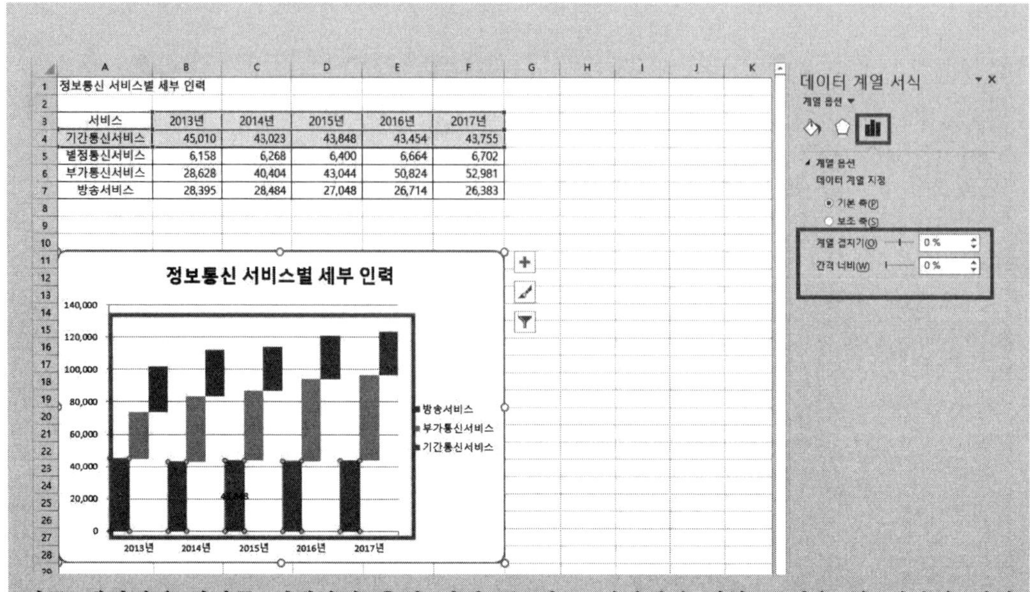

| 서비스 | 2013년 | 2014년 | 2015년 | 2016년 | 2017년 |
|---|---|---|---|---|---|
| 기간통신서비스 | 45,010 | 43,023 | 43,848 | 43,454 | 43,755 |
| 별정통신서비스 | 6,158 | 6,268 | 6,400 | 6,664 | 6,702 |
| 부가통신서비스 | 28,628 | 40,404 | 43,044 | 50,824 | 52,981 |
| 방송서비스 | 28,395 | 28,484 | 27,048 | 26,714 | 26,383 |



아무 계열이나 하나를 선택하면 ③번 작업 중 차트 영역에서 더블 클릭을 할 때부터 생긴 서식 창이 있는데 '데이터 계열 서식'이 표시된다. [데이터 계열 서식]-[계열 옵션]에서 '계열 겹치기'와 '간격 너비'에 각각 0을 입력한 다음 Enter 키를 누른다.

실습용 문제

Q2) '차트작업2' 시트의 차트를 지시사항에 따라 아래 그림과 같이 수정하시오.

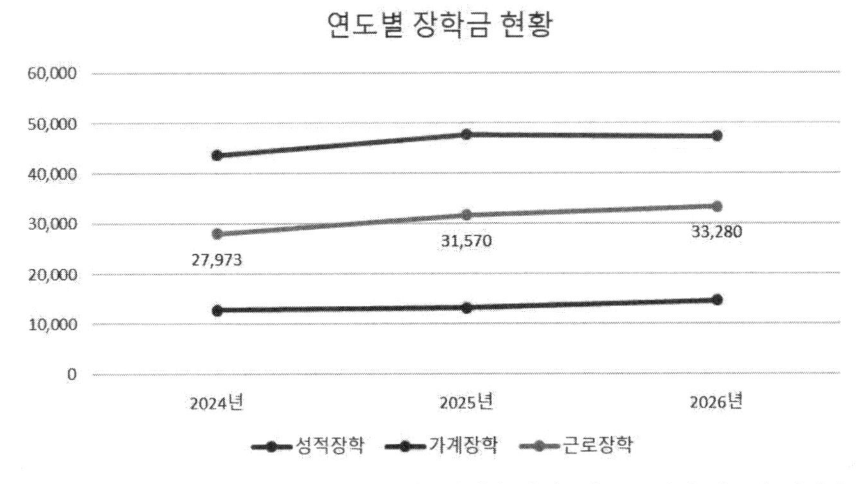


※ 차트는 반드시 문제에서 제공한 차트를 사용하여야 하며, 신규로 작성 시 0점 처리됨

① '근로장학', '가계장학', '성정장학' 계열의 '2026년' 요소가 표시되도록 차트를 추가하시오.
② 차트 종류를 '표식이 있는 꺾은선형'으로 변경하시오.
③ 차트 제목은 '차트 위'로 추가하여 [A1] 셀과 연동되도록 설정하시오.
④ '근로장학' 계열에만 데이터 레이블 '값'을 표시하고, 레이블의 위치를 '아래쪽'으로 설정하시오.
⑤ 차트 영역의 테두리 스타일은 '둥근 모서리'로 설정하시오.

정답

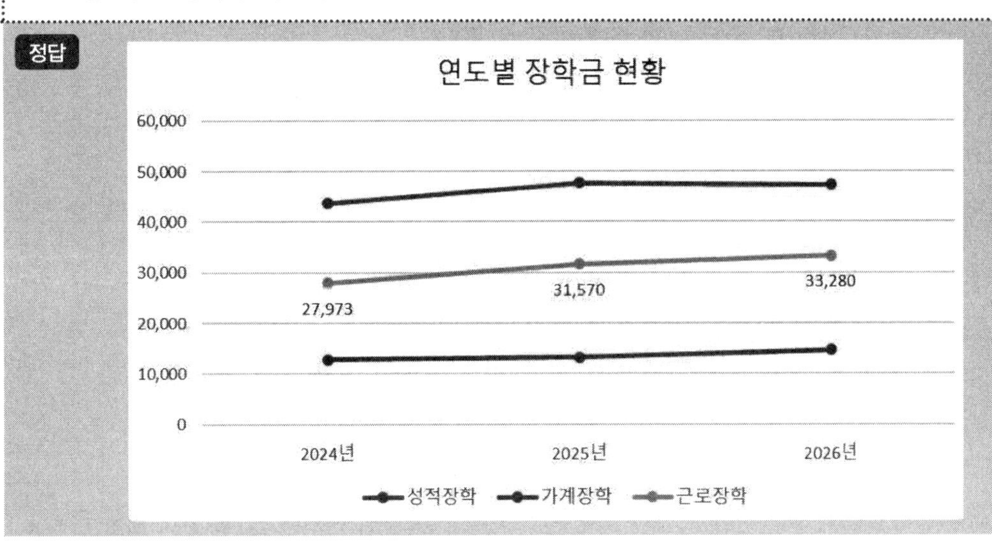

해설

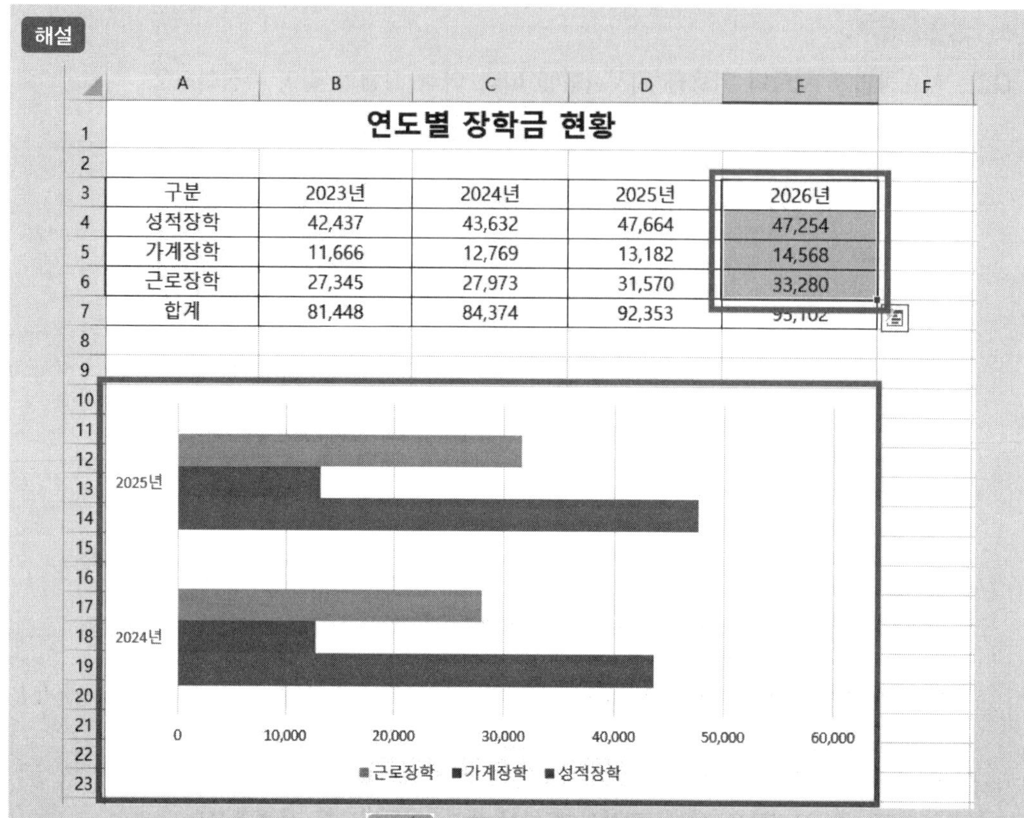


[E3:E6] 영역을 범위 지정한 후 Ctrl + C 를 누르고 차트 아무데나 한 군데 클릭한 다음 Ctrl + V 를 누른다.

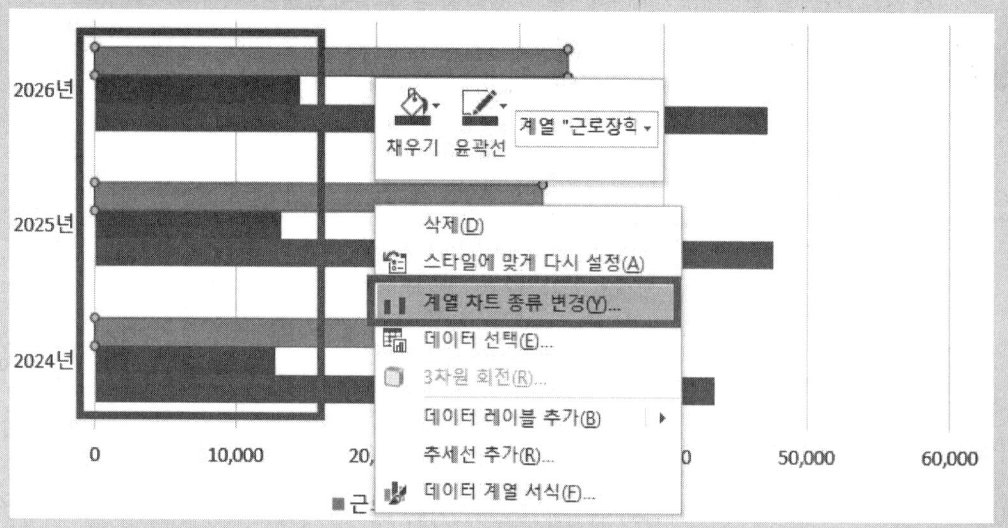


데이터 막대를 아무거나 하나 선택한 다음 마우스 우클릭-[계열 차트 종류 변경]을 클릭한 다음

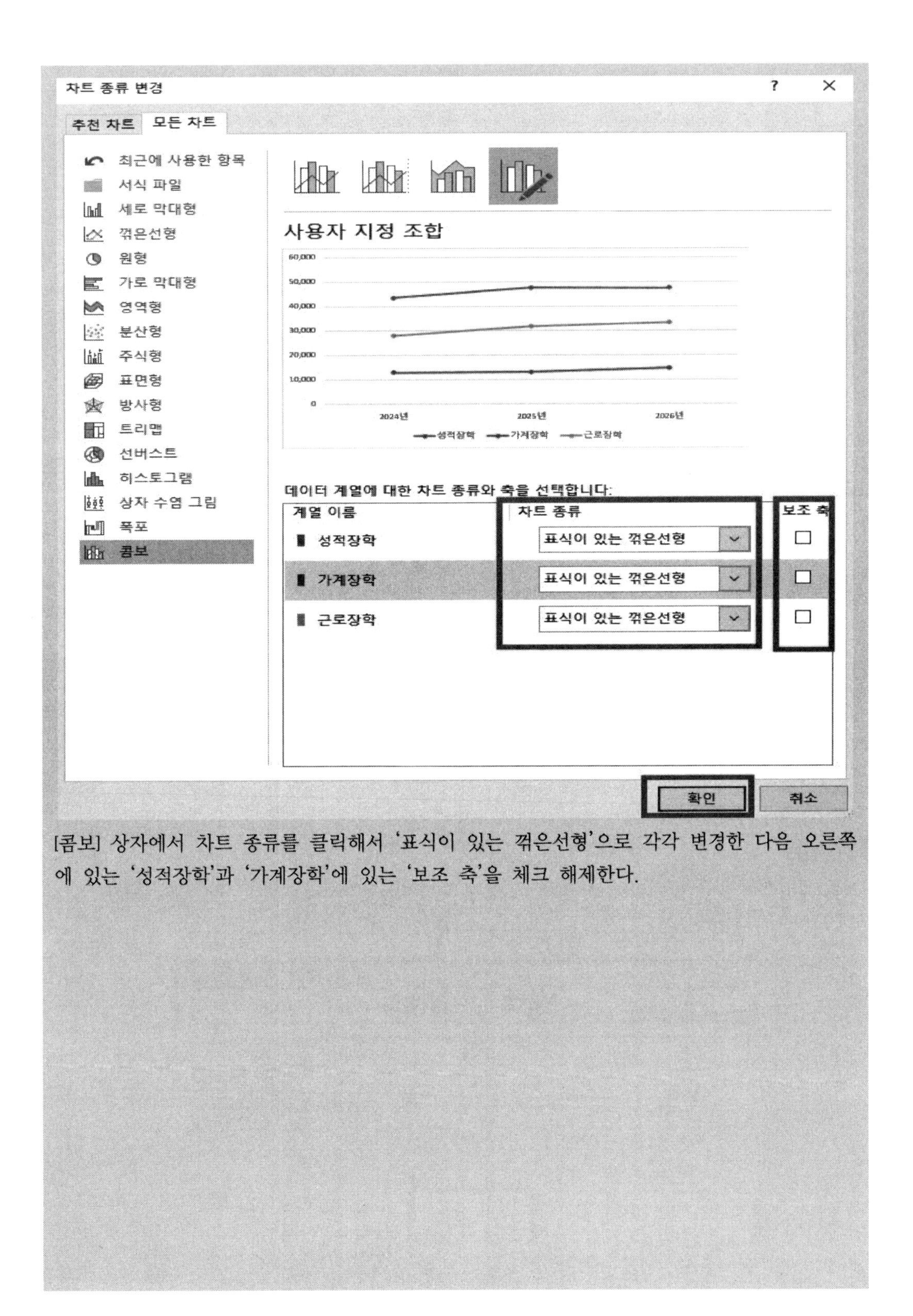


[콤보] 상자에서 차트 종류를 클릭해서 '표식이 있는 꺾은선형'으로 각각 변경한 다음 오른쪽에 있는 '성적장학'과 '가계장학'에 있는 '보조 축'을 체크 해제한다.

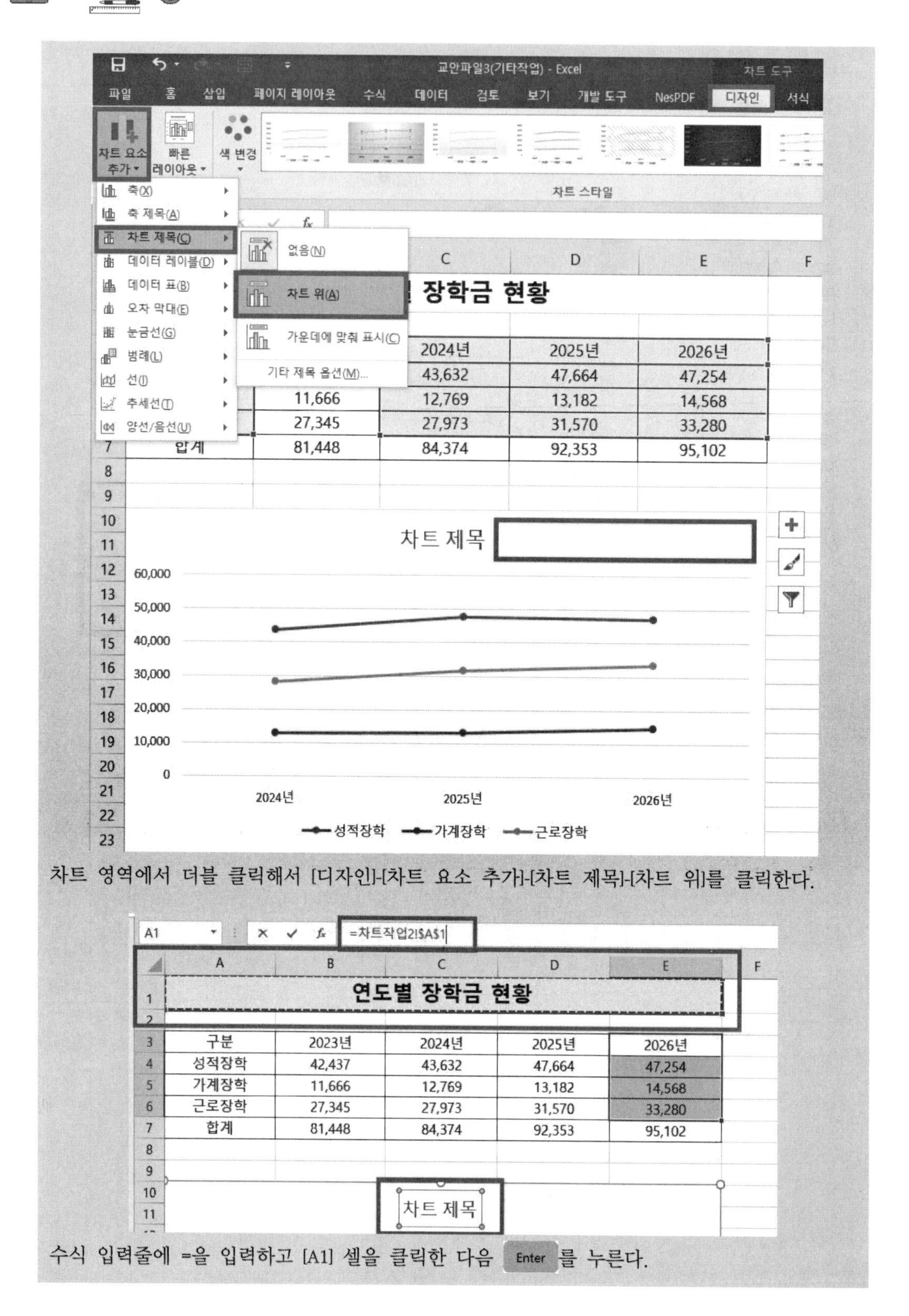


차트 영역에서 더블 클릭해서 [디자인]-[차트 요소 추가]-[차트 제목]-[차트 위]를 클릭한다.

수식 입력줄에 =을 입력하고 [A1] 셀을 클릭한 다음 Enter 를 누른다.

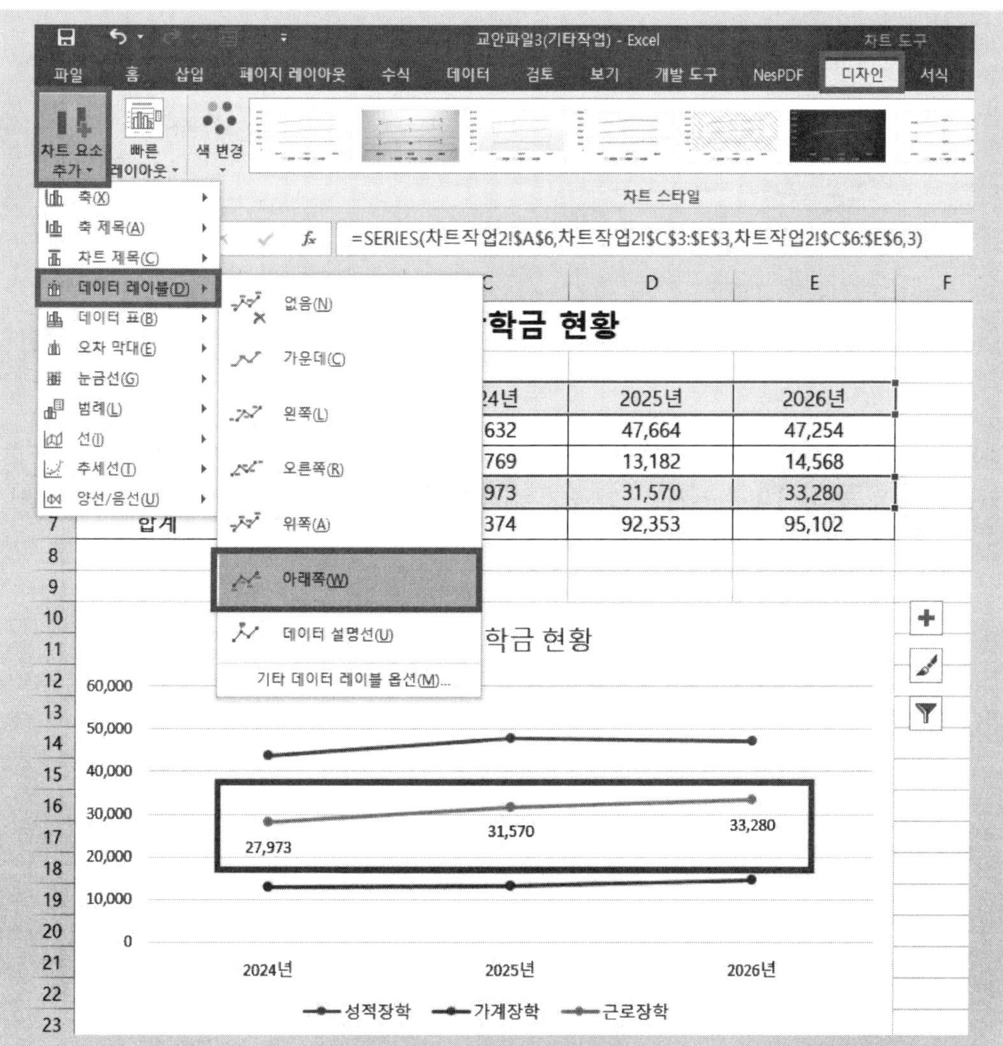


근로장학 계열 중 아무거나 한 개를 선택해서 전체가 선택되면 [디자인]-[차트 요소 추가]-[데이터 레이블]-[아래쪽]을 선택한다.

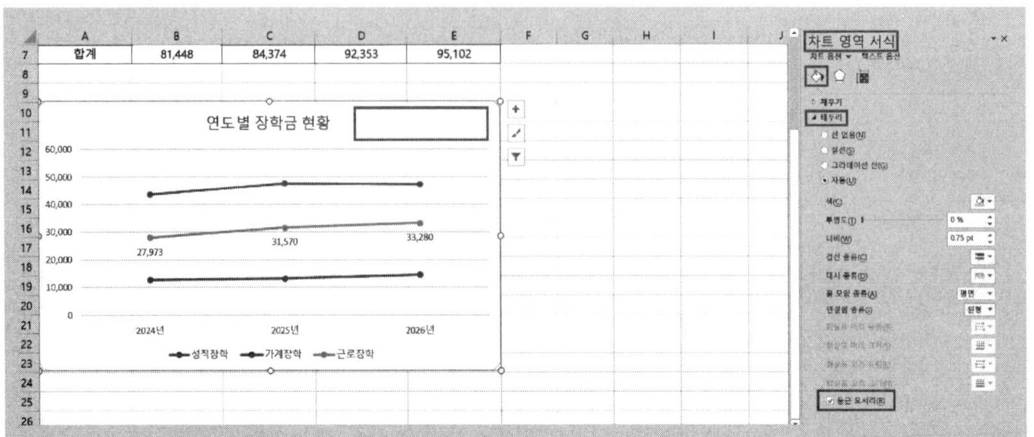


차트 영역을 선택하면 ③번 작업 중 차트 영역에서 더블 클릭을 할 때부터 생긴 서식 창이 있는데 '차트 영역 서식'이 표시된다. [차트 영역 서식]-[채우기 및 선]-[테두리]에서 '둥근 모서리'를 찾아서 체크를 한다.

Chapter 05

# 계산작업(40점)

계산작업은 총 5문제가 출제되는데 1문제당 8점씩 배정되어 있다. 컴퓨터활용능력2급 실기의 합격 기준 점수가 70점 이상이기 때문에 다른 3개의 작업을 완벽하게 작업한다고 가정하였을 때 최소 2문제 이상은 맞춰야 합격을 할 수 있다. 따라서 함수의 종류와 사용방법에 대해 정확히 숙지해야 할 뿐만 아니라 반복적인 연습을 통해 응용된 문제들도 풀 수 있으면 컴퓨터활용능력2급 실기를 합격할 수 있다.

## 1. 함수 공통 규칙

함수는 정해진 규칙에 의해 작성되었을 경우에만 엑셀 프로그램에서 결과값을 빠르게 계산해 주는 기능이다. 따라서, 함수를 풀기 위해서는 기본 규칙을 먼저 숙지해야 한다.

모든 함수에서 공통적으로 적용되는 기본 규칙은 다음과 같다.
① 구분은 공백 없이 쉼표(,)를 사용한다.
② 열린 괄호 개수와 닫히는 괄호 개수가 반드시 일치해야 한다.
③ 문자를 표시할 때는 반드시 “”(큰 따옴표)를 사용한다.
④ 공백(공란, 빈 칸) 표시 방법 : “”(띄어쓰기 없이 사용한다.)

* 스크린 팁(Screen Tip) : 컴퓨터 화면에 나타나는 힌트로 함수에 대한 설명 및 사용 규칙을 확인할 때 특히 유용하게 쓰인다.

## 2. 수학&통계 함수 및 실습용 문제

SUM, AVERAGE, MAX, MIN, LARGE, SMALL, COUNT, COUNTA, COUNTBLANK, RANDBETWEEN, VAR.S, STDEV.S, MEDIAN, MODE.SNGL, MOD, RANK.EQ 등

| 함수 종류 | 설명 | 사용 방법 |
|---|---|---|
| SUM 함수 | 합계를 구하는 함수이다. | =SUM(범위 지정) |
| AVERAGE 함수 | 평균을 구하는 함수이다. | =AVERAGE(범위 지정) |
| MAX 함수 | 최대값을 구하는 함수이다. | =MAX(범위 지정) |
| MIN 함수 | 최소값을 구하는 함수이다. | =MIN(범위 지정) |
| LARGE 함수 | 몇 번째 큰 값을 구하는 함수이다. | =LARGE(범위 지정,숫자) |
| SMALL 함수 | 몇 번째 작은 값을 구하는 함수이다. | =SMALL(범위 지정,숫자) |
| COUNT 함수 | 범위에 숫자만 입력된 셀의 개수를 구하는 함수이다. | =COUNT(범위 지정) |
| COUNTA 함수 | 범위에 비어있지 않은 셀의 개수를 구하는 함수이다. | =COUNTA(범위 지정) |
| COUNTBLANK 함수 | 범위에 비어있는 셀의 개수를 구하는 함수이다. | =COUNTBLANK(범위 지정) |
| MOD 함수 | 나머지를 구하는 함수이다. | =MOD(나누어질 숫자,나눌 숫자) |
| RANDBETWEEN 함수 | 난수를 구하는 함수이다. | =RANDBETWEEN(셀 클릭,셀 클릭) |
| VAR.S 함수 | 분산을 구하는 함수이다. | =VAR.S(범위 지정) |
| STDEV.S 함수 | 표준 편차를 구하는 함수이다. | =STDEV.S(범위 지정) |
| MEDIAN 함수 | 중앙값(중간값)을 구하는 함수이다. | =MEDIAN(범위 지정) |
| MODE.SNGL함수 | 최빈수(빈도수)를 구하는 함수이다. | =MODE.SNGL(범위 지정) |
| RANK.EQ 함수 | 순위를 구하는 함수이다. | =RANK.EQ(셀,셀이 포함된 전체 범위(절대 참조),[③])<br>③ 옵션<br>• 내림차순(높은 값이 1등) : 생략하거나 0을 입력<br>• 오름차순(낮은 값이 1등) : 추가로 1을 입력 |

**실습용 문제**

Q1) '수학&통계함수' 시트에서 '국어' 점수 중 제일 큰 값을 [D14] 셀에 계산하시오.

▶ MAX 함수 사용

Q2) '수학&통계함수' 시트에서 '영어' 점수 중 제일 작은 값을 [E14] 셀에 계산하시오.

▶ MIN 함수 사용

Q3) '수학&통계함수' 시트에서 '국어' 점수 중 4번째로 큰 값을 [D15] 셀에 계산하시오.

▶ LARGE 함수 사용

Q4) '수학&통계함수' 시트에서 '영어' 점수 중 2번째로 작은 값을 [E15] 셀에 계산하시오.

▶ SMALL 함수 사용

Q5) '수학&통계함수' 시트에서 '국어' 점수에 대한 분산을 [D16] 셀에 계산하시오.

▶ VAR.S 함수 사용

Q6) '수학&통계함수' 시트에서 '영어' 점수에 대한 표준 편차를 [E16] 셀에 계산하시오.

▶ STDEV.S 함수 사용

Q7) '수학&통계함수' 시트에서 '국어' 점수의 중간값을 [D17] 셀에 계산하시오.

▶ MEDIAN 함수 사용

Q8) '수학&통계함수' 시트에서 '영어' 점수 중 가장 많이 발생한 값(최빈값)을 [E17] 셀에 계산하시오.

▶ MODE.SNGL 함수 사용

Q9) '수학&통계함수' 시트에서 [B3:F13] 범위에서 숫자만 입력된 셀의 개수를 [D18] 셀에 계산하시오.

▶ COUNT 함수 사용

Q10) '수학&통계함수' 시트에서 [B3:F13] 범위에서 비어있지 않은 셀의 개수를 [E18] 셀에 계산하시오.

▶ COUNTA 함수 사용

Q11) '수학&통계함수' 시트에서 [B3:F13] 범위에서 비어있는 셀의 개수를 [F18] 셀에 계산하시오.

▶ COUNTBLANK 함수 사용

Q12) '수학&통계함수' 시트에서 '국어'와 '수학' 점수를 이용하여 난수를 [G4:G13] 영역에 계산하시오.

▶ RANDBETWEEN 함수 사용

Q13) '수학&통계함수' 시트에서 '국어' 점수에 대한 순위를 [H4:H13] 영역에 계산하시오.

▶ 단, 높은 값이 1등임.
▶ RANK.EQ 함수 사용

Q14) '수학&통계함수' 시트에서 '수학' 점수에 대한 순위를 [I4:I13] 영역에 계산하시오.

▶ 단, 낮은 값이 1등임.
▶ RANK.EQ 함수 사용

정답

| | A | B | C | D | E | F | G | H | I |
|---|---|---|---|---|---|---|---|---|---|
| 1 | | ※ 수학 / 통계 함수 | | | | | | | |
| 2 | | | | | | | | | |
| 3 | | 성명 | 반명 | 국어 | 영어 | 수학 | 난수 | 순위 | 등수 |
| 4 | | 강동형 | 1반 | 68 | 78 | 90 | 75 | 8 | 6.5 |
| 5 | | 이순신 | 2반 | 75 | 59 | 77 | 77 | 6 | 1 |
| 6 | | 홍길동 | 3반 | 85 | 91 | 88 | 85 | 2 | 5 |
| 7 | | 김하림 | 1반 | 58 | 48 | 82 | 79 | 10 | 2 |
| 8 | | 성기숙 | 2반 | 76 | 79 | 87 | 86 | 5 | 4 |
| 9 | | 채종수 | 3반 | 85 | 83 | 95 | 85 | 2 | 9 |
| 10 | | 한경숙 | 1반 | 84 | 69 | 86 | 84 | 4 | 3 |
| 11 | | 황보림 | 3반 | 75 | 45 | 90 | 80 | 6 | 6.5 |
| 12 | | 감자리 | 1반 | 95 | 91 | 98 | 98 | 1 | 10 |
| 13 | | 이주순 | 2반 | 67 | 86 | 92 | 91 | 9 | 8 |
| 14 | | 최대값, 최소값 | | 95 | 45 | | | | |
| 15 | | 몇 번째 큰 값, 작은 값 | | 84 | 2 | | | | |
| 16 | | 분산, 표준 편차 | | 116.8444 | 16.993136 | | | | |
| 17 | | 중앙값, 빈도수 | | 75.5 | 91 | | | | |
| 18 | | 셀 개수 | | 30 | 55 | 0 | | | |

해설

Q1) [D14] 셀에 =MAX(D4:D13)를 입력하고 Enter 를 누른다.

Q2) [D14] 셀에 =MIN(E4:E13)를 입력하고 Enter 를 누른다.

Q3) [D15] 셀에 =LARGE(D4:D13,4)를 입력하고 Enter 를 누른다.

Q4) [E15] 셀에 =SMALL(E4:E13,2)를 입력하고 Enter 를 누른다.

Q5) [D16] 셀에 =VAR.S(D4:D13)를 입력하고 Enter 를 누른다.

Q6) [E16] 셀에 =STDEV.S(E4:E13)를 입력하고 Enter 를 누른다.

Q7) [D17] 셀에 =MEDIAN(D4:D13)를 입력하고 Enter 를 누른다.

Q8) [E17] 셀에 =MODE.SNGL(E4:E13)를 입력하고 Enter 를 누른다.

Q9) [D18] 셀에 =COUNT(B3:F13)를 입력하고 Enter 를 누른다.

Q10) [E18] 셀에 =COUNTA(B3:F13)를 입력하고 Enter 를 누른다.

Q11) [F18] 셀에 =COUNTBLANK(B3:F13)를 입력하고 Enter 를 누른다.

Q12) [G4:G13] 영역을 범위 지정한 다음 =RANDBETWEEN(D4,F4)를 입력하고 Ctrl + Enter 를 누른다.

Q13) [H4:H13] 영역을 범위 지정한 다음 =RANK.EQ(D4,$D$4:$D$13)를 입력하고 Ctrl + Enter 를 누른다.

Q14) [I4:I13] 영역을 범위 지정한 다음 =RANK.EQ(F4,$F$4:$F$13,1)를 입력하고 Ctrl + Enter 를 누른다.

## 3. 논리 함수 및 실습용 문제

IF, AND, OR, IFERROR 등

| 함수 종류 | 설명 | 사용 방법 |
|---|---|---|
| IF 함수 | 조건에 대한 참, 거짓을 구하는 함수이다. | =IF(조건문,참,거짓) |
| * IF 함수 규칙 : ① 조건이 여러 개일 경우 결과값 개수 -1 만큼 IF를 사용한다.<br>② 다른 함수와 사용시 IF를 먼저 사용하고 다른 함수는 IF 개수만큼 사용한다.<br>③ 반드시 비교 연산자를 사용한다. | | |
| AND 함수 | 모든 조건이 참이면 TRUE 값을, 거짓이면 FALSE 값을 구하는 함수이다. | =AND(조건1,조건2,…) |
| OR 함수 | 한 가지 조건이라도 만족하면 TRUE 값을, 모두 만족하지 않으면 FALSE 값을 구하는 함수이다. | =OR(조건1,조건2,…) |
| * AND, OR 함수 규칙 : 반드시 비교 연산자를 사용한다. | | |
| IFERROR 함수 | 원하는 결과값이 없을 때 에러 메시지를 나타내는 함수이다. | =IFERROR(수식(함수),"에러 메세지") |
| * IFERROR 함수 규칙 : 다른 함수랑 사용시 무조건 맨 앞에 한 번 사용한다. | | |

**실습용 문제**

Q1) '논리함수' 시트에서 '평균'의 점수가 80 이상이면 '우수', 80 미만 70 이상이면 '보통', 70 미만이면 '분발'로 [구분]에 표시하시오.

▶ IF 함수 사용

Q2) '논리함수' 시트에서 '영어'의 점수가 90 이상이면 'A', 80 이상이면 'B', 70 이상이면 'C', 70 미만이면 공백으로 [등급]에 표시하시오.

▶ IF 함수 사용

Q3) '논리함수' 시트에서 '평균'이 80점 이상이면서, '영어' 점수나 '국어' 점수가 80점 이상일 때 '합격', 그렇지 않으면 '불합격'으로 [통과]에 표시하시오.

▶ IF, AND, OR 함수 사용

Q4) '논리함수' 시트에서 '평균'의 순위가 1이면 '금상', 2이면 '은상', 3이면 '동상', 나머지는 공란으로 [순위]에 표시하시오.

▶ IF, RANK.EQ 함수 사용

Q5) '논리함수' 시트에서 '평균'의 순위가 1위-3위까지는 '우수', 나머지는 '미흡'으로 [평가]에 표시하시오.

▶ IF, RANK.EQ 함수 사용

**정답**

| | A | B | C | D | E | F | G | H | I | J | K |
|---|---|---|---|---|---|---|---|---|---|---|---|
| 1 | ※ 논리 함수 | | | | | | | | | | |
| 2 | | | | | | | | | | | |
| 3 | 성명 | 반명 | 국어 | 영어 | 수학 | 평균 | 구분 | 등급 | 통과 | 순위 | 평가 |
| 4 | 강동형 | 1반 | 68 | 90 | 65 | 74 | 보통 | A | 불합격 | | |
| 5 | 이순신 | 2반 | 75 | 59 | 90 | 75 | 보통 | | 불합격 | | |
| 6 | 홍길동 | 3반 | 85 | 91 | 88 | 88 | 우수 | A | 합격 | 은상 | 우수 |
| 7 | 김하림 | 1반 | 58 | 48 | 82 | 63 | 분발 | | 불합격 | | |
| 8 | 성기숙 | 2반 | 76 | 79 | 87 | 81 | 우수 | C | 불합격 | | |
| 9 | 채종수 | 3반 | 85 | 83 | 95 | 88 | 우수 | B | 합격 | 동상 | 우수 |
| 10 | 한경숙 | 1반 | 84 | 69 | 82 | 78 | 보통 | | 불합격 | | |
| 11 | 황보림 | 3반 | 75 | 45 | 90 | 70 | 보통 | | 불합격 | | |
| 12 | 감자리 | 1반 | 95 | 91 | 86 | 91 | 우수 | A | 합격 | 금상 | 우수 |
| 13 | 이주순 | 2반 | 68 | 86 | 92 | 82 | 우수 | B | 합격 | | |
| 14 | | | | | | | | | | | |

**해설**

Q1) [G4:G13] 영역을 범위 지정한 다음 =IF(F4>=80,"우수",IF(F4>=70,"보통","분발"))를 입력하고 Ctrl + Enter 를 누른다.

Q2) [H4:H13] 영역을 범위 지정한 다음 =IF(D4>=90,"A",IF(D4>=80,"B",IF(D4>=70,"C",""")))를 입력하고 Ctrl + Enter 를 누른다.

Q3) [I4:I13] 영역을 범위 지정한 다음 =IF(AND(F4>=80,OR(D4>=80,C4>=80)),"합격","불합격")를 입력하고 Ctrl + Enter 를 누른다.

Q4) [J4:J13] 영역을 범위 지정한 다음 =IF(RANK.EQ(F4,$F$4:$F$13)=1,"금상",IF(RANK.EQ(F4,$F$4:$F$13)=2,"은상",IF(RANK.EQ(F4,$F$4:$F$13)=3,"동상","")))를 입력하고 Ctrl + Enter 를 누른다.

Q5) [K4:K13] 영역을 범위 지정한 다음 =IF(RANK.EQ(F4,$F$4:$F$13)<=3,"우수","")를 입력하고 ( Ctrl + Enter 를 누른다.

## 4. 조건 함수 및 실습용 문제

SUMIF, AVERAGEIF, COUNTIF, SUMIFS, AVERAGEIFS, COUNTIFS

* RANGE : 범위, CRITERIA : 조건

| 함수 종류 | 설명 | 사용 방법 |
|---|---|---|
| SUMIF 함수 | 조건에 맞는 합계를 구하는 함수이다. | =SUMIF(조건 범위,조건,합계 범위) |
| AVERAGEIF 함수 | 조건에 맞는 평균을 구하는 함수이다. | =AVERAGEIF(조건 범위,조건,평균 범위) |
| COUNTIF 함수 | 조건에 맞는 개수를 구하는 함수이다. | =COUNTIF(조건 범위,조건) |
| SUMIFS 함수 | 2개 이상의 조건을 만족할 때 합계를 구하는 함수이다. | =SUMIFS(합계 범위,조건 범위1,조건1,조건 범위2,조건2,…) |
| AVERAGEIFS 함수 | 2개 이상의 조건을 만족할 때 평균을 구하는 함수이다. | =AVERAGEIFS(평균 범위,조건 범위1,조건1,조건 범위2,조건2,…) |
| COUNTIFS 함수 | 2개 이상의 조건을 만족할 때 개수를 구하는 함수이다. | =COUNTIFS(조건 범위1,조건1,조건 범위2,조건2,…) |

* 평균 구하는 공식 : =SUMIF(조건 범위,조건,합계 범위)/COUNTIF(조건 범위,조건)

**실습용 문제**

Q1) '조건함수' 시트에서 거래처가 '홍신기업'인 지급액의 합계를 [J3] 셀에 계산하시오.

▶ SUMIF 함수 사용

Q2) '조건함수' 시트에서 거래처가 '홍신기업'인 지급액의 평균을 [J6] 셀에 계산하시오.

▶ AVERAGEIF 함수 사용

Q3) '조건함수' 시트에서 거래처가 '홍신기업'인 개수를 [J9] 셀에 계산하시오.

▶ COUNTIF 함수 사용

Q4) '조건함수' 시트에서 거래처가 '구상공업'이면서 도착지가 '영천'인 수량의 합계를 [J12] 셀에 계산하시오.

▶ SUMIFS 함수 사용

Q5) '조건함수' 시트에서 거래처가 '구상공업'이면서 도착지가 '영천'인 수량의 평균을 [J15] 셀에 계산하시오.

▶ AVERAGEIFS 함수 사용

Q6) '조건함수' 시트에서 거래처가 '구상공업'이면서 도착지가 '영천'인 개수를 [J18] 셀에 계산하시오.

▶ COUNTIFS 함수 사용

Q7) '조건함수' 시트에서 지급액이 '300,000' 이상 '400,000' 이하인 지급액의 합계를 [J21] 셀에 계산하시오.

▶ SUMIFS 함수 사용

Q8) '조건함수' 시트에서 지급액이 '300,000' 이상 '400,000' 이하인 지급액의 평균을 [J24] 셀에 계산하시오.

▶ AVERAGEIFS 함수 사용

**정답**

※ 조건 함수

| 일자 | 차량번호 | 거래처 | 도착지 | 수량 | 협력사 | 지급액 |
|---|---|---|---|---|---|---|
| 01월 11일 | 1416 | 구상공업 | 영천 | 8 | 자차 | 424,000 |
| 01월 23일 | 3229 | 홍신기업 | 영천 | 12 | 전국 | 212,395 |
| 01월 30일 | 5326 | 구상공업 | 서울 | 13 | 전국 | 354,000 |
| 01월 08일 | 1355 | 조석산업 | 고령 | 12 | 자차 | 190,000 |
| 01월 10일 | 1343 | 조석산업 | 고령 | 8 | 한성 | 126,000 |
| 01월 10일 | 1343 | 구상공업 | 영천 | 18 | 한성 | 284,000 |
| 01월 11일 | 1667 | 구상공업 | 구미 | 3 | 황소 | 325,000 |
| 01월 27일 | 4306 | 구상기업 | 영천 | 24 | 한성 | 424,000 |
| 01월 28일 | 5301 | 조석산업 | 구미 | 16 | 황소 | 316,000 |
| 01월 09일 | 1336 | 홍신기업 | 영천 | 12 | 전국 | 420,465 |

1. 거래처가 홍신기업의 지급액 합계

632,860

2. 거래처가 홍신기업의 지급액 평균

316,430

3. 거래처가 홍신기업의 개수

2

4. 거래처가 구상공업이면서 도착지가 영천인 수량 합계

26

5. 거래처가 구상공업이면서 도착지가 영천인 수량 평균

13

6. 거래처가 구상공업이면서 도착지가 영천인 개수

2

7. 지급액이 300,000 이상 400,000 이하의 지급액 합계

995,000

8. 지급액이 300,000 이상 400,000 이하의 지급액 평균

331,667

**해설**

Q1) [J3] 셀에 =SUMIF(D3:D12,"홍신기업",H3:H12)를 입력하고 Enter 를 누른다.

Q2) [J6] 셀에 =AVERAGEIF(D3:D12,"홍신기업",H3:H12)를 입력하고 Enter 를 누른다.

Q3) [J9] 셀에 =COUNTIF(D3:D12,"홍신기업")를 입력하고 Enter 를 누른다.

Q4) [J12] 셀에 =SUMIFS(F3:F12,D3:D12,D3,E3:E12,"영천")를 입력하고 Enter 를 누른다.

Q5) [J15] 셀에 =AVERAGEIFS(F3:F12,D3:D12,"구상공업",E3:E12,E4)를 입력하고 Enter 를 누른다.

Q6) [J18] 셀에 =COUNTIFS(D3:D12,D8,E3:E12,E12)를 입력하고 Enter 를 누른다.

Q7) [J21] 셀에 =SUMIFS(H3:H12,H3:H12,">=300000",H3:H12,"<=400000")를 입력하고 Enter 를 누른다.

Q8) [J24] 셀에 =AVERAGEIFS(H3:H12,H3:H12,">=300000",H3:H12,"<=400000")를 입력하고 Enter 를 누른다.

## 5. 문자/선택 함수 및 실습용 문제

UPPER, LOWER, PROPER, LEFT, RIGHT, MID, CHOOSE 등, &(연결 연산자)

① 문자 함수

| 함수 종류 | 설명 | 사용 방법 |
|---|---|---|
| UPPER 함수 | 모든 영어 문자를 대문자로 변환하는 함수이다. | =UPPER(영어셀) |
| LOWER 함수 | 모든 영어 문자를 소문자로 변환하는 함수이다. | =LOWER(영어셀) |
| PROPER 함수 | 첫 영어 문자만 대문자, 나머지는 소문자로 변환하는 함수이다. | =PROPER(영어셀) |
| LEFT 함수 | 왼쪽부터 지정된 숫자만큼 문자를 가져오는 함수이다. | =LEFT(문자셀,숫자) |
| RIGHT 함수 | 오른쪽부터 지정된 숫자만큼 문자를 가져오는 함수이다. | =RIGHT(문자셀,숫자) |
| MID 함수 | 지정된 위치부터 지정된 숫자만큼 문자를 가져오는 함수이다. | =MID(문자셀,왼쪽부터 몇 번째 위치 숫자, 숫자) |

* &(연결 연산자) 사용 : 함수 & "문자", "문자" & 함수

실습용 문제

Q1) '문자함수' 시트에서 [B4:B8] 영역 안에 문자를 모두 대문자로 [E4:E8] 영역에 표시하시오.

▶ UPPER 함수 사용

Q2) '문자함수' 시트에서 [E4:E8] 영역 안에 문자를 모두 소문자로 [F4:F8] 영역에 표시하시오.

▶ LOWER 함수 사용

Q3) '문자함수' 시트에서 [F4:F8] 영역 안에 문자를 첫 글자만 대문자로 표시하고 나머지는 모두 소문자로 [G4:G8] 영역에 표시하시오.

▶ PROPER 함수 사용

Q4) '문자함수' 시트에서 [C4:C8] 영역 안에 '코드번호'의 왼쪽 첫 번째 문자를 [H4:H8] 영역에 표시하시오.

▶ LEFT 함수 사용

Q5) '문자함수' 시트에서 [C4:C8] 영역 안에 '코드번호'의 오른쪽 첫 번째 문자를 [I4:I8] 영역에 표시하시오.

▶ RIGHT 함수 사용

Q6) '문자함수' 시트에서 [C4:C8] 영역 안에 '코드번호'의 세 번째, 네 번째 문자만 [J4:J8] 영역에 표시하시오.

▶ MID 함수 사용

Q7) '문자함수' 시트에서 '코드번호'가 'KA'로 시작하면 '관리부', 'KB'로 시작하면 '기획부', 'KC'로 시작하면 '전산부'로 [K4:K8] 영역에 표시하시오.

▶ IF, LEFT 함수 사용

Q8) '문자함수' 시트에서 '코드번호'가 'SA'로 끝나면 '부장', 'SB'로 끝나면 '과장', 'SC'로 끝나면 '사원'으로 [L4:L8] 영역에 표시하시오.

▶ IF, RIGHT 함수 사용

Q9) '문자함수' 시트에서 '코드번호'의 세 번째 문자부터 두 문자가 '10'이면 '서울', '20'이면 '대전', '30'이면 '대구'로 [M4:M8] 영역에 표시하시오.

▶ IF, MID 함수 사용

Q10) '코드번호'의 전체 문자를 소문자로 변환한 후, '-'를 포함하여 주민등록번호의 태어난 년도 2자리를 [N4:N8] 영역에 표시하시오.

▶ 표시 예 : ab01cd-05

▶ LOWER 함수, LEFT 함수와 &(연결 연산자) 모두 사용

**정답**

※ 문자/선택 함수

| 제목 | 코드번호 | 주민등록번호 | 대문자 | 소문자 | 첫 글자만 대문자 | 왼쪽 1글자 | 오른쪽 1글자 | 코드번호 3,4번째 문자 | 부서명 | 직급 | 지역 | 표시 |
|---|---|---|---|---|---|---|---|---|---|---|---|---|
| sbs | KA10SA | 780523-1****** | SBS | sbs | Sbs | K | A | 10 | 관리부 | 부장 | 서울 | ka10sa-78 |
| mbc | KB20SB | 670219-2****** | MBC | mbc | Mbc | K | B | 20 | 기획부 | 과장 | 대전 | kb20sb-67 |
| kbs | KC30SC | 951021-1****** | KBS | kbs | Kbs | K | C | 30 | 전산부 | 사원 | 대구 | kc30sc-95 |
| jtbc | KB20SB | 000421-3****** | JTBC | jtbc | Jtbc | K | B | 20 | 기획부 | 과장 | 대전 | kb20sb-00 |
| ebs | KC30SC | 101010-4****** | EBS | ebs | Ebs | K | C | 30 | 전산부 | 사원 | 대구 | kc30sc-10 |

**해설**

Q1) [E4:E8] 영역을 범위 지정한 다음 =UPPER(B4)를 입력하고 Ctrl + Enter 를 누른다.

Q2) [F4:F8] 영역을 범위 지정한 다음 =LOWER(E4)를 입력하고 Ctrl + Enter 를 누른다.

Q3) [G4:G8] 영역을 범위 지정한 다음 =PROPER(F4)를 입력하고 Ctrl + Enter 를 누른다.

Q4) [H4:H8] 영역을 범위 지정한 다음 =LEFT(C4,1)를 입력하고 Ctrl + Enter 를 누른다.

Q5) [I4:I8] 영역을 범위 지정한 다음 =RIGHT(C4,1)를 입력하고 Ctrl + Enter 를 누른다.

Q6) [J4:J8] 영역을 범위 지정한 다음 =MID(C4,3,2)를 입력하고 Ctrl + Enter 를 누른다.

Q7) [K4:K8] 영역을 범위 지정한 다음 =IF(LEFT(C4,2)="KA","관리부",IF(LEFT(C4,2)="KB","기획부","전산부"))를 입력하고 Ctrl + Enter 를 누른다.

Q8) [L4:L8] 영역을 범위 지정한 다음 =IF(RIGHT(C4,2)="SA","부장",IF(RIGHT(C4,2)="SB","과장","사원"))를 입력하고 Ctrl + Enter 를 누른다.

Q9) [M4:M8] 영역을 범위 지정한 다음 =IF(MID(C4,3,2)="10","서울",IF(MID(C4,3,2)="20","대전","대구"))를 입력하고 Ctrl + Enter 를 누른다.

Q10) [N4:N8] 영역을 범위 지정한 다음 =LOWER(C4)&"-"&LEFT(D4,2)를 입력하고 Ctrl + Enter 를 누른다.

② 선택 함수

CHOOSE 함수

| CHOOSE 함수 | 인덱스 번호에 의해 결과값을 순서대로 나타내는 함수이다. | =CHOOSE(인덱스 번호(함수),결과값1,결과값2,…) |
|---|---|---|
| * CHOOSE 함수 규칙 :<br>① IFERROR 함수를 제외한 다른 함수랑 사용시 무조건 맨 앞에 한 번 사용한다.<br>② 결과값이 중복되더라도 결과값 개수만큼 작성한다.<br>③ 비교 연산자는 사용하지 않는다. | | |

실습용 문제

Q11) 'CHOOSE함수' 시트에서 반 구분에서 오른쪽의 한 글자가 1이면 '1반', 2이면 '2반', 3이면 '3반', 나머지는 공란으로 반명[E4:E8]을 표시하시오.

▶ CHOOSE, RIGHT 함수 사용

Q12) 'CHOOSE함수' 시트에서 평점[D4:D8]을 기준으로 순위를 구하여, 1-2위는 '상위', 3-4위는 '중위', 5위는 '하위'로 상품[F4:F8]을 표시하시오.

▶ CHOOSE, RANK.EQ 함수 사용

Q13) 'CHOOSE함수' 시트에서 평점[D4:D8]을 기준으로 순위를 구하여, 1위는 '수석', 2위는 '차석', 나머지는 공백으로 순위[G4:G8]를 표시하시오.

▶ IFERROR, CHOOSE, RANK.EQ 함수 모두 사용

정답

| | A | B | C | D | E | F | G |
|---|---|---|---|---|---|---|---|
| 1 | | ※ 문자/선택 함수 | | | | | |
| 2 | | | | | | | |
| 3 | | 성명 | 반 구분 | 평점 | 반명 | 상품 | 순위 |
| 4 | | 강동형 | A-1 | 65 | 1반 | 하위 | |
| 5 | | 이순신 | A-2 | 90 | 2반 | 상위 | 수석 |
| 6 | | 강감찬 | A-3 | 82 | 3반 | 중위 | |
| 7 | | 홍길동 | A-4 | 88 | | 상위 | 차석 |
| 8 | | 조용팔 | A-5 | 76 | | 중위 | |

해설

Q11) [E4:E8] 영역을 범위 지정한 다음 =CHOOSE(RIGHT(C4,1),"1반","2반","3반","","")를 입력하고 Ctrl + Enter 를 누른다.

Q12) [F4:F8] 영역을 범위 지정한 다음 =CHOOSE(RANK.EQ(D4,$D$4:$D$8),"상위","상위","중위","중위","하위")를 입력하고 Ctrl + Enter 를 누른다.

Q13) [G4:G8] 영역을 범위 지정한 다음 =IFERROR(CHOOSE(RANK.EQ(D4,$D$4:$D$8),"수석","차석"),"")를 입력하고 Ctrl + Enter 를 누른다.

## 6. 날짜/시간 함수 및 실습용 문제

TODAY, NOW, YEAR, MONTH, DAY, HOUR, MINUTE, SECOND, DATE, TIME, DAYS, WEEKDAY 등

| 함수 종류 | 설명 | 사용 방법 |
|---|---|---|
| TODAY 함수 | 현재 날짜를 표시하는 함수이다. | =TODAY() |
| NOW 함수 | 현재 날짜와 시간을 표시하는 함수이다. | =NOW() |
| YEAR 함수 | 날짜에서 년도만 표시하는 함수이다. | =YEAR(날짜셀) |
| MONTH 함수 | 날짜에서 월만 표시하는 함수이다. | =MONTH(날짜셀) |
| DAY 함수 | 날짜에서 일만 표시하는 함수이다. | =DAY(날짜셀) |
| HOUR 함수 | 시간에서 시만 표시하는 함수이다. | =HOUR(시간셀) |
| MINUTE 함수 | 시간에서 분만 표시하는 함수이다. | =MINUTE(시간셀) |
| SECOND 함수 | 시간에서 초만 표시하는 함수이다. | =SECOND(시간셀) |
| DATE 함수 | 날짜를 년,월,일 형식으로 표시하는 함수이다. | =DATE(YEAR,MONTH,DAY) |
| TIME 함수 | 시간을 시,분,초 형식으로 표시하는 함수이다. | =TIME(HOUR,MINUTE,SECOND) |
| DAYS 함수 | 날짜와 날짜 사이를 계산한다. | =DAYS(끝 날짜셀,시작 날짜셀) |
| WEEKDAY 함수 | 요일을 숫자로 표시하는 함수이다. | =WEEKDAY(날짜셀,방식[②])<br>② 방식<br>• 1 : 일요일이 1로 시작하는 방식이다.<br>• 2 : 월요일이 1로 시작하는 방식이다. |

**실습용 문제**

Q1) '날짜&시간함수' 시트에서 [C3:D15] 영역까지 밑에 있는 함수 중 알맞은 함수를 사용하여 표시하시오.

▶ TODAY, NOW, YEAR, MONTH, DAY, HOUR, MINUTE, SECOND, DATE, TIME 함수 사용

Q2) '날짜&시간함수' 시트에서 [D14] 셀을 이용하여 요일을 나타내시오.

▶ 단, 일요일이 1로 시작하는 방식 사용

▶ WEEKDAY 함수 사용

Q3) '날짜&시간함수' 시트에서 '고객정보' 표에서 생년월일[C20:C22]부터 오늘 날짜까지의 일 수를 계산하시오.

▶ TODAY, DAYS 함수 사용

Q4) '날짜&시간함수' 시트에서 '수업 현황' 표에서 날짜[B28:B35]의 요일이 일요일이면 '휴강'을, 그 외에는 '진행'을 수업 여부[C28:C35]에 표시하시오.

▶ 단, 일요일이 1로 시작하는 방식 사용

▶ IF, WEEKDAY 함수 사용

Q5) '날짜&시간함수' 시트에서 '수업 현황' 표에서 날짜[B28:B35]의 요일이 '월요일'부터 '금요일'까지는 '평일', '토요일'부터 '일요일'까지는 '주말'로 주말 구분[D28:D35]에 표시하시오.

▶ 단, 월요일이 1로 시작하는 방식 사용

▶ IF, WEEKDAY 함수 사용

**정답**

| | A | B | C | D |
|---|---|---|---|---|
| 1 | | ※ 날짜 / 시간 함수 | | |
| 2 | | | | |
| 3 | | 오늘의 날짜(TODAY) | 2022-12-08 | |
| 4 | | 오늘의 날짜와 시간(NOW) | 2022-12-08 16:32 | |
| 5 | | | | |
| 6 | | 표시 부분 | 결과 | |
| 7 | | 연도(YEAR) | 2022 | |
| 8 | | 월(MONTH) | 12 | |
| 9 | | 일(DAY) | 8 | |
| 10 | | 시(HOUR) | 16 | |
| 11 | | 분(MINUTE) | 32 | |
| 12 | | 초(SECOND) | 16 | |
| 13 | | | | |
| 14 | | 날짜 표시 함수(DATE) | | 2022-12-08 |
| 15 | | 시간 표시 함수 (TIME) | | 4:32 PM |
| 16 | | 요일 계산 함수 (WEEKDAY) | | 5 |
| 17 | | | | |
| 18 | | 고객정보 | | |
| 19 | | 성명 | 생년월일 | 일수계산 |
| 20 | | 박성진 | 2019-03-08 | 1,371 |
| 21 | | 최규원 | 2018-11-14 | 1,485 |
| 22 | | 김일우 | 2020-06-23 | 898 |
| 23 | | | | |
| 24 | | | | |
| 25 | | | | |
| 26 | | 수업 현황 | | |
| 27 | | 날짜 | 수업 여부 | 주말 구분 |
| 28 | | 2022-12-04 | 휴강 | 주말 |
| 29 | | 2022-12-05 | 진행 | 평일 |
| 30 | | 2022-12-13 | 진행 | 평일 |
| 31 | | 2023-01-14 | 진행 | 주말 |
| 32 | | 2022-12-18 | 휴강 | 주말 |
| 33 | | 2023-01-22 | 휴강 | 주말 |
| 34 | | 2023-01-31 | 진행 | 평일 |
| 35 | | 2022-12-29 | 진행 | 평일 |

**해설**

Q1) ① [C3] 셀에 =TODAY()를 입력하고 Enter 를 누른다.

② [C4] 셀에 =NOW()를 입력하고 Enter 를 누른다.

③ [C7] 셀에 =YEAR(C3)를 입력하고 Enter 를 누른다.

④ [C8] 셀에 =MONTH(C3)를 입력하고 Enter 를 누른다.

⑤ [C9] 셀에 =DAY(C3)를 입력하고 Enter 를 누른다.

⑥ [C10] 셀에 =HOUR(C4)를 입력하고 Enter 를 누른다.

⑦ [C11] 셀에 =MINUTE(C4)를 입력하고 Enter 를 누른다.

⑧ [C12] 셀에 =SECOND(C4)를 입력하고 Enter 를 누른다.

⑨ [D14] 셀에 =DATE(C7,C8,C9)를 입력하고 Enter 를 누른다.

⑩ [D15] 셀에 =TIME(C10,C11,C12)를 입력하고 Enter 를 누른다.

Q2) [D16] 셀에 =WEEKDAY(C3,1)를 입력하고 Enter 를 누른다.

Q3) [D20:D22] 영역을 범위 지정한 다음 =DAYS(TODAY(),C20)를 입력하고 Ctrl + Enter 를 누른다.

Q4) [C28:C35] 영역을 범위 지정한 다음 =IF(WEEKDAY(B28,1)=1,“휴강”,“진행”)를 입력하고 Ctrl + Enter 를 누른다.

Q5) [D28:D35] 영역을 범위 지정한 다음 =IF(WEEKDAY(B28,2)<=5,“평일”,“주말”)를 입력하고 Ctrl + Enter 를 누른다.

## 7. 자리수 지정/절삭 함수 및 실습용 문제

ROUND, ROUNDUP, ROUNDDOWN, TRUNC, INT, ABS 등

| 함수 종류 | 설명 | 사용 방법 |
|---|---|---|
| ROUND 함수 | 자리수를 반올림(5 이상)하는 함수이다. | =ROUND(수식(함수),자리수 지정) |
| ROUNDUP 함수 | 자리수를 올림하는 함수이다. | =ROUNDUP(수식(함수),자리수 지정) |
| ROUNDDOWN 함수 | 자리수를 내림(버림)하는 함수이다. | =ROUNDDOWN(수식(함수),자리수 지정) |
| TRUNC 함수 | 자리수를 내림(버림)하는 함수이다. | =TRUNC(수식(함수),[자리수 지정]) |
| INT 함수 | 자리수를 소수점을 버리고 정수로 표시하는 함수이다. | =INT(수식(함수)) |
| ABS 함수 | 절대값으로 표시하는 함수이다. | =ABS(수식(함수)) |

* 자리수 지정 방법
  ① 소수점 : 1(소수점 첫 째 자리, 예 : 90.1), 2(소수점 둘 째 자리, 예 : 90.12)
  ② 정수 : 0(예 : 39.8→40)
  ③ 양수 : -1(십의 자리, 예 : 13→20), -2(백의 자리, 예 : 111→100)

**실습용 문제**

**Q1) '자리수함수' 시트에서 '중간고사 성적' 표에서 성별이 '남'인 학생들의 '국어' 점수 [D4:D10]의 평균을 계산하여 [H4] 셀에 표시하시오.**

▶ 평균 점수는 소수점 둘째 자리에서 반올림하여 표시 [표시 예 : 61.65 → 61.7]
▶ ROUND, AVERAGEIF 함수 사용

**Q2) '자리수함수' 시트에서 '중간고사 성적' 표에서 성별이 '여'인 학생들의 '영어' 점수 [E4:E10]의 합계를 계산하여 [H7] 셀에 표시하시오.**

▶ 합계 점수는 일의 자리에서 내림하여 십의 자리까지 표시 [표시 예 : 111 → 110점]
▶ SUMIF, ROUNDDOWN 함수 및 & 사용

**Q3) '자리수함수' 시트에서 '중간고사 성적' 표에서 전교생[B4:B10] '수학' 점수 [F4:F10]의 평균을 계산하여 [H10] 셀에 표시하시오.**

▶ 평균 점수는 소수점 첫 째자리에서 올림하여 정수로 표시 [표시 예 : 65.4 → 66]
▶ ROUND, ROUNDUP, ROUNDDOWN, SUM, AVERAGE 중 알맞는 함수 사용

정답

| | A | B | C | D | E | F | G | H | I | J |
|---|---|---|---|---|---|---|---|---|---|---|
| 1 | | ※ 자리수 함수 | | | | | | | | |
| 2 | | 중간고사 성적 | | | | | | | | |
| 3 | | 성명 | 성별 | 국어 | 영어 | 수학 | | 남학생 국어 점수 평균 | | |
| 4 | | 김철수 | 남 | 90 | 95 | 96 | | 85.8 | | |
| 5 | | 박민희 | 여 | 75 | 72 | 74 | | | | |
| 6 | | 한영우 | 남 | 85 | 89 | 90 | | 여학생 영어 점수 합계 | | |
| 7 | | 이지영 | 여 | 97 | 90 | 96 | | 260점 | | |
| 8 | | 곽도현 | 남 | 70 | 73 | 72 | | | | |
| 9 | | 민세라 | 남 | 98 | 93 | 90 | | 전교생 수학 점수 평균 | | |
| 10 | | 최예슬 | 여 | 95 | 99 | 96 | | 88 | | |

해설

Q1) [H4] 셀에 =ROUND(AVERAGEIF(C4:C10,C4,D4:D10),1)를 입력하고 Enter 를 누른다.

Q2) [H7] 셀에 =ROUNDDOWN(SUMIF(C4:C10,C5,E4:E10),-1)&"점"을 입력하고 Enter 를 누른다.

Q3) [H10] 셀에 =ROUNDUP(AVERAGE(F4:F10),0)를 입력하고 Enter 를 누른다.

## 8. 데이터베이스 함수 및 실습용 문제

DSUM, DAVERAGE, DCOUNT, DMAX 등

<table>
<tr><th>함수 종류</th><th>설명</th><th>사용 방법</th></tr>
<tr><td>DSUM 함수</td><td>주어진 조건에 일치하는 항목의 합계를 계산하는 함수이다.</td><td rowspan="4">=D함수(제목 포함 전체 범위, 계산할 곳 제목셀(왼쪽부터 몇 번째 숫자),조건 범위)</td></tr>
<tr><td>DAVERAGE 함수</td><td>주어진 조건에 일치하는 항목의 평균을 계산하는 함수이다.</td></tr>
<tr><td>DCOUNT 함수</td><td>주어진 조건에 일치하는 항목의 개수를 계산하는 함수이다.</td></tr>
<tr><td>DMAX 함수</td><td>주어진 조건에 일치하는 항목의 최대값을 계산하는 함수이다.</td></tr>
<tr><td colspan="3">특징 : 1. D로 시작하며 사용 방법은 모두 동일하다.<br>2. 유일하게 제목을 포함하여 작업하는 함수이다.</td></tr>
</table>

**실습용 문제**

**Q1) '데이터베이스함수' 시트에서 부서가 '영업1부'인 '2월'의 합계를 [B13] 셀에 계산하시오.**

▶ DSUM 함수 사용

**Q2) '데이터베이스함수' 시트에서 부서가 '영업3부'인 '3월'의 평균을 [B16] 셀에 계산하시오.**

▶ 조건은 [I15:I16] 영역에 조건을 입력

▶ DAVERAGE 함수 사용

**Q3) '데이터베이스함수' 시트에서 부서가 '영업2부'이면서, 합계가 '1,500' 이상인 인원수를 [B19] 셀에 계산하시오.**

▶ 조건은 [I19:J20] 영역에 조건을 입력

▶ 숫자 뒤에 명을 포함하시오. [표시 예 : 5명]

▶ DCOUNTA 함수와 & 사용

정답

| | A | B | C | D | E | F | G | H | I | J |
|---|---|---|---|---|---|---|---|---|---|---|
| 1 | | ※ 데이터베이스 함수 | | | | | | | | |
| 2 | | 이름 | 부서 | 1월 | 2월 | 3월 | 합계 | | | |
| 3 | | 김상원 | 영업1부 | 257 | 345 | 721 | 1323 | | | |
| 4 | | 이갑봉 | 영업2부 | 476 | 513 | 174 | 1163 | | | |
| 5 | | 강정희 | 영업3부 | 231 | 474 | 357 | 1062 | | | |
| 6 | | 김동호 | 영업1부 | 310 | 453 | 443 | 1206 | | | |
| 7 | | 이남주 | 영업2부 | 834 | 401 | 743 | 1978 | | | |
| 8 | | 왕영애 | 영업3부 | 597 | 347 | 776 | 1720 | | | |
| 9 | | 박효남 | 영업2부 | 634 | 530 | 651 | 1815 | | | |
| 10 | | | | | | | | | | |
| 11 | | | | | | | | | | |
| 12 | | 1. 부서가 영업1부인 2월 합계 계산 | | | | | | | | |
| 13 | | 798 | | | | | | | | |
| 14 | | | | | | | | | <조건> | |
| 15 | | 2. 부서가 영업3부인 3월 평균 계산→ DAVERAGE 사용 | | | | | | | 부서 | |
| 16 | | 566.5 | | | | | | | 영업3부 | |
| 17 | | | | | | | | | | |
| 18 | | 3. 부서가 영업2부이고 합계가 1,500 이상인 인원수 계산 | | | | | | | <조건> | |
| 19 | | 2명 | | | | | | | 부서 | 합계 |
| 20 | | | | | | | | | 영업2부 | >=1500 |

해설

Q1) [H4] 셀에 =ROUND(AVERAGEIF(C4:C10,C4,D4:D10),1)를 입력하고 Enter 를 누른다.

Q2) [I15] 셀에 '부서'를 입력하고 [I16] 셀에 '영업3부'를 먼저 입력한다.

[H7] 셀에 =DAVERAGE(B2:G9,5,I15:I16)를 입력하고 Enter 를 누른다.

Q3) [I19] 셀에 '부서', [J19] 셀에 '합계'를 입력하고 [I20] 셀에 '영업2부', [J20] 셀에 '>=1500'을 먼저 입력한다.

[H10] 셀에 =DCOUNTA(B2:G9,B2,I19:J20)&"명"를 입력하고 Enter 를 누른다.

## 9. 참조 함수 및 실습용 문제

HLOOKUP, VLOOKUP, INDEX 등

문제에서 참조 범위가 있으면 반드시 VLOOKUP 함수 또는 HLOOKUP 함수를 사용한다.

| 함수 종류 | 설명 | 사용 방법 |
|---|---|---|
| VLOOKUP 함수 | 참조 범위의 데이터 진행 방향이 아래쪽이면 사용한다. | 사용 형식 : =VLOOKUP/HLOOKUP(①,②,③,[④])<br>① 원본표에서 첫 번째 셀 클릭하거나 다른 함수를 사용한다.<br>② 참조 범위 표 전체를 절대 참조한다. (단, 병합된 곳은 제외한다.)<br>③ 행 번호/열 번호 : 가져올 값이 포함된 위치를 숫자로 입력한다. (단, 1은 안 됨 : 원본표와 연결)<br>④ 옵션<br>- 0(FALSE) : 정확한 값 추출(필요시 입력한다.)<br>- 1(TRUE) : 유사한 값 추출(기본값으로 생략 가능하다.) |
| HLOOKUP 함수 | 참조 범위의 데이터 진행 방향이 오른쪽이면 사용한다. | |

**실습용 문제**

**Q1) '참조함수' 시트에서 '반명'과 '반별 코드 표시'를 이용하여 코드[H4:H13]를 표시하시오.**

▶ VLOOKUP 함수 사용

**Q2) '참조함수' 시트에서 '반명'과 '반별 코드 표시'를 이용하여 학과[I4:I13]를 표시하시오.**

▶ HLOOKUP 함수 사용

**Q3) '참조함수' 시트에서 '구분'과 '반별 학년' 표를 이용하여 학년[J4:J13]을 표시하시오.**

▶ VLOOKUP, HLOOKUP, INDEX 중 알맞은 함수 사용

**Q4) '참조함수' 시트에서 '국어', '영어', '수학'의 점수를 이용하여 학점표[K4:K13]를 표시하시오.**

▶ 학점표 의미 : 국어, 영어, 수학 과목의 평균이 90 이상이면 'A', 80 이상 90 미만이면 'B', 70 이상 80 미만이면 'C', 60 이상 70 미만이면 'D', 60 미만이면 'F'를 적용함.

▶ HLOOKUP, AVERAGE 함수 사용

정답

| | A | B | C | D | E | F | G | H | I | J | K | L |
|---|---|---|---|---|---|---|---|---|---|---|---|---|
| 1 | | | | | | ※ 참조 함수 | | | | | | |
| 2 | | | | | | | | | | | | |
| 3 | | 성명 | 반명 | 구분 | 국어 | 영어 | 수학 | 코드 | 학과 | 학년 | 학점표 | |
| 4 | | 강동형 | 1반 | 토끼 | 68 | 90 | 65 | C-1 | 컴퓨터 | 1학년 | C | |
| 5 | | 이순신 | 2반 | 호랑이 | 75 | 59 | 90 | C-2 | 디지털 | 2학년 | C | |
| 6 | | 홍길동 | 3반 | 사자 | 95 | 91 | 82 | C-3 | 미디어 | 3학년 | B | |
| 7 | | 김하림 | 3반 | 코끼리 | 97 | 91 | 88 | C-3 | 미디어 | 4학년 | A | |
| 8 | | 성기숙 | 2반 | 토끼 | 82 | 68 | 76 | C-2 | 디지털 | 1학년 | C | |
| 9 | | 채종수 | 1반 | 호랑이 | 90 | 86 | 85 | C-1 | 컴퓨터 | 2학년 | B | |
| 10 | | 한경숙 | 1반 | 사자 | 58 | 48 | 82 | C-1 | 컴퓨터 | 3학년 | D | |
| 11 | | 황보림 | 2반 | 코끼리 | 76 | 79 | 87 | C-2 | 디지털 | 4학년 | B | |
| 12 | | 감자리 | 3반 | 토끼 | 63 | 84 | 79 | C-3 | 미디어 | 1학년 | C | |
| 13 | | 이주순 | 3반 | 호랑이 | 94 | 83 | 95 | C-3 | 미디어 | 2학년 | A | |
| 14 | | | | | | | | | | | | |
| 15 | | | | 반별 코드 표시 | | | 반별 기호표 | | | | | |
| 16 | | | 반명 | 코드 | 표시 | | 반명 | 1반 | 2반 | 3반 | | |
| 17 | | | 1반 | C-1 | 컴퓨터 | | 코드 | C-1 | C-2 | C-3 | | |
| 18 | | | 2반 | C-2 | 디지털 | | 학과 | 컴퓨터 | 디지털 | 미디어 | | |
| 19 | | | 3반 | C-3 | 미디어 | | | | | | | |
| 20 | | | | | | | | | | | | |
| 21 | | | | | | | | | | | | |
| 22 | | | 토끼 | 1학년 | | | 학점표 | | | 등급 및 점수 | | |
| 23 | | | 호랑이 | 2학년 | | | 0 | 60 | 70 | 80 | 90 | |
| 24 | | | 사자 | 3학년 | | | F | D | C | B | A | |
| 25 | | | 코끼리 | 4학년 | | | | | | | | |

해설

Q1) [H4:H13] 영역을 범위 지정한 다음 =VLOOKUP(C4,$C$16:$E$19,2)를 입력하고 Ctrl + Enter 를 누른다.

Q2) [I4:I13] 영역을 범위 지정한 다음 =HLOOKUP(C4,$G$16:$J$18,3)를 입력하고 Ctrl + Enter 를 누른다.

Q3) [J4:J13] 영역을 범위 지정한 다음 =VLOOKUP(D4,$C$22:$D$25,2,0)를 입력하고 Ctrl + Enter 를 누른다.

Q4) [K4:K13] 영역을 범위 지정한 다음 =HLOOKUP(AVERAGE(E4:G4),$G$23:$K$24,2)를 입력하고 Ctrl + Enter 를 누른다.

국가기술 자격검정

# 컴퓨터 활용능력 2급

## 실기 실전 예상 기출문제

국 가 기 술 자 격 검 정

# 컴퓨터활용능력 실기 실전 예상 기출문제 1회

| 프로그램명 | 제한시간 |
|---|---|
| EXCEL 2021 | 40분 |

수험번호 :

성 명 :

| 2급 | A형 |
|---|---|

〈유 의 사 항〉

■ 인적 사항 누락 및 잘못 작성으로 인한 불이익은 수험자 책임으로 합니다.

■ 화면에 암호 입력창이 나타나면 아래의 암호를 입력하여야 합니다.
 ○ **암호: 1547@2**

■ 작성된 답안은 주어진 경로 및 파일명을 변경하지 마시고 그대로 저장해야 합니다.
 이를 준수하지 않으면 실격 처리됩니다.

■ **외부데이터 위치: C:₩OA₩파일명**

■ 별도의 지시사항이 없는 경우, 다음과 같이 처리 시 실격 처리됩니다.
 ○ 제시된 시트 및 개체의 순서나 이름을 임의로 변경한 경우
 ○ 제시된 시트 및 개체를 임의로 추가 또는 삭제한 경우

■ 답안은 반드시 문제에서 지시 또는 요구한 셀에 입력하여야 하며 다음과 같이 처리 시 채점 대상에서 제외됩니다.
 ○ 수험자가 임의로 지시하지 않은 셀의 이동, 수정, 삭제, 변경 등으로 인해 셀의 위치 및 내용이 변경된 경우 해당 작업에 영향을 미치는 관련 문제 모두 채점 대상에서 제외
 ○ 도형 및 차트의 개체가 중첩되어 있거나 동일한 계산결과 시트가 복수로 존재할 경우 해당개체나 시트는 채점 대상에서 제외

■ 수식 작성 시 제시된 문제 파일의 데이터는 변경 가능한(가변적) 데이터임을 감안하여 문제 풀이를 하시오.

■ 별도의 지시사항이 없는 경우, 주어진 각 시트 및 개체의 설정값 또는 기본 설정값(Default)으로 처리하시오.

■ 저장 시간은 별도로 주어지지 않으므로 제한된 시간 내에 저장을 완료해야 하며, 제한 시간 내에 저장이 되지 않은 경우에는 실격 처리됩니다.

■ 출제된 문제의 용어는 Microsoft Office 2021 기준으로 작성되어 있습니다.

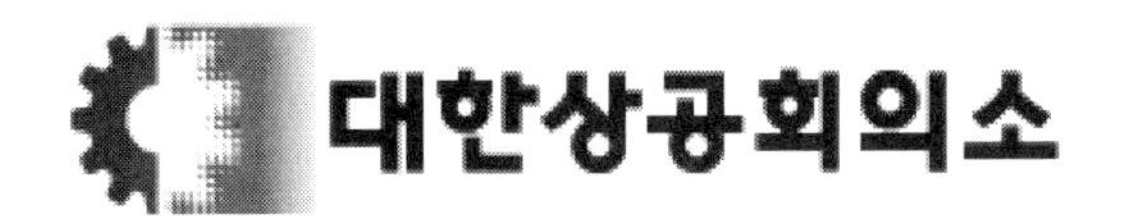

## 문제1 기본작업(20점) 주어진 시트에서 다음 과정을 수행하고 저장하시오.

### 1. '기본작업-1' 시트에 다음의 자료를 주어진 대로 입력하시오. (5점)

| | A | B | C | D | E | F | G |
|---|---|---|---|---|---|---|---|
| 1 | 국제 물류 산업전 관련 주요 세미나 | | | | | | |
| 2 | | | | | | | |
| 3 | 날짜 | 세미나명 | 장소 | 참여코드 | 참여가능인원 | 행사비용 | 주최/주관 |
| 4 | 2021-04-10 | 2021 춘계학술대회 | B-204호 | AGC-4128 | 50명 | 2,320,000 | 한국물류과학기술학회 |
| 5 | 2021-03-20 | 식품콜드체인 고도화를 위한 신기술 세미나 | A1-208호 | BVF-7421 | 65명 | 2,174,000 | 한국식품콜드체인협회 |
| 6 | 2021-02-27 | 한국청년물류포럼 물류콘서트 | B2 대강당 | CDR-6524 | 130명 | 3,150,000 | 한국청년물류포럼 |
| 7 | 2021-04-17 | 물류 구현 자동인식 머신비전 활용 전략 세미나 | 3층 GRAND볼룸 | XSA-0127 | 200명 | 4,360,000 | 첨단 자동인식비전 |
| 8 | 2021-01-16 | 포스트코로나 시대의 물류 그리고 창업 | C-227호 | VNT-3329 | 75명 | 3,578,000 | 인천창조경제혁신센터 |

### 2. '기본작업-2' 시트에 대하여 다음의 지시사항을 처리하시오. (각 2점)

① [A1:F1] 영역은 '병합하고 가운데 맞춤', 글꼴 '돋움', 크기 '20', 글꼴 스타일 '굵은 기울임꼴'로 지정하시오

② [A1] 셀 앞 · 뒤에 특수 문자 '◈'를 삽입하시오.

③ [A3:F3] 영역은 텍스트 맞춤을 가로 '균등 분할(들여쓰기)'로 지정하시오.

④ [F4:F13] 영역은 사용자 지정 표시 형식을 이용하여 천 단위 구분기호와 값 뒤에 '원'을 [표시 예]와 같이 표시하시오. [표시 예 : 1000 → 1,000원]

⑤ [A3:F13] 영역은 '모든 테두리(田)'를 적용하고, [B13:D13] 영역은 대각선(X) 모양을 적용하여 표시하시오.

### 3. '기본작업-3' 시트에서 다음의 지시사항을 처리하시오. (5점)

- '과자 재고 현황' 표에서 '재고량'이 50 미만이거나, '판매비율'이 70% 이하인 데이터를 고급 필터를 사용하여 검색하시오.
  - ▶ 고급 필터 조건은 [A22:D24] 범위 내에 알맞게 입력하시오.
  - ▶ 고급 필터 결과 복사 위치는 동일 시트의 [A26] 셀에서 시작하시오.

## 문제2 계산작업(40점) '계산작업' 시트에서 다음 과정을 수행하고 저장하시오.

1. [표1]에서 회원 코드[A3:A9]의 첫 번째 문자를 이용하여 회원 분류[D3:D9]를 표시하시오. (8점)
   - ▶ 코드표 의미 : 코드가 Q로 시작하면서 이용 횟수가 10 미만이면 '비회원', R로 시작하면서 11∽20회이면 정회원, S로 시작하면서 21∽30회이면 우수회원, T로 시작하면서 31∽40회이면 골드회원, U로 시작하면서 41∽50회이면 특별회원임
   - ▶ VLOOKUP, LEFT 함수 사용

2. [표2]에서 총점[J3:J10]을 기준으로 순위를 구하여 1~ 2위는 '컴퓨터', 3~4위는 '카메라', 5~6위는 '모니터', 나머지는 공란으로 처리하시오. (8점)
   - ▶ 순위는 총점이 큰 값이 1등임.
   - ▶ CHOOSE, RANK.EQ 함수 사용

3. [표3]에서 수강 시작일[C20:C25]과 수강 종료일[D20:D25]을 이용하여 총 수강료[E20:E25]을 계산하시오. (8점)
   - ▶ 총 수강료 : 수업일수 × 수강료(시간)
   - ▶ DATE, DAY, DAYS 중 알맞은 함수를 선택하여 사용

4. [표4]에서 외국어[I20:I27], 업무 실적[J20:J27], 인사 고과[K20:K27]가 각각 70점 이상이면서, 셋의 평균이 75점 이상이면 진급 여부에 '진급'을, 그 외에는 '탈락'으로 진급 여부[L20:L27]에 표시하시오. (8점)
   - ▶ IF, AVERAGE, AND 함수 사용

5. [표5]에서 직급[C31:C38]이 '과장'인 사원들의 급여[D31:D38]의 평균을 [D39] 셀에 계산하시오. (8점)
   - ▶ 과장의 급여 평균은 십의 단위에서 반올림하여 백의 단위까지 표시 [표시 예 : 123,456 → 123,500]
   - ▶ SUMIF, COUNTIF, ROUNDUP 함수 모두 사용

## 문제3 분석작업(20점) 주어진 시트에서 다음 작업을 수행하고 저장하시오.

1. '분석작업-1' 시트에 대하여 다음의 지시사항을 처리하시오. (10점)

'커피나무 체인점 관리 현황' 표를 이용하여 오픈 일자를 '행', 지역을 '열'로 처리하고, 값에 '체인점명'의 개수와 '전년 매출'의 평균을 계산하는 피벗 테이블을 작성하시오.

▶ 피벗 테이블 보고서는 동일 시트의 [A16] 셀에서 시작하시오.

▶ 오픈일자는 연도별로 그룹화하시오.

▶ 보고서 레이아웃은 '개요 형식'으로 지정하고, 피벗 테이블에 '피벗 스타일 보통 7' 서식을 적용하시오.

2. '분석작업-2' 시트에 대하여 다음의 지시사항을 처리하시오. (10점)

- [목표값 찾기] 기능을 이용하여 '향수 판매 현황' 표에서 뷰티우먼의 판매총액[F7]이 7,500,000이 되려면 판매량[E7]이 얼마가 되어야 하는지 계산하시오.

## 문제4 기타작업(20점) 주어진 시트에서 다음 작업을 수행하고 저장하시오.

1. '매크로작업' 시트의 [표1]에서 다음과 같은 기능을 수행하는 매크로를 현재 통합 문서에 작성하고 실행하시오. (각 5점)

① [F4:F7] 영역에 합계를 계산하는 매크로를 생성하여 실행하시오.

▶ 매크로 이름 : 합계

▶ SUM 함수 사용

▶ [도형]-[기본 도형]의 '빗면(□)'을 동일 시트의 [A9:B10] 영역에 생성하고, 텍스트를 '합계'로 입력한 후 도형을 클릭할 때 '합계' 매크로가 실행되도록 설정하시오.

② [A3:F3] 영역에 채우기 색을 '표준 색 - 노랑', '가운데 맞춤'으로 설정하는 매크로를 생성하여 실행하시오.

▶ 매크로 이름 : 서식

▶ [개발 도구]-[삽입]-[양식 컨트롤]의 '단추'를 동일 시트의 [D9:E10] 영역에 생성하고, 텍스트를 '서식'으로 입력한 후 단추를 클릭할 때 '서식' 매크로가 실행되도록 설정하시오.

※ **셀 포인터의 위치에 상관 없이 현재 통합 문서에서 매크로가 실행되어야 정답으로 인정됨**

2. '차트작업' 시트의 차트를 지시사항에 따라 아래 그림과 같이 수정하시오. (각 2점)

※ **차트는 반드시 문제에서 제공한 차트를 사용하여야 하며, 신규로 작성 시 0점 처리됨**

① 출력형태와 같이 '전체 가구'의 데이터를 모두 제거하시오.

② 차트 제목은 '차트 위'로 지정한 후 〈그림〉과 같이 입력하시오.

③ '1인 가구 비중(%)'를 '표식이 있는 꺾은선형'으로 변경 후 '보조 축'으로 지정하시오

④ 1인 가구 '2017년' 요소에만 데이터 레이블 '값'을 추가하고, 위치는 '바깥쪽 끝에'로 지정하시오.

⑤ 차트 영역의 테두리 스타일은 '둥근 모서리'로 지정하시오.

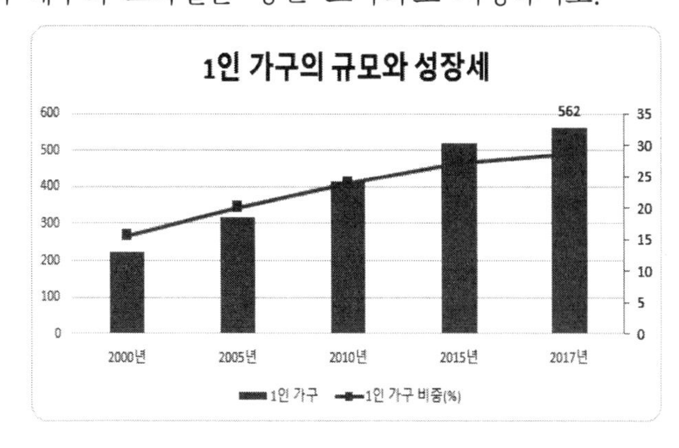

## 정답

기본작업1.

| | A | B | C | D | E | F | G |
|---|---|---|---|---|---|---|---|
| 1 | 국제 물류 산업전 관련 주요 세미나 | | | | | | |
| 2 | | | | | | | |
| 3 | 날짜 | 세미나명 | 장소 | 참여코드 | 참여가능인원 | 행사비용 | 주최/주관 |
| 4 | 2021-04-10 | 2021 춘계학술대회 | B-204호 | AGC-4128 | 50명 | 2,320,000 | 한국물류과학기술학회 |
| 5 | 2021-03-20 | 식품콜드체인 고도화를 위한 신기술 세미나 | A1-208호 | BVF-7421 | 65명 | 2,174,000 | 한국식품콜드체인협회 |
| 6 | 2021-02-27 | 한국청년물류포럼 물류콘서트 | B2 대강당 | CDR-6524 | 130명 | 3,150,000 | 한국청년물류포럼 |
| 7 | 2021-04-17 | 물류 구현 자동인식 머신비전 활용 전략 세미나 | 3층 GRAND볼룸 | XSA-0127 | 200명 | 4,360,000 | 첨단 자동인식비전 |
| 8 | 2021-01-16 | 포스트코로나 시대의 물류 그리고 창업 | C-227호 | VNT-3329 | 75명 | 3,578,000 | 인천창조경제혁신센터 |

기본작업2.

| | A | B | C | D | E | F |
|---|---|---|---|---|---|---|
| 1 | ◈공무원 종합학원 수강 신청 현황◈ | | | | | |
| 2 | | | | | | |
| 3 | 강 좌 명 | 강 사 명 | 강 의 실 | 수 강 요 일 | 수강인원(명) | 수 강 료 |
| 4 | 형법 | 한형호 | 213호 | 월,수,금 | 40 | 300,000원 |
| 5 | 세법개론 | 김세현 | 309호 | 월,수,금 | 30 | 450,000원 |
| 6 | 회계학 | 성학연 | 206호 | 화,목 | 35 | 350,000원 |
| 7 | 노동법개론 | 이동원 | 312호 | 월,수,목 | 25 | 150,000원 |
| 8 | 사회복지학론 | 전사형 | 205호 | 화,목,금 | 30 | 90,000원 |
| 9 | 교육학개론 | 심교연 | 318호 | 목,토 | 40 | 130,000원 |
| 10 | 국어 | 김어중 | 401호 | 월~금 | 100 | 160,000원 |
| 11 | 한국사 | 황국희 | 405호 | 월~금 | 100 | 210,000원 |
| 12 | 영어 | 박영서 | 407호 | 월~금 | 100 | 140,000원 |
| 13 | 합계 | | | | 500 | 1,980,000원 |

기본작업3.

| 상품명 | 매입량 | 판매량 | 재고량 | 판매가(원) | 판매비율 |
|---|---|---|---|---|---|
| 새우깡 | 700 | 490 | 210 | 1,200원 | 70.0% |
| 포카칩 | 900 | 561 | 339 | 1,000원 | 62.3% |
| 칸쵸 | 400 | 278 | 122 | 1,500원 | 69.5% |
| 못말리는 신짱 | 800 | 751 | 49 | 2,300원 | 93.9% |
| 치토스 | 1200 | 1152 | 48 | 1,400원 | 96.0% |
| 에이스 | 500 | 324 | 176 | 1,900원 | 64.8% |
| 고래밥 | 1000 | 600 | 400 | 1,500원 | 60.0% |

## 계산작업.

[표1]

| 회원 코드 | 성명 | 계약 금액 | 회원 분류 |
|---|---|---|---|
| U-001 | 김철우 | 25,000,000 | 특별회원 |
| Q-002 | 이상현 | 3,650,000 | 비회원 |
| S-003 | 조여운 | 12,350,000 | 우수회원 |
| T-004 | 박정현 | 18,600,000 | 골드회원 |
| Q-005 | 안장원 | 3,650,000 | 비회원 |
| U-006 | 전미소 | 25,000,000 | 특별회원 |
| R-007 | 김상혜 | 8,750,000 | 정회원 |

| 코드 | 이용 횟수 | 회원 분류 |
|---|---|---|
| Q | 10 미만 | 비회원 |
| R | 11~20 | 정회원 |
| S | 21~30 | 우수회원 |
| T | 31~40 | 골드회원 |
| U | 41~50 | 특별회원 |

[표2]

| 이름 | 영어 | 전산 | 총점 | 순위 |
|---|---|---|---|---|
| 정다운 | 87 | 65 | 152 | 카메라 |
| 최민아 | 64 | 70 | 134 | 모니터 |
| 김예은 | 72 | 60 | 132 | |
| 최지영 | 70 | 66 | 136 | 모니터 |
| 황성재 | 86 | 83 | 169 | 컴퓨터 |
| 박성찬 | 60 | 70 | 130 | |
| 연대섭 | 80 | 85 | 165 | 컴퓨터 |
| 김훈상 | 95 | 60 | 155 | 카메라 |

[표3]

| 회원명 | 수강료(시간) | 수강 시작일 | 수강 종료일 | 총 수강료 |
|---|---|---|---|---|
| 박성진 | 5,000 | 2021-03-04 | 2021-03-19 | 75,000 |
| 이미래 | 6,500 | 2021-02-25 | 2021-03-04 | 45,500 |
| 최미소 | 6,500 | 2021-01-29 | 2021-01-31 | 13,000 |
| 여승규 | 7,000 | 2021-03-08 | 2021-03-15 | 49,000 |
| 한영희 | 8,500 | 2021-01-24 | 2021-01-31 | 59,500 |
| 전영광 | 5,000 | 2021-02-15 | 2021-02-23 | 40,000 |

[표4]

| 사원명 | 직위 | 외국어 | 업무 실적 | 인사 고과 | 진급 여부 |
|---|---|---|---|---|---|
| 김최고 | 사원 | 75 | 88 | 91 | 진급 |
| 추윤상 | 과장 | 71 | 80 | 69 | 탈락 |
| 윤지연 | 차장 | 78 | 77 | 81 | 진급 |
| 김덕호 | 대리 | 94 | 56 | 69 | 탈락 |
| 이만희 | 사원 | 81 | 68 | 72 | 탈락 |
| 신영현 | 사원 | 78 | 80 | 82 | 진급 |
| 장소미 | 과장 | 90 | 99 | 92 | 진급 |
| 진고운 | 차장 | 64 | 77 | 94 | 탈락 |

[표5]

| 성명 | 성별 | 직급 | 급여 |
|---|---|---|---|
| 서호성 | 남 | 부장 | 3,657,800 |
| 김영선 | 여 | 대리 | 2,473,600 |
| 반태윤 | 남 | 사원 | 2,190,800 |
| 백연의 | 여 | 사원 | 2,273,500 |
| 곽정현 | 남 | 과장 | 3,209,400 |
| 나소영 | 여 | 대리 | 2,650,000 |
| 김교인 | 남 | 대리 | 2,495,800 |
| 박철수 | 남 | 과장 | 3,199,000 |
| 과장의 급여 평균 | | | 3,204,200 |

## 분석작업1.

| | 지역 | 값 | | | | | | |
|---|---|---|---|---|---|---|---|---|
| | 경기 | | 서울 | | 인천 | | 전체 개수 : 체인점명 | 전체 평균 : 전년 매출 |
| 오픈 일자 | 개수 : 체인점명 | 평균 : 전년 매출 | 개수 : 체인점명 | 평균 : 전년 매출 | 개수 : 체인점명 | 평균 : 전년 매출 | | |
| 2015년 | 1 | 60800000 | | | 1 | 87600000 | 2 | 74200000 |
| 2016년 | 1 | 96300000 | 1 | 103000000 | 1 | 71500000 | 3 | 90266666.67 |
| 2017년 | 1 | 78500000 | 1 | 110800000 | | | 2 | 94650000 |
| 2018년 | | | 1 | 125300000 | | | 1 | 125300000 |
| **총합계** | **3** | **78533333.33** | **3** | **113033333.3** | **2** | **79550000** | **8** | **91725000** |

## 분석작업2.

| | A | B | C | D | E | F |
|---|---|---|---|---|---|---|
| 1 | 향수 판매 현황 | | | | | |
| 2 | | | | | | |
| 3 | 제품명 | 분류 | 용량 | 판매가 | 판매량 | 판매 총액 |
| 4 | 코티러브 | 공용 | 90 | 24000 | 218 | 5232000 |
| 5 | 루이블루맨 | 남성용 | 100 | 20000 | 153 | 3060000 |
| 6 | 버버타스로 | 공용 | 115 | 20000 | 245 | 4900000 |
| 7 | 뷰티우먼 | 여성용 | 80 | 30000 | 250 | 7500000 |
| 8 | 불가로옴므 | 남성용 | 120 | 35000 | 123 | 4305000 |
| 9 | 메리미콥스 | 여성용 | 100 | 40000 | 186 | 7440000 |

매크로작업.

| | A | B | C | D | E | F |
|---|---|---|---|---|---|---|
| 1 | [표1] 산학 일체형 도제학교 참여 학생 현황 | | | | | |
| 2 | | | | | | |
| 3 | 구분 | 서울 | 대전 | 부산 | 기타 | 합계 |
| 4 | 2014년 | 968 | 204 | 298 | 2,184 | 3,654 |
| 5 | 2016년 | 2,007 | 873 | 977 | 1,721 | 5,578 |
| 6 | 2018년 | 4,963 | 2,639 | 3,308 | 2,916 | 13,826 |
| 7 | 2020년 | 8,926 | 4,320 | 5,347 | 3,301 | 21,894 |
| 8 | | | | | | |
| 9 | 합계 | | | 서식 | | |
| 10 | | | | | | |

차트작업.

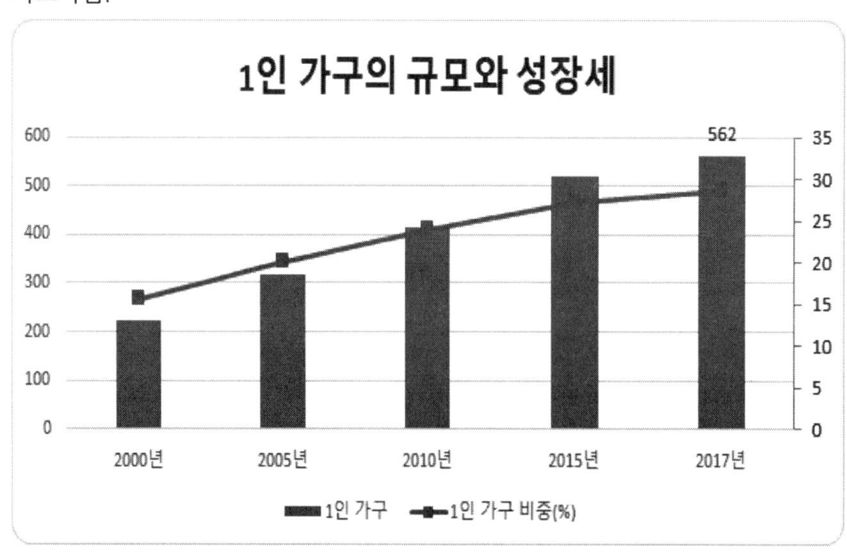

## 해설

기본작업1 : 출력형태와 같이 입력한다.

기본작업2 :

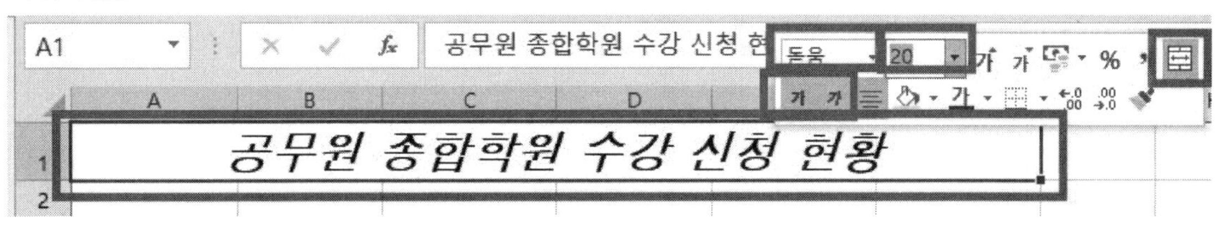

[A1:F1] 영역을 범위 지정한 다음 마우스 우클릭- '병합하고 가운데 맞춤' 클릭, '돋움' 입력, '20' 입력, '굵게'와 '기울임꼴'을 각각 클릭을 한다.

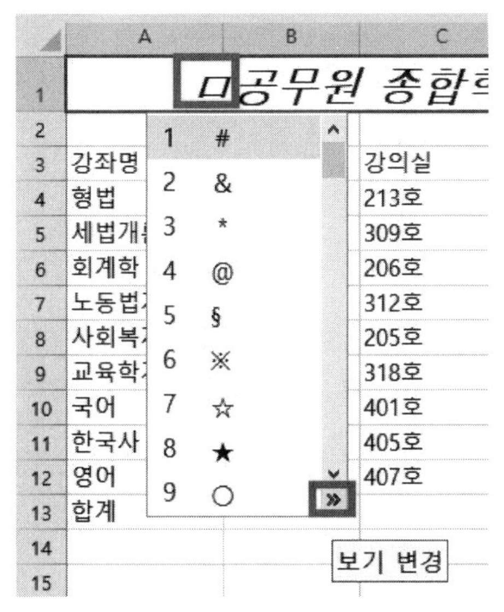

[A1] 셀에서 더블 클릭을 한 다음 문자 맨 앞에서 'ㅁ'을 입력하고 한자 키를 누른다. 보기 창이 나오면 밑에 있는 보기 변경을 클릭한다.

보기 변경을 통해 전체 특수 문자가 나오면 문제에서 요구하는 특수 문자를 찾아서 클릭을 한다. 문자 뒤에서도 똑같은 방법으로 진행한다.

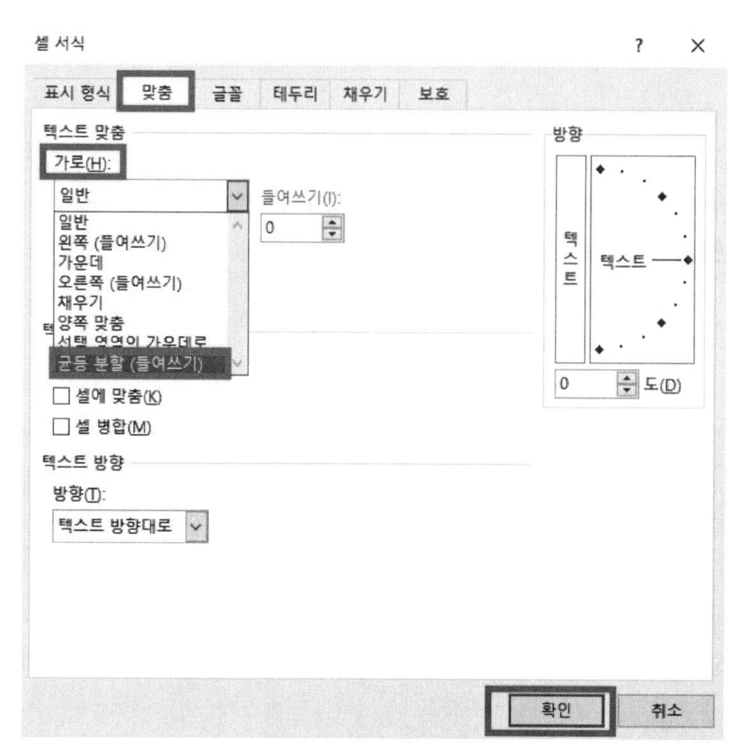


[A3:F3] 영역을 범위 지정한 다음 마우스 우클릭해서 셀 서식으로 들어간 다음에 [맞춤]-가로 : '균등 분할 (들여쓰기)'를 클릭한 다음 확인 을 클릭한다.

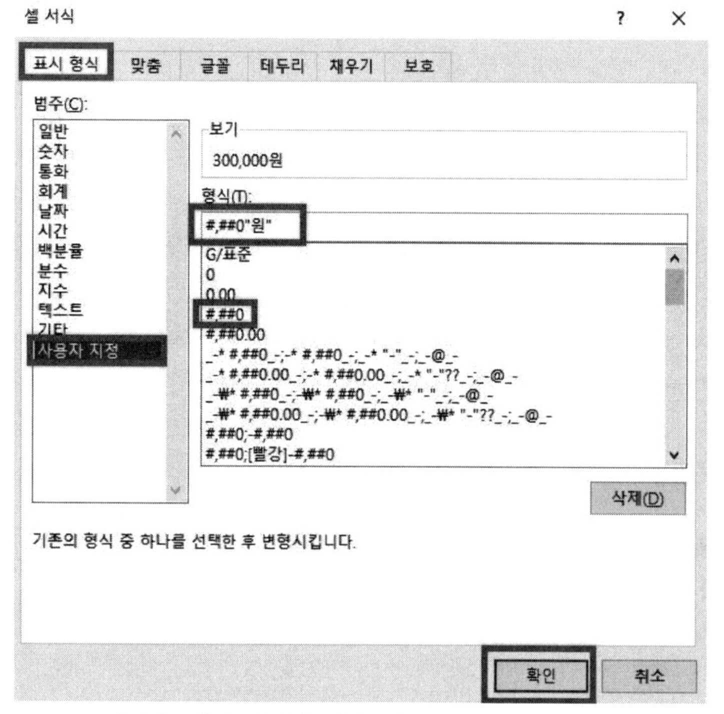


[F4:F13] 영역을 범위 지정한 다음 마우스 우클릭-[셀 서식]-[표시 형식]-[사용자 지정]으로 와서 '#,##0'을 클릭한 다음 뒤에 "원"을 입력하고 확인 을 클릭한다.

[A3:F13] 영역을 범위 지정한 다음 마우스 우클릭-[테두리]-'모든 테두리'를 선택한다.

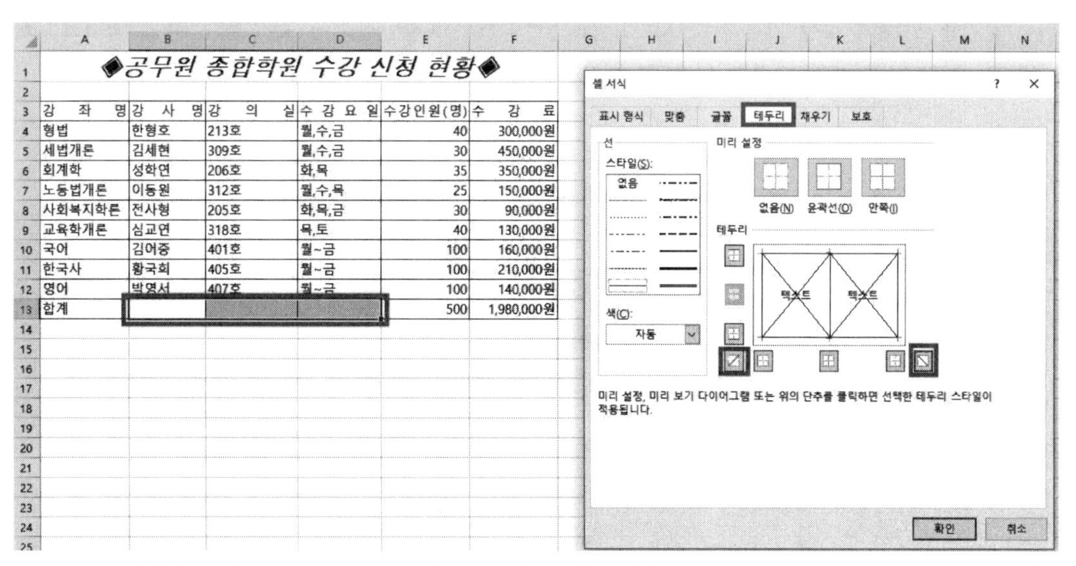


[B13:D13] 영역을 범위 지정한 다음 마우스 우클릭-[테두리]-'다른 테두리'를 클릭한 다음 셀 서식-테두리 창이 나오면 그림과 같이 클릭한 다음 확인 을 클릭한다.

기본작업3 :

| 재고량 | 판매비율 |
|---|---|
| <50 | |
| | <=70% |

[A22:B24] 영역에 조건을 그림과 같이 입력한다.

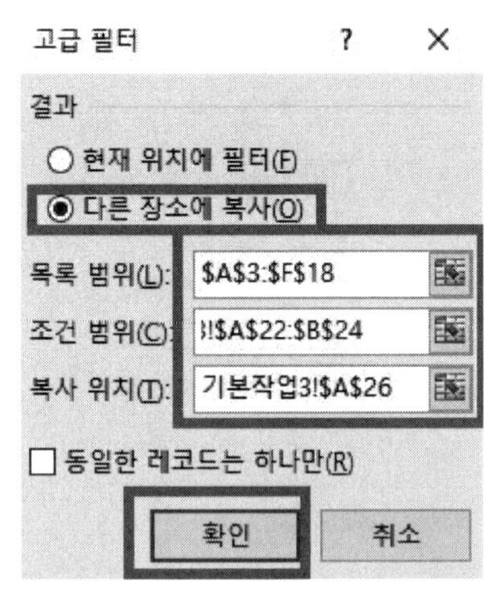


[A3:F18] 영역을 범위 지정한 다음 [데이터]-[고급]을 클릭해서 '다른 장소에 복사'를 먼저 클릭하고, 조건 범위에 [A22:B24]를 범위 지정한 다음 복사 위치에서 [A26] 셀을 클릭하고 확인 을 클릭한다.

계산작업 :

(1) [D3:D9] 영역을 범위 지정한 다음 =VLOOKUP(LEFT(A3,1),$A$11:$C$16,3,0)를 입력하고 Ctrl + Enter 를 누른다.

(2) [K3:K10] 영역을 범위 지정한 다음 =CHOOSE(RANK.EQ(J3,$J$3:$J$10),"컴퓨터","컴퓨터","카메라","카메라","모니터","모니터","","")를 입력하고 Ctrl + Enter 를 누른다.

(3) [E20:E25] 영역을 범위 지정한 다음 =DAYS(D20,C20)*B20를 입력하고 Ctrl + Enter 를 누른다.

(4) [L22:L27] 영역을 범위 지정한 다음 =IF(AND(I20>=70,J20>=70,K20>=70,AVERAGE(I20:K20)>=75),"진급","탈락")를 입력하고 Ctrl + Enter 를 누른다.

(5) [D39] 셀을 클릭한 후 =ROUND(SUMIF(C31:C38,C35,D31:D38)/COUNTIF(C31:C38,C35),-2)를 입력하고 Enter 를 누른다.

분석작업1 :

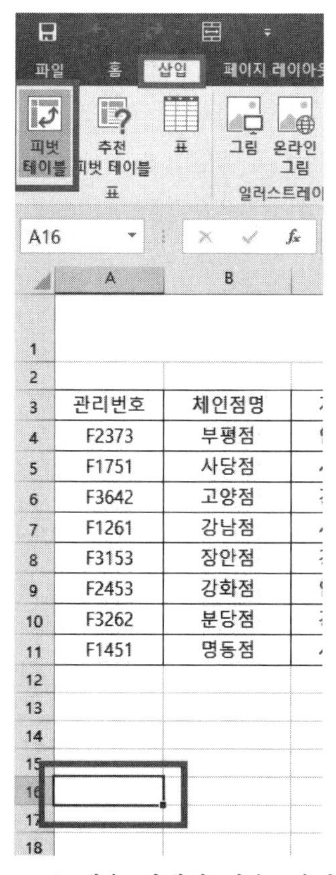


[A16] 셀을 선택한 다음 [삽입]-[피벗 테이블]을 클릭한다.

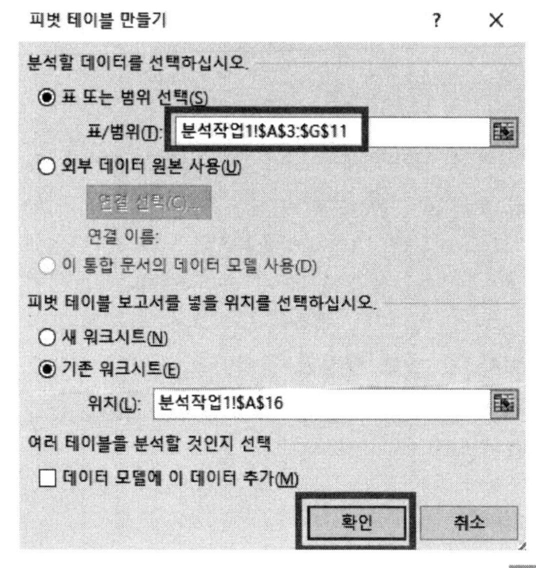


표/범위에 [A3:G11] 영역을 범위 지정한 다음 확인 을 클릭한다.

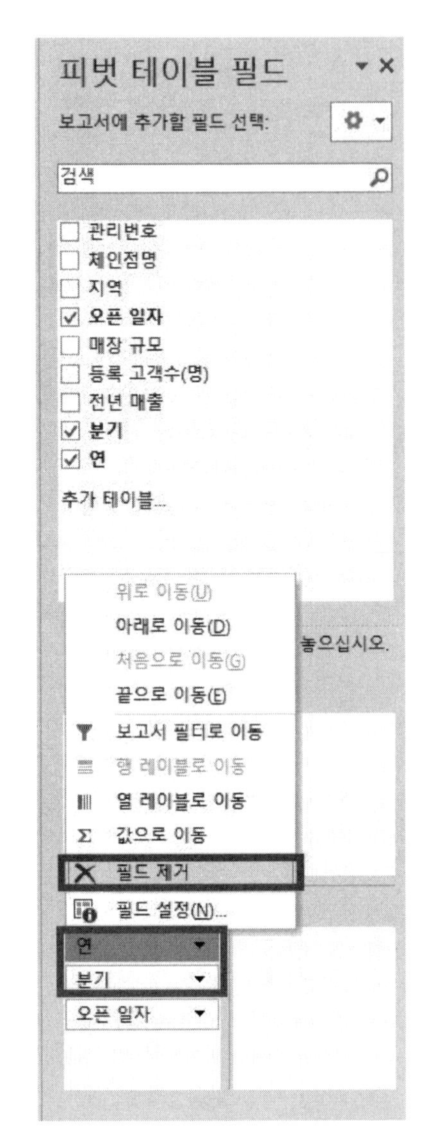


필드 창이 나오면 '오픈 일자'를 먼저 클릭한다. 연과 분기는 문제에서 따로 요구하지 않았기 때문에 각각 마우스 왼쪽으로 클릭해서 '필드 제거'를 누른다.

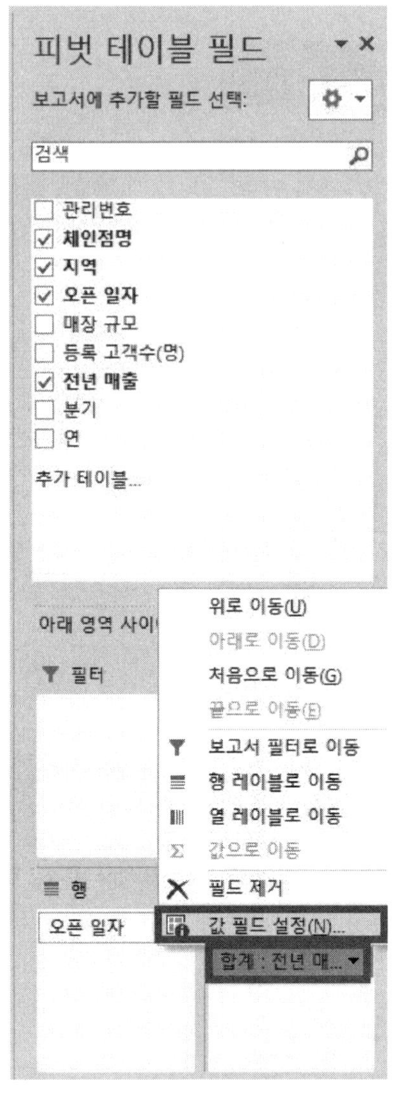


'지역'을 클릭해서 마우스 왼쪽으로 끌어서 열로 옮기고 '체인점명'을 클릭해서 '값'으로 이동시키고 '전년 매출'을 클릭한다. 그러면 '값'에 '개수 : 체인점명'과 '합계 : 전년 매출'이 생기는데 이 때 전년 매출에서 마우스 왼쪽을 클릭해서 '값 필드 설정'을 클릭하고 요약에 사용할 계산 유형으로 '평균'을 클릭한 다음 확인 을 클릭한다.

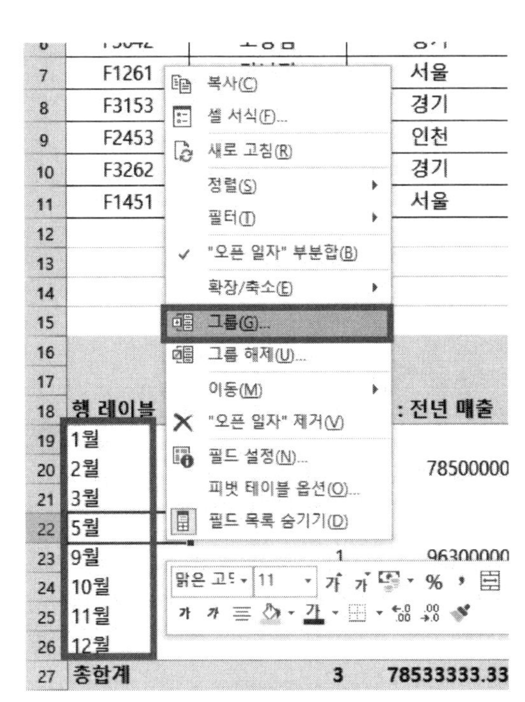


[A19:A26] 범위 중 아무 셀이나 하나를 선택해서 마우스 우클릭-[그룹]을 클릭한다.

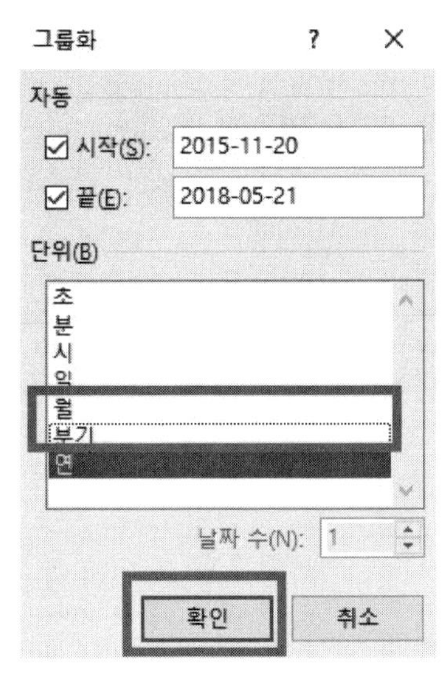


'월'과 '분기'만 체크 해제를 한 후 확인 을 클릭한다.

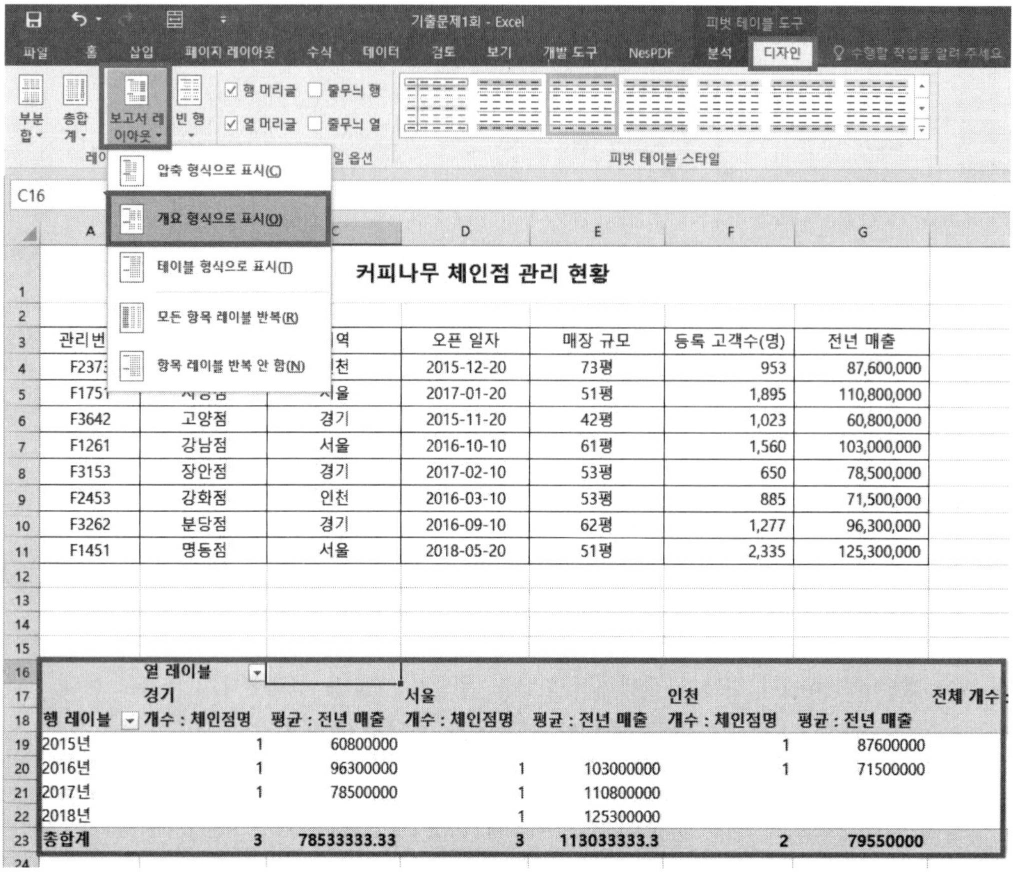

기출문제1회 - Excel 피벗 테이블 도구

파일 홈 삽입 페이지 레이아웃 수식 데이터 검토 보기 개발 도구 NesPDF 분석 디자인 수행할 작업을 알려 주세요

부분합 총합계 보고서 레이아웃 빈 행 | 행 머리글 | 줄무늬 행 | 열 머리글 | 줄무늬 열 | 피벗 테이블 스타일

- 압축 형식으로 표시(C)
- 개요 형식으로 표시(O)
- 테이블 형식으로 표시(T)
- 모든 항목 레이블 반복(R)
- 항목 레이블 반복 안 함(N)

C16

커피나무 체인점 관리 현황

| | A | B | C | D | E | F | G |
|---|---|---|---|---|---|---|---|
| 3 | 관리번 | | 역 | 오픈 일자 | 매장 규모 | 등록 고객수(명) | 전년 매출 |
| 4 | F237 | | 천 | 2015-12-20 | 73평 | 953 | 87,600,000 |
| 5 | F175 | | 울 | 2017-01-20 | 51평 | 1,895 | 110,800,000 |
| 6 | F3642 | 고양점 | 경기 | 2015-11-20 | 42평 | 1,023 | 60,800,000 |
| 7 | F1261 | 강남점 | 서울 | 2016-10-10 | 61평 | 1,560 | 103,000,000 |
| 8 | F3153 | 장안점 | 경기 | 2017-02-10 | 53평 | 650 | 78,500,000 |
| 9 | F2453 | 강화점 | 인천 | 2016-03-10 | 53평 | 885 | 71,500,000 |
| 10 | F3262 | 분당점 | 경기 | 2016-09-10 | 62평 | 1,277 | 96,300,000 |
| 11 | F1451 | 명동점 | 서울 | 2018-05-20 | 51평 | 2,335 | 125,300,000 |

| | | 열 레이블 | | | | | | |
|---|---|---|---|---|---|---|---|---|
| 17 | | 경기 | | 서울 | | 인천 | | 전체 개수 |
| 18 | 행 레이블 | 개수 : 체인점명 | 평균 : 전년 매출 | 개수 : 체인점명 | 평균 : 전년 매출 | 개수 : 체인점명 | 평균 : 전년 매출 | |
| 19 | 2015년 | 1 | 60800000 | | | 1 | 87600000 | |
| 20 | 2016년 | 1 | 96300000 | 1 | 103000000 | 1 | 71500000 | |
| 21 | 2017년 | 1 | 78500000 | 1 | 110800000 | | | |
| 22 | 2018년 | | | 1 | 125300000 | | | |
| 23 | 총합계 | 3 | 78533333.33 | 3 | 113033333.3 | 2 | 79550000 | |

피벗 테이블 보고서 아무 곳에서나 한 군데 셀을 선택한 다음 피벗 테이블 도구 : [디자인]-[보고서 레이아웃]-'개요 형식'으로 표시를 클릭한다.

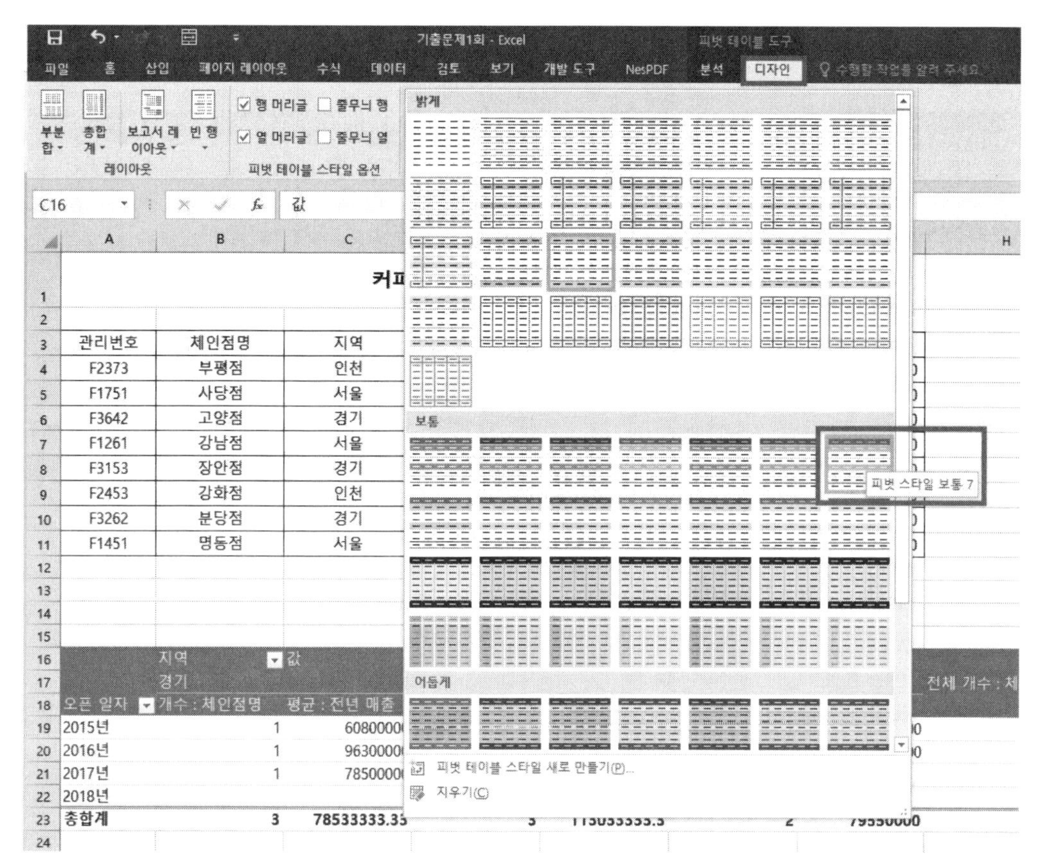

피벗 테이블 도구 : [디자인]-[피벗 테이블 스타일]-'피벗 스타일 보통 7'을 찾아서 클릭한다.

분석작업2 :

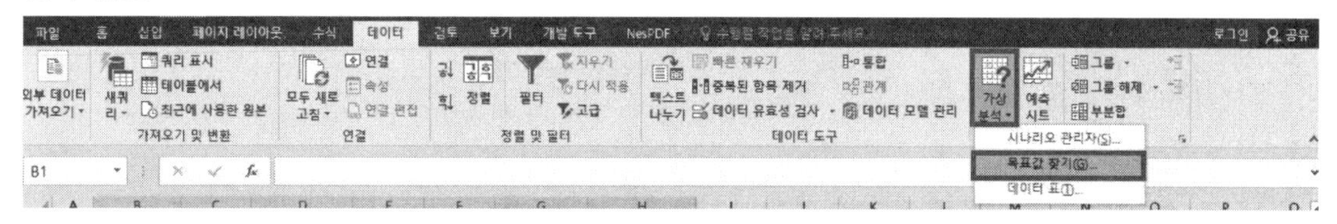

셀 포인터 위치에 상관없이 바로 [데이터]-[가상 분석]-[목표값 찾기]를 클릭한다.

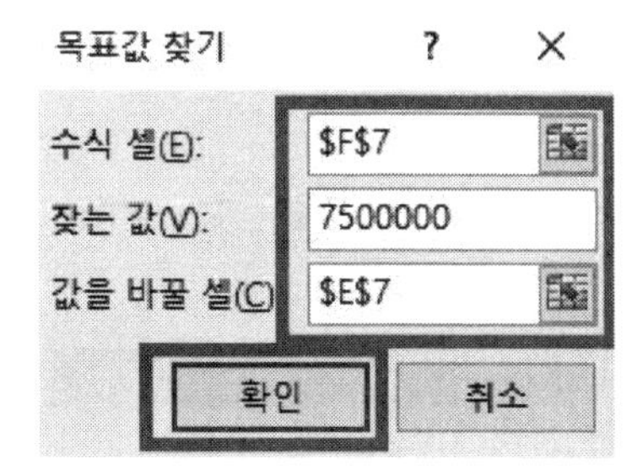


수식 셀에 [F7] 셀을 클릭하고 찾는 값에 7500000를 입력하고 값을 바꿀 셀에 [E7] 셀을 클릭한 다음 확인 을 클릭한다.

매크로 :
매크로1.

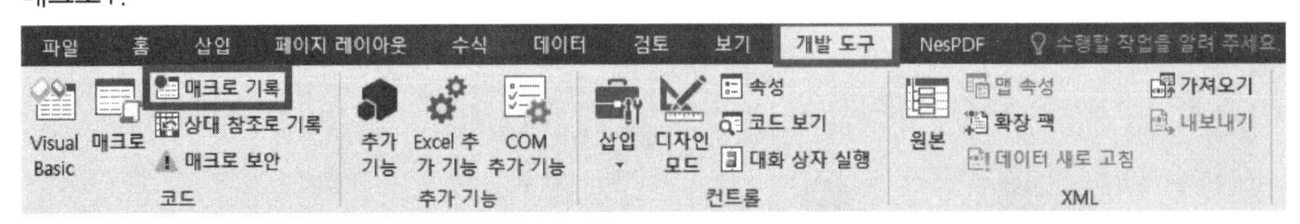


[A1:F7] 영역을 제외하고 아무 곳에서나 셀을 하나 클릭한 다음 [개발 도구]- 매크로 기록 을 클릭한다.

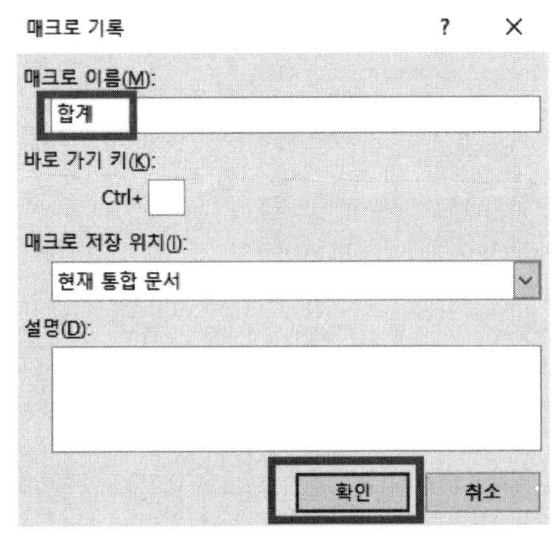


매크로 이름에는 '합계'를 입력하고 확인 을 클릭한다.

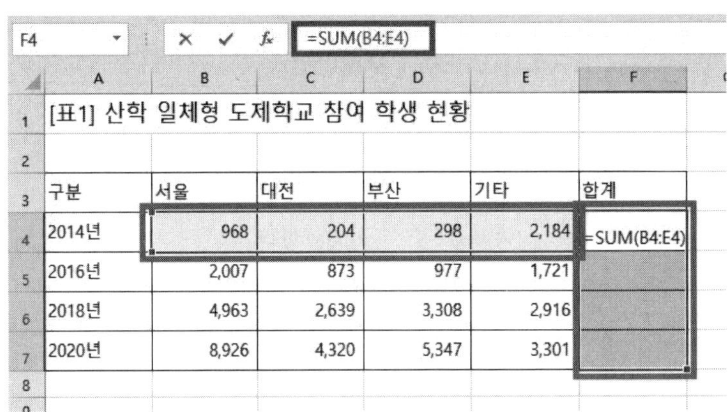


| | A | B | C | D | E | F |
|---|---|---|---|---|---|---|
| 1 | [표1] 산학 일체형 도제학교 참여 학생 현황 | | | | | |
| 2 | | | | | | |
| 3 | 구분 | 서울 | 대전 | 부산 | 기타 | 합계 |
| 4 | 2014년 | 968 | 204 | 298 | 2,184 | =SUM(B4:E4) |
| 5 | 2016년 | 2,007 | 873 | 977 | 1,721 | |
| 6 | 2018년 | 4,963 | 2,639 | 3,308 | 2,916 | |
| 7 | 2020년 | 8,926 | 4,320 | 5,347 | 3,301 | |
| 8 | | | | | | |

[F4:F7] 영역을 범위 지정한 다음 수식 입력줄에 =SUM(B4:B7)을 입력하고 Ctrl + Enter 를 누른다.

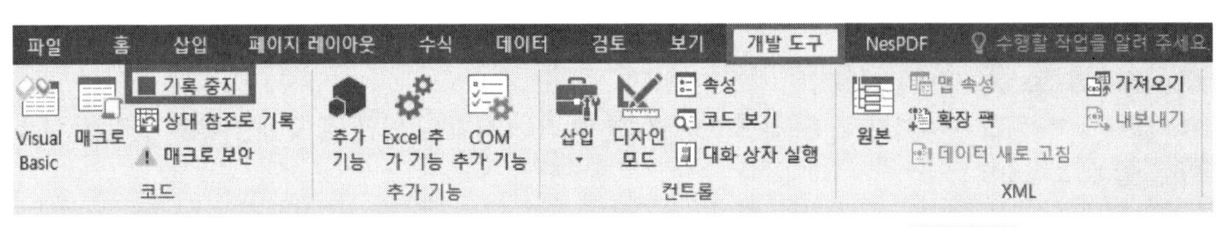


[A1:F7] 영역을 제외하고 아무 곳에서나 셀을 하나 클릭한 다음 [개발 도구]- 기록 중지 를 클릭한다.

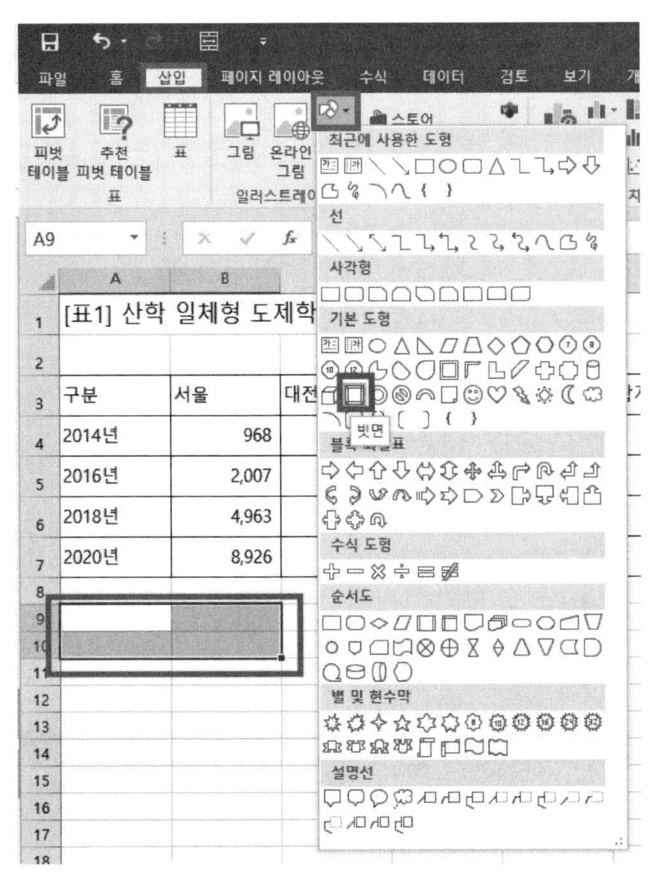


[A9:B10] 영역을 범위 지정한 다음 [삽입]-[도형]-'빗면'을 선택해서 Alt 키를 누른 상태로 마우스로 드래그하여 도형을 삽입한다.

'합계'를 입력한 후 마우스 우클릭-[매크로 지정]을 클릭한다.

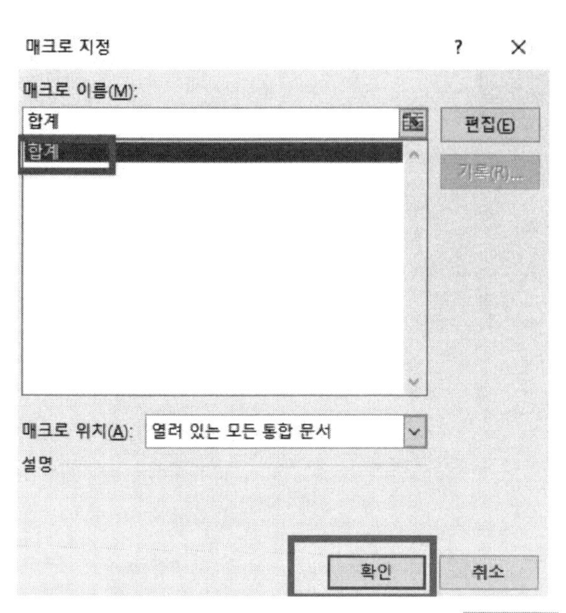


매크로 이름 중 '합계'를 찾아서 클릭하고 확인 을 클릭한다.

매크로2.

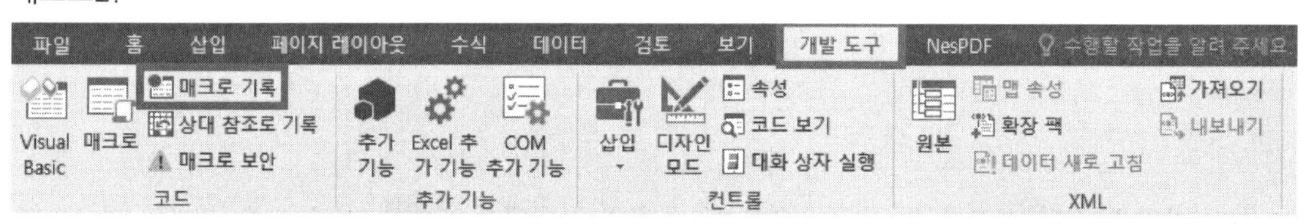


[A1:F7] 영역을 제외하고 아무 곳에서나 셀을 하나 클릭한 다음 [개발 도구]- 매크로 기록 을 클릭한다.

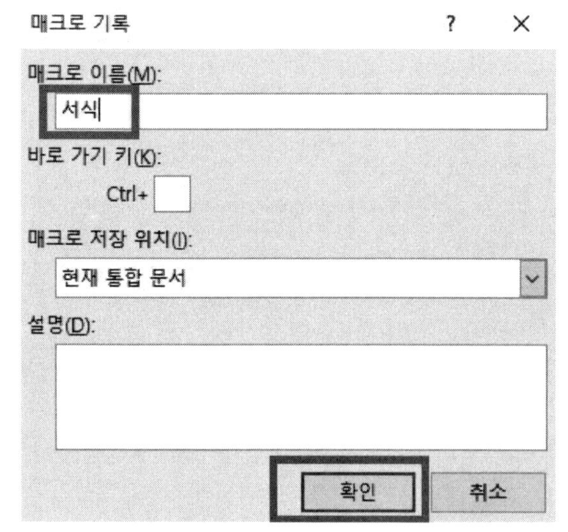


매크로 이름에는 '서식'을 입력하고 확인 을 클릭한다.

|  | A | B | C | D | E | F |
|---|---|---|---|---|---|---|
| 1 | [표1] 산학 일체형 도제학교 참여 학생 현황 |  |  |  |  |  |
| 2 |  |  |  |  |  |  |
| 3 | 구분 | 서울 | 대전 | 부산 | 기타 | 합계 |
| 4 | 2014년 | 968 | 204 | 298 | 2,184 | 3,654 |
| 5 | 2016년 | 2,007 | 873 | 977 | 1,721 | 5,578 |
| 6 | 2018년 | 4,963 | 2,639 | 3,308 | 2,916 | 13,826 |
| 7 | 2020년 | 8,926 | 4,320 | 5,347 | 3,301 | 21,894 |
| 9-10 | 합계 |  |  |  |  |  |

맑은 고딕 11 / 테마 색 / 표준 색 / 노랑 / 채우기 없음(N) / 다른 색(M)...

[A3:F3] 영역을 범위 지정한 다음 마우스 우클릭-채우기 색 '표준 색 - 노랑'을 클릭하고 옆에 있는 '가운데 맞춤'을 클릭한다.

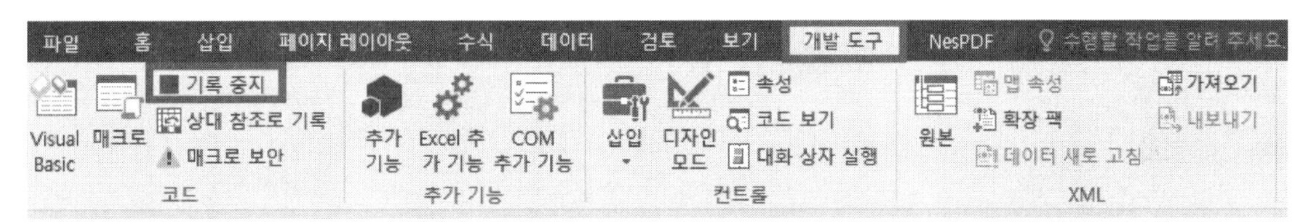


[A1:F7] 영역을 제외하고 아무 곳에서나 셀을 하나 클릭한 다음 [개발 도구]-기록 중지를 클릭한다.

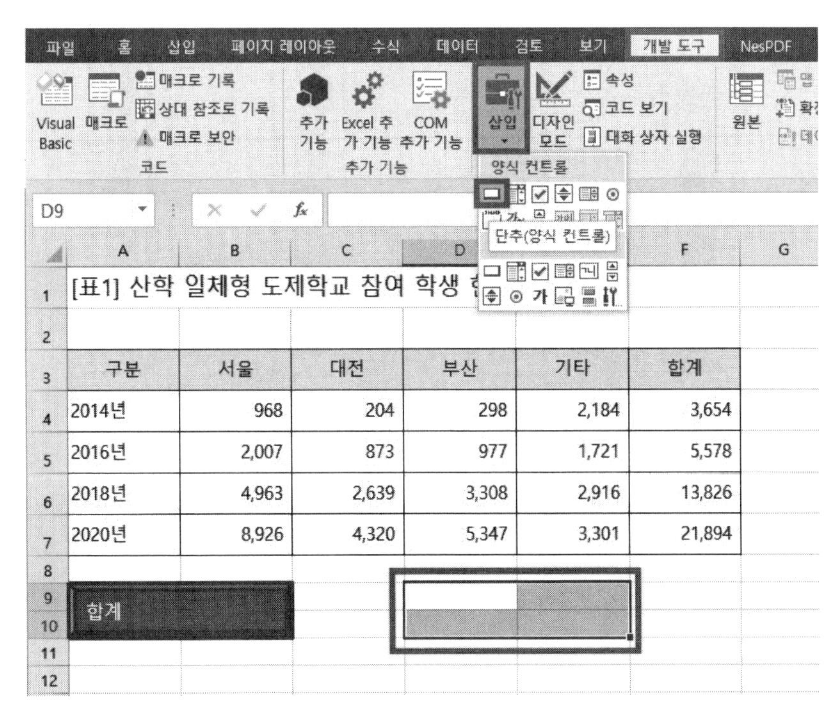


[D9:E10] 영역을 범위 지정한 다음 [개발 도구]-[삽입]-양식 컨트롤-'단추'를 선택한 다음 Alt 키를 누른 상태로 마우스로 드래그하여 삽입한다.

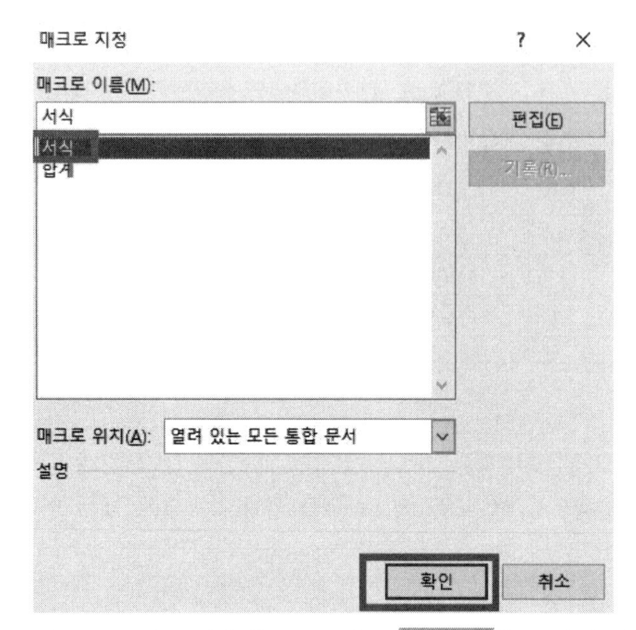


매크로 이름 중 '서식'을 클릭하고 확인 을 클릭한 다음 단추에 '서식'을 입력한다.

차트 :

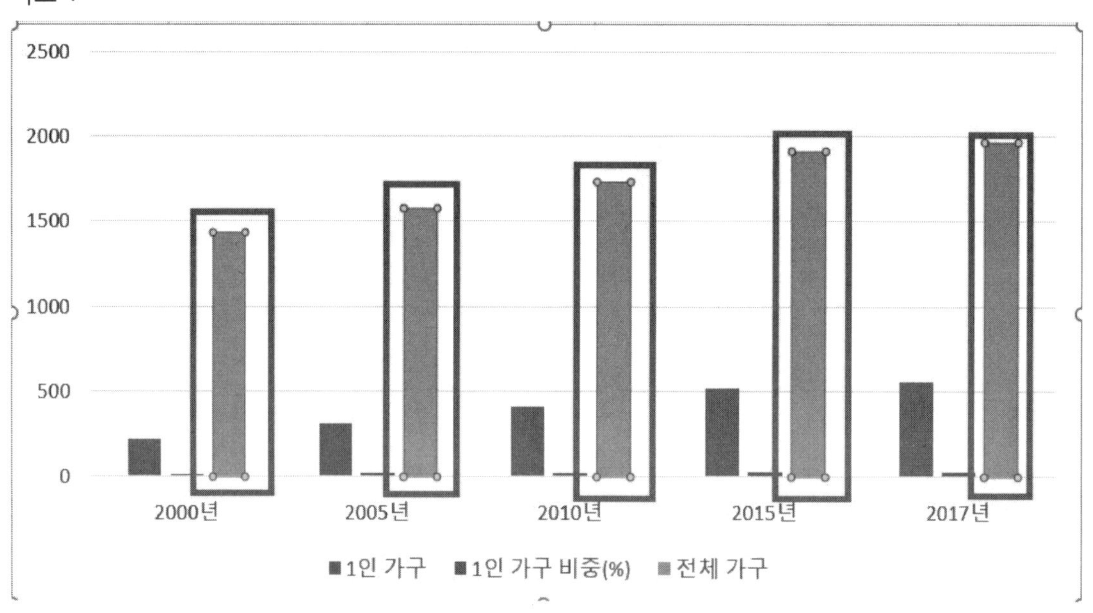


'전체 가구' 계열을 아무거나 하나 선택한 다음 Delete 키를 누른다.

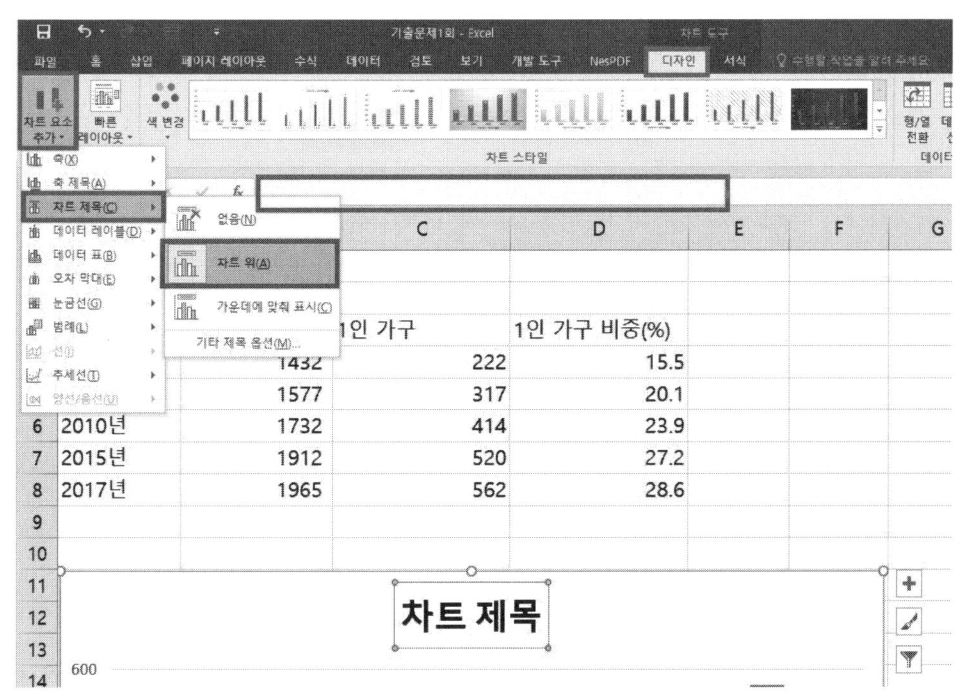


차트 영역에서 더블 클릭을 한 다음 [차트 도구]-[디자인]-[차트 요소 추가]-[차트 제목]-'차트 위'를 클릭한 다음 수식 입력줄에 '1인 가구의 규모와 성장세'를 입력하고 Enter 를 누른다.

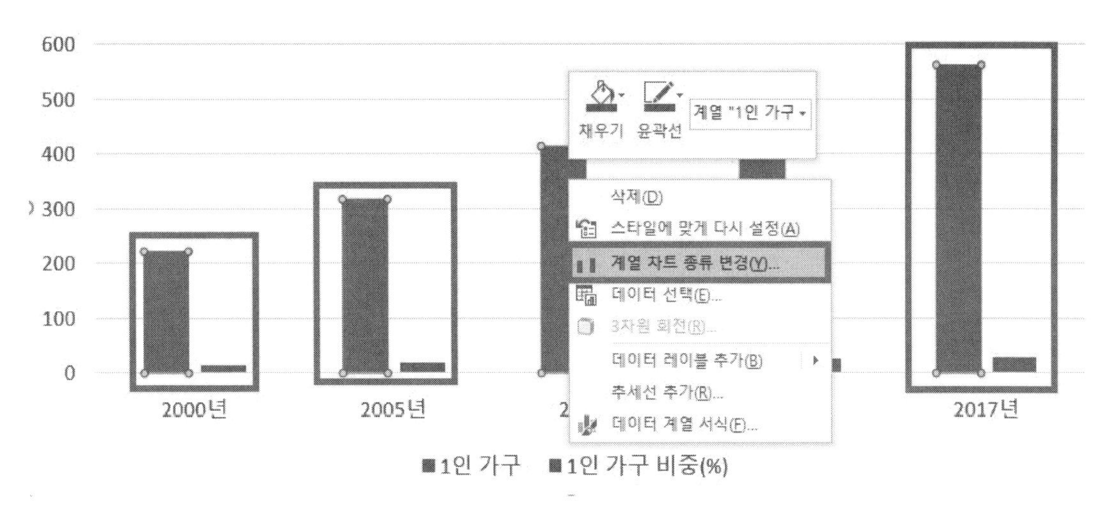


데이터 계열(막대)를 아무거나 한 개를 선택한 다음 마우스 우클릭-[계열 차트 종류 변경]을 클릭한다.

콤보 상자에서 1인 가구 비중(%) 차트 종류를 '표식이 있는 꺾은선형'으로 선택하고 옆에 있는 '보조 축'을 체크한다.

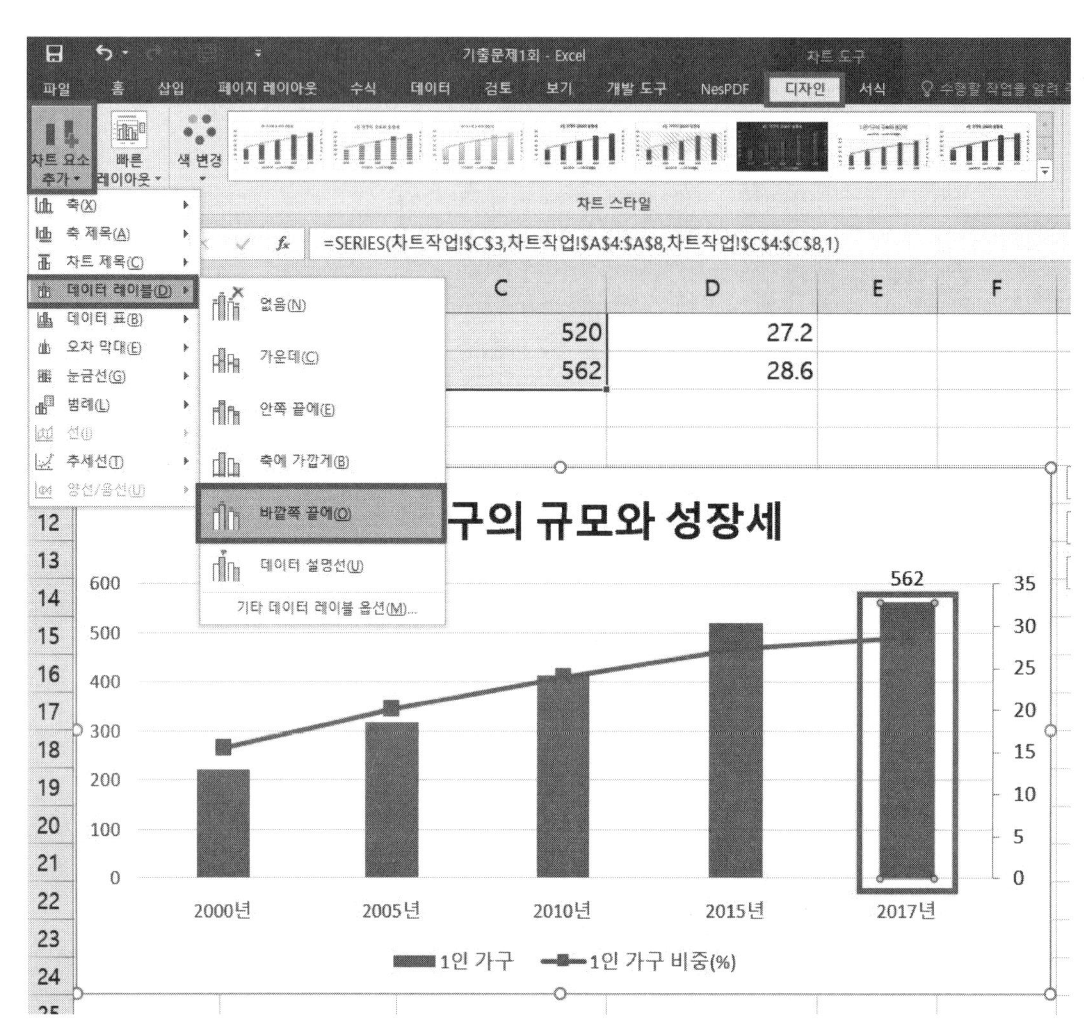


1인 가구 데이터 계열 하나를 선택하면 처음에 전체가 선택이 되고 2017년 계열을 한번 더 선택하면 2017년 계열만 선택이 되는데 이 때 [차트 도구]-[디자인]-[차트 요소 추가]-[데이터 레이블]에서 '바깥쪽 끝에'를 클릭한다.

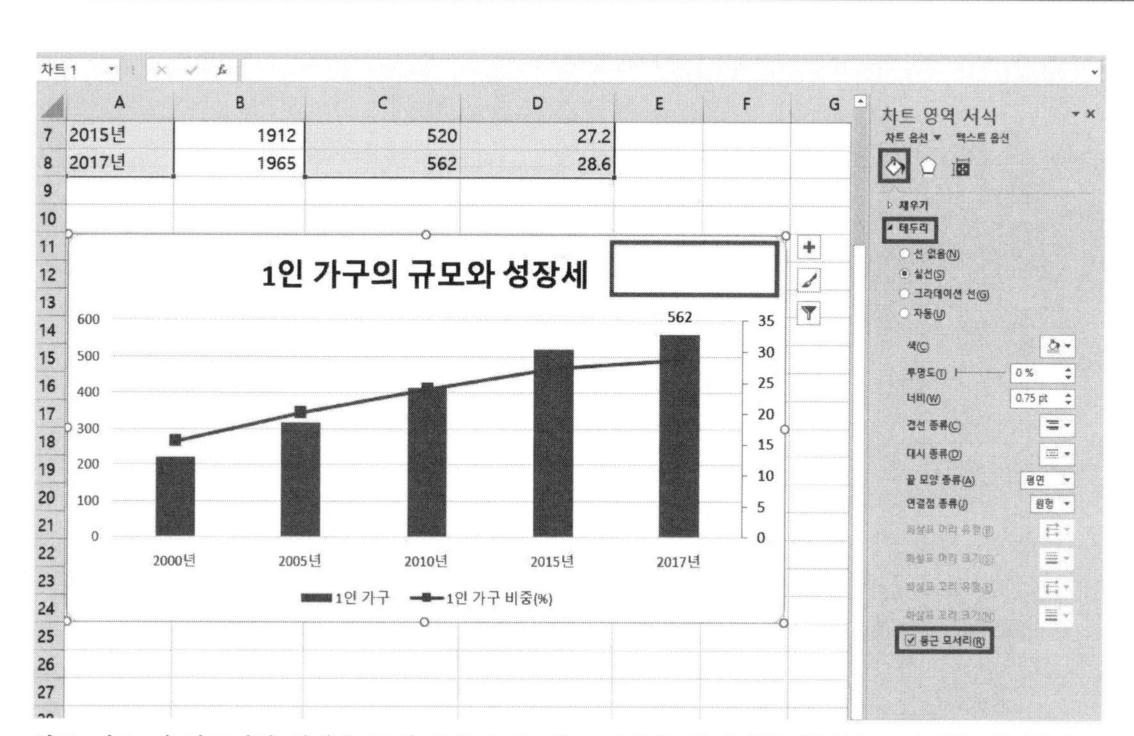


차트 제목 때 만들어진 서식을 통해 채우기 및 선 아이콘을 클릭-테두리-'둥근 모서리'를 클릭한다.

국 가 기 술 자 격 검 정

# 컴퓨터활용능력 실기 실전 예상 기출문제 2회

| 프로그램명 | 제한시간 |
|---|---|
| EXCEL 2021 | 40분 |

수험번호 :

성　　명 :

| 2급 | B형 |
|---|---|

〈유 의 사 항〉

■ 인적 사항 누락 및 잘못 작성으로 인한 불이익은 수험자 책임으로 합니다.

■ 작성된 답안은 주어진 경로 및 파일명을 변경하지 마시고 그대로 저장해야 합니다.
이를 준수하지 않으면 실격 처리됩니다.

■ 별도의 지시사항이 없는 경우, 다음과 같이 처리 시 실격 처리됩니다.
○ 제시된 시트 및 개체의 순서나 이름을 임의로 변경한 경우
○ 제시된 시트 및 개체를 임의로 추가 또는 삭제한 경우

■ 답안은 반드시 문제에서 지시 또는 요구한 셀에 입력하여야 하며 다음과 같이 처리 시 채점 대상에서 제외됩니다.
○ 수험자가 임의로 지시하지 않은 셀의 이동, 수정, 삭제, 변경 등으로 인해 셀의 위치 및 내용이 변경된 경우 해당 작업에 영향을 미치는 관련 문제 모두 채점 대상에서 제외
○ 도형 및 차트의 개체가 중첩되어 있거나 동일한 계산결과 시트가 복수로 존재할 경우 해당 개체나 시트는 채점 대상에서 제외

■ 수식 작성 시 제시된 문제 파일의 데이터는 변경 가능한(가변적) 데이터임을 감안하여 문제 풀이를 하시오.

■ 별도의 지시사항이 없는 경우, 주어진 각 시트 및 개체의 설정값 또는 기본 설정값(Default)으로 처리하시오.

■ 저장 시간은 별도로 주어지지 않으므로 제한된 시간 내에 저장을 완료해야 하며, 제한 시간 내에 저상이 되시 않은 경우에는 실격 처리됩니다.

■ 출제된 문제의 용어는 Microsoft Office 2021 기준으로 작성되어 있습니다.

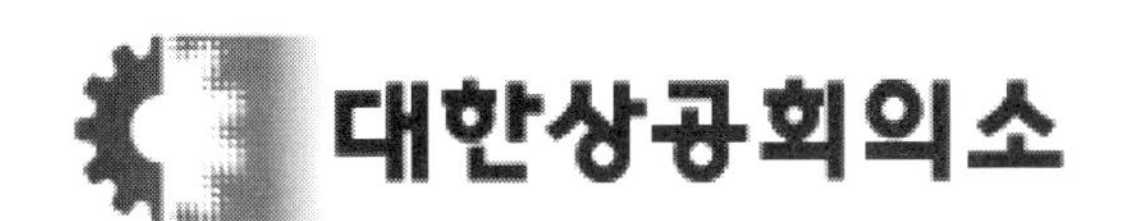

## 문제1 기본작업(20점) 주어진 시트에서 다음 과정을 수행하고 저장하시오.

### 1. '기본작업-1' 시트에 다음의 자료를 주어진 대로 입력하시오. (5점)

| | A | B | C | D | E | F |
|---|---|---|---|---|---|---|
| 1 | 사원별 급여 현황 | | | | | |
| 2 | | | | | | |
| 3 | 부서명 | 사원코드 | 직위 | 년차 | 기본급 | 수당 |
| 4 | 행정관리부 | FT125-8N | 과장 | 6년차 | 3,120,000 | 156,000 |
| 5 | 홍보전산부 | KJ057-9V | 과장 | 7년차 | 3,200,000 | 160,000 |
| 6 | 전략기획부 | AC294-6B | 부장 | 12년차 | 4,530,000 | 226,500 |
| 7 | 교육사업부 | IY950-7C | 대리 | 5년차 | 3,050,000 | 152,500 |
| 8 | 영업지원부 | HG742-3P | 팀장 | 8년차 | 3,350,000 | 167,500 |

### 2. '기본작업-2' 시트에 대하여 다음의 지시사항을 처리하시오. (각 2점)

① [A1:G1] 영역은 '병합하고 가운데 맞춤', 글꼴 'HY견고딕', 크기 '17', 글꼴 스타일 '기울임꼴'로 지정하시오.

② [A3:G3], [A4:C11] 영역은 '가로 가운데 맞춤', 셀 스타일 '20% - 강조색2'로 지정하시오.

③ [G4:G11] 영역의 이름을 '총점'으로 정의하고, [C3] 셀의 '성별'을 한자 '性別'로 변환하시오.

④ [A4:A11] 영역은 사용자 지정 표시 형식을 이용하여 값 뒤에 '학번'을 [표시 예]와 같이 표시하시오. [표시 예 : 2000 → 2000학번]

⑤ [A3:G11] 영역에 '모든 테두리(田)'를 적용하고, '굵은 바깥쪽 테두리(□)'도 적용하시오.

### 3. '기본작업-3' 시트에서 다음의 지시사항을 처리하시오. (5점)

- [A4:F11] 영역에 대하여 분류가 '숄더백'이거나, 할인율이 '20%'를 초과하는 행 전체에 대하여 글꼴 스타일을 '굵게', 글꼴 색을 '표준 색 - 파랑'으로 지정하는 조건부 서식을 작성하시오.
  - ▶ OR 함수 사용
  - ▶ 단, 규칙 유형은 '수식을 사용하여 서식을 지정할 셀 결정'을 사용하고, 한 개의 규칙으로만 작성하시오.

## 문제2 계산작업(40점) '계산작업' 시트에서 다음 과정을 수행하고 저장하시오.

1. [표1]에서 주민등록번호[D3:D10]의 첫 번째, 두 번째 자리를 이용하여 나이[E3:E10]를 표시하시오. (8점)

   ▶ 나이 : 현재년도-출생년도-2000

   ▶ MID, TODAY, YEAR 함수 사용

2. [표2]에서 총점[K3:K10]이 첫 번째로 낮은 사람은 '매우미흡', 두 번째로 낮은 사람은 '미흡', 그렇지 않은 사람은 공백을 순위[L3:L10]에 표시하시오. (8점)

   ▶ IF, SMALL 함수 사용

3. [표3]에서 원서번호[A14:A21]의 왼쪽에서 두 번째 문자와 [B23:D24] 영역을 참조하여 지원학과[D14:D21]를 표시하시오. 단, 오류 발생시 지원학과[D14:D21]에 '코드오류'로 표시하시오. (8점)

   ▶ IFERROR, HLOOKUP, MID 함수 사용

4. [표4]에서 지점명[I14:I20]이 '영등포'인 계약 총액[K14:L20]의 평균을 계산하여 [K21]에 표시하시오. (8점)

   ▶ SUMIFS, AVERAGEIF, COUNTIF 중 알맞은 함수 사용

5. [표5]에서 분류[A28:A34]가 '산악용'인 제품의 판매금액[C28:C34]의 평균을 [B37] 셀에 표시시오. (8점)

   ▶ 조건은 [A36:A37] 영역에 입력하여 이용

   ▶ 평균은 천의 자리까지 표시 [표시 예 : 1,973,600 → 1,974,000]

   ▶ ROUND, DAVERAGE 함수 사용

## 문제3 분석작업(20점) 주어진 시트에서 다음 작업을 수행하고 저장하시오.

### 1. '분석작업-1' 시트에 대하여 다음의 지시사항을 처리하시오. (10점)

'대출금 상환액' 표는 대출금[D5], 이자율(%)[D6], 대출 기간(년)[D7]을 이용하여 상환액(월)[D8]을 계산한 것이다. '데이터 표' 기능을 이용하여 이자율(%), 대출기간의 변동에 따른 상환액(월)의 변화를 [E12:K17] 영역에 계산하시오.

### 2. '분석작업-2' 시트에 대하여 다음의 지시사항을 처리하시오. (10점)

- '상공회사 10월 자동차 판매 현황' 표에서 마진율[C17]과 인센티브[C18]가 다음과 같이 변동하는 경우 직급이 '차장'인 사원들의 영업이익[G7, G10]의 변동 시나리오를 작성하시오.

▶ [C17] 셀의 이름은 '마진율', [C18] 셀의 이름은 '인센티브', [G7] 셀의 이름은 '정정호', [G10] 셀의 이름은 '장지승'으로 정의하시오.

▶ 시나리오1 : 시나리오 이름은 '영업이익증가', 마진율을 '30%', 인센티브를 '5%'로 설정하시오.

▶ 시나리오2 : 시나리오 이름은 '영업이익감소', 마진율을 '10%', 인센티브를 '15%'로 설정하시오.

▶ 시나리오 요약 시트는 '분석작업-2' 시트의 바로 왼쪽에 위치해야 함

※ **시나리오 요약 보고서 작성 시 정답과 일치하여야 하며, 오자로 인한 부분점수는 인정하지 않음**

## 문제4 기타작업(20점) 주어진 시트에서 다음 작업을 수행하고 저장하시오.

1. '매크로작업' 시트의 [표1]에서 다음과 같은 기능을 수행하는 매크로를 현재 통합 문서에 작성하고 실행하시오. (각 5점)

   ① [D4:D14] 영역에 평균을 계산하는 매크로를 생성하여 실행하시오.
   - ▶ 매크로 이름 : 평균
   - ▶ AVERAGE 함수 사용
   - ▶ [도형]-[기본 도형]의 '웃는 얼굴(☺)'을 동일 시트의 [G3:G5] 영역에 생성하고, 도형을 클릭할 때 '평균' 매크로가 실행되도록 설정하시오.

   ② [A3:D3] 영역에 글꼴 색 '표준 색 - 파랑'으로 설정하는 매크로를 생성하여 실행하시오.
   - ▶ 매크로 이름 : 글꼴색
   - ▶ [개발 도구]-[삽입]-[양식 컨트롤]의 '단추'를 동일 시트의 [G7:G9] 영역에 생성하고, 텍스트를 '글꼴색'으로 입력한 후 단추를 클릭할 때 '글꼴색' 매크로가 실행되도록 설정하시오.

     **※ 셀 포인터의 위치에 상관 없이 현재 통합 문서에서 매크로가 실행되어야 정답으로 인정됨**

2. '차트작업' 시트의 차트를 지시사항에 따라 아래 그림과 같이 수정하시오. (각 2점)

   **※ 차트는 반드시 문제에서 제공한 차트를 사용하여야 하며, 신규로 작성 시 0점 처리됨**

   ① 출력형태와 같이 '등록 고객수'의 영역이 차트에 표시되도록 데이터를 추가하시오.

   ② 차트 제목은 '차트 위'로 지정한 후 [A1] 셀과 연동되도록 설정하시오.

   ③ 등록 고객수 데이터를 '표식이 있는 꺾은선형'으로 변경 후 '보조 축'으로 지정하시오

   ④ 기본 세로(값) 축의 주 단위는 '30,000'으로 지정하시오.

   ⑤ 범례의 위치는 '오른쪽'으로 지정하고, 도형 스타일은 '미세 효과 - 바다색, 강조5'로 지정하시오.

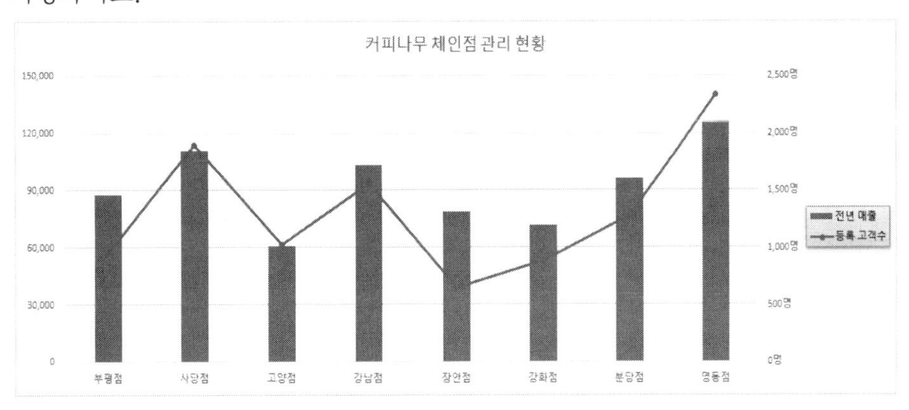

## 정답

기본작업1

| | A | B | C | D | E | F |
|---|---|---|---|---|---|---|
| 1 | 사원별 급여 현황 | | | | | |
| 2 | | | | | | |
| 3 | 부서명 | 사원코드 | 직위 | 년차 | 기본급 | 수당 |
| 4 | 행정관리부 | FT125-8N | 과장 | 6년차 | 3,120,000 | 156,000 |
| 5 | 홍보전산부 | KJ057-9V | 과장 | 7년차 | 3,200,000 | 160,000 |
| 6 | 전략기획부 | AC294-6B | 부장 | 12년차 | 4,530,000 | 226,500 |
| 7 | 교육사업부 | IY950-7C | 대리 | 5년차 | 3,050,000 | 152,500 |
| 8 | 영업지원부 | HG742-3P | 팀장 | 8년차 | 3,350,000 | 167,500 |

기본작업2

| | A | B | C | D | E | F | G |
|---|---|---|---|---|---|---|---|
| 1 | ***정보처리학과 성적표*** | | | | | | |
| 2 | | | | | | | |
| 3 | 학번 | 성명 | 性別 | 중간 | 기말 | 과제 | 총점 |
| 4 | 2021학번 | 박정민 | 남 | 29 | 31 | 14 | 74 |
| 5 | 2021학번 | 김기용 | 남 | 36 | 33 | 17 | 86 |
| 6 | 2020학번 | 정수현 | 여 | 37 | 29 | 15 | 81 |
| 7 | 2021학번 | 강대진 | 남 | 43 | 42 | 18 | 103 |
| 8 | 2020학번 | 김승환 | 남 | 21 | 40 | 20 | 81 |
| 9 | 2020학번 | 문진희 | 여 | 28 | 29 | 8 | 65 |
| 10 | 2018학번 | 여승민 | 남 | 40 | 39 | 16 | 95 |
| 11 | 2019학번 | 이혜정 | 여 | 33 | 36 | 11 | 80 |

기본작업3

| | A | B | C | D | E | F |
|---|---|---|---|---|---|---|
| 1 | 가방나라 쇼핑몰 판매 현황 | | | | | |
| 2 | | | | | | |
| 3 | 상품명 | 분류 | 출시일 | 할인율 | 판매가(단위 : 원) | 판매량(단위 : 개) |
| 4 | **모던폭스** | **숄더백** | **2020-12-17** | **5%** | **230,000** | **1,018** |
| 5 | 엘루스벤 | 노트북가방 | 2019-01-09 | 20% | 130,000 | 869 |
| 6 | 제인 | 노트북가방 | 2018-03-07 | 10% | 210,000 | 2,519 |
| 7 | 위드찰리 | 크로스백 | 2017-03-27 | 10% | 98,200 | 473 |
| 8 | **빈티지아모르** | **숄더백** | **2018-01-11** | **15%** | **165,000** | **2,223** |
| 9 | **스누피** | **크로스백** | **2017-01-31** | **30%** | **150,000** | **1,568** |
| 10 | 루딘 | 크로스백 | 2020-11-04 | 5% | 187,000 | 608 |
| 11 | 사코슈 | 노트북가방 | 2017-07-24 | 17% | 120,000 | 1,365 |

## 계산작업

[표1]

| 회원번호 | 이름 | 성별 | 주민등록번호 | 나이 |
|---|---|---|---|---|
| AB-01 | 한정훈 | 남 | 020411-3****** | 20 |
| AB-02 | 윤준철 | 남 | 040310-3****** | 18 |
| AB-03 | 윤미영 | 여 | 000625-4****** | 22 |
| AB-04 | 김기현 | 남 | 010101-3****** | 21 |
| AB-05 | 김지예 | 여 | 050814-4****** | 17 |
| AB-06 | 박예진 | 여 | 031216-4****** | 19 |
| AB-07 | 한현철 | 남 | 010225-3****** | 21 |
| AB-08 | 전미애 | 여 | 061010-4****** | 16 |

[표2]

| 이름 | 국사 | 상식 | 총점 | 순위 |
|---|---|---|---|---|
| 이후정 | 82 | 94 | 176 | |
| 백천경 | 63 | 83 | 146 | |
| 민경배 | 76 | 86 | 162 | |
| 김태하 | 62 | 77 | 139 | 매우미흡 |
| 이사랑 | 92 | 96 | 188 | |
| 곽난영 | 85 | 80 | 165 | |
| 장채리 | 80 | 63 | 143 | |
| 봉전미 | 73 | 68 | 141 | 미흡 |

[표3]

| 원서번호 | 이름 | 거주지 | 지원학과 |
|---|---|---|---|
| AT-120 | 이민수 | 서울시 강동구 | 코드오류 |
| AS-082 | 김병훈 | 대전시 유성구 | 소프트웨어 |
| AB-035 | 최주영 | 인천시 동구 | 코드오류 |
| AM-072 | 길미라 | 서울시 은평구 | 멀티미디어 |
| AS-141 | 나태후 | 경기도 수원시 | 소프트웨어 |
| AN-033 | 전명태 | 서울시 영등포구 | 네트워크 |
| AM-037 | 조영선 | 강원도 원주시 | 멀티미디어 |
| AN-028 | 박민혜 | 충청북도 청주시 | 네트워크 |

| 학과코드 | S | N | M |
|---|---|---|---|
| 학 과 명 | 소프트웨어 | 네트워크 | 멀티미디어 |

[표4]

| 성명 | 지점명 | 계약 건수 | 계약 총액 |
|---|---|---|---|
| 구현서 | 영등포 | 125 | 32,565,411 |
| 김경화 | 광화문 | 172 | 49,545,125 |
| 최준기 | 남양주 | 132 | 39,887,110 |
| 유근선 | 영등포 | 127 | 20,100,095 |
| 김은혜 | 남양주 | 211 | 57,998,011 |
| 허윤기 | 영등포 | 101 | 19,885,445 |
| 유제관 | 광화문 | 97 | 35,225,440 |
| 영등포 지점 평균 | | | 24,183,650 |

[표5]

| 분류 | 제품명 | 판매금액 |
|---|---|---|
| 아동용 | 아이비 | 3,600,000 |
| 산악용 | MTB500 | 1,973,700 |
| 일반용 | 선데이7단 | 3,267,000 |
| 산악용 | MTB100 | 2,142,000 |
| 일반용 | 표준형 | 2,050,000 |
| 산악용 | MTB300 | 3,172,500 |
| 아동용 | 핑키 | 2,900,000 |

| 분류 | 산악용 자전거 판매금액 평균 |
|---|---|
| 산악용 | 2,429,000 |

## 분석작업1

| | | 이자율(%) | | | | | | |
|---|---|---|---|---|---|---|---|---|
| | 1,427,768 | 1.2 % | 1.5 % | 1.8 % | 2.1 % | 2.4 % | 2.7 % | 3.0 % |
| 대출 기간 | 1년 | 4,193,800 | 4,200,598 | 4,207,403 | 4,214,214 | 4,221,032 | 4,227,855 | 4,234,685 |
| | 2년 | 2,109,475 | 2,116,041 | 2,122,620 | 2,129,212 | 2,135,816 | 2,142,432 | 2,149,061 |
| | 3년 | 1,414,733 | 1,421,241 | 1,427,768 | 1,434,313 | 1,440,877 | 1,447,459 | 1,454,060 |
| | 4년 | 1,067,387 | 1,073,880 | 1,080,397 | 1,086,940 | 1,093,507 | 1,100,099 | 1,106,716 |
| | 5년 | 859,000 | 865,494 | 872,020 | 878,577 | 885,165 | 891,784 | 898,435 |
| | 6년 | 720,091 | 726,597 | 733,140 | 739,720 | 746,337 | 752,992 | 759,684 |

## 분석작업2

| 시나리오 요약 | | | | |
|---|---|---|---|---|
| | | 현재 값: | 영업이익증가 | 영업이익감소 |
| 변경 셀: | | | | |
| | 마진율 | 20% | 30% | 10% |
| | 인센티브 | 10% | 5% | 15% |
| 결과 셀: | | | | |
| | 정정호 | 28,800원 | 86,400원 | 9,600원 |
| | 장지승 | 23,200원 | 69,600원 | 7,733원 |

참고: 현재 값 열은 시나리오 요약 보고서가 작성될 때의
변경 셀 값을 나타냅니다. 각 시나리오의 변경 셀들은
회색으로 표시됩니다.

매크로작업

| | A | B | C | D | E | F | G |
|---|---|---|---|---|---|---|---|
| 1 | 컴퓨터활용능력2급 필기 시험 결과 | | | | | | |
| 2 | | | | | | | |
| 3 | 수험번호 | 컴퓨터 일반 | 스프레드시트 일반 | 평균 | | | |
| 4 | 2021-0123 | 60 | 75 | 68 | | | |
| 5 | 2021-0124 | 80 | 40 | 60 | | | |
| 6 | 2021-0125 | 50 | 65 | 58 | | | |
| 7 | 2021-0126 | 65 | 55 | 60 | | | |
| 8 | 2021-0127 | 80 | 85 | 83 | | | 글꼴색 |
| 9 | 2021-0128 | 75 | 70 | 73 | | | |
| 10 | 2021-0129 | 40 | 55 | 48 | | | |
| 11 | 2021-0130 | 80 | 30 | 55 | | | |
| 12 | 2021-0131 | 55 | 70 | 63 | | | |
| 13 | 2021-0132 | 20 | 30 | 25 | | | |
| 14 | 2021-0133 | 70 | 60 | 65 | | | |

차트작업

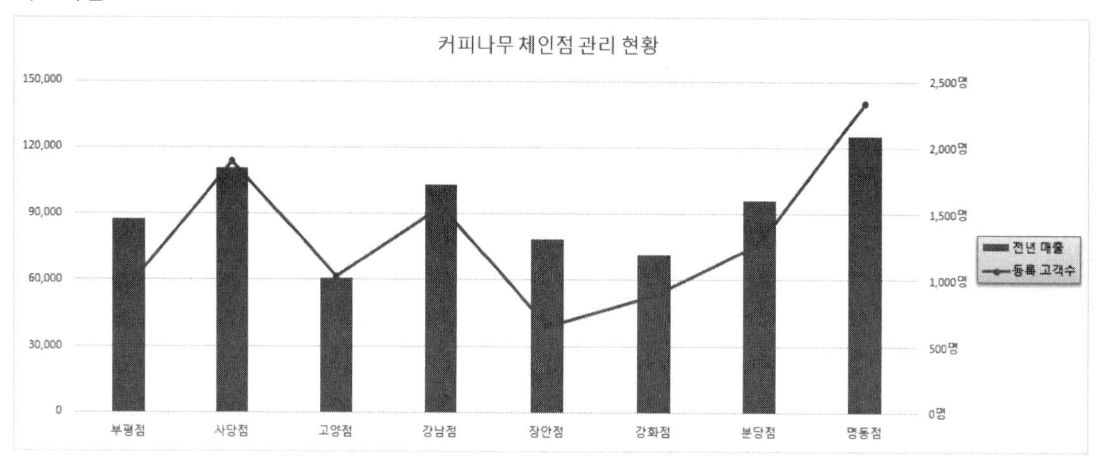

## 해설

기본작업1 : 출력형태와 같이 입력한다.

기본작업2 :

[A1:G1] 영역을 범위 지정한 다음 마우스 우클릭-'병합하고 가운데 맞춤' 클릭, 'HY견고딕' 입력, '17' 입력, '기울임꼴'을 클릭한다.

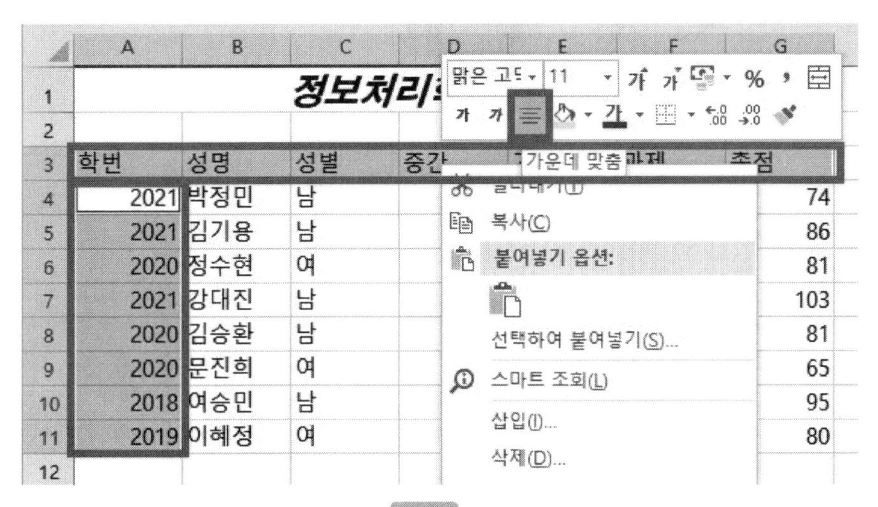

[A3:G3] 영역을 범위 지정한 다음 Ctrl 을 누른 상태로 [A4:A11] 영역을 같이 범위 지정하고 마우스 우클릭-'가운데 맞춤'을 클릭한다.

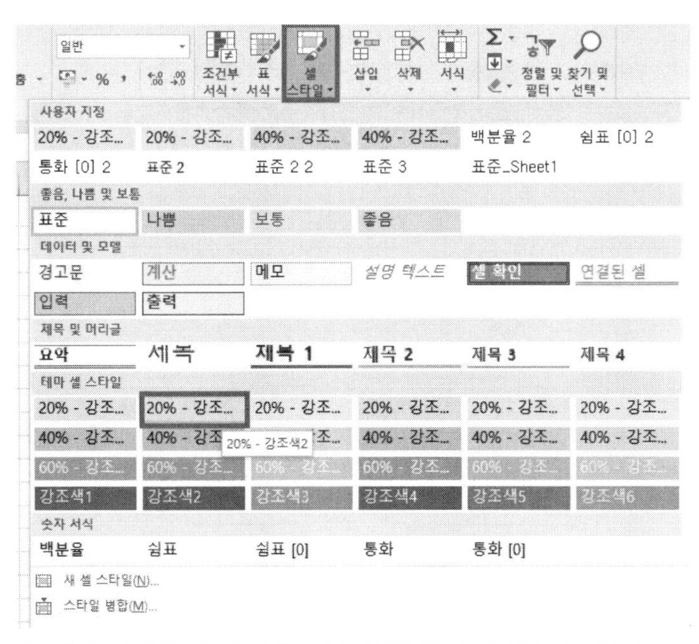

첫 번째 조건을 끝낸 다음 바로 [홈]-[셀 스타일]을 눌러서 '20% - 강조색2'를 클릭한다.

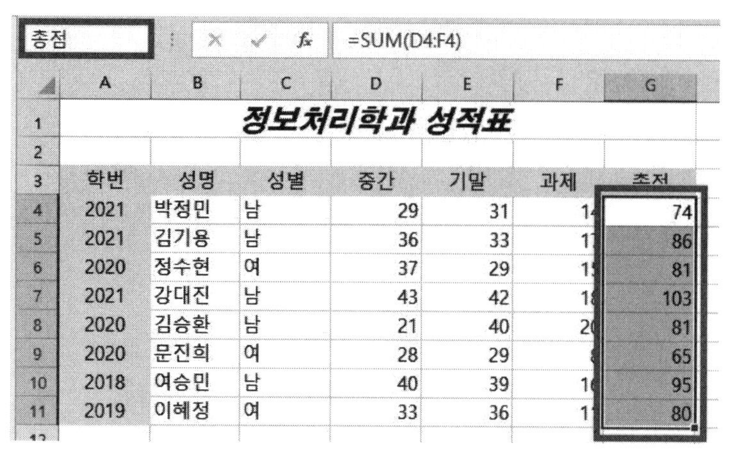


[G4:G11] 영역을 범위 지정한 다음 이름 상자에서 '총점'을 입력하고 Enter 를 누른다.

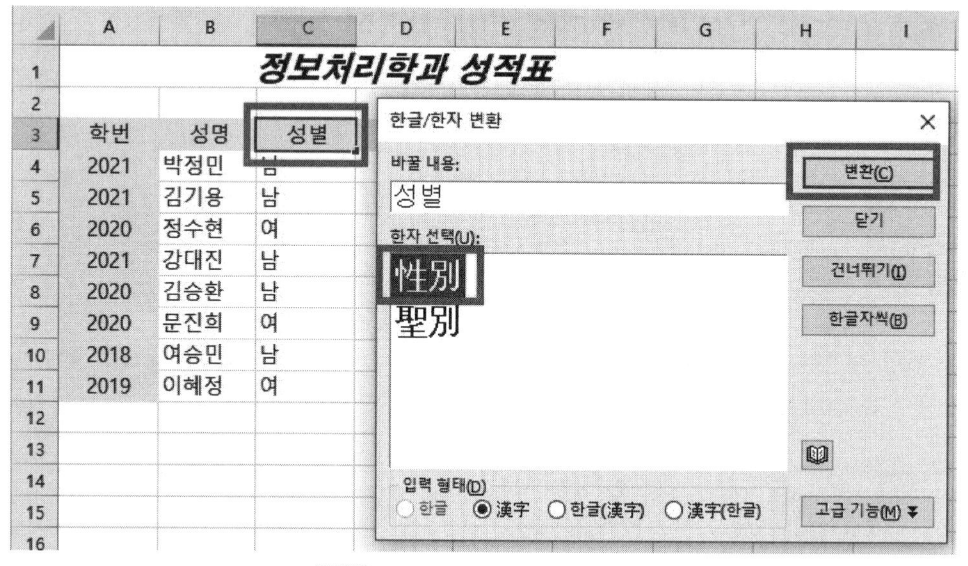


[C3] 셀을 더블 클릭한 다음 한자 키를 눌러서 한자를 찾은 다음 변환 을 클릭한다.

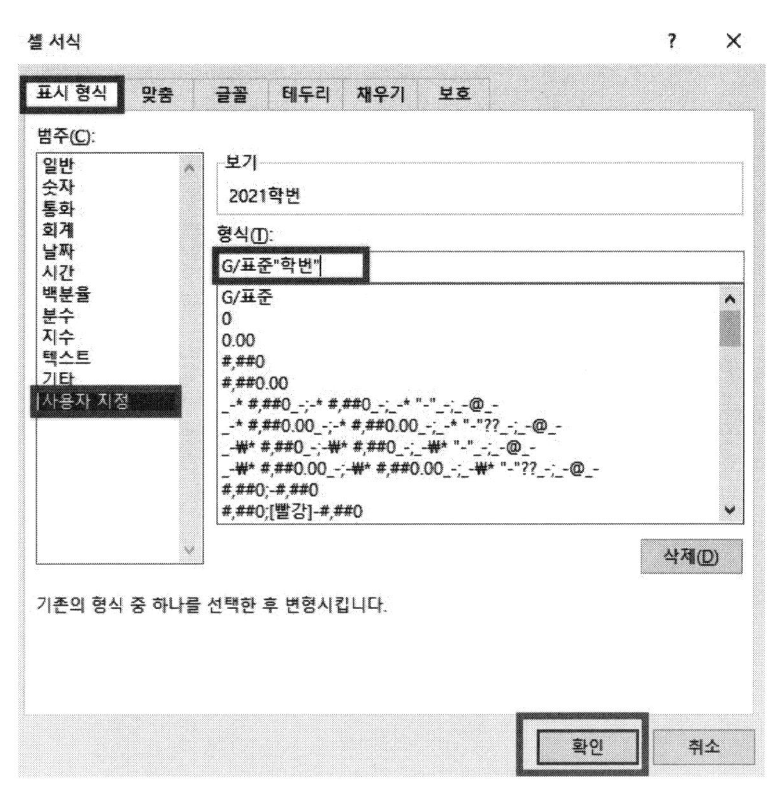


[A4:A11] 영역을 범위 지정한 다음 마우스 우클릭-[셀 서식]-[표시 형식]-[사용자 지정]으로 와서 'G/표준'을 클릭한 다음 뒤에 "학번"을 입력하고 확인 을 클릭한다.

[A3:G11] 영역을 범위 지정한 다음 마우스 우클릭-[테두리]-'모든 테두리'를 선택하고 다시 [테두리]-'굵은 바깥쪽 테두리'를 선택한다.

기본작업3 :

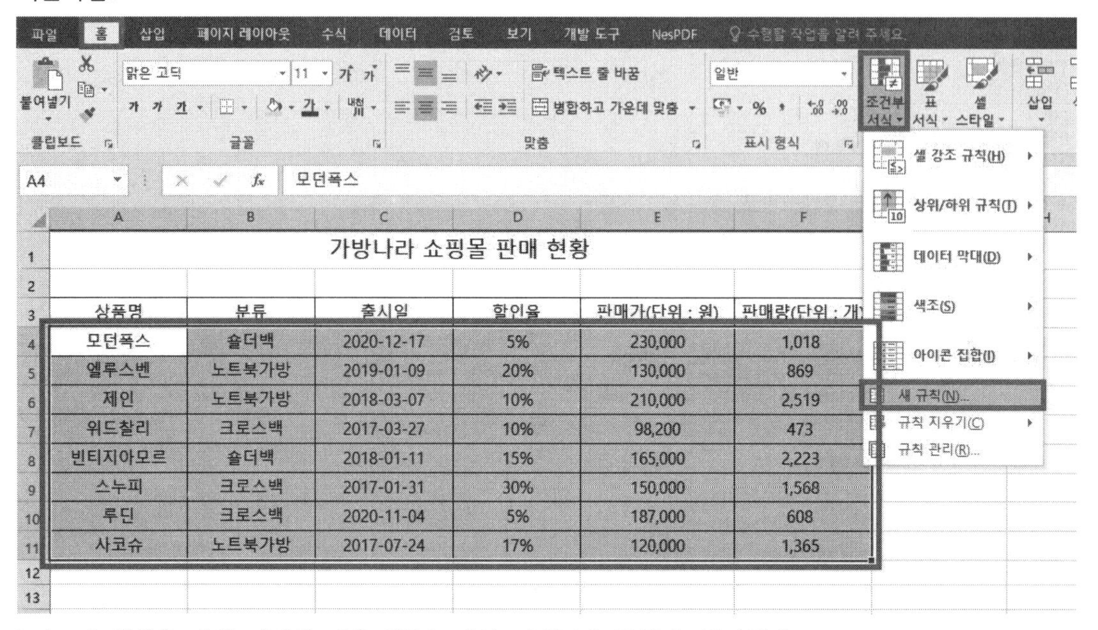


| | A | B | C | D | E | F |
|---|---|---|---|---|---|---|
| 1 | 가방나라 쇼핑몰 판매 현황 | | | | | |
| 2 | | | | | | |
| 3 | 상품명 | 분류 | 출시일 | 할인율 | 판매가(단위 : 원) | 판매량(단위 : 개) |
| 4 | 모던폭스 | 숄더백 | 2020-12-17 | 5% | 230,000 | 1,018 |
| 5 | 엘루스벤 | 노트북가방 | 2019-01-09 | 20% | 130,000 | 869 |
| 6 | 제인 | 노트북가방 | 2018-03-07 | 10% | 210,000 | 2,519 |
| 7 | 위드찰리 | 크로스백 | 2017-03-27 | 10% | 98,200 | 473 |
| 8 | 빈티지아모르 | 숄더백 | 2018-01-11 | 15% | 165,000 | 2,223 |
| 9 | 스누피 | 크로스백 | 2017-01-31 | 30% | 150,000 | 1,568 |
| 10 | 루딘 | 크로스백 | 2020-11-04 | 5% | 187,000 | 608 |
| 11 | 사코슈 | 노트북가방 | 2017-07-24 | 17% | 120,000 | 1,365 |

[A4:F11] 영역을 범위 지정한 다음 [홈]-[조건부 서식]-[새 규칙]을 클릭한다.

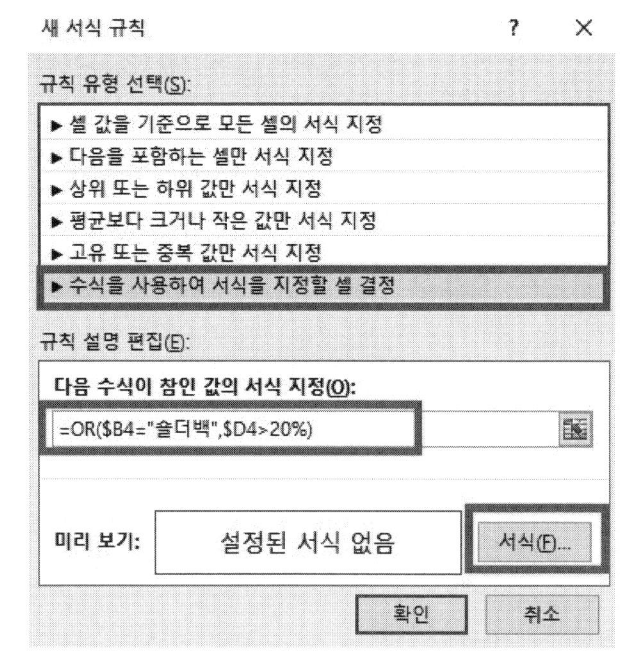


새 서식 규칙 창에서 규칙 유형은 '수식을 사용하여 서식을 지정할 셀 결정'을 클릭한 다음, =OR($B4="숄더백",$D4〉20%)을 입력하고 서식 을 클릭한다.

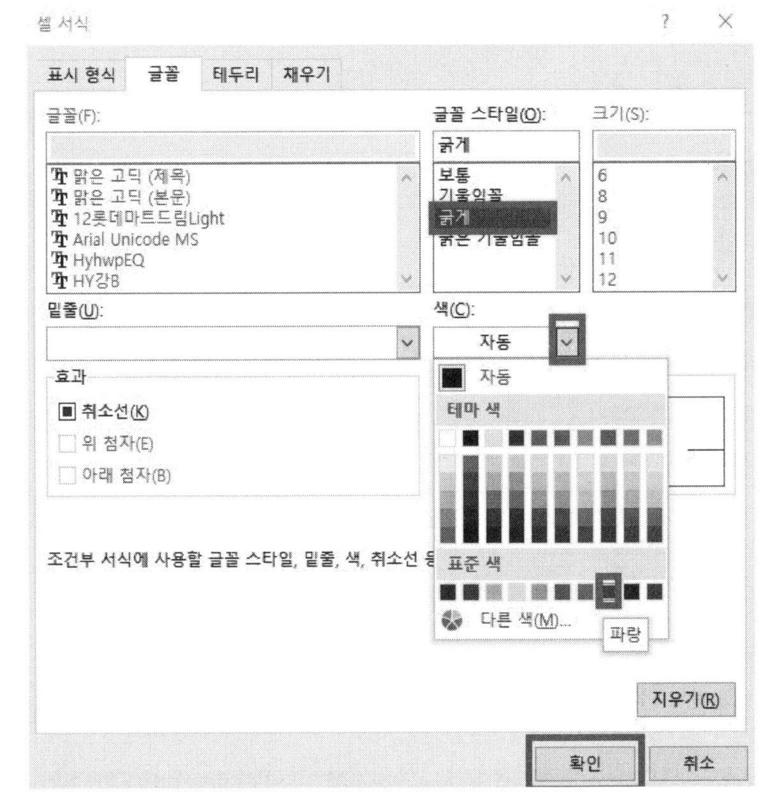


글꼴 스타일은 '굵게'를 클릭하고 색은 '표준 색 - 파랑'을 클릭한 다음 확인 을 클릭하고 한번 더 확인 을 클릭한다.

계산작업 :

(1) [E3:E10] 영역을 범위 지정한 다음 =YEAR(TODAY())-MID(D3,1,2)-2000을 입력하고 Ctrl + Enter 를 누른다.

(2) [L3:L10] 영역을 범위 지정한 다음 =IF(SMALL($K$3:$K$10,1)=K3,"매우미흡",IF(SMALL($K$3:$K$10,2)=K3,"미흡","))를 입력하고 Ctrl + Enter 를 누른다.

(3) [D14:D21] 영역을 범위 지정한 다음 =IFERROR(HLOOKUP(MID(A14,2,1),$A$23:$D$24,2,0),"코드오류")를 입력하고 Ctrl + Enter 를 누른다.

(4) [K21] 셀을 클릭한 후 =AVERAGEIF(I14:I20,I14,K14:K20)를 입력하고 Enter 를 누른다.

(5) [A36] 셀에 분류, [A37] 셀에 산악용이라고 먼저 입력을 한 다음에 [B47] 셀을 클릭한 후 =ROUND(DAVERAGE(A27:C34,C27,A36:A37),-3)를 입력하고 Enter 를 누른다.

분석작업1 :

| | A | B | C | D | E | F |
|---|---|---|---|---|---|---|
| 1 | | | | | | |
| 2 | | | | | | |
| 3 | | | 대출금 상환액 | | | |
| 4 | | | 원금 | 100,000,000 | | |
| 5 | | | 대출금 | 50,000,000 | | |
| 6 | | | 이자율(%) | 1.8 % | | |
| 7 | | | 대출 기간(년) | 3년 | | |
| 8 | | | 상환액(월) | 1,427,768 | | |
| 9 | | | | | | |
| 10 | | | | | | |
| 11 | | | | =D8 | 1.2 % | 1.5 % |
| 12 | | | 대출 기간 | 1년 | | |
| 13 | | | | 2년 | | |
| 14 | | | | 3년 | | |
| 15 | | | | 4년 | | |
| 16 | | | | 5년 | | |
| 17 | | | | 6년 | | |

[D11] 셀을 클릭한 다음 =을 입력하고 [D8] 셀을 선택한 다음 Enter 를 누른다.

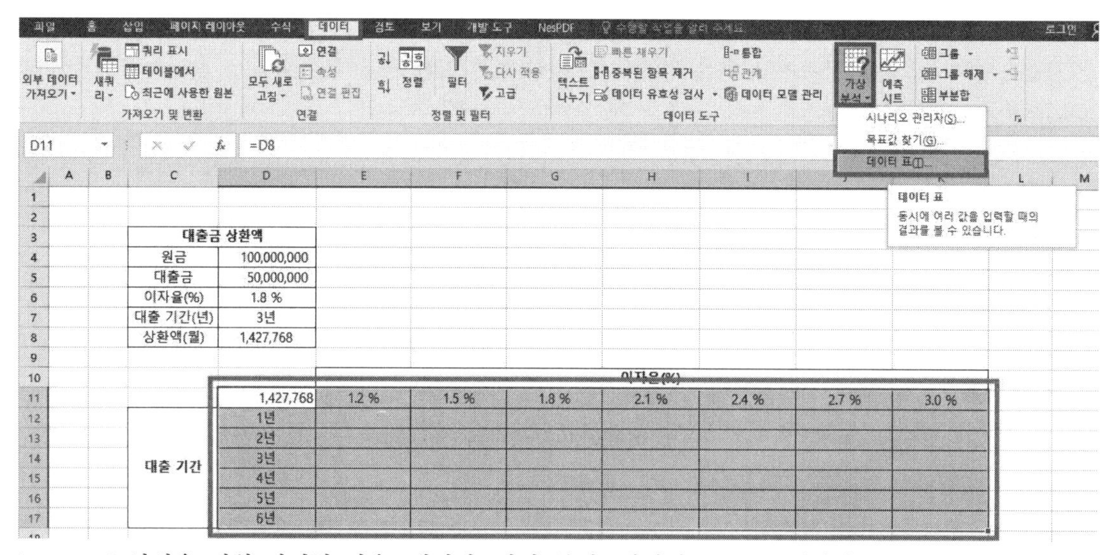


[D11:K17] 영역을 범위 지정한 다음 [데이터]-[가상 분석]-[데이터 표]를 클릭한다.

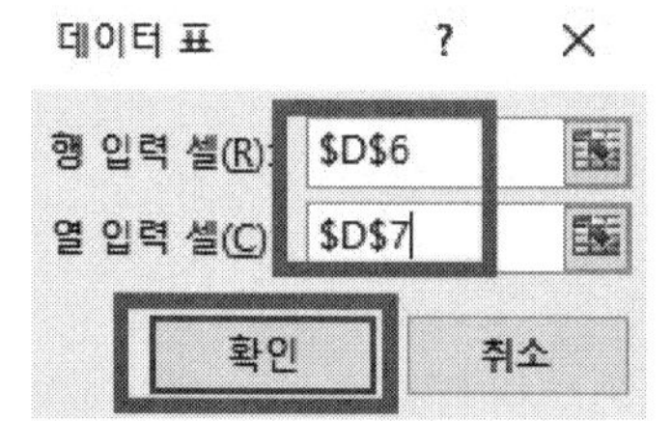


행 입력 셀에 [D6] 셀을 클릭하고 열 입력 셀에 [D7] 셀을 클릭한 다음 확인 을 클릭한다.

분석작업2 :

장지승 | =F10*$C$17/$C$18

| | A | B | C | D | E | F | G | H |
|---|---|---|---|---|---|---|---|---|
| 1 | 상공회사 10월 자동차 판매 현황 | | | | | | | |
| 2 | | | | | | | (단위 : 만원) | |
| 3 | 사원명 | 직급 | 차명 | 판매대수 | 1대당 가격 | 총 판매금액 | 영업이익 | |
| 4 | 김동수 | 사원 | 모닝 | 5대 | 1,500원 | 7,500원 | 15,000원 | |
| 5 | 박정미 | 사원 | 아반떼 | 3대 | 2,100원 | 6,300원 | 12,600원 | |
| 6 | 양미래 | 대리 | 쏘나타 | 8대 | 2,500원 | 20,000원 | 40,000원 | |
| 7 | 정정호 | 차장 | K5 | 6대 | 2,400원 | 14,400원 | 28,800원 | |
| 8 | 표동일 | 과장 | 모닝 | 9대 | 1,340원 | 12,060원 | 24,120원 | |
| 9 | 이한나 | 사원 | 레이 | 7대 | 1,430원 | 10,010원 | 20,020원 | |
| 10 | 장지승 | 차장 | 쏘나타 | 4대 | 2,900원 | 11,600원 | 23,200원 | |
| 11 | 고미경 | 과장 | K5 | 5대 | 2,750원 | 13,750원 | 27,500원 | |
| 12 | 손영진 | 사원 | 티볼리 | 8대 | 2,270원 | 18,160원 | 36,320원 | |
| 13 | 변창호 | 과장 | 아반떼 | 6대 | 2,480원 | 14,880원 | 29,760원 | |
| 14 | 곽수연 | 대리 | K3 | 4대 | 2,120원 | 8,480원 | 16,960원 | |
| 15 | 총 합계 | | | | | 137,140원 | 274,280원 | |
| 16 | | | | | | | | |
| 17 | | 마진율 | 20% | | | | | |
| 18 | | 인센티브 | 10% | | | | | |

[C17] 셀을 클릭한 다음 이름 상자로 가서 '마진율'을 입력하고 Enter, [C18] 셀을 클릭한 다음 이름 상자로 가서 '인센티브'를 입력하고 Enter, [G7] 셀을 클릭한 다음 이름 상자로 가서 '정정호'를 입력하고 Enter, [G10] 셀을 클릭한 다음 이름 상자로 가서 '장지승'을 입력하고 Enter를 누른다.

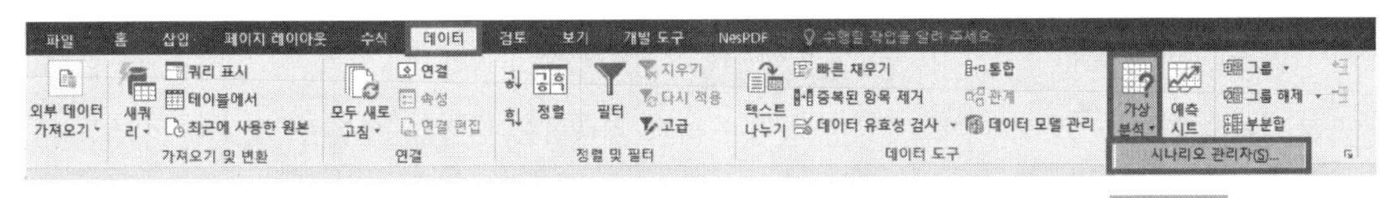


[데이터]-[가상 분석]-[시나리오 관리자]를 클릭한 다음 [시나리오 관리자] 창이 나오면 추가를 클릭한다.

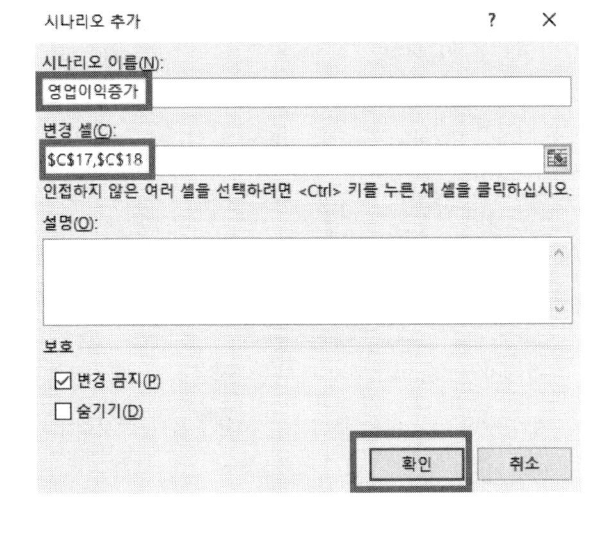


시나리오 이름에 '영업이익증가'라고 입력하고 변경 셀에 [C17] 셀을 클릭하고 Ctrl 을 눌러서 [C18] 셀을 클릭한 다음 확인 을 클릭한다.

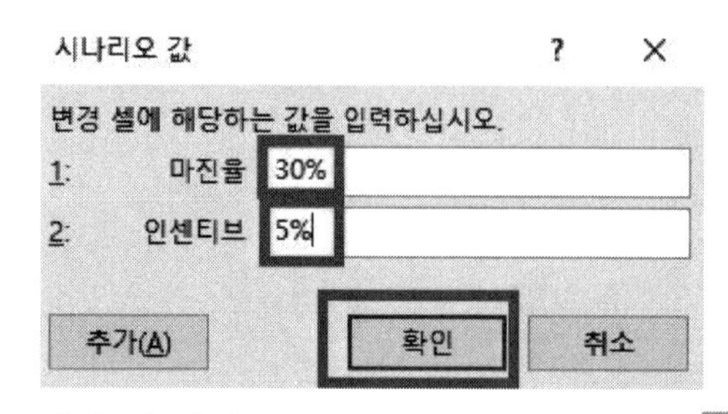


변경 셀 값에 '30%', '5%'를 각각 입력하고 확인 을 클릭한다.

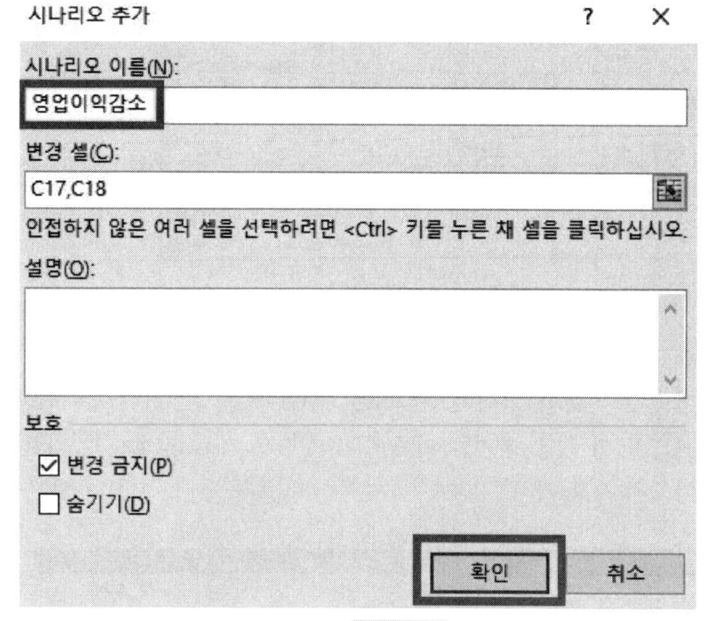


다시 [시나리오 관리자] 창에서 추가 를 클릭한 다음 시나리오 이름을 '영업이익감소'를 입력한 다음 확인 을 클릭한다.

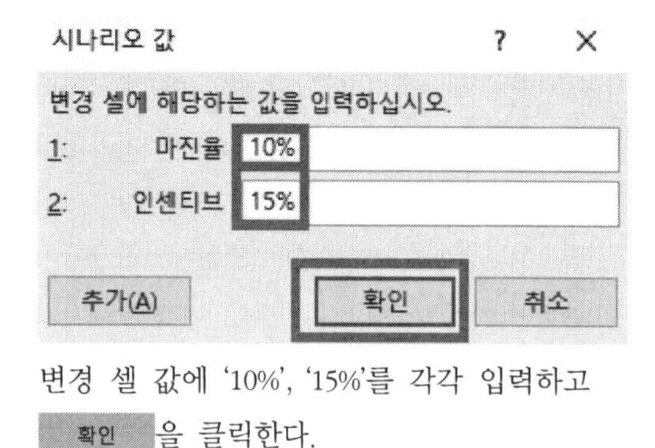


변경 셀 값에 '10%', '15%'를 각각 입력하고 확인 을 클릭한다.

시나리오 요약 ?

보고서 종류

◉ 시나리오 요약(S)

○ 시나리오 피벗 테이블 보고서(P)

결과 셀(R):

=$G$7,$G$10

확인 취소

[시나리오 관리자] 창에서 요약 을 클릭한 다음 결과 셀에 [G7] 셀을 클릭하고 Ctrl 을 눌러서 [G10] 셀까지 클릭한 다음 확인 을 클릭한다.

매크로 :
매크로1.

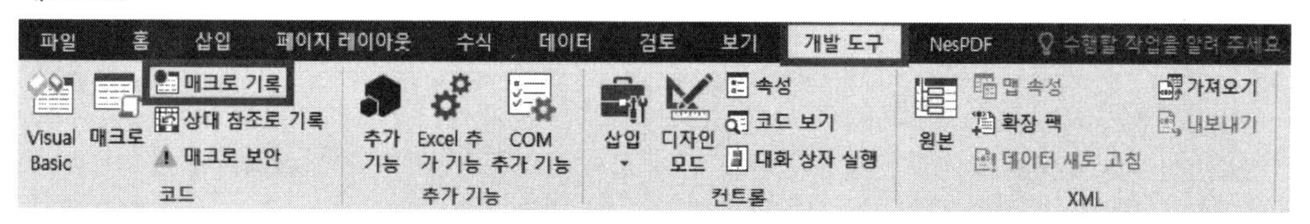


[A1:D14] 영역을 제외하고 아무 곳에서나 셀을 하나 클릭한 다음 [개발 도구]-매크로 기록을 클릭한다.

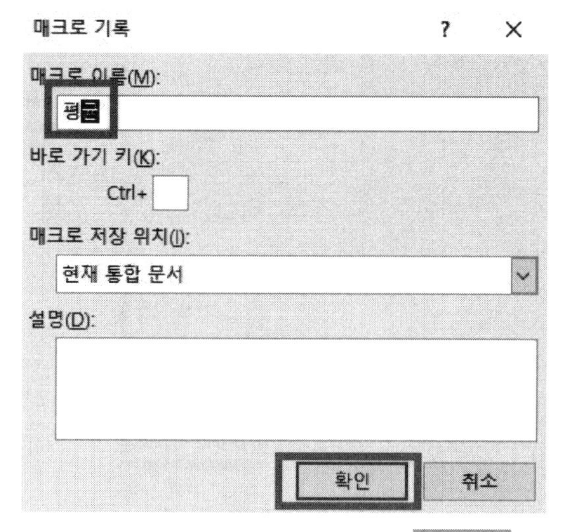


매크로 이름에는 '평균'을 입력하고 확인을 클릭한다.

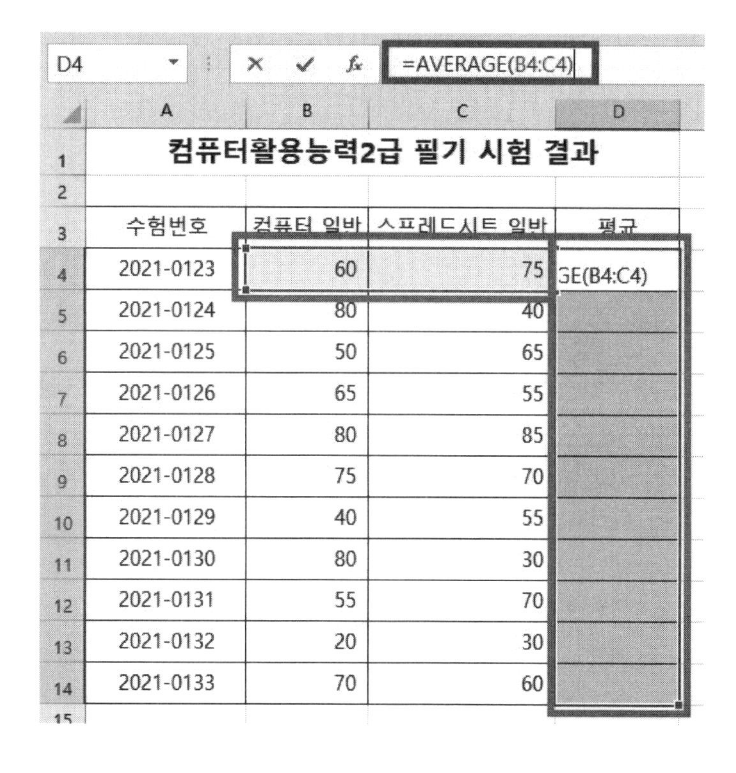


| | A | B | C | D |
|---|---|---|---|---|
| 1 | 컴퓨터활용능력2급 필기 시험 결과 | | | |
| 2 | | | | |
| 3 | 수험번호 | 컴퓨터 일반 | 스프레드시트 일반 | 평균 |
| 4 | 2021-0123 | 60 | 75 | GE(B4:C4) |
| 5 | 2021-0124 | 80 | 40 | |
| 6 | 2021-0125 | 50 | 65 | |
| 7 | 2021-0126 | 65 | 55 | |
| 8 | 2021-0127 | 80 | 85 | |
| 9 | 2021-0128 | 75 | 70 | |
| 10 | 2021-0129 | 40 | 55 | |
| 11 | 2021-0130 | 80 | 30 | |
| 12 | 2021-0131 | 55 | 70 | |
| 13 | 2021-0132 | 20 | 30 | |
| 14 | 2021-0133 | 70 | 60 | |

[D4:D14] 영역을 범위 지정한 다음 수식 입력줄에 =AVERAGE(B4:C4)을 입력하고 Ctrl + Enter를 누른다.

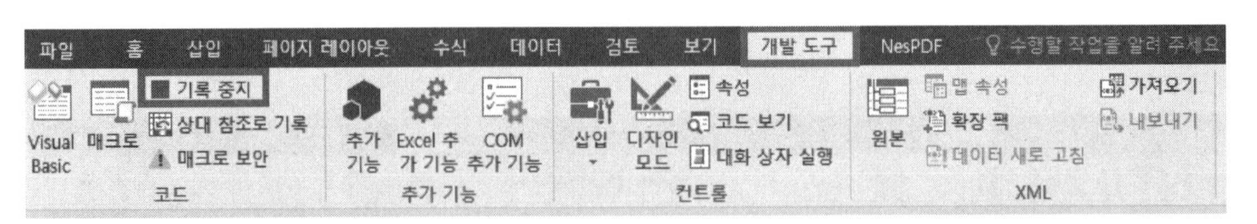


[A1:D14] 영역을 제외하고 아무 곳에서나 셀을 하나 클릭한 다음 [개발 도구]-기록 중지를 클릭한다.

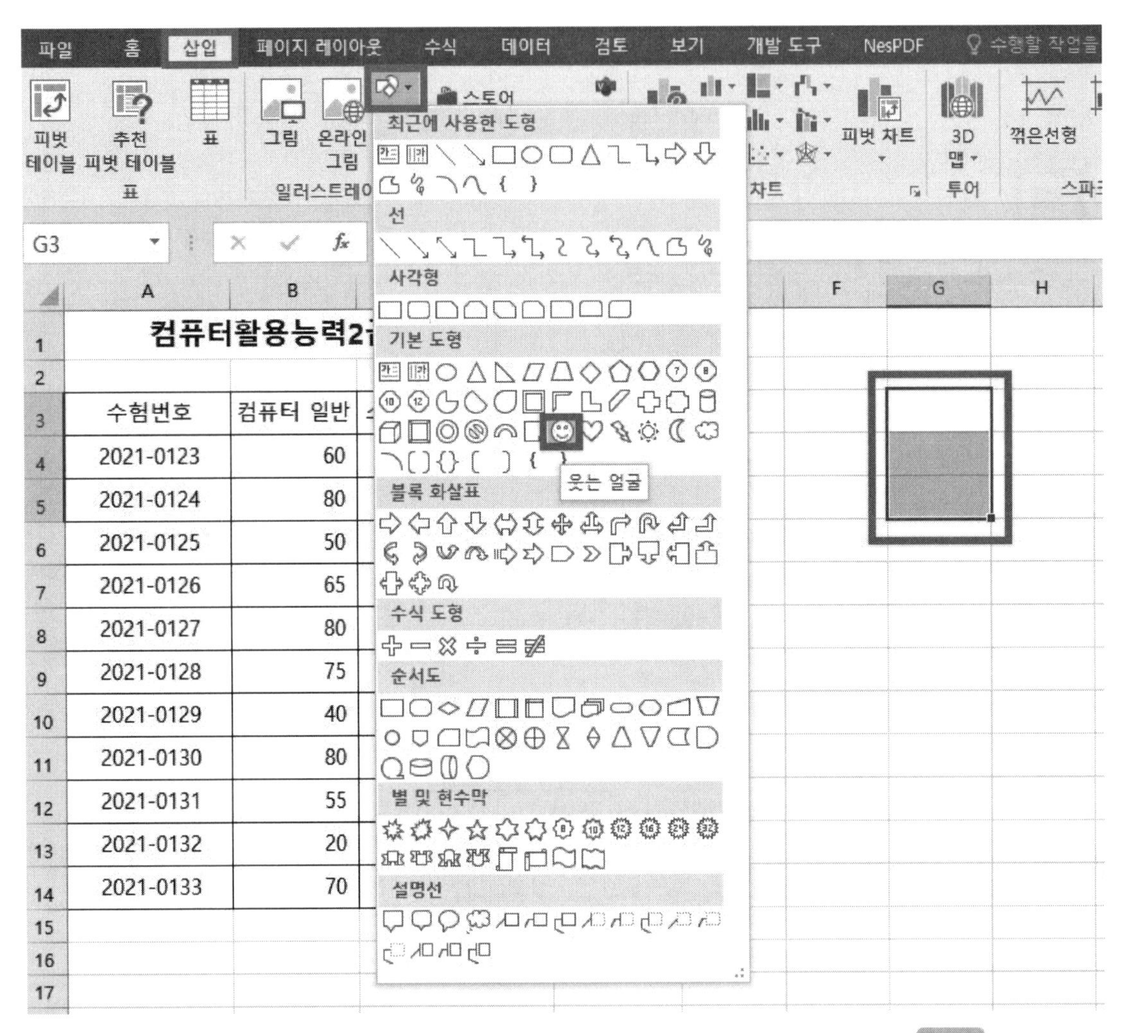


[G3:G5] 영역을 범위 지정한 다음 [삽입]-[도형]-[기본 도형]-'웃는 얼굴'을 선택해서 Alt 키를 누른 상태로 마우스로 드래그하여 도형을 삽입한다.

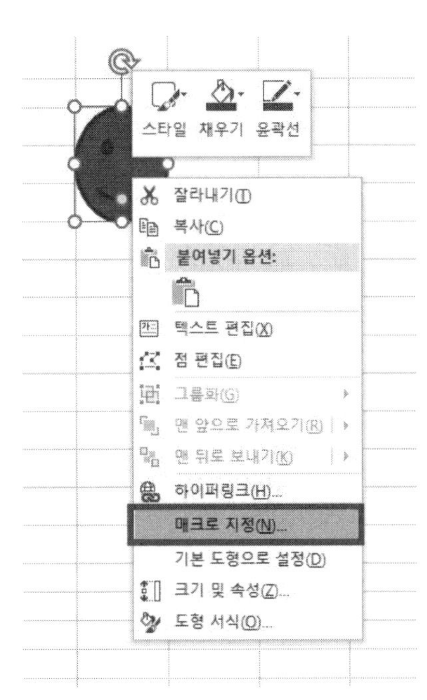


도형에서 마우스 우클릭-[매크로 지정]을 클릭한다.

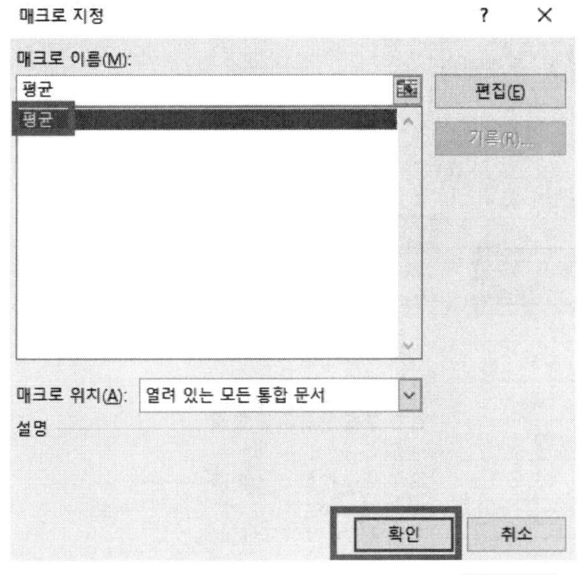


매크로 이름 중 '평균'을 찾아서 클릭하고 확인 을 클릭한다.

매크로2.

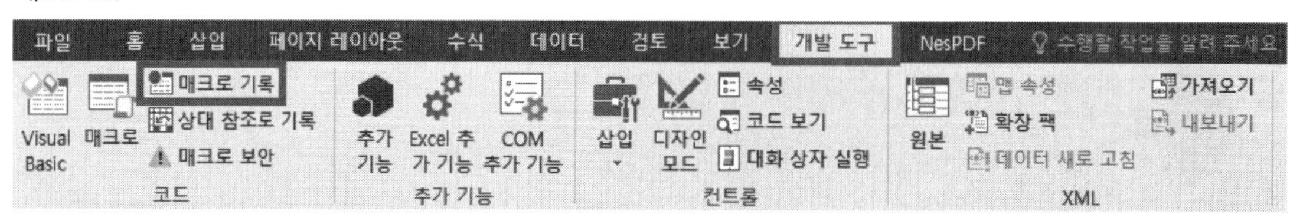


[A1:D14] 영역을 제외하고 아무 곳에서나 셀을 하나 클릭한 다음 [개발 도구]-매크로 기록을 클릭한다.

매크로 기록 ? ×

매크로 이름(M):
글꼴색
바로 가기 키(K):
Ctrl+
매크로 저장 위치(I):
현재 통합 문서
설명(D):

확인 취소

매크로 이름에는 '글꼴색'을 입력한 다음 확인을 클릭한다.

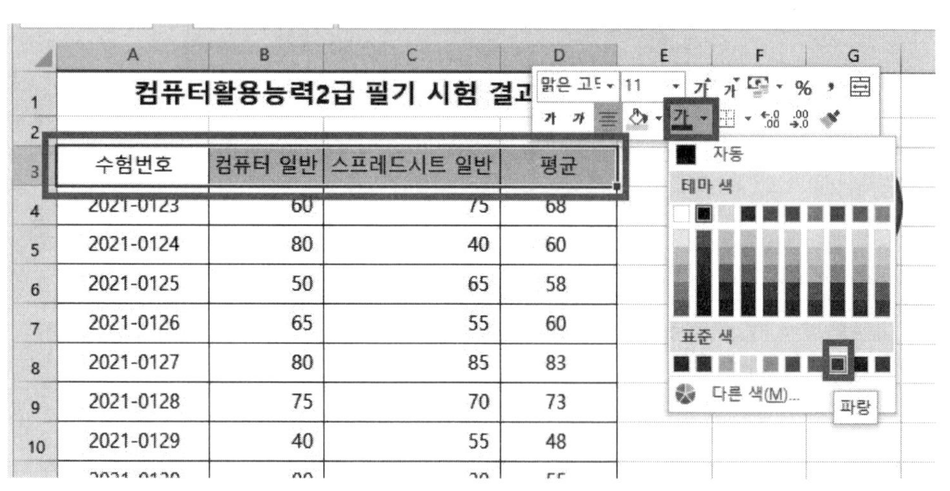


| | A | B | C | D |
|---|---|---|---|---|
| 1 | 컴퓨터활용능력2급 필기 시험 결고 | | | |
| 2 | | | | |
| 3 | 수험번호 | 컴퓨터 일반 | 스프레드시트 일반 | 평균 |
| 4 | 2021-0123 | 60 | 75 | 68 |
| 5 | 2021-0124 | 80 | 40 | 60 |
| 6 | 2021-0125 | 50 | 65 | 58 |
| 7 | 2021-0126 | 65 | 55 | 60 |
| 8 | 2021-0127 | 80 | 85 | 83 |
| 9 | 2021-0128 | 75 | 70 | 73 |
| 10 | 2021-0129 | 40 | 55 | 48 |

[A3:D3] 영역을 범위 지정한 다음 마우스 우클릭-글꼴 색-'표준 색 - 파랑'을 클릭한다.

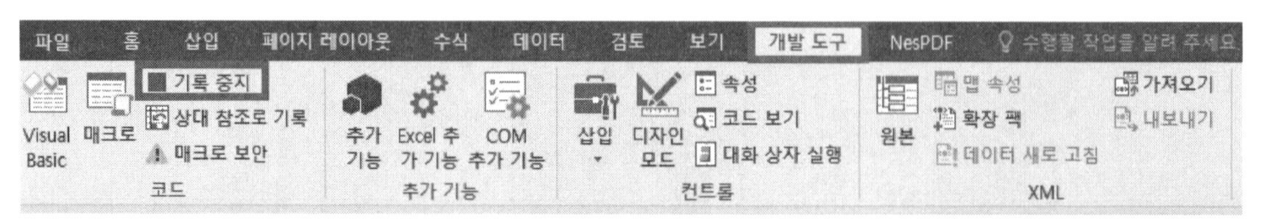


[A1:D14] 영역을 제외하고 아무 곳에서나 셀을 하나 클릭한 다음 [개발 도구]-기록 중지를 클릭한다.

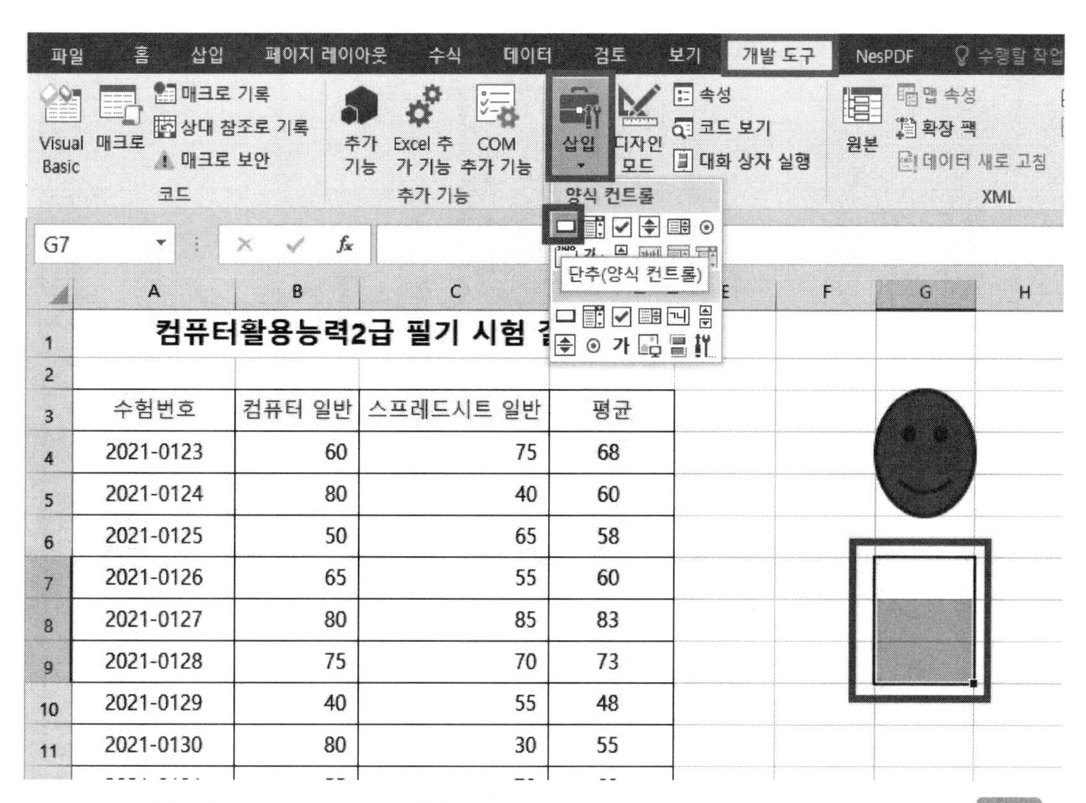


[G7:G9] 영역을 범위 지정한 다음 [개발 도구]-[삽입]-[양식 컨트롤]-'단추'를 선택한 다음 Alt 키를 누른 상태로 마우스로 드래그하여 삽입한다.

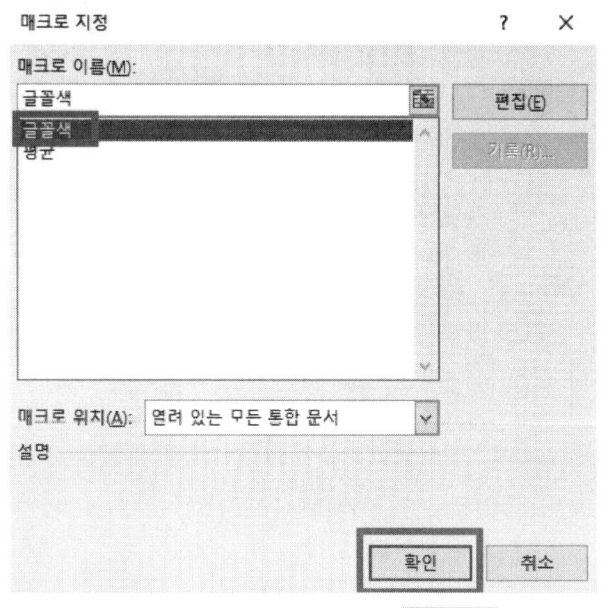


매크로 이름 중 '글꼴색'을 클릭하고 확인 을 클릭한 다음 단추에 '글꼴색'을 입력한다.

차트 :

(단위 : 만원)

| 관리번호 | 체인점명 | 지역 | 오픈일자 | 매장 규모 | 등록 고객수 | 목표 매출 | 전년 매출 |
|---|---|---|---|---|---|---|---|
| F2373 | 부평점 | 인천 | 2015-12-20 | 73평 | 953명 | 100,000 | 87,600 |
| F1751 | 사당점 | 서울 | 2017-01-20 | 51평 | 1,895명 | 90,000 | 110,800 |
| F3642 | 고양점 | 경기 | 2015-11-20 | 42평 | 1,023명 | 50,000 | 60,800 |
| F1261 | 강남점 | 서울 | 2016-10-10 | 61평 | 1,560명 | 110,000 | 103,000 |
| F3153 | 장안점 | 경기 | 2017-02-10 | 53평 | 650명 | 60,000 | 78,500 |
| F2453 | 강화점 | 인천 | 2016-03-10 | 53평 | 885명 | 85,000 | 71,500 |
| F3262 | 분당점 | 경기 | 2016-09-10 | 62평 | 1,277명 | 90,000 | 96,300 |
| F1451 | 명동점 | 서울 | 2018-05-20 | 51평 | 2,335명 | 150,000 | 125,300 |

140,000
120,000
100,000
80,000
60,000
40,000
20,000
0
부평점 사당점 고양점 강남점 장안점 강화점 분당점 명동점
■ 전년 매출

[F3:F11] 영역을 범위 지정해서 Ctrl + C 를 누른 다음 차트 아무 곳이나 클릭해서 Ctrl + V 를 누른다.

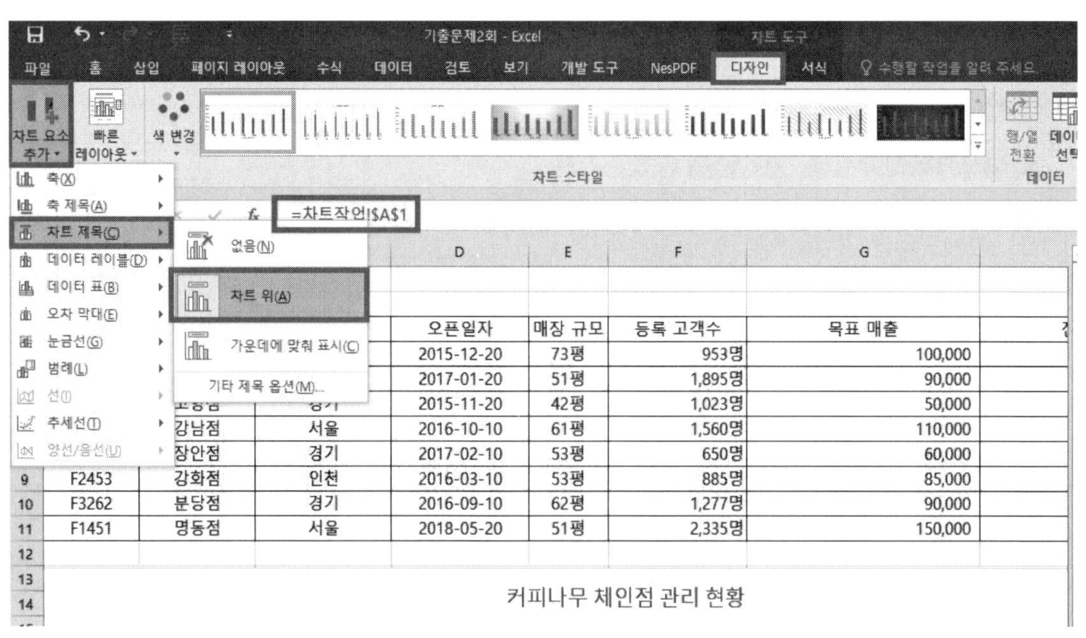


차트 아무 위치에서나 더블 클릭한 다음 [디자인]-[차트 요소 추가]-[차트 제목]-'차트 위'를 클릭하고 수식 입력줄에 =A1셀 클릭 후 Enter 를 누른다.

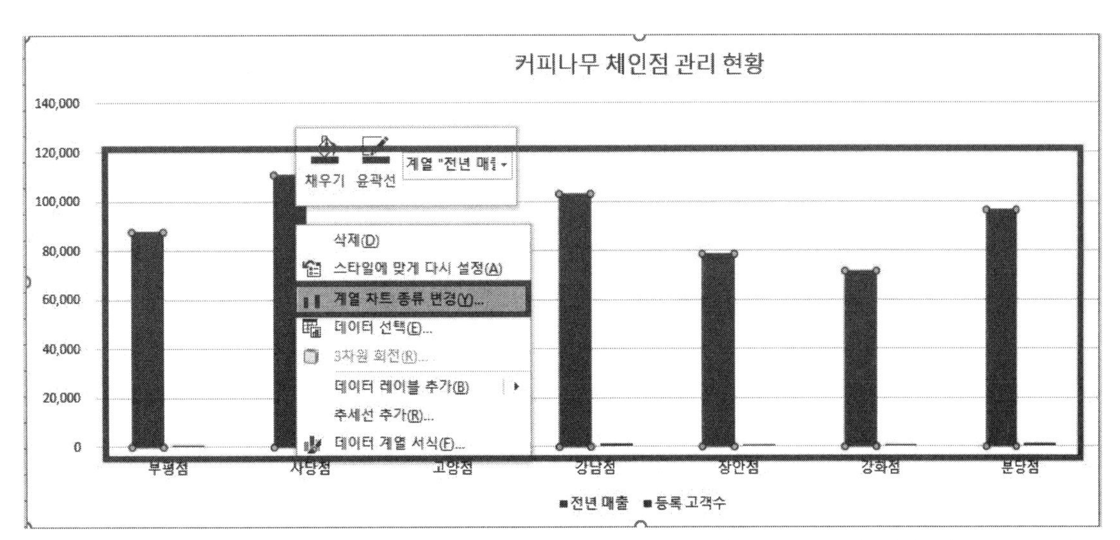


선택하기 쉬운 '전년 매출' 계열을 아무거나 하나 선택한 다음 마우스 우클릭-[계열 차트 종류 변경]을 클릭한다.

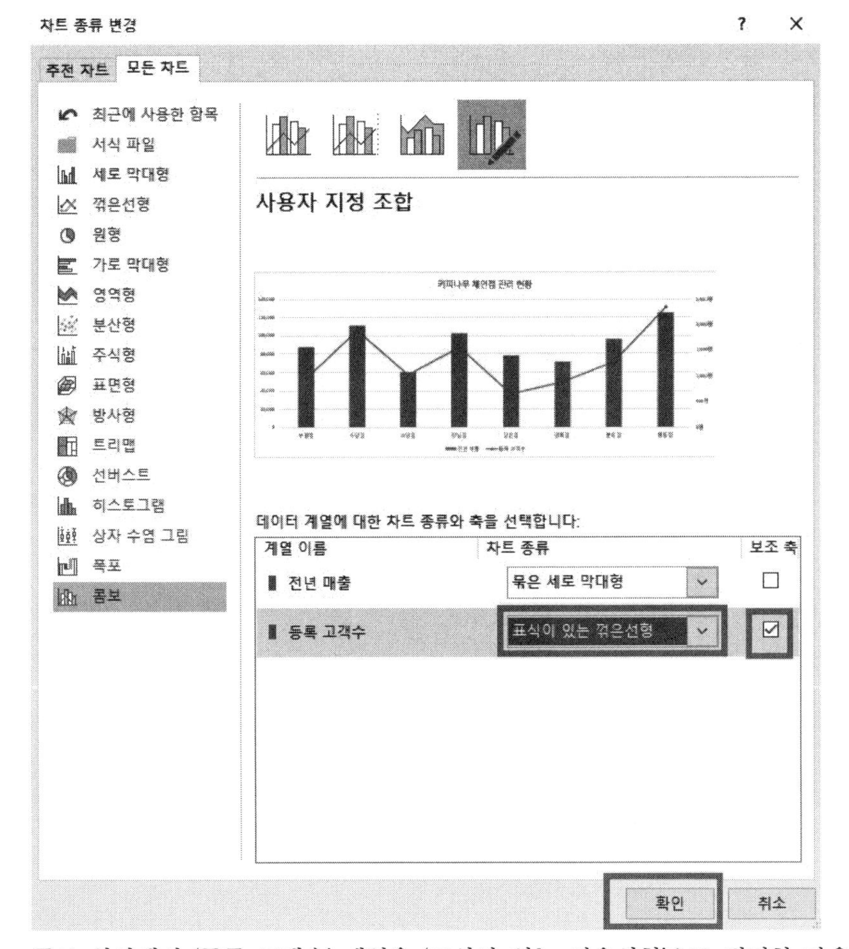


콤보 상자에서 '등록 고객수' 계열을 '표식이 있는 꺾은선형'으로 변경한 다음 '보조 축'을 체크한다.

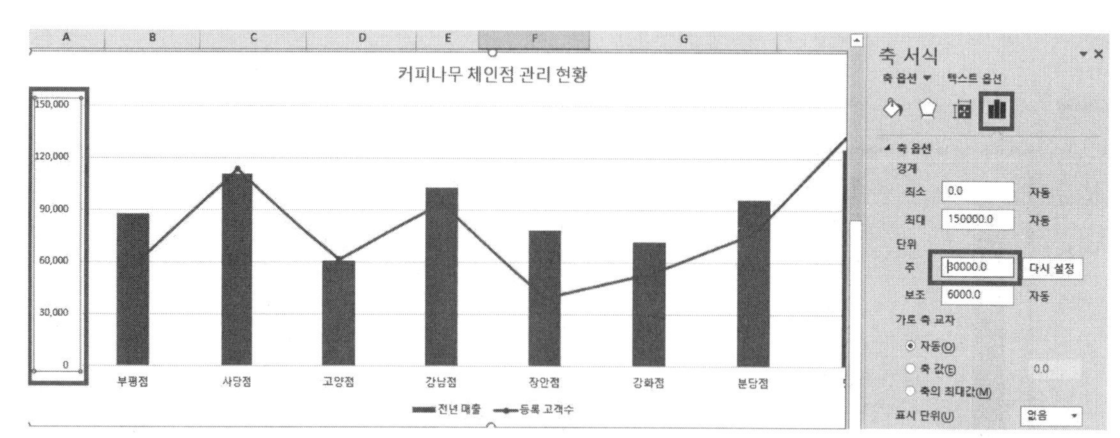


차트 제목을 추가하는 작업을 할 때 미리 열린 서식 창이 있기 때문에 기본 세로 축을 클릭한 다음, 축 서식 창에서 축 옵션-주 단위로 가서 '30000'을 입력하고 Enter 를 누른다.

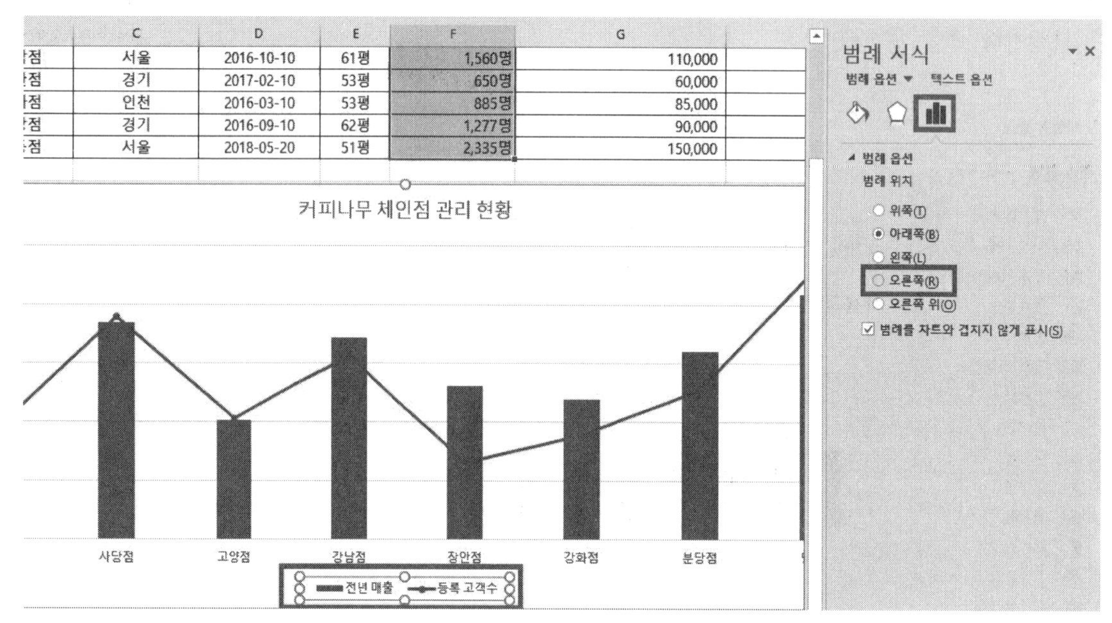


범례를 선택해서 범례 서식 창에서 범례 옵션-위치를 '오른쪽'을 체크한 후 서식 창을 닫는다.

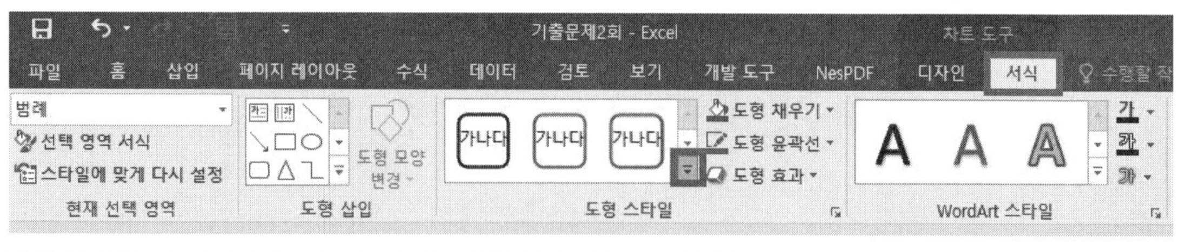


범례가 선택된 상태에서 차트 도구 [서식]-도형 스타일로 이동한다.

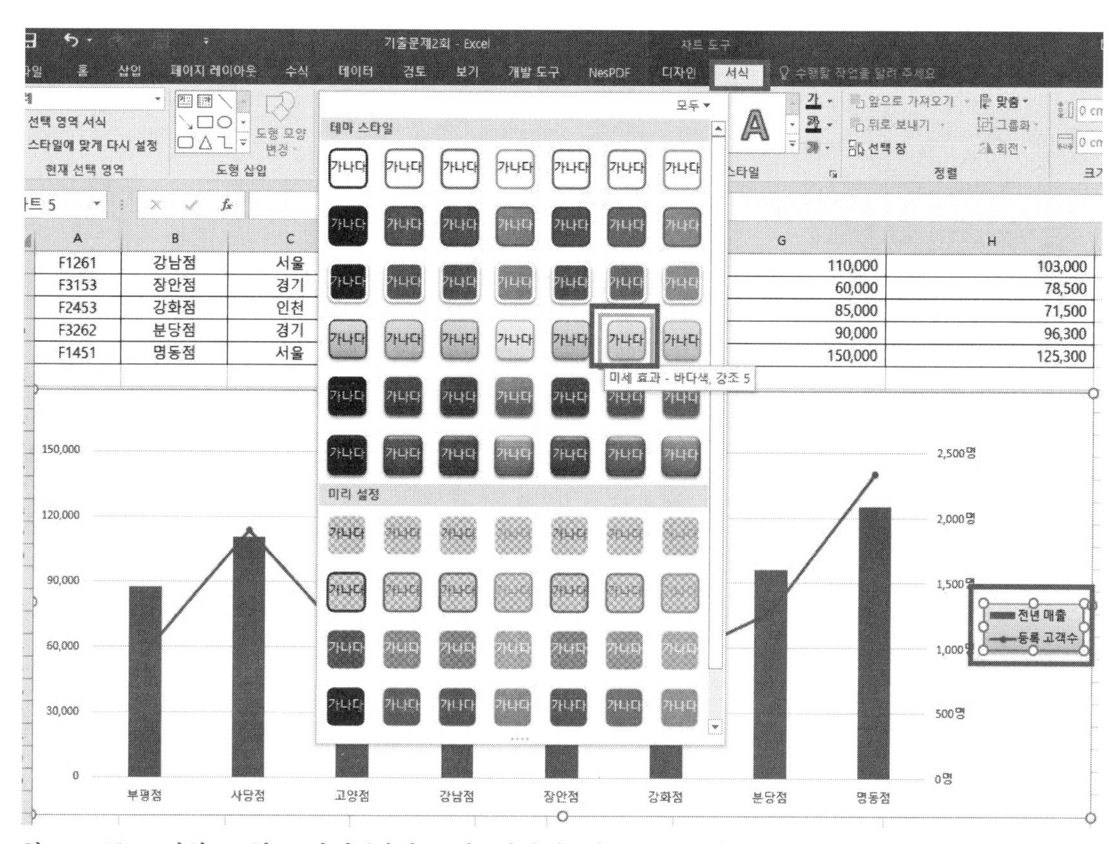


차트 도구 : [서식]-[도형 스타일]-'미세 효과 - 바다색, 강조5'를 클릭한다.

국 가 기 술 자 격 검 정

# 컴퓨터활용능력 실기 실전 예상 기출문제 3회

| 프로그램명 | 제한시간 |
|---|---|
| EXCEL 2021 | 40분 |

수험번호 :

성 명 :

| 2급 | C형 |
|---|---|

〈유 의 사 항〉

■ 인적 사항 누락 및 잘못 작성으로 인한 불이익은 수험자 책임으로 합니다.

■ 작성된 답안은 주어진 경로 및 파일명을 변경하지 마시고 그대로 저장해야 합니다. 이를 준수하지 않으면 실격 처리됩니다.

■ 별도의 지시사항이 없는 경우, 다음과 같이 처리 시 실격 처리됩니다.
  ○ 제시된 시트 및 개체의 순서나 이름을 임의로 변경한 경우
  ○ 제시된 시트 및 개체를 임의로 추가 또는 삭제한 경우

■ 답안은 반드시 문제에서 지시 또는 요구한 셀에 입력하여야 하며 다음과 같이 처리 시 채점 대상에서 제외됩니다.
  ○ 수험자가 임의로 지시하지 않은 셀의 이동, 수정, 삭제, 변경 등으로 인해 셀의 위치 및 내용이 변경된 경우 해당 작업에 영향을 미치는 관련 문제 모두 채점 대상에서 제외
  ○ 도형 및 차트의 개체가 중첩되어 있거나 동일한 계산결과 시트가 복수로 존재할 경우 해당 개체나 시트는 채점 대상에서 제외

■ 수식 작성 시 제시된 문제 파일의 데이터는 변경 가능한(가변적) 데이터임을 감안하여 문제 풀이를 하시오.

■ 별도의 지시사항이 없는 경우, 주어진 각 시트 및 개체의 설정값 또는 기본 설정값(Default)으로 처리하시오.

■ 저장 시간은 별도로 주어지지 않으므로 제한된 시간 내에 저장을 완료해야 하며, 제한 시간 내에 저장이 되지 않은 경우에는 실격 처리됩니다.

■ 출제된 문제의 용어는 Microsoft Office 2021 기준으로 작성되어 있습니다.

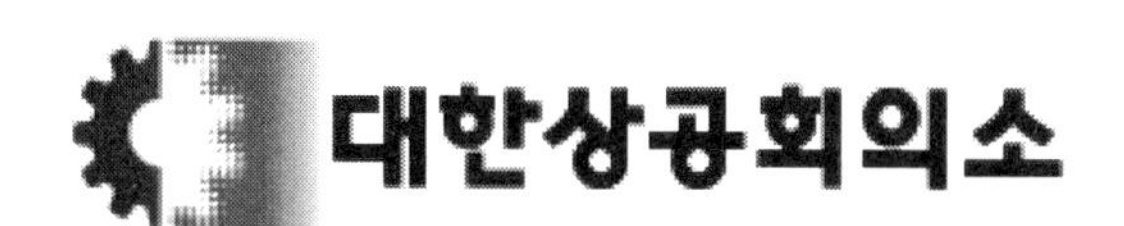

## 문제1 기본작업(20점) 주어진 시트에서 다음 과정을 수행하고 저장하시오.

### 1. '기본작업-1' 시트에 다음의 자료를 주어진 대로 입력하시오. (5점)

| | A | B | C | D | E | F | G |
|---|---|---|---|---|---|---|---|
| 1 | 평생교육원 수강생 현황 | | | | | | |
| 2 | | | | | | | |
| 3 | 강좌ID | 강좌명 | 분류 | 강사명 | 수강료 | 수강기간 | 접수인원 |
| 4 | D-3379 | 광고학 | 경영학 | 김지은 | 130000 | 2개월 | 21 |
| 5 | B-2398 | 가족복지론 | 사회복지학 | 박소희 | 155000 | 2개월 | 17 |
| 6 | S-1293 | 경영학개론 | 경영학 | 전세준 | 87000 | 1개월 | 32 |
| 7 | A-3297 | 가족생활교육 | 사회복지학 | 김가온 | 150000 | 1개월 | 14 |
| 8 | H-6284 | 아동수학지도 | 아동학 | 김흰샘 | 50000 | 1개월 | 37 |

### 2. '기본작업-2' 시트에 대하여 다음의 지시사항을 처리하시오. (각 2점)

① [B1:H1] 영역은 '병합하고 가운데 맞춤', 글꼴 'HY궁서B', 크기 '18', 글꼴 스타일 '굵게', 밑줄 '밑줄'으로 지정하시오

② [B3:H3] 영역은 가로 맞춤을 '선택 영역의 가운데'로 지정하고, 글꼴 색 '표준 색 - 진한 파랑', 채우기 색 '표준 색 - 노랑'으로 지정하시오.

③ [D4:G12] 영역은 '쉼표 스타일(,)', [H4:H12] 영역은 '백분율 스타일(%)'을 지정하시오.

④ [H10] 셀에 '최고 달성률'이라는 메모를 삽입한 후 항상 표시되도록 하시오.

⑤ [B3:H12] 영역에 '모든 테두리(田)'를 적용하시오.

### 3. '기본작업-3' 시트에서 다음의 지시사항을 처리하시오. (5점)

- [A3:A9] 영역에 대하여 아래의 조건에 따라 [텍스트 나누기]를 실행하시오.
  - ▶ 외부데이터는 '공백'으로 구분되어 있음.
  - ▶ 나이 열은 제외할 것.

## 문제2 계산작업(40점) '계산작업' 시트에서 다음 과정을 수행하고 저장하시오.

1. [표1]에서 국가명[A3:A10]에 대해 첫 문자를 대문자로 변환하고, 수도명[B3:B10]에 대해 전부 대문자로 변환하여 표시하시오. (8점)
   - ▶ 표시 예 : 국가가 'korea', 수도가 'seoul'인 경우 'Korea(SEOUL)'로 표시
   - ▶ UPPER, PROPER 함수와 & 연산자 사용

2. [표2]에서 총 점수[J3:J10]를 기준으로 순위를 구하여 1∽3등까지는 '입상', 4등 이하는 '탈락'으로 시상[K3:K10]에 표시하시오. (8점)
   - ▶ 순위는 내림차순으로 처리하시오.
   - ▶ IF, RANK.EQ 함수 사용

3. [표3]에서 판매점[A14:A20]이 '동구' 지점인 '냉장고' 최대 수량과 '세탁기' 최소 수량의 차이를 계산하시오. (8점)
   - ▶ 조건은 [A22:A23] 범위 안에 사용자가 알맞게 입력할 것
   - ▶ DMAX, ABS, DMIN 함수 사용

4. [표4]에서 상여금[K14:K20]이 1,200,000 이상이면서 기본급이 기본급의 평균을 초과하는 인원수를 [K22] 셀에 표시하시오. (8점)
   - ▶ 계산된 인원 수 뒤에 '명'을 포함하여 표시 [표시 예: 2명]
   - ▶ AVERAGE, COUNTIFS 함수와 & 연산자 사용

5. [표5]에서 주민등록번호[C27:C33]의 앞 6자리를 이용하여 년, 월, 일을 구하여 생년월일[D27:D33]을 표시하시오. (8점)
   - ▶ 표시 예 : 880514-******* → 1988년 5월 14일
   - ▶ DATE, LEFT, MID 함수 사용

## 문제3 분석작업(20점) 주어진 시트에서 다음 작업을 수행하고 저장하시오.

1. '분석작업-1' 시트에 대하여 다음의 지시사항을 처리하시오. (10점)

'용두 문화의 집 수강생 접수 현황' 표를 이용하여 회원번호는 '필터', 강좌명은 '행', 구분은 '열'에 위치하고 '값'에 접수인원, 모집인원, 수강료의 평균을 계산하는 피벗 테이블을 작성하시오.

▶ 피벗 테이블 보고서는 동일 시트의 [A15] 셀에서 시작하시오.
▶ 보고서 레이아웃은 '개요 형식'으로 지정하시오.
▶ 피벗 테이블에 스타일은 '피벗 스타일 보통 2'으로 지정하시오.
▶ 피벗 테이블 보고서에서 행의 총합계는 표시하지 않음.
▶ 값 영역의 표시 형식은 '셀 서식' 대화상자에서 '숫자' 범주의 '1000 단위 구분 기호 사용'을 이용하여 지정하시오.

2. '분석작업-2' 시트에 대하여 다음의 지시사항을 처리하시오. (10점)

- [데이터 통합] 기능을 이용하여 [표1], [표2], [표3]에 대한 제품명별 '1일 생산량', '폐기물', '재고량'의 평균을 '1분기 반려견 식품 생산 현황' 표의 [H12:J17] 영역에 계산하시오.

## 문제4 기타작업(20점) 주어진 시트에서 다음 작업을 수행하고 저장하시오.

1. '매크로작업' 시트의 [표]에서 다음과 같은 기능을 수행하는 매크로를 현재 통합 문서에 작성하고 실행하시오. (각 5점)

① [B8:E8] 영역에 평균을 계산하는 매크로를 생성하여 실행하시오.

▶ 매크로 이름 : 평균
▶ AVERAGE 함수 사용
▶ [개발 도구]-[삽입]-[양식 컨트롤]의 '단추'를 동일 시트의 [G4:H5] 영역에 생성하고, 텍스트를 '평균'으로 입력한 후 단추를 클릭할 때 '평균' 매크로가 실행되도록 설정하시오.

② [B4:E8] 영역에 '백분율 형식(%)'으로 설정하고, 소수점 1째 자리까지 설정하는 매크로를 생성하여 실행하시오

▶ 매크로 이름 : 백분율

▶ [도형]-[기본 도형]의 '정육면체( )'을 동일 시트의 [G7:H8] 영역에 생성하고, 텍스트를 '백분율'로 입력한 후 도형을 클릭할 때 '백분율' 매크로가 실행되도록 설정하시오.

※ **셀 포인터의 위치에 상관 없이 현재 통합 문서에서 매크로가 실행되어야 정답으로 인정됨**

## 2. '차트작업' 시트의 차트를 지시사항에 따라 아래 그림과 같이 수정하시오. (각 2점)

※ **차트는 반드시 문제에서 제공한 차트를 사용하여야 하며, 신규로 작성 시 0점 처리됨**

① 비품 종류가 '컴퓨터'인 데이터만 '취득가', '잔존가' 계열이 차트에 표시되도록 데이터 범위를 제거하시오.

② 전체 차트 종류를 '표식이 있는 꺾은선형'으로 변경하시오.

③ 차트 제목을 '차트 위'로 추가하여 〈그림〉과 같이 입력하고, 글꼴 '굴림체', 크기 '20', 글꼴 스타일 '굵은 기울임꼴'로 지정하시오.

④ 취득가 계열 중 '프린터' 요소에만 데이터 레이블 '값'을 표시하고 위치는 '위쪽'으로 지정하시오.

⑤ 기본 세로 축은 '값을 거꾸로'로 지정하고, 제목은 〈그림〉과 같이 입력하시오.

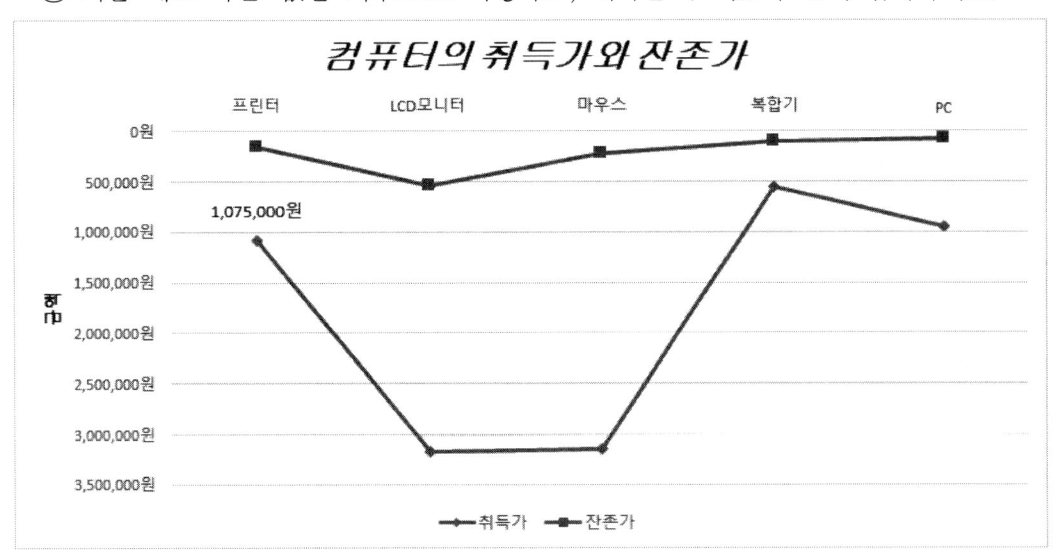

## 정답

기본작업1.

| | A | B | C | D | E | F | G |
|---|---|---|---|---|---|---|---|
| 1 | 평생교육원 수강생 현황 | | | | | | |
| 2 | | | | | | | |
| 3 | 강좌ID | 강좌명 | 분류 | 강사명 | 수강료 | 수강기간 | 접수인원 |
| 4 | D-3379 | 광고학 | 경영학 | 김지은 | 130000 | 2개월 | 21 |
| 5 | B-2398 | 가족복지론 | 사회복지학 | 박소희 | 155000 | 2개월 | 17 |
| 6 | S-1293 | 경영학개론 | 경영학 | 전세준 | 87000 | 1개월 | 32 |
| 7 | A-3297 | 가족생활교육 | 사회복지학 | 김가온 | 150000 | 1개월 | 14 |
| 8 | H-6284 | 아동수학지도 | 아동학 | 김흰샘 | 50000 | 1개월 | 37 |

기본작업2.

| | A | B | C | D | E | F | G | H | I | J |
|---|---|---|---|---|---|---|---|---|---|---|
| 1 | | 영업팀별 제품 판매 현황 | | | | | | | | |
| 2 | | | | | | | | | | |
| 3 | | 제품명 | 부서명 | 목표량(개) | 판매량(개) | 판매가(원) | 총 판매액(원) | 달성률 | | |
| 4 | | 스팸 선물 세트 | 영업1팀 | 1,500 | 1,324 | 32,000 | 42,368,000 | 88% | | |
| 5 | | 스팸 선물 세트 | 영업2팀 | 1,600 | 1,622 | 32,000 | 51,904,000 | 101% | | |
| 6 | | 스팸 선물 세트 | 영업3팀 | 1,700 | 1,431 | 32,000 | 45,792,000 | 84% | | |
| 7 | | 샴푸 선물 세트 | 영업1팀 | 1,700 | 1,884 | 35,000 | 65,940,000 | 111% | | |
| 8 | | 샴푸 선물 세트 | 영업2팀 | 1,600 | 1,405 | 35,000 | 49,175,000 | 88% | | |
| 9 | | 샴푸 선물 세트 | 영업3팀 | 1,500 | 1,492 | 35,000 | 52,220,000 | 99% | | |
| 10 | | 참치 선물 세트 | 영업1팀 | 1,600 | 1,891 | 33,000 | 62,403,000 | 118% | 최고 달성률 | |
| 11 | | 참치 선물 세트 | 영업2팀 | 1,500 | 1,667 | 33,000 | 55,011,000 | 111% | | |
| 12 | | 참치 선물 세트 | 영업3팀 | 1,700 | 1,976 | 33,000 | 65,208,000 | 116% | | |

기본작업3.

| | A | B | C | D | E |
|---|---|---|---|---|---|
| 1 | 상공 쇼핑몰 고객 등급 | | | | |
| 2 | | | | | |
| 3 | 성명 | 성별 | 고객등급 | 포인트점수 | 누적금액 |
| 4 | 김영신 | 여 | A | 32000 | 6400000 |
| 5 | 강승재 | 남 | VIP | 50000 | 10000000 |
| 6 | 전미소 | 여 | B | 1935 | 387000 |
| 7 | 한동민 | 남 | VIP | 11005 | 2201000 |
| 8 | 민슬아 | 여 | VIP | 61520 | 12304000 |
| 9 | 연예슬 | 여 | B | 10284 | 2056800 |

## 계산작업.

[표1]

| 국가 | 수도 | 접종 현황(천명) | 지역 |
|---|---|---|---|
| korea | seoul | 1235 | Korea(SEOUL) |
| italy | rome | 891 | Italy(ROME) |
| portugal | lisbon | 294 | Portugal(LISBON) |
| germany | berlin | 3329 | Germany(BERLIN) |
| england | london | 2910 | England(LONDON) |
| hungary | budapest | 5123 | Hungary(BUDAPEST) |
| spain | madrid | 387 | Spain(MADRID) |
| france | paris | 1528 | France(PARIS) |

[표2]

| 이름 | 영어 | 전산 | 총 점수 | 시상 |
|---|---|---|---|---|
| 박민정 | 70 | 88 | 158 | 입상 |
| 임이정 | 72 | 78 | 150 | 탈락 |
| 김아름 | 68 | 61 | 129 | 탈락 |
| 박하나 | 70 | 66 | 136 | 탈락 |
| 이미임 | 83 | 81 | 164 | 입상 |
| 김수미 | 79 | 65 | 144 | 탈락 |
| 박인희 | 66 | 69 | 135 | 탈락 |
| 김미화 | 85 | 84 | 169 | 입상 |

[표3] (단위 : 대)

| 판매점 | 냉장고 | 홈시어터 | 세탁기 | 합계 |
|---|---|---|---|---|
| 중구 | 78 | 86 | 75 | 239 |
| 동구 | 85 | 86 | 95 | 266 |
| 중구 | 98 | 78 | 98 | 274 |
| 북구 | 100 | 95 | 98 | 293 |
| 동구 | 85 | 75 | 89 | 249 |
| 중구 | 100 | 95 | 98 | 293 |
| 북구 | 85 | 75 | 75 | 235 |

| 판매점 | 수량의 차이 |
|---|---|
| 동구 | 4 |

[표4]

| 이름 | 부서 | 직위 | 기본급 | 상여금 |
|---|---|---|---|---|
| 박명덕 | 영업부 | 부장 | 3,560,000 | 2,512,000 |
| 주민경 | 생산부 | 과장 | 3,256,000 | 1,826,000 |
| 태진형 | 총무부 | 사원 | 2,560,000 | 1,282,000 |
| 최민수 | 생산부 | 대리 | 3,075,000 | 1,568,000 |
| 김평주 | 생산부 | 주임 | 2,856,000 | 1,240,000 |
| 한서라 | 영업부 | 사원 | 2,473,000 | 1,195,000 |
| 이국선 | 총무부 | 사원 | 2,372,000 | 1,153,000 |

| 상여금이 1,200,000원 이상이면서,<br>평균 기본급을 초과하는 인원수 | 3명 |
|---|---|

[표5]

| 사원코드 | 성명 | 주민등록번호 | 생년월일 |
|---|---|---|---|
| H203-1 | 이지원 | 781012-******* | 1978년 10월 12일 |
| K102-2 | 나오미 | 761123-******* | 1976년 11월 23일 |
| B333-3 | 권경애 | 870203-******* | 1987년 2월 3일 |
| D104-2 | 강수영 | 860420-******* | 1986년 4월 20일 |
| F405-3 | 나우선 | 790804-******* | 1979년 8월 4일 |
| G306-4 | 임철수 | 851122-******* | 1985년 11월 22일 |
| H203-1 | 이미지 | 881231-******* | 1988년 12월 31일 |

## 분석작업1.

회원번호 (모두)

| | 구분 / 값 | | | | | | | | |
|---|---|---|---|---|---|---|---|---|---|
| | 스포츠 | | | 외국어 | | | 음악 | | |
| 강좌명 | 평균 : 접수인원 | 평균 : 모집인원 | 평균 : 수강료 | 평균 : 접수인원 | 평균 : 모집인원 | 평균 : 수강료 | 평균 : 접수인원 | 평균 : 모집인원 | 평균 : 수강료 |
| 농구 | 37 | 40 | 45,000 | | | | | | |
| 바이올린 | | | | | | | 18 | 15 | 48,000 |
| 배드민턴 | 25 | 20 | 45,000 | | | | | | |
| 영어회화 | | | | 15 | 25 | 51,000 | | | |
| 우쿨렐레 | | | | | | | 24 | 30 | 54,000 |
| 음악줄넘기 | 24 | 30 | 45,000 | | | | | | |
| 중국어 | | | | 18 | 20 | 45,000 | | | |
| 첼로 | | | | | | | 24 | 20 | 63,000 |
| **총합계** | **29** | **30** | **45,000** | **17** | **23** | **48,000** | **22** | **22** | **55,000** |

## 분석작업2.

**[표4] 1분기 반려견 식품 생산 현황**

| 제품명 | 1일 생산량 | 폐기물 | 재고량 |
|---|---|---|---|
| 우유껌 | 73 | 55 | 1,778 |
| 송아지목뼈 | 24 | 18 | 582 |
| 오리가슴살 | 27 | 20 | 655 |
| 연어스테이크 | 22 | 16 | 525 |
| 오리오트밀바 | 30 | 23 | 736 |
| 도기넛 | 69 | 52 | 1,665 |

매크로작업.

| | A | B | C | D | E | F | G | H |
|---|---|---|---|---|---|---|---|---|
| 1 | [표] 전 세계 암호 자산의 결제 수단별 비중 | | | | | | | |
| 2 | | | | | | | | |
| 3 | 구분 | 달러화 | 테더 | 원화 | 유로화 | | | |
| 4 | 이더리움 | 32.7% | 21.6% | 69.0% | 53.0% | | 평균 | |
| 5 | 리플 | 18.4% | 12.1% | 37.5% | 37.0% | | | |
| 6 | 비드코인 캐시 | 19.9% | 23.6% | 95.0% | 16.0% | | | |
| 7 | 라이트코인 | 29.8% | 26.9% | 24.0% | 32.0% | | 백분율 | |
| 8 | 평균 | 0.252 | 0.211 | 0.564 | 0.345 | | | |

차트작업.

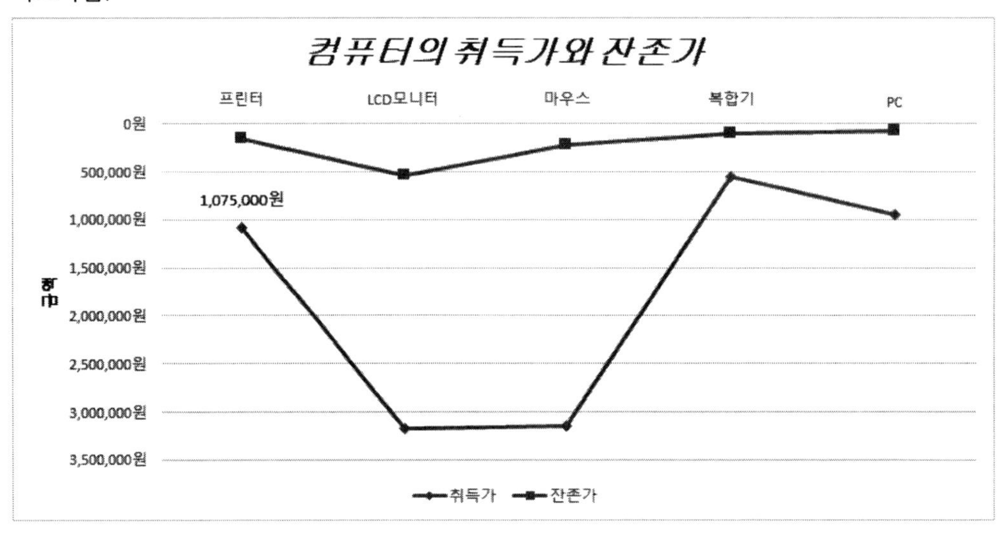

# 해설

기본작업1 : 출력형태와 같이 입력한다.

기본작업2 :

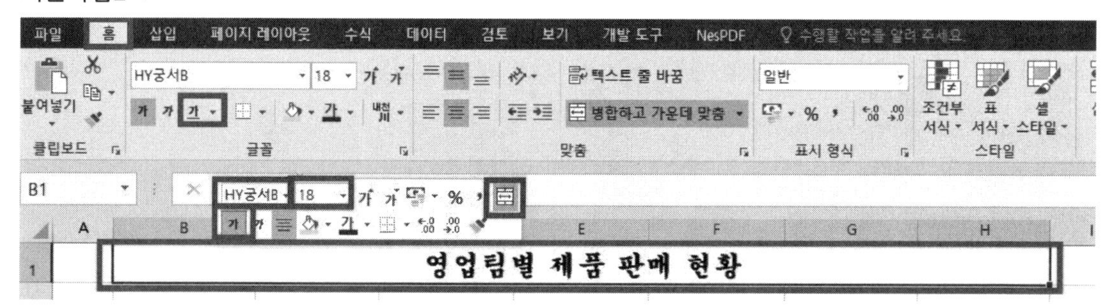


[B1:H1] 영역을 범위 지정한 다음 '병합하고 가운데 맞춤' 클릭, 글꼴 'HY궁서B', 크기 '18' 입력, 글꼴 스타일 '굵게'를 클릭하고 [홈] 탭 글꼴 밑에 있는 밑줄로 가서 '밑줄'을 클릭한다.

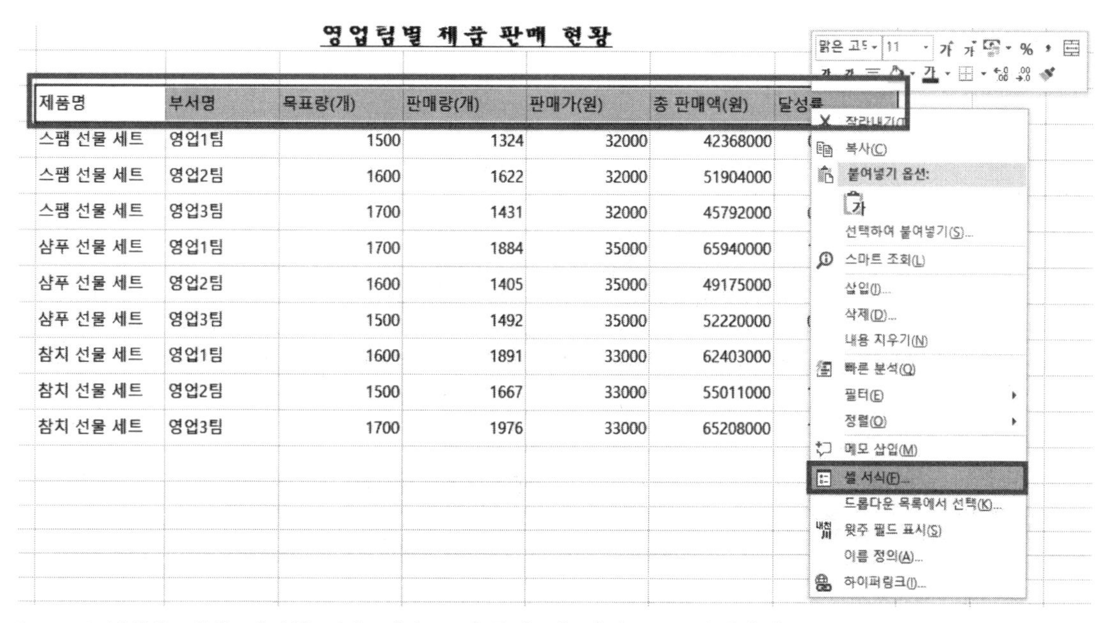


| 제품명 | 부서명 | 목표량(개) | 판매량(개) | 판매가(원) | 총 판매액(원) | 달성률 |
|---|---|---|---|---|---|---|
| 스팸 선물 세트 | 영업1팀 | 1500 | 1324 | 32000 | 42368000 | |
| 스팸 선물 세트 | 영업2팀 | 1600 | 1622 | 32000 | 51904000 | |
| 스팸 선물 세트 | 영업3팀 | 1700 | 1431 | 32000 | 45792000 | |
| 샴푸 선물 세트 | 영업1팀 | 1700 | 1884 | 35000 | 65940000 | |
| 샴푸 선물 세트 | 영업2팀 | 1600 | 1405 | 35000 | 49175000 | |
| 샴푸 선물 세트 | 영업3팀 | 1500 | 1492 | 35000 | 52220000 | |
| 참치 선물 세트 | 영업1팀 | 1600 | 1891 | 33000 | 62403000 | |
| 참치 선물 세트 | 영업2팀 | 1500 | 1667 | 33000 | 55011000 | |
| 참치 선물 세트 | 영업3팀 | 1700 | 1976 | 33000 | 65208000 | |

[B3:H3] 영역을 범위 지정한 다음 마우스 우클릭-[셀 서식]으로 들어간다.

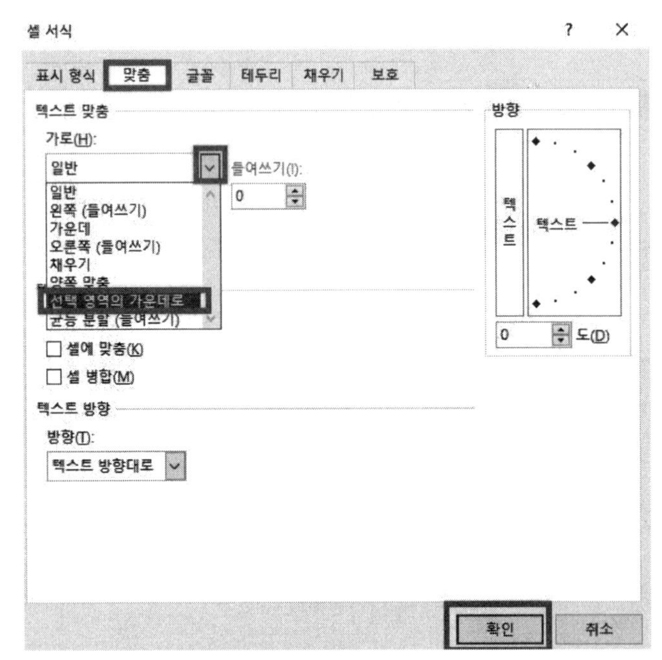


[맞춤]-가로-'선택 영역의 가운데로' 클릭 후 확인 을 클릭한다.



| 제품명 | 부서명 | 목표량(개) | 판매량 | 총 판매액(원) | 달성률 |
|---|---|---|---|---|---|
| 스팸 선물 세트 | 영업1팀 | 1500 | | 42368000 | 0.882666667 |
| 스팸 선물 세트 | 영업2팀 | 1600 | | 51904000 | 1.01375 |
| 스팸 선물 세트 | 영업3팀 | 1700 | | 45792000 | 0.841764706 |
| 샴푸 선물 세트 | 영업1팀 | 1700 | | 65940000 | 1.108235294 |
| 샴푸 선물 세트 | 영업2팀 | 1600 | | 49175000 | 0.878125 |

[B3:H3] 영역이 범위가 지정된 상태에서 마우스 우클릭-글꼴 색은 '표준 색 - 진한 파랑', 채우기 색은 '표준 색 - 노랑'을 선택한다.

[D4:G12] 영역을 범위 지정한 다음 마우스 우클릭-'쉼표 스타일'을 클릭한다.

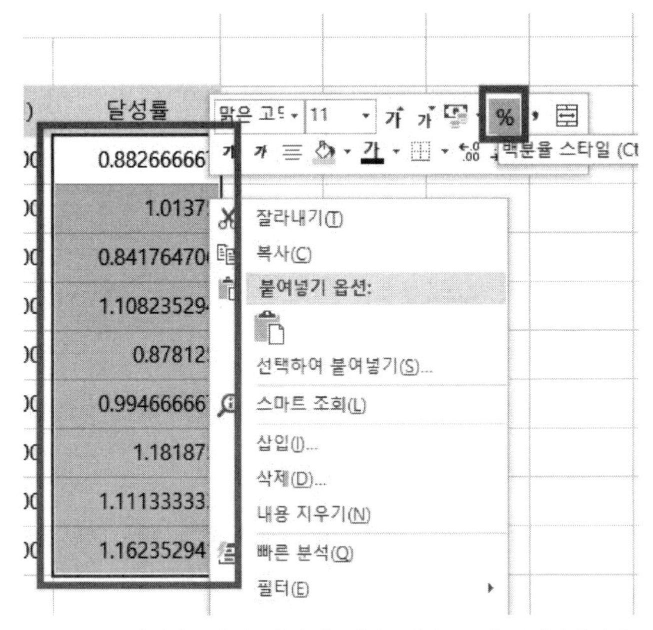


[H4:H12] 영역을 범위 지정한 다음 마우스 우클릭-'백분율 스타일'을 클릭한다.

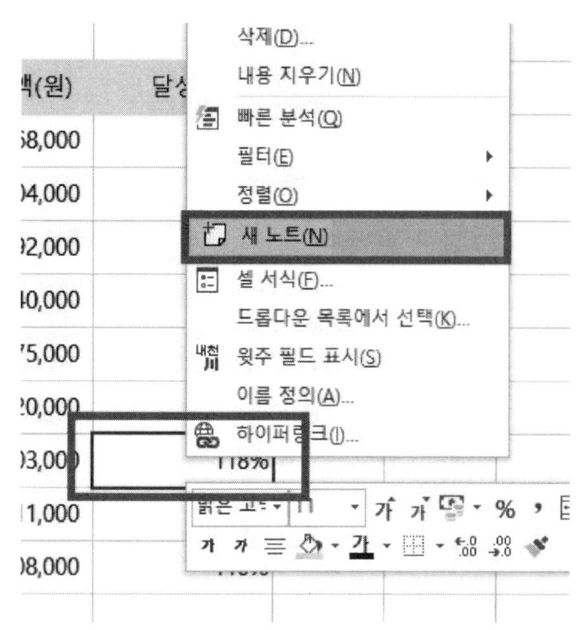


[H10] 셀에서 마우스 우클릭-[새 노트]를 클릭한다.

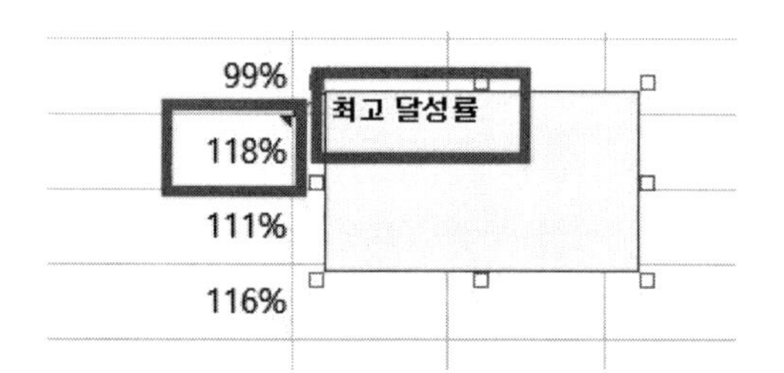


메모 안에 두 번째 줄에서 커서가 깜박이는데 제일 먼저 BackSpace (←)를 계속 눌러서 글자를 모두 지운 다음, '최고 달성률'이라고 입력한다.

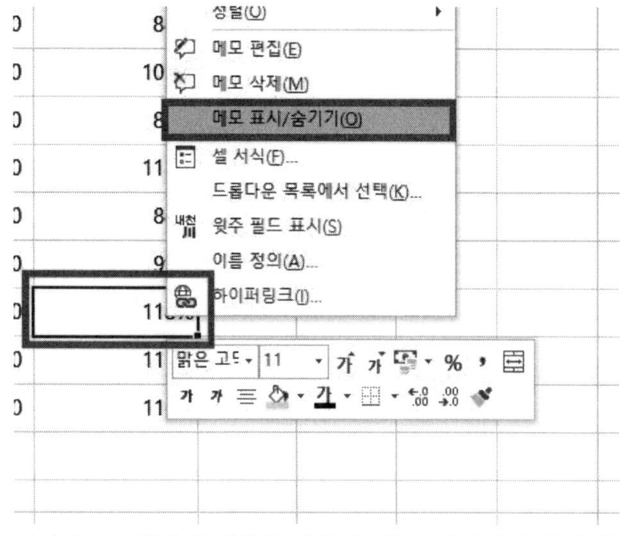


다시 [H10] 셀에서 마우스 우클릭-[메모 표시/숨기기]를 클릭한다.

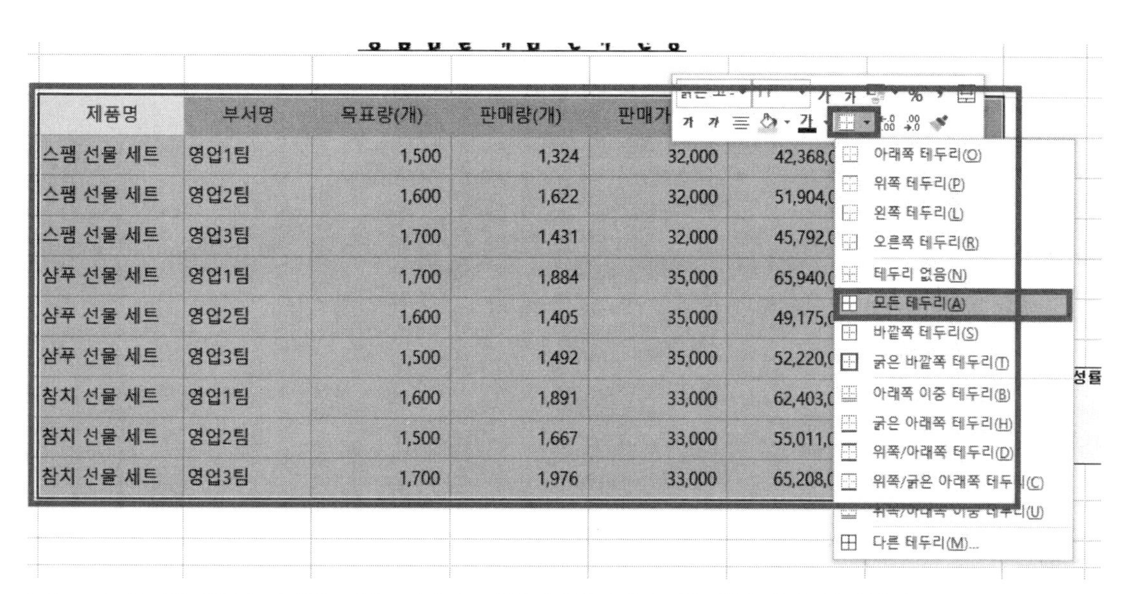


[B3:H12] 영역을 범위 지정한 다음 마우스 우클릭-[테두리]-'모든 테두리'를 클릭한다.

기본작업3 :

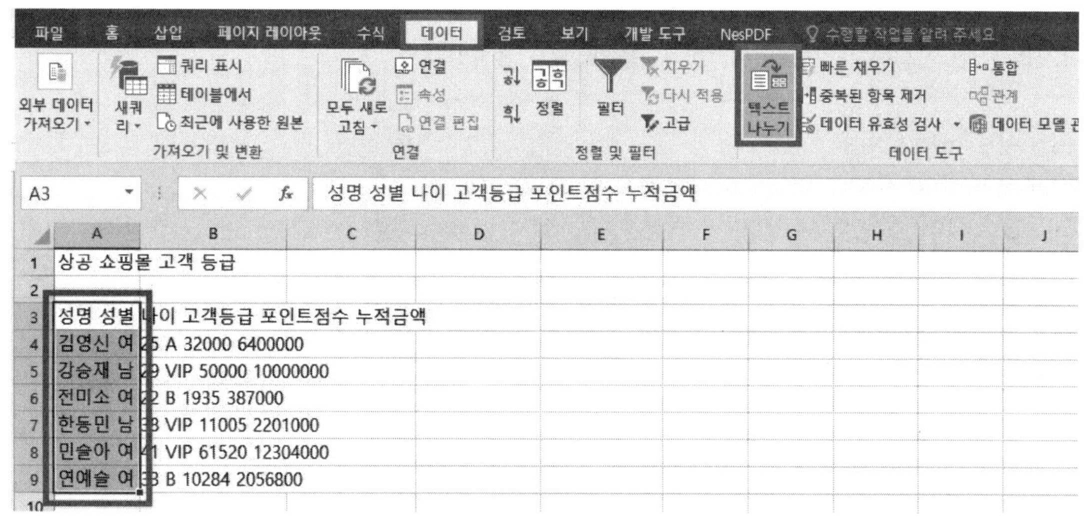


[A3:A9] 영역을 범위 지정한 다음 [데이터]-[텍스트 나누기]를 클릭한다.

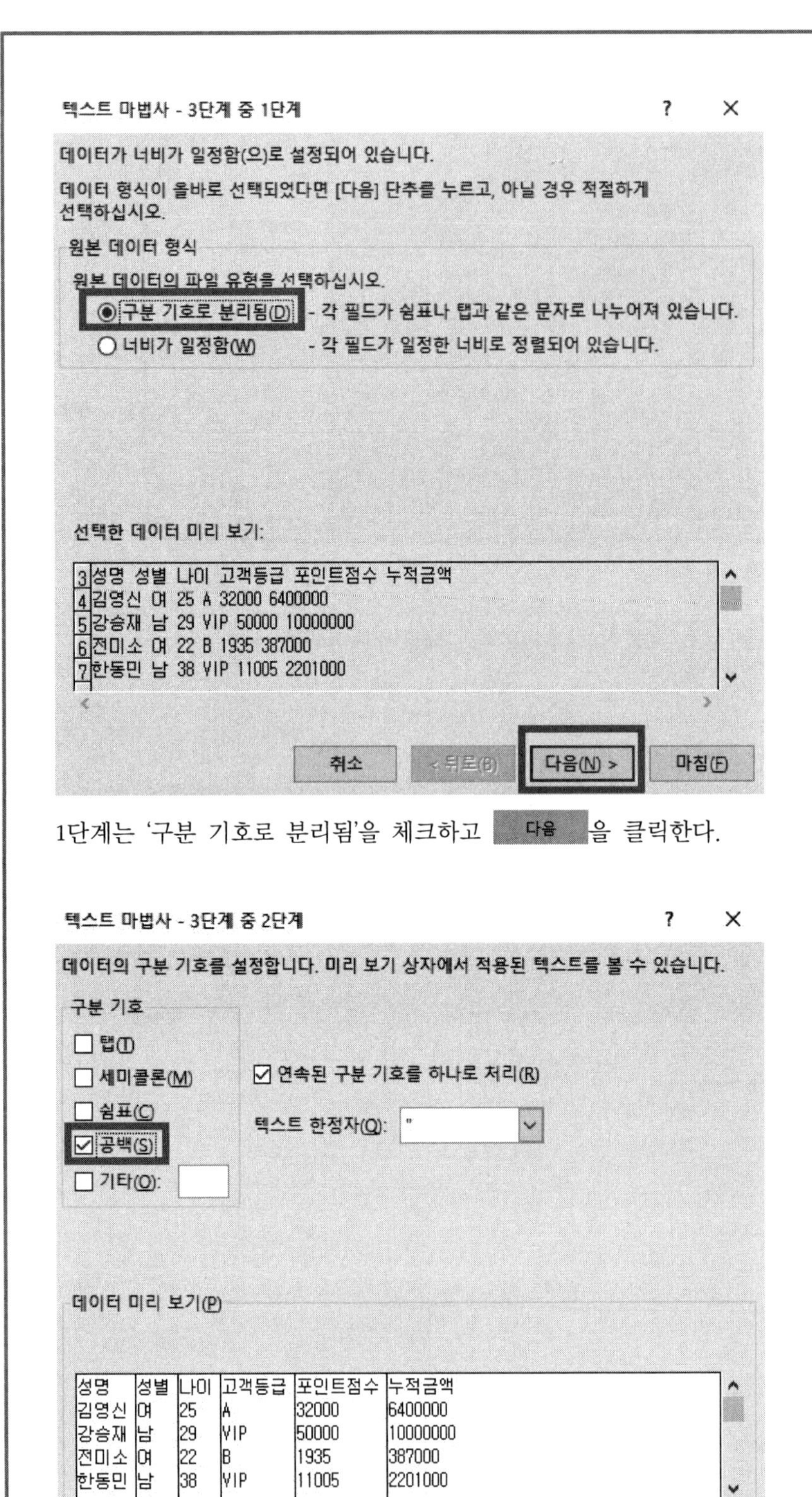


1단계는 '구분 기호로 분리됨'을 체크하고 다음 을 클릭한다.



2단계는 '탭'을 체크 해제하고 '공백'을 체크한 후 다음 을 클릭한다.

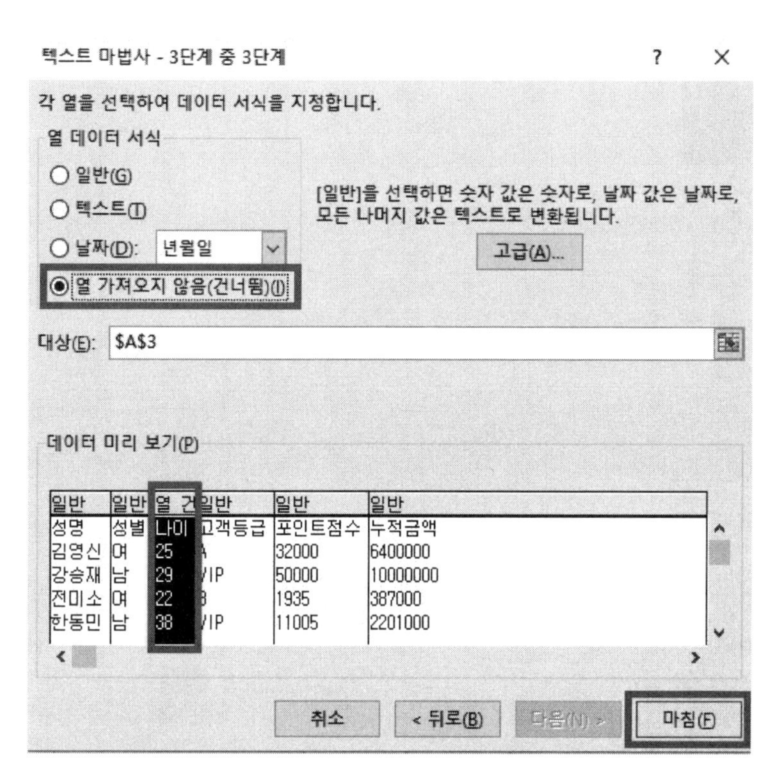


3단계는 데이터 미리 보기-'나이'를 먼저 클릭한 다음 열 데이터 서식-'열 가져오지 않음(건너뜀)'을 누른 후 마침 을 클릭한다.

계산작업 :

(1) [D3:D10] 영역을 범위 지정한 다음 =PROPER(A3)&"("&UPPER(B3)&")"를 입력하고 Ctrl + Enter 를 누른다.

(2) [K3:K10] 영역을 범위 지정한 다음 =IF(RANK.EQ(J3,$J$3:$J$10)<=3,"입상","탈락")를 입력하고 Ctrl + Enter 를 누른다.

(3) [A22] 셀에 판매점, [A23] 셀에 동구라고 먼저 입력을 한 다음에 [B23] 셀을 클릭한 후 =ABS(DMAX(A13:E20,B13,A22:A23)-DMIN(A13:E20,D13,A22:A23))를 입력하고 Enter 를 누른다.

(4) [K22] 셀을 클릭한 후 =COUNTIFS(K14:K20,">=1200000",J14:J20,">"&AVERAGE(J14:J20))&"명"을 입력하고 Enter 를 누른다.

(5) [D27:D33] 영역을 범위 지정한 다음 =DATE(LEFT(C27,2),MID(C27,3,2),MID(C27,5,2))를 입력하고 Ctrl + Enter 를 누른다.

분석작업1 :

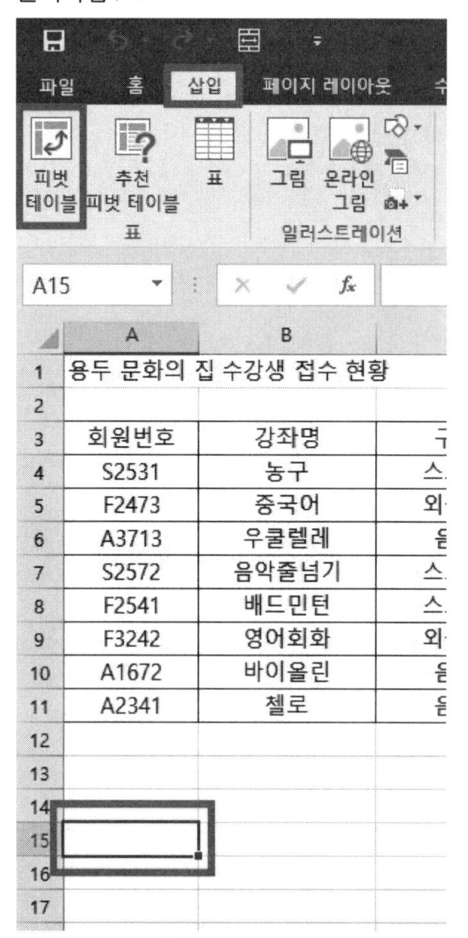


[A15] 셀을 선택한 다음 삽입-[피벗 테이블]을 클릭한다.

피벗 테이블 만들기

분석할 데이터를 선택하십시오.

◉ 표 또는 범위 선택(S)

표/범위(T): '분석작업-1'!$A$3:$G$11

○ 외부 데이터 원본 사용(U)

연결 선택(C)...

연결 이름:

○ 이 통합 문서의 데이터 모델 사용(D)

피벗 테이블 보고서를 넣을 위치를 선택하십시오.

○ 새 워크시트(N)

◉ 기존 워크시트(E)

위치(L): '분석작업-1'!$A$15

여러 테이블을 분석할 것인지 선택

☐ 데이터 모델에 이 데이터 추가(M)

확인 취소

[A3:G11] 영역을 범위 지정한 다음 확인 을 클릭한다.

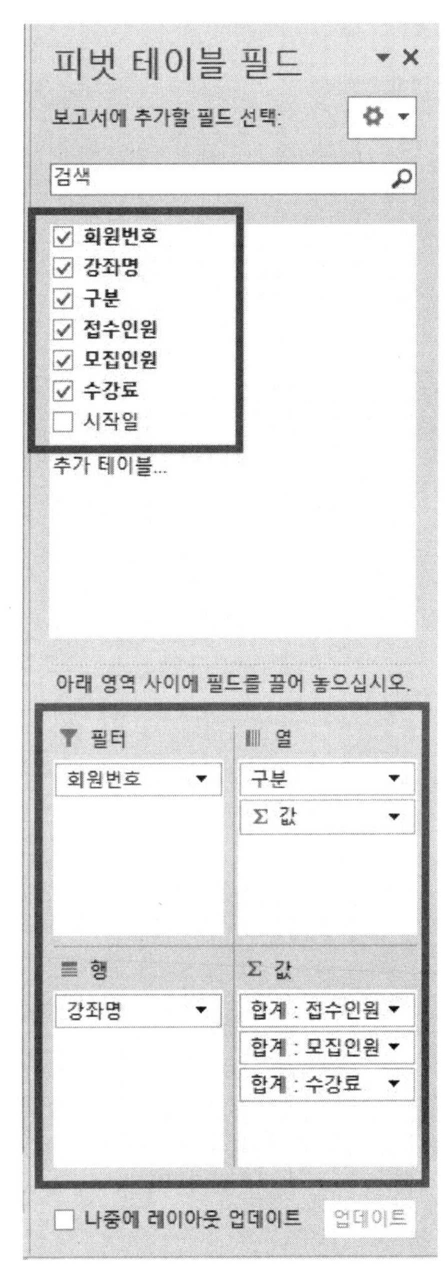


필드 창에서 회원번호는 '필터', 강좌명은 '행', 구분은 '열'로 배치하고, 접수인원, 모집인원, 수강료를 체크한다.

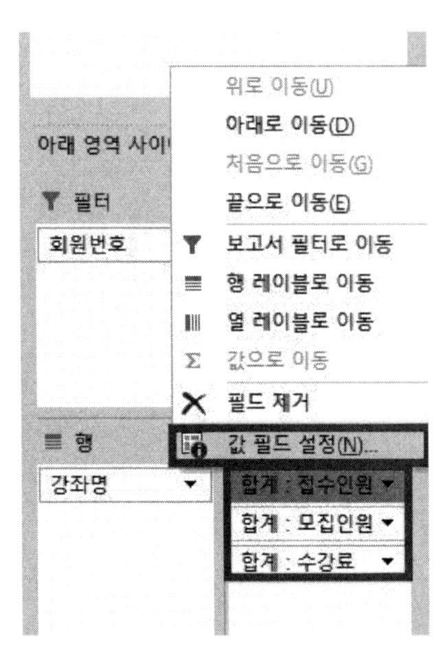


'접수인원', '모집인원', '수강료'를 각각 마우스로 클릭-[값 필드 설정]-'평균'을 클릭한다.

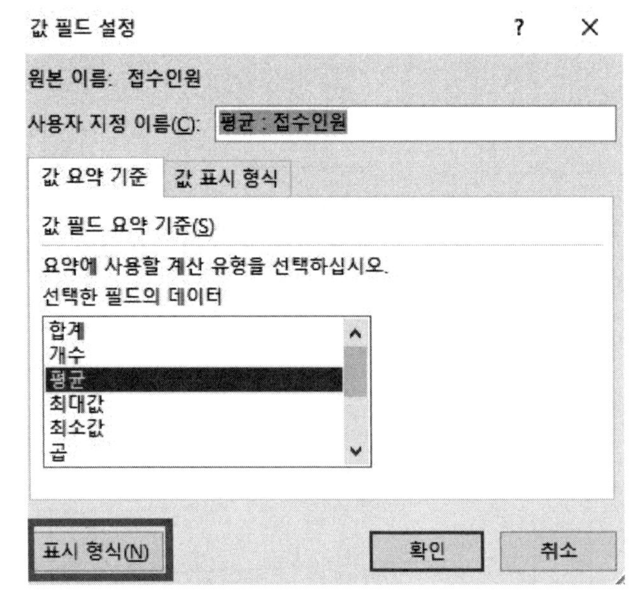


다시 한번 더 '접수인원'을 마우스로 클릭-[값 필드 설정]을 클릭한다.

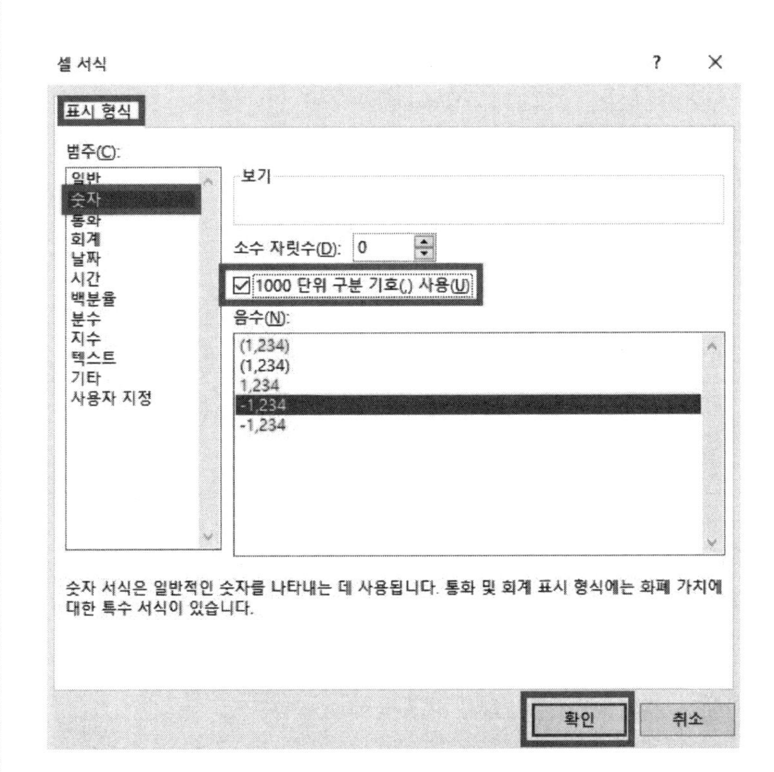


[표시 형식]-[숫자]-'1000단위 구분 기호(,) 사용'을 클릭하고 확인 을 클릭한 다음 한번 더 확인 을 클릭한다. 같은 방법으로 '모집인원'과 '수강료'도 작업한다.

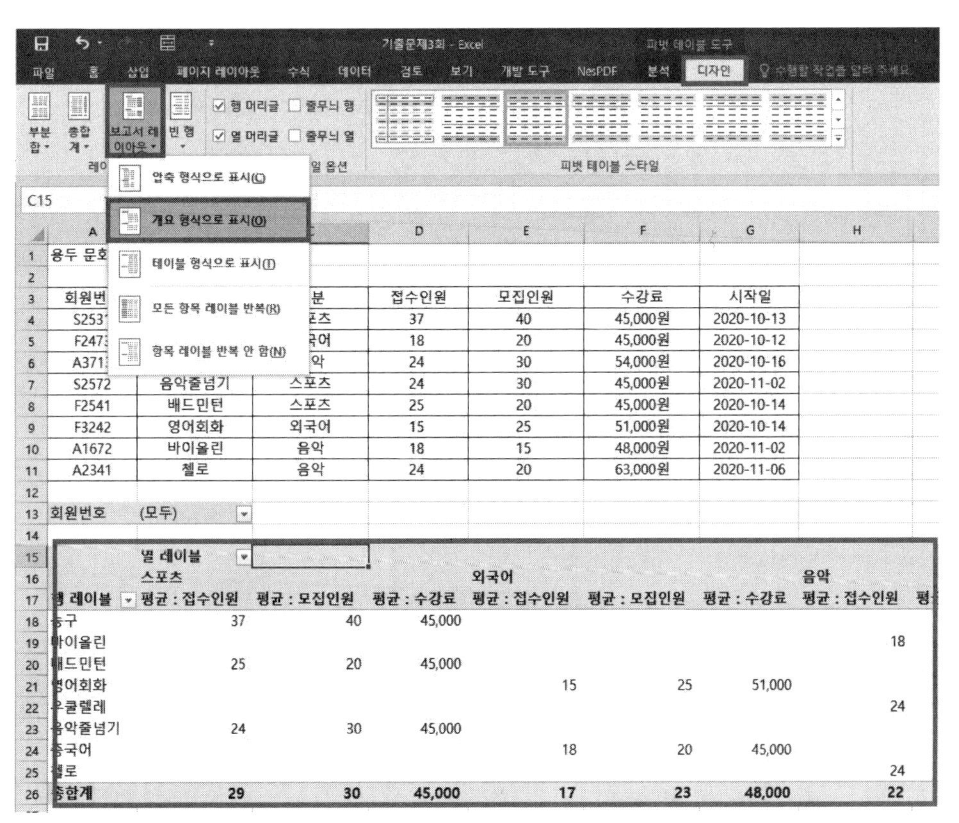


피벗 테이블 아무 셀이나 하나 클릭한 다음 [피벗 테이블 도구]-[디자인]-[보고서 레이아웃]-'개요 형식으로 표시'를 클릭한다.

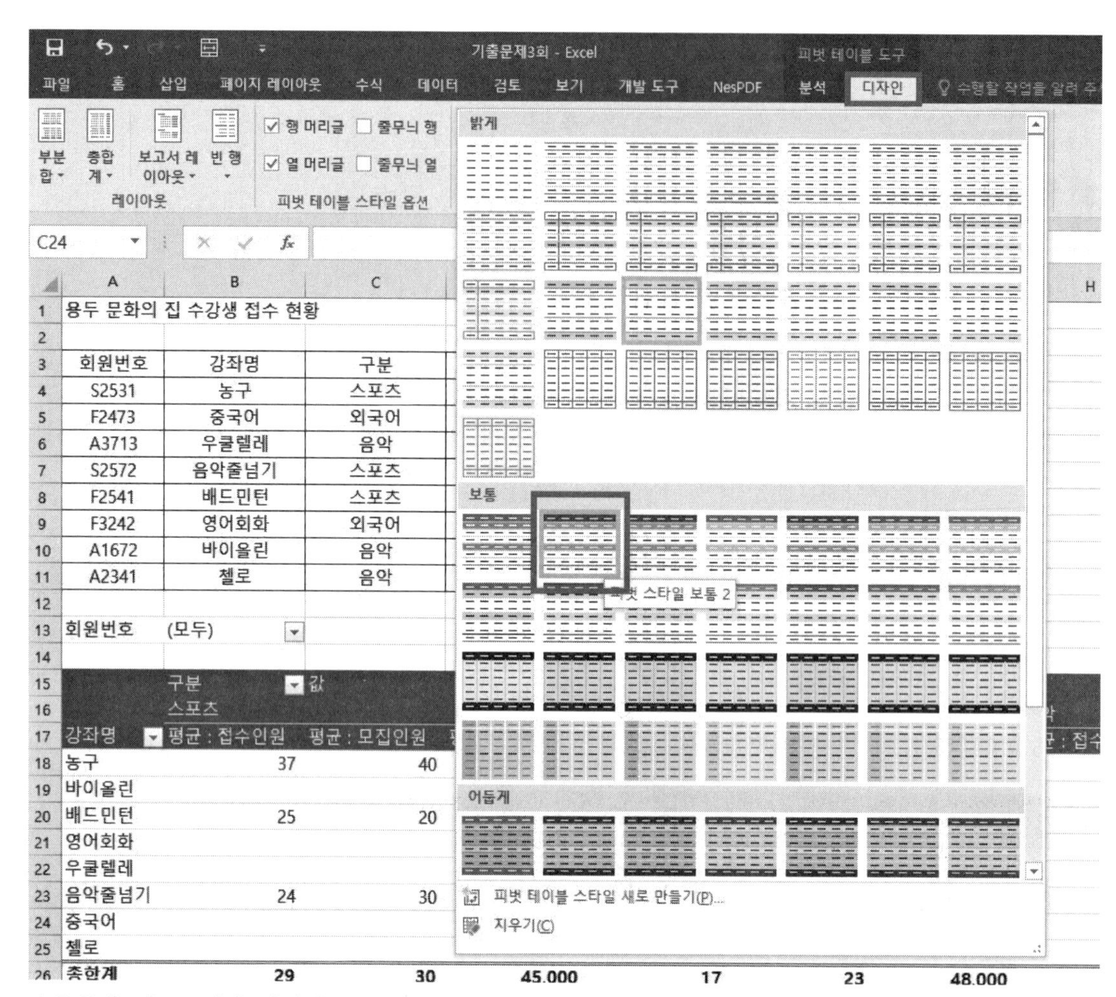


오른쪽에 있는 [피벗 테이블 도구]-[디자인]-[피벗 테이블 스타일] 자세히를 눌러서 '피벗 스타일 보통 2'를 찾아서 클릭한다.

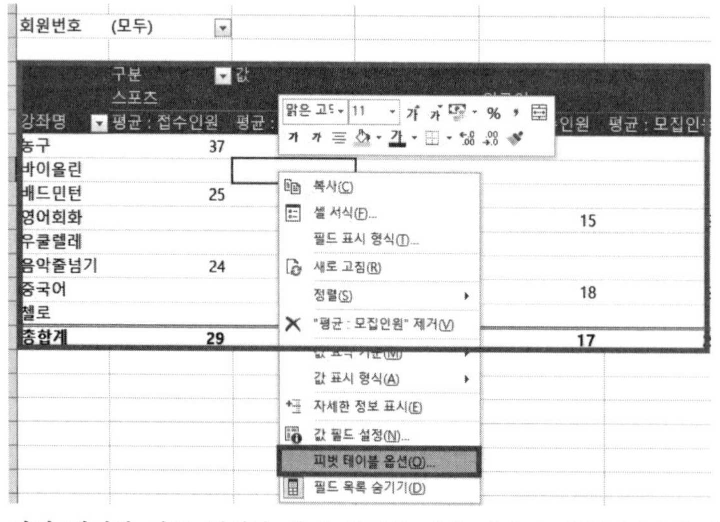


피벗 테이블 아무 셀이나 하나 클릭한 다음 마우스 우클릭-[피벗 테이블 옵션]을 클릭한다.

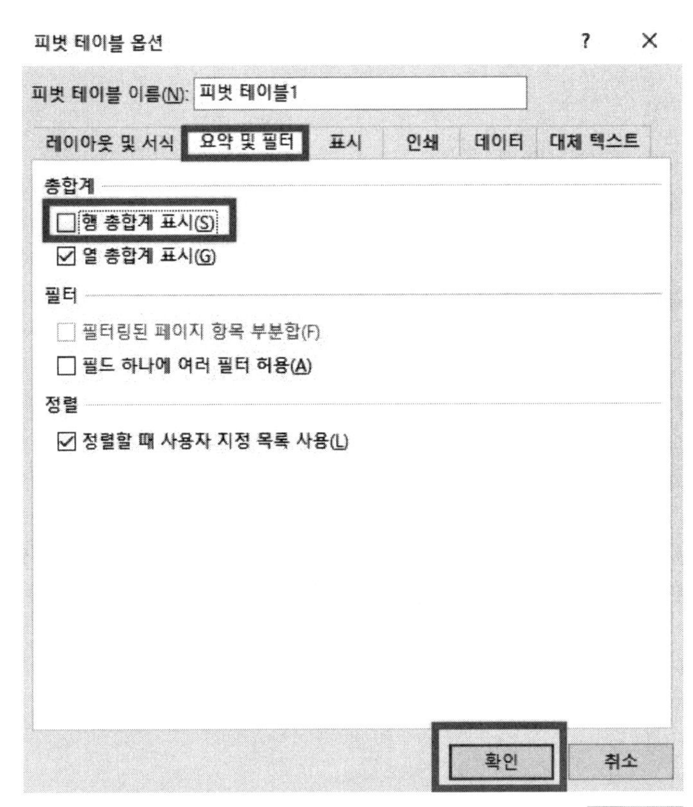


[요약 및 필터]-'행 총합계 표시'를 체크 해제한 다음 확인 을 클릭한다.

분석작업2 :

[표4] 1분기 반려견 식품 생산 현황

| 제품명 | 1일 생산량 | 폐기물 | 재고량 |
|---|---|---|---|
| 우유껌 | | | |
| 송아지목뼈 | | | |
| 오리가슴살 | | | |
| 연어스테이크 | | | |
| 오리오트밀바 | | | |
| 도기넛 | | | |

[G11:J17] 영역을 범위 지정한다.

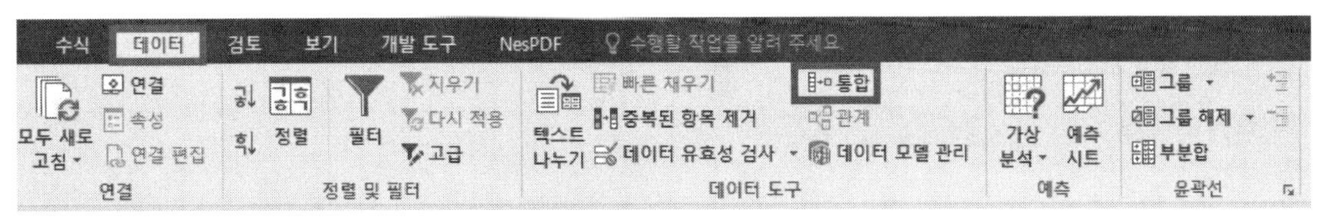


[데이터]-[통합]을 클릭한다.

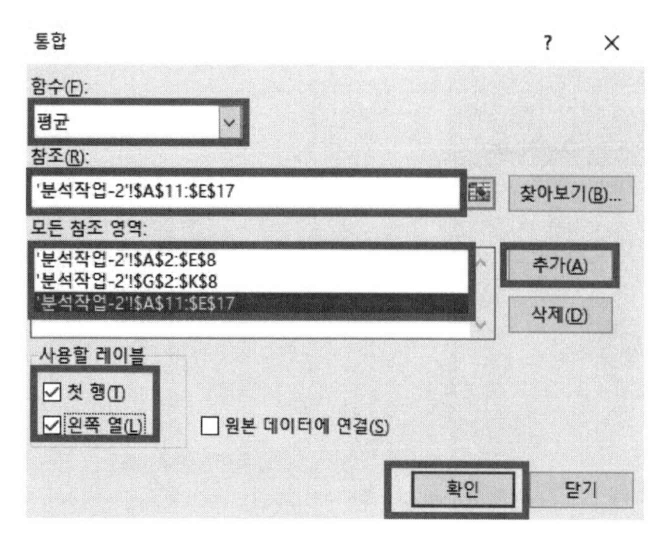


함수는 '평균'을 선택하고, 참조에 [A2:E8] 영역을 범위 지정한 후 추가 , [A11:E17] 영역을 범위 지정한 후 추가 , [G2:K8] 영역을 범위 지정한 후 추가 를 클릭한 다음 '첫 행', '왼쪽 열'을 체크하고 확인 을 클릭한다.

매크로 :

매크로1.

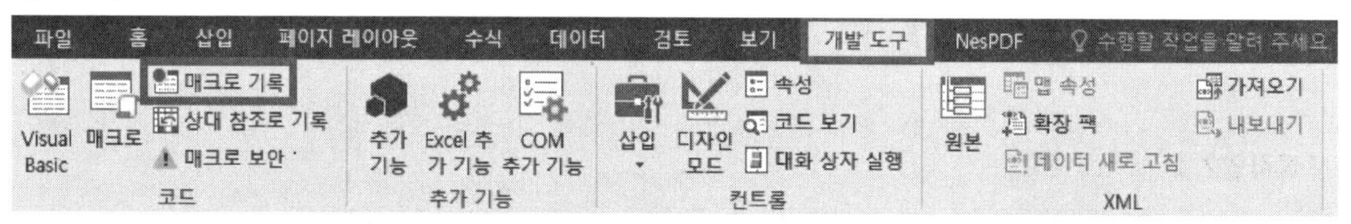


[A1:E8] 영역을 제외하고 아무 곳에서나 셀을 하나 클릭한 다음 [개발 도구]- 매크로 기록 을 클릭한다.

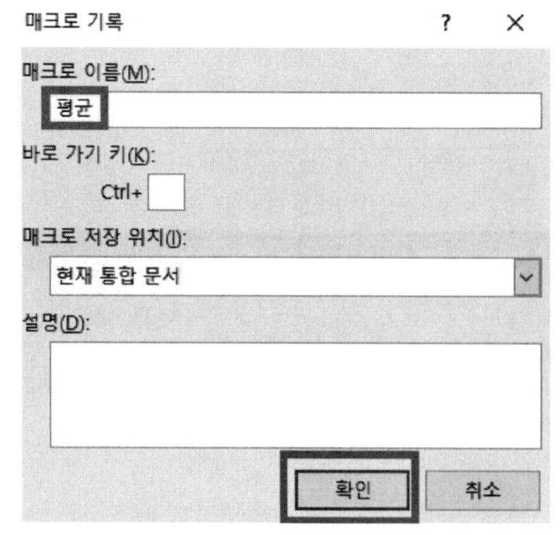


매크로 이름에는 '평균'을 입력하고 확인 을 클릭한다.

B8 =AVERAGE(B4:B7)

| | A | B | C | D | E |
|---|---|---|---|---|---|
| 1 | [표] 전 세계 암호자산의 결제수단별 비중 | | | | |
| 2 | | | | | |
| 3 | 구분 | 달러화 | 테더 | 원화 | 유로화 |
| 4 | 이더리움 | 0.327 | 0.216 | 0.690 | 0.530 |
| 5 | 리플 | 0.184 | 0.121 | 0.375 | 0.370 |
| 6 | 비드코인 캐시 | 0.199 | 0.236 | 0.950 | 0.160 |
| 7 | 라이트코인 | 0.298 | 0.269 | 0.240 | 0.320 |
| 8 | 평균 | ERAGE(B4:B7) | | | |

[B4:E8] 영역을 범위 지정한 다음 수식 입력줄에 =AVERAGE(B4:B7)을 입력하고 Ctrl + Enter 를 누른다.

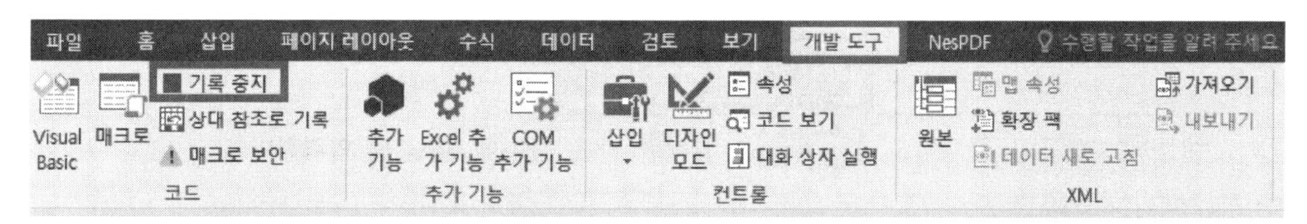


[A1:E8] 영역을 제외하고 아무 곳에서나 셀을 하나 클릭한 다음 [개발 도구]-기록 중지 를 클릭한다.

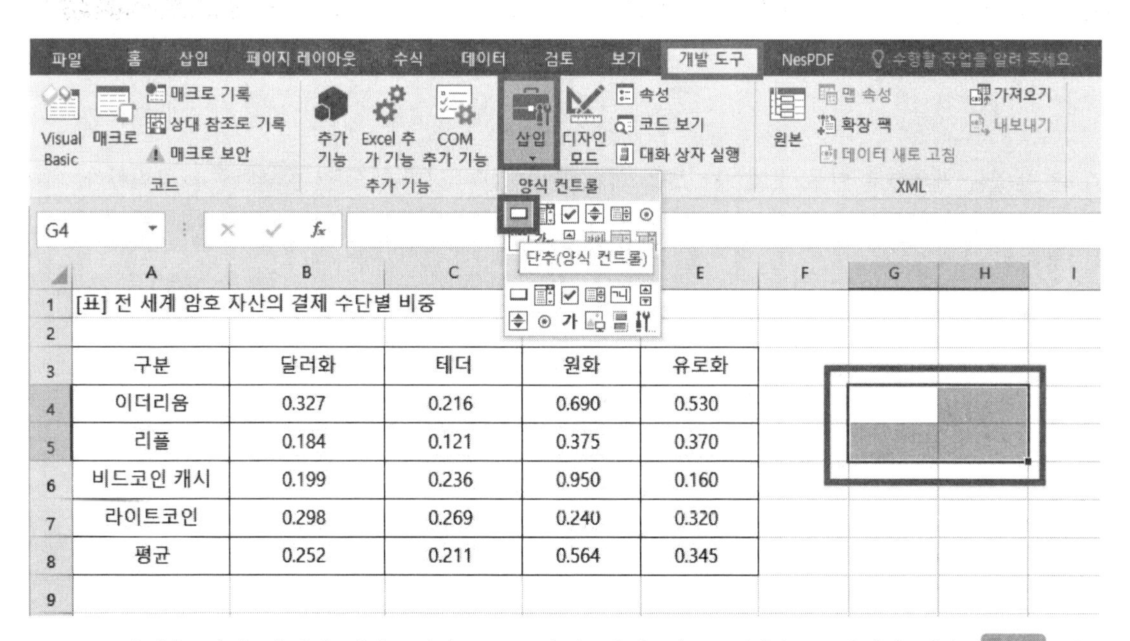


| | A | B | C | D | E |
|---|---|---|---|---|---|
| 3 | 구분 | 달러화 | 테더 | 원화 | 유로화 |
| 4 | 이더리움 | 0.327 | 0.216 | 0.690 | 0.530 |
| 5 | 리플 | 0.184 | 0.121 | 0.375 | 0.370 |
| 6 | 비드코인 캐시 | 0.199 | 0.236 | 0.950 | 0.160 |
| 7 | 라이트코인 | 0.298 | 0.269 | 0.240 | 0.320 |
| 8 | 평균 | 0.252 | 0.211 | 0.564 | 0.345 |

[G4:H5] 영역을 범위 지정한 다음 [개발 도구]-[삽입]-[양식 컨트롤]-'단추'를 선택한 다음 Alt 키를 누른 상태로 마우스로 드래그하여 삽입한다.

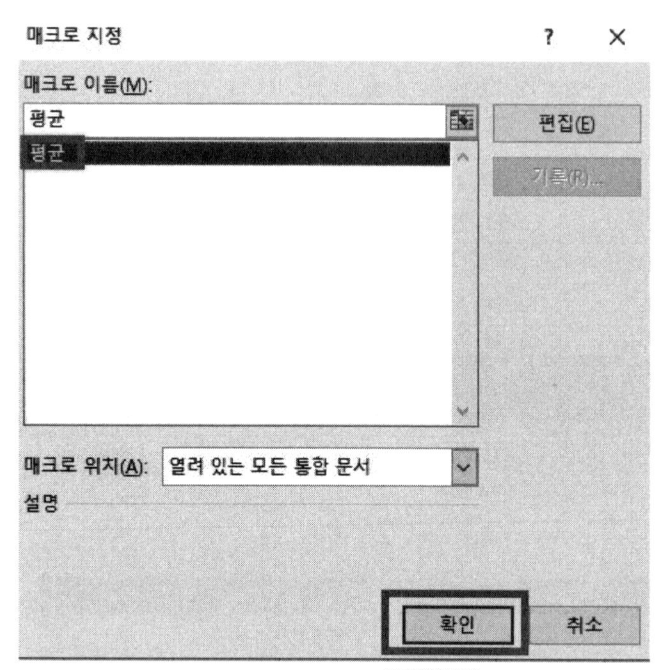


매크로 이름 중 '평균'을 클릭하고 확인 을 클릭한 다음 단추에 '평균'을 입력한다.

매크로2.

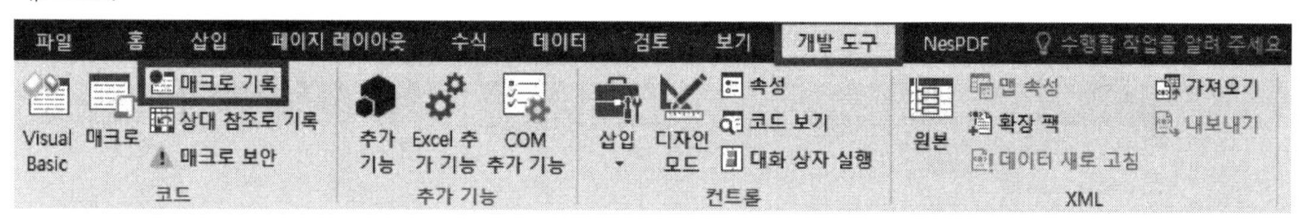


[A1:E8] 영역을 제외하고 아무 곳에서나 셀을 하나 클릭한 다음 [개발 도구]- 매크로 기록 을 클릭한다.

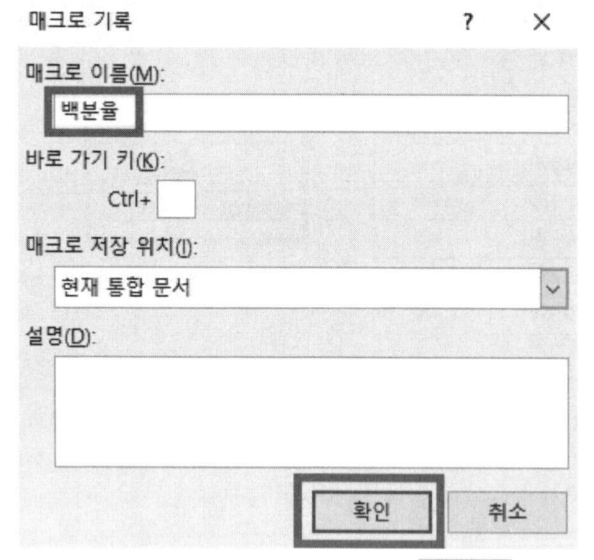


매크로 이름에는 '백분율'을 입력하고 확인 을 클릭한다.

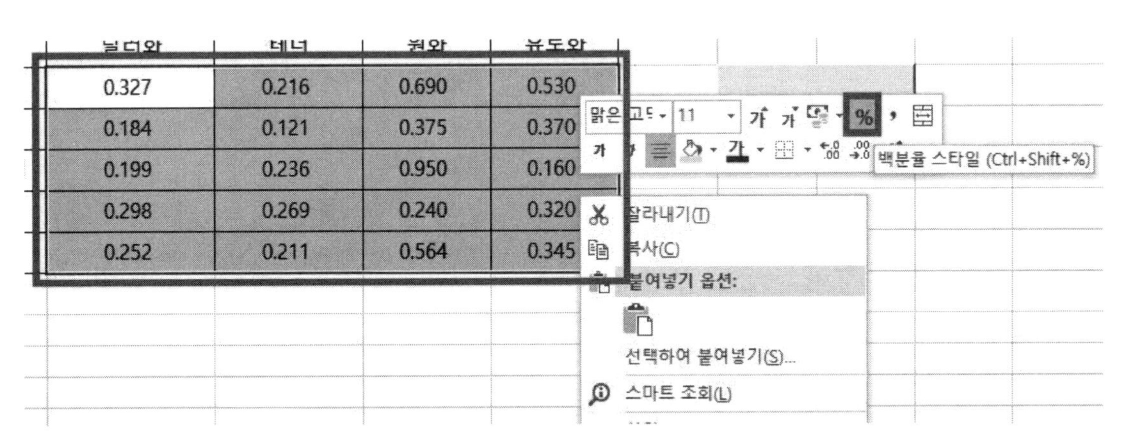


[B4:E8] 영역을 범위 지정한 다음 마우스 우클릭-'백분율 스타일'을 클릭하고 다시 한번 마우스 우클릭-[셀 서식]을 클릭한다.

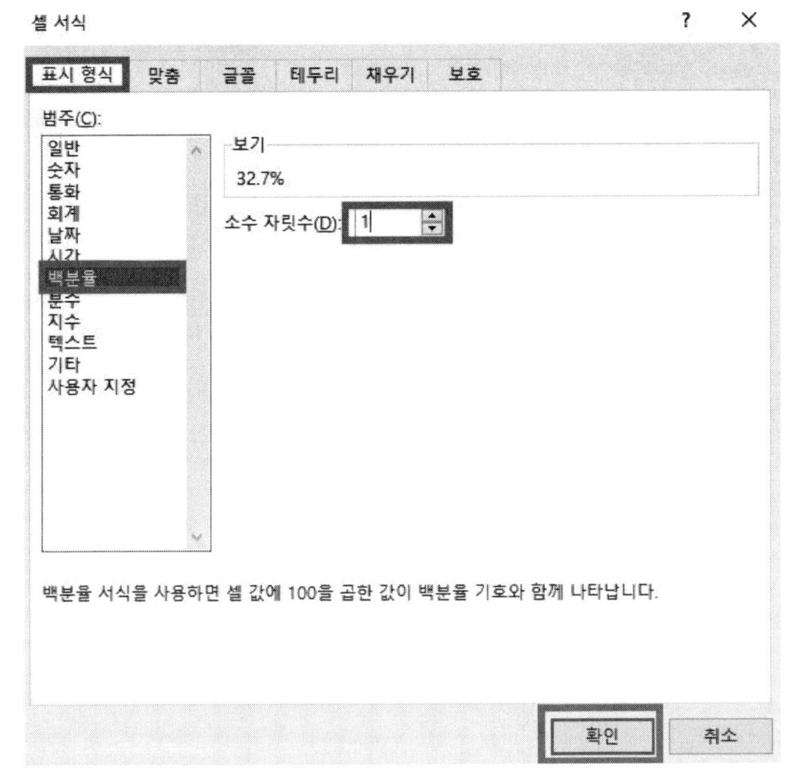


[셀 서식]-[표시 형식]-[백분율]-소수 자릿수 : '1'을 입력하고 확인 을 클릭한다.

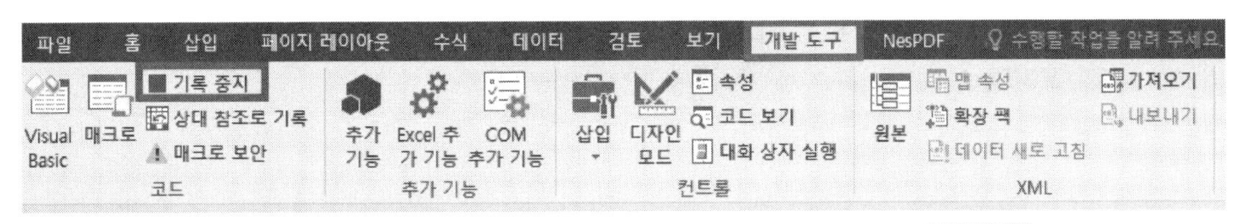


[A1:E8] 영역을 제외하고 아무 곳에서나 셀을 하나 클릭한 다음 [개발 도구]-기록 중지 를 클릭한다.

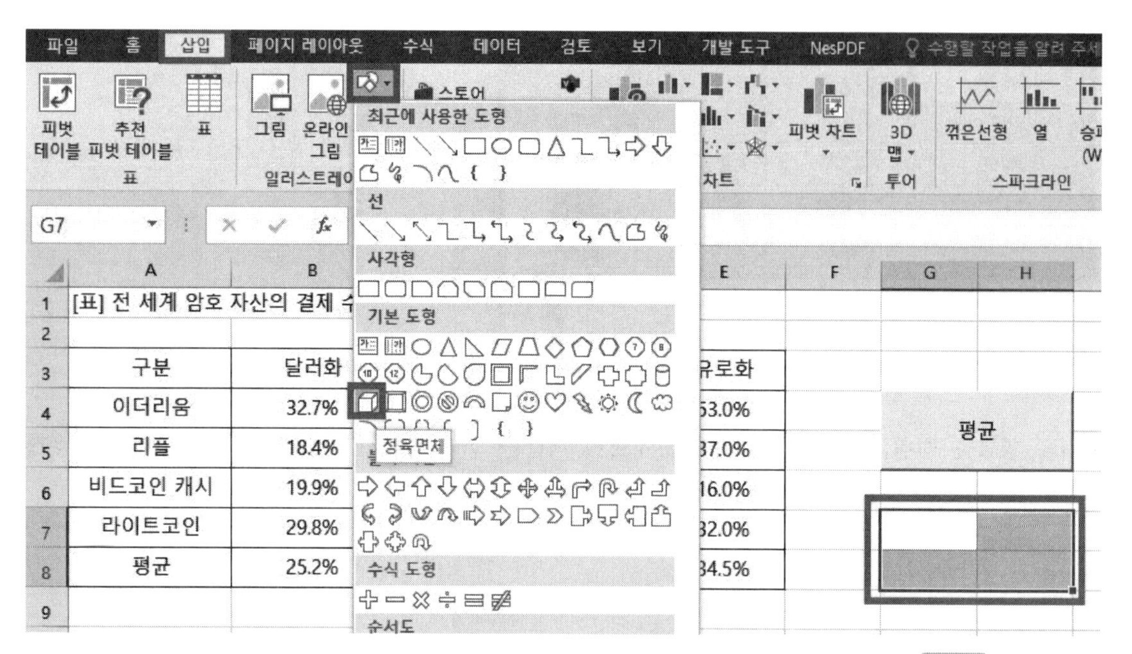


[G7:H8] 영역을 범위 지정한 다음 [삽입]-[도형]-[기본 도형]-'정육면체'를 선택한 다음 Alt 키를 누른 상태로 마우스로 드래그하여 도형을 삽입하고 '백분율'을 입력한 후 마우스 우클릭-[매크로 지정]을 클릭한다.

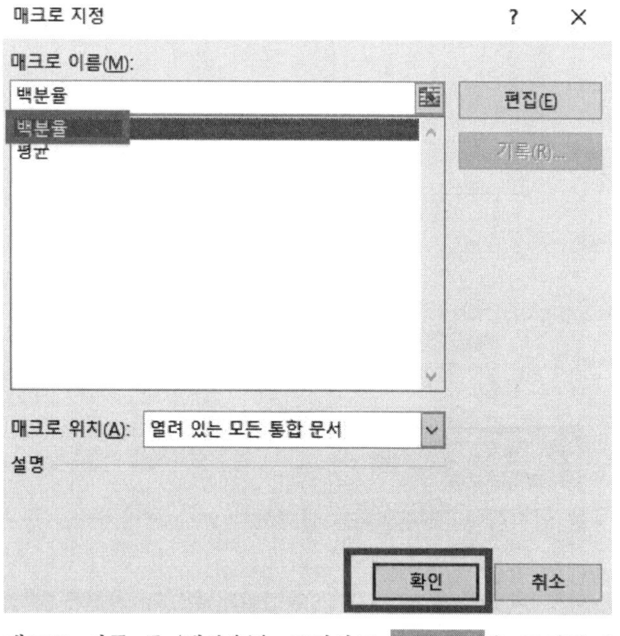


매크로 이름 중 '백분율'을 클릭하고 확인 을 클릭한다.

차트 :

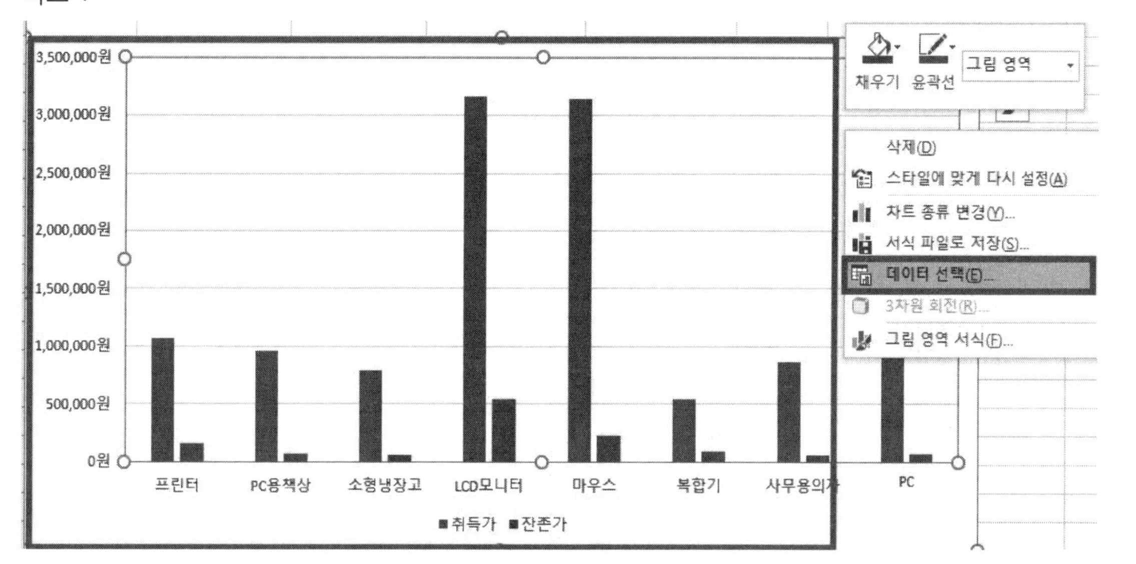


차트 아무 곳에서나 마우스 우클릭-[데이터 선택]을 클릭한다.

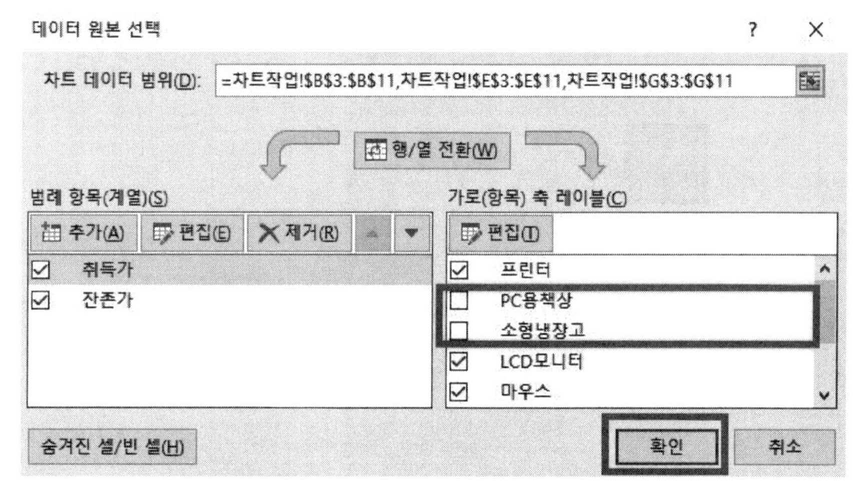


가로(항목) 축 레이블에서 'PC용책상', '소형냉장고', '사무용의자'만 체크 해제를 한 후 확인 을 클릭한다.

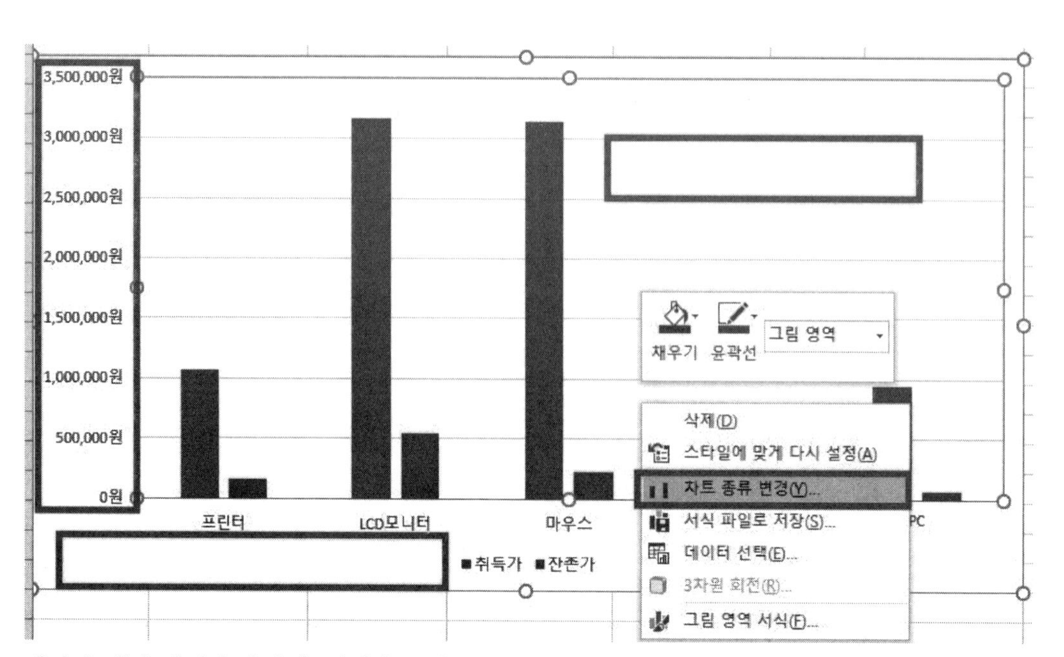


데이터 계열(데이터 막대)을 제외하고 차트 아무 곳에서나 마우스 우클릭-[차트 종류 변경]을 클릭한다.

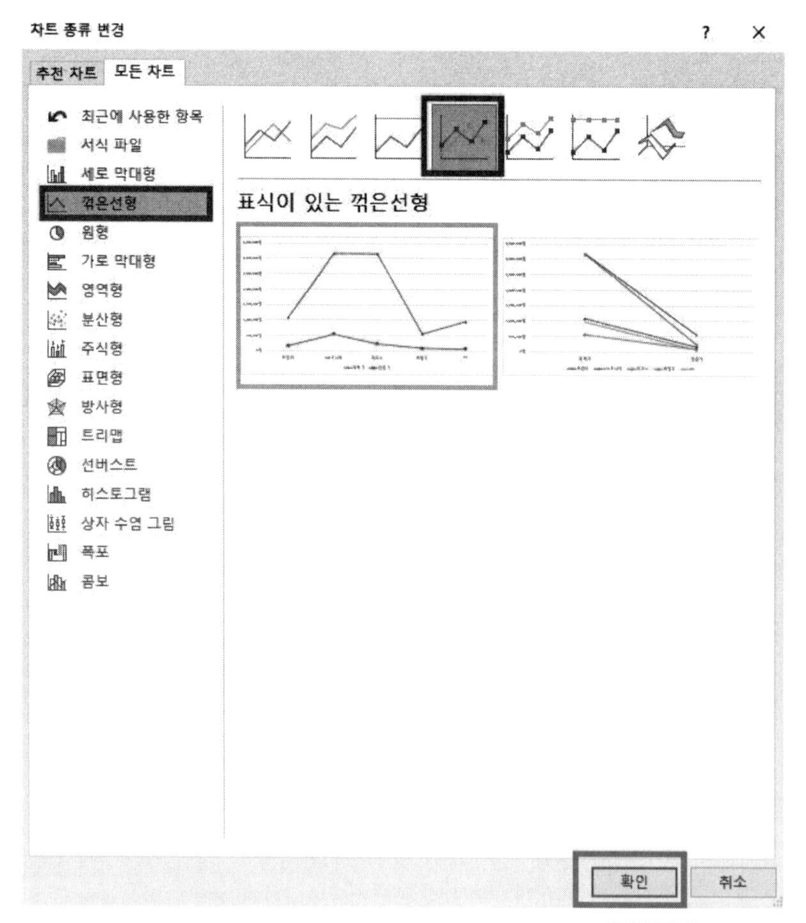


꺾은선형 차트 중 '표식이 있는 꺾은선형'을 찾은 다음 확인 을 클릭한다.

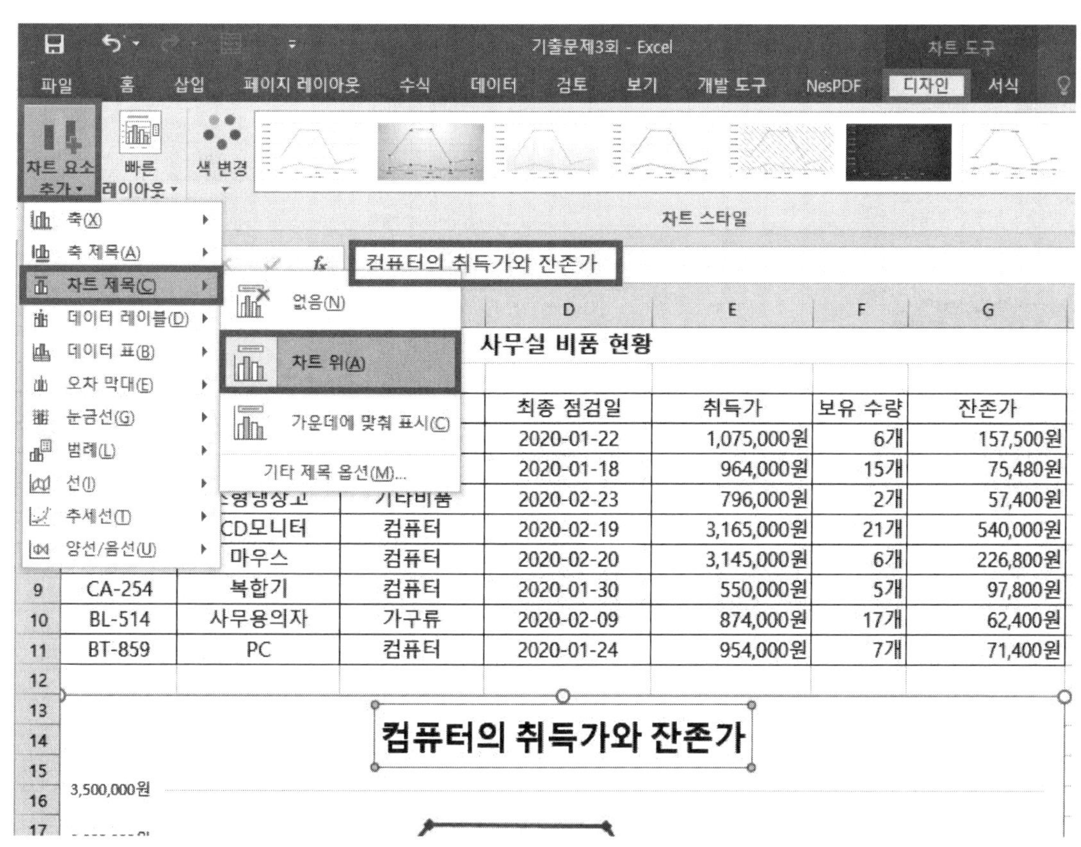

차트 아무 위치에서나 더블 클릭한 다음 [디자인]-[차트 요소 추가]-[차트 제목]-'차트 위'를 클릭하고 수식 입력줄에 '컴퓨터의 취득가와 잔존가'를 입력한 다음 Enter를 누른다. 그리고 차트 제목에서 마우스 우클릭-[글꼴]을 선택한다.

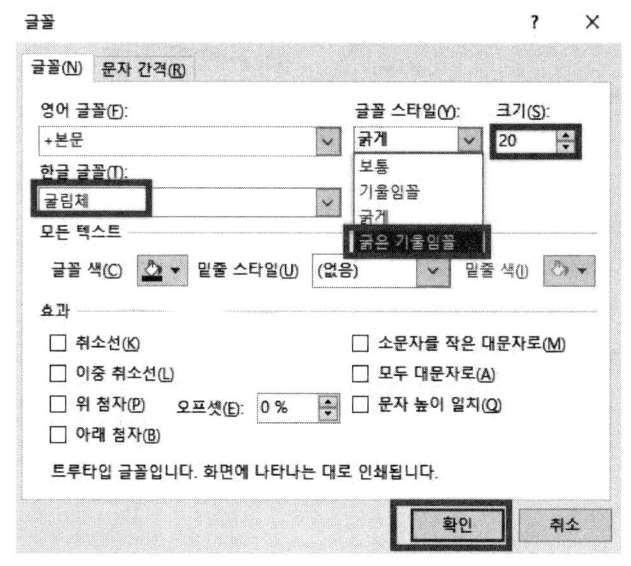

한글 글꼴에 '굴림체' 입력, 크기는 '20'을 입력하고 글꼴 스타일은 '굵은 기울임꼴'을 선택한 다음 확인 을 클릭한다.

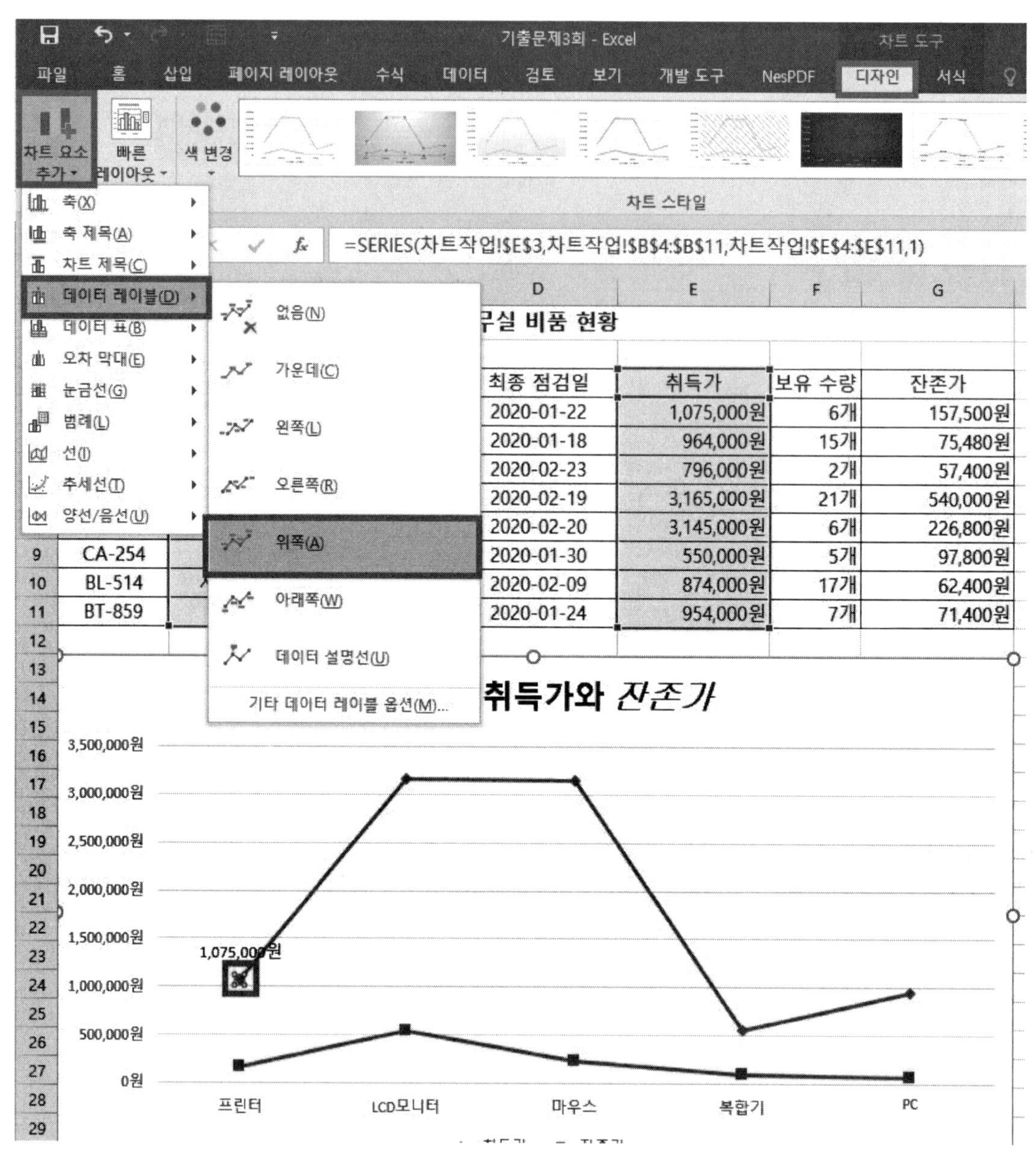


처음에 취득가 계열은 아무거나 하나를 선택해도 전체가 선택이 되는데 그 다음에 다시 한번 더 프린터 계열에 있는 취득가를 선택한 다음, [차트 도구]-[디자인]-[차트 요소 추가]-[데이터 레이블]-'위쪽'을 선택한다.

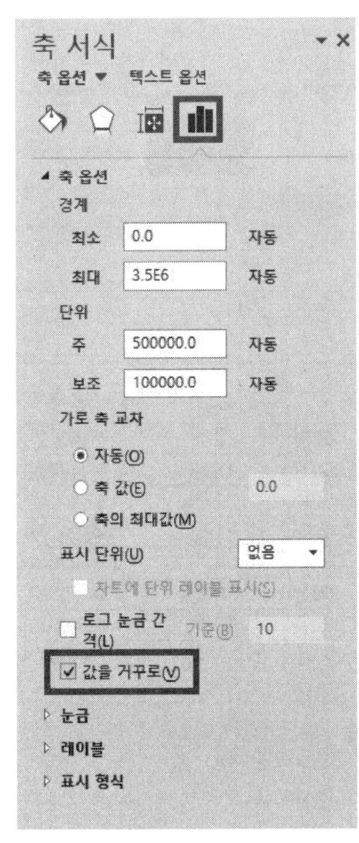


차트 제목을 추가하는 작업을 할 때 미리 열린 서식 창이 있기 때문에 기본 세로 축을 클릭한 다음, 축 서식 창에서 축 옵션-'값을 거꾸로'를 클릭한다.

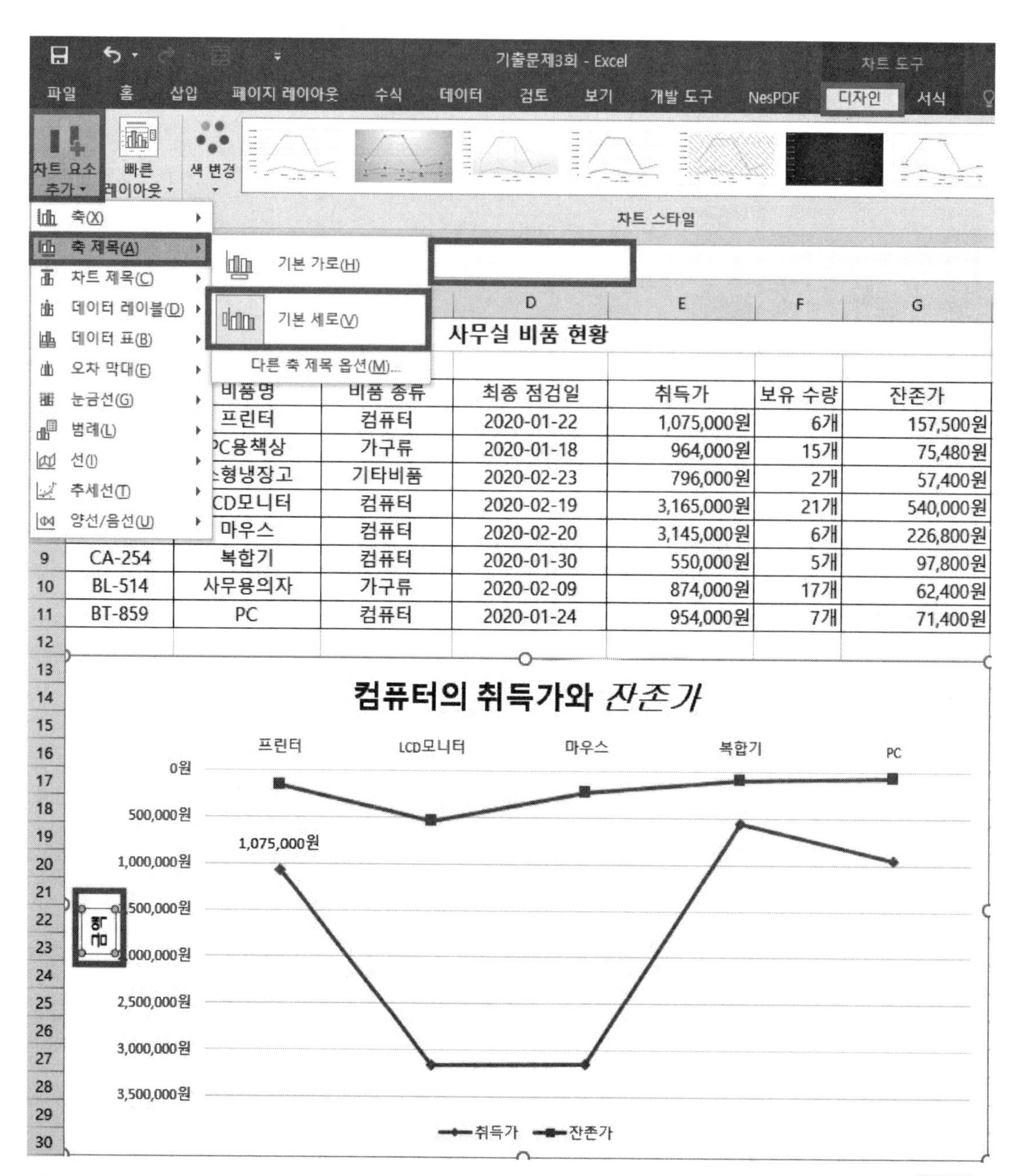


[디자인]-[차트 요소 추가]-[축 제목]-'기본 세로'를 클릭하고 수식 입력줄에 '금액'을 입력한 다음 Enter 를 누른다.

국 가 기 술 자 격 검 정

# 컴퓨터활용능력 실기 실전 예상 기출문제 4회

| 프로그램명 | 제한시간 |
|---|---|
| EXCEL 2021 | 40분 |

수험번호 :

성　　명 :

| 2급 | D형 |
|---|---|

〈유 의 사 항〉

■ 인적 사항 누락 및 잘못 작성으로 인한 불이익은 수험자 책임으로 합니다.

■ 작성된 답안은 주어진 경로 및 파일명을 변경하지 마시고 그대로 저장해야 합니다. 이를 준수하지 않으면 실격 처리됩니다.

■ 별도의 지시사항이 없는 경우, 다음과 같이 처리 시 실격 처리됩니다.
 ○ 제시된 시트 및 개체의 순서나 이름을 임의로 변경한 경우
 ○ 제시된 시트 및 개체를 임의로 추가 또는 삭제한 경우

■ 답안은 반드시 문제에서 지시 또는 요구한 셀에 입력하여야 하며 다음과 같이 처리 시 채점 대상에서 제외됩니다.
 ○ 수험자가 임의로 지시하지 않은 셀의 이동, 수정, 삭제, 변경 등으로 인해 셀의 위치 및 내용이 변경된 경우 해당 작업에 영향을 미치는 관련 문제 모두 채점 대상에서 제외
 ○ 도형 및 차트의 개체가 중첩되어 있거나 동일한 계산결과 시트가 복수로 존재할 경우 해당 개체나 시트는 채점 대상에서 제외

■ 수식 작성 시 제시된 문제 파일의 데이터는 변경 가능한(가변적) 데이터임을 감안하여 문제 풀이를 하시오.

■ 별도의 지시사항이 없는 경우, 주어진 각 시트 및 개체의 설정값 또는 기본 설정값(Default)으로 처리하시오.

■ 저장 시간은 별도로 주어지지 않으므로 제한된 시간 내에 저장을 완료해야 하며, 제한 시간 내에 저장이 되지 않은 경우에는 실격 처리됩니다.

■ 출제된 문제의 용어는 Microsoft Office 2021 기준으로 작성되어 있습니다.

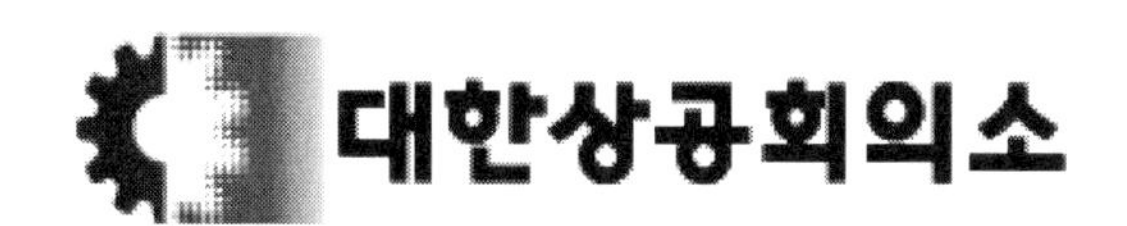

## 문제1 기본작업(20점) 주어진 시트에서 다음 과정을 수행하고 저장하시오.

### 1. '기본작업-1' 시트에 다음의 자료를 주어진 대로 입력하시오. (5점)

| | A | B | C | D | E | F | G |
|---|---|---|---|---|---|---|---|
| 1 | 상공마트 인사 기록 | | | | | | |
| 2 | | | | | | | |
| 3 | 사번 | 성명 | 부서 | 입사일자 | 직통번호 | 주소지 | 실적 |
| 4 | Jmk-3585 | 김충희 | 경리부 | 2015-05-18 | 02) 302-4915 | 강북구 삼양동 | 12,530 |
| 5 | Gpc-2273 | 박선종 | 식품부 | 2017-02-18 | 02) 853-1520 | 도봉구 쌍문동 | 35,127 |
| 6 | Aud-3927 | 이국명 | 총무부 | 2016-03-01 | 02) 652-4593 | 마포구 도화동 | 65,238 |
| 7 | Sbu-4528 | 최미란 | 가전부 | 2018-11-15 | 02) 526-2694 | 성북구 돈암동 | 58,260 |

### 2. '기본작업-2' 시트에 대하여 다음의 지시사항을 처리하시오. (각 2점)

① [A1:F1] 영역은 '병합하고 가운데 맞춤', 글꼴 '돋움체', 크기 '20', 글꼴 스타일 '굵은 기울임꼴'로 지정하시오.

② [A3:A4], [B3:B4], [C3:D3], [E3:F3] 영역은 '병합하고 가운데 맞춤'으로 지정하고, [A3:F4] 영역은 셀 스타일 '40% - 강조색 3'으로 지정하시오.

③ [D10] 셀에 '인구증가'라는 메모를 삽입한 후 맞춤은 '자동 크기'를 지정하시오.

④ [B5:C10] 영역은 '쉼표 스타일(,)'로 지정하고, [F5:F10] 영역은 사용자 지정 셀 서식을 이용하여 소수점 둘째 자리 뒤에 '명'을 표시하시오. [표시 예 : 3 → 3.00명]

⑤ [A3:F10] 영역에 '모든 테두리(⊞)'를 적용하시오.

### 3. '기본작업-3' 시트에서 다음의 지시사항을 처리하시오. (5점)

- [A4:G15] 영역에 대하여 직위가 '대리'이면서 총급여가 4,000,000 초과인 행 전체에 대하여 글꼴 스타일을 '굵게', 글꼴 색을 '표준 색 - 빨강'으로 지정하는 조건부 서식을 작성하시오.
  - ▶ AND 함수 사용
  - ▶ 단, 규칙 유형은 '수식을 사용하여 서식을 지정할 셀 결정'을 사용하고, 한 개의 규칙으로만 작성하시오.

## 문제2 계산작업(40점) '계산작업' 시트에서 다음 과정을 수행하고 저장하시오.

1. [표1]에서 모델명[C3:C9]을 이용하여 색상[E3:E9]을 표시하시오. (8점)
   - ▶ 모델명의 3번째, 4번째 문자가 '52'이면 '흰색', '63'이면 '검정색', '79'이면 '진주색'으로 표시
   - ▶ MID, IF 함수 사용

2. [표2]에서 전체 만족도[I3:I8]가 최고(♣)인 지점의 연 매출액 평균[M9]을 계산하시오. (8점)
   - ▶ ♣는 엑셀의 특수기호임
   - ▶ INT, DSUM, DCOUNTA 함수를 모두 사용

3. [표3]에서 학과[A13:A20]가 '행정학과'인 학생들의 평점에 대한 평균을 [D21] 셀에 계산하시오. (8점)
   - ▶ 조건은 [E20:E21] 영역에 입력하시오.
   - ▶ 평균은 소수점 이하 둘째 자리에서 내림하여 첫째 자리까지 표시 [표시 예 : 2.19 → 2.1]
   - ▶ DSUM, DAVERAGE, ROUND, ROUNDUP, ROUNDDOWN 중 알맞은 함수 사용

4. [표4]에서 관객 수(천명)[L13:L21]을 기준으로 순위를 구하여 1위~3위는 '1위','2위','3위'로 표시하고, 나머지는 공백으로 순위[M13:M21]에 표시하시오. (8점)
   - ▶ 관객 수(천명)이 높은 것이 1위
   - ▶ CHOOSE, RANK.EQ 함수 사용

5. [표5]에서 점수[D25:D31]와 등급표[G26:H29]을 이용하여 등급[E25:E31]을 계산하시오. (8점)
   - ▶ 등급은 점수와 〈등급표〉를 이용
   - ▶ INDEX, MATCH 함수 사용

## 문제3 분석작업(20점) 주어진 시트에서 다음 작업을 수행하고 저장하시오.

1. '분석작업-1' 시트에 대하여 다음의 지시사항을 처리하시오. (10점)

- [정렬] 기능을 이용하여 [표1]에서 '포지션'을 '투수-포수-내야수-외야수' 순으로 정렬하고, 동일한 포지션인 경우 '참여도'의 셀 색이 'RGB(148,138,84)'인 값이 아래쪽에 표시되도록 정렬하시오.

2. '분석작업-2' 시트에 대하여 다음의 지시사항을 처리하시오. (10점)

'교직원 승진 심사' 표를 이용하여 성명은 '필터', 직급은 '행', 부서명 '열'로 처리하고, '값'에 근무점수의 합계, 근태점수 및 역량점수의 평균을 계산한 후 'Σ 값'을 '행'으로 설정하는 피벗 테이블을 작성하시오.

▶ 피벗 테이블 보고서는 동일 시트의 [A22] 셀에서 시작하시오.

▶ 피벗 테이블 보고서에 열의 총합계는 표시하지 마시오.

## 문제4 기타작업(20점) 주어진 시트에서 다음 작업을 수행하고 저장하시오.

1. '매크로작업' 시트의 [표]에서 다음과 같은 기능을 수행하는 매크로를 현재 통합 문서에 작성하고 실행하시오. (각 5점)

① [H4:H8] 영역에 합계를 계산하는 매크로를 생성하여 실행하시오.

▶ 매크로 이름 : 합계

▶ SUM 함수 사용

▶ [도형]-[기본 도형]의 '웃는 얼굴(☺)'을 동일 시트의 [B10:C12] 영역에 생성하고, 도형을 클릭할 때 '합계' 매크로가 실행되도록 설정하시오.

② [A3:H3], [A4:A8] 영역에 '가운데 맞춤', 채우기 색을 '표준 색 - 주황'으로 적용하는 매크로를 생성하여 실행하시오.

▶ 매크로 이름 : 서식

▶ [도형]-[기본 도형]의 '해(☼)'를 동일 시트의 [D10:E12] 영역에 생성하고, 도형을 클릭할 때 '서식' 매크로가 실행되도록 설정하시오.

**※ 셀 포인터의 위치에 상관 없이 현재 통합 문서에서 매크로가 실행되어야 정답으로 인정됨**

2. '차트작업' 시트의 차트를 지시사항에 따라 아래 그림과 같이 수정하시오. (각 2점)

**※ 차트는 반드시 문제에서 제공한 차트를 사용하여야 하며, 신규로 작성 시 0점 처리됨**

① 성명별로 '키'와 '몸무게' 계열만 차트에 표시되도록 데이터 범위를 변경하시오.

② 차트 종류를 '3차원 묶은 가로 막대형'으로 변경하고 [행/열 전환]을 하시오.

③ 차트 제목은 '차트 위'로 추가하여 [A1] 셀에 연결시키시오.

④ 범례의 위치는 '오른쪽'에 배치하고, 그림자는 '오프셋 아래쪽'으로 적용하시오.

⑤ 가로 축의 최소값은 '60', 주 단위는 '30'으로 지정하시오.

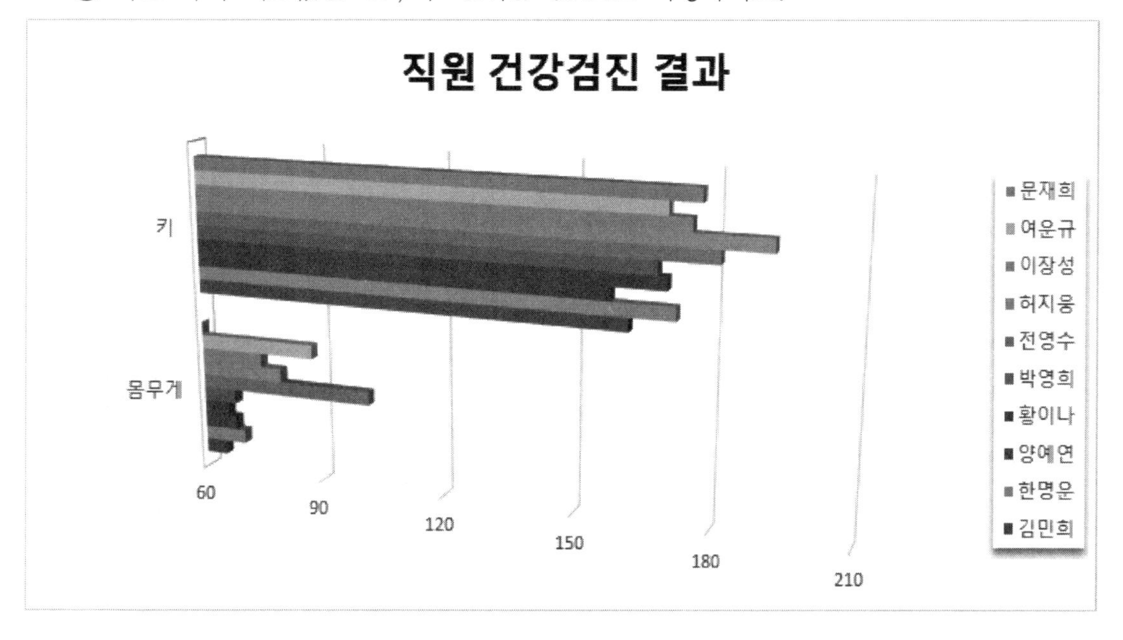

## 정답

기본작업1.

| | A | B | C | D | E | F | G |
|---|---|---|---|---|---|---|---|
| 1 | 상공마트 인사 기록 | | | | | | |
| 2 | | | | | | | |
| 3 | 사번 | 성명 | 부서 | 입사일자 | 직통번호 | 주소지 | 실적 |
| 4 | Jmk-3585 | 김충희 | 경리부 | 2015-05-18 | 02) 302-4915 | 강북구 삼양동 | 12,530 |
| 5 | Gpc-2273 | 박선종 | 식품부 | 2017-02-18 | 02) 853-1520 | 도봉구 쌍문동 | 35,127 |
| 6 | Aud-3927 | 이국명 | 총무부 | 2016-03-01 | 02) 652-4593 | 마포구 도화동 | 65,238 |
| 7 | Sbu-4528 | 최미란 | 가전부 | 2018-11-15 | 02) 526-2694 | 성북구 돈암동 | 58,260 |

기본작업2.

| | A | B | C | D | E | F |
|---|---|---|---|---|---|---|
| 1 | *연도별 서울 인구 변동 현황* | | | | | |
| 2 | | | | | | |
| 3 | 연도 | 총 인구(단위:만명) | 서울 인구(단위:만명) | | 가구당 인구 | |
| 4 | | | 소계 | 변동률(%) | 가구수 | 가구당 인구 |
| 5 | 2010년 | 50,515 | 10,310 | - | 2062 | 5.00명 |
| 6 | 2012년 | 50,948 | 10,190 | -1.18 | 2548 | 4.00명 |
| 7 | 2014년 | 51,327 | 10,100 | -0.89 | 3030 | 3.33명 |
| 8 | 2016년 | 51,696 | 9,930 | -1.71 | 3476 | 2.86명 |
| 9 | 2018년 | 51,826 | 9,765 | -1.69 | 3906 | 2.50명 |
| 10 | 2020년 | 51,829 | 9,968 | 2.04 | 4486 | 2.22명 |
| 11 | | | | | | |

기본작업3.

| | A | B | C | D | E | F | G |
|---|---|---|---|---|---|---|---|
| 1 | 상공상사 3월분 급여 지급 명세서 | | | | | | |
| 2 | | | | | | | |
| 3 | 사번 | 성명 | 직위 | 기본급 | 제수당 | 상여금 | 총 급여 |
| 4 | SJ01-023 | 민제필 | 부장 | 4,273,000 | 882,000 | 1,068,250 | 6,223,250 |
| 5 | SJ04-012 | 나일형 | 과장 | 3,697,000 | 724,000 | 924,250 | 5,345,250 |
| 6 | SJ11-002 | 제선영 | 주임 | 2,856,000 | 430,000 | 714,000 | 4,000,000 |
| 7 | **SJ10-021** | **박민준** | **대리** | **3,047,000** | **524,000** | **761,750** | **4,332,750** |
| 8 | SJ09-015 | 최세연 | 대리 | 3,000,000 | 185,000 | 750,000 | 3,935,000 |
| 9 | SJ13-007 | 장태현 | 사원 | 2,510,000 | 320,000 | 627,500 | 3,457,500 |
| 10 | SJ06-019 | 추양선 | 과장 | 3,506,000 | 542,000 | 876,500 | 4,924,500 |
| 11 | **SJ08-004** | **피종현** | **대리** | **3,200,000** | **360,000** | **800,000** | **4,360,000** |
| 12 | SJ12-031 | 김나리 | 주임 | 2,734,000 | 324,000 | 683,500 | 3,741,500 |
| 13 | SJ12-012 | 이정선 | 사원 | 2,473,000 | 268,000 | 618,250 | 3,359,250 |
| 14 | SJ13-003 | 박청국 | 주임 | 2,810,000 | 302,000 | 702,500 | 3,814,500 |
| 15 | **SJ09-001** | **김평순** | **대리** | **2,980,000** | **347,000** | **745,000** | **4,072,000** |

## 계산작업.

[표1]

| 출시년도 | 차량명 | 모델명 | 가격(만원) | 색상 |
|---|---|---|---|---|
| 2019 | 아반떼 | DH52CL | 1,675 | 흰색 |
| 2015 | 쏘나타 | CV63IT | 2,438 | 검정색 |
| 2018 | 티볼리 | SW63UY | 1,992 | 검정색 |
| 2016 | 포르테 | QA79PM | 1,889 | 진주색 |
| 2021 | BMW | BJ63ER | 6,770 | 검정색 |
| 2023 | 모닝 | AY52KS | 1,321 | 흰색 |
| 2022 | 아우디 | ZF79RY | 10,475 | 진주색 |

[표2] (단위 : 백만원)

| 지점명 | 전체 만족도 | 위치 | 고객서비스 | 청결도 | 연 매출액 |
|---|---|---|---|---|---|
| 송도 | ♣ | | ♣ | | 300 |
| 영등포 | | ♣ | | ♣ | 920 |
| 과천 | | | ♣ | | 680 |
| 유성 | | ♣ | | ♣ | 410 |
| 대덕 | ♣ | | | ♣ | 570 |
| 익산 | | | ♣ | | 500 |
| 전체 만족도가 우수한 지점의 연 매출액 평균 | | | | | 435 |

[표3]

| 학과 | 성명 | 생년월일 | 평점 | |
|---|---|---|---|---|
| 역사학과 | 한수경 | 2001-04-08 | 4.01 | |
| 행정학과 | 홍준표 | 2001-05-07 | 2.95 | |
| 경제학과 | 김세현 | 2000-09-12 | 3.88 | |
| 행정학과 | 신애미 | 2002-11-29 | 3.01 | |
| 행정학과 | 장애경 | 2001-01-16 | 2.54 | |
| 역사학과 | 임동재 | 2000-12-31 | 4.42 | |
| 경제학과 | 전요섭 | 2001-03-30 | 3.98 | 조건 |
| 경제학과 | 최태현 | 2001-07-22 | 2.65 | 학과 |
| 행정학과 평점 평균 | | | 2.8 | 행정학과 |

[표4]

| 영화명 | 장르 | 상영시간 | 상영 국가 | 관객 수(천명) | 순위 |
|---|---|---|---|---|---|
| 남산의 부장들 | 드라마 | 114분 | 대한민국 | 4,750 | 1위 |
| 반도 | 액션 | 116분 | 대한민국 | 3,812 | 3위 |
| 담보 | 드라마 | 113분 | 대한민국 | 1,719 | |
| 다만 악에서 구하소서 | 액션 | 108분 | 대한민국 | 4,357 | 2위 |
| 닥터 두리틀 | 코미디 | 101분 | 미국 | 1,224 | |
| 국제수사 | 액션 | 106분 | 대한민국 | 537 | |
| 테넷 | 액션 | 150분 | 미국 | 1,998 | |
| 정직한 후보 | 코미디 | 104분 | 대한민국 | 1,538 | |
| 그린랜드 | 액션 | 119분 | 미국 | 326 | |

[표5]

| 학생명 | 학번 | 성별 | 점수 | 등급 |
|---|---|---|---|---|
| 나소연 | 2018 | 여 | 62 | D |
| 왕영철 | 2021 | 남 | 94 | A |
| 차윤석 | 2023 | 남 | 81 | B |
| 고우영 | 2022 | 남 | 73 | C |
| 정수희 | 2021 | 여 | 76 | C |
| 김승헌 | 2019 | 남 | 99 | A |
| 곽현우 | 2020 | 남 | 68 | D |

등급표

| 점수 | 등급 |
|---|---|
| 60 | D |
| 70 | C |
| 80 | B |
| 90 | A |

## 분석작업1.

[표1] 상공상사 야구동호회 회원명부

| 포지션 | 이름 | 부서 | 나이 | 가입기간 | 참여도 | 비고 |
|---|---|---|---|---|---|---|
| 투수 | 왕전빈 | 경리부 | 26 | 1년 | C급 | |
| 투수 | 주병선 | 생산부 | 28 | 2년 | B급 | |
| 투수 | 이해탁 | 총무부 | 32 | 6년 | A급 | |
| 포수 | 김신수 | 생산부 | 30 | 6년 | B급 | |
| 포수 | 허웅진 | 구매부 | 34 | 8년 | A급 | 감독 |
| 내야수 | 갈문주 | 생산부 | 31 | 4년 | C급 | |
| 내야수 | 민조항 | 영업부 | 27 | 3년 | B급 | |
| 내야수 | 박평천 | 총무부 | 43 | 8년 | A급 | 회장 |
| 내야수 | 최배훈 | 영업부 | 26 | 1년 | A급 | |
| 외야수 | 길주병 | 생산부 | 41 | 8년 | C급 | |
| 외야수 | 편대민 | 영업부 | 28 | 4년 | B급 | |
| 외야수 | 한민국 | 구매부 | 33 | 7년 | B급 | |
| 외야수 | 김빈우 | 경리부 | 32 | 5년 | A급 | 총무 |
| 외야수 | 나대영 | 생산부 | 26 | 2년 | A급 | |

분석작업2.

| | 성명 | (모두) | | | | |
|---|---|---|---|---|---|---|
| | | | | | | |
| | | 열 레이블 | | | | |
| 행 레이블 | | 기획부 | 재무부 | 전산부 | 행정부 | 총합계 |
| 과장 | | | | | | |
| | 합계 : 근무점수 | | 82 | 86 | | 168 |
| | 평균 : 근태점수 | | 46 | 35 | | 40.5 |
| | 평균 : 역량점수 | | 35 | 50 | | 42.5 |
| 사원 | | | | | | |
| | 합계 : 근무점수 | 80 | 82 | 78 | 163 | 403 |
| | 평균 : 근태점수 | 42 | 43 | 48 | 42.5 | 43.6 |
| | 평균 : 역량점수 | 37 | 44 | 49 | 35.5 | 40.2 |
| 선임 | | | | | | |
| | 합계 : 근무점수 | 90 | 166 | | 85 | 341 |
| | 평균 : 근태점수 | 47 | 43 | | 50 | 45.75 |
| | 평균 : 역량점수 | 40 | 44.5 | | 48 | 44.25 |
| 팀장 | | | | | | |
| | 합계 : 근무점수 | | 65 | 70 | 88 | 223 |
| | 평균 : 근태점수 | | 39 | 38 | 44 | 40.33333333 |
| | 평균 : 역량점수 | | 43 | 31 | 41 | 38.33333333 |

매크로작업.

[표] 주요 시설 화재 발생 현황

| 구분 | 2015년 | 2016년 | 2017년 | 2018년 | 2019년 | 2020년 | 합계 |
|---|---|---|---|---|---|---|---|
| 교육시설 | 312 | 328 | 355 | 340 | 396 | 371 | 2,102 |
| 운송시설 | 117 | 116 | 80 | 116 | 123 | 95 | 647 |
| 의료시설 | 200 | 208 | 215 | 211 | 252 | 236 | 1,322 |
| 복지시설 | 129 | 175 | 186 | 216 | 184 | 201 | 1,091 |
| 주거시설 | 11,584 | 11,541 | 11,765 | 12,001 | 12,227 | 12,591 | 71,709 |

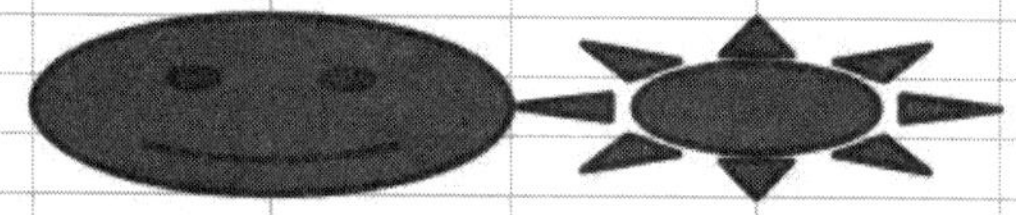

차트작업.

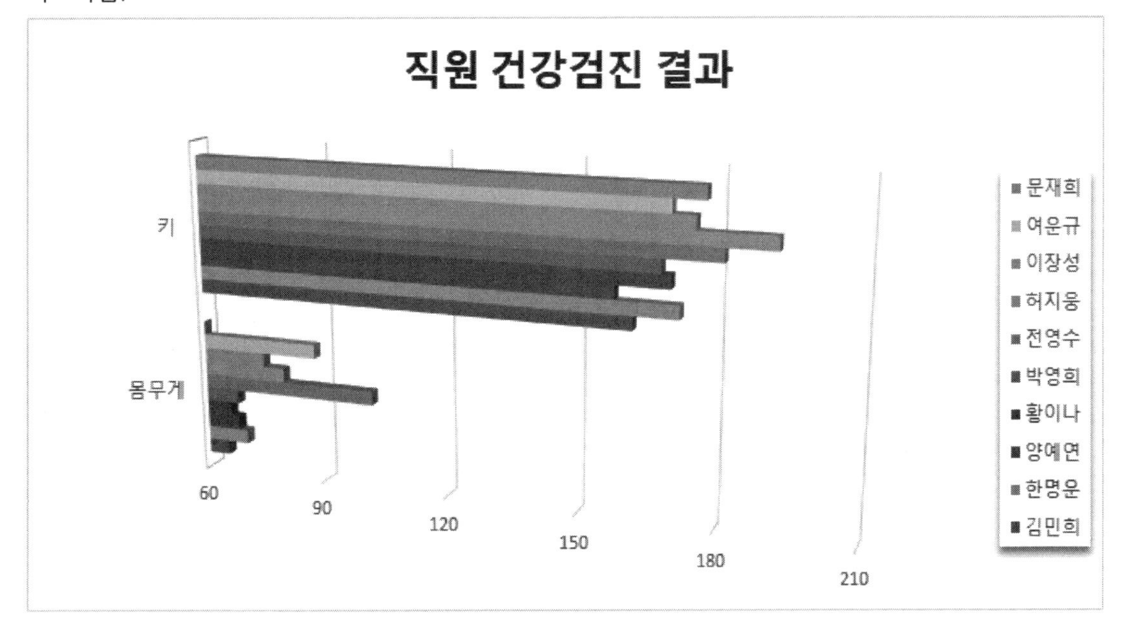
직원 건강검진 결과
키
몸무게
60
90
120
150
180
210
문재희
여운규
이장성
허지웅
전영수
박영희
황이나
양예연
한명운
김민희

## 해설

기본작업1 : 출력형태와 같이 입력한다.

기본작업2 :

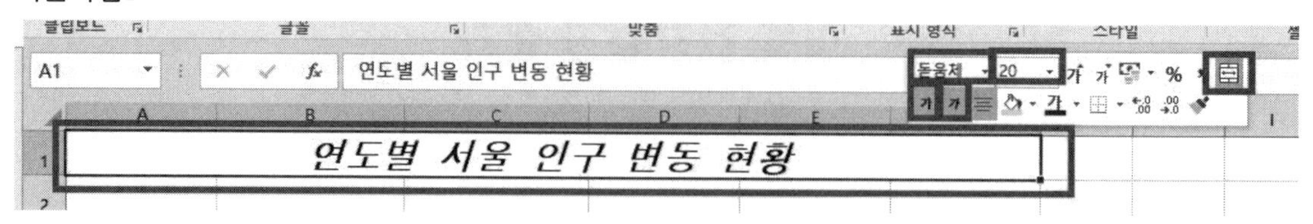

[A1:F1] 영역을 범위 지정한 다음 마우스 우클릭-'병합하고 가운데 맞춤' 클릭, 글꼴은 '돋움체' 입력, 크기는 '20' 입력, '굵게'와 '기울임꼴'을 각각 클릭을 한다.

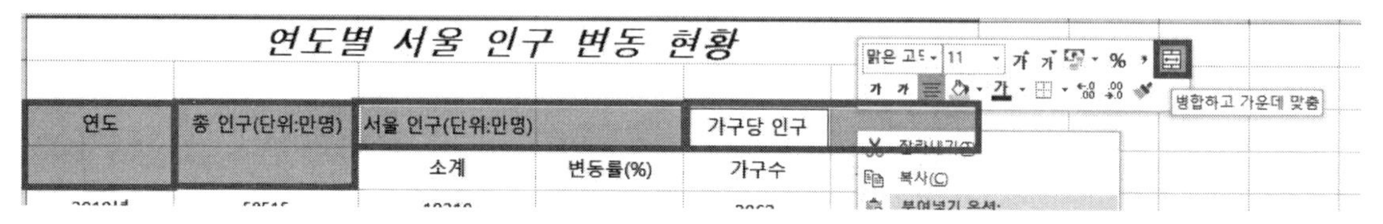

[A3:A4]를 범위 지정한 후 Ctrl 을 누른 상태로 [B3:B4], [C3:D3], [E3:F3] 영역을 범위 지정한 다음 마우스 우클릭-'병합하고 가운데 맞춤'을 클릭한다.

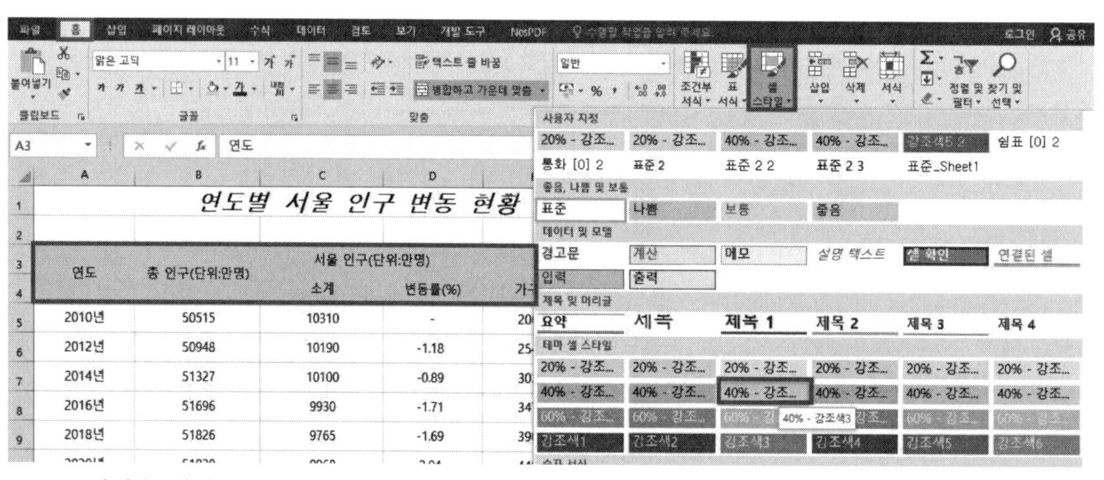

[A3:F4] 영역을 범위 지정한 다음 [홈]-[셀 스타일]-'40% - 강조색3'을 선택한다.

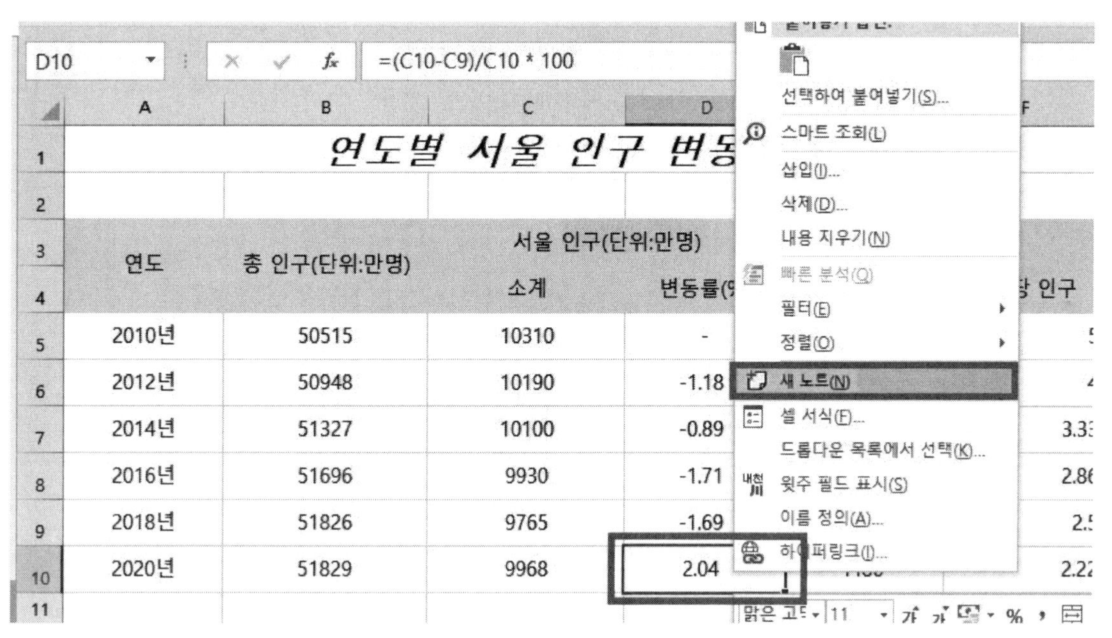

[D10] 셀에서 마우스 우클릭-[새 노트]를 클릭한다.

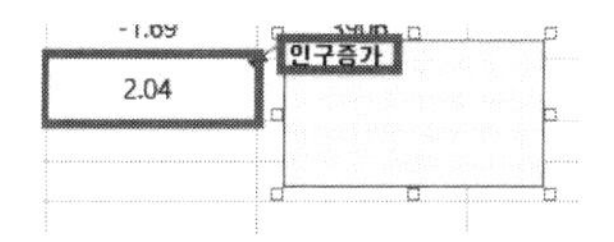

메모 안에 두 번째 줄에서 커서가 깜박이는데 제일 먼저 BackSpace (←)를 계속 눌러서 글자를 모두 지운 다음, '인구증가'라고 입력한다.

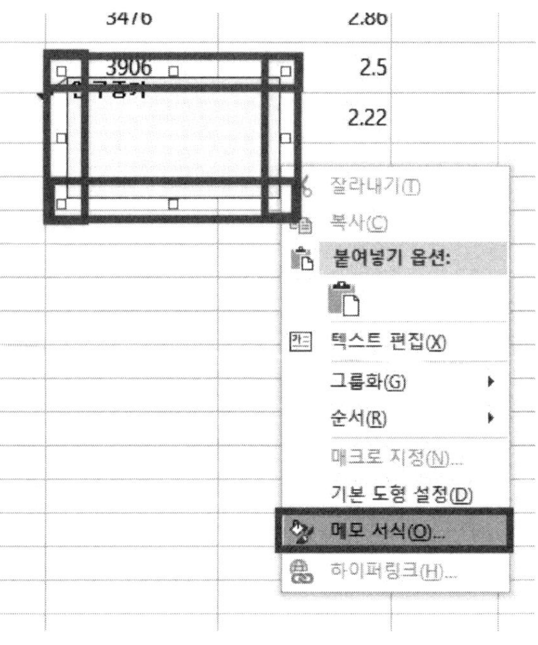

메모 테두리 아무 곳이나 한 군데를 선택해서 마우스 우클릭-[메모 서식]을 클릭한다.

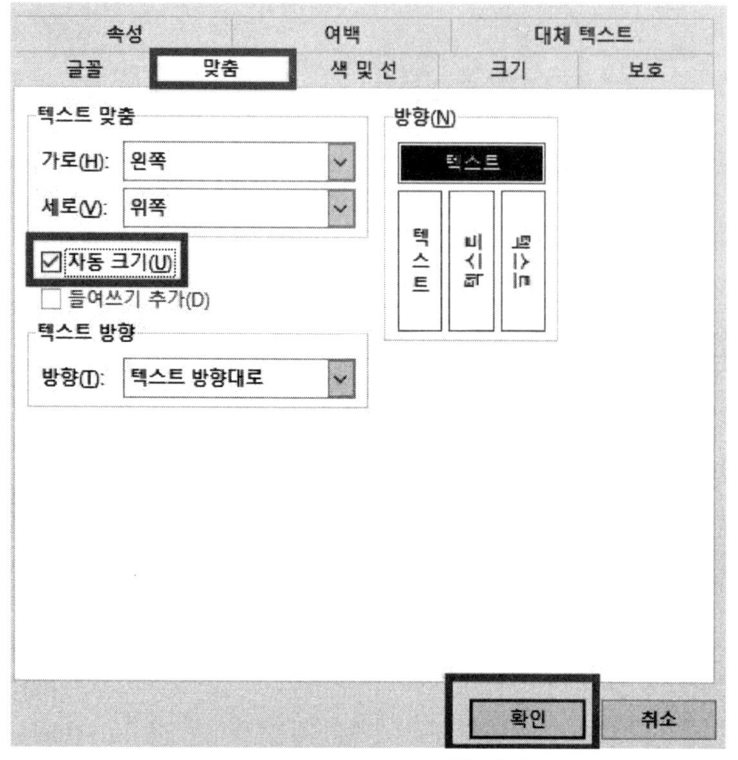


[메모 서식]-[맞춤]-'자동 크기'를 클릭하고 확인 을 클릭한다.

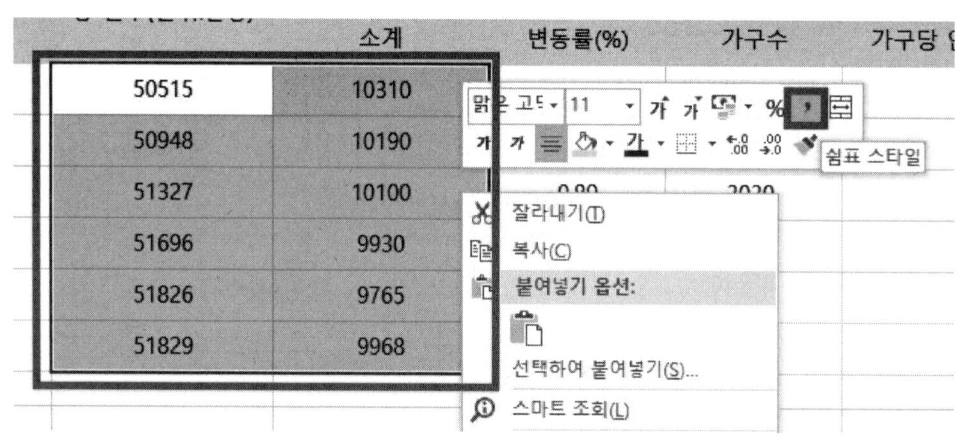


[B5:C10] 영역을 범위 지정한 다음 마우스 우클릭-'쉼표 스타일'을 클릭한다.

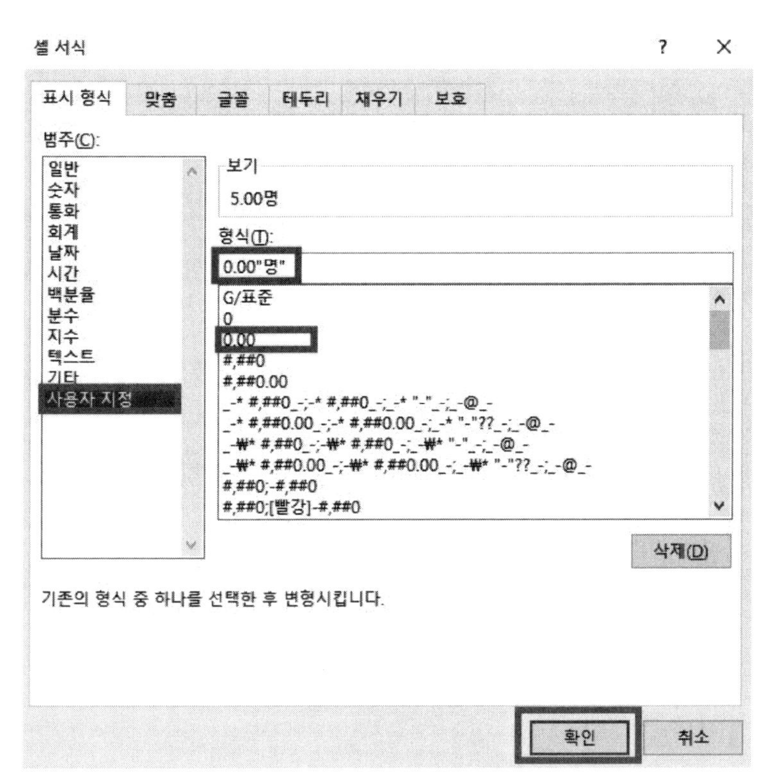


[F5:F10] 영역을 범위 지정한 다음 마우스 우클릭-[셀 서식]-[표시 형식]-[사용자 지정]으로 와서 0.00을 클릭한 다음 뒤에 "명"을 입력하고 확인 을 클릭한다.

[A3:F10] 영역을 범위 지정한 다음 마우스 우클릭-[테두리]-'모든 테두리'를 선택한다.

기본작업3 :

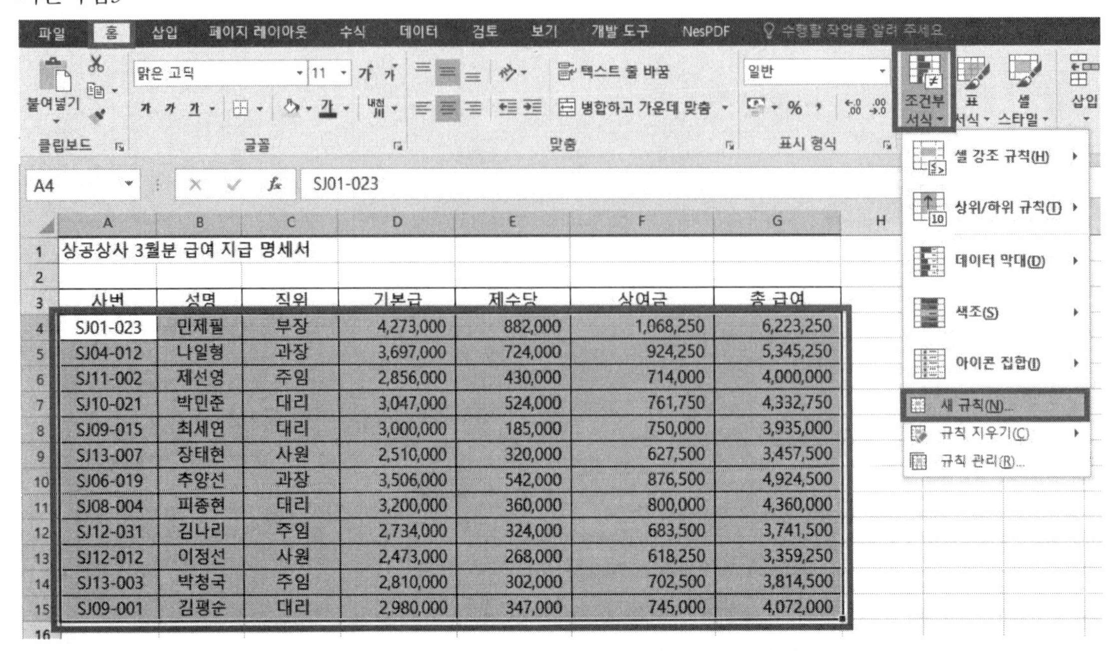


| | A | B | C | D | E | F | G |
|---|---|---|---|---|---|---|---|
| 1 | 상공상사 3월분 급여 지급 명세서 | | | | | | |
| 2 | | | | | | | |
| 3 | 사번 | 성명 | 직위 | 기본급 | 제수당 | 상여금 | 총 급여 |
| 4 | SJ01-023 | 민제필 | 부장 | 4,273,000 | 882,000 | 1,068,250 | 6,223,250 |
| 5 | SJ04-012 | 나일형 | 과장 | 3,697,000 | 724,000 | 924,250 | 5,345,250 |
| 6 | SJ11-002 | 제선영 | 주임 | 2,856,000 | 430,000 | 714,000 | 4,000,000 |
| 7 | SJ10-021 | 박민준 | 대리 | 3,047,000 | 524,000 | 761,750 | 4,332,750 |
| 8 | SJ09-015 | 최세연 | 대리 | 3,000,000 | 185,000 | 750,000 | 3,935,000 |
| 9 | SJ13-007 | 장태현 | 사원 | 2,510,000 | 320,000 | 627,500 | 3,457,500 |
| 10 | SJ06-019 | 추양선 | 과장 | 3,506,000 | 542,000 | 876,500 | 4,924,500 |
| 11 | SJ08-004 | 피종현 | 대리 | 3,200,000 | 360,000 | 800,000 | 4,360,000 |
| 12 | SJ12-031 | 김나리 | 주임 | 2,734,000 | 324,000 | 683,500 | 3,741,500 |
| 13 | SJ12-012 | 이정선 | 사원 | 2,473,000 | 268,000 | 618,250 | 3,359,250 |
| 14 | SJ13-003 | 박청국 | 주임 | 2,810,000 | 302,000 | 702,500 | 3,814,500 |
| 15 | SJ09-001 | 김평순 | 대리 | 2,980,000 | 347,000 | 745,000 | 4,072,000 |

[A4:G15] 영역을 범위 지정한 다음 [홈]-[조건부 서식]-[새 규칙]을 클릭한다.

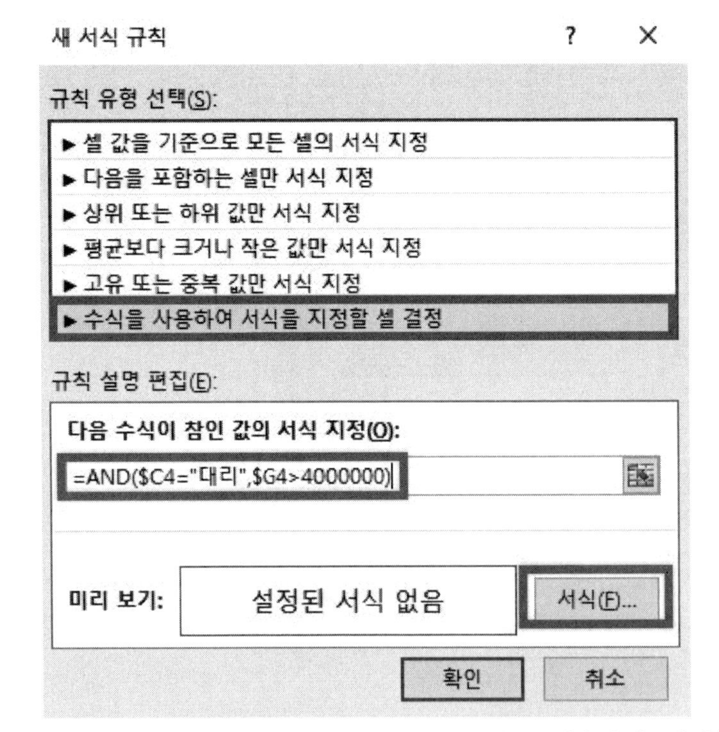


새 서식 규칙 창에서 규칙 유형은 '수식을 사용하여 서식을 지정할 셀 결정'을 클릭한 다음, =AND($C4="대리",$G4〉4000000)을 입력하고 서식 을 클릭한다.

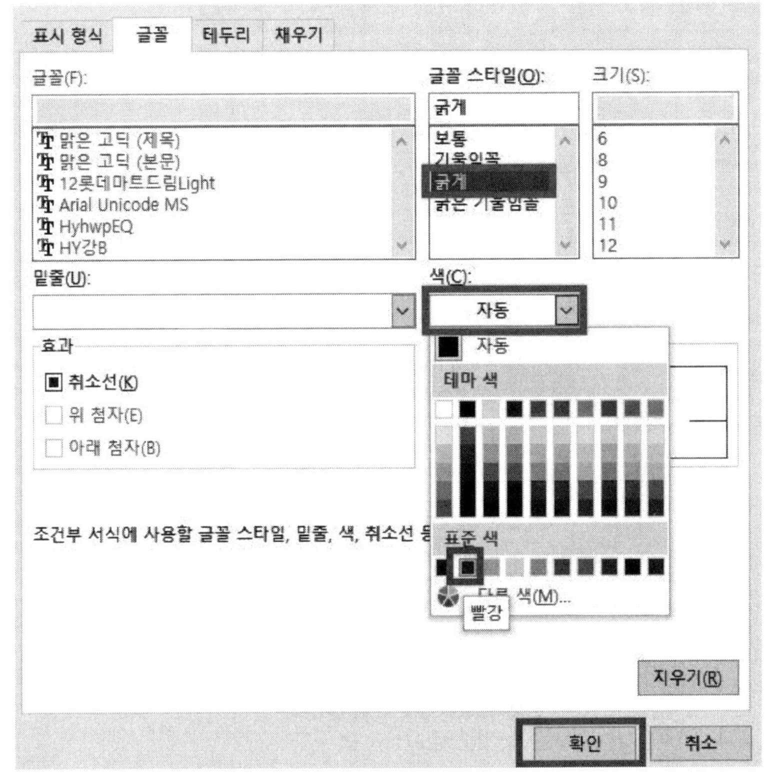


글꼴 스타일은 '굵게'를 클릭하고 색은 '표준 색 - 빨강'을 클릭한 다음 확인 을 누르고 한번 더 확인 을 클릭한다.

계산작업 :

(1) [E3:E9] 영역을 범위 지정한 다음 =IF(MID(C3,3,2)="52","흰색",IF(MID(C3,3,2)="63","검정색","진주색"))를 입력하고 Ctrl + Enter 를 누른다.

(2) [M9] 셀을 클릭한 후 =INT(DSUM(H2:M8,M2,I2:I3)/DCOUNTA(H2:M8,M2,I2:I3))를 입력하고 Enter 를 누른다.

(3) [E20] 셀에 학과, [E21] 셀에 행정학과라고 먼저 입력을 한 다음에 [D21] 셀을 클릭한 후 =ROUNDDOWN(DAVERAGE(A12:D20,D12,E20:E21),1)를 입력하고 Enter 를 누른다.

(4) [M13:M21] 영역을 범위 지정한 다음 =CHOOSE(RANK.EQ(L13,$L$13:$L$21),"1위","2위","3위","","","","","","")를 입력하고 Ctrl + Enter 를 누른다.

(5) [E25:E31] 영역을 범위 지정한 다음 =INDEX($H$26:$H$29,MATCH(D25,$G$26:$G$29,1),1)를 입력하고 Ctrl + Enter 를 누른다.

분석작업1 :

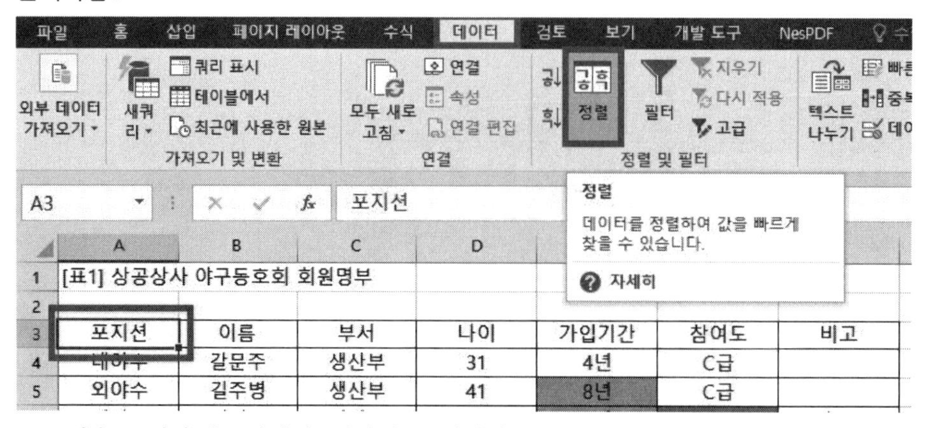

[A3] 셀을 클릭한 후 [데이터]-[정렬]을 클릭한다.

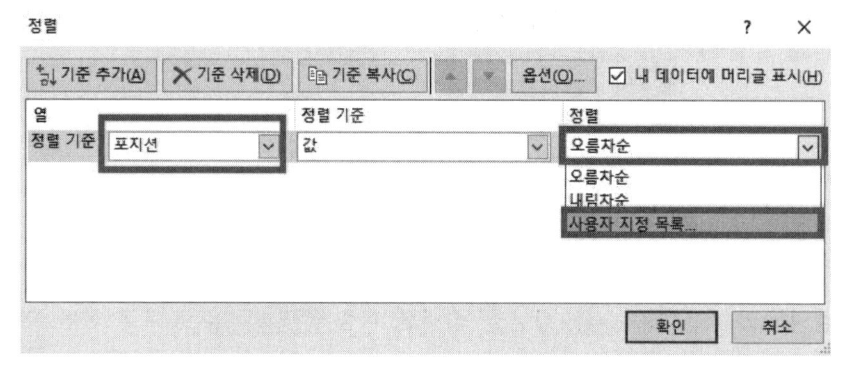

정렬 기준은 '포지션'을 클릭하고 정렬에서 '사용자 지정 목록'을 클릭한다.

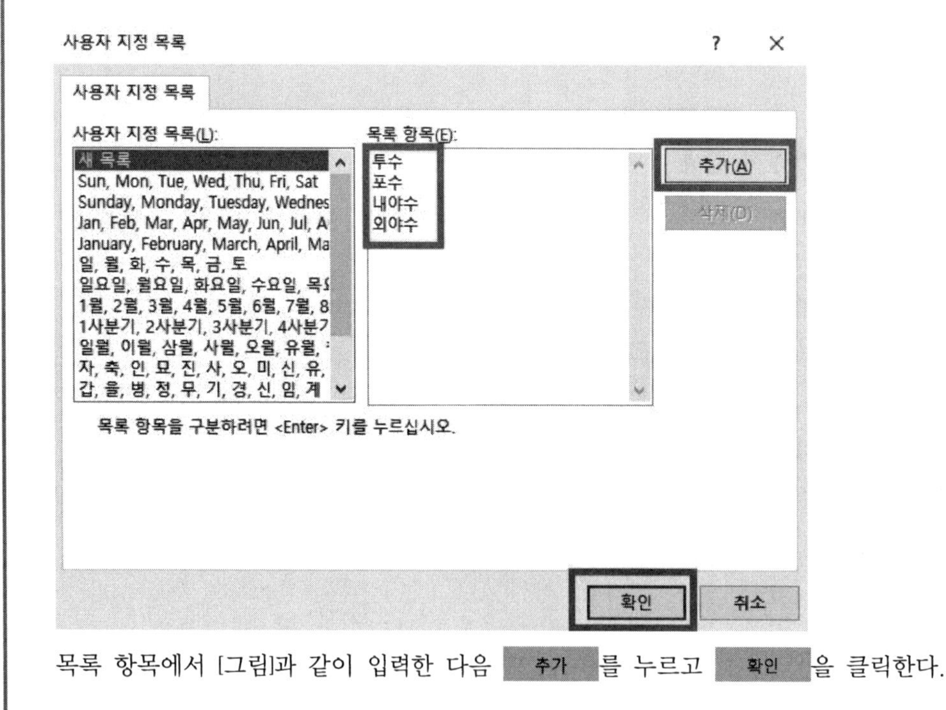

목록 항목에서 [그림]과 같이 입력한 다음 추가 를 누르고 확인 을 클릭한다.

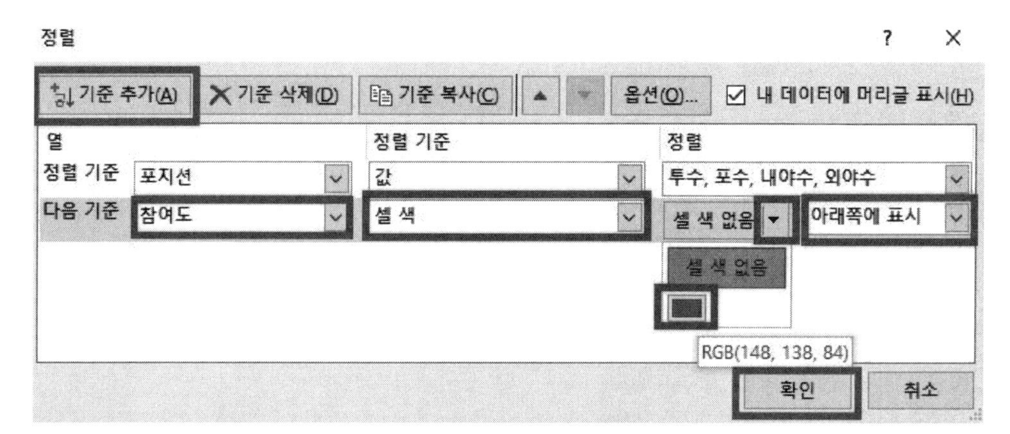


기준 추가 를 먼저 클릭한 다음, 다음 기준 : '참여도' 선택, 정렬 기준 : 셀 색 선택, 셀 색 없음 : '색깔' 선택, 위에 표시 → '아래쪽에 표시'로 바꾼 다음 확인 을 클릭한다.

분석작업2 :

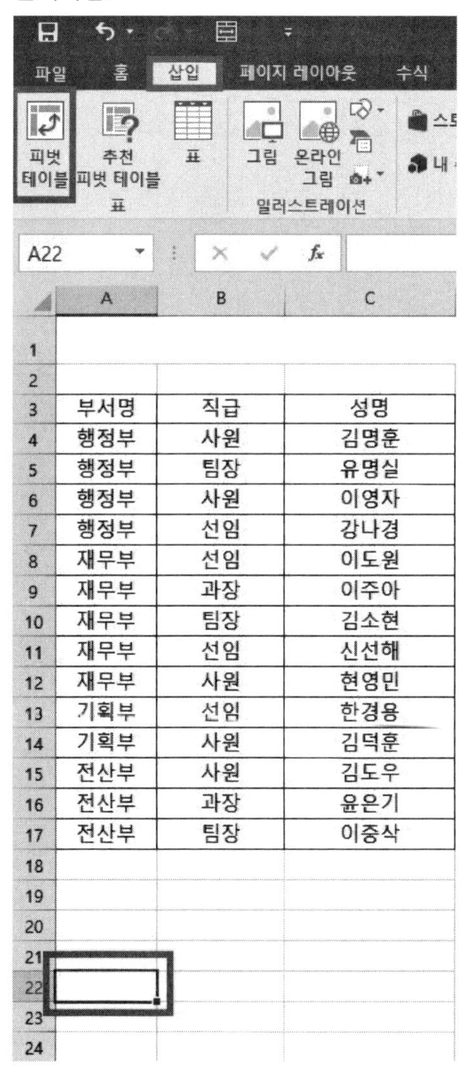


| 부서명 | 직급 | 성명 |
|---|---|---|
| 행정부 | 사원 | 김명훈 |
| 행정부 | 팀장 | 유명실 |
| 행정부 | 사원 | 이영자 |
| 행정부 | 선임 | 강나경 |
| 재무부 | 선임 | 이도원 |
| 재무부 | 과장 | 이주아 |
| 재무부 | 팀장 | 김소현 |
| 재무부 | 선임 | 신선해 |
| 재무부 | 사원 | 현영민 |
| 기획부 | 선임 | 한경용 |
| 기획부 | 사원 | 김덕훈 |
| 전산부 | 사원 | 김도우 |
| 전산부 | 과장 | 윤은기 |
| 전산부 | 팀장 | 이중삭 |

[A22] 셀을 선택한 다음 [삽입]-[피벗 테이블]을 클릭한다.

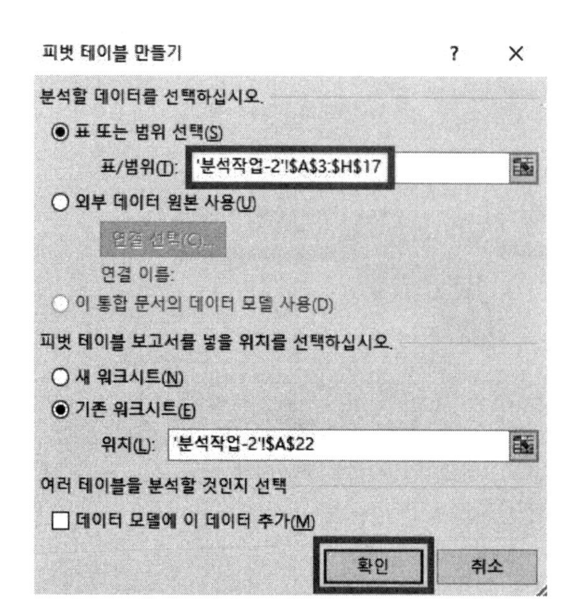


표/범위에 [A3:H17] 영역을 범위 지정한 다음 확인 을 클릭한다.

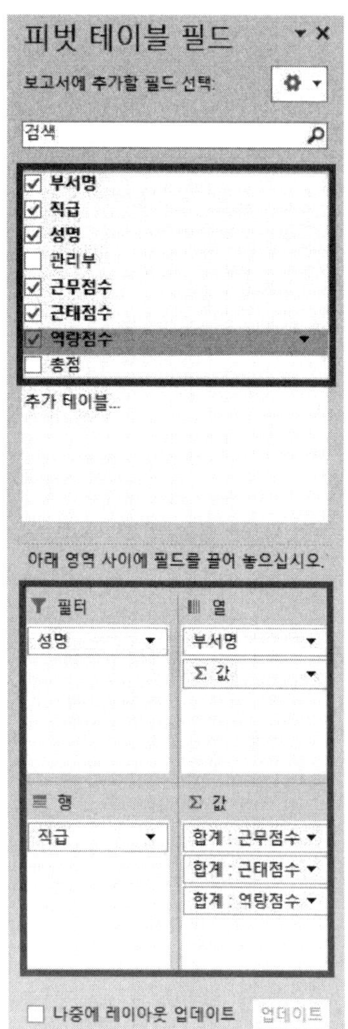


필드 창이 나오면 '성명'을 클릭해서 마우스 왼쪽으로 끌어서 필터로 옮기고 '직급'을 클릭한 다음 '부서명'을 클릭해서 열로 옮긴다. 그리고 '근무점수', '근태점수', '역량점수'를 각각 클릭한다.

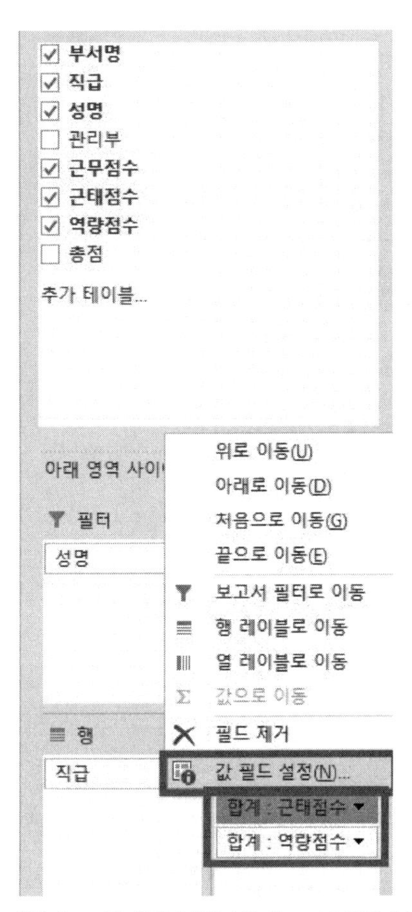


'합계 : 근태점수'와 '합계 : 역량점수'만 각각 마우스 왼쪽 클릭-[값 필드 설정]-'평균'을 클릭한다.

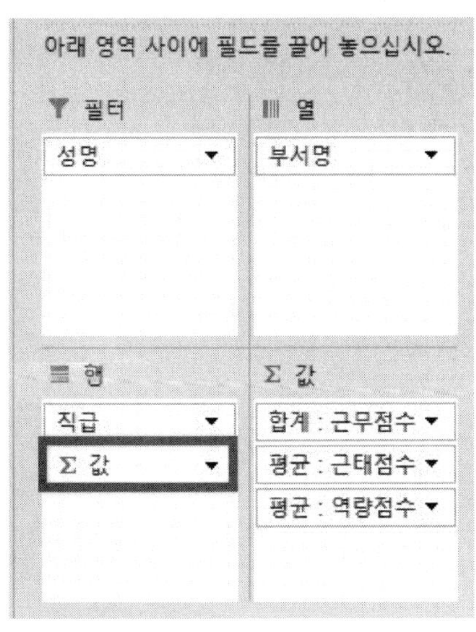


'∑ 값'을 끌어서 '행'으로 옮긴다.

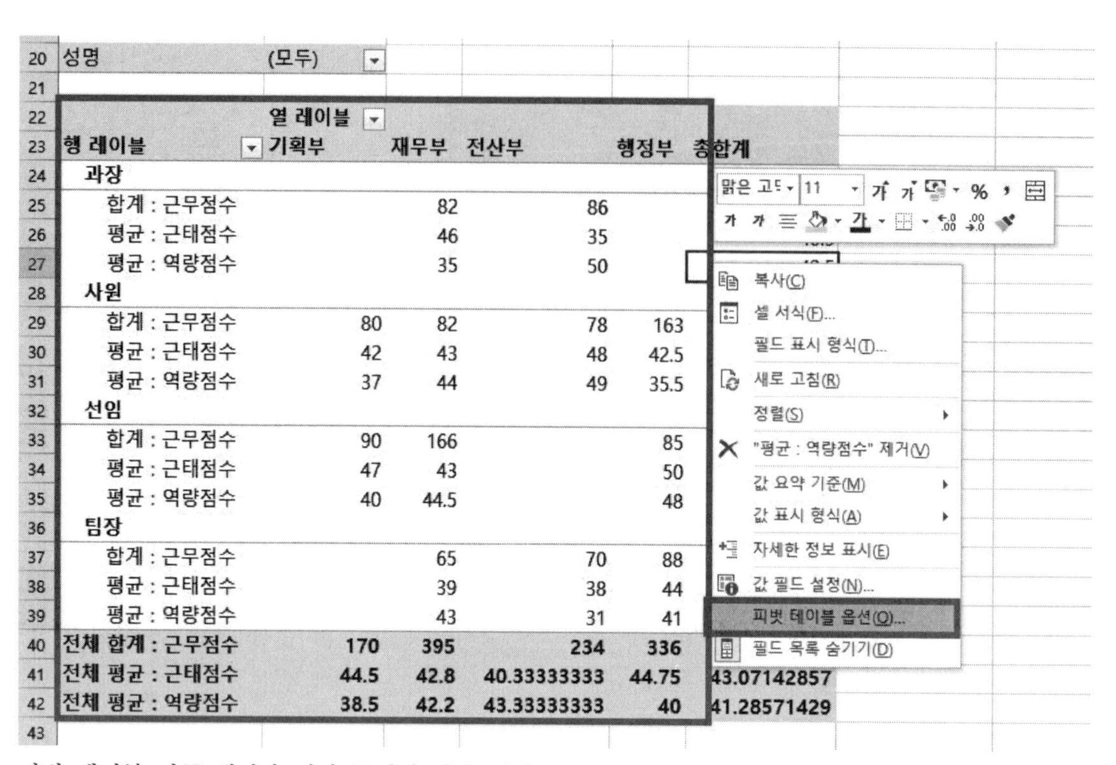

피벗 테이블 아무 셀이나 하나 클릭한 다음 마우스 우클릭-[피벗 테이블 옵션]을 클릭한다.

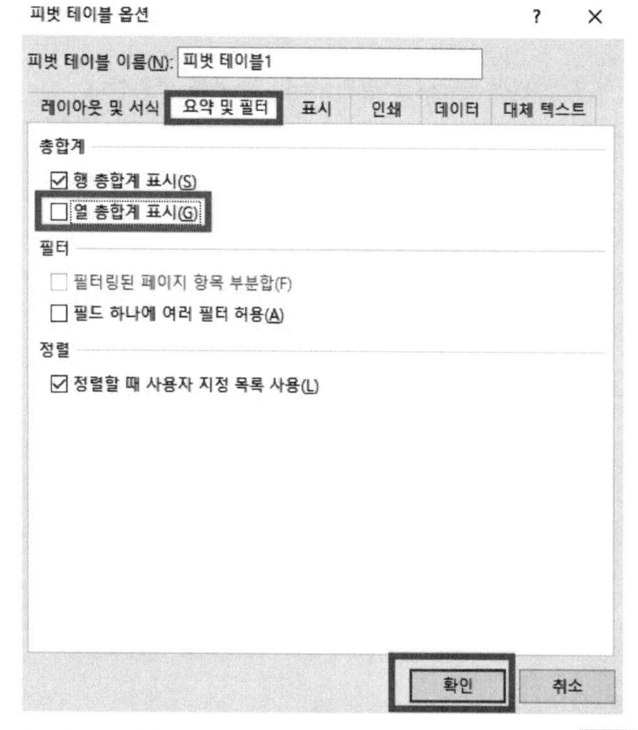


[요약 및 필터]-'열 총합계 표시'를 체크 해제한 다음 확인 을 클릭한다.

매크로 :
매크로1.

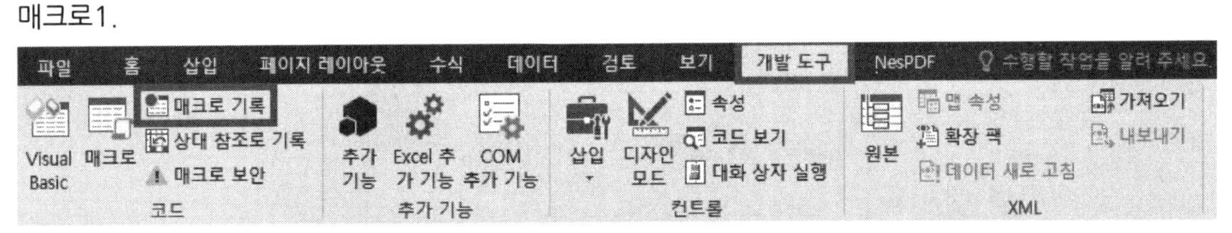


[A1:H8] 영역을 제외하고 아무 곳에서나 셀을 하나 클릭한 다음 [개발 도구]- 매크로 기록 을 클릭한다.

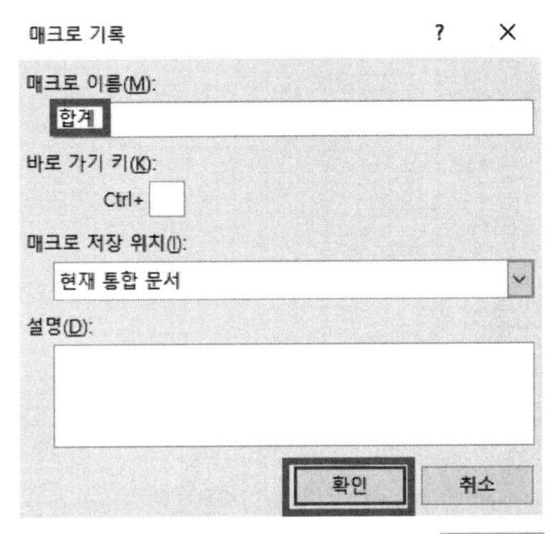


매크로 이름에는 '합계'를 입력하고 확인 을 클릭한다.

H4 | =SUM(B4:G4)

| | A | B | C | D | E | F | G | H |
|---|---|---|---|---|---|---|---|---|
| 1 | [표] 주요 시설 화재 발생 현황 | | | | | | | |
| 2 | | | | | | | | |
| 3 | 구분 | 2015년 | 2016년 | 2017년 | 2018년 | 2019년 | 2020년 | 합계 |
| 4 | 교육시설 | 312 | 328 | 355 | 340 | 396 | 371 | =SUM(B4:G4) |
| 5 | 운송시설 | 117 | 116 | 80 | 116 | 123 | 95 | |
| 6 | 의료시설 | 200 | 208 | 215 | 211 | 252 | 236 | |
| 7 | 복지시설 | 129 | 175 | 186 | 216 | 184 | 201 | |
| 8 | 주거시설 | 11,584 | 11,541 | 11,765 | 12,001 | 12,227 | 12,591 | |

[H4:H8] 영역을 범위 지정한 다음 수식 입력줄에 =SUM(B4:G4)을 입력하고 Ctrl + Enter 를 누른다.

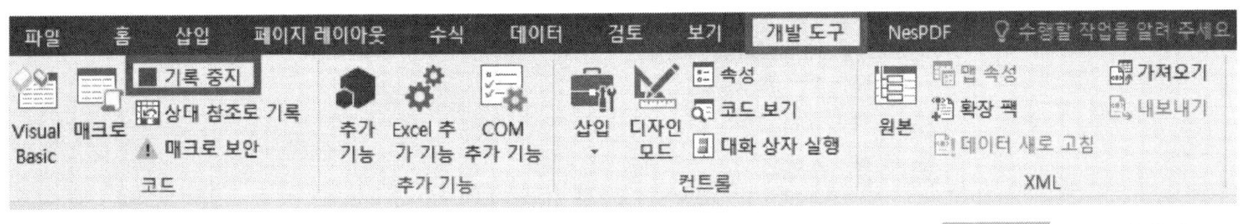


[A1:H8] 영역을 제외하고 아무 곳에서나 셀을 하나 클릭한 다음 [개발 도구]- 기록 중지 를 클릭한다.

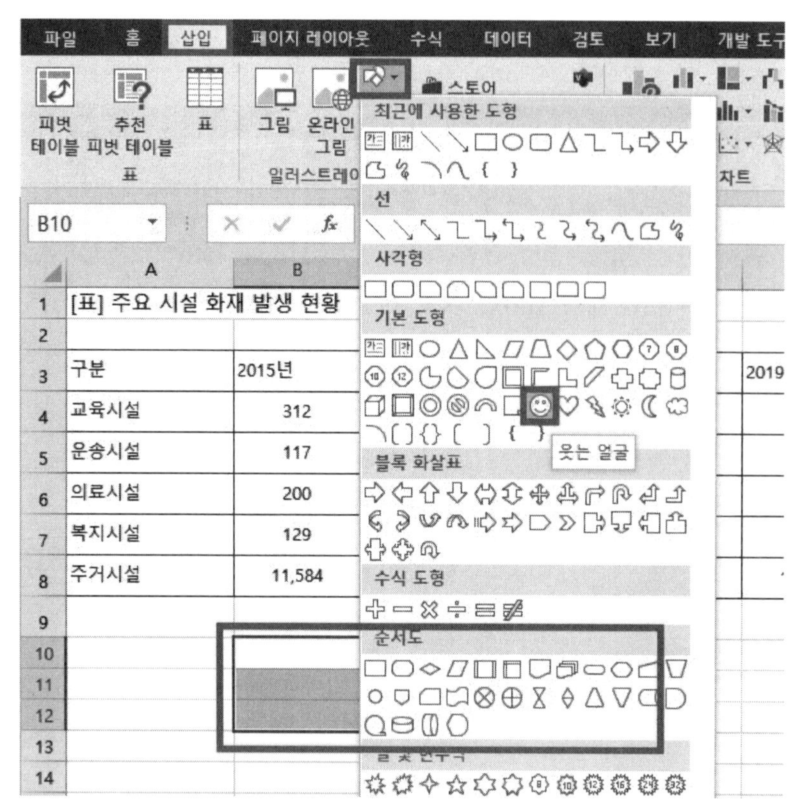

[B10:C12] 영역을 범위 지정한 다음 [삽입]-[도형]-[기본 도형]-'웃는 얼굴'을 선택해서 Alt 키를 누른 상태로 마우스로 드래그하여 도형을 삽입한다.

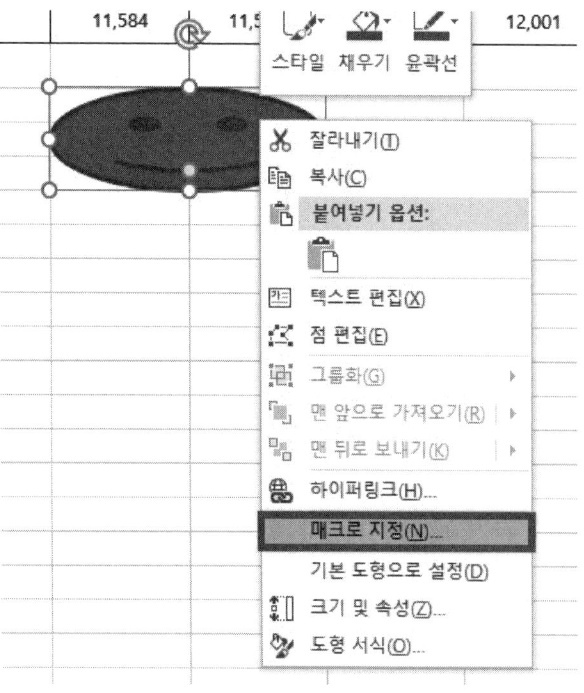

도형에서 마우스 우클릭-[매크로 지정]을 클릭한다.

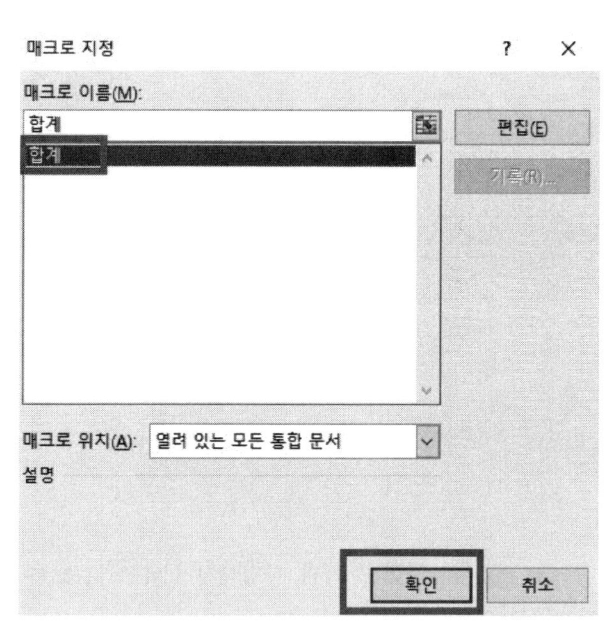


매크로 이름 중 '합계'를 찾아서 클릭하고 확인 을 클릭한다.

매크로2.

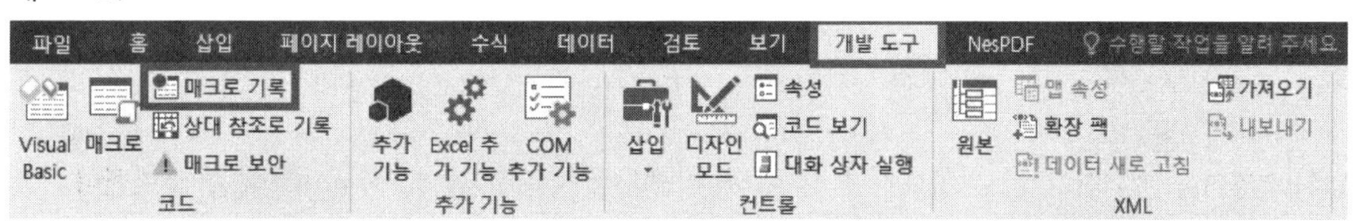


[A1:H8] 영역을 제외하고 아무 곳에서나 셀을 하나 클릭한 다음 [개발 도구]- 매크로 기록 을 클릭한다.

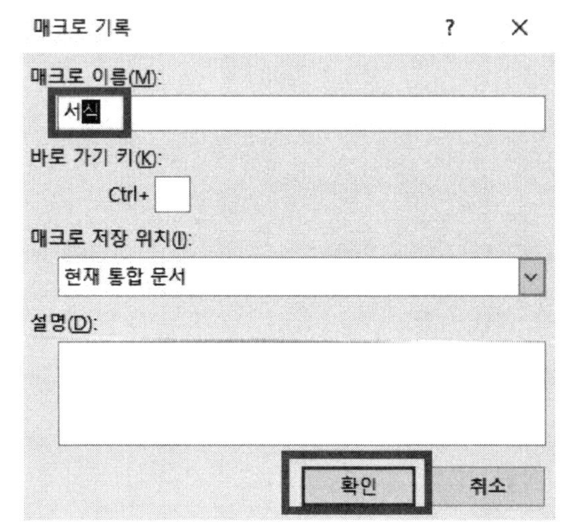


매크로 이름에는 '서식'을 입력하고 확인 을 클릭한다.

| 구분 | 2015년 | 2016년 | 2017년 | 2018년 | 2019년 | 2020년 | 합계 |
|---|---|---|---|---|---|---|---|
| 교육시설 | 312 | 328 | 355 | 340 | 396 | 371 | 2,102 |
| 운송시설 | 117 | 116 | 80 | 116 | 123 | 95 | 647 |
| 의료시설 | [illegible] | [illegible] | [illegible]15 | 211 | 252 | 236 | 1,322 |
| 복지시설 | [illegible] | [illegible] | [illegible]36 | 216 | 184 | 201 | 1,091 |
| 주거시설 | 1[illegible] | [illegible] | 11,765 | 12,001 | 12,227 | 12,591 | 71,709 |

[A3:H3] 영역을 범위 지정한 후 Ctrl 을 누른 상태로 [A4:A8] 영역을 범위 지정해서 마우스 우클릭-'가운데 맞춤' 클릭, 채우기 색 : '표준 색 - 주황'을 클릭한다.

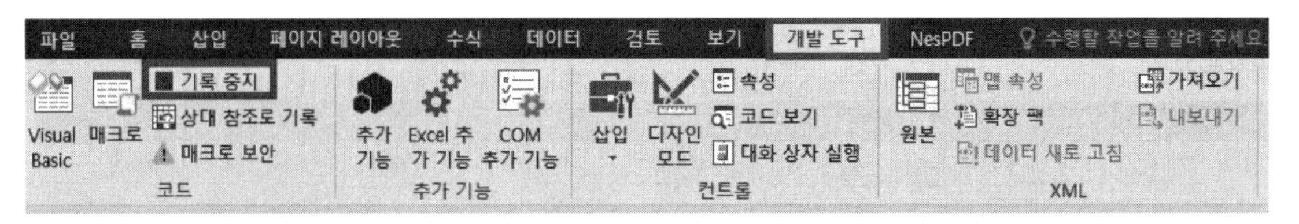


[A1:H8] 영역을 제외하고 아무 곳에서나 셀을 하나 클릭한 다음 [개발 도구]- 기록 중지 를 클릭한다.

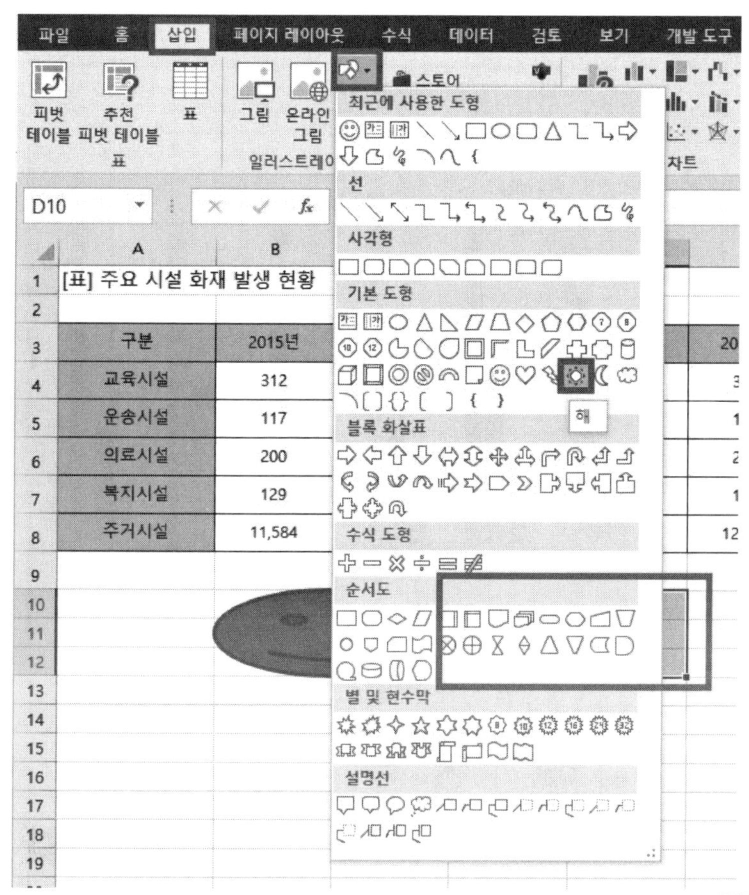

[D10:E12] 영역을 범위 지정한 다음 [삽입]-[도형]-'해'를 선택해서 Alt 키를 누른 상태로 마우스로 드래그하여 도형을 그리고 마우스 우클릭-[매크로 지정]을 클릭한다.

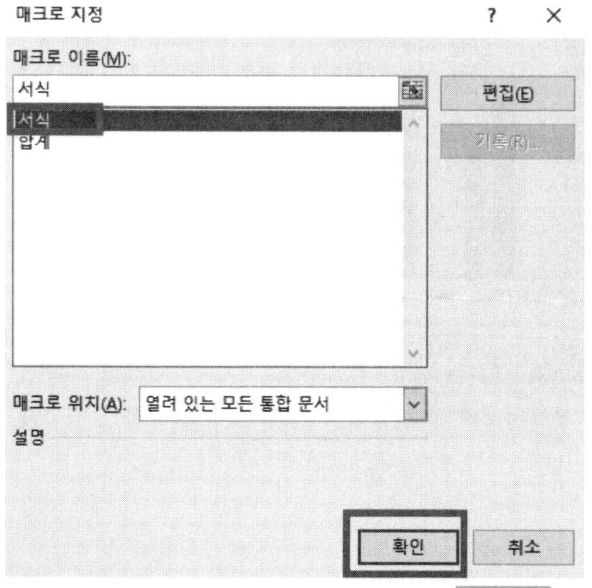


매크로 이름 중 '서식'을 찾아서 클릭하고 확인 을 클릭한다.

차트 :

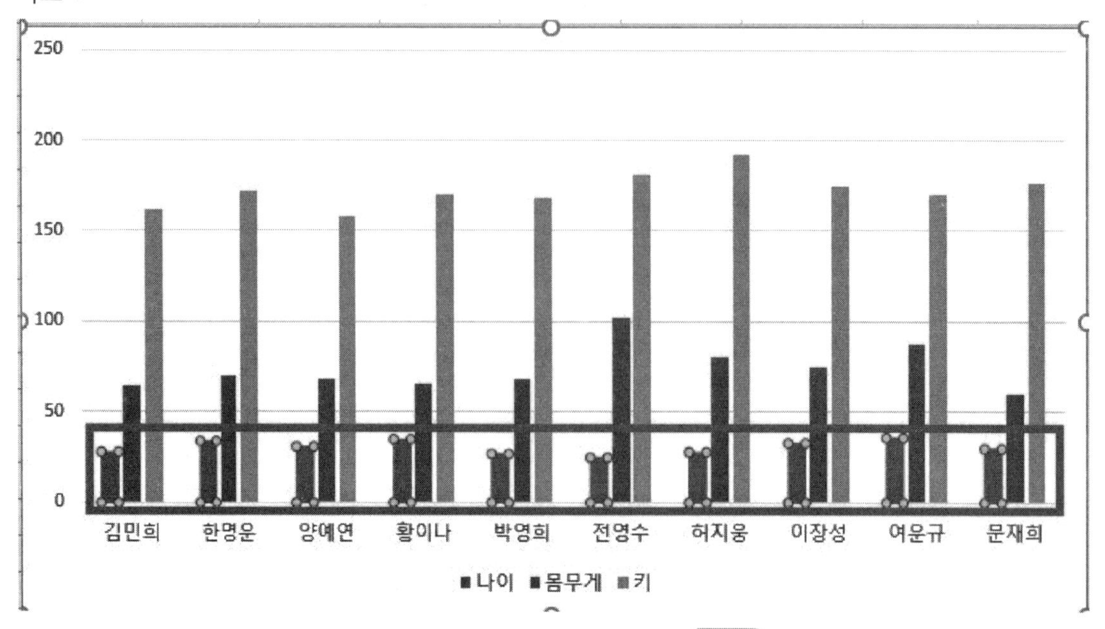


'나이' 계열(파랑색 데이터 막대)를 아무거나 하나 선택한 다음 Delete 키를 누른다.

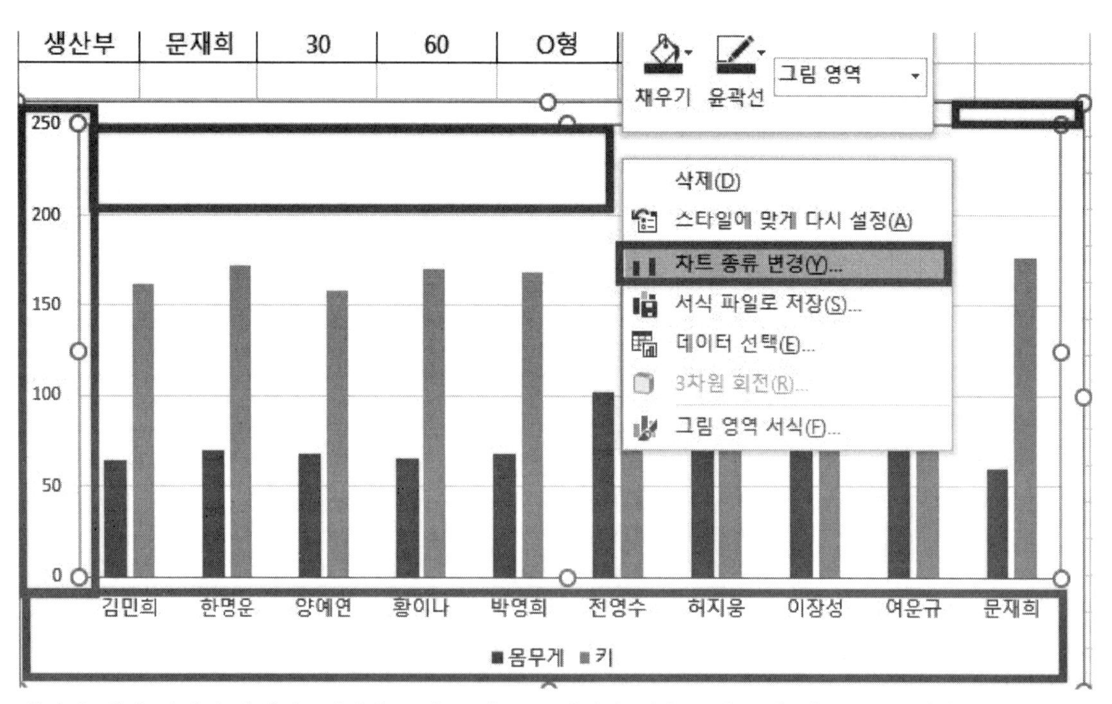


데이터 계열(데이터 막대)을 제외하고 차트 아무 곳에서나 마우스 우클릭-[차트 종류 변경]을 클릭한다.

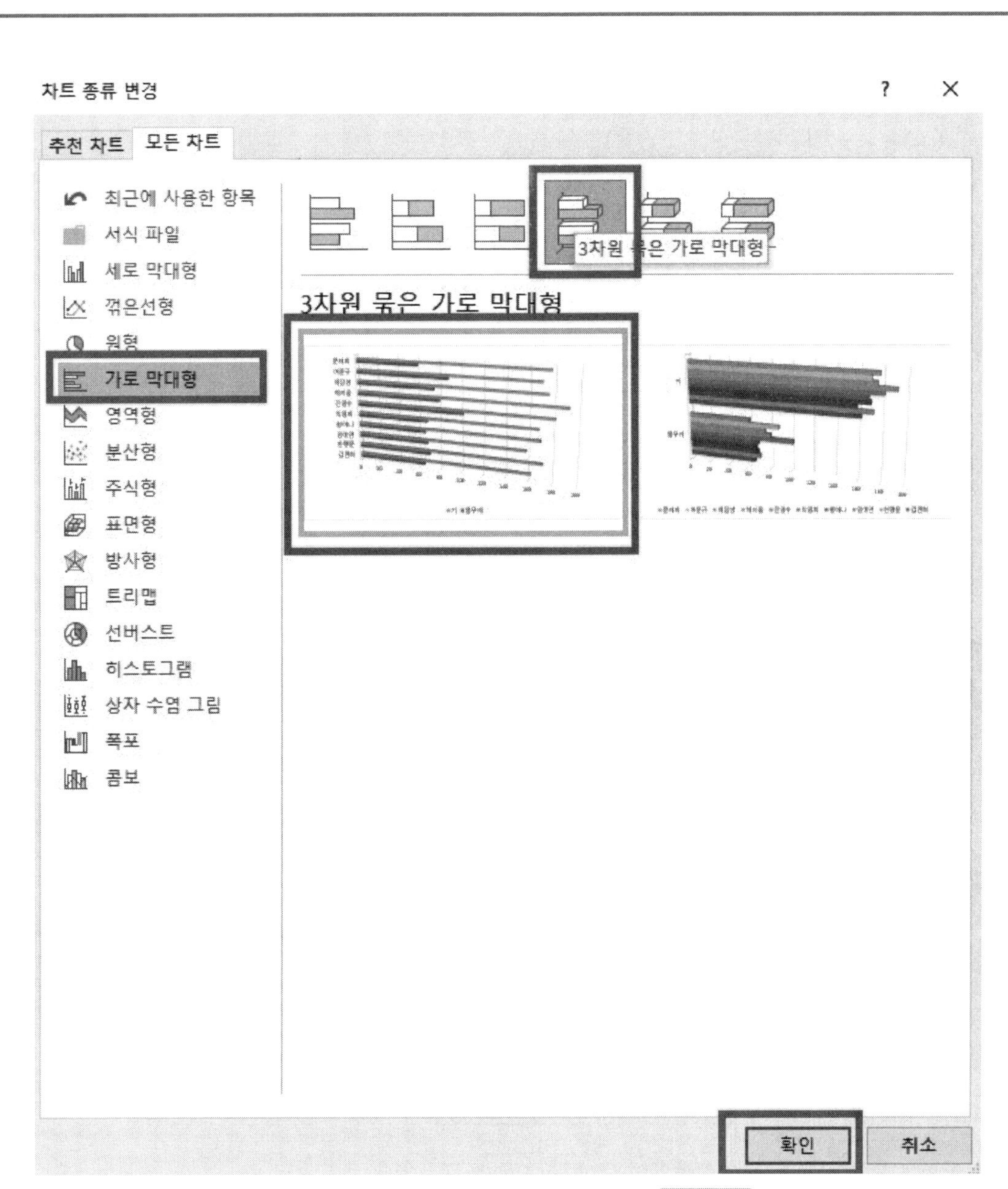


가로 막대형 차트 중 '3차원 묶은 가로 막대형'을 찾은 다음 확인 을 클릭한 다음, 차트 영역이나 그림 영역에서 마우스 우클릭-[데이터 선택]을 클릭한다.

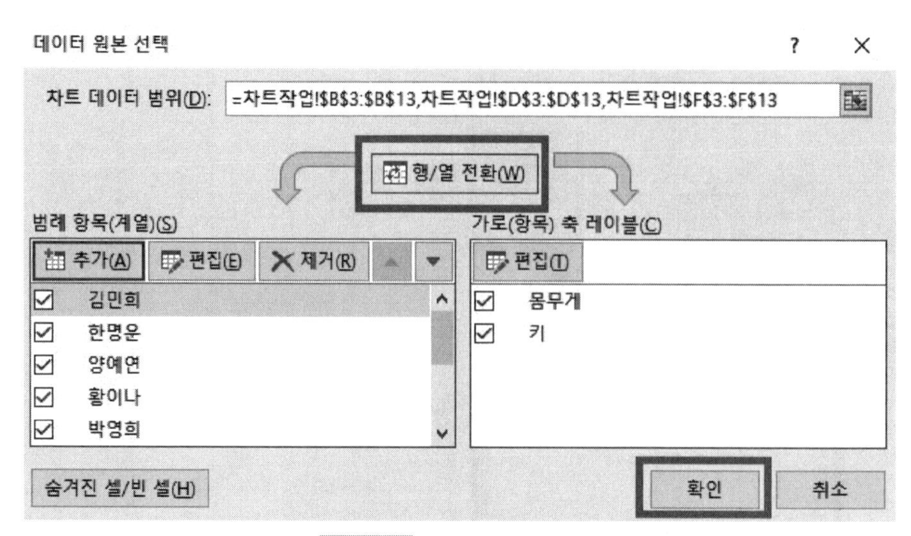


'행/열 전환'을 클릭한 다음 확인 을 클릭한다.

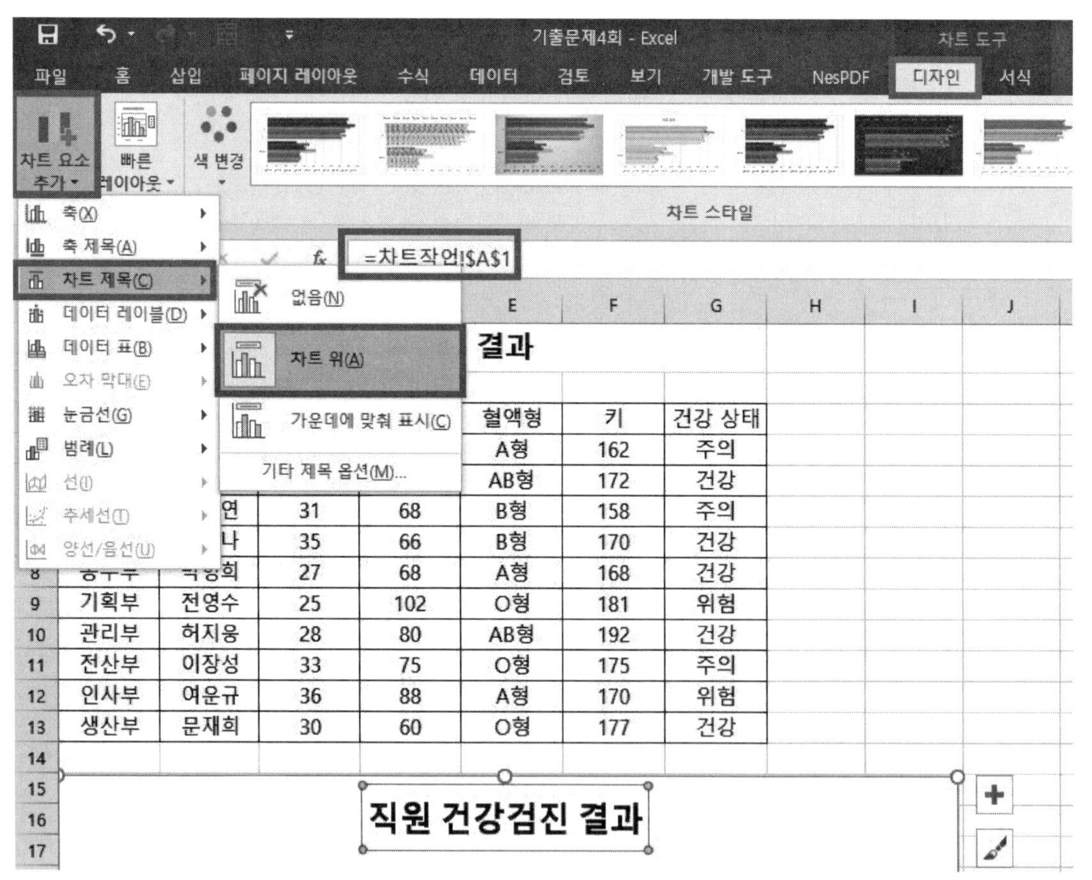


차트 아무 위치에서나 더블 클릭한 다음 [디자인]-[차트 요소 추가]-[차트 제목]-'차트 위'를 클릭하고 수식 입력줄에 =A1셀 클릭 후 Enter 를 누른다.

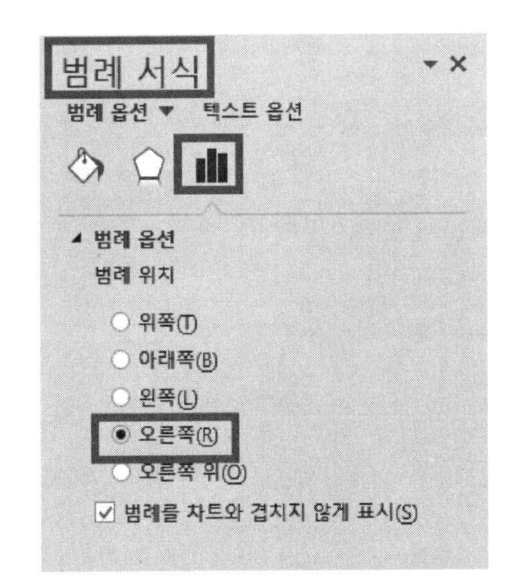


차트 제목을 추가하는 작업을 할 때 미리 열린 서식 창이 있는데 이 때 범례를 선택해서 범례 서식 창에서 범례 옵션-위치는 '오른쪽'을 체크한다.

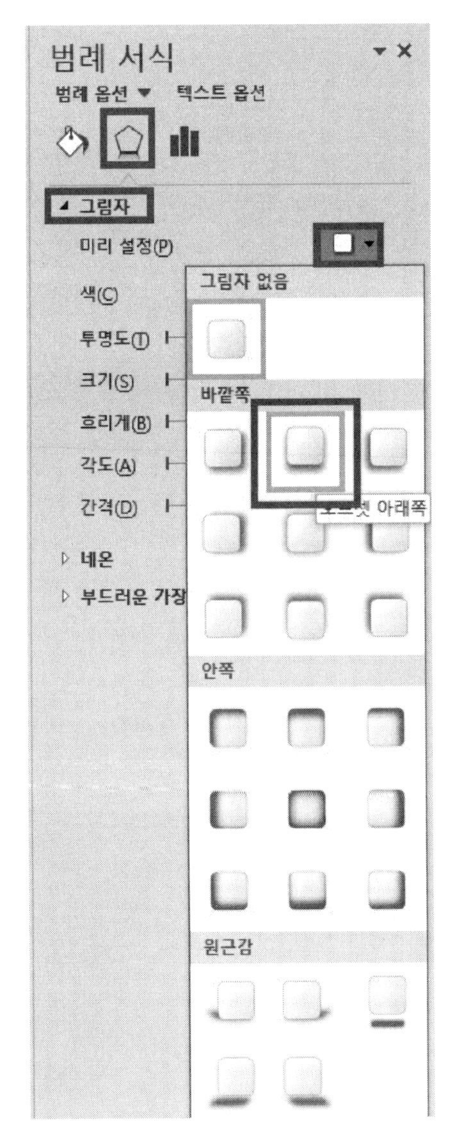


범례 서식 창에서 효과-그림자-미리 설정에서 '오프셋 아래쪽'을 선택한다.

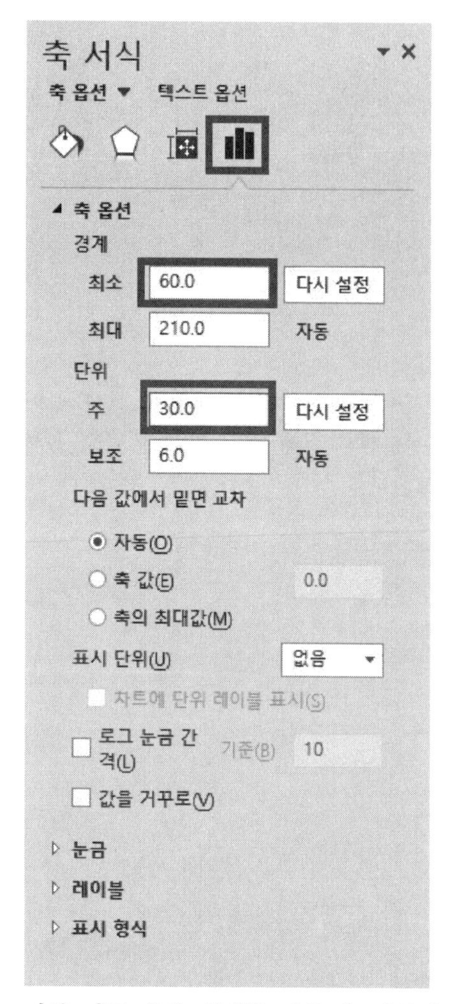


기본 가로 축을 선택한 다음 축 서식-축 옵션에서 최소 : '60' 입력, 주 : '30'을 입력한다.

국 가 기 술 자 격 검 정

# 컴퓨터활용능력 실기 실전 예상 기출문제 5회

| 프로그램명 | 제한시간 |
|---|---|
| EXCEL 2021 | 40분 |

수험번호 :

성　　명 :

| 2급 | E형 |
|---|---|

〈유 의 사 항〉

■ 인적 사항 누락 및 잘못 작성으로 인한 불이익은 수험자 책임으로 합니다.

■ 작성된 답안은 주어진 경로 및 파일명을 변경하지 마시고 그대로 저장해야 합니다. 이를 준수하지 않으면 실격 처리됩니다.

■ 별도의 지시사항이 없는 경우, 다음과 같이 처리 시 실격 처리됩니다.
- ○ 제시된 시트 및 개체의 순서나 이름을 임의로 변경한 경우
- ○ 제시된 시트 및 개체를 임의로 추가 또는 삭제한 경우

■ 답안은 반드시 문제에서 지시 또는 요구한 셀에 입력하여야 하며 다음과 같이 처리 시 채점 대상에서 제외됩니다.
- ○ 수험자가 임의로 지시하지 않은 셀의 이동, 수정, 삭제, 변경 등으로 인해 셀의 위치 및 내용이 변경된 경우 해당 작업에 영향을 미치는 관련 문제 모두 채점 대상에서 제외
- ○ 도형 및 차트의 개체가 중첩되어 있거나 동일한 계산결과 시트가 복수로 존재할 경우 해당 개체나 시트는 채점 대상에서 제외

■ 수식 작성 시 제시된 문제 파일의 데이터는 변경 가능한(가변적) 데이터임을 감안하여 문제 풀이를 하시오.

■ 별도의 지시사항이 없는 경우, 주어진 각 시트 및 개체의 설정값 또는 기본 설정값(Default)으로 처리하시오.

■ 저장 시간은 별도로 주어지지 않으므로 제한된 시간 내에 저장을 완료해야 하며, 제한 시간 내에 저장이 되지 않은 경우에는 실격 처리됩니다.

■ 출제된 문제의 용어는 Microsoft Office 2021 기준으로 작성되어 있습니다.

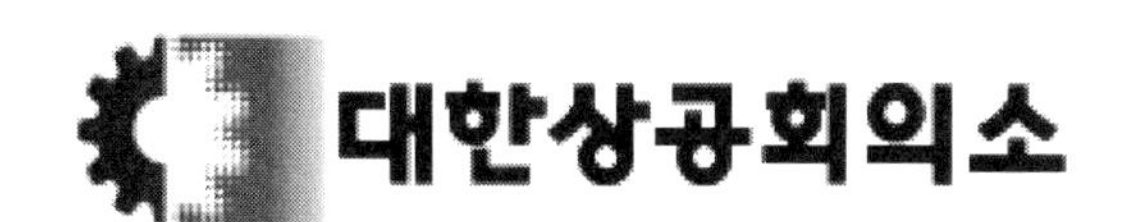

## 문제1 기본작업(20점) 주어진 시트에서 다음 과정을 수행하고 저장하시오.

### 1. '기본작업-1' 시트에 다음의 자료를 주어진 대로 입력하시오. (5점)

| | A | B | C | D | E | F | G |
|---|---|---|---|---|---|---|---|
| 1 | 파견근무 명단 | | | | | | |
| 2 | | | | | | | |
| 3 | 성명 | 부서명 | 파견금액 | 출장비용 | 연락처 | 파견날짜 | 파견장소 |
| 4 | 박명선 | 영업1팀 | 1,230,000 | 150,000 | 031-759-5874 | 07월 08일 | 경기도 화성 |
| 5 | 한나라 | 영업3팀 | 1,350,000 | 150,000 | 043-655-7125 | 11월 09일 | 충북 음성 |
| 6 | 양미영 | 총무부 | 1,170,000 | 100,000 | 063-4726-2590 | 02월 14일 | 전북 익산 |
| 7 | 황재동 | 영업2팀 | 1,280,000 | 140,000 | 054-3459-0285 | 08월 23일 | 경북 경주 |
| 8 | 최정수 | 지원부 | 970,000 | 80,000 | 032-8917-4698 | 01월 30일 | 인천 연수 |

### 2. '기본작업-2' 시트에 대하여 다음의 지시사항을 처리하시오. (각 2점)

① [A1:F1] 영역은 '병합하고 가운데 맞춤', 글꼴 '궁서', 크기 '17', 행 높이 '30'으로 지정하시오.

② [B3] 셀의 '상호명'을 한자 '商號名'으로 변환하시오.

③ [D4:D10] 영역은 사용자 지정 서식을 이용하여 천 단위 구분 기호와 숫자 뒤에 '천원'을 표시하되, 셀 값이 0일 경우에는 '0천원'으로 표시하시오. [표시 예 : 1000 → 1,000천원, 0 → 0천원]

④ [E4:E10] 영역은 '거래은행'으로 이름정의 하시오.

⑤ [A3:F10] 영역에 '모든 테두리(⊞)'와 '굵은 바깥쪽 테두리(□)'로 적용하여 표시하시오.

### 3. '기본작업-3' 시트에서 다음의 지시사항을 처리하시오. (5점)

- [B3:B13] 영역에 생성되어 있는 데이터를 보고 아래의 조건에 따라 [텍스트 나누기]를 실행하시오.
  - ▶ 외부 데이터는 '세미콜론'으로 구분되어 있음.
  - ▶ 학번, 합계 열은 제외할 것.

## 문제2 계산작업(40점) '계산작업' 시트에서 다음 과정을 수행하고 저장하시오.

1. [표1]에서 1과목과 2과목 모두 60점 이상일 경우 '우수'로, 60점 미만일 경우 '미흡'으로 결과[D3:D9]에 표시하시오. (8점)

   ▶ IF, COUNTIF 함수 사용

2. [표2]에서 컴퓨터 일반[H3:H9]과 스프레드시트 일반[I3:I9]이 모두 60점 이상일 경우 'A'로, 둘 중 한 과목만 60점 이상일 경우 'B', 그 외에는 공백으로 등급[K3:K9]에 표시하시오. (8점)

   ▶ IF, AND, OR 함수 사용

3. [표3]에서 세대[B13:B20]의 6번째 문자가 1이면 'X세대', 2이면 'M세대', 그 외에는 'Z세대'로 비고[D13:D20]에 표시하시오. (8점)

   ▶ IFERROR, CHOOSE, MID 함수 사용

4. [표4]에서 판매점[G13:G19]이 '동구'인 스마트TV[I13:I19]의 합계를 계산하여 [K20] 셀에 표시하시오. (8점)

   ▶ DSUM, DAVERAGE, DCOUNT 중 알맞은 함수 사용

5. [표5]에서 이용일수[B24:B32] 중에서 3번째로 이용일수가 많은 회원 이름[C24:C32]을 구하여 [E32] 셀에 표시하오. (8점)

   ▶ VLOOKUP, LARGE 함수 사용

## 문제3 분석작업(20점) 주어진 시트에서 다음 작업을 수행하고 저장하시오.

1. '분석작업-1' 시트에 대하여 다음의 지시사항을 처리하시오. (10점)

- [시나리오 관리자] 기능을 이용하여 [표1]에서 집행률[D10]가 다음과 같이 변동하는 경우 집행액합[C10]의 변동 시나리오를 작성하시오.
  - ▶ [C10] 셀의 이름은 '집행액합', [D10] 셀의 이름은 '집행률'로 정의하시오.
  - ▶ 시나리오1: 시나리오 이름은 '집행비율인상', 집행률을 '70'으로 설정하시오.
  - ▶ 시나리오2: 시나리오 이름은 '집행비율인하', 집행률을 '40'으로 설정하시오.
  - ▶ 시나리오 요약 시트는 '분석작업-1' 시트의 바로 왼쪽에 위치해야 함
  - **※ 시나리오 요약 보고서 작성 시 정답과 일치하여야 하며, 오자로 인한 부분점수는 인정하지 않음**

2. '분석작업-2' 시트에 대하여 다음의 지시사항을 처리하시오. (10점)

- [부분합] 기능을 이용하여 '대형가전 제품 재고 현황' 표에서 제품명별로 '재고량'의 합계와 '재고금액'의 평균이 나타나도록 계산하시오.
  - ▶ 제품명에 대한 정렬 기준은 내림차순으로 하시오.
  - ▶ 합계와 평균은 위에 명시된 순서대로 처리하시오.

| | A | B | C | D | E | F |
|---|---|---|---|---|---|---|
| 1 | 대형가전 제품 재고 현황 | | | | | |
| 2 | 지역 | 상품고유코드 | 제품명 | 생산량 | 재고량 | 재고금액 |
| 3 | 강서구 | IU-23 | 스타일러 | 180,000 | 37 | 3,700,000 |
| 4 | 중구 | IU-14 | 스타일러 | 180,000 | 11 | 1,100,000 |
| 5 | 송파구 | IU-25 | 스타일러 | 180,000 | 21 | 2,100,000 |
| 6 | 동작구 | IU-04 | 스타일러 | 180,000 | 12 | 1,200,000 |
| 7 | 강남구 | IU-20 | 스타일러 | 380,000 | 35 | 3,500,000 |
| 8 | | | **스타일러 평균** | | | 2,320,000 |
| 9 | | | **스타일러 요약** | | 116 | |
| 10 | 강동구 | FD-023 | 세탁기 | 350,000 | 16 | 1,600,000 |
| 11 | 송파구 | FD-007 | 세탁기 | 350,000 | 23 | 2,300,000 |
| 12 | 양천구 | FD-010 | 세탁기 | 350,000 | 30 | 3,000,000 |
| 13 | 종로구 | FD-004 | 세탁기 | 350,000 | 18 | 1,800,000 |
| 14 | | | **세탁기 평균** | | | 2,175,000 |
| 15 | | | **세탁기 요약** | | 87 | |
| 16 | 강남구 | SE-01 | 냉장고 | 380,000 | 41 | 4,100,000 |
| 17 | 강남구 | SE-05 | 냉장고 | 380,000 | 45 | 4,500,000 |
| 18 | 양천구 | SE-08 | 냉장고 | 380,000 | 27 | 2,700,000 |
| 19 | | | **냉장고 평균** | | | 3,766,667 |
| 20 | | | **냉장고 요약** | | 113 | |
| 21 | 영등포구 | KJSE-9 | 건조기 | 650,000 | 28 | 2,800,000 |
| 22 | 영등포구 | KJSE-14 | 건조기 | 650,000 | 30 | 3,000,000 |
| 23 | 종로구 | KJSE-6 | 건조기 | 650,000 | 19 | 1,900,000 |
| 24 | 동작구 | KJSE-7 | 건조기 | 650,000 | 22 | 2,200,000 |
| 25 | | | **건조기 평균** | | | 2,475,000 |
| 26 | | | **건조기 요약** | | 99 | |
| 27 | | | **전체 평균** | | | 2,593,750 |
| 28 | | | **총합계** | | 415 | |
| 29 | | | | | | |

## 문제4 기타작업(20점) 주어진 시트에서 다음 작업을 수행하고 저장하시오.

1. '매크로작업' 시트의 [표1]에서 다음과 같은 기능을 수행하는 매크로를 현재 통합 문서에 작성하고 실행하시오. (각 5점)

① [E4:E9] 영역에 이익금액을 계산하는 매크로를 생성하여 실행하시오.

▶ 매크로 이름 : 이익금액

▶ 이익금액 = 판매금액 × 마진율[D10]

▶ [도형]-[사각형]의 '모서리가 둥근 직사각형(▢)'을 동일 시트의 [H4:I6] 영역에 생성하고, 텍스트를 '이익금액'으로 입력한 다음 도형을 클릭할 때 '이익금액' 매크로가 실행되도록 설정하시오.

② [A3:E3], [A10:C10] 영역에 글꼴 색은 '표준 색 - 노랑', 채우기 색은 '표준 색 - 파랑'을 적용하는 매크로를 생성하여 실행하시오.

▶ 매크로 이름 : 꾸미기

▶ [개발 도구]-[삽입]-[양식 컨트롤]의 '단추'를 동일 시트의 [H8:I10] 영역에 생성하고, 텍스트를 '꾸미기'로 입력한 후 단추를 클릭할 때 '꾸미기' 매크로가 실행되도록 설정하시오.

※ **셀 포인터의 위치에 상관 없이 현재 통합 문서에서 매크로가 실행되어야 정답으로 인정됨**

2. '차트작업' 시트의 차트를 지시사항에 따라 아래 그림과 같이 수정하시오. (각 2점)

※ **차트는 반드시 문제에서 제공한 차트를 사용하여야 하며, 신규로 작성 시 0점 처리됨**

① '기타' 방송사를 제외한 '방송사'별로 '시청수'가 표시되도록 데이터 범위를 지정하시오.

② 차트의 종류를 '3차원 원형'으로 변경하시오.

③ 차트 제목은 '차트 위'로 추가하여 [A1] 셀에 연결시키시오.

④ 데이터 계열에서 데이터 레이블 '값'은 그림과 같이 지정한 다음, 'KBN' 데이터를 원형에서 분리하시오.

⑤ 차트 영역의 테두리 스타일은 '둥근 모서리'로, 그림자는 '오프셋 대각선 오른쪽 아래'로 지정하시오.

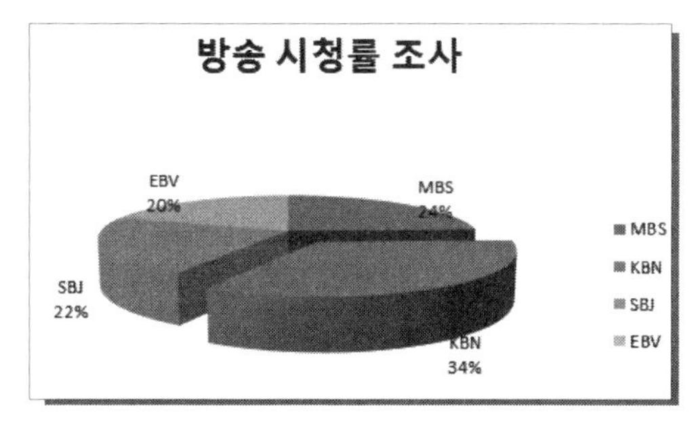

## 정답

기본작업1.

| | A | B | C | D | E | F | G |
|---|---|---|---|---|---|---|---|
| 1 | 파견근무 명단 | | | | | | |
| 2 | | | | | | | |
| 3 | 성명 | 부서명 | 파견금액 | 출장비용 | 연락처 | 파견날짜 | 파견장소 |
| 4 | 박명선 | 영업1팀 | 1,230,000 | 150,000 | 031-759-5874 | 07월 08일 | 경기도 화성 |
| 5 | 한나라 | 영업3팀 | 1,350,000 | 150,000 | 043-655-7125 | 11월 09일 | 충북 음성 |
| 6 | 양미영 | 총무부 | 1,170,000 | 100,000 | 063-4726-2590 | 02월 14일 | 전북 익산 |
| 7 | 황재동 | 영업2팀 | 1,280,000 | 140,000 | 054-3459-0285 | 08월 23일 | 경북 경주 |
| 8 | 최정수 | 지원부 | 970,000 | 80,000 | 032-8917-4698 | 01월 30일 | 인천 연수 |

기본작업2.

| | A | B | C | D | E | F |
|---|---|---|---|---|---|---|
| 1 | 물품구입 대금 이체 현황 | | | | | |
| 2 | | | | | | |
| 3 | 구입물품 | 商號名 | 대표자 이름 | 거래실적 | 거래은행 | 계좌번호 |
| 4 | 볼트 | 한강철강 | 엄민수 | 3,530천원 | 신협 | 361854-753214 |
| 5 | 너트 | 다산철물 | 박택용 | 4,892천원 | 카카오 | 0705-5894-2315 |
| 6 | 전기드릴 | 스텐스 | 한성지 | 5,784천원 | 우리 | 1025-896452-365 |
| 7 | 스페너 | 이전화요 | 이수장 | 9,610천원 | 대구 | 5478-50-159357 |
| 8 | 용접기 | 산화전기 | 전홍걸 | 2,354천원 | 신한 | 135-987-259460 |
| 9 | 고무망치 | 철조사이언스 | 홍영민 | 5,564천원 | 새마을 | 72548-32-960148 |
| 10 | 철판 | 금속테크 | 임극윤 | 8,259천원 | 농협 | 456-425-478025 |

기본작업3.

| 2024년 3학년 성적표 | | | | | | |
|---|---|---|---|---|---|---|
| | | | | | | |
| 이름 | 국어 | 영어 | 수학 | 과학 | 사회탐구 | 평균 |
| 정미소 | 70 | 75 | 50 | 40 | 82 | 63.4 |
| 이기아 | 80 | 88 | 62 | 72 | 75 | 75.4 |
| 류현욱 | 56 | 59 | 91 | 87 | 65 | 71.6 |
| 손정욱 | 60 | 73 | 69 | 75 | 62 | 67.8 |
| 윤희영 | 74 | 85 | 79 | 88 | 92 | 83.6 |
| 최연준 | 68 | 78 | 69 | 80 | 97 | 78.4 |
| 이슬예 | 91 | 93 | 83 | 81 | 80 | 85.6 |
| 홍미나 | 76 | 69 | 70 | 71 | 85 | 74.2 |
| 김현석 | 87 | 62 | 69 | 68 | 63 | 69.8 |
| 지상윤 | 66 | 77 | 88 | 76 | 61 | 73.6 |

계산작업.

[표1]

| 응시자명 | 1과목 | 2과목 | 결과 |
|---|---|---|---|
| 현주영 | 72 | 82 | 우수 |
| 정미수 | 77 | 47 | 미흡 |
| 명장호 | 85 | 77 | 우수 |
| 최인태 | 90 | 72 | 우수 |
| 한장원 | 45 | 58 | 미흡 |
| 정선규 | 65 | 66 | 우수 |
| 김일동 | 98 | 92 | 우수 |

[표2]

| 수험번호 | 컴퓨터 일반 | 스프레드시트 일반 | 총점 | 등급 |
|---|---|---|---|---|
| BN2048 | 45 | 70 | 115 | B |
| BN2049 | 60 | 65 | 125 | A |
| BN2050 | 30 | 55 | 85 | |
| BN2051 | 75 | 60 | 135 | A |
| BN2052 | 60 | 20 | 80 | B |
| BN2053 | 50 | 40 | 90 | |
| BN2054 | 90 | 85 | 175 | A |

[표3]

| 성명 | 세대 | 성적 | 비고 |
|---|---|---|---|
| 오승현 | 1968A16 | 82 | X세대 |
| 이준민 | 2000C43 | 93 | Z세대 |
| 김정희 | 1988D25 | 86 | M세대 |
| 윤성길 | 2012A38 | 92 | Z세대 |
| 이원구 | 1965B14 | 73 | X세대 |
| 이정은 | 1994D27 | 97 | M세대 |
| 유성용 | 2009C31 | 82 | Z세대 |
| 김민서 | 1967A12 | 90 | X세대 |

[표4]

| 판매점 | 핸드폰 | 스마트TV | 건조기 | 평균 |
|---|---|---|---|---|
| 동구 | 68 | 87 | 73 | 76.0 |
| 서구 | 95 | 76 | 85 | 85.3 |
| 남구 | 89 | 87 | 62 | 79.3 |
| 동구 | 58 | 100 | 80 | 79.3 |
| 북구 | 77 | 81 | 93 | 83.7 |
| 서구 | 100 | 83 | 91 | 91.3 |
| 동구 | 76 | 99 | 79 | 84.7 |
| 판매점이 동구인 스마트TV 판매 합계 | | | | 286 |

[표5]

| 지역명 | 이용일수 | 회원 이름 | 분류 | |
|---|---|---|---|---|
| 서울 | 25 | 서현순 | 특별회원 | |
| 제주 | 18 | 하지훈 | 일반회원 | |
| 서울 | 32 | 안동수 | 특별회원 | |
| 서울 | 21 | 김갑철 | 일반회원 | |
| 제주 | 13 | 사랑해 | 특별회원 | |
| 제주 | 22 | 현금보 | 특별회원 | |
| 서울 | 19 | 김인철 | 일반회원 | |
| 제주 | 28 | 유인국 | 일반회원 | 고객명 |
| 제주 | 20 | 서수남 | 특별회원 | 서현순 |

분석작업1.

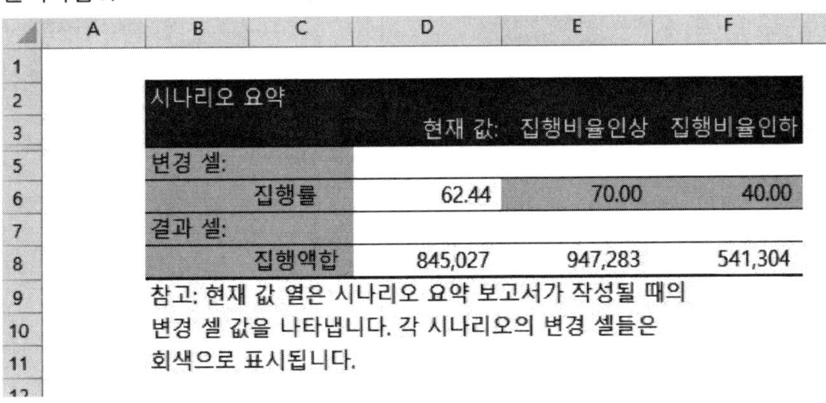

| 시나리오 요약 | | | |
|---|---|---|---|
| | 현재 값: | 집행비율인상 | 집행비율인하 |
| 변경 셀: | | | |
| 집행률 | 62.44 | 70.00 | 40.00 |
| 결과 셀: | | | |
| 집행액합 | 845,027 | 947,283 | 541,304 |

참고: 현재 값 열은 시나리오 요약 보고서가 작성될 때의
변경 셀 값을 나타냅니다. 각 시나리오의 변경 셀들은
회색으로 표시됩니다.

분석작업2.

| | A | B | C | D | E | F |
|---|---|---|---|---|---|---|
| 1 | | | 대형가전 제품 재고 현황 | | | |
| 2 | 지역 | 상품고유코드 | 제품명 | 생산량 | 재고량 | 재고금액 |
| 3 | 강서구 | IU-23 | 스타일러 | 180,000 | 37 | 3,700,000 |
| 4 | 중구 | IU-14 | 스타일러 | 180,000 | 11 | 1,100,000 |
| 5 | 송파구 | IU-25 | 스타일러 | 180,000 | 21 | 2,100,000 |
| 6 | 동작구 | IU-04 | 스타일러 | 180,000 | 12 | 1,200,000 |
| 7 | 강남구 | IU-20 | 스타일러 | 380,000 | 35 | 3,500,000 |
| 8 | | | **스타일러 평균** | | | 2,320,000 |
| 9 | | | **스타일러 요약** | | 116 | |
| 10 | 강동구 | FD-023 | 세탁기 | 350,000 | 16 | 1,600,000 |
| 11 | 송파구 | FD-007 | 세탁기 | 350,000 | 23 | 2,300,000 |
| 12 | 양천구 | FD-010 | 세탁기 | 350,000 | 30 | 3,000,000 |
| 13 | 종로구 | FD-004 | 세탁기 | 350,000 | 18 | 1,800,000 |
| 14 | | | **세탁기 평균** | | | 2,175,000 |
| 15 | | | **세탁기 요약** | | 87 | |
| 16 | 강남구 | SE-01 | 냉장고 | 380,000 | 41 | 4,100,000 |
| 17 | 강남구 | SE-05 | 냉장고 | 380,000 | 45 | 4,500,000 |
| 18 | 양천구 | SE-08 | 냉장고 | 380,000 | 27 | 2,700,000 |
| 19 | | | **냉장고 평균** | | | 3,766,667 |
| 20 | | | **냉장고 요약** | | 113 | |
| 21 | 영등포구 | KJSE-9 | 건조기 | 650,000 | 28 | 2,800,000 |
| 22 | 영등포구 | KJSE-14 | 건조기 | 650,000 | 30 | 3,000,000 |
| 23 | 종로구 | KJSE-6 | 건조기 | 650,000 | 19 | 1,900,000 |
| 24 | 동작구 | KJSE-7 | 건조기 | 650,000 | 22 | 2,200,000 |
| 25 | | | **건조기 평균** | | | 2,475,000 |
| 26 | | | **건조기 요약** | | 99 | |
| 27 | | | **전체 평균** | | | 2,593,750 |
| 28 | | | **총합계** | | 415 | |
| 29 | | | | | | |

매크로작업.

| | A | B | C | D | E | F | G | H | I |
|---|---|---|---|---|---|---|---|---|---|
| 1 | | | 품목별 판매 현황 | | | | | | |
| 2 | | | | | | | | | |
| 3 | 품목명 | 판매수량 | 판매단가 | 판매금액 | 이익금액 | | | | |
| 4 | 샤프 | 323 | 1,650 | 532,950 | 133,238 | | | 이익금액 | |
| 5 | 연필 | 315 | 1,120 | 352,800 | 88,200 | | | | |
| 6 | 만년필 | 438 | 23,000 | 10,074,000 | 2,518,500 | | | | |
| 7 | 색연필 | 800 | 11,500 | 9,200,000 | 2,300,000 | | | | |
| 8 | 볼펜 | 361 | 1,500 | 541,500 | 135,375 | | | 꾸미기 | |
| 9 | 플러스펜 | 584 | 2,400 | 1,401,600 | 350,400 | | | | |
| 10 | | 마진율 | | 25% | | | | | |
| 11 | | | | | | | | | |

차트작업.

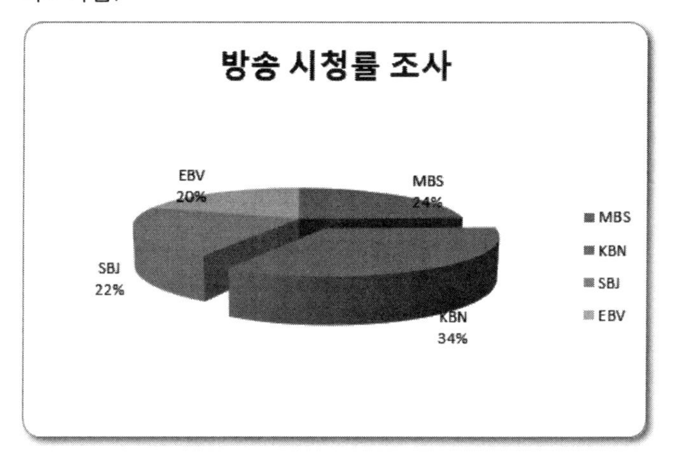

## 해설

기본작업1 : 출력형태와 같이 입력한다.

기본작업2 :

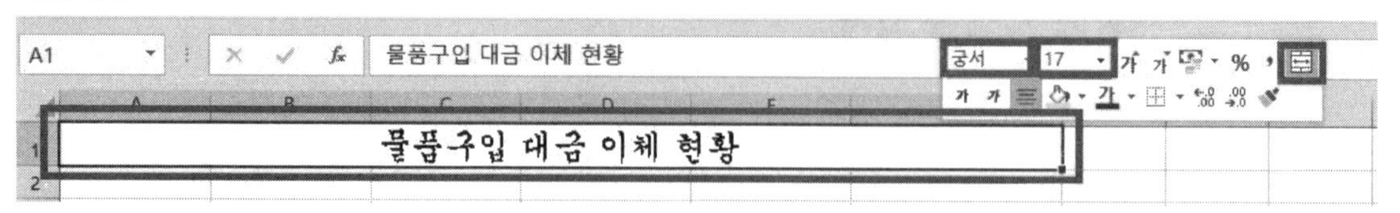


[A1:F1] 영역을 범위 지정한 다음 마우스 우클릭-'병합하고 가운데 맞춤' 클릭, 글꼴은 '궁서' 입력, 크기는 '17'을 입력한다.

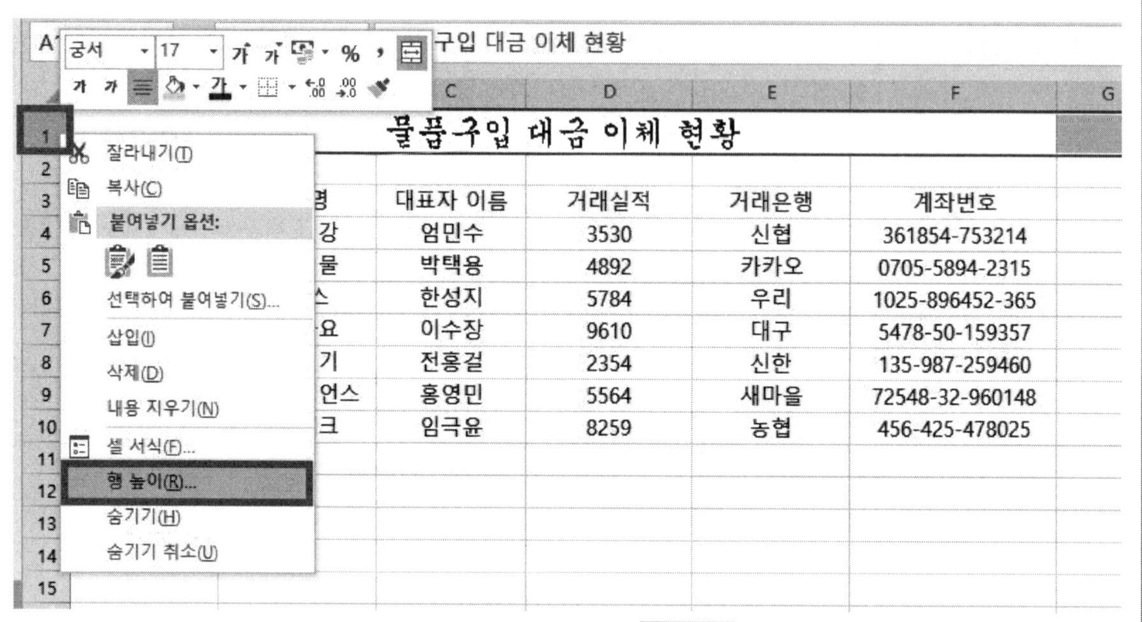


1행에서 마우스 우클릭-[행 높이]를 눌러서 '30'을 입력하고 확인 을 클릭한다.

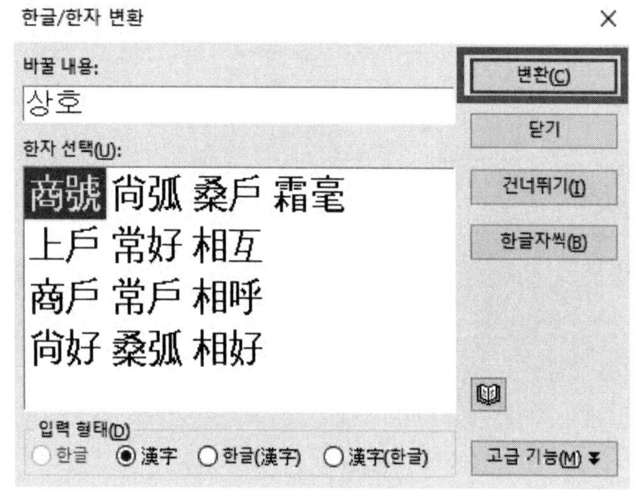


[B3] 셀에서 더블 클릭한 다음 한자 키를 눌러서 '상호'를 먼저 변환 하고 '명'을 변환 한다.

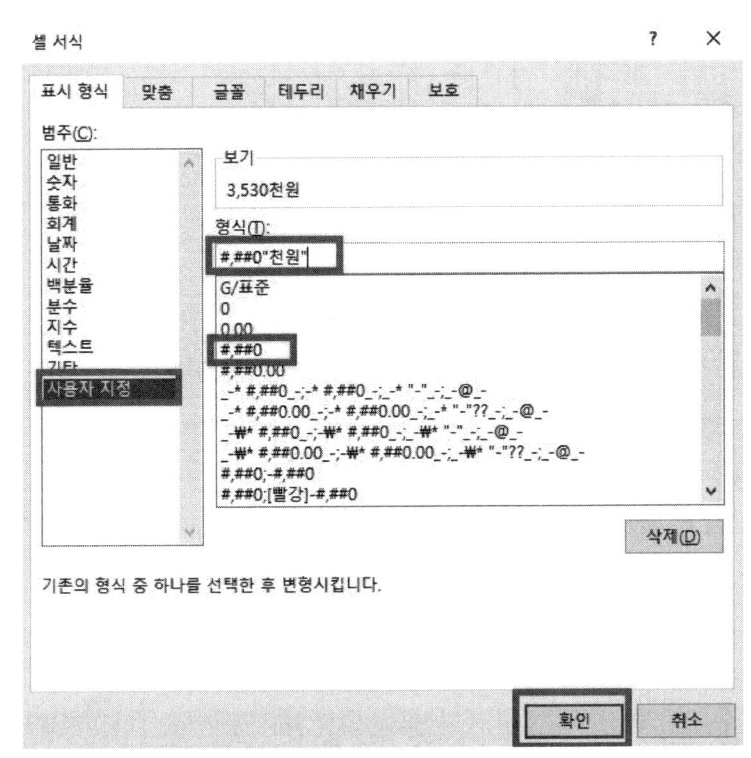


[D4:D10] 영역을 범위 지정한 다음 마우스 우클릭-[셀 서식]-[표시 형식]-[사용자 지정]으로 와서 '#,##0'을 클릭한 다음 뒤에 "천원"을 입력하고 확인 을 클릭한다.

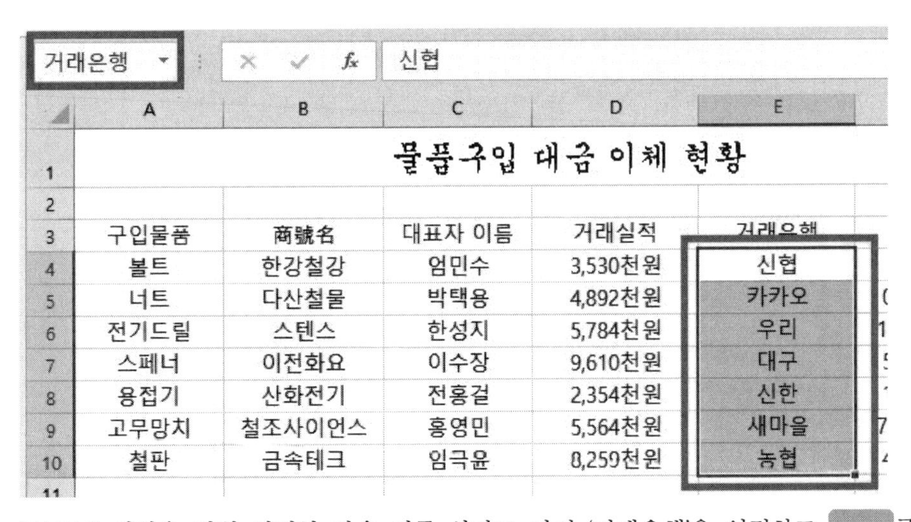


[E4:E10] 영역을 범위 지정한 다음 이름 상자로 가서 '거래은행'을 입력하고 Enter 를 누른다.

| 구입물품 | 商號名 | 대표자 이름 | 계좌번호 |
|---|---|---|---|
| 볼트 | 한강철강 | 엄민수 | 361854-753214 |
| 너트 | 다산철물 | 박택용 | 0705-5894-2315 |
| 전기드릴 | 스텐스 | 한성지 | 1025-896452-365 |
| 스패너 | 이전화요 | 이수장 | 5478-50-159357 |
| 용접기 | 산화전기 | 전홍걸 | 135-987-259460 |
| 고무망치 | 철조사이언스 | 홍영민 | 72548-32-960148 |
| 철판 | 금속테크 | 임극윤 | 456-425-478025 |

아래쪽 테두리(O)
위쪽 테두리(P)
왼쪽 테두리(L)
오른쪽 테두리(R)
테두리 없음(N)
모든 테두리(A)
바깥쪽 테두리(S)
굵은 바깥쪽 테두리(T)
아래쪽 이중 테두리(B)
굵은 아래쪽 테두리(H)

[A3:F10] 영역을 범위 지정한 다음 마우스 우클릭-[테두리]-'모든 테두리'를 선택하고 다시 [테두리]-'굵은 바깥쪽 테두리'를 선택한다.

기본작업3 :

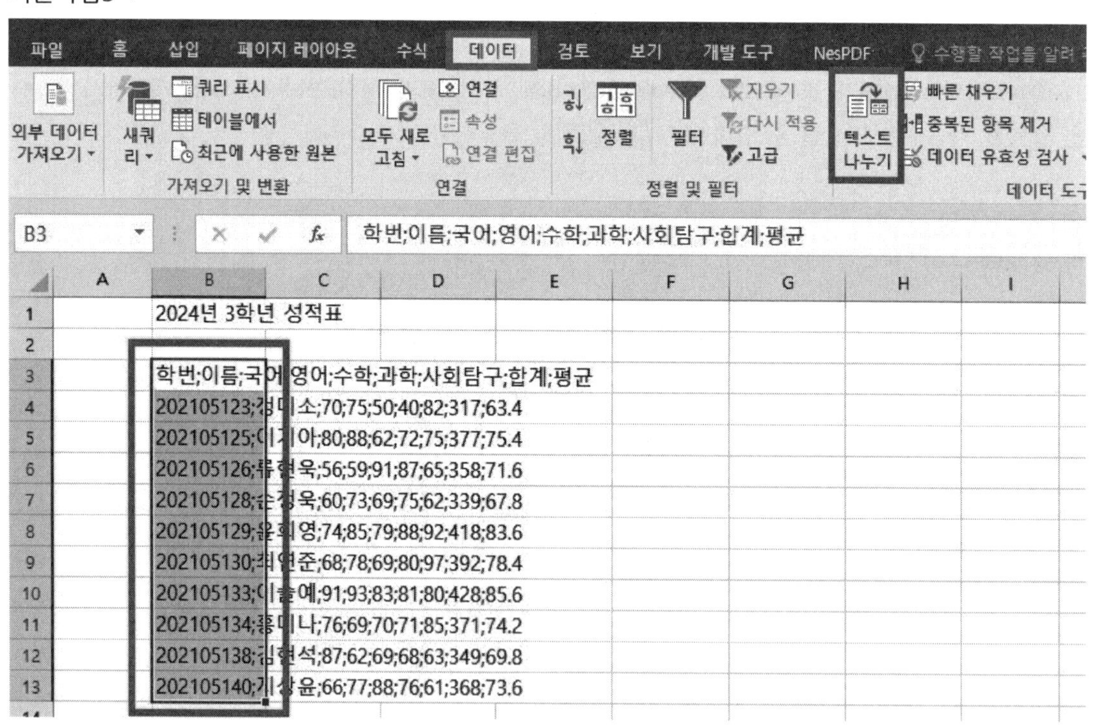


[B3:B13] 영역을 범위 지정한 다음 [데이터]-[텍스트 나누기]를 클릭한다.

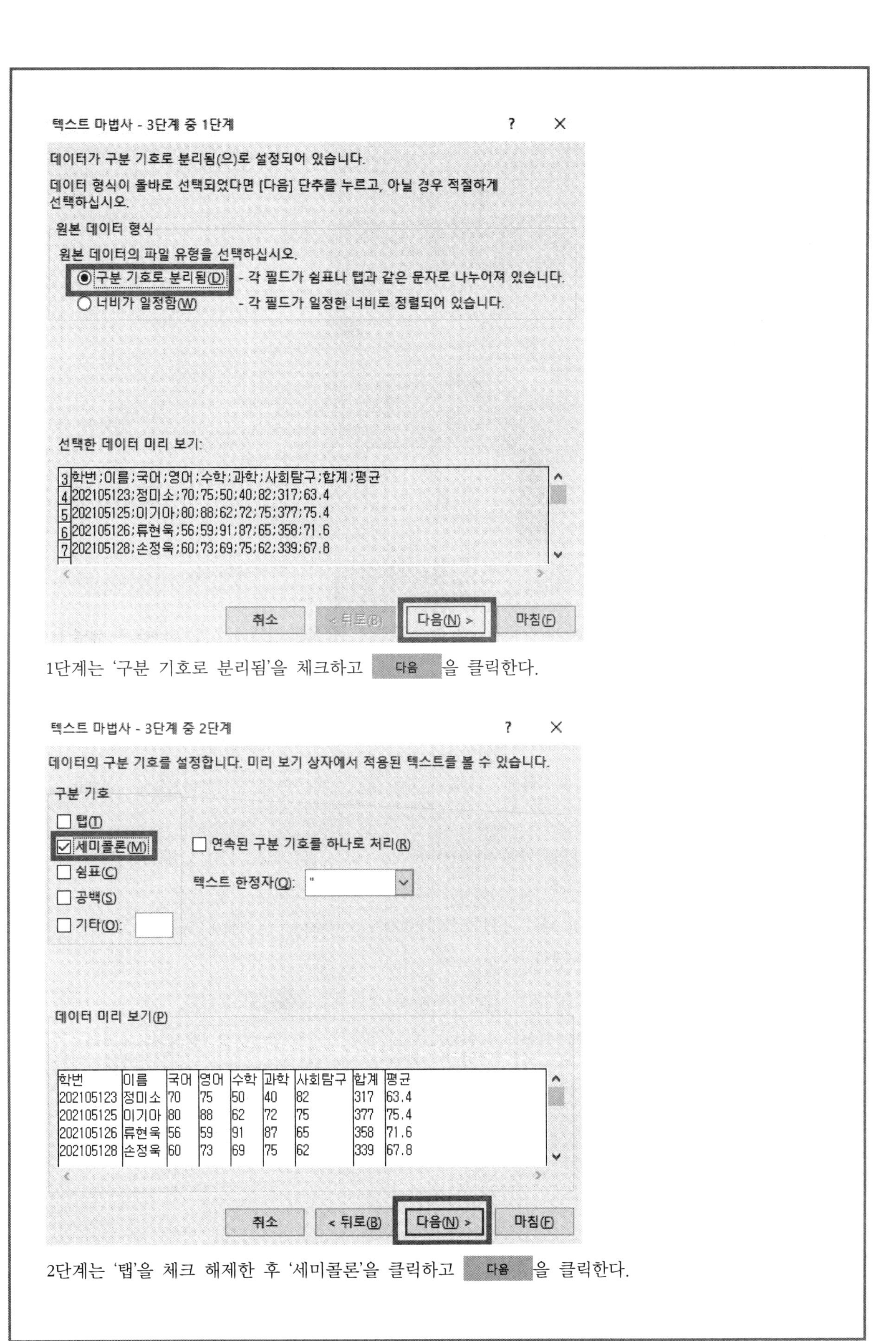


1단계는 '구분 기호로 분리됨'을 체크하고 다음 을 클릭한다.



2단계는 '탭'을 체크 해제한 후 '세미콜론'을 클릭하고 다음 을 클릭한다.

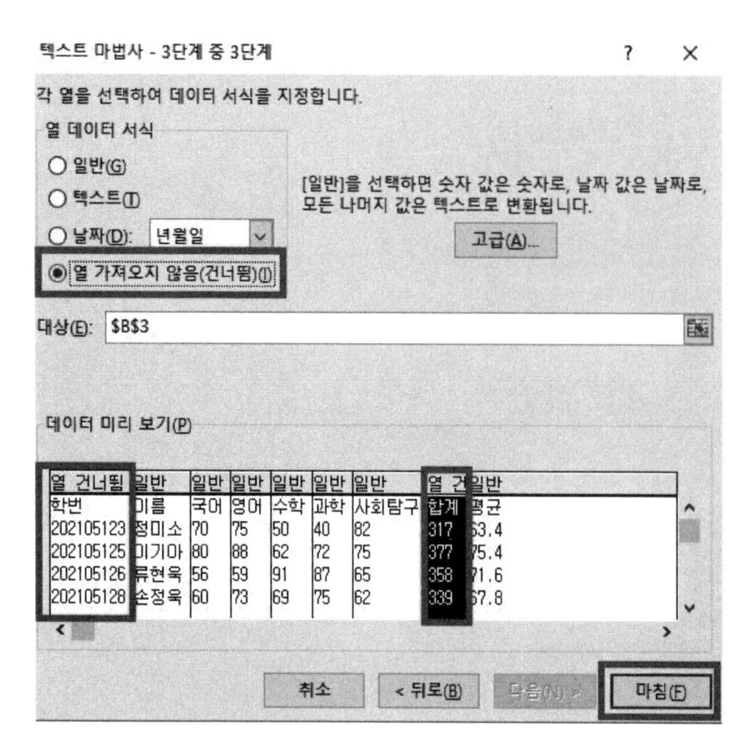


3단계는 학번을 먼저 클릭해서 '열 가져오지 않음'을 선택하고, 합계를 선택해서 '열 가져오지 않음'을 선택한 다음 마침 을 클릭한다.

계산작업 :

(1) [D3:D9] 영역을 범위 지정한 다음 =IF(COUNTIF(B3:C3,"〉=60")=2,"우수","미흡")를 입력하고 Ctrl + Enter 를 누른다.

(2) [K3:K9] 영역을 범위 지정한 다음 =IF(AND(H3〉=60,I3〉=60),"A",IF(OR(H3〉=60,I3〉=60),"B",""))를 입력하고 Ctrl + Enter 를 누른다.

(3) [D13:D20] 영역을 범위 지정한 다음 =IFERROR(CHOOSE(MID(B13,6,1),"X세대","M세대"),"Z세대")를 입력하고 Ctrl + Enter 를 누른다.

(4) [K20] 셀을 클릭한 후 =DSUM(G12:K19,I12,G12:G13)를 입력하고 Enter 를 누른다.

(5) [E32] 셀을 클릭한 후 =VLOOKUP(LARGE(B24:B32,3),B24:D32,2,0)를 입력하고 Enter 를 누른다.

분석작업1 :

집행률 | 62.4437918693218

| | A | B | C | D |
|---|---|---|---|---|
| 1 | [표1] 공영개발 예산 과목별 집행 현황 | | | |
| 2 | | | | |
| 3 | 항목 | 예산 | 집행액 | 집행률 |
| 4 | 인건비 | 221,653 | 83,563 | 37.70 |
| 5 | 사무관리비 | 15,000 | 12,746 | 84.97 |
| 6 | 공공운영비 | 21,827 | 8,454 | 38.73 |
| 7 | 국내여비 | 9,720 | 1,923 | 19.78 |
| 8 | 예비비 | 2,347 | - | 0.00 |
| 9 | 시설비 | 1,082,714 | 275,767 | 25.47 |
| 10 | 합계 | 1,353,261 | 845,027 | 62.44 |

[C10] 셀을 클릭한 후 이름 상자로 가서 '집행액합'으로 입력하고 Enter 를 누른 후, [D10] 셀을 클릭해서 이름 상자로 가서 '집행률'로 입력하고 Enter 를 누른다.

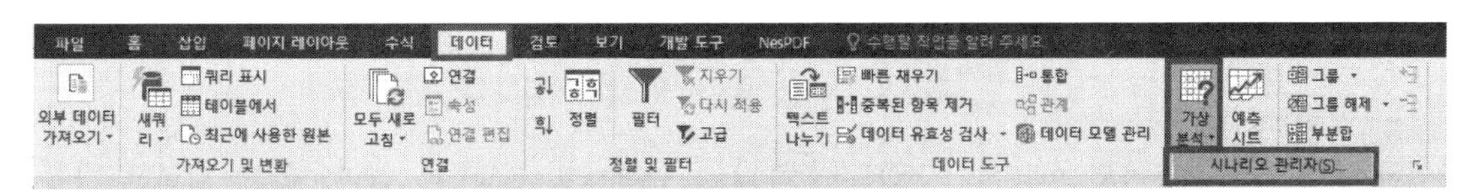


[데이터]-[가상 분석]-[시나리오 관리자]를 클릭한 다음 [시나리오 관리자] 창이 나오면 추가 를 클릭한다.

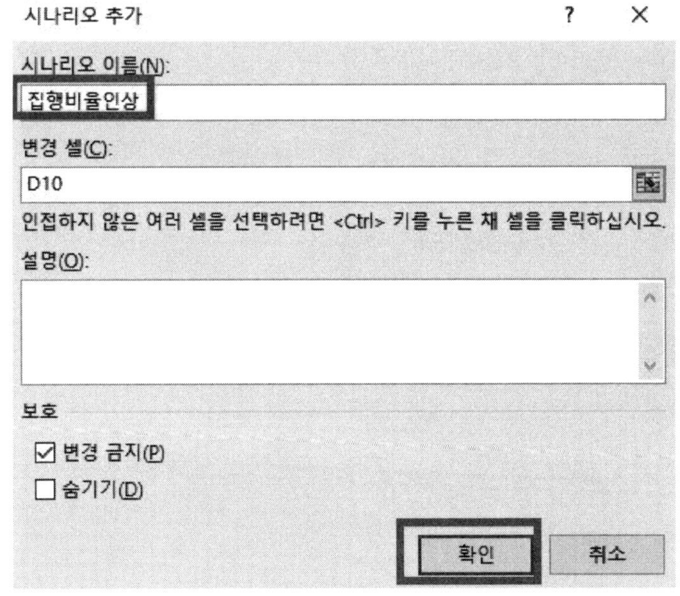


시나리오 이름에 '집행비율인상'이라고 입력하고 확인 을 클릭한다.

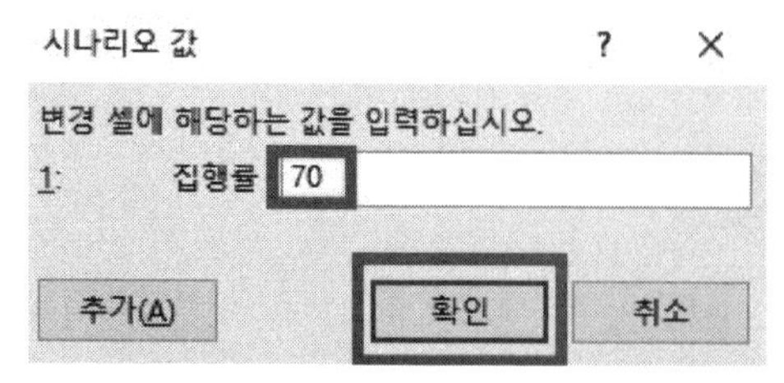


변경 셀 값에 '70'을 입력하고 확인 을 클릭한다.

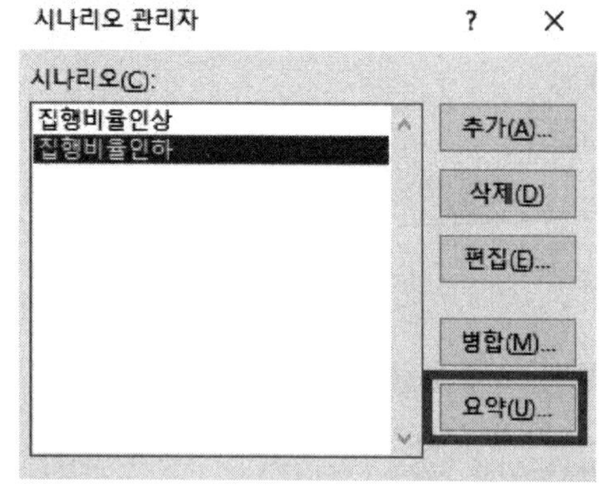


동일한 방법으로 시나리오 이름은 '집행비율인하'라고 입력하고 변경 셀 값에 '40'을 입력한 다음 확인 을 누르고 시나리오 관리자 창이 나오면 요약 을 클릭한다.

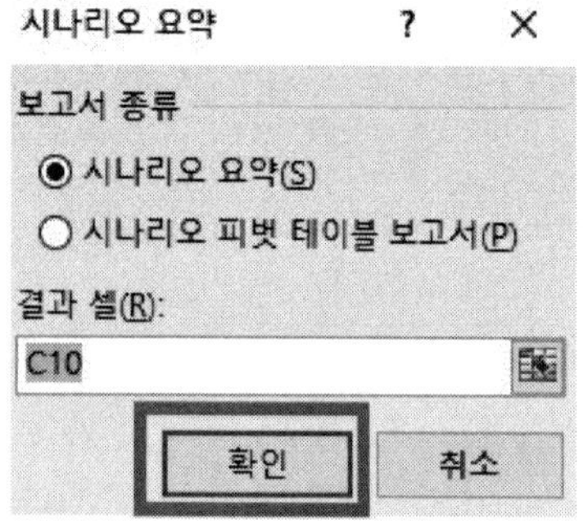


결과 셀에 [C10] 셀이 선택되었는지 확인 후 확인 을 클릭한다.

분석작업2 :

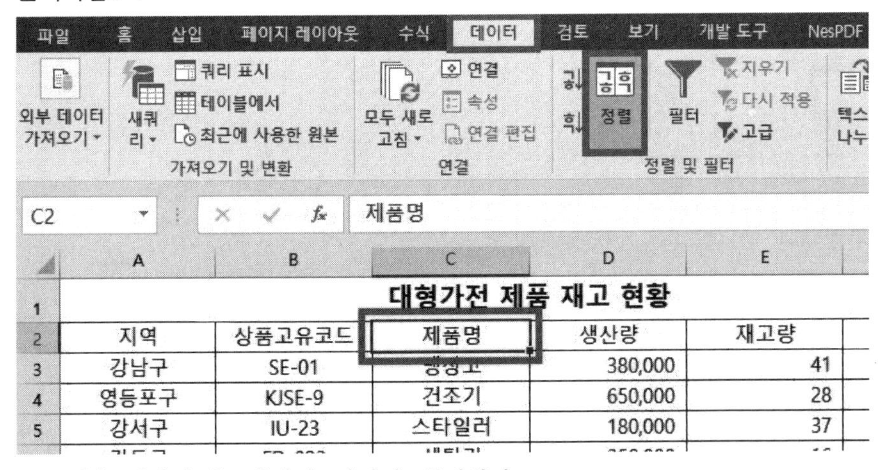

[C2] 셀을 선택한 후 [데이터]-[정렬]을 클릭한다.

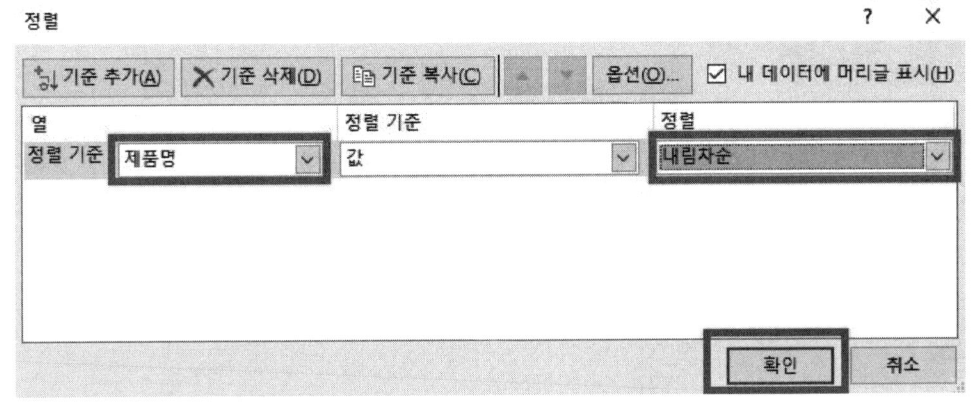

정렬 기준은 '제품명'을 클릭하고 정렬은 '내림차순'을 클릭한 다음 확인 을 클릭한다.

바로 [데이터]-[부분합]을 클릭한다.

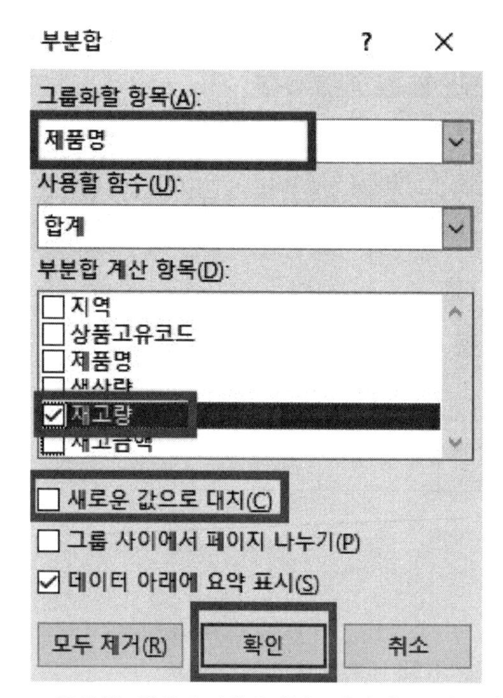


그룹화할 항목은 '제품명'을 선택하고 부분합 계산 항목에서 '재고금액'은 체크 해제 후 '새로운 값으로 대치'까지 체크해제 한다. 그 후 '재고량'을 체크한 다음 확인 을 클릭한다. 그리고 다시 [데이터]-[부분합]을 클릭한다.

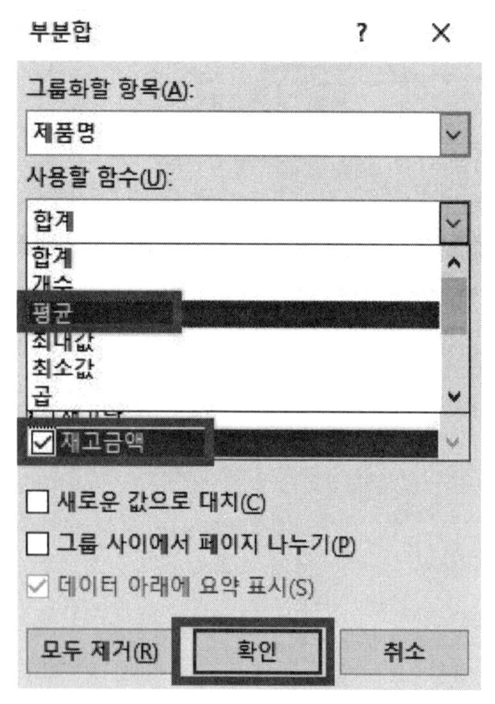


'재고량'은 체크 해제 후 '재고금액'을 체크한 다음 사용할 함수를 '평균'으로 바꾼 후 확인 을 클릭한다.

매크로 :
매크로1.

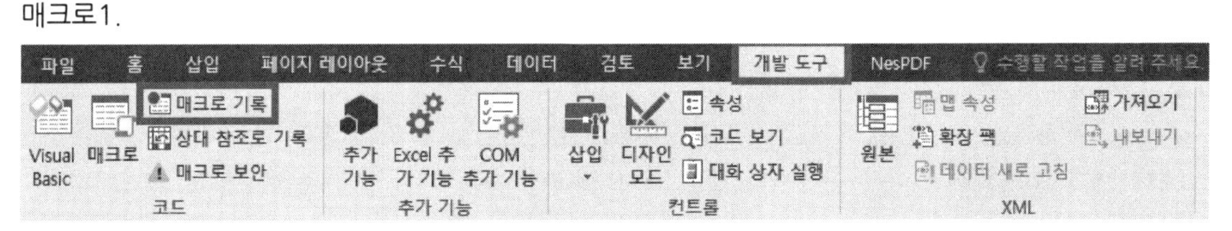


[A1:E10] 영역을 제외하고 아무 곳에서나 셀을 하나 클릭한 다음 [개발 도구]-매크로 기록을 클릭한다.

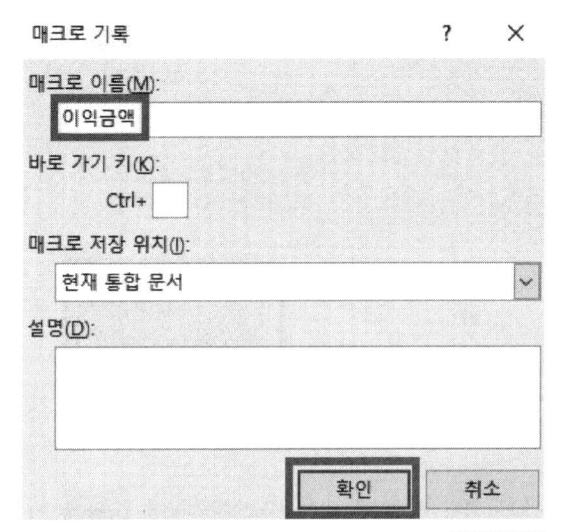


매크로 이름에는 '이익금액'을 입력하고 확인을 클릭한다.

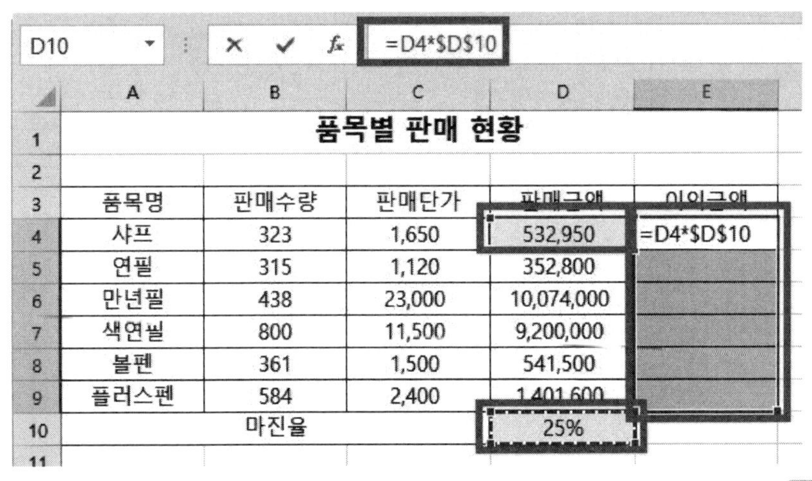


| | A | B | C | D | E |
|---|---|---|---|---|---|
| 1 | 품목별 판매 현황 | | | | |
| 2 | | | | | |
| 3 | 품목명 | 판매수량 | 판매단가 | 판매금액 | 이익금액 |
| 4 | 샤프 | 323 | 1,650 | 532,950 | =D4*$D$10 |
| 5 | 연필 | 315 | 1,120 | 352,800 | |
| 6 | 만년필 | 438 | 23,000 | 10,074,000 | |
| 7 | 색연필 | 800 | 11,500 | 9,200,000 | |
| 8 | 볼펜 | 361 | 1,500 | 541,500 | |
| 9 | 플러스펜 | 584 | 2,400 | 1,401,600 | |
| 10 | | 마진율 | | 25% | |

[E4:E9] 영역을 범위 지정한 다음 수식 입력줄에 =D4*$D$10을 입력하고 Ctrl + Enter 를 누른다.

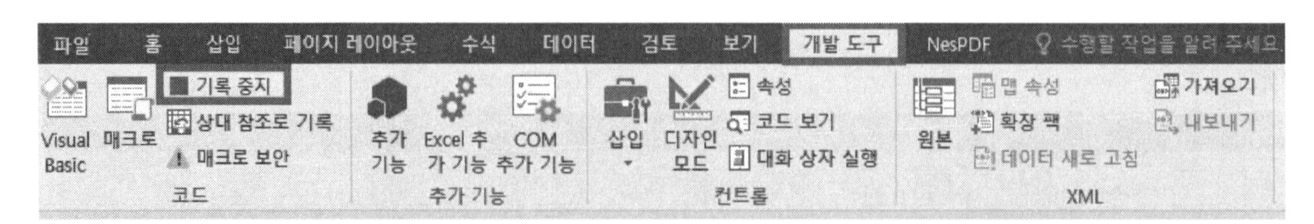

[A1:E10] 영역을 제외하고 아무 곳에서나 셀을 하나 클릭한 다음 [개발 도구]- 기록 중지 를 클릭한다.

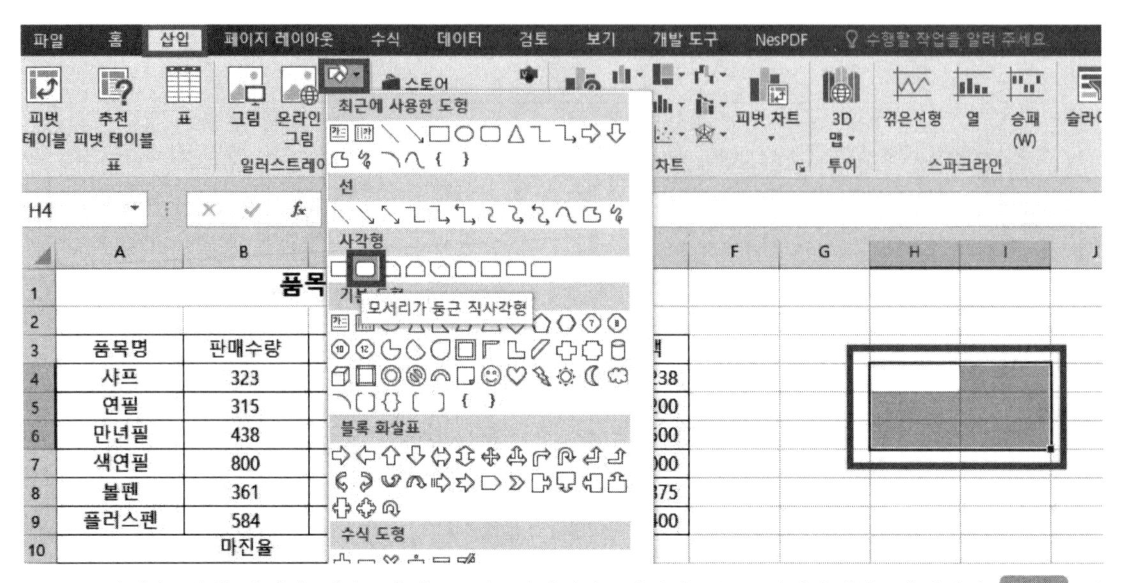

[H4:I6] 영역을 범위 지정한 다음 [삽입]-[도형]-[사각형]-'모서리가 둥근 직사각형'을 선택해서 Alt 키를 누른 상태로 마우스로 드래그하여 도형을 삽입한 다음 '이익금액'을 입력하고 마우스 우클릭-[매크로 지정]을 클릭한다.

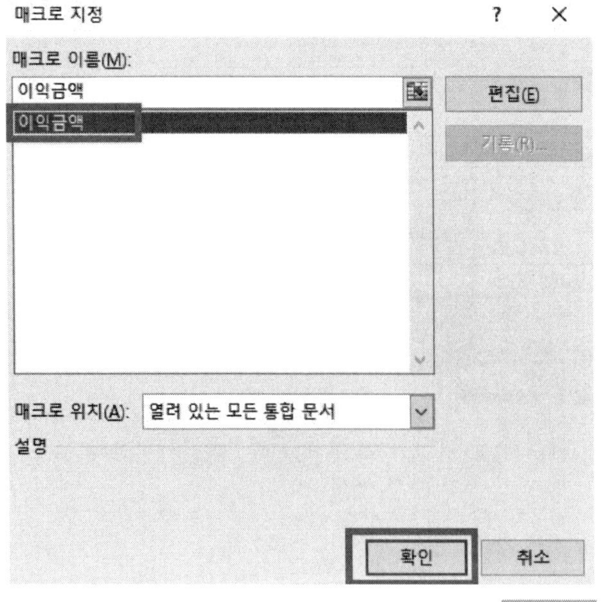

매크로 이름 중 '이익금액'을 찾아서 클릭하고 확인 을 클릭한다.

매크로2.

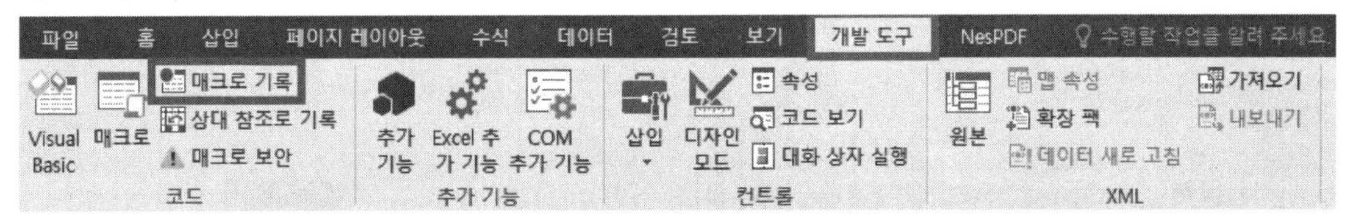


[A1:E10] 영역을 제외하고 아무 곳에서나 셀을 하나 클릭한 다음 [개발 도구]-매크로 기록 을 클릭한다.

매크로 기록 ? ×

매크로 이름(M): 꾸미기

바로 가기 키(K): Ctrl+

매크로 저장 위치(I): 현재 통합 문서

설명(D):

확인 취소

매크로 이름에는 '꾸미기'를 입력하고 확인 을 클릭한다.

| | A | B | C | D | E |
|---|---|---|---|---|---|
| 1 | 품목별 판매 현황 | | | | |
| 2 | | | | | |
| 3 | 품목명 | 판매수량 | 판매단가 | 판매금액 | 이익금액 |
| 4 | 샤프 | 323 | 1,650 | 532,950 | 133,238 |
| 5 | 연필 | 315 | 1,120 | 352,800 | 88,200 |
| 6 | 만년필 | 438 | 23,000 | 10,074,000 | 2,518,500 |
| 7 | 색연필 | 800 | [illegible] | [illegible] | [illegible]300,000 |
| 8 | 볼펜 | 361 | | | 135,375 |
| 9 | 플러스펜 | 584 | | | 350,400 |
| 10 | 마진율 | | | | |

맑은 고딕 11 가 가 % , 테마 색 표준 색 채우기 없음(N) 다른 색(M)...

[A3:E3] 영역을 범위 지정한 다음 Ctrl 을 누르고 [A10] 셀을 클릭하면서 마우스 우클릭-글꼴 색 : '표준 색 - 노랑', 채우기 색 : '표준 색 - 파랑'을 클릭한다.

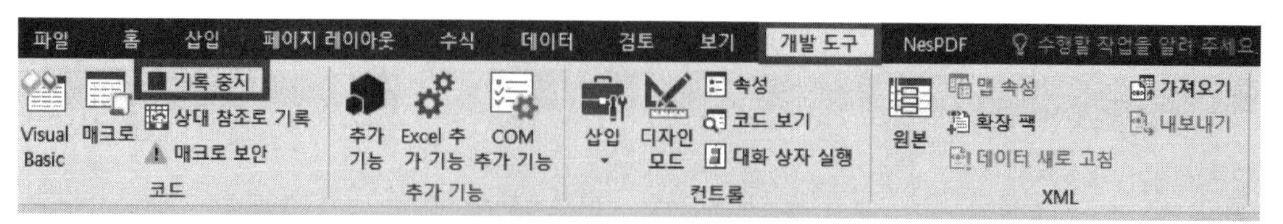


[A1:E10] 영역을 제외하고 아무 곳에서나 셀을 하나 클릭한 다음 [개발 도구]-기록 중지를 클릭한다.

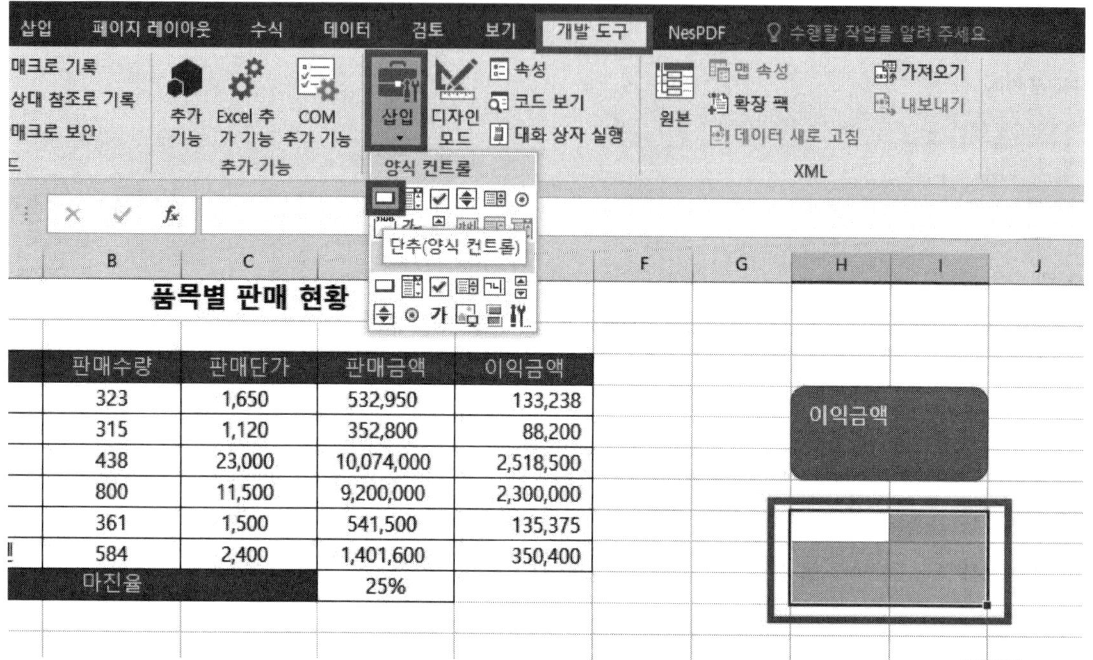


[H8:I10] 영역을 범위 지정한 다음 [개발 도구]-[삽입]-[양식 컨트롤]-'단추'를 선택한 다음 Alt 키를 누른 상태로 마우스로 드래그하여 삽입한다.

매크로 지정

매크로 이름(M):

꾸미기

꾸미기

이익금액

편집(E)

기록(R)...

매크로 위치(A): 열려 있는 모든 통합 문서

설명

확인 취소

매크로 이름 중 '꾸미기'를 클릭하고 확인을 클릭한 다음 단추에 '꾸미기'를 입력한다.

차트 :

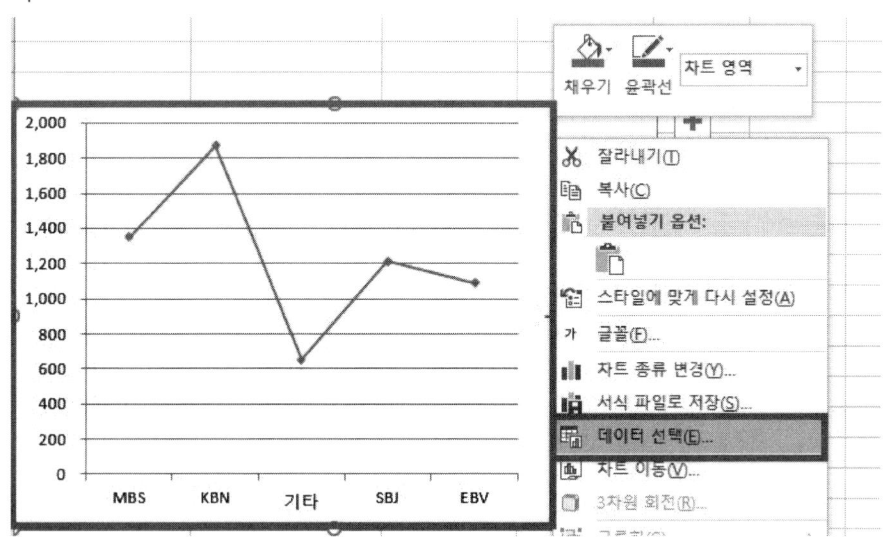


차트 아무 곳에서나 마우스 우클릭-[데이터 선택]을 클릭한다.

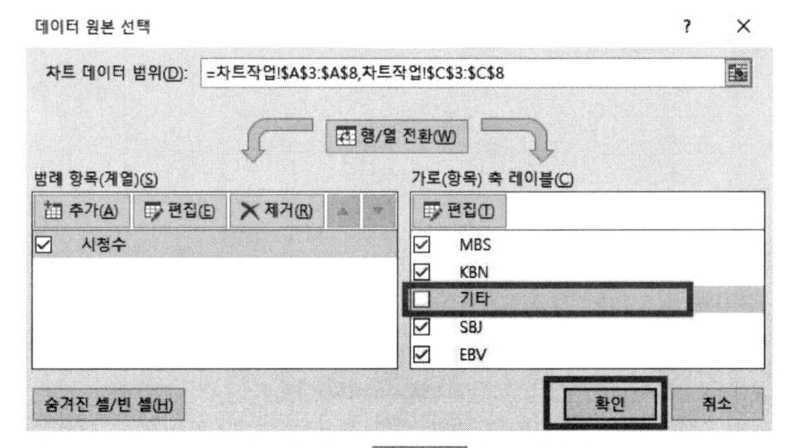


'기타' 항목을 체크 해제한 다음 확인 을 클릭한다.

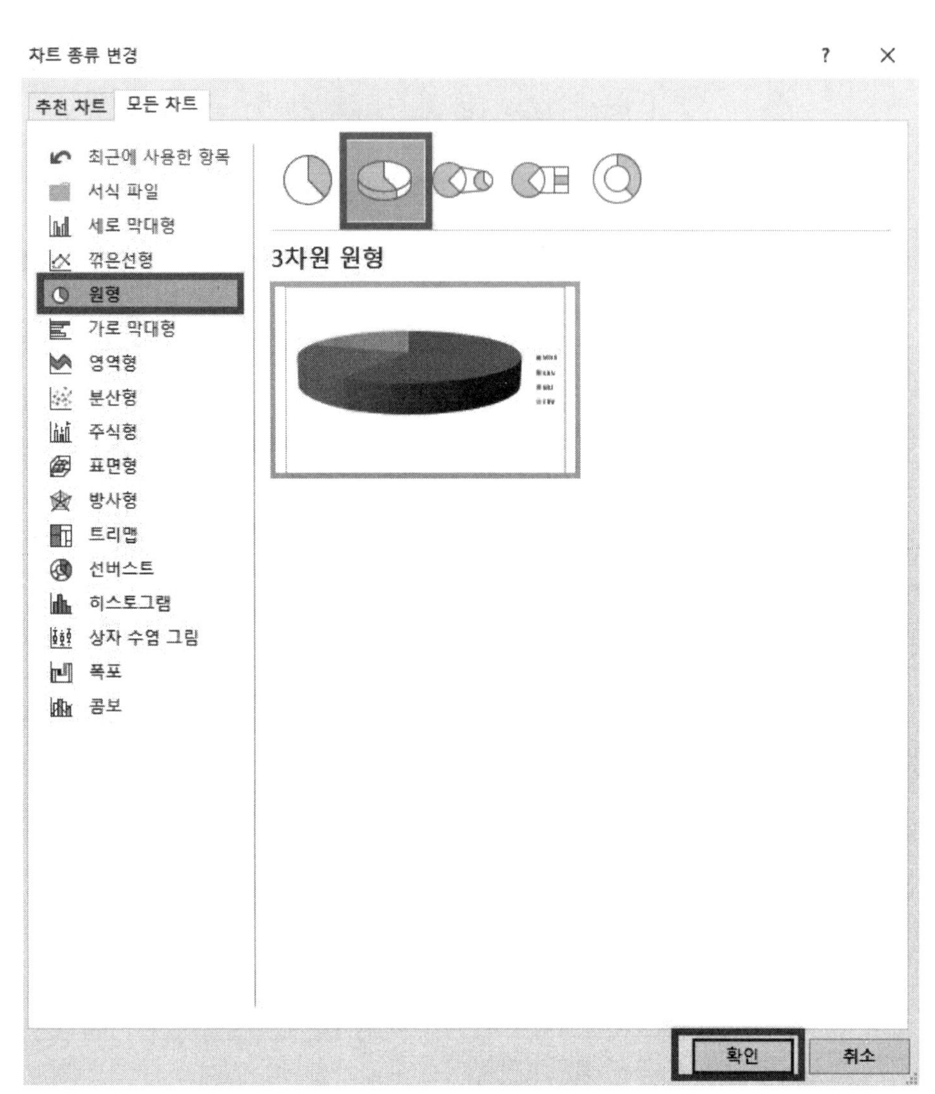


차트 아무 곳에서나 마우스 우클릭-[차트 종류 변경]을 눌러서 원형-'3차원 원형' 차트를 선택하고 확인 을 클릭한다.

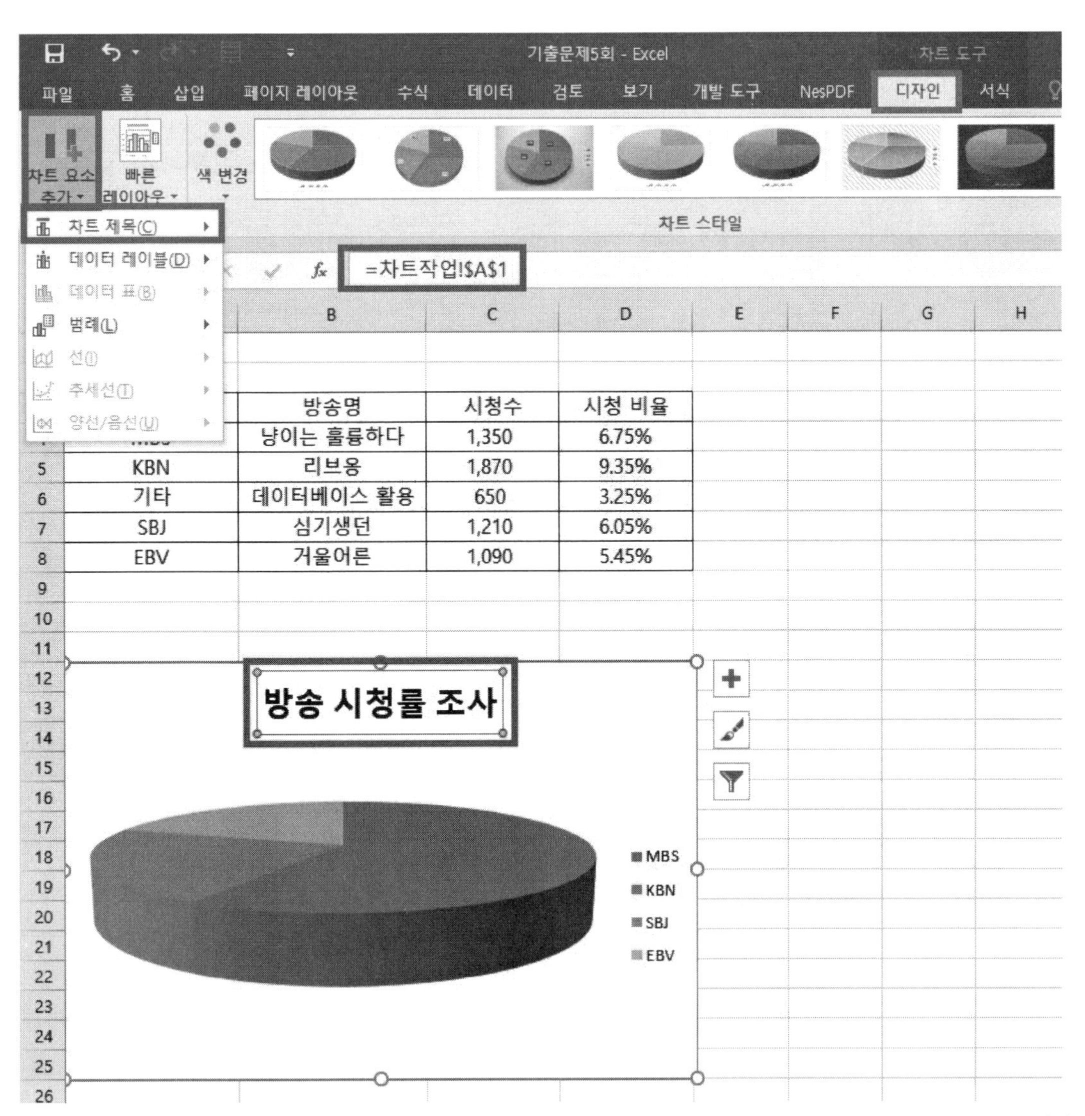


차트 아무 위치에서나 더블 클릭한 다음 [디자인]-[차트 요소 추가]-[차트 제목]-'차트 위'를 클릭하고 수식 입력줄에 =A1셀 클릭 후 Enter 를 누른다.

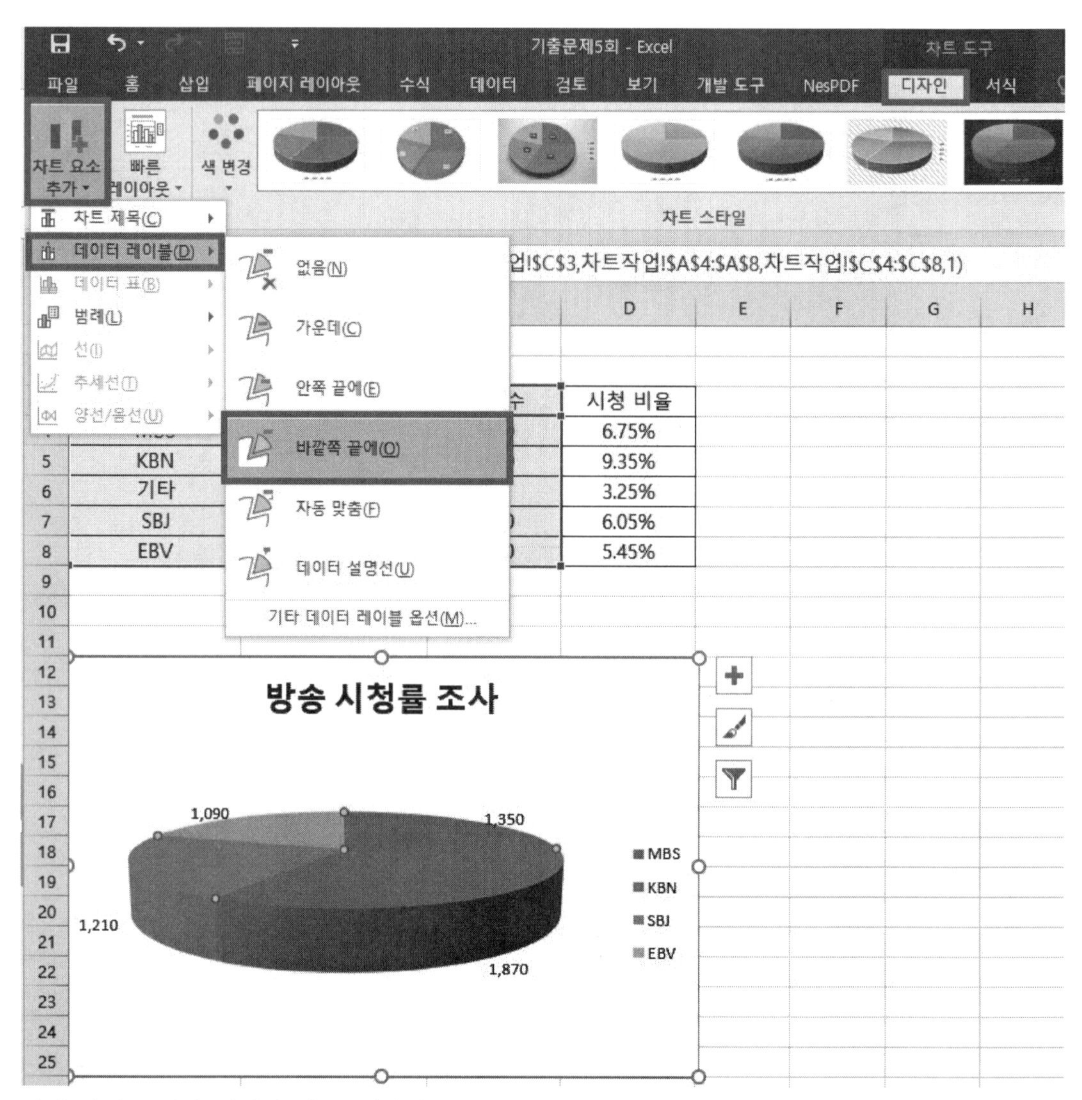


원형 막대를 하나 선택한 다음 [디자인]-[차트 요소 추가]-[데이터 레이블]-'바깥쪽 끝에'를 선택한다.

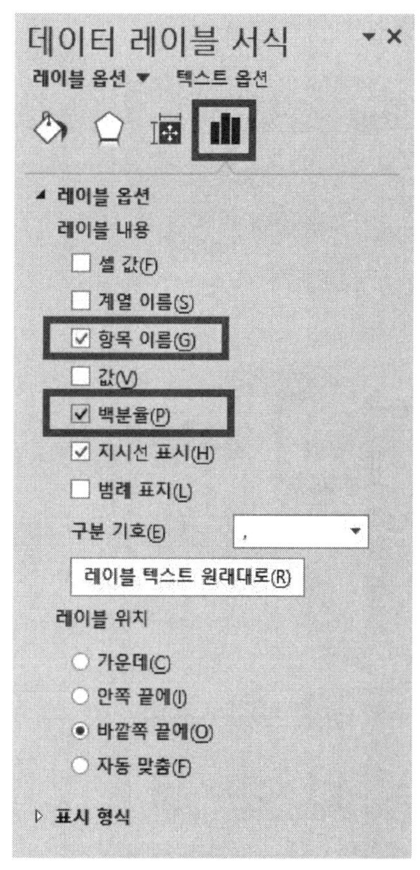


차트 제목을 추가하는 작업을 할 때 미리 열린 서식 창이 있는데 이 때 데이터 레이블(값)을 선택해서 데이터 레이블 서식 창에서 레이블 옵션-레이블 내용 중 '값'은 체크 해제를 하고 '항목 이름'과 '백분율'만 체크한다.

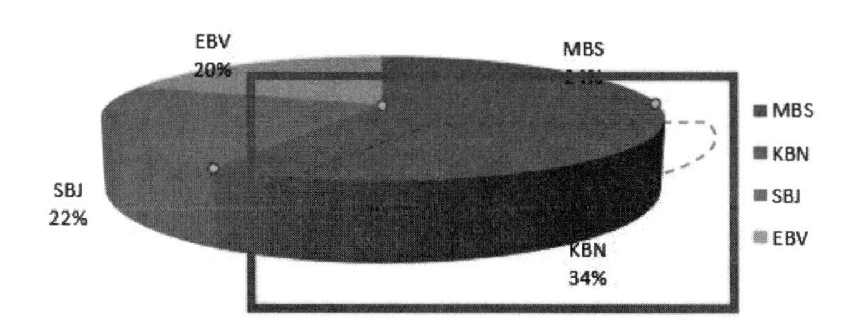


'KBN' 계열을 처음 선택하면 모든 계열이 선택되고 한 번 더 선택하면 하나만 선택되는데, 이 때 마우스 왼쪽을 눌러서 오른쪽으로 살짝 옮긴다.

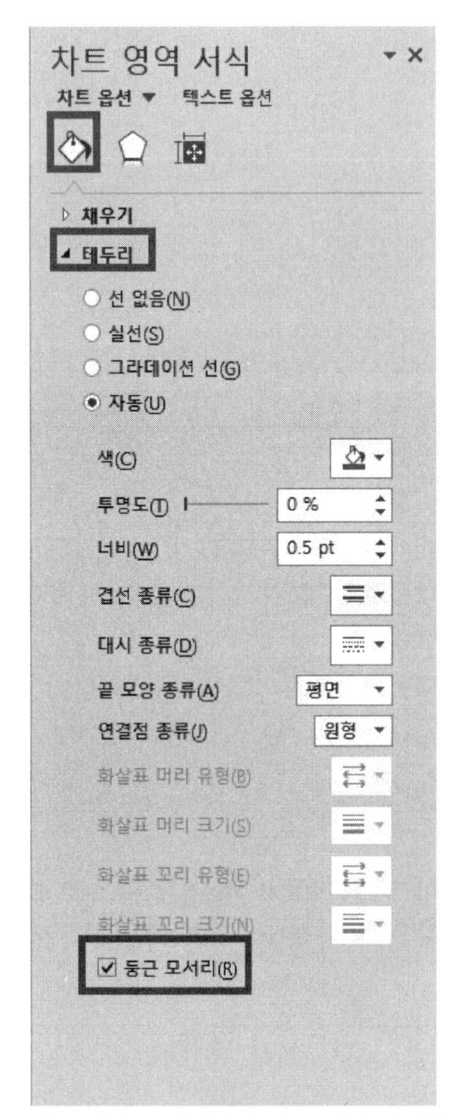


차트 영역을 선택하면 차트 영역 서식이 나오는데 [채우기 및 선]-[테두리]에서 '둥근 모서리'를 찾아서 체크를 한다.

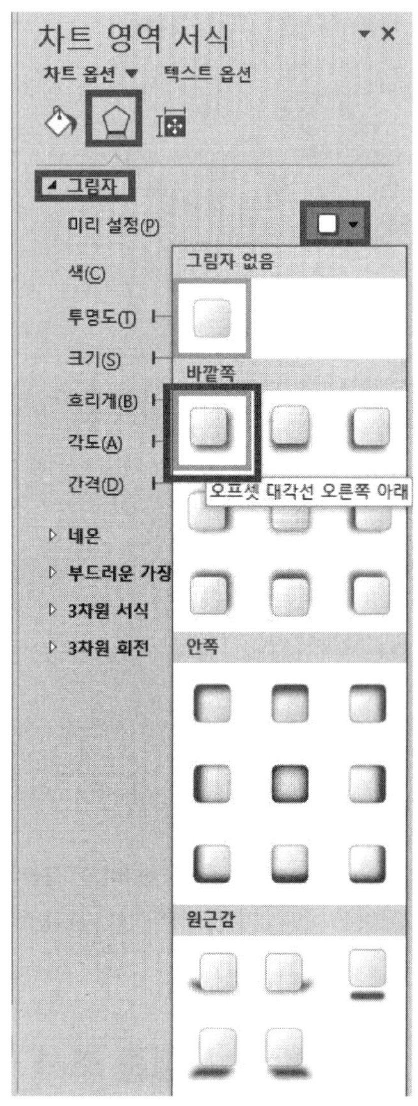


[차트 영역 서식]-[효과]-[그림자]-[미리 설정]에서 '오프셋 대각선 오른쪽 아래'를 찾아서 클릭한다.

국 가 기 술 자 격 검 정

# 컴퓨터활용능력 실기 실전 예상 기출문제 6회

| 프로그램명 | 제한시간 |
| --- | --- |
| EXCEL 2021 | 40분 |

수험번호 :

성 명 :

| 2급 | F형 |
| --- | --- |

〈유 의 사 항〉

■ 인적 사항 누락 및 잘못 작성으로 인한 불이익은 수험자 책임으로 합니다.

■ 작성된 답안은 주어진 경로 및 파일명을 변경하지 마시고 그대로 저장해야 합니다.
이를 준수하지 않으면 실격 처리됩니다.

■ 별도의 지시사항이 없는 경우, 다음과 같이 처리 시 실격 처리됩니다.
- ○ 제시된 시트 및 개체의 순서나 이름을 임의로 변경한 경우
- ○ 제시된 시트 및 개체를 임의로 추가 또는 삭제한 경우

■ 답안은 반드시 문제에서 지시 또는 요구한 셀에 입력하여야 하며 다음과 같이 처리 시 채점 대상에서 제외됩니다.
- ○ 수험자가 임의로 지시하지 않은 셀의 이동, 수정, 삭제, 변경 등으로 인해 셀의 위치 및 내용이 변경된 경우 해당 작업에 영향을 미치는 관련 문제 모두 채점 대상에서 제외
- ○ 도형 및 차트의 개체가 중첩되어 있거나 동일한 계산결과 시트가 복수로 존재할 경우 해당 개체나 시트는 채점 대상에서 제외

■ 수식 작성 시 제시된 문제 파일의 데이터는 변경 가능한(가변적) 데이터임을 감안하여 문제 풀이를 하시오.

■ 별도의 지시사항이 없는 경우, 주어진 각 시트 및 개체의 설정값 또는 기본 설정값(Default)으로 처리하시오.

■ 저장 시간은 별도로 주어지지 않으므로 제한된 시간 내에 저장을 완료해야 하며, 제한 시간 내에 저장이 되지 않은 경우에는 실격 처리됩니다.

■ 출제된 문제의 용어는 Microsoft Office 2021 기준으로 작성되어 있습니다.

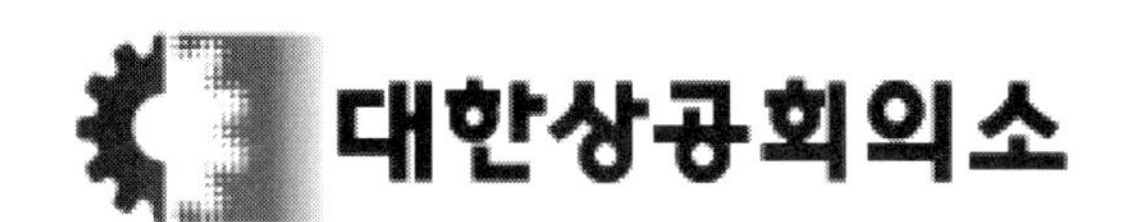

## 문제1 기본작업(20점) 주어진 시트에서 다음 과정을 수행하고 저장하시오.

1. '기본작업-1' 시트에 다음의 자료를 주어진 대로 입력하시오. (5점)

| | A | B | C | D | E |
|---|---|---|---|---|---|
| 1 | 상공마트 새해 맞이 선물세트 판매 현황 | | | | |
| 2 | | | | | |
| 3 | 분류 | 제품명 | 제조사 | 판매가 | 제조일자 |
| 4 | 건강 | KF94 마스크 100매 | 덴탈 | 7,000 | 11월 10일 |
| 5 | 생활 | 샴푸 세트 | 리엔 | 24,000 | 10월 09일 |
| 6 | 식품 | A++ 한우 | 횡성 한우 | 36,000 | 12월 26일 |
| 7 | 건강 | 15년산 인삼 | 홍삼정 | 70,000 | 09월 17일 |
| 8 | 식품 | 수제 햄 세트 | 롯데몰 | 48,000 | 12월 30일 |

2. '기본작업-2' 시트에 대하여 다음의 지시사항을 처리하시오. (각 2점)

① [A1:H1] 영역은 글꼴 '돋움', 크기 17로 지정하고 텍스트 가로 맞춤을 '선택 영역의 가운데로' 지정하시오.

② [A3:A4], [B3:E3], [F3:F4], [G3:G4], [H3:H4] 영역은 '병합하고 가운데 맞춤'으로, [A3:H4] 영역은 글꼴 색을 '표준 색 - 자주'로 지정하시오.

③ [H5:H15] 영역은 사용자 지정 표시 형식을 이용하여 천 단위 구분 기호를 지정하고 값 뒤에 '원'을 표시하시오. [표시 예 : 1000 → 1,000원, 0 → 0원]

④ [F5] 셀에 '최고 점수'라는 메모를 삽입한 후 항상 표시되도록 하시오.

⑤ [A3:H15] 영역에 '모든 테두리(田)' 및 '굵은 바깥쪽 테두리(□)'를 적용하여 표시하시오.

3. '기본작업-3' 시트에서 다음의 지시사항을 처리하시오. (5점)

- [A4:H17] 영역에 대하여 사번의 오른쪽 두 글자가 '40'인 행 전체에 대하여 글꼴 스타일을 '굵은 기울임꼴', 글꼴 색을 '표준 색 - 녹색'으로 지정하는 조건부 서식을 작성하시오.
  - ▶ RIGHT 함수 사용
  - ▶ 단, 규칙 유형은 '수식을 사용하여 서식을 지정할 셀 결정'을 사용하고, 한 개의 규칙으로만 작성하시오.

## 문제2 계산작업(40점) '계산작업' 시트에서 다음 과정을 수행하고 저장하시오.

1. [표1]에서 부서코드[A3:A9]를 이용하여 부서명[E3:E9]를 표시하시오. (8점)
   - ▶ 부서명 : 부서코드의 4번째 문자가 '1'이면 '기획부', '2'이면 '관리부', '3'이면 '영업부'로 표시
   - ▶ IF, MID 함수 사용

2. [표2]에서 사물함 이용 학생들[G3:H9] 중 5학년 A반 학생들의 사물함 이용회수를 [J9] 셀에 표시하시오. (8점)
   - ▶ 숫자 뒤에 '명'을 표시(표시 예 : 1 → 1명)
   - ▶ SUMIFS, AVERAGEIFS, COUNTIFS 중 알맞은 함수와 & 연산자 사용

3. [표3]에서 다운로드[D13:D20]를 기준으로 순위를 구하여 3위 이하는 '인기'로 표시하고, 나머지는 공백을 순위 [E13:E20]에 표시하시오.(8점)
   - ▶ 다운로드가 가장 많은 것이 1위임
   - ▶ CHOOSE, RANK.EQ 함수 사용

4. [표4]에서 제품코드[G13:G20]와 할인율표[K15:L19]를 이용하여 할인율[I13:I20]을 계산하시오. (8점)
   - ▶ 할인율표의 의미 : 제품코드가 'A'로 시작하면 할인율이 8%, 'B'로 시작하면 10%, 'C'로 시작하면 15%, 'D'로 시작하면 18%, 'E'로 시작하면 20%임
   - ▶ VLOOKUP, LEFT 함수 사용

5. [표5]에서 지점[A24:A31]이 '서울'이 아니면서 판매량[C24:C31]이 1,000 이상인 사원들의 판매총액[D24:D31] 평균을 [D32] 셀에 계산하시오. (8점)
   - ▶ 조건은 [E31:F32] 영역에 입력
   - ▶ DSUM, DCOUNT, DAVERAGE 중 알맞은 함수를 선택하여 사용

## 문제3 분석작업(20점) 주어진 시트에서 다음 작업을 수행하고 저장하시오.

1. '분석작업-1' 시트에 대하여 다음의 지시사항을 처리하시오. (10점)

- '3/4분기 종합 내역서' 표에서 세율[B20]이 다음과 같이 변동하는 경우 월별 세금 합계[G8, G13, G18]의 변동 시나리오를 작성하시오.
  ▶ [B20] 셀의 이름은 '세율', [G8] 셀의 이름은 '합계7월', [G13] 셀의 이름은 '합계8월', [G18] 셀의 이름은 '합계9월'로 정의하시오.
  ▶ 시나리오1: 시나리오 이름은 '세율인상', 세율을 '20%'으로 설정하시오.
  ▶ 시나리오2: 시나리오 이름은 '세율인하', 세율을 '10%'으로 설정하시오.
  ▶ 시나리오 요약 시트는 '분석작업-1' 시트의 바로 오른쪽에 위치해야 함
  **※ 시나리오 요약 보고서 작성 시 정답과 일치하여야 하며, 오자로 인한 부분점수는 인정하지 않음**

2. '분석작업-2' 시트에 대하여 다음의 지시사항을 처리하시오. (10점)

- '경기도 지역별 교재 판매 현황' 표에서 '김포'의 목표 달성률[E7]이 85%가 되려면 판매액[D7]은 얼마가 되어야 하는지 목표값 찾기 기능을 이용하여 계산하시오.

## 문제4 기타작업(20점) 주어진 시트에서 다음 작업을 수행하고 저장하시오.

1. '매크로작업' 시트의 [표1]에서 다음과 같은 기능을 수행하는 매크로를 현재 통합 문서에 작성하고 실행하시오. (각 5점)

① [F5:F15] 영역에 평균을 계산하는 매크로를 생성하여 실행하시오.

▶ 매크로 이름 : 평균

▶ 평균 = (1분기 + 2분기 + 3분기 + 4분기) ÷ 4

▶ [개발 도구]-[삽입]-[양식 컨트롤]의 '단추'를 동일 시트의 [H3:I4] 영역에 생성하고, 텍스트를 '평균'으로 입력한 후 단추를 클릭할 때 '평균' 매크로가 실행되도록 설정하시오.

② [B5:F15] 영역에 '통화 기호(₩)'를 적용하는 매크로를 생성하여 실행하시오.

▶ 매크로 이름 : 통화

▶ [도형]-[사각형]의 '대각선 방향의 모서리가 잘린 사각형( )'을 동일 시트의 [H6:I7] 영역에 생성하고, 텍스트를 '통화'로 입력한 다음 도형을 클릭할 때 '통화' 매크로가 실행되도록 설정하시오.

**※ 셀 포인터의 위치에 상관 없이 현재 통합 문서에서 매크로가 실행되어야 정답으로 인정됨**

2. '차트작업' 시트의 차트를 지시사항에 따라 아래 그림과 같이 수정하시오. (각 2점)

**※ 차트는 반드시 문제에서 제공한 차트를 사용하여야 하며, 신규로 작성 시 0점 처리됨**

① 작품명별로 '수강료'와 '재료비' 계열만 차트에 표시되도록 데이터 범위를 수정하시오.

② 차트 종류를 '원통형'으로 변경하고, 각 계열의 간격 깊이는 '50%'로 지정하시오.

③ 차트 제목을 '차트 위'로 추가하여 [B1] 셀과 연동하시오.

④ 세로 값(축)의 최대값은 '600,000'으로, 주 단위는 '150,000'으로 변경하시오.

⑤ 차트 영역의 테두리 스타일은 '둥근 모서리'로 지정하시오.

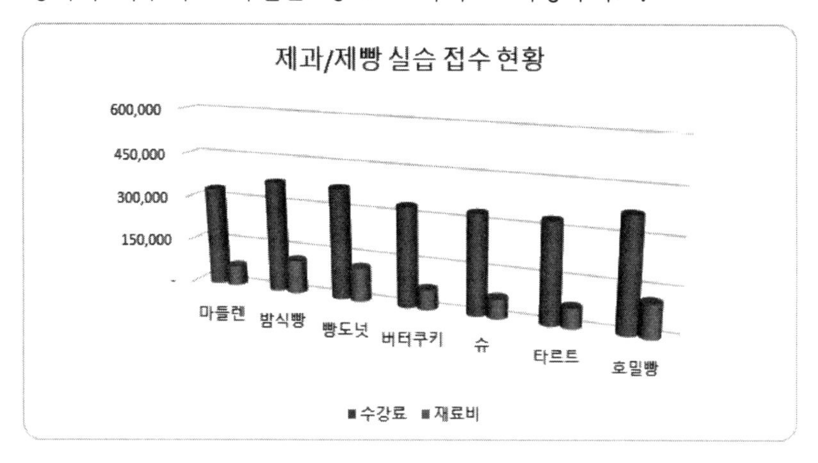

## 정답

기본1.

| | A | B | C | D | E |
|---|---|---|---|---|---|
| 1 | 상공마트 새해 맞이 선물세트 판매 현황 | | | | |
| 2 | | | | | |
| 3 | 분류 | 제품명 | 제조사 | 판매가 | 제조일자 |
| 4 | 건강 | KF94 마스크 100매 | 덴탈 | 7,000 | 11월 10일 |
| 5 | 생활 | 샴푸 세트 | 리엔 | 24,000 | 10월 09일 |
| 6 | 식품 | A++ 한우 | 횡성 한우 | 36,000 | 12월 26일 |
| 7 | 건강 | 15년산 인삼 | 홍삼정 | 70,000 | 09월 17일 |
| 8 | 식품 | 수제 햄 세트 | 롯데몰 | 48,000 | 12월 30일 |

기본2.

| | A | B | C | D | E | F | G | H |
|---|---|---|---|---|---|---|---|---|
| 1 | 청년 공모전 대회 | | | | | | | |
| 2 | | | | | | | | |
| 3 | 참가번호 | 평가 항목 | | | | 총합 | 수상 | 상품 |
| 4 | | 창의성(30) | 독창성(15) | 편의성(30) | 유용성(25) | | 최고 점수 | |
| 5 | JS-0001 | 26 | 9 | 28 | 22 | 85 | 대 | 원 |
| 6 | JS-0002 | 21 | 14 | 23 | 26 | 84 | 최 | 원 |
| 7 | JS-0003 | 18 | 7 | 12 | 23 | 60 | 입 | 원 |
| 8 | JS-0004 | 19 | 12 | 19 | 21 | 71 | 입상 | 100,000원 |
| 9 | JS-0005 | 22 | 13 | 24 | 19 | 78 | 금상 | 600,000원 |
| 10 | JS-0006 | 15 | 10 | 17 | 16 | 58 | 장려상 | 200,000원 |
| 11 | JS-0007 | 17 | 8 | 21 | 17 | 63 | 입상 | 100,000원 |
| 12 | JS-0008 | 28 | 6 | 15 | 20 | 69 | 입상 | 100,000원 |
| 13 | JS-0009 | 24 | 12 | 16 | 25 | 77 | 은상 | 400,000원 |
| 14 | JS-0010 | 16 | 13 | 25 | 18 | 72 | 동상 | 200,000원 |
| 15 | JS-0011 | 20 | 11 | 18 | 15 | 64 | 입상 | 100,000원 |
| 16 | | | | | | | | |

기본3.

| | A | B | C | D | E | F | G | H |
|---|---|---|---|---|---|---|---|---|
| 1 | ㈜상공무역 1월 급여표 | | | | | | | |
| 2 | | | | | | | | |
| 3 | 사원명 | 사번 | 직급 | 기본급 | 식비&교통비 | 특별수당 | 세금 | 지급액 |
| 4 | 강O전 | 200030 | 사원 | 2,700,000 | 200,000 | 810,000 | 270,000 | 3,440,000 |
| 5 | 곽O호 | 200050 | 과장 | 3,800,000 | 200,000 | 570,000 | 380,000 | 4,190,000 |
| 6 | ***김O서*** | ***200040*** | ***대리*** | ***3,000,000*** | ***200,000*** | ***750,000*** | ***300,000*** | ***3,650,000*** |
| 7 | 나O영 | 200030 | 사원 | 2,800,000 | 200,000 | 840,000 | 280,000 | 3,560,000 |
| 8 | 민O희 | 200060 | 부장 | 4,400,000 | 200,000 | 528,000 | 440,000 | 4,688,000 |
| 9 | 서O훈 | 200030 | 사원 | 2,400,000 | 200,000 | 720,000 | 240,000 | 3,080,000 |
| 10 | ***성O아*** | ***200040*** | ***대리*** | ***3,100,000*** | ***200,000*** | ***775,000*** | ***310,000*** | ***3,765,000*** |
| 11 | 안O열 | 200050 | 과장 | 3,600,000 | 200,000 | 540,000 | 360,000 | 3,980,000 |
| 12 | 왕O미 | 200030 | 사원 | 2,500,000 | 200,000 | 750,000 | 250,000 | 3,200,000 |
| 13 | 이O슬 | 200050 | 과장 | 3,500,000 | 200,000 | 525,000 | 350,000 | 3,875,000 |
| 14 | 임O정 | 200060 | 부장 | 4,200,000 | 200,000 | 504,000 | 420,000 | 4,484,000 |
| 15 | 전O애 | 200030 | 사원 | 2,600,000 | 200,000 | 780,000 | 260,000 | 3,320,000 |
| 16 | ***최O하*** | ***200040*** | ***대리*** | ***3,200,000*** | ***200,000*** | ***800,000*** | ***320,000*** | ***3,880,000*** |
| 17 | 한O식 | 200060 | 부장 | 4,100,000 | 200,000 | 492,000 | 410,000 | 4,382,000 |

계산작업

| | A | B | C | D | E | F | G | H | I | J | K | L |
|---|---|---|---|---|---|---|---|---|---|---|---|---|
| 1 | [표1] | | | | | | [표2] | | | | | |
| 2 | 부서코드 | 사원명 | 성별 | 나이 | 부서명 | | 학년 | 반 | 성명 | | | |
| 3 | GE-123 | 김O우 | 여 | 21 | 기획부 | | 2 | B | 예O희 | | | |
| 4 | MK-389 | 윤O길 | 남 | 28 | 영업부 | | 3 | A | 상O은 | | | |
| 5 | AC-256 | 정O서 | 여 | 26 | 관리부 | | 5 | A | 주O주 | | | |
| 6 | MK-289 | 한O임 | 여 | 22 | 관리부 | | 1 | B | 신O[illegible] | | | |
| 7 | AC-156 | 민O정 | 남 | 23 | 기획부 | | 6 | B | 박O용 | | | |
| 8 | AC-356 | 연O희 | 여 | 29 | 영업부 | | 5 | A | 황O성 | 5학년 A반 인원 | | |
| 9 | GE-123 | 전O현 | 남 | 27 | 기획부 | | 4 | B | 최O래 | 2명 | | |
| 10 | | | | | | | | | | | | |
| 11 | [표3] | | | | | | [표4] | | | | | |
| 12 | 게임명 | 카테고리 | 최초 출시일 | 다운로드 | 순위 | | 제품코드 | 주문량 | 할인율 | | | |
| 13 | 전략삼국지 | 전략 | 2121년 | 1,031 | | | E8-6 | 780 | 20% | | 할인율표 | |
| 14 | 천애명월도 | RPG | 2018년 | 1,239 | | | B7-1 | 1,150 | 10% | | 코드 | 할인율 |
| 15 | 타워디펜스 | 디펜스 | 2018년 | 978 | | | D3-5 | 980 | 18% | | A | 8% |
| 16 | 마구마구 | 스포츠 | 2006년 | 1,525 | 인기 | | A9-2 | 1,100 | 8% | | B | 10% |
| 17 | 피시돔 | 퍼즐 | 2008년 | 926 | | | E4-3 | 850 | 20% | | C | 15% |
| 18 | 테트리스 | 퍼즐 | 1984년 | 2,127 | 인기 | | C6-8 | 1,200 | 15% | | D | 18% |
| 19 | 액스컴2 | 전략 | 2016년 | 1,082 | | | B1-4 | 1,300 | 10% | | E | 20% |
| 20 | 이카루스 | RPG | 2014년 | 1,443 | 인기 | | A5-4 | 1,680 | 8% | | | |
| 21 | | | | | | | | | | | | |
| 22 | [표5] | | | | | | | | | | | |
| 23 | 지점 | 사원명 | 판매량 | 판매총액 | | | | | | | | |
| 24 | 서울 | 어O준 | 1,985 | 29,775,000 | | | | | | | | |
| 25 | 인천 | 재O승 | 838 | 12,570,000 | | | | | | | | |
| 26 | 경기북부 | 심O영 | 1,215 | 18,225,000 | | | | | | | | |
| 27 | 경기남부 | 이O석 | 1,005 | 15,075,000 | | | | | | | | |
| 28 | 인천 | 김O연 | 999 | 14,985,000 | | | | | | | | |
| 29 | 서울 | 박O수 | 781 | 11,715,000 | | | | | | | | |
| 30 | 서울 | 손O지 | 1,534 | 23,010,000 | | | | | | | | |
| 31 | 경기북부 | 남O원 | 1,137 | 17,055,000 | 지점 | 판매량 | | | | | | |
| 32 | 서울이 아닌 지점 판매총액 평균 | | | 16,785,000 | <>서울 | >=1000 | | | | | | |

분석1.

| 시나리오 요약 | | | | |
|---|---|---|---|---|
| | | 현재 값: | 세율인상 | 세율인하 |
| 변경 셀: | | | | |
| | 세율 | 15% | 20% | 10% |
| 결과 셀: | | | | |
| | 합계7월 | 522,000 | 696,000 | 348,000 |
| | 합계8월 | 360,000 | 480,000 | 240,000 |
| | 합계9월 | 536,400 | 715,200 | 357,600 |

참고: 현재 값 열은 시나리오 요약 보고서가 작성될 때의 변경 셀 값을 나타냅니다. 각 시나리오의 변경 셀들은 회색으로 표시됩니다.

분석2.

| | A | B | C | D | E |
|---|---|---|---|---|---|
| 1 | 경기도 지역별 교재 판매 현황 | | | | |
| 2 | | | | | |
| 3 | 지역 | 관리자 코드 | 목표액 | 판매액 | 목표 달성률 |
| 4 | 수원 | S-01A | 2,500,000 | 1,780,000 | 71% |
| 5 | 이천 | I-02B | 1,500,000 | 1,250,000 | 83% |
| 6 | 광주 | G-03C | 1,300,000 | 1,005,000 | 77% |
| 7 | 김포 | K-04D | 2,200,000 | 1,870,000 | 85% |
| 8 | 오산 | O-05E | 1,100,000 | 924,000 | 84% |
| 9 | 동두천 | D-06F | 1,000,000 | 967,000 | 97% |
| 10 | 남양주 | N-07G | 2,400,000 | 2,290,000 | 95% |
| 11 | 파주 | P-08H | 2,800,000 | 2,301,000 | 82% |
| 12 | 안산 | A-09I | 3,000,000 | 2,756,000 | 92% |
| 13 | | | | | |

매크로작업.

| | A | B | C | D | E | F | G | H | I |
|---|---|---|---|---|---|---|---|---|---|
| 1 | 2025년 제품 출고 현황 | | | | | | | | |
| 2 | | | | | | | | | |
| 3 | 제품 코드 | 출고량 | | | | 평균 | | 평균 | |
| 4 | | 1분기 | 2분기 | 3분기 | 4분기 | | | | |
| 5 | A-101 | ₩1,900 | ₩3,500 | ₩2,900 | ₩3,200 | ₩2,875 | | | |
| 6 | A-102 | ₩2,200 | ₩2,500 | ₩3,800 | ₩2,400 | ₩2,725 | | 통화 | |
| 7 | A-103 | ₩2,000 | ₩3,000 | ₩2,900 | ₩3,600 | ₩2,875 | | | |
| 8 | A-104 | ₩2,200 | ₩2,500 | ₩2,800 | ₩2,700 | ₩2,550 | | | |
| 9 | A-105 | ₩3,000 | ₩2,400 | ₩3,500 | ₩2,500 | ₩2,850 | | | |
| 10 | A-106 | ₩3,500 | ₩2,300 | ₩3,900 | ₩3,700 | ₩3,350 | | | |
| 11 | A-107 | ₩3,400 | ₩2,100 | ₩3,100 | ₩2,200 | ₩2,700 | | | |
| 12 | A-108 | ₩2,900 | ₩2,350 | ₩3,500 | ₩2,100 | ₩2,713 | | | |
| 13 | A-109 | ₩2,800 | ₩2,700 | ₩3,700 | ₩3,000 | ₩3,050 | | | |
| 14 | A-110 | ₩3,400 | ₩2,100 | ₩3,900 | ₩3,400 | ₩3,200 | | | |
| 15 | A-111 | ₩2,600 | ₩2,500 | ₩3,000 | ₩1,850 | ₩2,488 | | | |

차트작업.

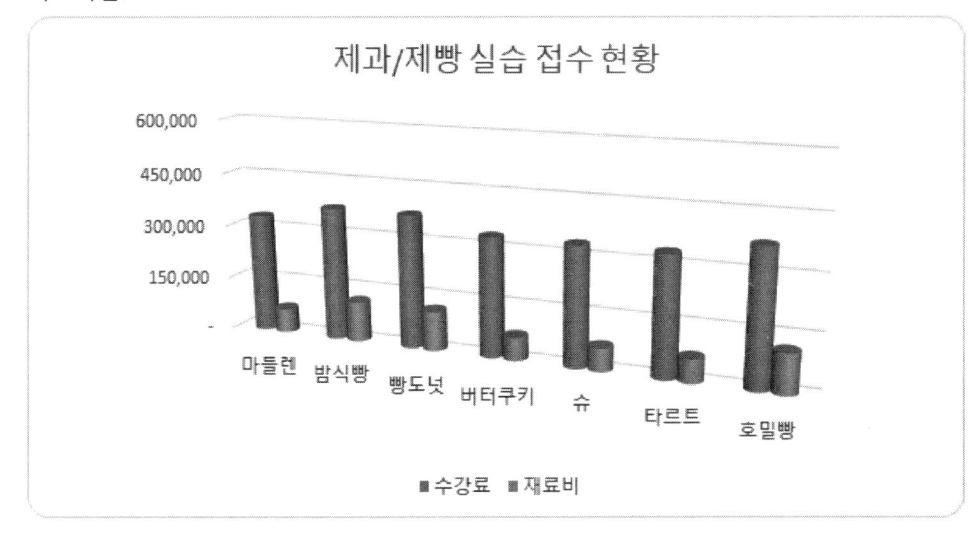
제과/제빵 실습 접수 현황
600,000
450,000
300,000
150,000
-
마들렌
밤식빵
빵도넛
버터쿠키
슈
타르트
호밀빵
수강료
재료비

## 해설

기본작업1 : 출력형태와 같이 입력한다.

기본작업2 :

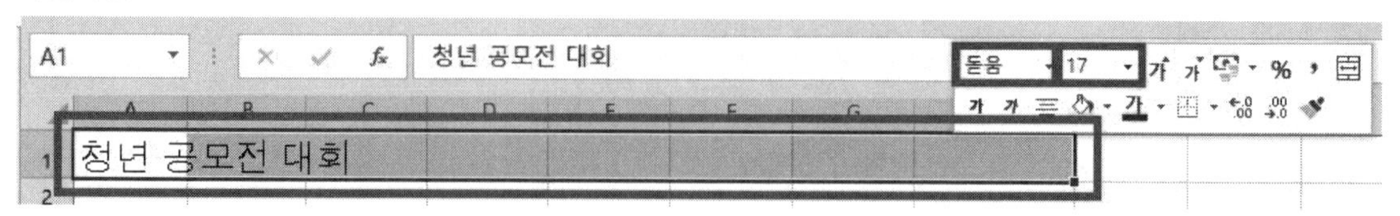


[A1:H1] 영역을 범위 지정한 다음 마우스 우클릭-글꼴은 '돋움' 입력, 크기는 '17'을 입력한 다음 마우스 우클릭-[셀 서식]을 클릭한다.

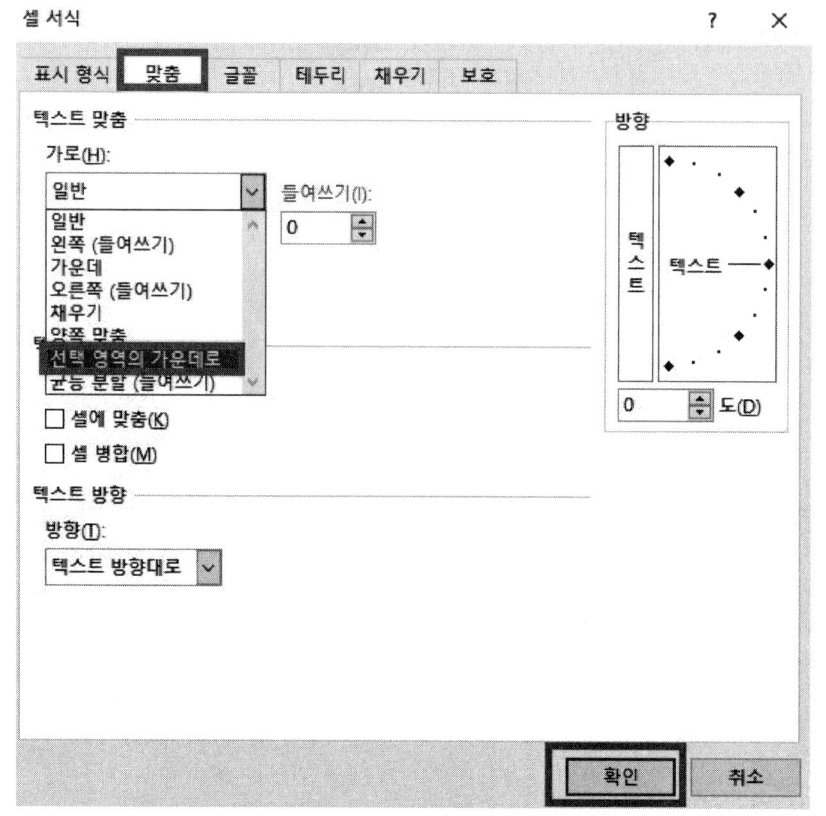


[맞춤]-[가로]에서 '선택 영역의 가운데로'를 클릭하고 확인 을 클릭한다.

| | A | B | C | D | E | F | G | H |
|---|---|---|---|---|---|---|---|---|
| 1 | 청년 공모전 대회 | | | | | | | |
| 2 | | | | | | | | |
| 3 | 참가번호 | 평가 항목 | | | | 총합 | 수상 | 상품 |
| 4 | | 창의성(30) | 독창성(15) | 편의성(30) | 유용성(25) | | | |
| 5 | JS-0001 | 26 | 9 | 28 | 22 | 85 | 대상 | |
| 6 | JS-0002 | 21 | 14 | 23 | 26 | 84 | 최우수상 | |
| 7 | JS-0003 | 18 | 7 | 12 | 23 | 60 | 입상 | |

맑은 고딕 11 병합하고 가운데 맞춤 잘라내기(T) 복사(C) 붙여넣기 옵션:

[A3:A4] 영역을 범위 지정한 다음 Ctrl 을 눌러서 [B3:E3], [F3:F4], [G3:G4], [H3:H4] 영역을 범위 지정해서 마우스 우클릭-'병합하고 가운데 맞춤'을 클릭한다.

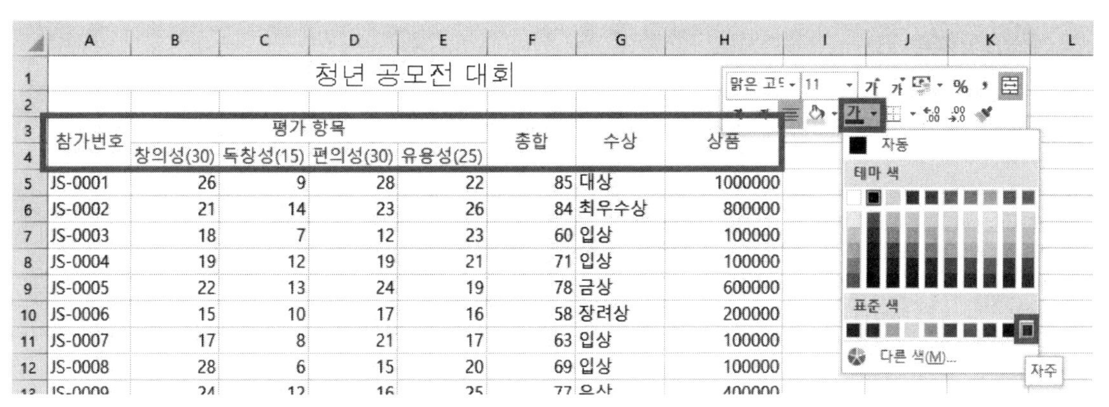

| | A | B | C | D | E | F | G | H |
|---|---|---|---|---|---|---|---|---|
| 1 | 청년 공모전 대회 | | | | | | | |
| 2 | | | | | | | | |
| 3 | 참가번호 | 평가 항목 | | | | 종합 | 수상 | 상품 |
| 4 | | 창의성(30) | 독창성(15) | 편의성(30) | 유용성(25) | | | |
| 5 | JS-0001 | 26 | 9 | 28 | 22 | 85 | 대상 | 1000000 |
| 6 | JS-0002 | 21 | 14 | 23 | 26 | 84 | 최우수상 | 800000 |
| 7 | JS-0003 | 18 | 7 | 12 | 23 | 60 | 입상 | 100000 |
| 8 | JS-0004 | 19 | 12 | 19 | 21 | 71 | 입상 | 100000 |
| 9 | JS-0005 | 22 | 13 | 24 | 19 | 78 | 금상 | 600000 |
| 10 | JS-0006 | 15 | 10 | 17 | 16 | 58 | 장려상 | 200000 |
| 11 | JS-0007 | 17 | 8 | 21 | 17 | 63 | 입상 | 100000 |
| 12 | JS-0008 | 28 | 6 | 15 | 20 | 69 | 입상 | 100000 |



[A3:H4] 영역을 범위 지정한 다음 마우스 우클릭-글꼴 색 : '표준 색 - 자주'를 클릭한다.

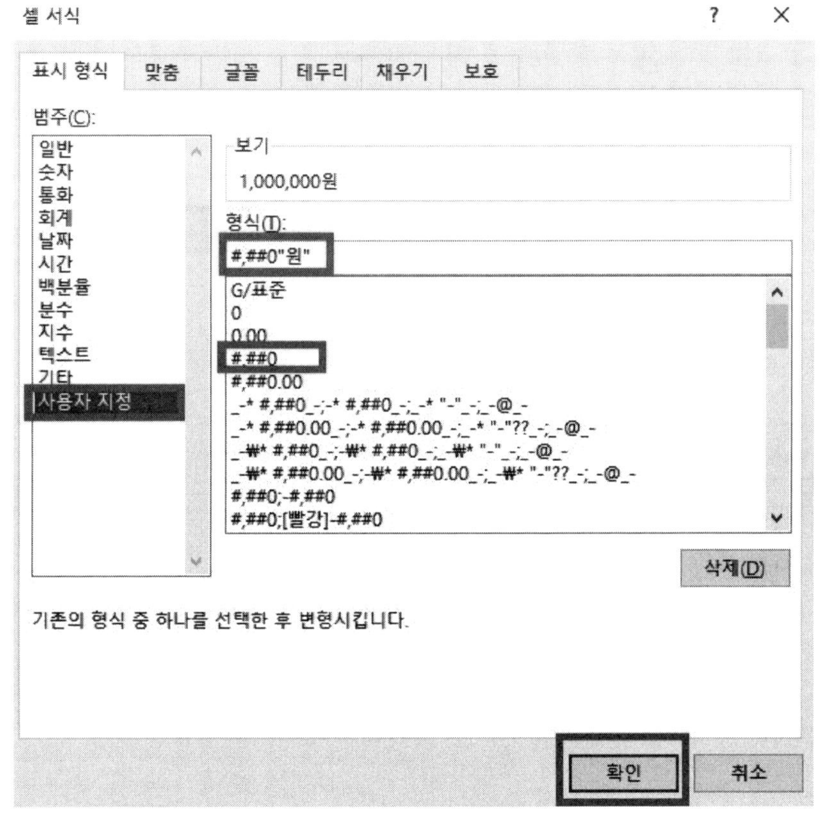


[H5:H15] 영역을 범위 지정한 다음 마우스 우클릭-[셀 서식]-[표시 형식]-[사용자 지정]으로 와서 '#,##0'을 클릭한 다음 뒤에 "원"을 입력하고 확인 을 클릭한다.

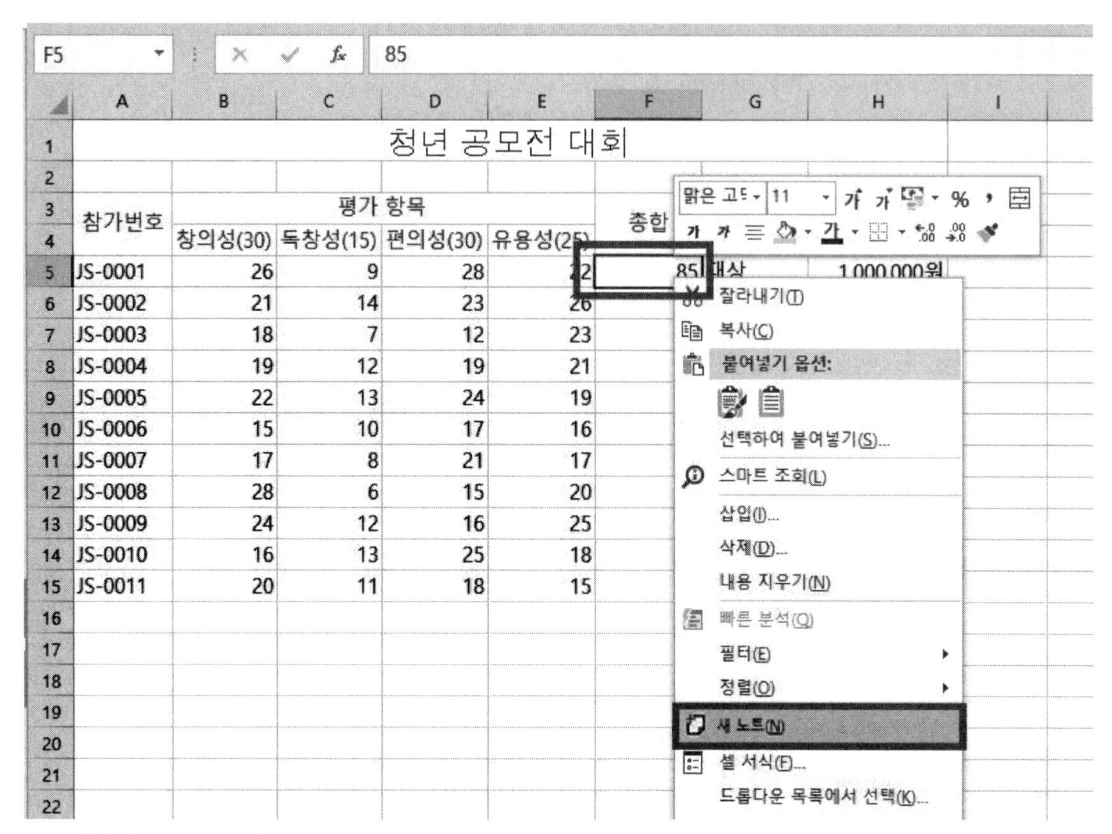

[F5] 셀에서 마우스 우클릭-[새 노트]를 클릭한다.

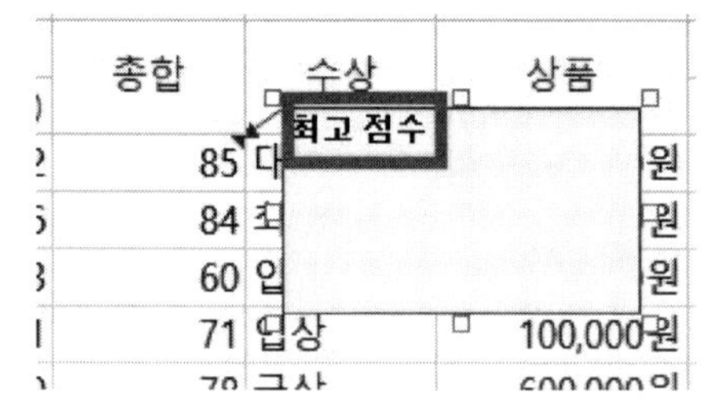

메모 안에 두 번째 줄에서 커서가 깜박이는데 제일 먼저 BackSpace (←) 를 계속 눌러서 글자를 모두 지운 다음, '최고 점수'라고 입력한다.

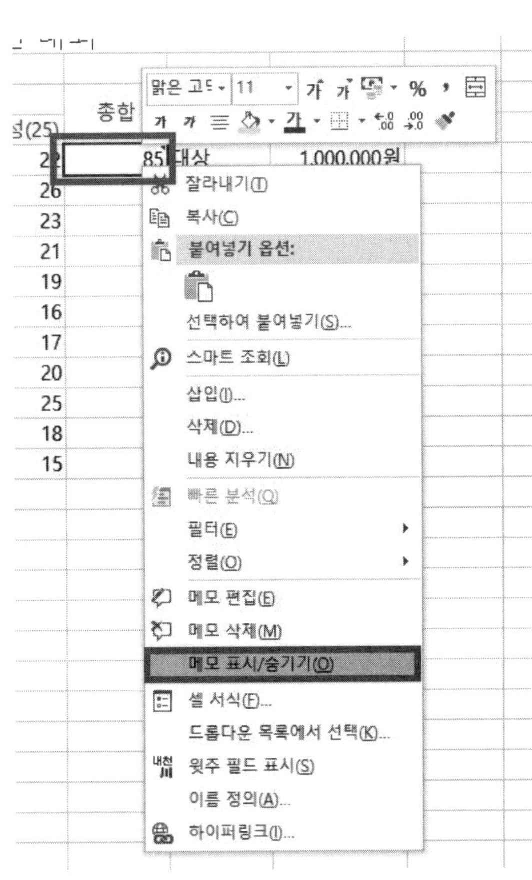


다시 [F5] 셀에서 마우스 우클릭-[메모 표시/숨기기]를 클릭한다.

| 참가번호 | 평가 항 | | | | 상품 |
|---|---|---|---|---|---|
| | 창의성(30) | 독창성(15) | 편 | | |
| JS-0001 | 26 | 9 | 28 | 22 | 원 |
| JS-0002 | 21 | 14 | 23 | 26 | 원 |
| JS-0003 | 18 | 7 | 12 | 23 | 원 |
| JS-0004 | 19 | 12 | 19 | 21 | ,000원 |
| JS-0005 | 22 | 13 | 24 | 19 | ,000원 |
| JS-0006 | 15 | 10 | 17 | 16 | ,000원 |
| JS-0007 | 17 | 8 | 21 | 17 | ,000원 |
| JS-0008 | 28 | 6 | 15 | 20 | ,000원 |
| JS-0009 | 24 | 12 | 16 | 25 | ,000원 |
| JS-0010 | 16 | 13 | 25 | 18 | ,000원 |
| JS-0011 | 20 | 11 | 18 | 15 | ,000원 |

아래쪽 테두리(O)
위쪽 테두리(P)
왼쪽 테두리(L)
오른쪽 테두리(R)
테두리 없음(N)
모든 테두리(A)
바깥쪽 테두리(S)
굵은 바깥쪽 테두리(T)
아래쪽 이중 테두리(B)
굵은 아래쪽 테두리(H)
위쪽/아래쪽 테두리(D)
위쪽/굵은 아래쪽 테두리(C)
위쪽/아래쪽 이중 테두리(U)
다른 테두리(M)...

[A3:H15] 영역을 범위 지정한 다음 마우스 우클릭-[테두리]-'모든 테두리'를 클릭하고 한번 더 [테두리]-'굵은 바깥쪽 테두리'를 클릭한다.

기본작업3 :

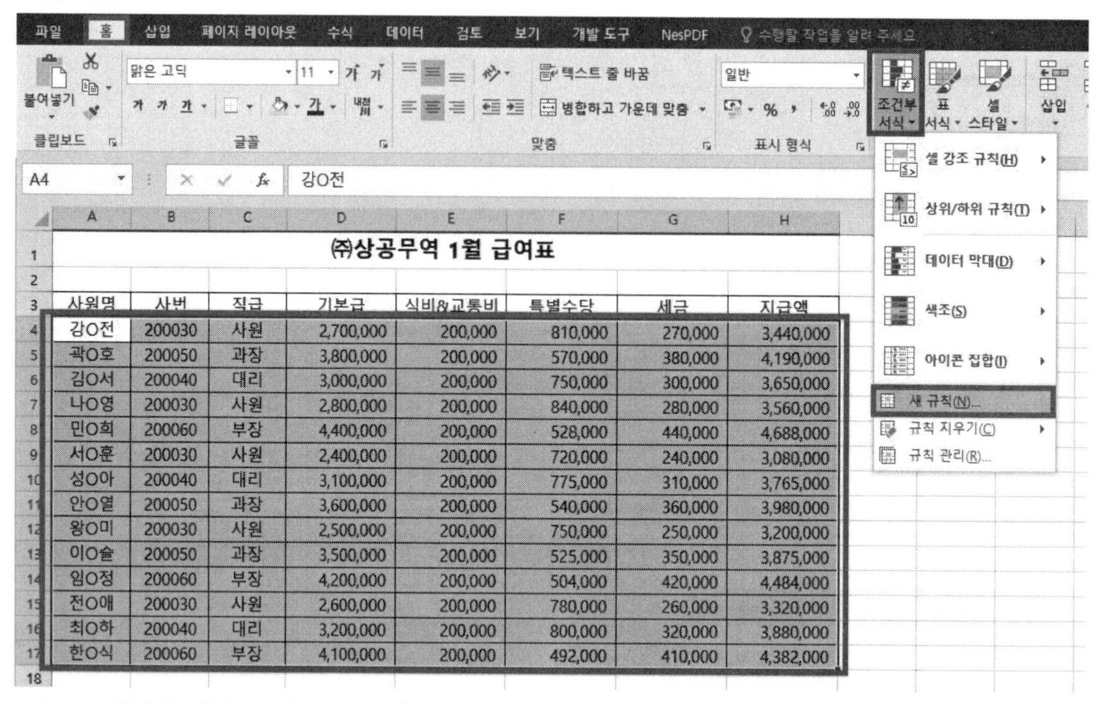


㈜상공무역 1월 급여표

| 사원명 | 사번 | 직급 | 기본급 | 식비&교통비 | 특별수당 | 세금 | 지급액 |
|---|---|---|---|---|---|---|---|
| 강O전 | 200030 | 사원 | 2,700,000 | 200,000 | 810,000 | 270,000 | 3,440,000 |
| 곽O호 | 200050 | 과장 | 3,800,000 | 200,000 | 570,000 | 380,000 | 4,190,000 |
| 김O서 | 200040 | 대리 | 3,000,000 | 200,000 | 750,000 | 300,000 | 3,650,000 |
| 나O영 | 200030 | 사원 | 2,800,000 | 200,000 | 840,000 | 280,000 | 3,560,000 |
| 민O희 | 200060 | 부장 | 4,400,000 | 200,000 | 528,000 | 440,000 | 4,688,000 |
| 서O훈 | 200030 | 사원 | 2,400,000 | 200,000 | 720,000 | 240,000 | 3,080,000 |
| 성O아 | 200040 | 대리 | 3,100,000 | 200,000 | 775,000 | 310,000 | 3,765,000 |
| 안O열 | 200050 | 과장 | 3,600,000 | 200,000 | 540,000 | 360,000 | 3,980,000 |
| 왕O미 | 200030 | 사원 | 2,500,000 | 200,000 | 750,000 | 250,000 | 3,200,000 |
| 이O슬 | 200050 | 과장 | 3,500,000 | 200,000 | 525,000 | 350,000 | 3,875,000 |
| 임O정 | 200060 | 부장 | 4,200,000 | 200,000 | 504,000 | 420,000 | 4,484,000 |
| 전O애 | 200030 | 사원 | 2,600,000 | 200,000 | 780,000 | 260,000 | 3,320,000 |
| 최O하 | 200040 | 대리 | 3,200,000 | 200,000 | 800,000 | 320,000 | 3,880,000 |
| 한O식 | 200060 | 부장 | 4,100,000 | 200,000 | 492,000 | 410,000 | 4,382,000 |

[A4:H17] 영역을 범위 지정한 다음 [홈]-[조건부 서식]-[새 규칙]을 클릭한다.

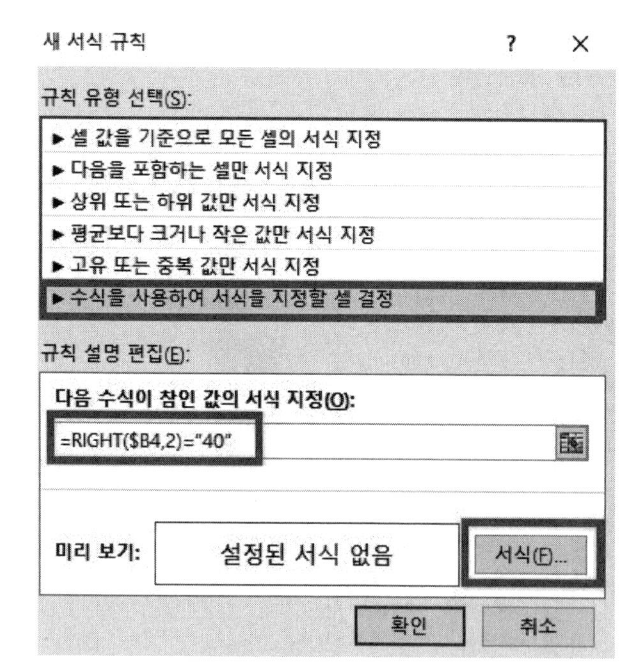


새 서식 규칙 창에서 규칙 유형은 '수식을 사용하여 서식을 지정할 셀 결정'을 클릭한 다음, =RIGHT($B4,2)="40"을 입력하고 서식 을 클릭한다.

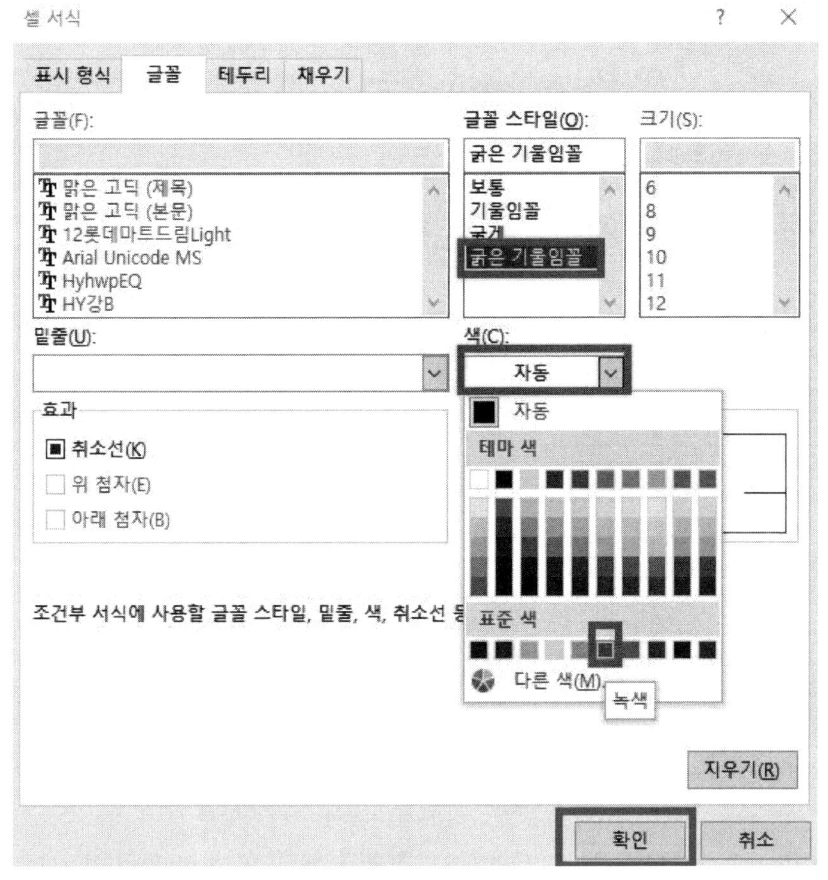


글꼴 스타일은 ‘굵은 기울임꼴’을 클릭하고, 색은 ‘표준 색 - 녹색’을 클릭한 다음 확인 을 누르고 한번 더 확인 을 클릭한다.

계산작업 :

(1) [E3:E9] 영역을 범위 지정한 다음 =IF(MID(A3,4,1)=“1”,“기획부”,IF(MID(A3,4,1)=“2”,“관리부”,“영업부”))를 입력하고 Ctrl + Enter 를 누른다.

(2) [J9] 셀을 클릭한 후 =COUNTIFS(G3:G9,G5,H3:H9,H4)&“명”를 입력하고 Enter 를 누른다.

(3) [E13:E20] 영역을 범위 지정한 다음 =CHOOSE(RANK.EQ(D13,$D$13:$D$20),“인기”,“인기”,“인기”,“”,“”,“”,“”,“”)를 입력하고 Ctrl + Enter 를 누른다.

(4) [I13:I20] 영역을 범위 지정한 다음 =VLOOKUP(LEFT(G13,1),$K$14:$L$19,2,0)를 입력하고 Ctrl + Enter 를 누른다.

(5) [E31] 셀에 지점, [F31] 셀에 판매량, [E32] 셀에 ‘<>서울’, [F32] 셀에 ‘>=1000’을 먼저 입력한 다음 [D32] 셀을 클릭한 후 =DAVERAGE(A23:D31,D23,E31:F32)를 입력하고 Enter 를 누른다.

분석작업1 :

합계9월 | 이름 상자 | =F18*$B$20

| | A | B | C | D | E | F | G |
|---|---|---|---|---|---|---|---|
| 1 | 3/4분기 종합 내역서 | | | | | | |
| 2 | | | | | | | |
| 3 | 월 | 송장번호 | 주문일자 | 인계일자 | 판매액 | 공급금액 | 세금 |
| 4 | 7월 | 7-1010 | 2024-07-05 | 2024-07-06 | 350,000 | 420,000 | 63,000 |
| 5 | 7월 | 7-1011 | 2024-07-10 | 2024-07-11 | 900,000 | 1,080,000 | 162,000 |
| 6 | 7월 | 7-1012 | 2024-07-15 | 2024-07-16 | 650,000 | 780,000 | 117,000 |
| 7 | 7월 | 7-1013 | 2024-07-22 | 2024-07-23 | 1,000,000 | 1,200,000 | 180,000 |
| 8 | 합계 | | | | 2,900,000 | 3,480,000 | 522,000 |
| 9 | 8월 | 8-2020 | 2024-08-13 | 2024-08-14 | 470,000 | 564,000 | 84,600 |
| 10 | 8월 | 8-2021 | 2024-08-19 | 2024-08-20 | 390,000 | 468,000 | 70,200 |
| 11 | 8월 | 8-2022 | 2024-08-21 | 2024-08-22 | 530,000 | 636,000 | 95,400 |
| 12 | 8월 | 8-2023 | 2024-08-26 | 2024-08-27 | 610,000 | 732,000 | 109,800 |
| 13 | 합계 | | | | 2,000,000 | 2,400,000 | 360,000 |
| 14 | 9월 | 9-3030 | 2024-09-02 | 2024-09-03 | 530,000 | 636,000 | 95,400 |
| 15 | 9월 | 9-3031 | 2024-09-05 | 2024-09-06 | 710,000 | 852,000 | 127,800 |
| 16 | 9월 | 9-3032 | 2024-09-09 | 2024-09-10 | 800,000 | 960,000 | 144,000 |
| 17 | 9월 | 9-3033 | 2024-09-11 | 2024-09-12 | 940,000 | 1,128,000 | 169,200 |
| 18 | 합계 | | | | 2,980,000 | 3,576,000 | 536,400 |
| 19 | | | | | | | |
| 20 | 세율 | 15% | | | | | |

[B20] 셀을 클릭한 후 이름 상자로 가서 '세율'으로 입력하고 Enter 를 누른 후, [G8] 셀을 클릭해서 이름 상자로 가서 '합계7월'로 입력하고 Enter 를 누르고 [G13] 셀을 클릭해서 이름 상자로 가서 '합계8월'로 입력하고 Enter 를 누르고 마지막으로 [G18] 셀을 클릭해서 이름 상자로 가서 '합계9월'을 입력하고 Enter 를 누른다.

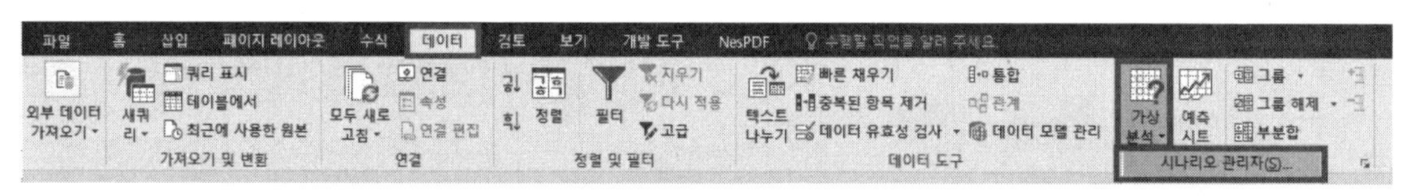


[데이터]-[가상 분석]-[시나리오 관리자]를 클릭한 다음 [시나리오 관리자] 창이 나오면 추가 를 클릭한다.

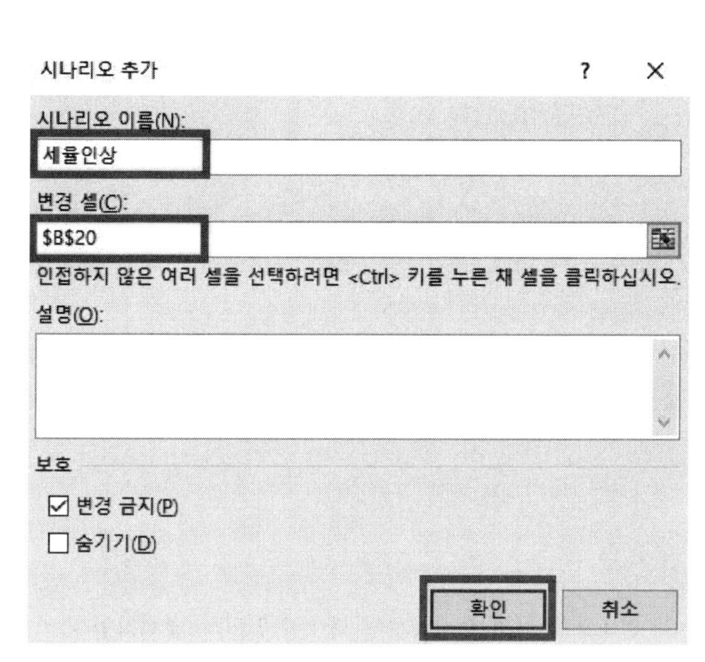


시나리오 이름에 '세율인상'이라고 입력하고 변경 셀은 [B20] 셀을 클릭한 다음 확인 을 클릭한다.

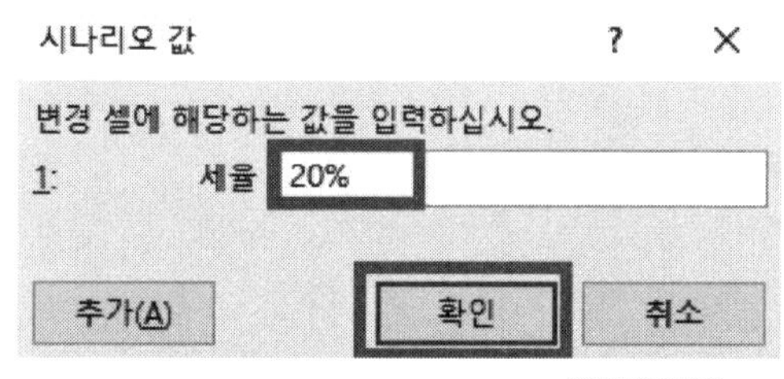


변경 셀 값에 '20%'를 입력하고 확인 을 클릭한다.

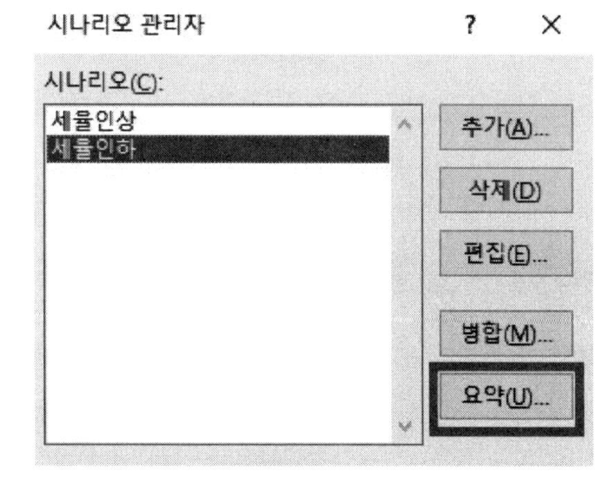


동일한 방법으로 시나리오 이름은 '세율인하'라고 입력하고 변경 셀 값에 '10%'를 입력한 다음 확인 을 누르고 시나리오 관리자 창이 나오면 요약 을 클릭한다.

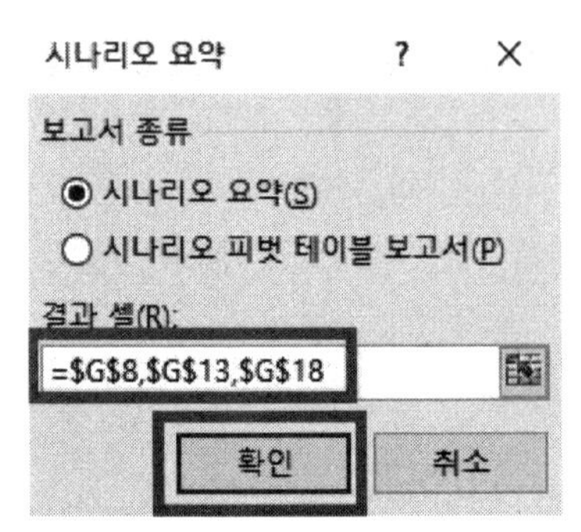


결과 셀에서 [G8] 셀을 먼저 선택하고 Ctrl 을 누른 상태로 [G13] 셀, [G18] 셀을 클릭한 다음 확인 을 클릭한다.

하단에 있는 '시나리오 요약' 시트를 마우스 왼쪽으로 눌러서 삼각형이 나오면 끌어서 '분석작업-1' 시트 뒤에 위치하게 옮긴다.

분석작업2 :

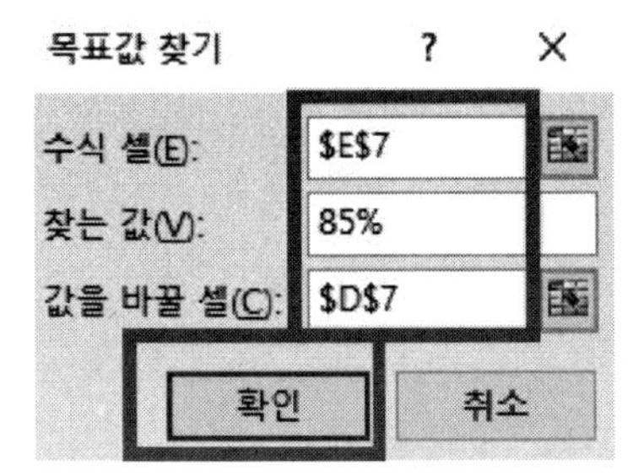


셀 포인터 위치에 상관 없이 바로 [데이터]-[가상 분석]-[목표값 찾기]를 클릭한 다음 수식 셀에 [E7] 셀을 클릭하고 찾는 값에 '85%'를 입력하고 값을 바꿀 셀에 [D7] 셀을 클릭한 다음 확인 을 클릭한다.

매크로 :

매크로1.

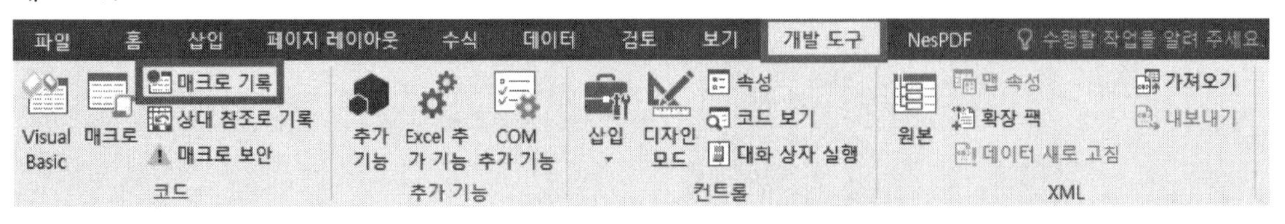


[A1:F15] 영역을 제외하고 아무 곳에서나 셀을 하나 클릭한 다음 [개발 도구]-매크로 기록 을 클릭한다.

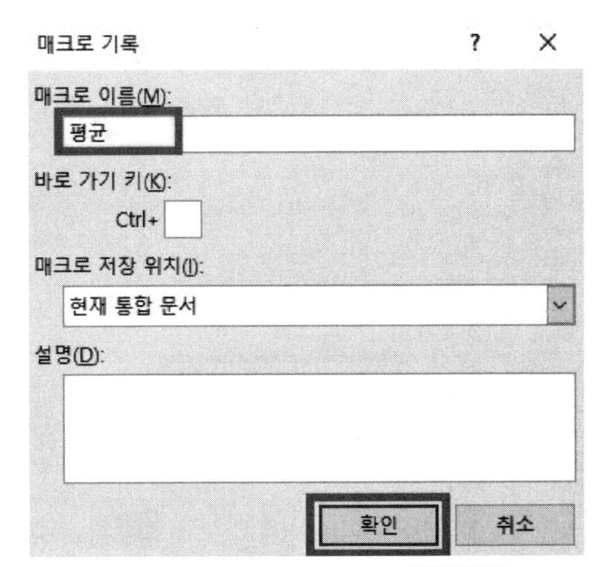


매크로 이름에는 '평균'을 입력하고 확인 을 클릭한다.

F5 =(B5+C5+D5+E5)/4

| | A | B | C | D | E | F |
|---|---|---|---|---|---|---|
| 1 | 2025년 제품 출고 현황 | | | | | |
| 2 | | | | | | |
| 3 | 제품 코드 | 출고량 | | | | 평균 |
| 4 | | 1분기 | 2분기 | 3분기 | 4분기 | |
| 5 | A-101 | 1900 | 3500 | 2900 | 3200 | 5+E5)/4 |
| 6 | A-102 | 2200 | 2500 | 3800 | 2400 | |
| 7 | A-103 | 2000 | 3000 | 2900 | 3600 | |
| 8 | A-104 | 2200 | 2500 | 2800 | 2700 | |
| 9 | A-105 | 3000 | 2400 | 3500 | 2500 | |
| 10 | A-106 | 3500 | 2300 | 3900 | 3700 | |
| 11 | A-107 | 3400 | 2100 | 3100 | 2200 | |
| 12 | A-108 | 2900 | 2350 | 3500 | 2100 | |
| 13 | A-109 | 2800 | 2700 | 3700 | 3000 | |
| 14 | A-110 | 3400 | 2100 | 3900 | 3400 | |
| 15 | A-111 | 2600 | 2500 | 3000 | 1850 | |
| 16 | | | | | | |

[F5:F15] 영역을 범위 지정한 다음 수식 입력줄에 =(B5+C5+D5+E5)/4을 입력하고 Ctrl + Enter 를 누른다.

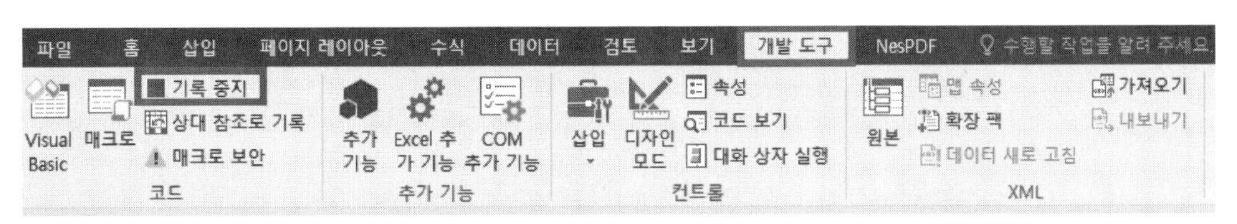


[A1:F15] 영역을 제외하고 아무 곳에서나 셀을 하나 클릭한 다음 [개발 도구]- 기록 중지 를 클릭한다.

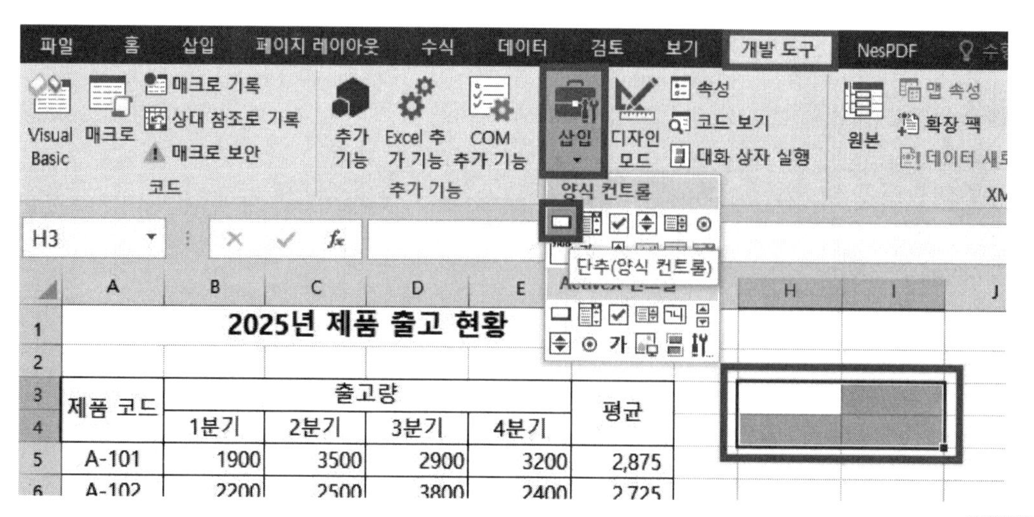


[H3:I4] 영역을 범위 지정한 다음 [개발 도구]-[삽입]-[양식 컨트롤]-'단추'를 선택한 다음 Alt 키를 누른 상태로 마우스로 드래그하여 삽입한다.

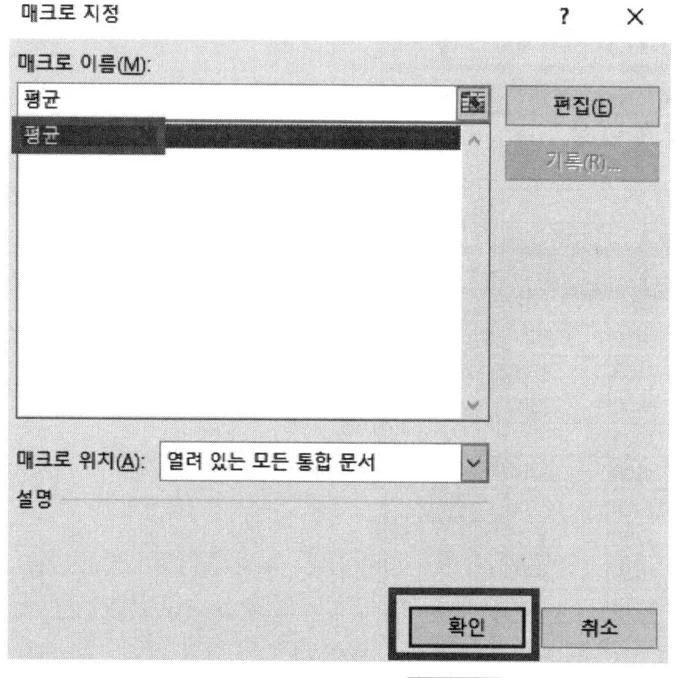


매크로 이름 중 '평균'을 클릭한 다음 확인 을 클릭하고 단추에 '평균'을 입력한다.

매크로2.

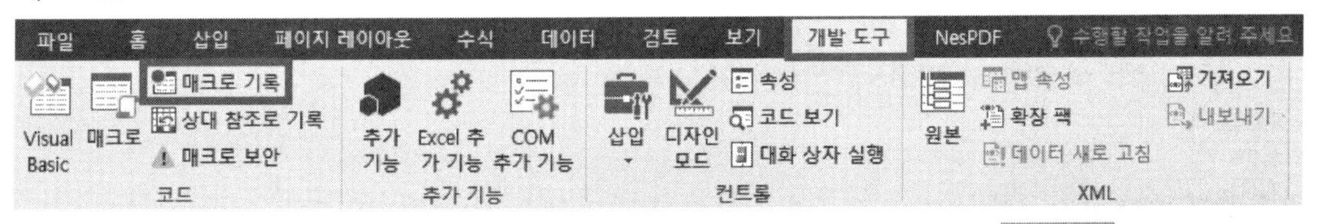


[A1:F15] 영역을 제외하고 아무 곳에서나 셀을 하나 클릭한 다음 [개발 도구]-매크로 기록을 클릭한다.

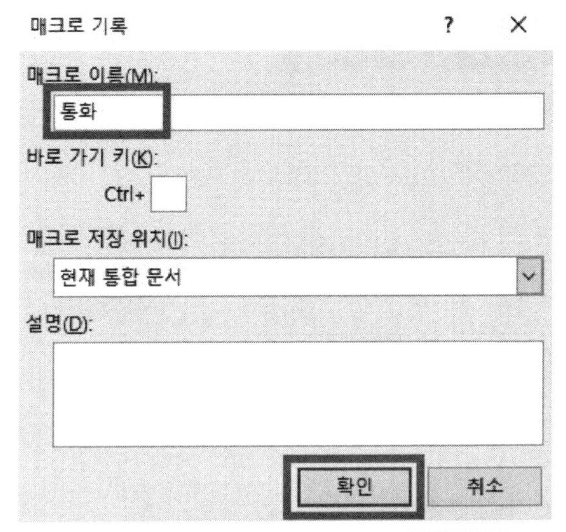


매크로 이름에는 '통화'를 입력하고 확인을 클릭한다.

| 1분기 | 2분기 | 3분기 | 4분기 | |
|---|---|---|---|---|
| 1900 | 3500 | 2900 | 3200 | 2,875 |
| 2200 | 2500 | 3800 | 2400 | |
| 2000 | 3000 | 2900 | 3600 | |
| 2200 | 2500 | 2800 | 2700 | 2,550 |
| 3000 | 2400 | 3500 | 2500 | |
| 3500 | 2300 | 3900 | 3700 | |
| 3400 | 2100 | 3100 | 2200 | |
| 2900 | 2350 | 3500 | 2100 | |
| 2800 | 2700 | 3700 | 3000 | |
| 3400 | 2100 | 3900 | 3400 | |
| 2600 | 2500 | 3000 | 1850 | |

[B5:F15] 영역을 범위 지정한 다음 마우스 우클릭-[셀 서식]을 클릭한다.

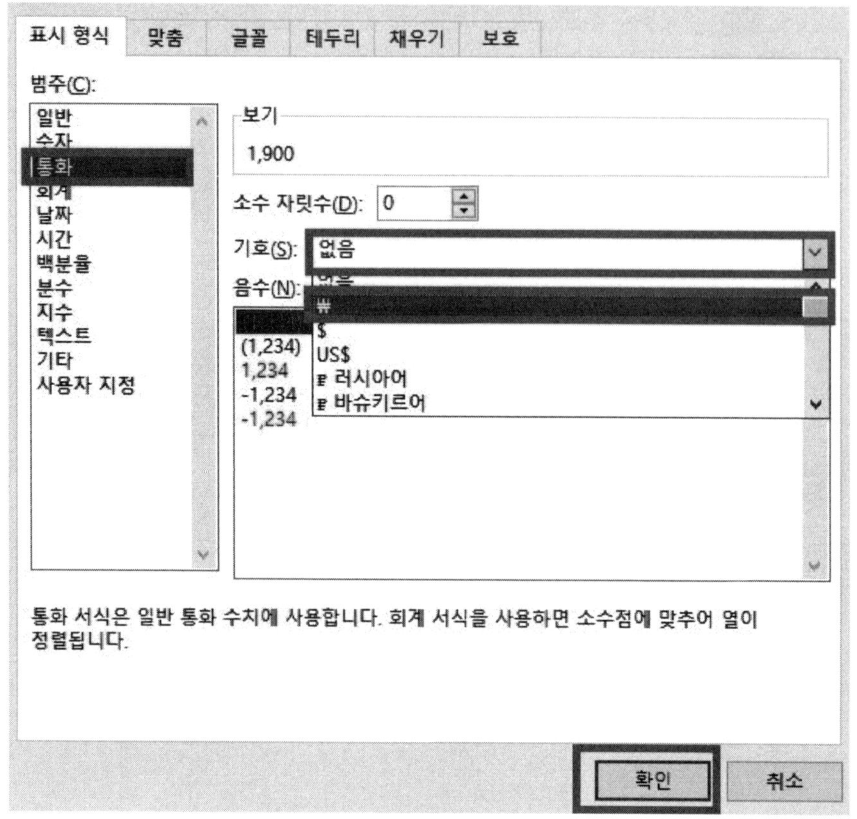


[통화] 범주-기호-'₩'를 클릭한 다음 확인 을 클릭한다.

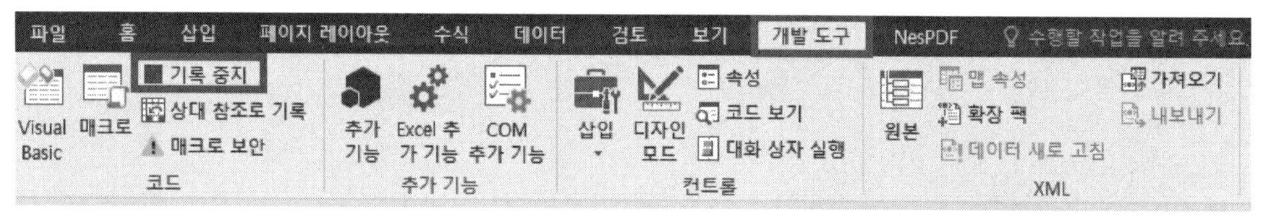


[A1:F15] 영역을 제외하고 아무 곳에서나 셀을 하나 클릭한 다음 [개발 도구]-기록 중지 를 클릭한다.

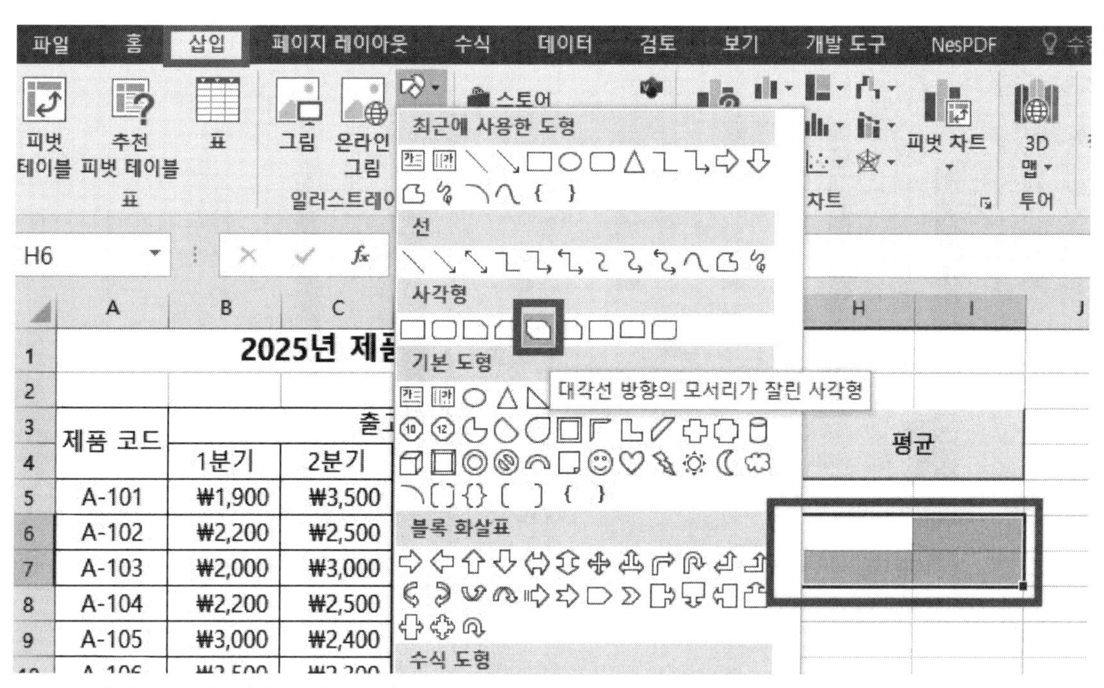


[H6:I7] 영역을 범위 지정한 다음 [삽입]-[도형]-[사각형]-'대각선 방향의 모서리가 잘린 사각형'을 선택한 다음 Alt 키를 누른 상태로 마우스로 드래그하여 도형을 삽입하고 '통화'로 입력하고 마우스 우클릭-[매크로 지정]을 클릭한다.

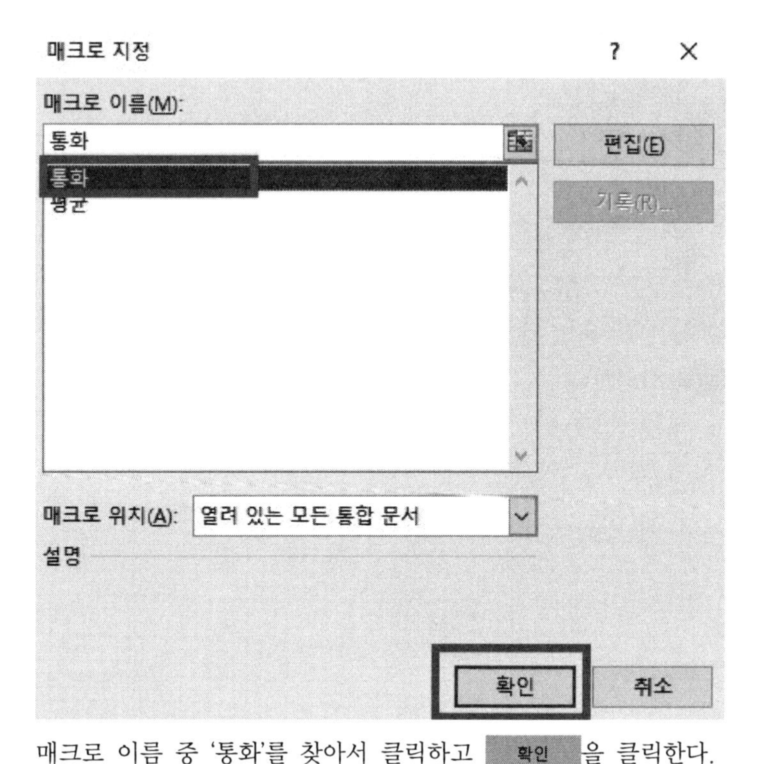


매크로 이름 중 '통화'를 찾아서 클릭하고 확인 을 클릭한다.

차트 :

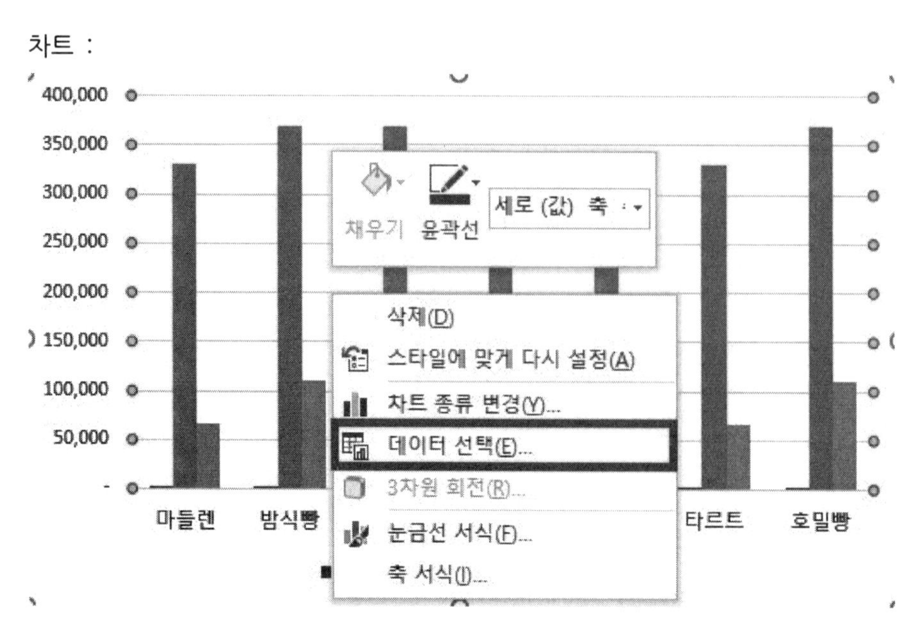


차트 아무 곳에서나 마우스 우클릭-[데이터 선택]을 클릭한다.

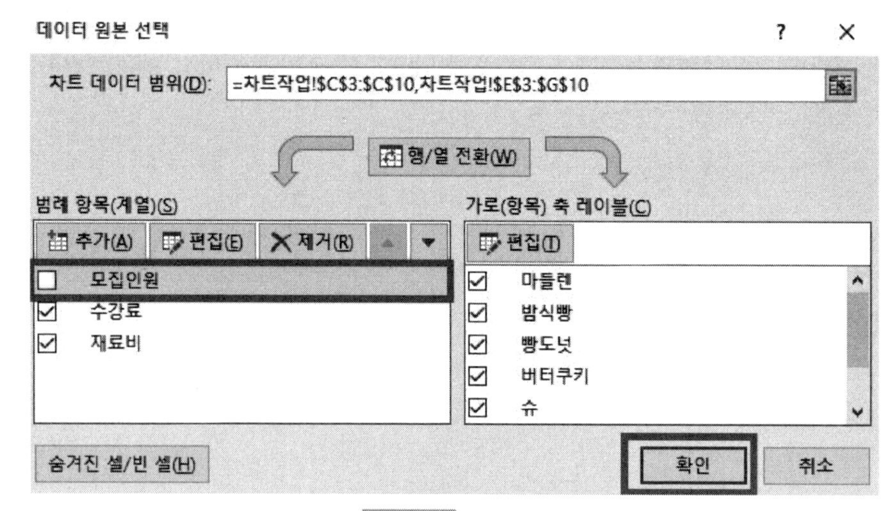


'모집인원'을 체크 해제한 다음 [확인]을 클릭한다.

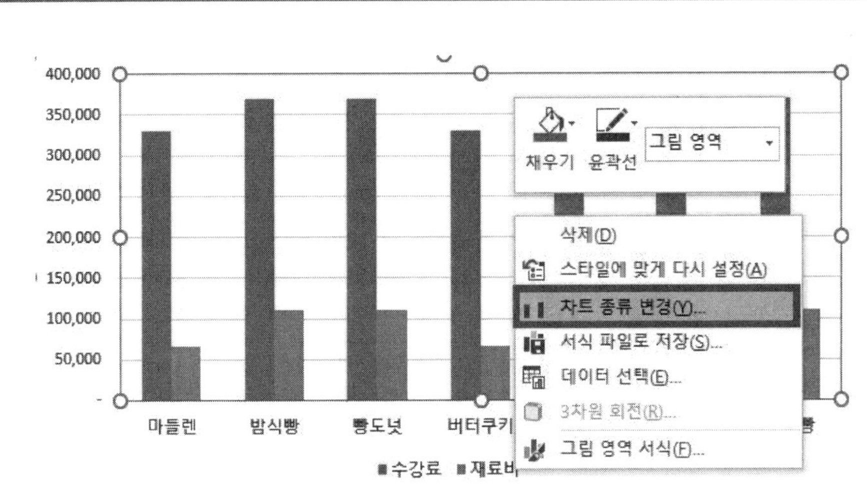


차트 아무 곳에서나 마우스 우클릭-[차트 종류 변경]을 클릭한다.

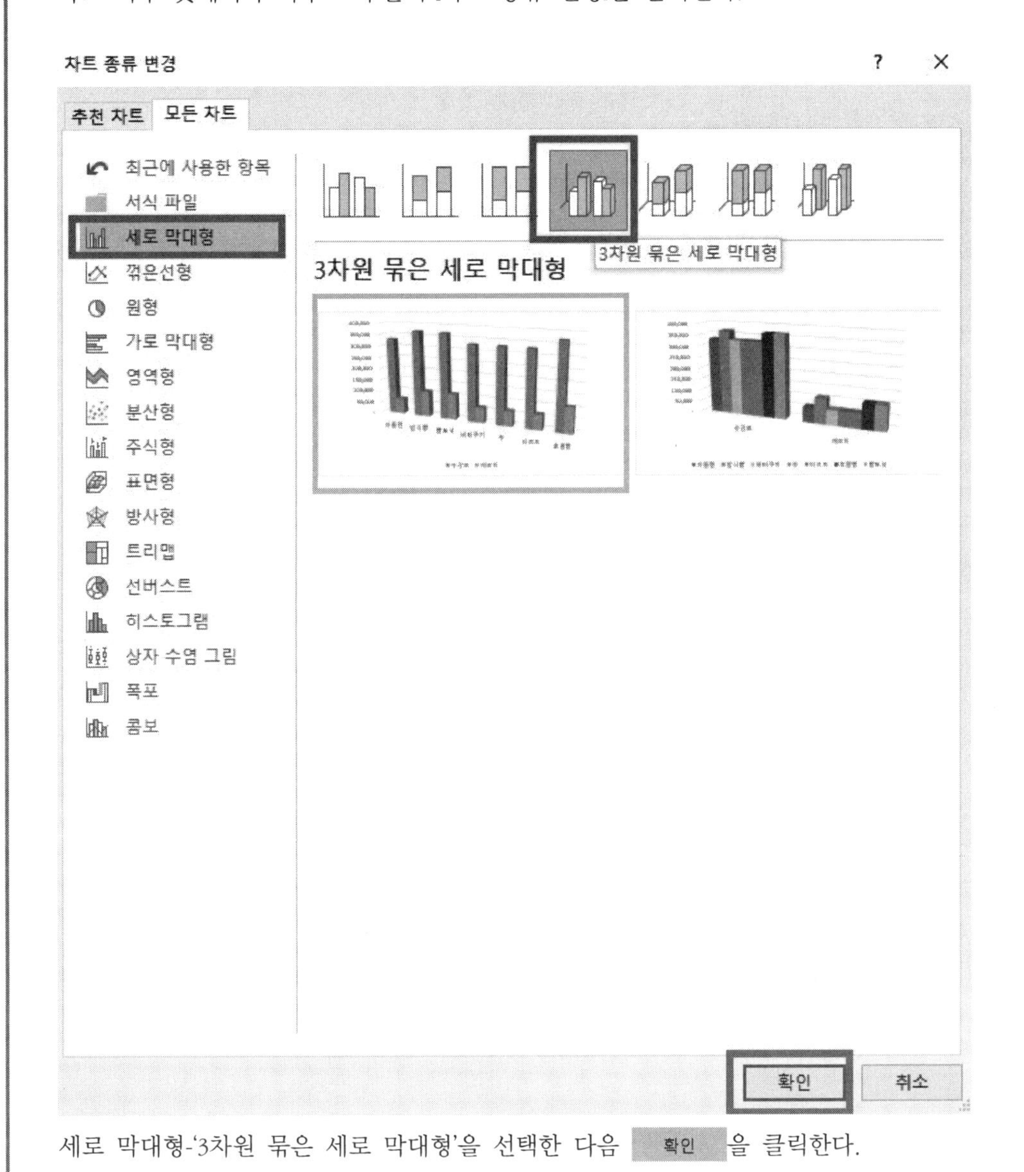


세로 막대형-'3차원 묶은 세로 막대형'을 선택한 다음 확인 을 클릭한다.

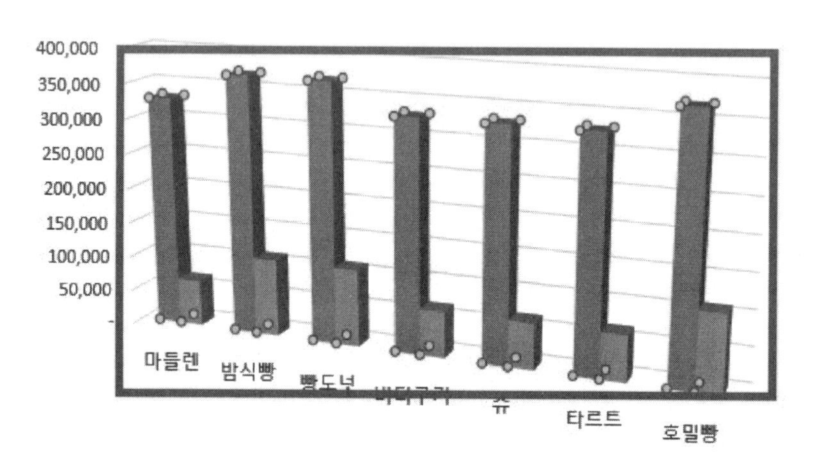


'수강료' 데이터 계열을 더블 클릭해서 오른쪽에 '데이터 계열 서식' 창이 나오게 한다.

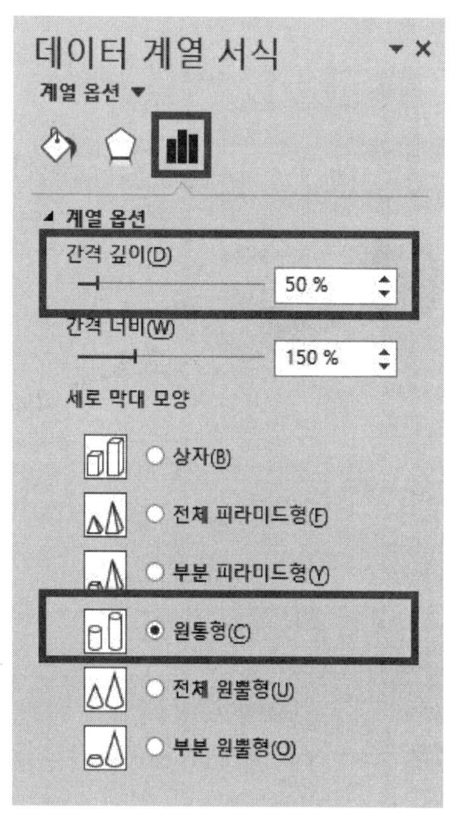


데이터 계열 서식 창-계열 옵션-간격 깊이는 '50'을 입력하고 세로 막대 모양-'원통형'으로 변경한다. 동일한 방법으로 '재료비' 계열도 선택해서 데이터 계열 서식 창-계열 옵션-세로 막대 모양-'원통형'으로 변경한다.

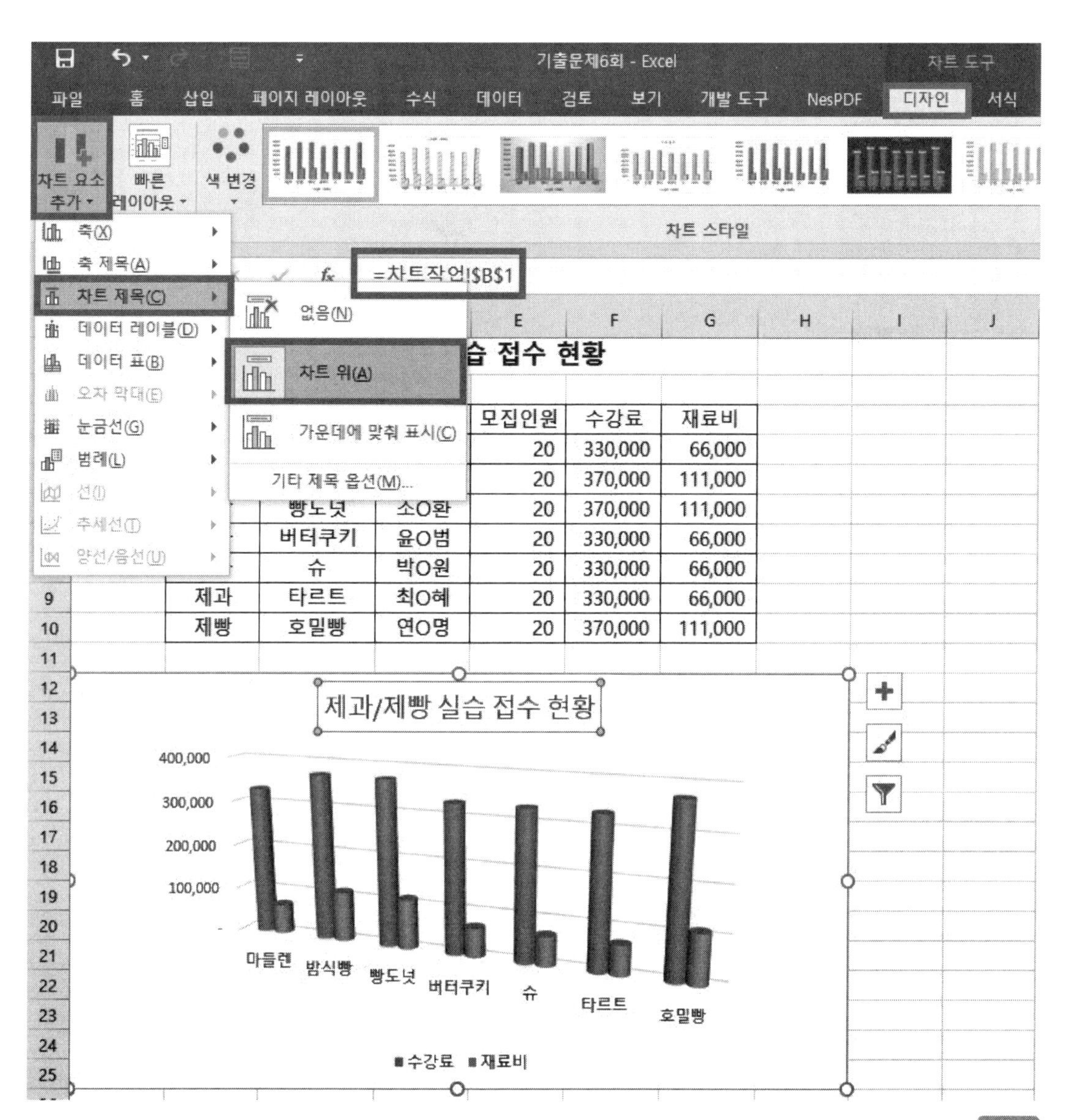


[디자인]-[차트 요소 추가]-[차트 제목]-'차트 위'를 클릭하고 수식 입력줄에 =A1셀 클릭 후 Enter 를 누른다.

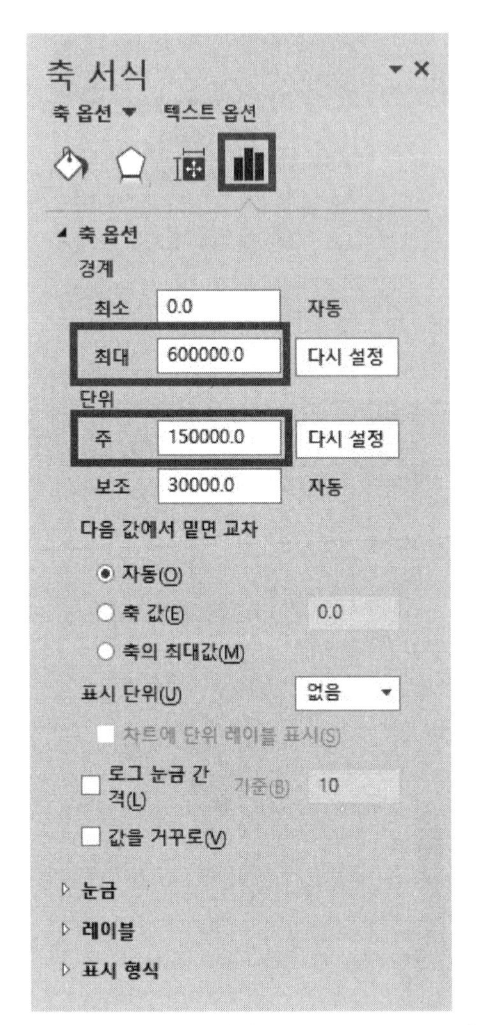


기본 세로 축을 선택한 후 오른쪽 축 서식-축 옵션-최대는 '600000'을 입력하고 주에 '150000'을 입력한다.

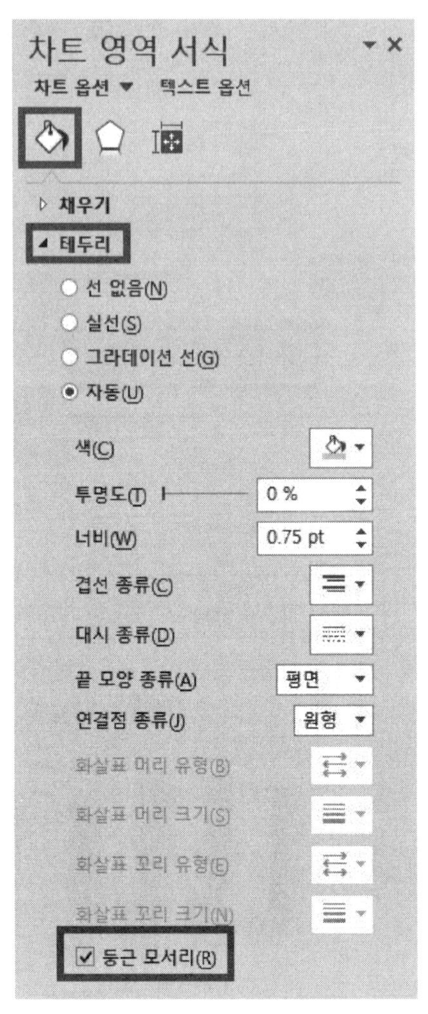


차트 영역을 클릭한 오른쪽 차트 영역 서식-채우기 및 선-테두리-'둥근 모서리'를 체크한다.

국 가 기 술 자 격 검 정

# 컴퓨터활용능력 실기 실전 예상 기출문제 7회

| 프로그램명 | 제한시간 |
|---|---|
| EXCEL 2021 | 40분 |

수험번호 :

성　　명 :

| 2급 | G형 |
|---|---|

## 〈유 의 사 항〉

■ 인적 사항 누락 및 잘못 작성으로 인한 불이익은 수험자 책임으로 합니다.

■ 작성된 답안은 주어진 경로 및 파일명을 변경하지 마시고 그대로 저장해야 합니다.
이를 준수하지 않으면 실격 처리됩니다.

■ 별도의 지시사항이 없는 경우, 다음과 같이 처리 시 실격 처리됩니다.
○ 제시된 시트 및 개체의 순서나 이름을 임의로 변경한 경우
○ 제시된 시트 및 개체를 임의로 추가 또는 삭제한 경우

■ 답안은 반드시 문제에서 지시 또는 요구한 셀에 입력하여야 하며 다음과 같이 처리 시
채점 대상에서 제외됩니다.
○ 수험자가 임의로 지시하지 않은 셀의 이동, 수정, 삭제, 변경 등으로 인해 셀의 위치 및 내용이 변경된 경우 해당 작업에 영향을 미치는 관련 문제 모두 채점 대상에서 제외
○ 도형 및 차트의 개체가 중첩되어 있거나 동일한 계산결과 시트가 복수로 존재할 경우 해당 개체나 시트는 채점 대상에서 제외

■ 수식 작성 시 제시된 문제 파일의 데이터는 변경 가능한(가변적) 데이터임을 감안하여
문제 풀이를 하시오.

■ 별도의 지시사항이 없는 경우, 주어진 각 시트 및 개체의 설정값 또는 기본 설정값(Default)으로 처리하시오.

■ 저장 시간은 별도로 주어지지 않으므로 제한된 시간 내에 저장을 완료해야 하며, 제한 시간 내에 저장이 되지 않은 경우에는 실격 처리됩니다.

■ 출제된 문제의 용어는 Microsoft Office 2021 기준으로 작성되어 있습니다.

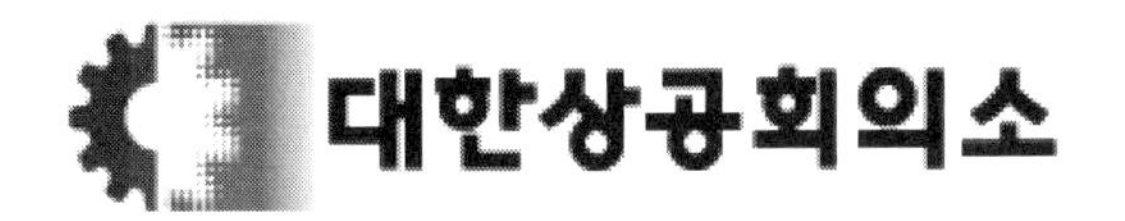

## 문제1 기본작업(20점) 주어진 시트에서 다음 과정을 수행하고 저장하시오.

### 1. '기본작업-1' 시트에 다음의 자료를 주어진 대로 입력하시오. (5점)

| | A | B | C | D | E | F |
|---|---|---|---|---|---|---|
| 1 | 과일 판매 현황 | | | | | |
| 2 | | | | | | |
| 3 | 품목 | 산지 | 출하일 | 특급 | 상급 | 판매달성도 |
| 4 | 홍로사과 | 경기도 가평 | 02월 11일 | 50,000 | 40,000 | 55.00% |
| 5 | 배 | 전라남도 나주 | 02월 15일 | 60,000 | 50,000 | 67.15% |
| 6 | 무화과 | 전라남도 목포 | 02월 13일 | 60,000 | 55,000 | 73.01% |
| 7 | 무등산수박 | 광주 북구 | 02월 14일 | 45,000 | 40,000 | 45.80% |
| 8 | 딸기 | 경상북도 경주 | 02월 19일 | 30,000 | 28,000 | 79.21% |
| 9 | 거봉 | 경기도 안성 | 02월 12일 | 40,000 | 35,000 | 85.08% |

### 2. '기본작업-2' 시트에 대하여 다음의 지시사항을 처리하시오. (각 2점)

① [A1:H1] 영역은 '병합하고 가운데 맞춤', 글꼴 '돋움체', 크기 '23', 글꼴 스타일 '굵게', 밑줄 '이중 밑줄', 행 높이 '32'로 지정하시오.

② [A3:A4], [B3:B4], [C3:D3], [E3:F3], [G3:H3] 영역은 '병합하고 가운데 맞춤'으로 지정하고, [A16:B16] 영역은 '셀 병합' 후 가로 맞춤을 '균등 분할(들여쓰기)'로 지정하시오.

③ [H16] 셀에 '3/4분기 최고 판매액 달성'이라는 메모를 삽입한 후 메모 서식에서 맞춤 '자동 크기'를 지정하고, 항상 표시되도록 하시오.

④ [D5:D16], [F5:F16], [H5:H16] 영역은 사용자 지정 표시 형식을 이용하여 천 단위 구분 기호를 지정하고 값 뒤에 '만원'을 표시하되 셀 값이 0일 경우에는 '0만원'으로 [표시 예]와 같이 표시하시오. [표시 예 : 1000 → 1,000만원]

⑤ [A3:H16] 영역에 '모든 테두리(⊞)'를 적용하여 표시하시오.

### 3. '기본작업-3' 시트에서 다음의 지시사항을 처리하시오. (5점)

- '건강검진 결과 표'에서 성별이 '여자'이면서, 키가 '170'cm 이상인 데이터를 고급 필터를 사용하여 검색하시오.
  - ▶ 고급 필터 조건은 [A19:C21] 범위 내에 알맞게 입력하시오.
  - ▶ 고급 필터 결과 복사 위치는 동일 시트의 [A24] 셀에서 시작하시오.

## 문제2 계산작업(40점) '계산작업' 시트에서 다음 과정을 수행하고 저장하시오.

1. [표1]에서 입사년차[B3:B10]는 8년 이하이면서 2023년[C3:C10]의 횟수 또는 2025년[D3:D10]의 횟수가 10을 초과하면 '승진', 그렇지 않으면 공백으로 결과 [E3:E10]에 표시하시오. (8점)
   - ▶ IF, AND, COUNTIF 함수 사용

2. [표2]에서 계열[I3:I10]이 '인문'인 학생들의 국어[J3:J10] 점수의 평균을 계산하여 [L3] 셀에 표시하시오. (8점)
   - ▶ 인문 계열의 국어 점수 평균은 소수점 이하 셋째 자리에서 올림하여 소수점 이하 둘째 자리까지 표시 [표시 예 : 79.333 → 79.34]
   - ▶ AVERAGEIF, ROUNDUP 함수 사용

3. [표3]에서 응시일이 토요일이나 일요일이면 '주말', 그 외에는 '평일'로 요일[D14:D20]에 표시하시오. (8점)
   - ▶ 단, 요일 계산 시 월요일이 1인 유형으로 지정
   - ▶ IF, WEEKDAY 함수 사용

4. [표4]에서 프로그램[H14:H20]의 앞에서 두 글자와 교육일자의 일을 이용하여 교육코드[J14:J20]를 표시하시오. (8점)
   - ▶ 프로그램은 모두 대문자로 표시, [표시 예 : 프로그램이 'hellocatch', 교육일자가 '2022-01-10'인 경우 → HE-10]
   - ▶ LEFT, UPPER, DAY 함수와 & 연산자 사용

5. [표5]에서 회원코드[A24:A30], 대출도서[B24:B30], 연체율[F25:F28]을 이용하여 연체료[C24:C30]를 계산하시오. (8점)
   - ▶ 연체료 : 대출도서*1,000/(1-연체율)+도서비
   - ▶ 연체율의 의미 : 대출도서가 1 이하이면 0.5%, 2∽5이면 1.0%, 6∽10 이면 1.5%, 11∽15이면 2.0%
   - ▶ 도서비 : 회원코드의 마지막 숫자*1,000
   - ▶ 결과값은 백의 자리까지 올림하여 표시 [표시 예 : 1,234 → 1,300]
   - ▶ RIGHT, ROUNDUP, VLOOKUP 함수 모두 사용

## 문제3 분석작업(20점) 주어진 시트에서 다음 작업을 수행하고 저장하시오.

1. '분석작업-1' 시트에 대하여 다음의 지시사항을 처리하시오. (10점)

- [부분합] 기능을 이용하여 '소양인증포인트 현황' 표에 〈그림〉과 같이 학과별 '합계'의 최대값을 계산한 후 '기본영역', '인성봉사', '교육훈련'의 평균을 계산하시오.
  - ▶ 정렬은 '학과'를 기준으로 오름차순으로 처리하시오.
  - ▶ 최대값과 평균은 위에 명시된 순서대로 처리하시오.

| | A | B | C | D | E | F |
|---|---|---|---|---|---|---|
| 1 | **소양인증포인트 현황** | | | | | |
| 2 | | | | | | |
| 3 | 학과 | 성명 | 기본영역 | 인성봉사 | 교육훈련 | 합계 |
| 4 | 경영정보 | 정소영 | 85 | 75 | 75 | 235 |
| 5 | 경영정보 | 주경철 | 85 | 85 | 75 | 245 |
| 6 | 경영정보 | 한기철 | 90 | 70 | 85 | 245 |
| 7 | **경영정보 평균** | | 87 | 77 | 78 | |
| 8 | **경영정보 최대값** | | | | | 245 |
| 9 | 유아교육 | 강소미 | 95 | 65 | 65 | 225 |
| 10 | 유아교육 | 이주현 | 100 | 90 | 80 | 270 |
| 11 | 유아교육 | 한보미 | 80 | 70 | 90 | 240 |
| 12 | **유아교육 평균** | | 92 | 75 | 78 | |
| 13 | **유아교육 최대값** | | | | | 270 |
| 14 | 정보통신 | 김경호 | 95 | 75 | 95 | 265 |
| 15 | 정보통신 | 박주영 | 85 | 50 | 80 | 215 |
| 16 | 정보통신 | 임정민 | 90 | 80 | 60 | 230 |
| 17 | **정보통신 평균** | | 90 | 68 | 78 | |
| 18 | **정보통신 최대값** | | | | | 265 |
| 19 | **전체 평균** | | 89 | 73 | 78 | |
| 20 | **전체 최대값** | | | | | 270 |

2. '분석작업-2' 시트에 대하여 다음의 지시사항을 처리하시오. (10점)

- [목표값 찾기] 기능을 이용하여 '대한 영화관 표 예매 현황' 표에서 총 예매액[H13]이 9,000,000이 되려면 조조 예매량[E13]이 얼마가 되어야 하는지 계산하시오.

## 문제4 기타작업(20점) 주어진 시트에서 다음 작업을 수행하고 저장하시오.

1. '매크로작업' 시트의 [표1]에서 다음과 같은 기능을 수행하는 매크로를 현재 통합 문서에 작성하고 실행하시오. (각 5점)

   ① [G4:G10] 영역에 총계를 계산하는 매크로를 생성하여 실행하시오.

   ▶ 매크로 이름: 총계

   ▶ 총계 = (사용요금 – 할인요금)×사용시간

   ▶ [개발 도구]-[삽입]-[양식 컨트롤]의 '단추'를 동일 시트의 [B12:C14] 영역에 생성하고, 텍스트를 '총계'로 입력한 후 단추를 클릭할 때 '총계' 매크로가 실행되도록 설정하시오.

   ② [E4:F10] 영역에 '통화 형식(₩)'을 설정하는 매크로를 생성하여 실행하시오.

   ▶ 매크로 이름: 통화

   ▶ [도형]-[기본 도형]의 '빗면(□)'을 동일 시트의 [D12:E14] 영역에 생성하고, 텍스트를 '통화'로 입력한 후 도형을 클릭할 때 '통화' 매크로가 실행되도록 설정하시오.

   **※ 셀 포인터의 위치에 상관 없이 현재 통합 문서에서 매크로가 실행되어야 정답으로 인정됨**

2. '차트작업' 시트의 차트를 지시사항에 따라 아래 그림과 같이 수정하시오. (각 2점)

   **※ 차트는 반드시 문제에서 제공한 차트를 사용하여야 하며, 신규로 작성 시 0점 처리됨**

   ① '콜서비스' 계열이 제거되도록 데이터 범위를 수정하시오.

   ② 차트 종류를 '누적 세로 막대형'으로 변경하시오.

   ③ 차트 제목은 '차트 위'로 지정한 후 [B1] 셀과 연동되도록 설정하시오.

   ④ '음식서비스' 계열에만 데이터 레이블 '값'을 표시하고, 레이블의 위치를 '축에 가깝게'로 설정하시오.

   ⑤ 전체 계열의 계열 겹치기와 간격 너비를 각각 '50%'로 설정하시오.

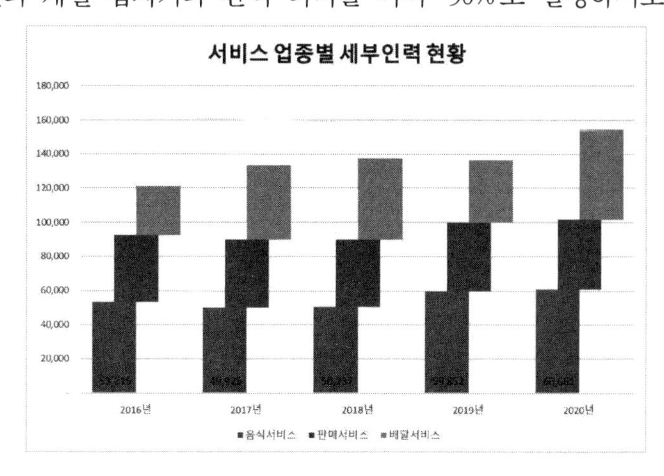

## 정답

기본작업1.

| | A | B | C | D | E | F |
|---|---|---|---|---|---|---|
| 1 | 과일 판매 현황 | | | | | |
| 2 | | | | | | |
| 3 | 품목 | 산지 | 출하일 | 특급 | 상급 | 판매달성도 |
| 4 | 홍로사과 | 경기도 가평 | 02월 11일 | 50,000 | 40,000 | 55.00% |
| 5 | 배 | 전라남도 나주 | 02월 15일 | 60,000 | 50,000 | 67.15% |
| 6 | 무화과 | 전라남도 목포 | 02월 13일 | 60,000 | 55,000 | 73.01% |
| 7 | 무등산수박 | 광주 북구 | 02월 14일 | 45,000 | 40,000 | 45.80% |
| 8 | 딸기 | 경상북도 경주 | 02월 19일 | 30,000 | 28,000 | 79.21% |
| 9 | 거봉 | 경기도 안성 | 02월 12일 | 40,000 | 35,000 | 85.08% |

기본작업2.

| | A | B | C | D | E | F | G | H |
|---|---|---|---|---|---|---|---|---|
| 1 | 3/4분기 지점별 차량 판매 내역 | | | | | | | |
| 2 | | | | | | | | |
| 3 | 지점 | 차명 | 1월 | | 2월 | | 3월 | |
| 4 | | | 판매량 | 판매액 | 판매량 | 판매액 | 판매량 | 판매액 |
| 5 | 영등포 | 아반떼 | 36 | 82,800만원 | 68 | 142,800만원 | 44 | 110,000만원 |
| 6 | 영등포 | K7 | 28 | 64,400만원 | 32 | 67,200만원 | 33 | 82,500만원 |
| 7 | 영등포 | 싼타페 | 39 | 89,700만원 | 40 | 84,000만원 | 31 | 77,500만원 |
| 8 | 수원 | 아반떼 | 41 | 94,300만원 | 19 | 39,900만원 | 28 | 70,000만원 |
| 9 | 수원 | 모닝 | 35 | 80,500만원 | 26 | 54,600만원 | 22 | 55,000만원 |
| 10 | 수원 | 스포티지 | 12 | 27,600만원 | 54 | 113,400만원 | 33 | 82,500만원 |
| 11 | 수성 | 티볼리 | 65 | 149,500만원 | 61 | 128,100만원 | 69 | 172,500만원 |
| 12 | 수성 | 스포티지 | 50 | 115,000만원 | 30 | 63,000만원 | 41 | 102,500만원 |
| 13 | 수성 | 포르테 | 29 | 66,700만원 | 22 | 46,200만원 | 32 | 80,000만원 |
| 14 | 북구 | K5 | 44 | 101,200만원 | 28 | 58,800만원 | 37 | 92,500만원 |
| 15 | 북구 | 티볼리 | 36 | 82,800만원 | 67 | 140,700만원 | 51 | 127,500만원 |
| 16 | 합 계 | | 415 | 954,500만원 | 447 | 938,700만원 | 421 | 1,052,500만원 |

3/4분기 최고 판매액 달성

기본작업3.

| 24 | 성명 | 나이 | 성별 | 키(cm) | 혈액형 | 거주지 |
|---|---|---|---|---|---|---|
| 25 | 이국희 | 24 | 여자 | 170 | B형 | 서울 |
| 26 | 한고운 | 33 | 여자 | 174 | AB형 | 인천 |
| 27 | 표선영 | 31 | 여자 | 171 | A형 | 경기도 |

계산작업.

[표1]

| 사번 | 입사년차 | 2023년 | 2025년 | 결과 |
|---|---|---|---|---|
| HY-312 | 3 | 5 | 3 | |
| HY-214 | 8 | 16 | 22 | 승진 |
| HY-195 | 12 | 9 | 5 | |
| HY-162 | 13 | 13 | 18 | |
| HY-253 | 7 | 12 | 19 | 승진 |
| HY-301 | 4 | 10 | 7 | |
| HY-129 | 15 | 8 | 10 | |
| HY-328 | 2 | 10 | 13 | 승진 |

[표2]

| 이름 | 계열 | 국어 | 수학 | 인문 계열 국어 점수 평균 |
|---|---|---|---|---|
| 이대감 | 인문 | 87 | 92 | 88.34 |
| 곽봉참 | 자연 | 67 | 73 | |
| 연양희 | 예체능 | 79 | 82 | |
| 장호영 | 자연 | 92 | 96 | |
| 김달수 | 인문 | 100 | 95 | |
| 김자연 | 자연 | 84 | 85 | |
| 최여명 | 예체능 | 59 | 64 | |
| 한동길 | 인문 | 78 | 83 | |

[표3]

| 응시지역 | 성명 | 응시일 | 요일 |
|---|---|---|---|
| 광주 | 김종민 | 2023-06-21 | 평일 |
| 서울 | 강원철 | 2023-07-18 | 평일 |
| 안양 | 이진수 | 2023-05-22 | 평일 |
| 부산 | 박정민 | 2023-07-01 | 주말 |
| 인천 | 한수경 | 2023-06-13 | 평일 |
| 제주 | 유미진 | 2023-08-05 | 주말 |
| 대전 | 정미영 | 2023-08-08 | 평일 |

[표4]

| 프로그램 | 교육일자 | 교육코드 |
|---|---|---|
| hellocatch | 2024-06-08 | HE-8 |
| hicompany | 2024-06-13 | HI-13 |
| designmoney | 2024-06-18 | DE-18 |
| hicompany | 2024-06-15 | HI-15 |
| hicompany | 2024-06-14 | HI-14 |
| hellocatch | 2024-06-09 | HE-9 |
| designmoney | 2024-06-11 | DE-11 |

[표5]

| 회원코드 | 대출도서 | 연체료 |
|---|---|---|
| A-013B5 | 10 | 15,200 |
| C-014B3 | 8 | 11,100 |
| H-015B8 | 6 | 14,100 |
| J-016B7 | 4 | 11,100 |
| M-017B6 | 9 | 15,100 |
| X-018B4 | 12 | 16,200 |
| V-019B7 | 5 | 12,100 |

| 규정 | |
|---|---|
| 대출도서 | 연체율 |
| 1 | 0.5% |
| 5 | 1.0% |
| 10 | 1.5% |
| 15 | 2.0% |

분석작업1.

소양인증포인트 현황

| 학과 | 성명 | 기본영역 | 인성봉사 | 교육훈련 | 합계 |
|---|---|---|---|---|---|
| 경영정보 | 정소영 | 85 | 75 | 75 | 235 |
| 경영정보 | 주경철 | 85 | 85 | 75 | 245 |
| 경영정보 | 한기철 | 90 | 70 | 85 | 245 |
| **경영정보 평균** | | 87 | 77 | 78 | |
| **경영정보 최대값** | | | | | 245 |
| 유아교육 | 강소미 | 95 | 65 | 65 | 225 |
| 유아교육 | 이주현 | 100 | 90 | 80 | 270 |
| 유아교육 | 한보미 | 80 | 70 | 90 | 240 |
| **유아교육 평균** | | 92 | 75 | 78 | |
| **유아교육 최대값** | | | | | 270 |
| 정보통신 | 김경호 | 95 | 75 | 95 | 265 |
| 정보통신 | 박주영 | 85 | 50 | 80 | 215 |
| 정보통신 | 임정민 | 90 | 80 | 60 | 230 |
| **정보통신 평균** | | 90 | 68 | 78 | |
| **정보통신 최대값** | | | | | 265 |
| **전체 평균** | | 89 | 73 | 78 | |
| **전체 최대값** | | | | | 270 |

분석작업2.

| | A | B | C | D | E | F | G | H |
|---|---|---|---|---|---|---|---|---|
| 1 | 대한 영화관 표 예매 현황 | | | | | | | |
| 2 | | | | | | | | |
| 3 | 영화명 | 금액 | | | 예매량 | | | 총 예매액 |
| 4 | | 조조 | 현금 | 카드 | 조조 | 현금 | 카드 | |
| 5 | 미션 파서블 | 6,000 | 11,000 | 13,000 | 45 | 127 | 210 | 3,987,000 |
| 6 | 라스트 레터 | 6,000 | 11,000 | 13,000 | 55 | 328 | 556 | 9,801,000 |
| 7 | 카오스 워킹 | 6,000 | 11,000 | 13,000 | 53 | 294 | 587 | 9,978,000 |
| 8 | 새해전야 | 6,000 | 11,000 | 13,000 | 29 | 180 | 429 | 6,976,000 |
| 9 | 고백 | 6,000 | 11,000 | 13,000 | 36 | 233 | 425 | 7,319,000 |
| 10 | 빛과 철 | 6,000 | 11,000 | 13,000 | 54 | 301 | 502 | 8,926,000 |
| 11 | 해변의 에트랑제 | 6,000 | 11,000 | 13,000 | 78 | 407 | 759 | 13,167,000 |
| 12 | 클로저 | 6,000 | 11,000 | 13,000 | 61 | 400 | 881 | 14,524,000 |
| 13 | 해피투게더 | 6,000 | 11,000 | 13,000 | 39 | 304 | 519 | 9,000,000 |
| 14 | 시간의 끝에서 널 기다려 | 6,000 | 11,000 | 13,000 | 66 | 362 | 476 | 9,086,000 |

매크로작업.

| | A | B | C | D | E | F | G |
|---|---|---|---|---|---|---|---|
| 1 | 스포츠 경기장 일일 사용요금 내역서 | | | | | | |
| 2 | | | | | | | |
| 3 | 회원이름 | 종목 | 등급 | 사용시간 | 사용요금 | 할인요금 | 총계 |
| 4 | 김민희 | 소프트볼 | VIP | 2 | ₩13,000 | ₩1,300 | 23,400 |
| 5 | 박철수 | 축구 | 골드 | 3 | ₩18,000 | ₩900 | 51,300 |
| 6 | 한명선 | 소프트볼 | 실버 | 2 | ₩13,000 | ₩390 | 25,220 |
| 7 | 이지영 | 야구 | 실버 | 5 | ₩22,000 | ₩660 | 106,700 |
| 8 | 황보국 | 축구 | 골드 | 3 | ₩18,000 | ₩900 | 51,300 |
| 9 | 이미래 | 야구 | VIP | 5 | ₩22,000 | ₩2,200 | 99,000 |
| 10 | 박성현 | 축구 | 실버 | 3 | ₩18,000 | ₩540 | 52,380 |
| 11 | | | | | | | |
| 12 | | 총계 | | 통화 | | | |
| 13 | | | | | | | |
| 14 | | | | | | | |

차트작업.

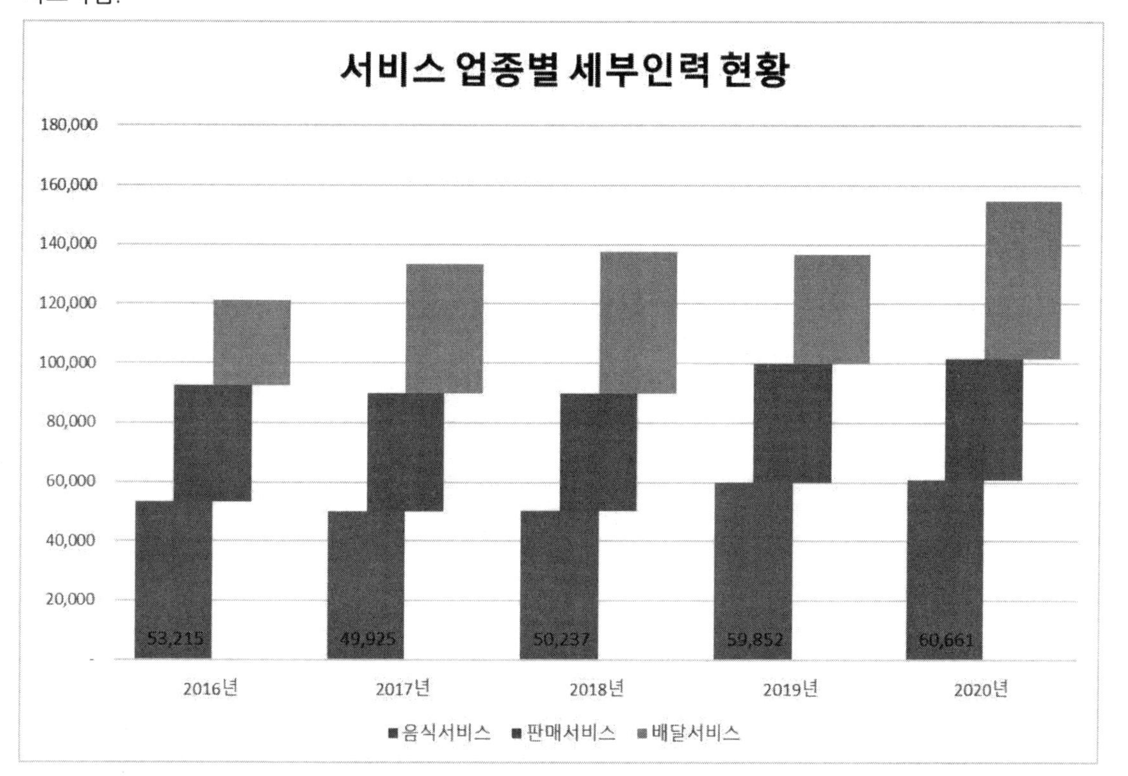
서비스 업종별 세부인력 현황
180,000
160,000
140,000
120,000
100,000
80,000
60,000
40,000
20,000
-
53,215
49,925
50,237
59,852
60,661
2016년
2017년
2018년
2019년
2020년
음식서비스
판매서비스
배달서비스

## 해설

기본작업1 : 출력형태와 같이 입력한다.

기본작업2 :

[A1:H1] 영역을 범위 지정한 다음 마우스 우클릭-'병합하고 가운데 맞춤' 클릭, 글꼴 '돋움체' 입력, 크기 '23' 입력, '굵게'를 클릭한다.

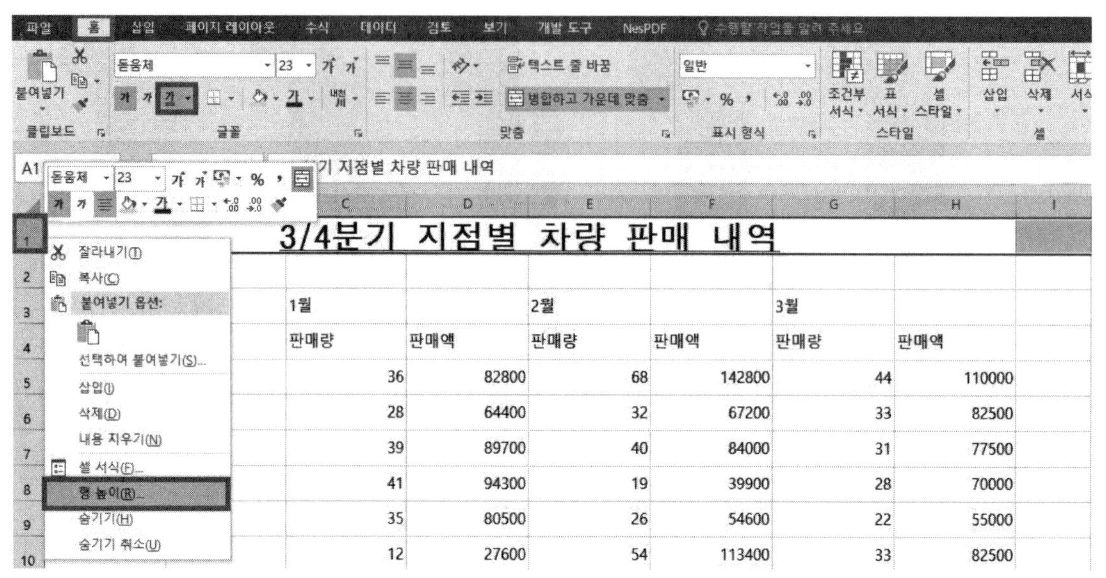

[홈]-[밑줄]-'이중 밑줄'을 클릭하고 1행에서 마우스 우클릭-[행 높이]를 클릭해서 '30'을 입력한 다음 확인 을 클릭한다.

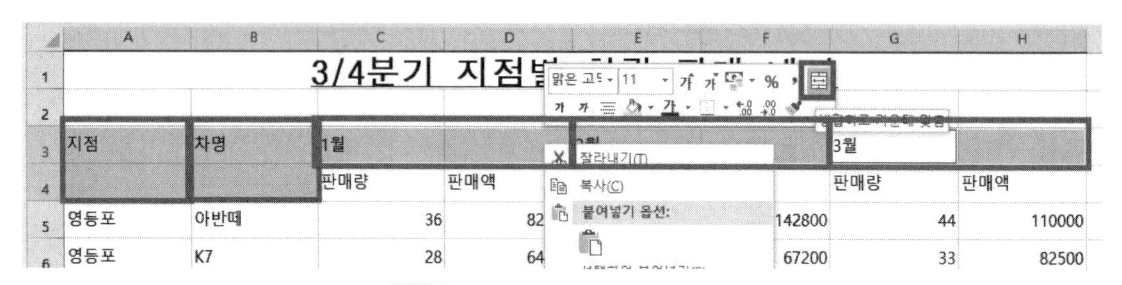

[A3:A4] 영역을 범위 지정한 다음 Ctrl 을 누른 상태로 [B3:B4], [C3:D3], [E3:F3], [G3:H3] 영역을 범위 지정해서 마우스 우클릭-'병합하고 가운데 맞춤'을 클릭한다.

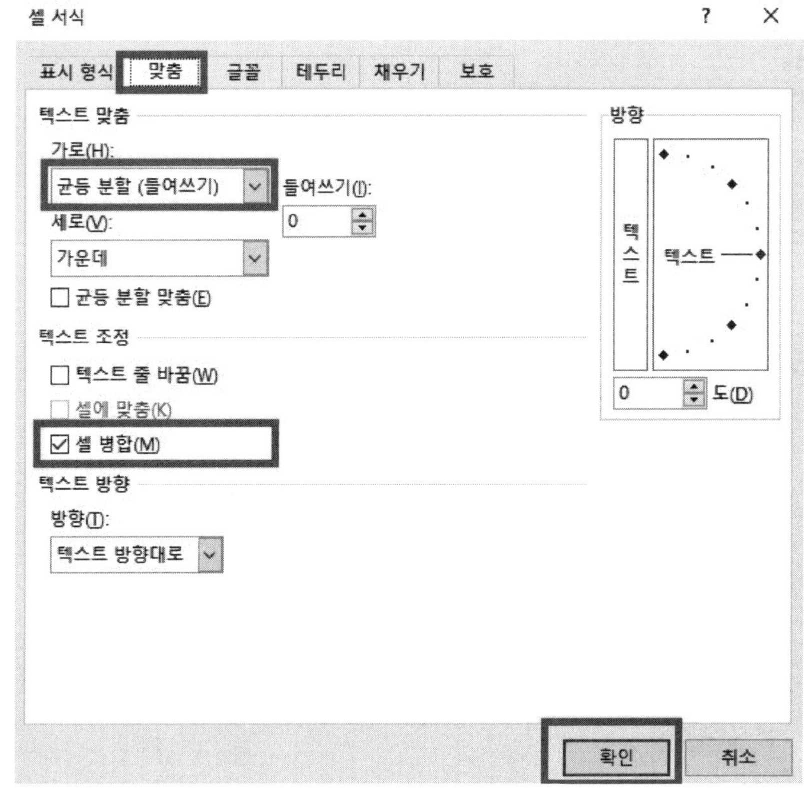


[A16:B16] 영역을 범위 지정한 다음 마우스 우클릭-[셀 서식]-[맞춤]으로 와서 '셀 병합'을 클릭하고, 가로-'균등 분할 (들여쓰기)'를 선택한 다음 확인 을 클릭한다.

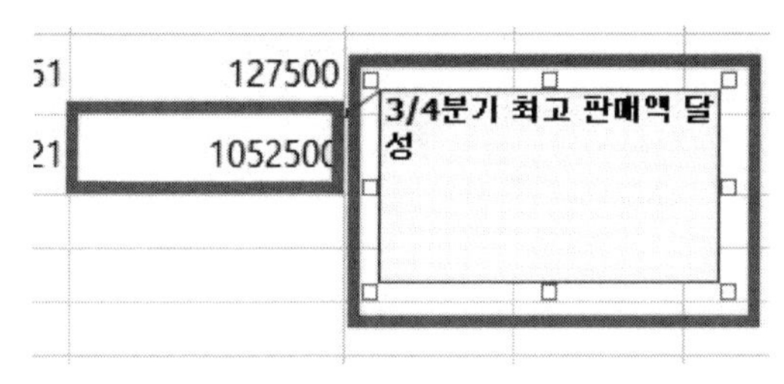


[H16] 셀에서 마우스 우클릭-[새 노트]를 클릭한 다음, 메모 안에 두 번째 줄에서 커서가 깜박이는데 제일 먼저 BackSpace (←)를 계속 눌러서 글자를 모두 지운 다음, '3/4분기 최고 판매액 달성'이라고 입력 후 메모 테두리 흰 색 사각형 아무데서나 마우스 포인터 모양이 바뀌면 마우스 우클릭-[메모 서식]을 클릭한다.

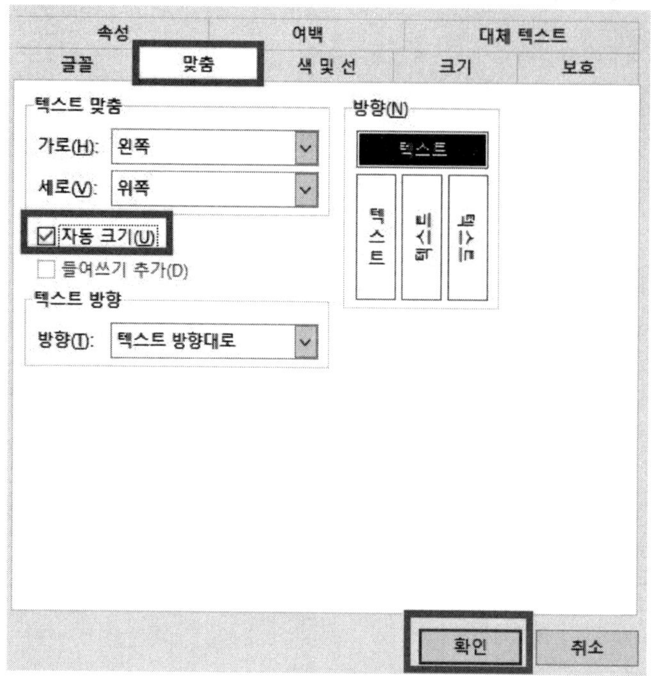


[맞춤]-'자동 크기'를 체크한 다음 확인 을 클릭한다.

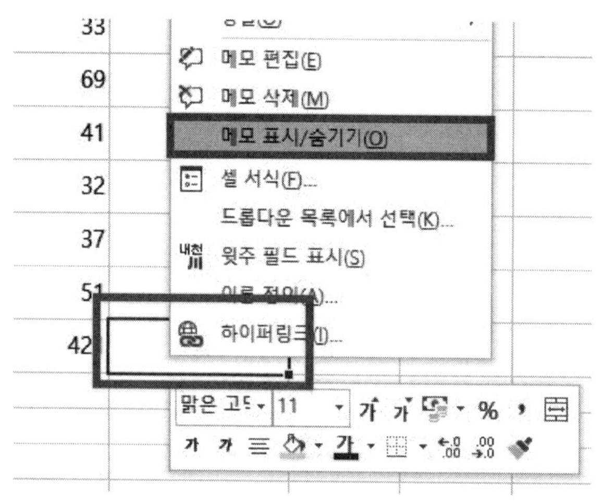


[H16] 셀에서 마우스 우클릭-[메모 표시/숨기기]를 클릭한다.

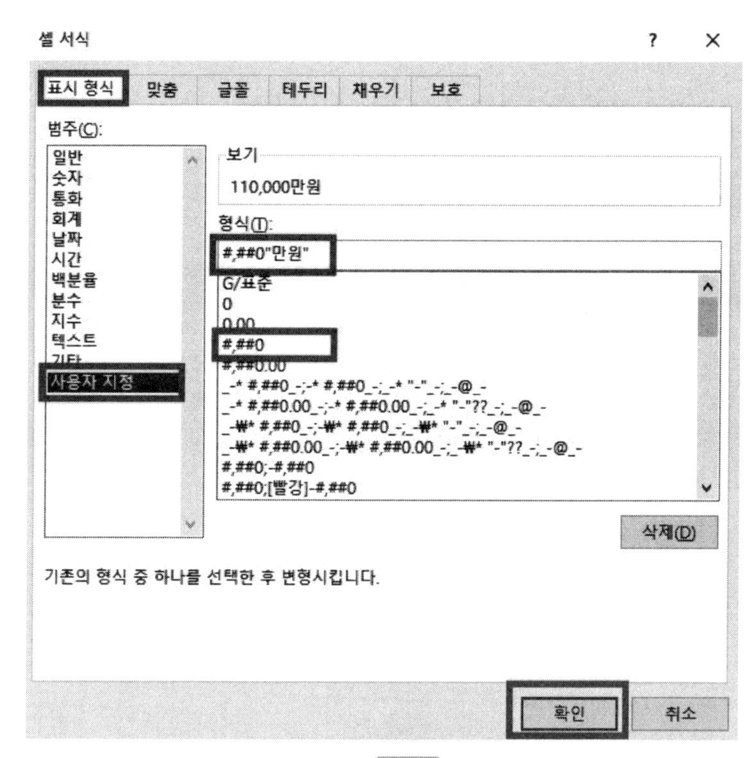


[D5:D16] 영역을 범위 지정하고 Ctrl 을 눌러서 [F5:F16], [H5:H16] 영역을 범위 지정한 다음 마우스 우클릭-[셀 서식]-[표시 형식]-[사용자 지정]으로 와서 '#,##0'을 클릭한 다음 뒤에 "만원"을 입력하고 확인 을 클릭한다.

| 지점 | 차명 | 1월 | | 2월 | | 3월 | |
|---|---|---|---|---|---|---|---|
| | | 판매량 | 판매액 | 판매량 | 판매액 | [illegible] | 판매액 |
| 영등포 | 아반떼 | 36 | 82,800만원 | 68 | [illegible] | [illegible] | 110,000만원 |
| 영등포 | K7 | 28 | 64,400만원 | 32 | [illegible] | [illegible] | 82,500만원 |
| 영등포 | 싼타페 | 39 | 89,700만원 | 40 | [illegible] | [illegible] | 77,500만원 |
| 수원 | 아반떼 | 41 | 94,300만원 | 19 | [illegible] | [illegible] | 70,000만원 |
| 수원 | 모닝 | 35 | 80,500만원 | 26 | [illegible] | [illegible] | 55,000만원 |
| 수원 | 스포티지 | 12 | 27,600만원 | 54 | [illegible] | [illegible] | 82,500만원 |
| 수성 | 티볼리 | 65 | 149,500만원 | 61 | [illegible] | [illegible] | 172,500만원 |
| 수성 | 스포티지 | 50 | 115,000만원 | 30 | [illegible] | [illegible] | 102,500만원 |
| 수성 | 포르테 | 29 | 66,700만원 | 22 | [illegible] | [illegible] | 80,000만원 |
| 북구 | K5 | 44 | 101,200만원 | 28 | 58,800만원 | 37 | 92,500만원 |
| 북구 | 티볼리 | 36 | 82,800만원 | 67 | 140,700만원 | 51 | 127,500만원 |
| 합 | 계 | 415 | 954,500만원 | 447 | 938,700만원 | 421 | 1,052,500만원 |

아래쪽 테두리(O)
위쪽 테두리(P)
왼쪽 테두리(L)
오른쪽 테두리(R)
테두리 없음(N)
모든 테두리(A)
바깥쪽 테두리(S)
굵은 바깥쪽 테두리(T)
아래쪽 이중 테두리(B)
굵은 아래쪽 테두리(H)
위쪽/아래쪽 테두리(D)
위쪽/굵은 아래쪽 테두리(C)
위쪽/아래쪽 이중 테두리(U)
다른 테두리(M)...

[A3:H16] 영역을 범위 지정한 다음 마우스 우클릭-[테두리]-'모든 테두리'를 선택한다.

기본작업3 :

| 성별 | 키(cm) |
|---|---|
| 여자 | >=170 |

[A19:B20] 영역에 그림과 같이 조건을 입력한다.

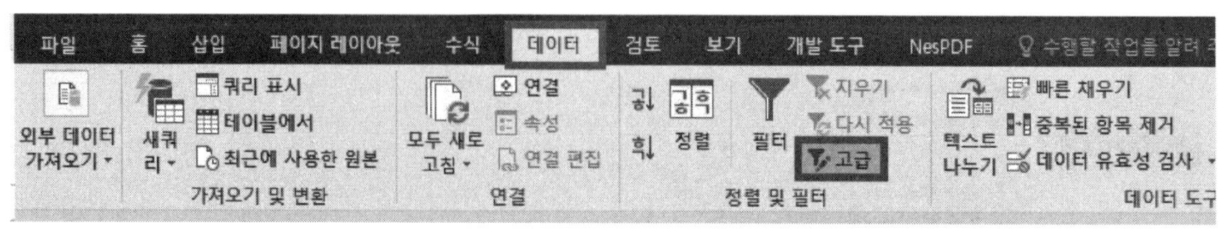


[데이터]-[고급]을 클릭한다.

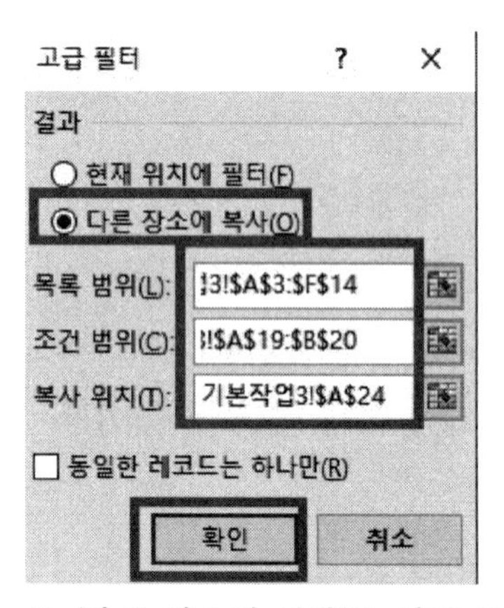


○ '다른 장소에 복사'를 먼저 클릭한 다음
  목록 범위 : [A3:F14] 범위 지정
  조건 범위 : [A19:C20] 범위 지정
  복사 위치 : [A24] 셀을 클릭하고 마지막에 확인 을 클릭한다.

계산작업 :

(1) [E3:E10] 영역을 범위 지정한 다음 =IF(AND(B3<=8,COUNTIF(C3:D3,">10"))=1),"승진","")를 입력하고 Ctrl + Enter 를 누른다.

(2) [L3] 셀을 클릭한 후 =ROUNDUP(AVERAGEIF(I3:I10,I3,J3:J10),2)를 입력하고 Enter 를 누른다.

(3) [D14:D20] 영역을 범위 지정한 다음 =IF(WEEKDAY(C14,2)>=6,"주말","평일")를 입력하고 Ctrl + Enter 를 누른다.

(4) [J14:J20] 영역을 범위 지정한 다음 =UPPER(LEFT(H14,2))&"-"&DAY(I14)를 입력하고 Ctrl + Enter 를 누른다.

(5) [C24:C30] 영역을 범위 지정한 다음 =ROUNDUP(B24*1000/(1-VLOOKUP(B24,$E$25:$F$28,2))+RIGHT(A24,1)*1000,-2)를 입력하고 Ctrl + Enter 를 누른다.

분석작업1 :

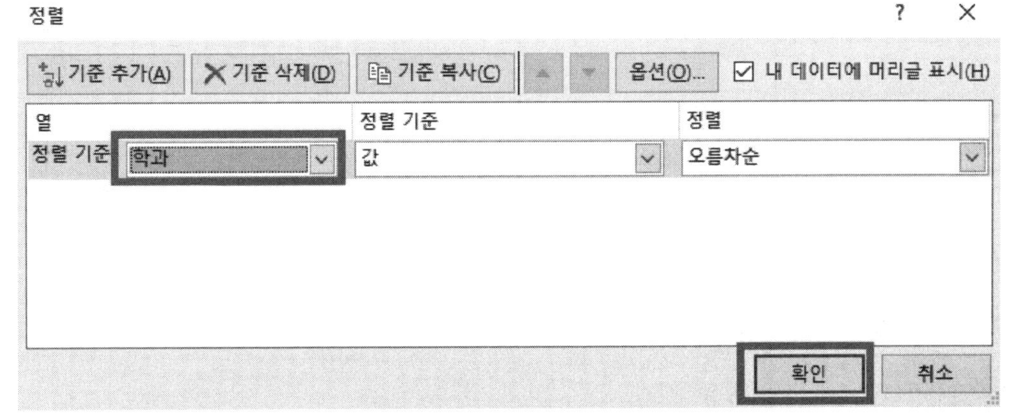


학과[A3] 셀을 클릭한 다음 [데이터]-[정렬]을 클릭해서 정렬 기준은 '학과'를 선택하고 확인 을 클릭한다.

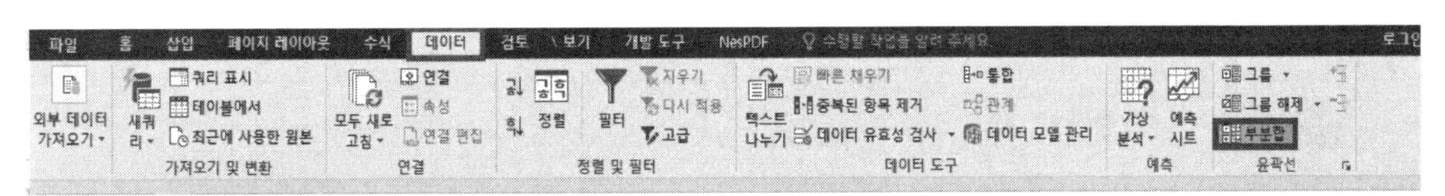


바로 [데이터]-[부분합]을 클릭한다.

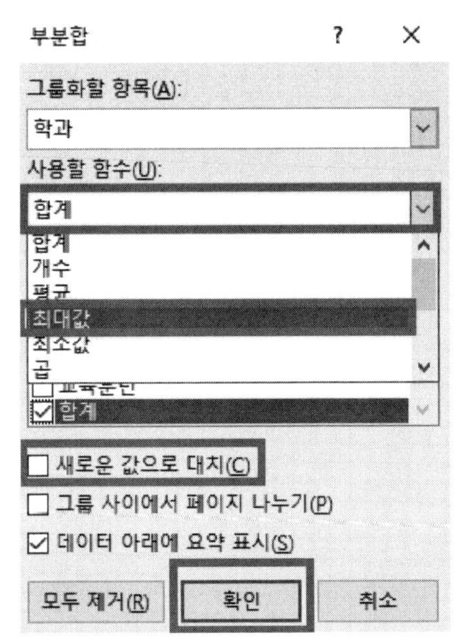


'새로운 값으로 대치'만 체크 해제 후 사용할 함수는 '최대값'을 선택하고 확인 을 클릭한다. 그리고 다시 [데이터]-[부분합]을 클릭한다.

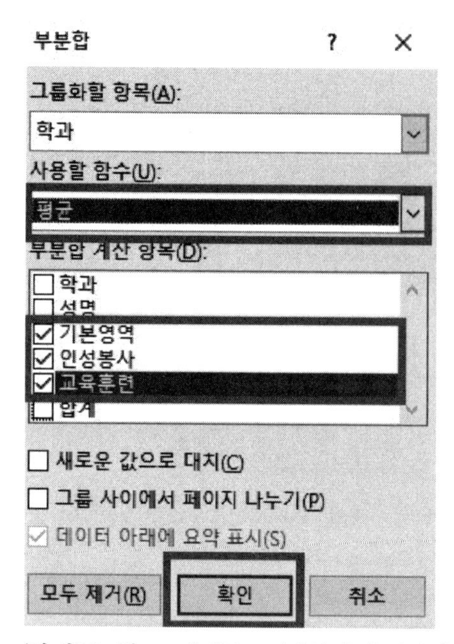


'합계'를 체크 해제하고 '기본영역', '인성봉사', '교육훈련'을 체크한 다음 사용할 함수는 '평균'을 클릭하고 확인 을 클릭한다.

분석작업2 :

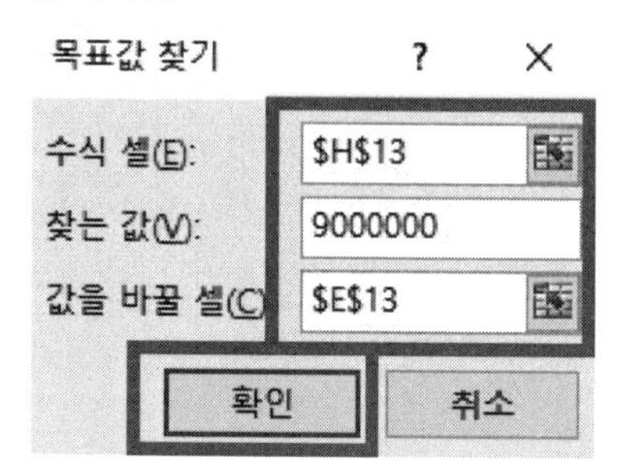


셀 포인터 위치에 상관 없이 바로 [데이터]-[가상 분석]-[목표값 찾기]를 클릭한 다음 수식 셀에 [H13] 셀을 클릭하고 찾는 값에 '9000000'을 입력하고 값을 바꿀 셀에 [E13] 셀을 클릭한 다음 확인 을 클릭한다.

매크로 :

매크로1.

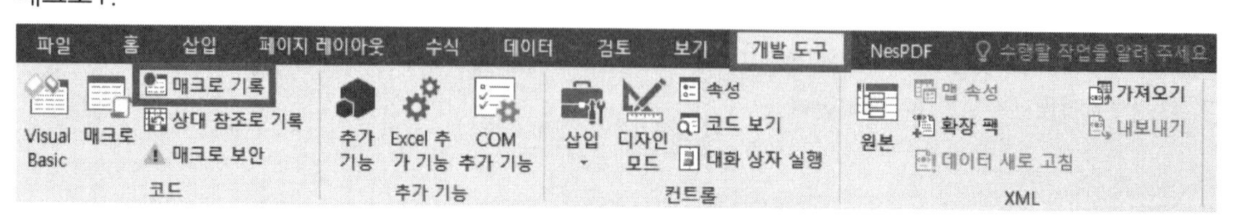


[A1:G10] 영역을 제외하고 아무 곳에서나 셀을 하나 클릭한 다음 [개발 도구]- 매크로 기록 을 클릭한다.

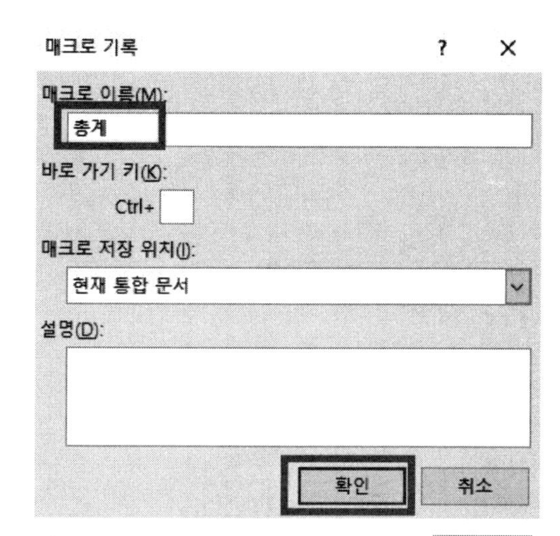


매크로 이름에는 '총계'를 입력하고 확인 을 클릭한다.

D4 =(E4-F4)*D4

| | A | B | C | D | E | F | G |
|---|---|---|---|---|---|---|---|
| 1 | 스포츠 경기장 일일 사용요금 내역서 | | | | | | |
| 2 | | | | | | | |
| 3 | 회원이름 | 종목 | 등급 | 사용시간 | 사용요금 | 할인요금 | 총계 |
| 4 | 김민희 | 소프트볼 | VIP | 2 | 13,000 | 1,300 | =(E4-F4)*D4 |
| 5 | 박철수 | 축구 | 골드 | 3 | 18,000 | 900 | |
| 6 | 한명선 | 소프트볼 | 실버 | 2 | 13,000 | 390 | |
| 7 | 이지영 | 야구 | 실버 | 5 | 22,000 | 660 | |
| 8 | 황보국 | 축구 | 골드 | 3 | 18,000 | 900 | |
| 9 | 이미래 | 야구 | VIP | 5 | 22,000 | 2,200 | |
| 10 | 박성현 | 축구 | 실버 | 3 | 18,000 | 540 | |

[G4:G10] 영역을 범위 지정한 다음 수식 입력줄에 =(E4-F4)*D4을 입력하고 Ctrl + Enter 를 누른다.

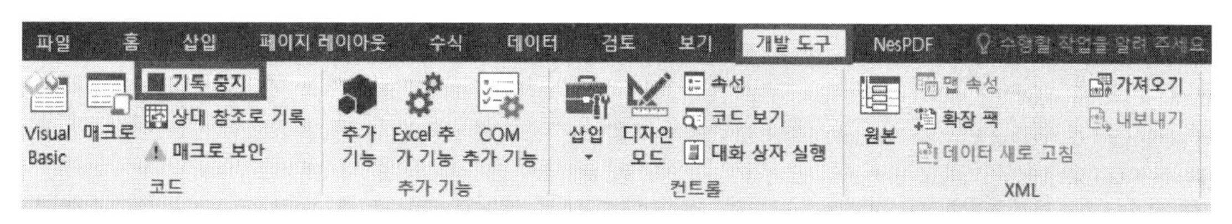


[A1:G10] 영역을 제외하고 아무 곳에서나 셀을 하나 클릭한 다음 [개발 도구]-기록 중지 를 클릭한다.

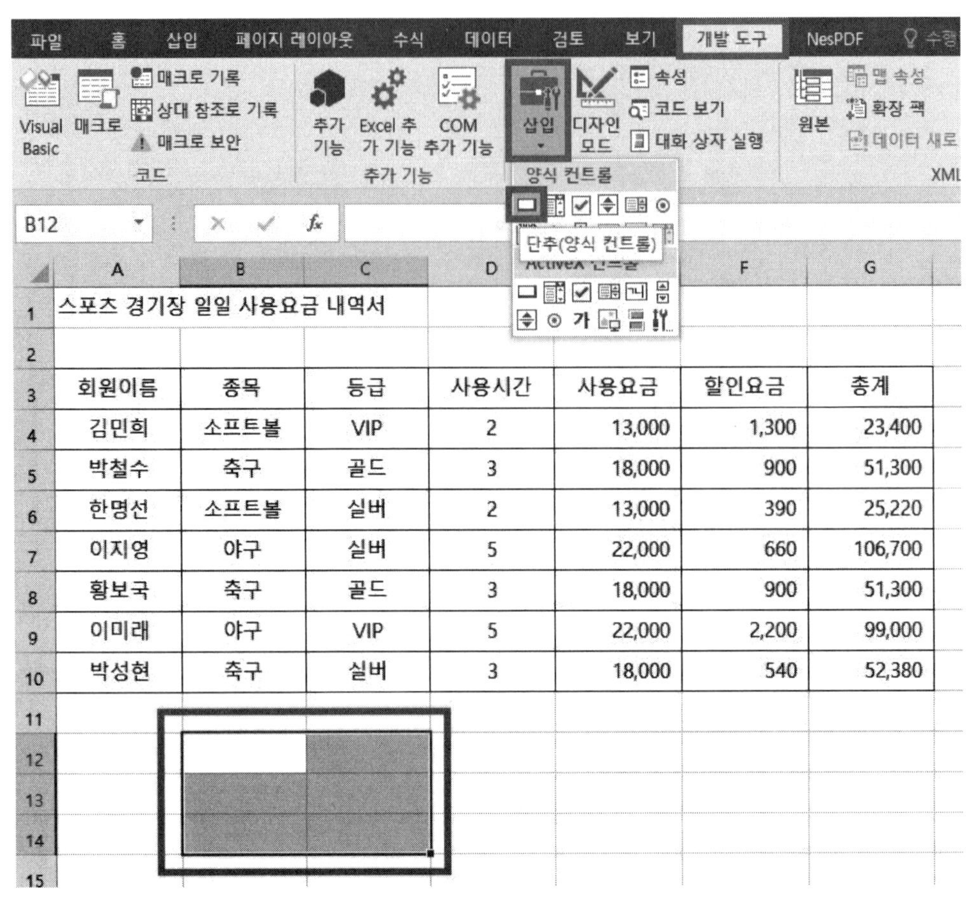


스포츠 경기장 일일 사용요금 내역서

| 회원이름 | 종목 | 등급 | 사용시간 | 사용요금 | 할인요금 | 총계 |
|---|---|---|---|---|---|---|
| 김민희 | 소프트볼 | VIP | 2 | 13,000 | 1,300 | 23,400 |
| 박철수 | 축구 | 골드 | 3 | 18,000 | 900 | 51,300 |
| 한명선 | 소프트볼 | 실버 | 2 | 13,000 | 390 | 25,220 |
| 이지영 | 야구 | 실버 | 5 | 22,000 | 660 | 106,700 |
| 황보국 | 축구 | 골드 | 3 | 18,000 | 900 | 51,300 |
| 이미래 | 야구 | VIP | 5 | 22,000 | 2,200 | 99,000 |
| 박성현 | 축구 | 실버 | 3 | 18,000 | 540 | 52,380 |

[B12:C14] 영역을 범위 지정한 다음 [개발 도구]-[삽입]-[양식 컨트롤]-'단추'를 선택한 다음 Alt 키를 누른 상태로 마우스로 드래그하여 삽입한다.

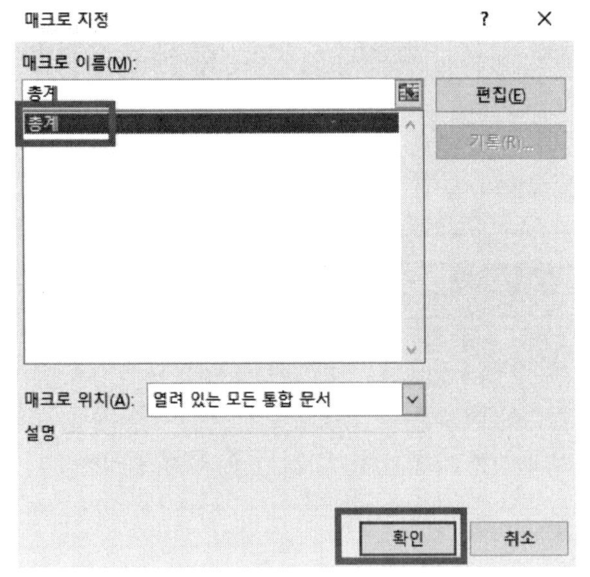


매크로 이름 중 '총계'를 클릭하고 확인 을 클릭하고 도형에 '총계'를 입력한다.

매크로2.

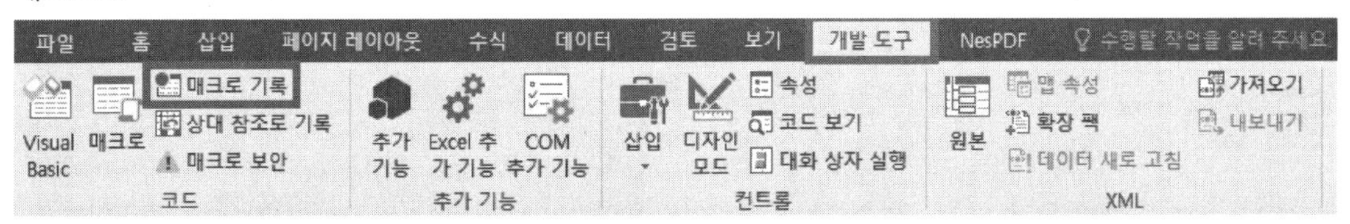


[A1:G10] 영역을 제외하고 아무 곳에서나 셀을 하나 클릭한 다음 [개발 도구]- 매크로 기록 을 클릭한다.

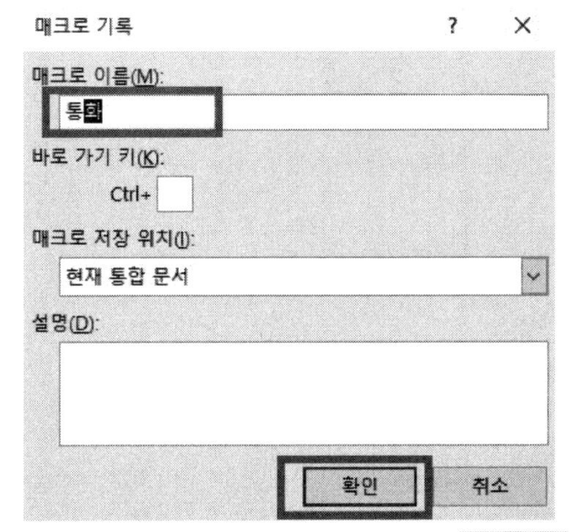


매크로 이름에는 '통화'를 입력하고 확인 을 클릭한다.

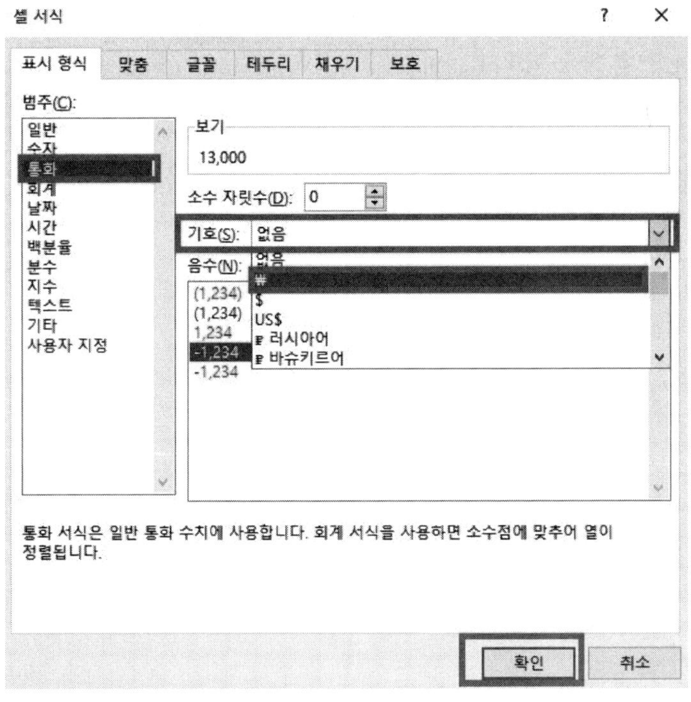


[E4:F10] 영역을 범위 지정한 다음 마우스 우클릭-[셀 서식]-표시 형식-통화-기호 '₩'를 선택하고 확인 을 클릭한다.

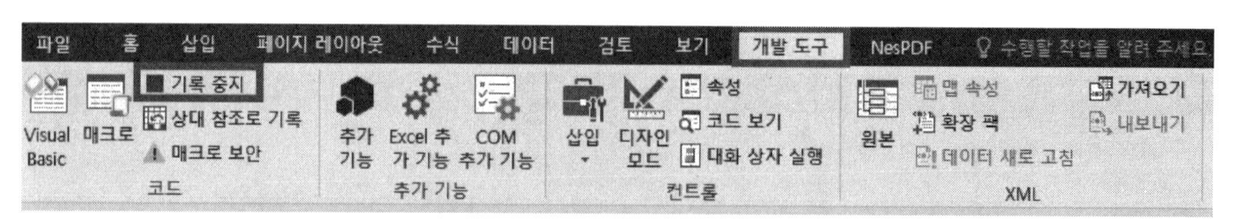

[A1:G10] 영역을 제외하고 아무 곳에서나 셀을 하나 클릭한 다음 [개발 도구]- 기록 중지 를 클릭한다.

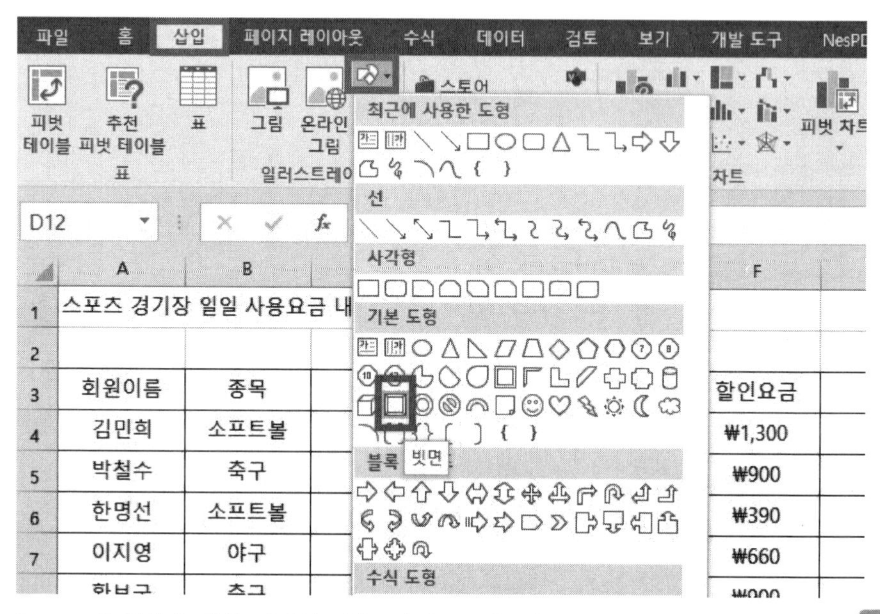

[D12:E14] 영역을 범위 지정한 다음 [삽입]-[도형]-[기본 도형]-'빗면'을 선택한 다음 Alt 키를 누른 상태로 마우스로 드래그하여 도형을 삽입하고 '통화'로 입력하고 마우스 우클릭-[매크로 지정]을 클릭한다.

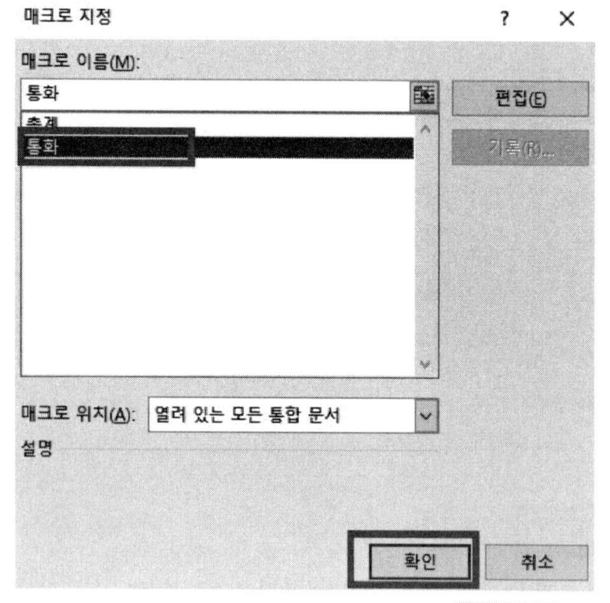

매크로 이름 중 '통화'를 찾아서 클릭하고 확인 을 클릭한다.

차트 :

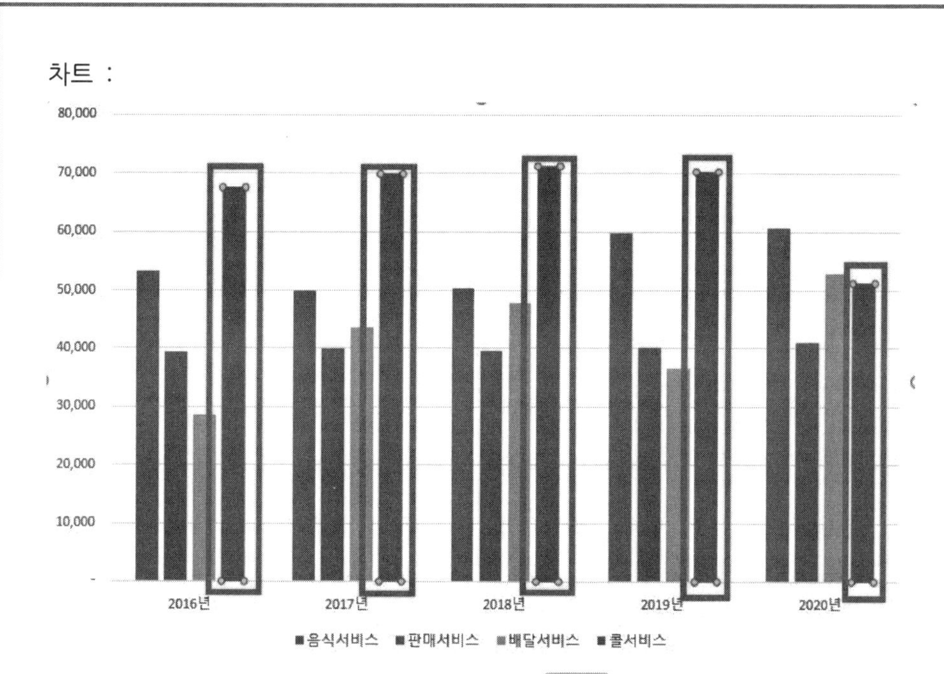


'콜서비스' 계열을 아무거나 하나 선택한 다음 Delete 키를 누른다.

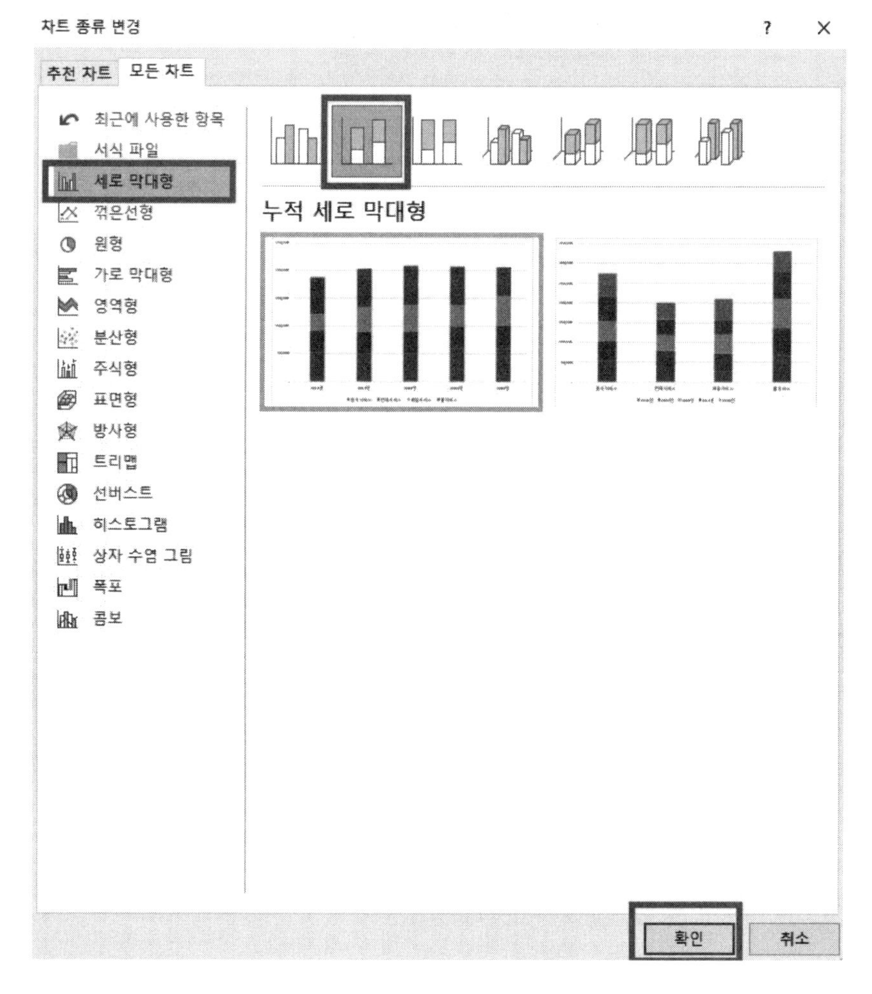


차트 아무 곳에서나 마우스 우클릭-[차트 종류 변경]-세로 막대형-'누적 세로 막대형'을 선택한 다음 확인 을 클릭한다.

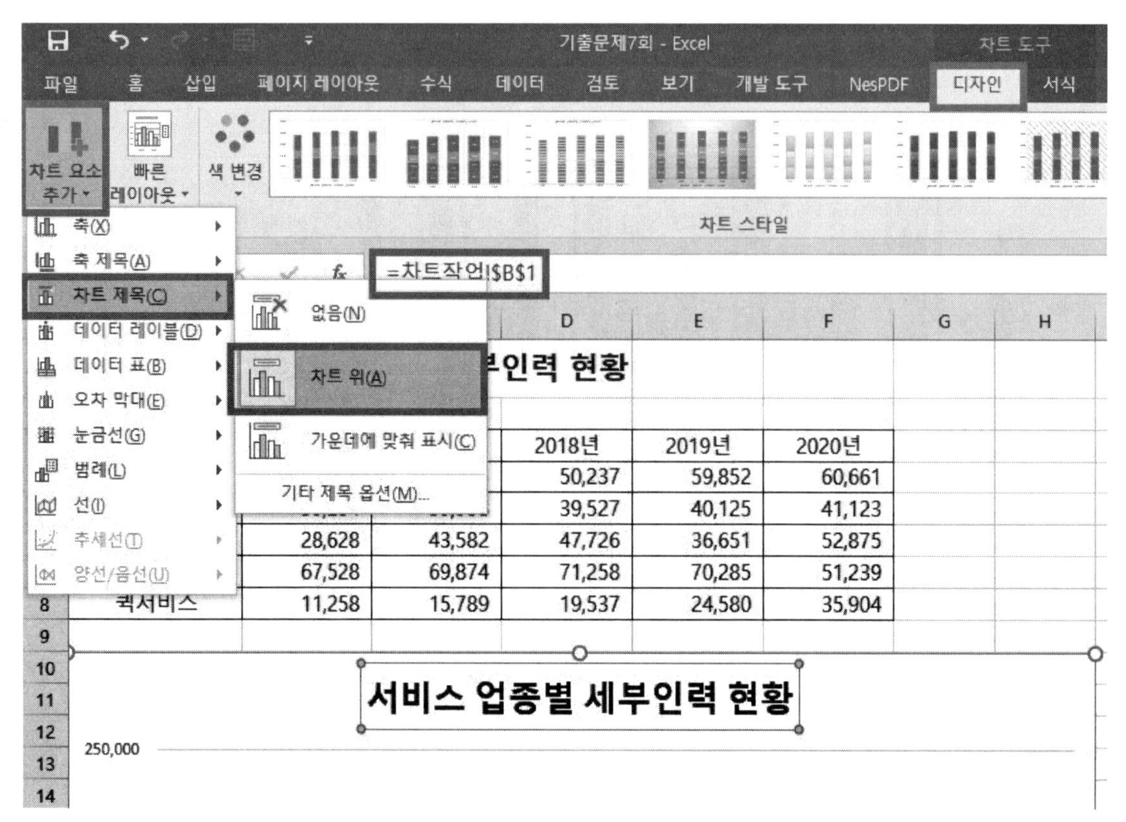


차트 아무 위치에서나 더블 클릭한 다음 [디자인]-[차트 요소 추가]-[차트 제목]-'차트 위'를 클릭하고 수식 입력줄에 =B1셀 클릭 후 Enter 를 누른다.

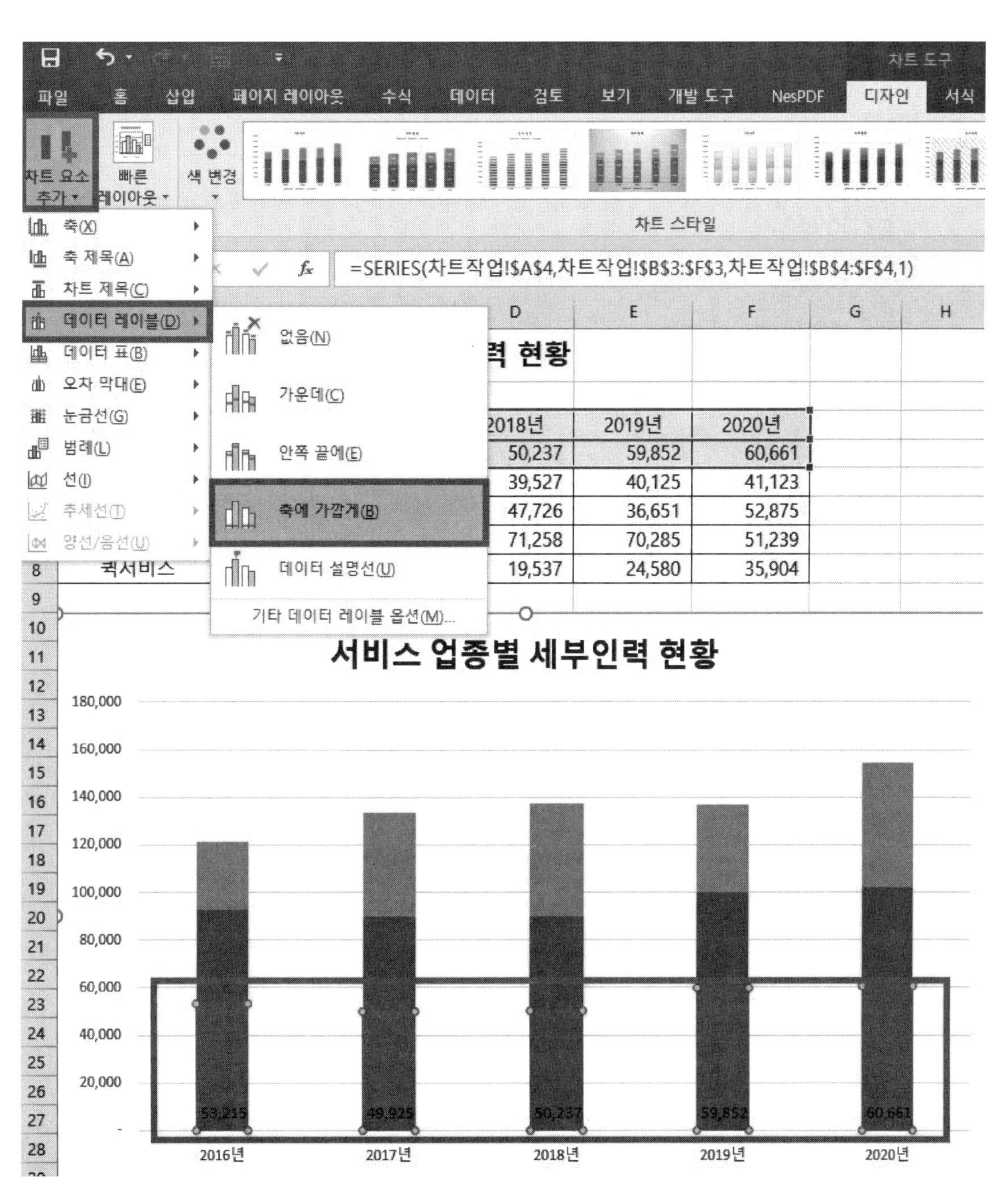


음식서비스 계열을 아무거나 하나 선택하면 전체가 선택되고 [디자인]-[차트 요소 추가]-[데이터 레이블]-'축에 가깝게'를 클릭한다.

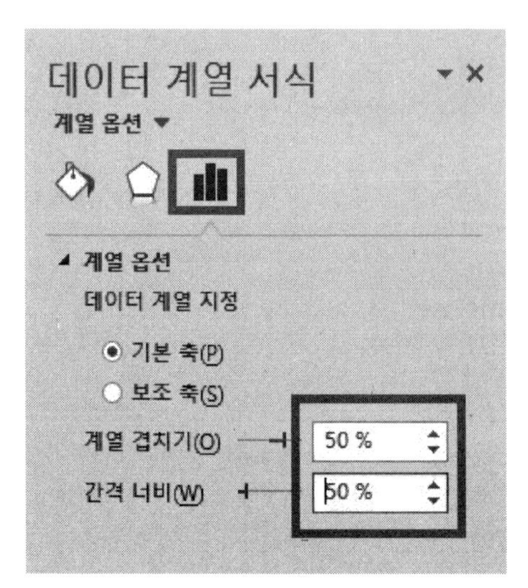


현재 음식서비스 계열이 선택되어 있어서 오른쪽을 보면 서식 창이 있는데 계열 옵션-계열 겹치기와 간격 너비에 각각 '50'을 입력한다.

국 가 기 술 자 격 검 정

# 컴퓨터활용능력 실기 실전 예상 기출문제 8회

| 프로그램명 | 제한시간 |
|---|---|
| EXCEL 2021 | 40분 |

수험번호 : ____________________

성　　명 : ____________________

| 2급 | H형 |
|---|---|

## 〈유 의 사 항〉

■ 인적 사항 누락 및 잘못 작성으로 인한 불이익은 수험자 책임으로 합니다.

■ 작성된 답안은 주어진 경로 및 파일명을 변경하지 마시고 그대로 저장해야 합니다. 이를 준수하지 않으면 실격 처리됩니다.

■ 별도의 지시사항이 없는 경우, 다음과 같이 처리 시 실격 처리됩니다.
- ○ 제시된 시트 및 개체의 순서나 이름을 임의로 변경한 경우
- ○ 제시된 시트 및 개체를 임의로 추가 또는 삭제한 경우

■ 답안은 반드시 문제에서 지시 또는 요구한 셀에 입력하여야 하며 다음과 같이 처리 시 채점 대상에서 제외됩니다.
- ○ 수험자가 임의로 지시하지 않은 셀의 이동, 수정, 삭제, 변경 등으로 인해 셀의 위치 및 내용이 변경된 경우 해당 작업에 영향을 미치는 관련 문제 모두 채점 대상에서 제외
- ○ 도형 및 차트의 개체가 중첩되어 있거나 동일한 계산결과 시트가 복수로 존재할 경우 해당 개체나 시트는 채점 대상에서 제외

■ 수식 작성 시 제시된 문제 파일의 데이터는 변경 가능한(가변적) 데이터임을 감안하여 문제 풀이를 하시오.

■ 별도의 지시사항이 없는 경우, 주어진 각 시트 및 개체의 설정값 또는 기본 설정값(Default)으로 처리하시오.

■ 저장 시간은 별도로 주어지지 않으므로 제한된 시간 내에 저장을 완료해야 하며, 제한 시간 내에 저장이 되지 않은 경우에는 실격 처리됩니다.

■ 출제된 문제의 용어는 Microsoft Office 2021 기준으로 작성되어 있습니다.

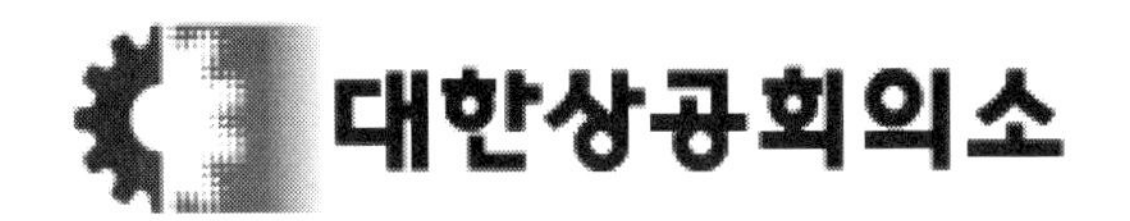

## 문제1 기본작업(20점) 주어진 시트에서 다음 과정을 수행하고 저장하시오.

### 1. '기본작업-1' 시트에 다음의 자료를 주어진 대로 입력하시오. (5점)

| | A | B | C | D | E | F |
|---|---|---|---|---|---|---|
| 1 | 커피 판매 매출액 현황 | | | | | |
| 2 | | | | | | |
| 3 | 지점명 | 상품코드 | 커피명 | 판매량 | 판매비율 | 매출 순위 |
| 4 | 선유도지점 | EO-012A | 에스프레소 | 420 | 12.00% | 4등 |
| 5 | 낙동강지점 | AM-038R | 아메리카노 | 1,234 | 35.26% | 1등 |
| 6 | 한강지점 | CF-045U | 카푸치노 | 837 | 23.91% | 3등 |
| 7 | 해남지점 | CM-024T | 카페 모카 | 1,009 | 28.83% | 2등 |

### 2. '기본작업-2' 시트에 대하여 다음의 지시사항을 처리하시오. (각 2점)

① [B1:H1] 영역은 '병합하고 가운데 맞춤', 크기 '17', 글꼴 스타일 '굵은 기울임꼴'로 지정하고 제목 문자열 앞 · 뒤에 특수 문자 '◑'를 삽입하시오.

② [B3:H3] 영역은 셀 스타일 '60% - 강조색4'로 지정하시오.

③ [H6] 셀에 '실적저조'라는 메모를 삽입한 후 '자동 크기'를 지정하고 항상 표시되도록 하시오.

④ [H4:H11] 영역은 '백분율 스타일(%)'로 지정하고, [C4:C11] 영역은 사용자 지정 표시 형식을 이용하여 문자 뒤에 '번'이 표시되도록 지정하시오. [표시 예 : AB1-001 -> AB1-001번]

⑤ [B3:H11] 영역에 '모든 테두리(田)'를 적용하여 표시하시오.

### 3. '기본작업-3' 시트에서 다음의 지시사항을 처리하시오. (5점)

- '상공학교 중간고사 성적 현황' 표에서 국어가 70점 이상이면서, 영어가 70점 이상이거나 평균이 80점 이상인 데이터를 고급 필터를 사용하여 검색하시오.
  - ▶ 고급 필터 조건은 [B18:D21] 범위 내에 알맞게 입력하시오.
  - ▶ 고급 필터 결과 복사 위치는 동일 시트의 [A23] 셀에서 시작하시오.

## 문제2 계산작업(40점) '계산작업' 시트에서 다음 과정을 수행하고 저장하시오.

1. [표1]에서 총 점수[E3:E9]를 기준으로 순위를 구하여 수상[F3:F9]을 표시하시오. (8점)
   ▶ 순위가 1위는 '대상', 2~3위는 '최우수상', 4~5위는 '우수상', 6위 이하이면 공백으로 표시하시오.
   ▶ 순위는 총 점수가 높은 학생이 1위임.
   ▶ IF, RANK.EQ 함수 사용

2. [표2]에서 의사소통[J3:J8], 어휘력[K3:K8], 기획력[L3:L8]이 모두 80점 이상인 학생 수를 [L9] 셀에 계산하시오. (8점)
   ▶ 학생 수 뒤에 '명'을 포함하여 표시하시오. [표시 예 : 4 → 4명]
   ▶ COUNT, COUNTIF, COUNTIFS 함수 중 알맞은 함수와 & 연산자 사용

3. [표3]에서 클래스[A13:A20]가 'B반'이거나 'C반'인 '윤리'의 합계를 계산하여 [E21] 셀에 표시하시오. (8점)
   ▶ [G19:G21] 영역에 조건 입력
   ▶ 결과값은 일의 자리에서 반올림하여 십의 자리까지 표시 [표시 예 : 25 → 30점)
   ▶ ROUND, ROUNDUP, ROUNDDOWN, DSUM, DAVERAGE 중 알맞은 함수와 & 연산자 사용

4. [표4]에서 '1월' 적설량의 평균과 '2월' 적설량 평균의 차이를 계산하여 [N13] 셀에 표시하시오. (8점)
   ▶ AVERAGEIF, ABS 함수 사용

5. [표5]에서 판매수량[B25:B32]과 계산표[G26:I28]를 이용하여 총 마일리지[D25:D32]를 계산하시오. (8점)
   ▶ 총 마일리지 = 판매수량*마일리지
   ▶ 마일리지는 제품코드와 〈계산표〉를 이용
   ▶ 숫자 뒤에 '점'을 정수로 표시 [표시 예 : 110점]
   ▶ TRUNC, INDEX, MATCH 함수와 & 연산자 사용

## 문제3 분석작업(20점) 주어진 시트에서 다음 작업을 수행하고 저장하시오.

### 1. '분석작업-1' 시트에 대하여 다음의 지시사항을 처리하시오. (10점)

- [데이터 통합] 기능을 이용하여 [표1], [표2], [표3]에 대한 과자명별 '입고수량', '판매수량', '재고수량'의 합계를 [표4] '2/4분기 과자류 입출고 현황' 표의 [G3:I8] 영역에 계산하시오.

### 2. '분석작업-2' 시트에 대하여 다음의 지시사항을 처리하시오. (10점)

'부서별 직무수행 만족도 현황' 표를 이용하여 성별을 '필터', 부서명을 '행', 직위를 '열'로 처리하고, '값'에 업무시간, 근태평가, 월급 만족도의 평균을 계산한 후 'Σ값'을 행으로 설정하는 피벗 테이블을 작성하시오.

▶ 피벗 테이블 보고서는 동일 시트의 [A17] 셀에서 시작하시오.

▶ 직위를 '사원-대리-과장-부장' 순서로 정렬하시오.

▶ 값 영역의 표시 형식은 '값 필드 설정'의 '셀 서식' 대화상자에서 '숫자' 범주의 소수 자릿수 1째 자리로 설정하시오.

## 문제4 기타작업(20점) 주어진 시트에서 다음 작업을 수행하고 저장하시오.

### 1. '매크로작업' 시트의 [표1]에서 다음과 같은 기능을 수행하는 매크로를 현재 통합 문서에 작성하고 실행하시오. (각 5점)

① [B9:G9] 영역에 평균를 계산하고 '숫자' 범주에서 소수점 1째 자리까지 표시하는 매크로를 생성하여 실행하시오.

▶ 매크로 이름 : 평균

▶ AVERAGE 함수 사용

▶ [개발 도구]-[삽입]-[양식 컨트롤]의 '단추'를 동일 시트의 [I3:I5] 영역에 생성하고, 텍스트를 '평균'으로 입력한 후 단추를 클릭할 때 '평균' 매크로가 실행되도록 설정하시오.

② [A3:G3] 영역에 글꼴 색 '표준 색 - 자주', 채우기 색을 '표준 색 - 연한 녹색'으로 적용하는 매크로를 생성하여 실행하시오.

▶ 매크로 이름 : 서식

▶ [도형]-[사각형]의 '모서리가 둥근 직사각형(▢)'을 동일 시트의 [I7:I9] 영역에 생성하고, 텍스트를 '서식'으로 입력한 다음 도형을 클릭할 때 '서식' 매크로가 실

행되도록 설정하시오.

※ 셀 포인터의 위치에 상관 없이 현재 통합 문서에서 매크로가 실행되어야 정답으로 인정됨

2. '차트작업' 시트의 차트를 지시사항에 따라 아래 그림과 같이 수정하시오. (각 2점)

※ 차트는 반드시 문제에서 제공한 차트를 사용하여야 하며, 신규로 작성 시 0점 처리됨

① '2024년' 계열이 그림과 같이 차트에 표시되도록 설정하고, '행/열 전환'을 수행한 다음에 차트 종류를 '표식이 있는 꺾은선형'으로 변경하시오.

② 차트 제목은 '차트 위'로 추가하여 그림과 같이 표시되도록 입력하고, 글꼴 'HY견고딕', 크기 '17', 글꼴 스타일은 '굵은 기울임꼴'로 설정하시오.

③ '가스차' 계열만 데이터 레이블을 '값'으로 표시되도록 설정하고 위치는 '위쪽'으로 배치되도록 설정하시오.

④ 범례에는 도형 스타일 '미세 효과 - 빨강, 강조2'로 지정하시오.

⑤ 차트 영역은 색 변경 '색 13'을 지정하시오.

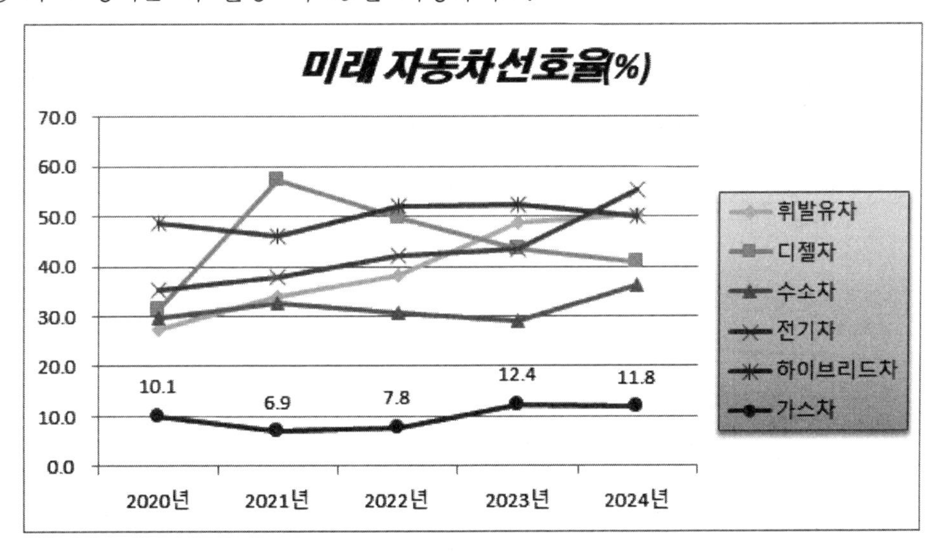

## 정답

기본작업1.

| | A | B | C | D | E | F |
|---|---|---|---|---|---|---|
| 1 | 커피 판매 매출액 현황 | | | | | |
| 2 | | | | | | |
| 3 | 지점명 | 상품코드 | 커피명 | 판매량 | 판매비율 | 매출 순위 |
| 4 | 선유도지점 | EO-012A | 에스프레소 | 420 | 12.00% | 4등 |
| 5 | 낙동강지점 | AM-038R | 아메리카노 | 1,234 | 35.26% | 1등 |
| 6 | 한강지점 | CF-045U | 카푸치노 | 837 | 23.91% | 3등 |
| 7 | 해남지점 | CM-024T | 카페 모카 | 1,009 | 28.83% | 2등 |

기본작업2.

| | A | B | C | D | E | F | G | H | I |
|---|---|---|---|---|---|---|---|---|---|
| 1 | | ◑학점은행제 수강 인원 현황◑ | | | | | | | |
| 2 | | | | | | | | | |
| 3 | | 교과명 | 수강코드 | 교과구분 | 담당교수 | 정원 | 수강인원 | 평균 수강인원 | |
| 4 | | 경영정보론 | EW3-102번 | 전공필수 | 손동주 | 120 | 112 | 93% | |
| 5 | | 회계원론 | NB2-243번 | 전공필수 | 김경희 | 150 | 97 | 65% | 실적저조 |
| 6 | | 기본영어회화 | AY2-021번 | 공통교양 | 이규호 | 110 | 58 | 53% | |
| 7 | | 경영과학 | VS3-003번 | 전공선택 | 박예린 | 130 | 105 | 81% | |
| 8 | | 비즈니스 모델링 | KS4-452번 | 전공선택 | 서은하 | 160 | 99 | 62% | |
| 9 | | 컴퓨터 실무 | CN3-231번 | 공통교양 | 김창민 | 80 | 47 | 59% | |
| 10 | | 기업재무론 | GM2-812번 | 전공선택 | 빙정수 | 90 | 63 | 70% | |
| 11 | | 조직행동 | ZH3-498번 | 전공필수 | 김금란 | 100 | 78 | 78% | |

기본작업3.

| | | | | | | | |
|---|---|---|---|---|---|---|---|
| 23 | 학년 | 학생명 | 국어 | 수학 | 영어 | 국사 | 평균 |
| 24 | 1 | 박수철 | 91 | 58 | 82 | 83 | 79 |
| 25 | 1 | 한요한 | 85 | 99 | 80 | 85 | 87 |
| 26 | 2 | 고요한 | 94 | 61 | 88 | 70 | 78 |
| 27 | 2 | 하지숙 | 80 | 83 | 77 | 72 | 78 |
| 28 | 3 | 김대한 | 74 | 70 | 93 | 90 | 82 |
| 29 | 3 | 신한국 | 81 | 90 | 85 | 84 | 85 |

## 계산작업.

[표1]

| 이름 | 발음 | 음정 | 가창력 | 총 점수 | 수상 |
|---|---|---|---|---|---|
| 이수미 | 87 | 91 | 88 | 266 | 대상 |
| 김민정 | 64 | 58 | 76 | 198 | |
| 최정희 | 73 | 77 | 71 | 221 | 우수상 |
| 한민호 | 88 | 69 | 83 | 240 | 최우수상 |
| 고우현 | 74 | 82 | 66 | 222 | 우수상 |
| 전영호 | 63 | 59 | 57 | 179 | |
| 황보승 | 91 | 80 | 83 | 254 | 최우수상 |

[표2]

| 사번 | 의사소통 | 어휘력 | 기획력 |
|---|---|---|---|
| TYU-010 | 55 | 67 | 88 |
| TYU-011 | 58 | 76 | 78 |
| TYU-012 | 73 | 75 | 91 |
| TYU-014 | 95 | 89 | 80 |
| TYU-016 | 81 | 83 | 89 |
| TYU-018 | 84 | 56 | 76 |
| 모든 과목이 80 이상인 학생 수 | | | 2명 |

[표3]

| 클래스 | 체육 | 윤리 | 물리 | 일본어 |
|---|---|---|---|---|
| A반 | 77 | 68 | 69 | 83 |
| B반 | 72 | 75 | 92 | 88 |
| C반 | 95 | 81 | 84 | 80 |
| A반 | 63 | 84 | 79 | 71 |
| C반 | 80 | 77 | 61 | 92 |
| B반 | 99 | 58 | 70 | 78 |
| B반 | 81 | 92 | 87 | 74 |
| A반 | 88 | 63 | 93 | 86 |
| 클래스가 B반이거나 C반 윤리 점수의 합계 | | | | 380점 |

| 조건 |
|---|
| 클래스 |
| B반 |
| C반 |

[표4]

| 지역 | 시기 | 예상량(cm) | 적설량(cm) |
|---|---|---|---|
| 서울 | 1월 | 100 | 60 |
| 경기 | 2월 | 140 | 160 |
| 부산 | 2월 | 50 | 55 |
| 대구 | 2월 | 80 | 65 |
| 대전 | 1월 | 70 | 95 |
| 충북 | 1월 | 110 | 90 |
| 경북 | 1월 | 100 | 75 |
| 전남 | 2월 | 90 | 70 |
| 제주 | 2월 | 150 | 120 |

| 1월 적설량과 2월 적설량 평균의 차이 |
|---|
| 14 |

[표5]

| 제품코드 | 판매수량 | 길이 | 총 마일리지 |
|---|---|---|---|
| BH013 | 215 | 15*21cm | 752점 |
| CO018 | 302 | 21*19cm | 1298점 |
| AD015 | 199 | 19*18cm | 457점 |
| AD015 | 275 | 19*18cm | 632점 |
| BH013 | 223 | 15*21cm | 780점 |
| AD015 | 187 | 19*18cm | 430점 |
| AD015 | 328 | 19*18cm | 754점 |
| BH013 | 294 | 15*21cm | 1029점 |

<계산표>

| 제품코드 | AD015 | BH013 | CO018 |
|---|---|---|---|
| 판매가 | 23,000 | 35,000 | 43,000 |
| 도매가 | 20,700 | 31,500 | 38,700 |
| 마일리지 | 2.3 | 3.5 | 4.3 |

## 분석작업1.

[표4] **2/4분기 과자류 입출고 현황**

| 과자명 | 입고수량 | 판매수량 | 재고수량 |
|---|---|---|---|
| 새우깡 | 360 | 334 | 26 |
| 고래밥 | 560 | 537 | 23 |
| 포스틱 | 510 | 417 | 93 |
| 빼빼로 | 1,900 | 1,798 | 102 |
| 오감자 | 950 | 896 | 54 |
| 프링글스 | 870 | 843 | 27 |

## 분석작업2.

| 성별 | (모두) | | | | |
|---|---|---|---|---|---|
| | 열 레이블 | | | | |
| **행 레이블** | **사원** | **대리** | **과장** | **부장** | **총합계** |
| **기획부** | | | | | |
| 평균 : 업무시간 | 40.3 | 46.0 | 44.9 | | 43.7 |
| 평균 : 근태평가 | 3.0 | 3.0 | 2.0 | | 2.7 |
| 평균 : 월급 만족도 | 5.0 | 1.9 | 2.3 | | 3.1 |
| **생산1부** | | | | | |
| 평균 : 업무시간 | 52.2 | | 52.8 | | 52.5 |
| 평균 : 근태평가 | 5.0 | | 2.0 | | 3.5 |
| 평균 : 월급 만족도 | 3.0 | | 4.0 | | 3.5 |
| **생산2부** | | | | | |
| 평균 : 업무시간 | | 50.1 | | 50.7 | 50.4 |
| 평균 : 근태평가 | | 4.0 | | 5.0 | 4.5 |
| 평균 : 월급 만족도 | | 2.3 | | 4.6 | 3.5 |
| **영업부** | | | | | |
| 평균 : 업무시간 | 45.6 | | 47.4 | 48.5 | 47.2 |
| 평균 : 근태평가 | 1.0 | | 2.0 | 4.0 | 2.3 |
| 평균 : 월급 만족도 | 4.8 | | 3.7 | 4.9 | 4.5 |
| **전체 평균 : 업무시간** | **46.0** | **48.1** | **48.4** | **49.6** | **47.9** |
| **전체 평균 : 근태평가** | **3.0** | **3.5** | **2.0** | **4.5** | **3.1** |
| **전체 평균 : 월급 만족도** | **4.3** | **2.1** | **3.3** | **4.8** | **3.7** |

매크로작업.

| | A | B | C | D | E | F | G | H | I |
|---|---|---|---|---|---|---|---|---|---|
| 1 | 학기별 봉사활동 진행 횟수 | | | | | | | | |
| 2 | | | | | | | | | |
| 3 | 학과 | 소프트웨어과 | 문헌정보과 | 빅데이터과 | 수학과 | 영상촬영과 | 편집디자인과 | | |
| 4 | 2020년 | 32 | 28 | 46 | 17 | 25 | 33 | | 평균 |
| 5 | 2021년 | 35 | 21 | 53 | 28 | 22 | 36 | | |
| 6 | 2022년 | 30 | 34 | 41 | 20 | 28 | 32 | | |
| 7 | 2023년 | 29 | 30 | 49 | 26 | 24 | 34 | | 서식 |
| 8 | 2024년 | 33 | 27 | 50 | 42 | 35 | 35 | | |
| 9 | 평균 | 31.8 | 28.0 | 47.8 | 26.6 | 26.8 | 34.0 | | |

차트작업.

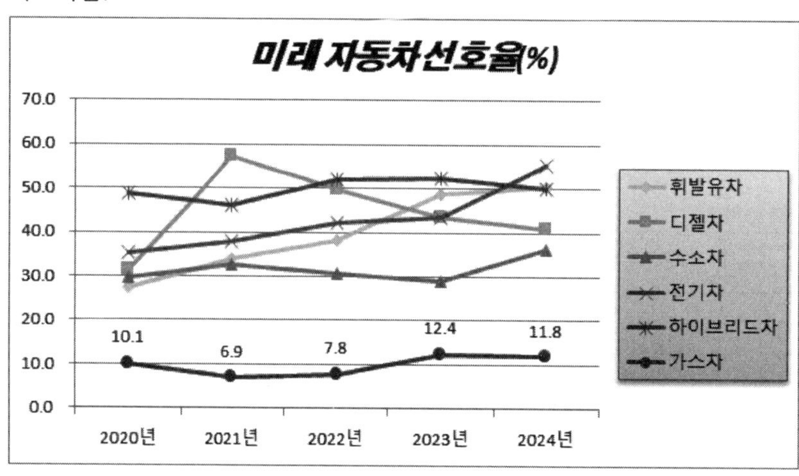

## 해설

기본작업1 : 출력형태와 같이 입력한다.

기본작업2 :

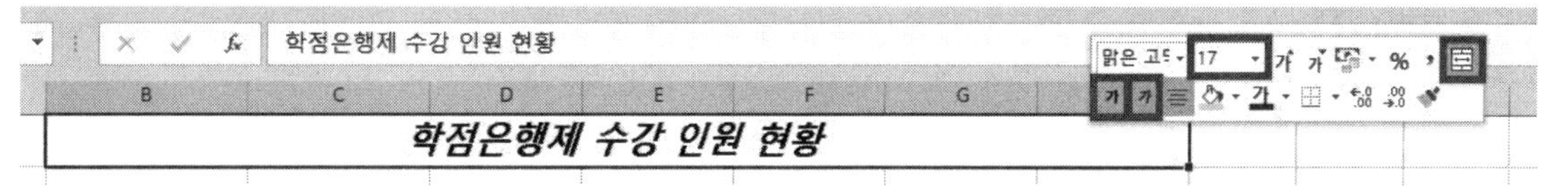

[B1:H1] 영역을 범위 지정한 다음 마우스 우클릭-'병합하고 가운데 맞춤' 클릭, 크기는 '17' 입력, '굵게'와 '기울임꼴'을 클릭한다.

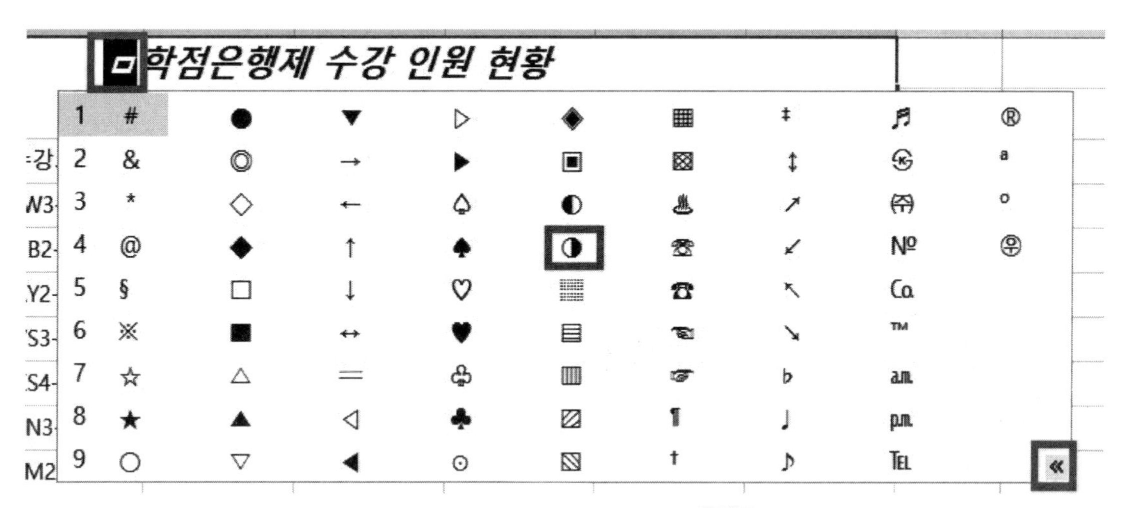

[B1] 셀 제일 앞에서 더블 클릭을 누른 다음 'ㅁ'을 입력하고 한자 키를 눌러서 특수 문자를 선택할 수 있는 화면이 나오면 보기 변경(〉〉)을 눌러서 특수 문자를 선택한다. 그리고 맨 뒤에서도 똑같은 방법으로 특수 문자를 삽입한다.

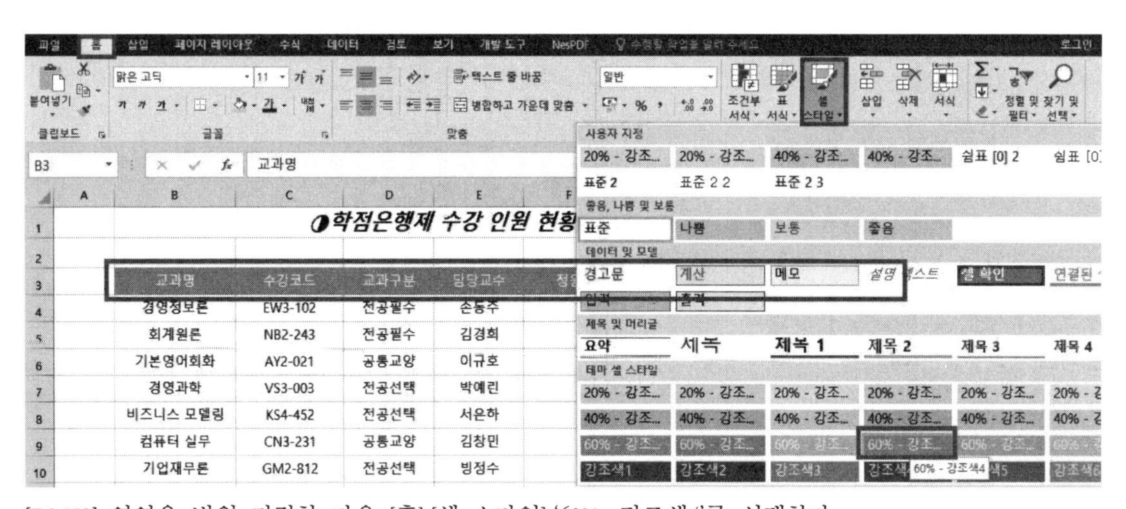

[B3:H3] 영역을 범위 지정한 다음 [홈]-[셀 스타일]-'60% - 강조색4'를 선택한다.

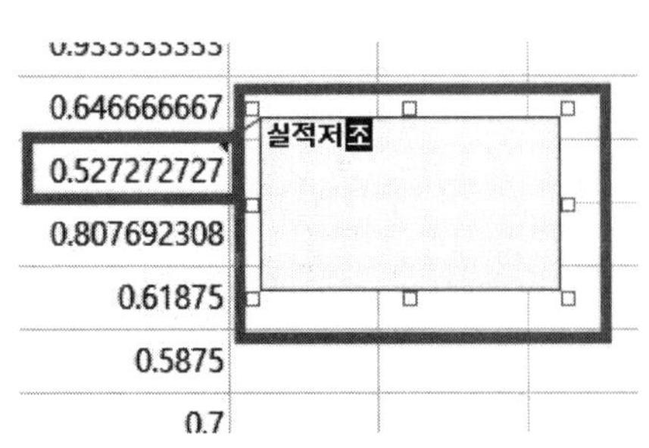


[H6] 셀에서 마우스 우클릭-[새 노트]를 클릭한 다음, 메모 안에 두 번째 줄에서 커서가 깜박이는데 제일 먼저 BackSpace (←) 를 계속 눌러서 글자를 모두 지운 다음, '실적저조'라고 입력 후 메모 테두리 흰색 사각형 아무데서나 마우스 포인터 모양이 바뀌면 마우스 우클릭-[메모 서식]을 클릭한다.

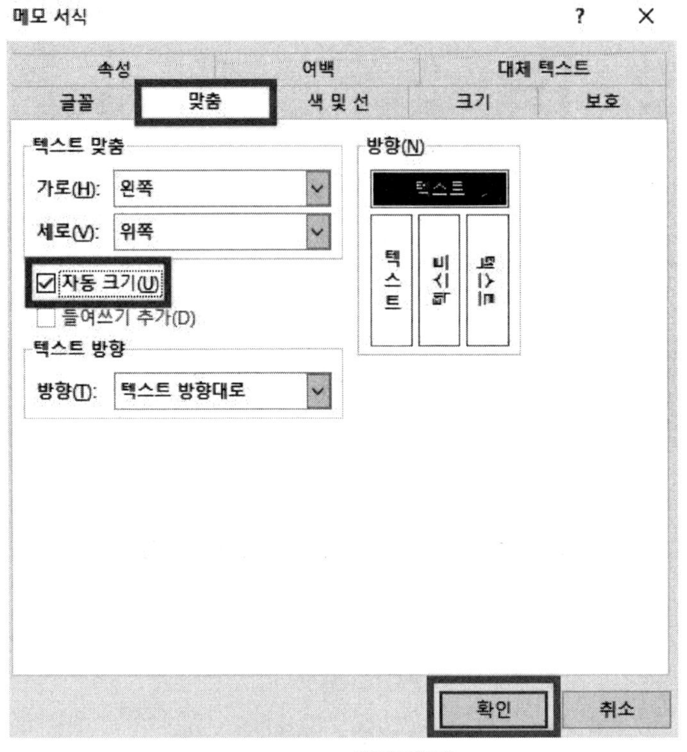


[맞춤]-'자동 크기'를 체크한 다음 확인 을 클릭한다.

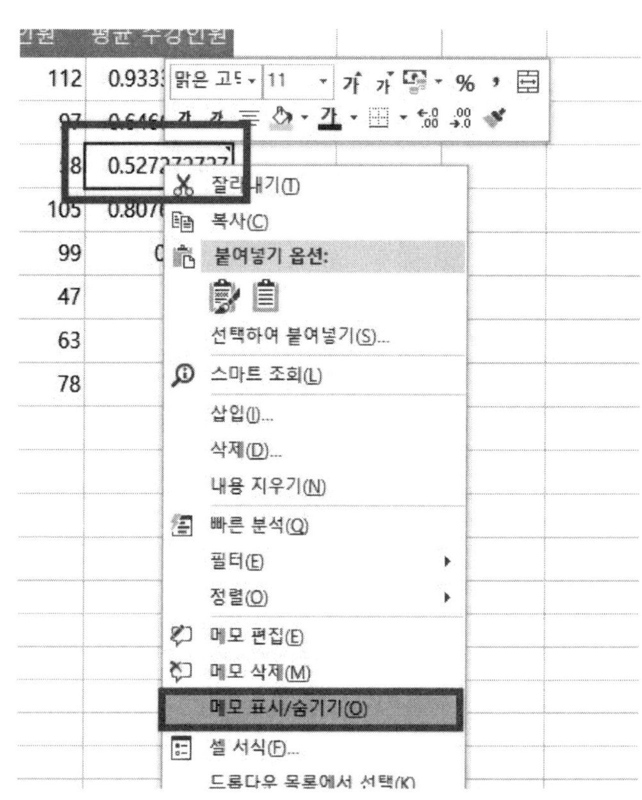


[H6] 셀에서 마우스 우클릭-[메모 표시/숨기기]를 클릭한다.

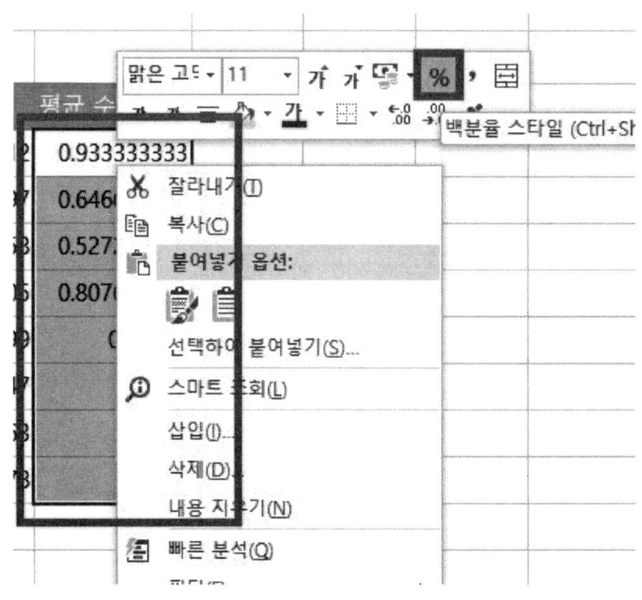


[H4:H11] 영역을 범위 지정한 다음 마우스 우클릭-'백분율 스타일'을 클릭한다.

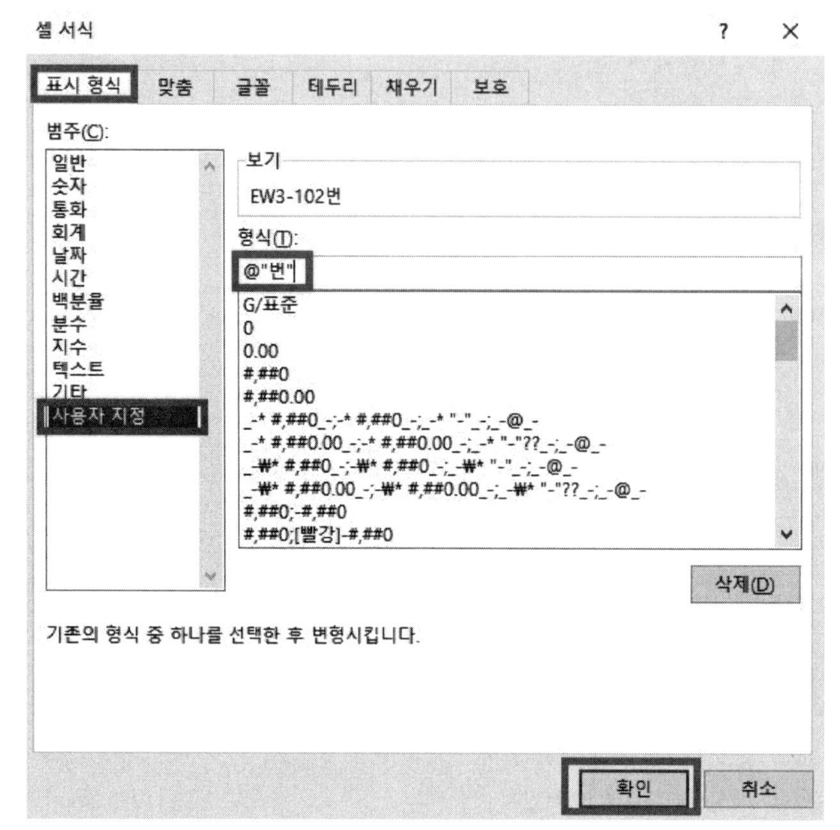


[C4:C11] 영역을 범위 지정한 다음 범위 지정한 곳 안에서 마우스 우클릭-[셀 서식]-[표시 형식]-[사용자 지정]으로 와서 형식에서 'G/표준'을 지우고 @"번"을 입력한다.

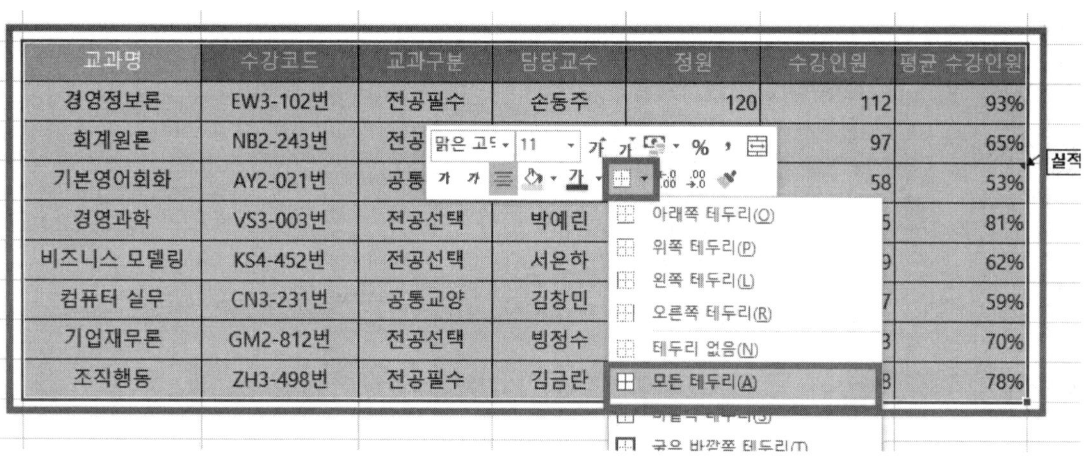


[B3:H11] 영역을 범위 지정한 다음 마우스 우클릭-[테두리]-'모든 테두리'를 선택한다.

기본작업3 :

| | 국어 | 영어 | 평균 |
|---|---|---|---|
| 18 | 국어 | 영어 | 평균 |
| 19 | >=70 | >=70 | |
| 20 | | | >=80 |

[B18:D20] 영역에 그림과 같이 조건을 입력한다.

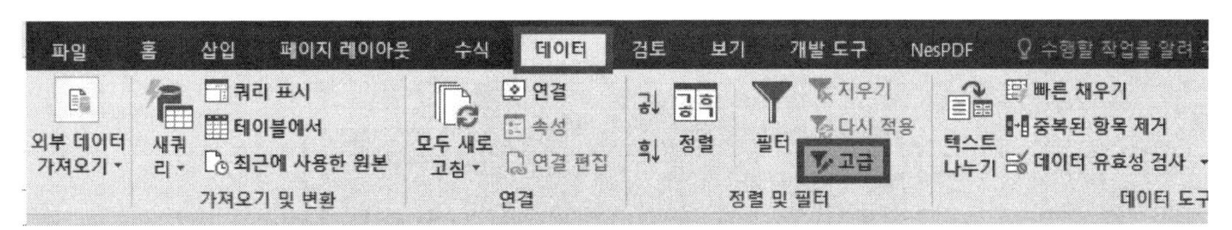


[데이터]-[고급]을 클릭한다.

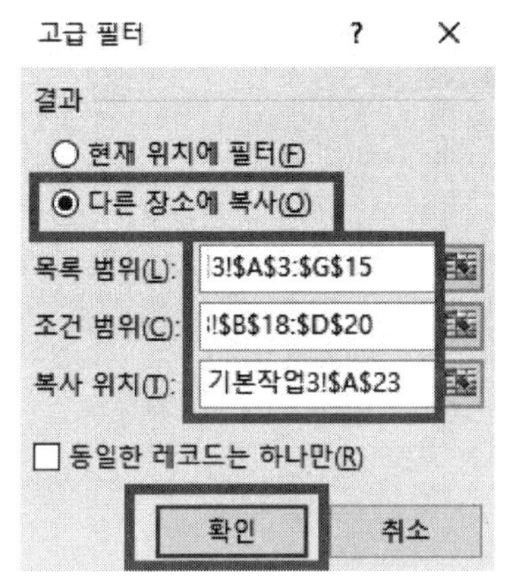


○ '다른 장소에 복사'를 먼저 클릭한 다음
목록 범위 : [A3:G15] 범위 지정
조건 범위 : [B18:D20] 범위 지정
복사 위치 : [A23] 셀을 클릭하고 마지막에 확인 을 클릭한다.

계산작업 :

(1) [F3:F9] 영역을 범위 지정한 다음 =IF(RANK.EQ(E3,$E$3:$E$9)=1,"대상",IF(RANK.EQ(E3,$E$3:$E$9)<=3,"최우수상",IF(RANK.EQ(E3,$E$3:$E$9)<=5,"우수상",""")))를 입력하고 Ctrl + Enter 를 누른다.

(2) [L9] 셀을 클릭한 후 =COUNTIFS(J3:J8,">=80",K3:K8,">=80",L3:L8,">=80")&"명"를 입력하고 Enter 를 누른다.

(3) [G19] 셀에 클래스, [G20] 셀에 B반, [G21] 셀에 C반이라고 먼저 입력을 한 다음에 [E21] 셀을 클릭한 후 =ROUND(DSUM(A12:E20,C12,G19:G21),-1)&"점"를 입력하고 Enter 를 누른다.

(4) [N13] 셀을 클릭한 후 =ABS(AVERAGEIF(J13:J21,J13,L13:L21)-AVERAGEIF(J13:J21,J14,L13:L21))를 입력하고 Enter 를 누른다.

(5) [D25:D32] 영역을 범위 지정한 다음 =TRUNC(B25*INDEX($G$28:$I$28,1,MATCH(A25,$G$25:$I$25,0)),0)&"점"를 입력하고 Ctrl + Enter 를 누른다.

분석작업1 :

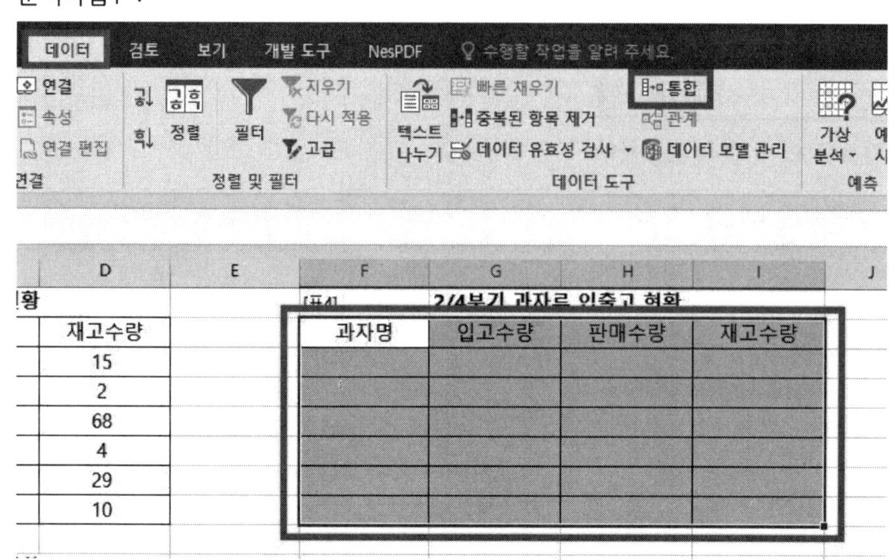


[F2:I8] 영역을 범위 지정한 다음 [데이터]-[통합]을 클릭한다.

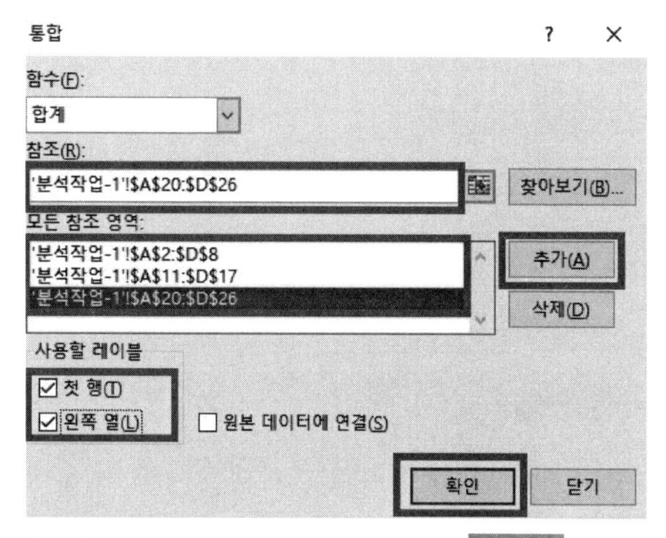


참조에서 [A2:D8] 영역을 범위 지정한 후 추가 를 누르고 똑같은 방법으로 [A11:D17] 영역을 범위 지정 후 추가 , [A20:D26] 영역을 범위 지정 후 추가 를 클릭한다. 그리고 사용할 레이블에 있는 '첫 행'과 '왼쪽 열'을 체크한 후 확인 을 클릭한다.

분석작업2 :

| 부서명 | 직위 | 성명 | 성별 |
|---|---|---|---|
| 영업부 | 부장 | 최O구 | 남 |
| 기획부 | 사원 | 황O연 | 여 |
| 생산1부 | 사원 | 이O철 | 남 |
| 영업부 | 과장 | 김O심 | 남 |
| 생산2부 | 부장 | 강O미 | 여 |
| 생산2부 | 대리 | 이O연 | 남 |
| 기획부 | 과장 | 한O주 | 여 |
| 생산1부 | 과장 | 유O미 | 여 |
| 기획부 | 대리 | 장O라 | 여 |
| 영업부 | 사원 | 박O창 | 남 |

[A17] 셀을 선택한 다음 [삽입]-[피벗 테이블]을 클릭한다.

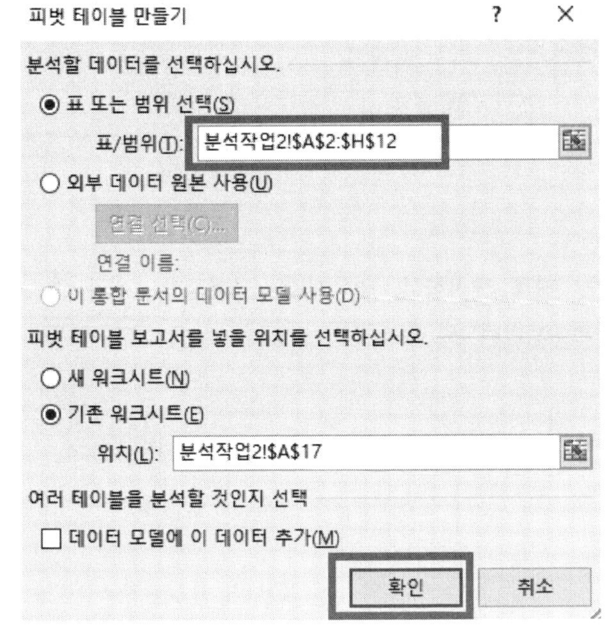


[A2:H12] 영역을 범위 지정한 다음 확인 을 클릭한다.

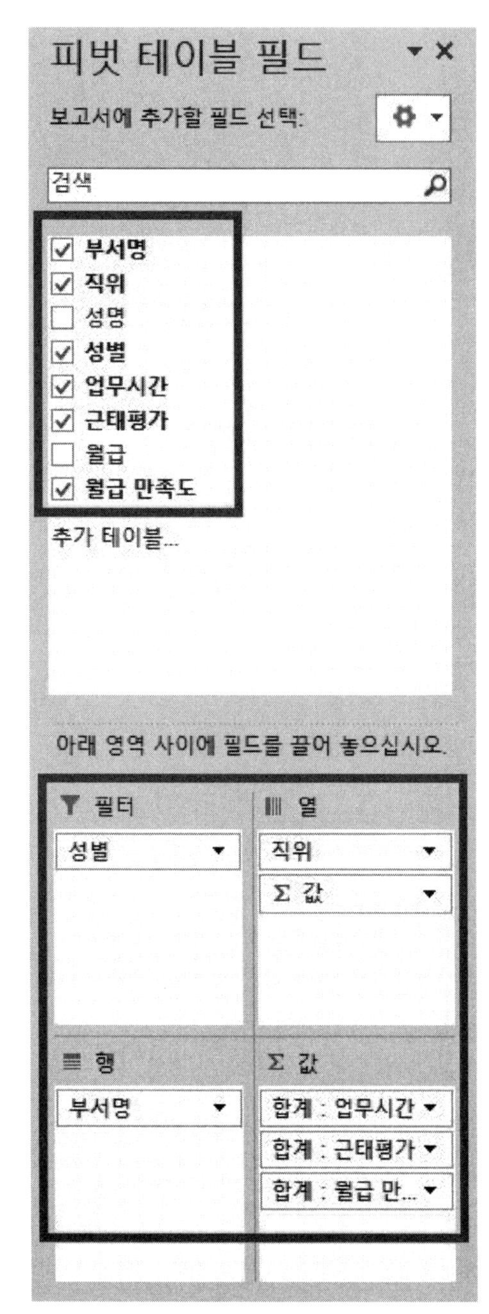


필드 창에서 성별은 '필터', 부서명은 '행', 직위는 '열'로 배치하고, '업무시간', '근태평가', '월급 만족도'를 체크한다.

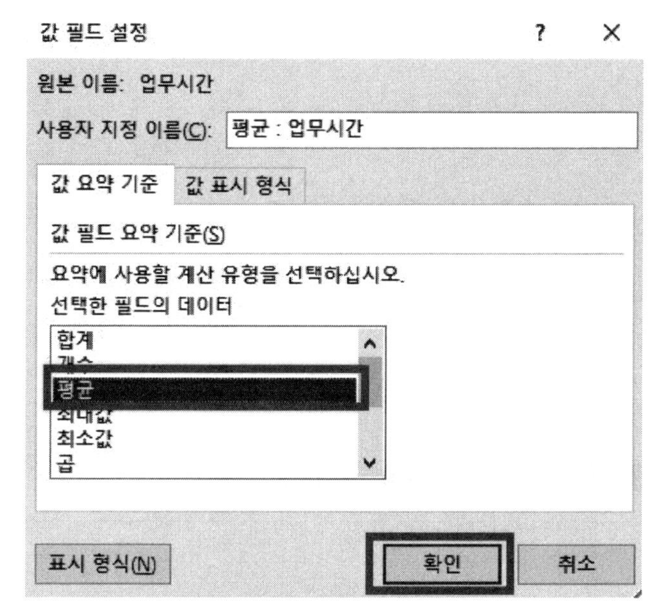


'업무시간', '근태평가', '월급 만족도'를 각각 마우스로 클릭-[값 필드 설정]-평균을 클릭한다.

열에 위치하고 있던 '$\sum$ 값'을 행으로 옮긴다.

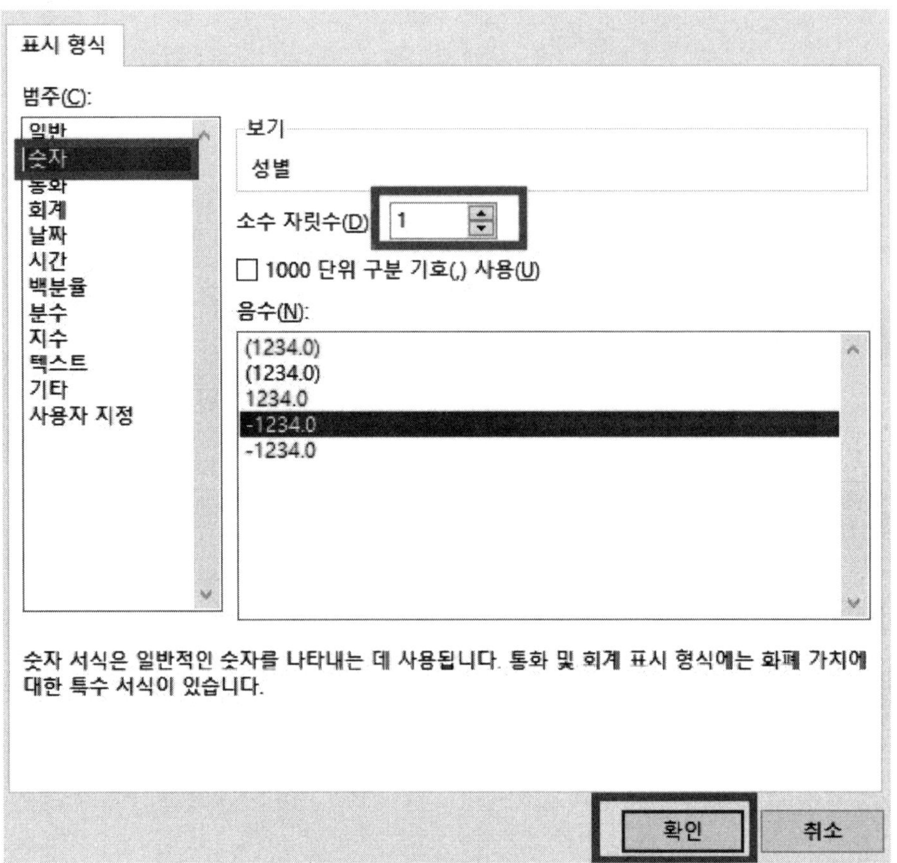


'업무시간', '근태평가', '월급 만족도'를 각각 마우스로 클릭-[값 필드 설정]-[표시 형식]-[셀 서식]-[숫자]-소수 자릿수에서 '1'을 입력한 다음 각각 확인 을 클릭한 다음 한번 더 확인 을 클릭한다.



열 레이블 옆에 있는 삼각형을 클릭해서 기타 정렬 옵션-'수동(항목을 끌어 다시 정렬)'을 체크한 다음 확인 을 클릭한다.

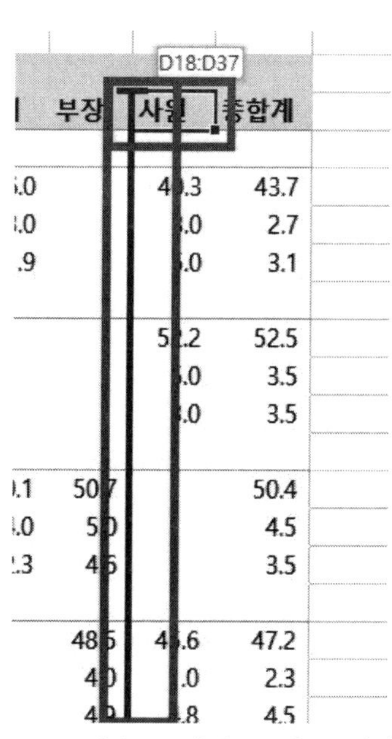

[E18] 셀을 클릭하고 셀 포인터의 왼쪽 끝에 마우스를 가져가면 상·하·좌·우 모양의 화살표(✥)가 나오는데 그 때 마우스를 왼쪽으로 끌면 그림처럼 I 모양의 선이 나오게 되면 끌어서 옮긴다. 동일한 방법으로 [D18] 셀도 옮기면 된다.

매크로 :

매크로1

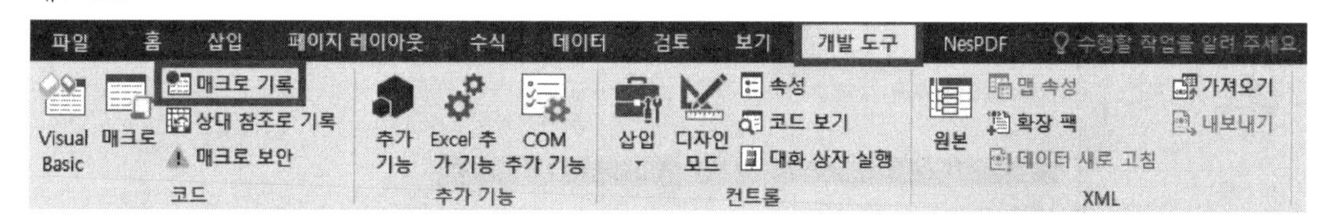

[A1:G9] 영역을 제외하고 아무 곳에서나 셀을 하나 클릭한 다음 [개발 도구]-매크로 기록을 클릭한다.

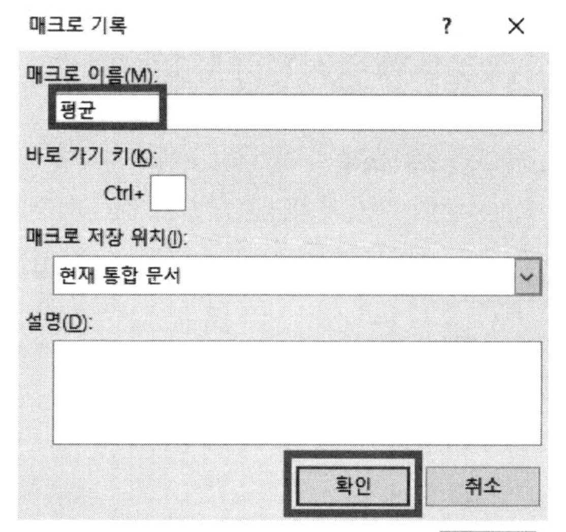

매크로 이름에는 '평균'을 입력한 다음 확인을 클릭한다.

B9 =AVERAGE(B4:B8)

| | A | B | C | D | E | F | G |
|---|---|---|---|---|---|---|---|
| 1 | 학기별 봉사활동 진행 횟수 | | | | | | |
| 2 | | | | | | | |
| 3 | 학과 | 소프트웨어과 | 문헌정보과 | 빅데이터과 | 수학과 | 영상촬영과 | 편집디자인과 |
| 4 | 2020년 | 32 | 28 | 46 | 17 | 25 | 33 |
| 5 | 2021년 | 35 | 21 | 53 | 28 | 22 | 36 |
| 6 | 2022년 | 30 | 34 | 41 | 20 | 28 | 32 |
| 7 | 2023년 | 29 | 30 | 49 | 26 | 24 | 34 |
| 8 | 2024년 | 33 | 27 | 50 | 42 | 35 | 35 |
| 9 | 평균 | RAGE(B4:B8) | | | | | |

[B9:G9] 영역을 범위 지정한 다음 수식 입력줄에 =AVERAGE(B4:C4)을 입력하고 Ctrl + Enter 를 누른 다음 마우스 우클릭-[셀 서식]을 클릭한다.

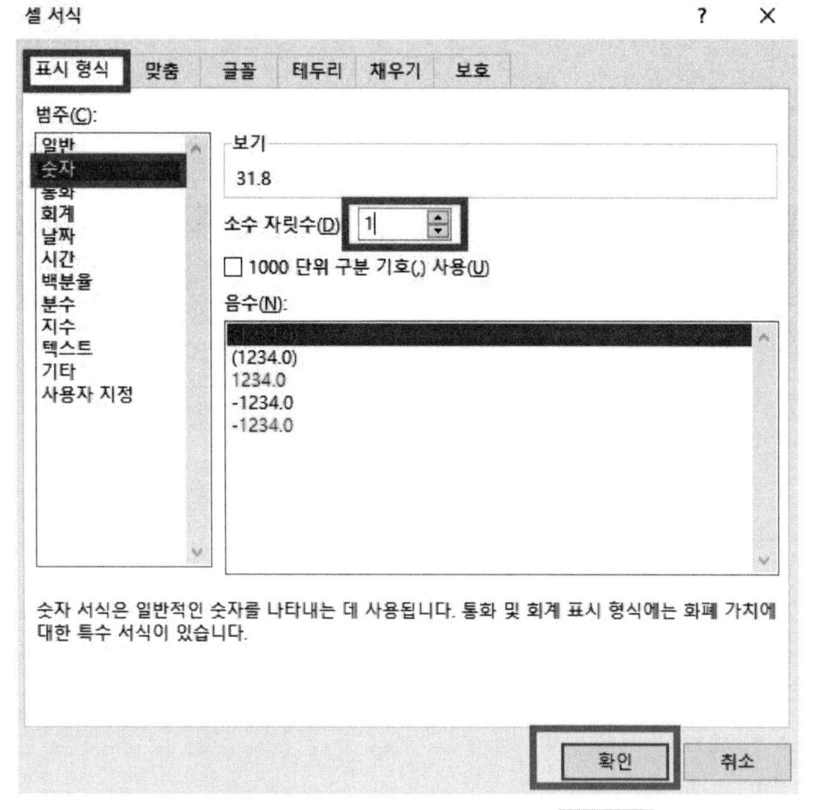


[표시 형식]-[숫자]-소수 자릿수는 '1'을 입력한 다음 확인 을 클릭한다.

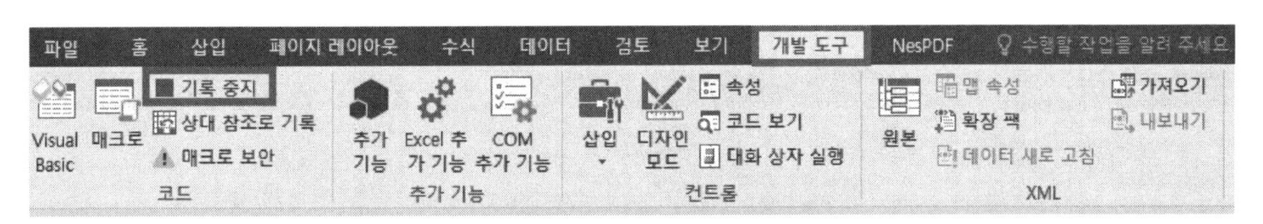


[A1:G9] 영역을 제외하고 아무 곳에서나 셀을 하나 클릭한 다음 [개발 도구]-기록 중지를 클릭한다.

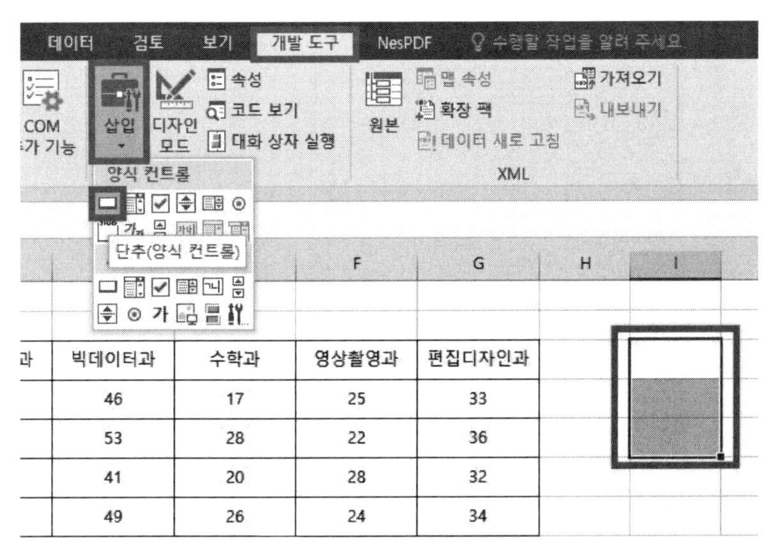


[I3:I5] 영역을 범위 지정한 다음 [개발 도구]-[삽입]-[양식 컨트롤]-'단추'를 선택한 다음 Alt 키를 누른 상태로 마우스로 드래그하여 삽입한다.

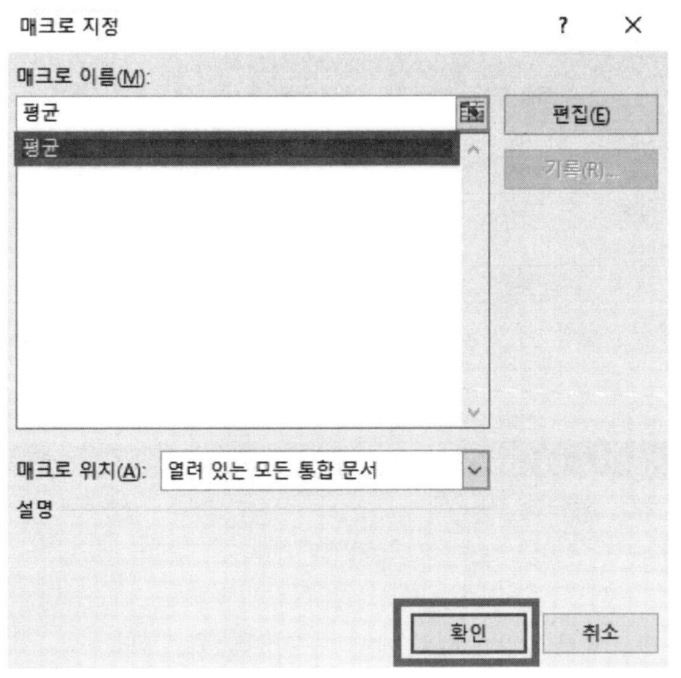


매크로 이름 중 '평균'을 클릭한 다음 확인을 클릭하고 도형에 '평균'을 입력한다.

매크로2

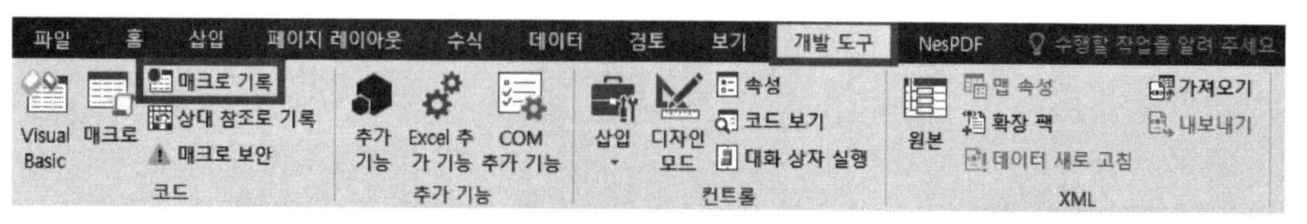


[A1:G9] 영역을 제외하고 아무 곳에서나 셀을 하나 클릭한 다음 [개발 도구]- 매크로 기록 을 클릭한다.

매크로 기록 ? ×
매크로 이름(M):
서식
바로 가기 키(K):
Ctrl+
매크로 저장 위치(I):
현재 통합 문서
설명(D):
확인 취소

매크로 이름에는 '서식'을 입력한 다음 확인 을 클릭한다.

| | A | B | C | D | E | F | G |
|---|---|---|---|---|---|---|---|
| 1 | 학기별 봉사활동 진행 횟수 | | | | | | |
| 2 | | | | | | | |
| 3 | 학과 | 소프트웨어과 | 문헌정보과 | 빅데이터과 | 수학과 | 영상촬영과 | 편집디자인과 |
| 4 | 2020년 | 32 | 28 | 46 | 17 | 25 | 33 |
| 5 | 2021년 | 35 | 21 | 53 | 28 | 22 | 36 |
| 6 | 2022년 | 30 | 34 | 41 | 20 | 28 | 32 |
| 7 | 2023년 | 29 | 30 | 49 | 26 | 24 | 34 |
| 8 | 2024년 | 33 | 27 | 50 | 42 | 35 | 35 |
| 9 | 평균 | 31.8 | 28.0 | 47.8 | 26.6 | 26.8 | 34.0 |

맑은 고딕 10 가 가 % ,
테마 색
표준 색
채우기 없음(N)
연한 녹색
다른 색(M)...

[A3:G3] 영역을 범위 지정하고 마우스 우클릭-글꼴 색은 '표준 색 - 자주'를 클릭하고 채우기 색은 '표준 색 - 연한 녹색'을 클릭한다.

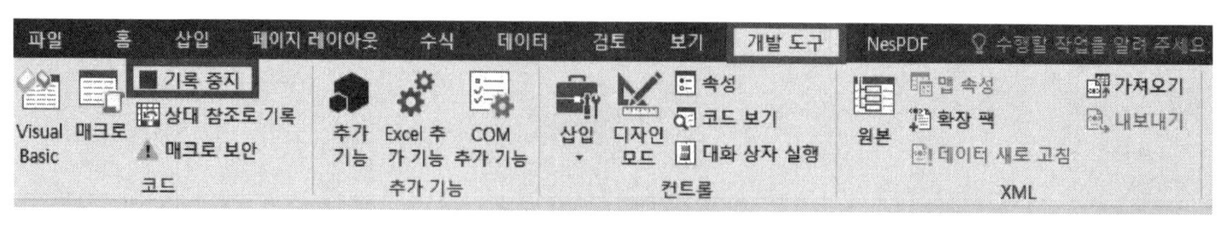


[A1:G9] 영역을 제외하고 아무 곳에서나 셀을 하나 클릭한 다음 [개발 도구]- 기록 중지 를 클릭한다.

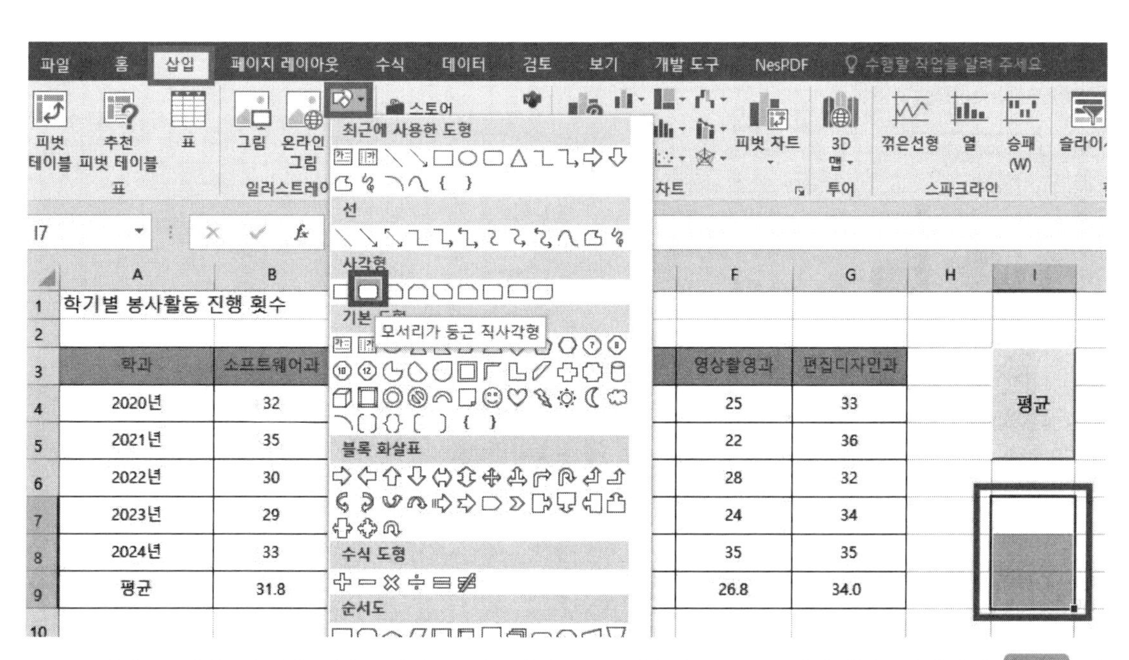


[I7:I9] 영역을 범위 지정한 다음 [삽입]-[도형]-[사각형]-'모서리가 둥근 직사각형'을 선택해서 Alt 키를 누른 상태로 마우스로 드래그하여 도형을 삽입하고 '서식'으로 입력한 다음 마우스 우클릭-[매크로 지정]을 클릭한다.

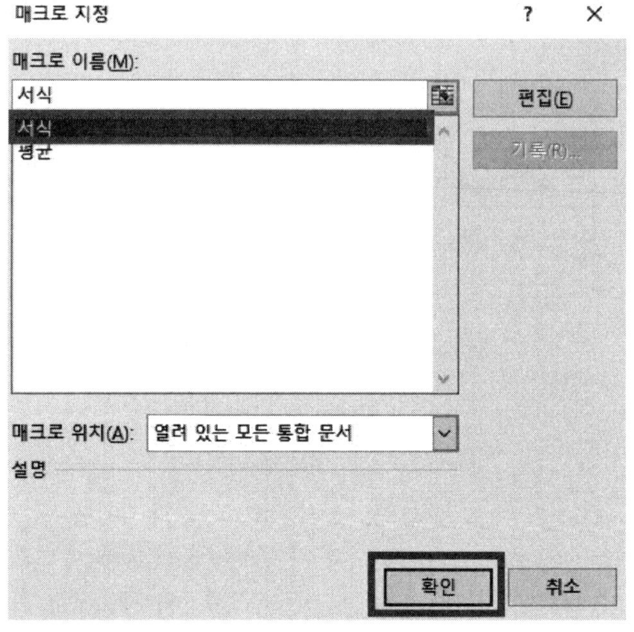


매크로 이름 중 '서식'을 클릭하고 확인 을 클릭한다.

차트 :

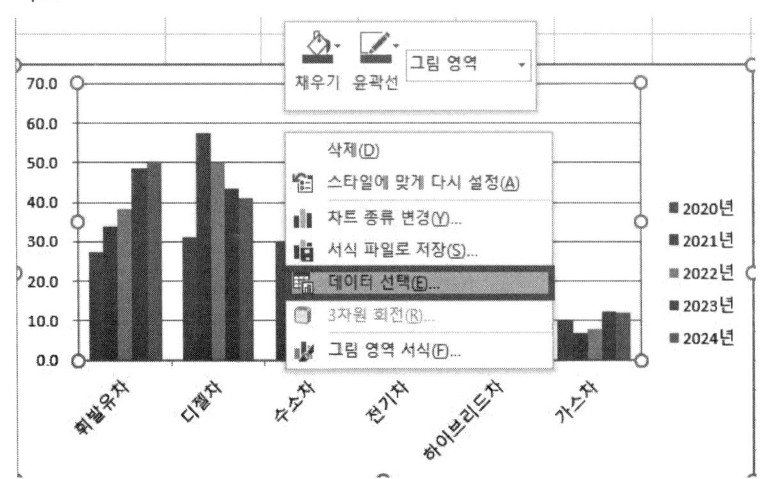


[F3:F9] 영역을 범위 지정한 다음 Ctrl + C 를 누르고 차트 아무 곳에서나 클릭한 다음 Ctrl + V 를 눌러서 '2024년' 계열을 추가한 다음 차트 아무 곳에서나 마우스 우클릭-[데이터 선택]-'행/열 전환'을 클릭한 다음 확인 을 클릭한다.

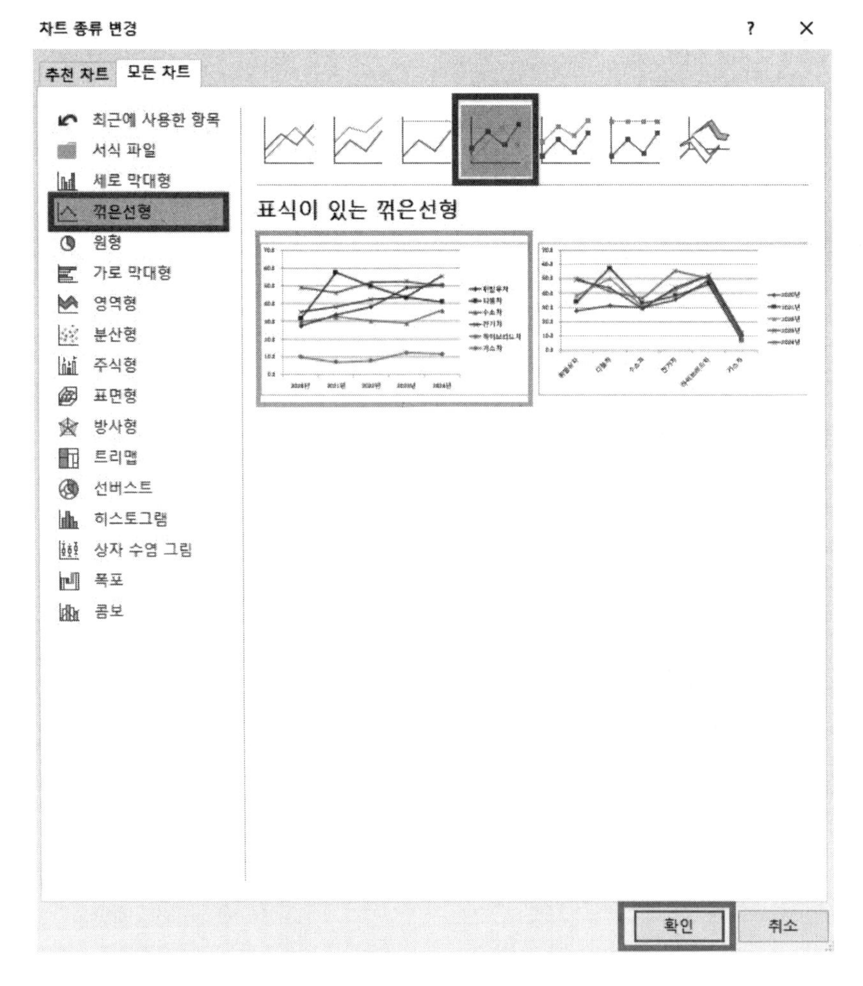


차트 아무 곳에서나 마우스 우클릭-[차트 종류 변경]을 클릭해서 꺾은선형-'표식이 있는 꺾은선형'을 선택한 다음 확인 을 클릭한다.

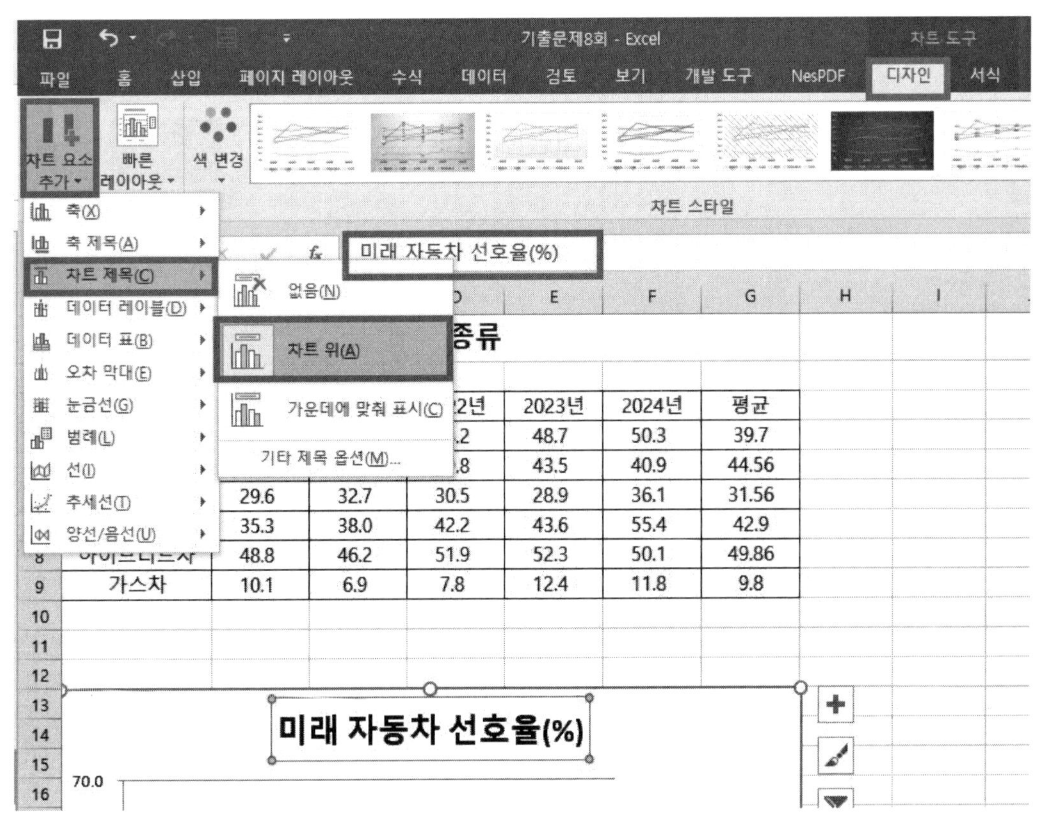

차트 아무 곳에서나 더블 클릭을 한 다음 [차트 도구]-[디자인]-[차트 요소 추가]-[차트 제목]-'차트 위'를 클릭한 다음 수식 입력줄에 '미래 자동차 선호율(%)'를 입력하고 Enter 를 누른다.

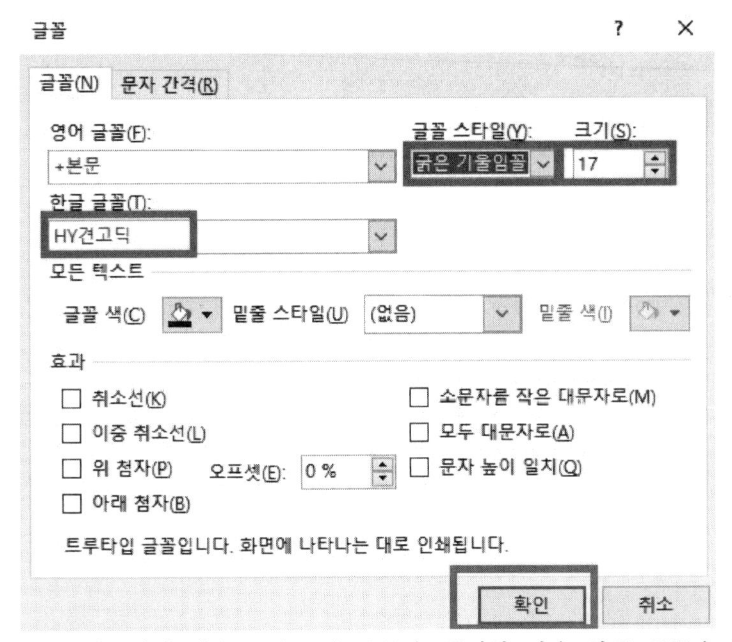

차트 제목에서 마우스 우클릭-[글꼴]을 클릭한 다음 한글 글꼴은 'HY견고딕' 입력, 크기는 '17' 입력, 글꼴 스타일은 '굵은 기울임꼴'을 선택한 다음 확인 을 클릭한다.

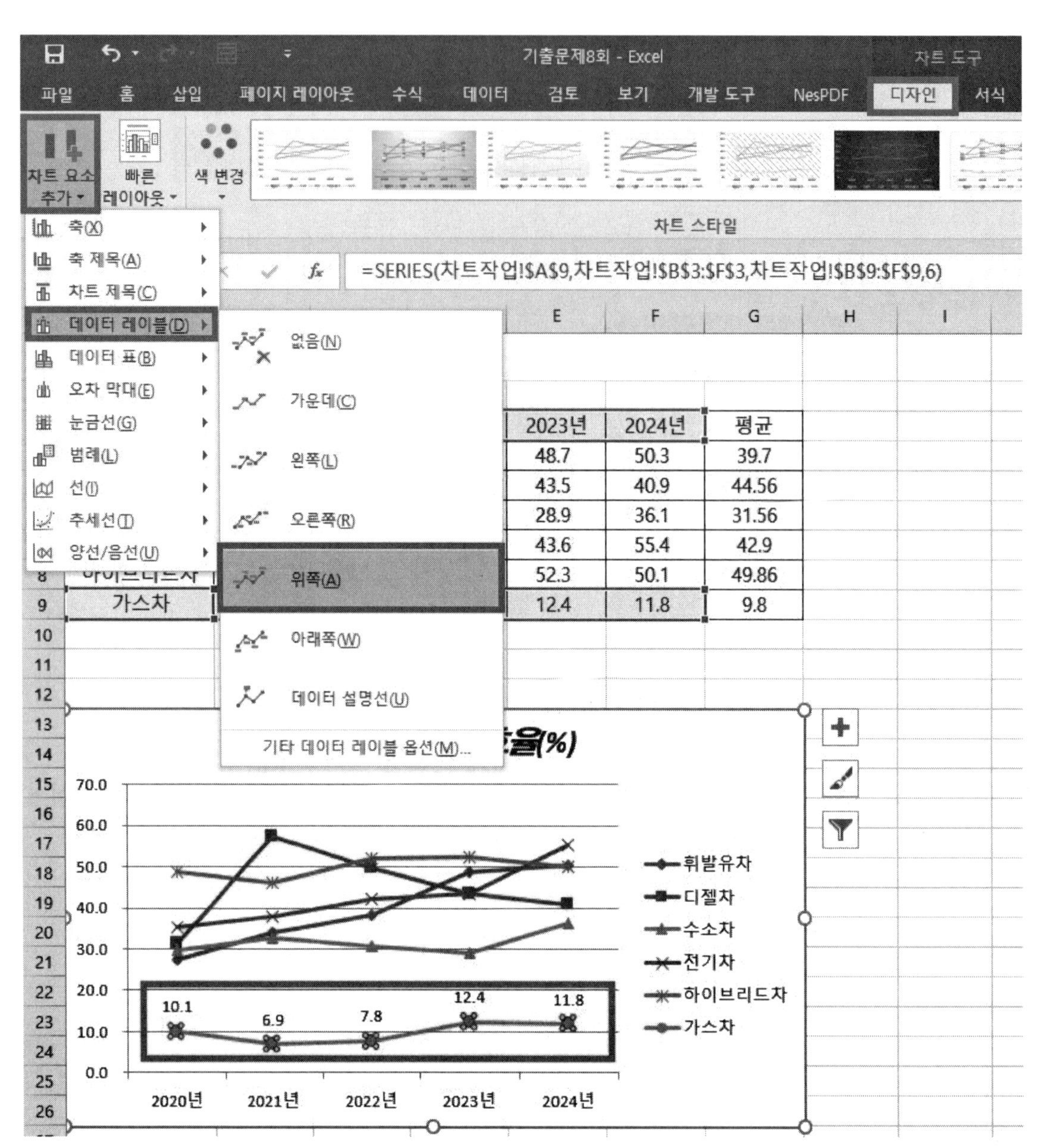


'가스차 계열'을 아무거나 하나를 선택해서 전체가 선택이 되면 [차트 도구]-[디자인]-[차트 요소 추가]-[데이터 레이블]-'위쪽'을 선택한다.

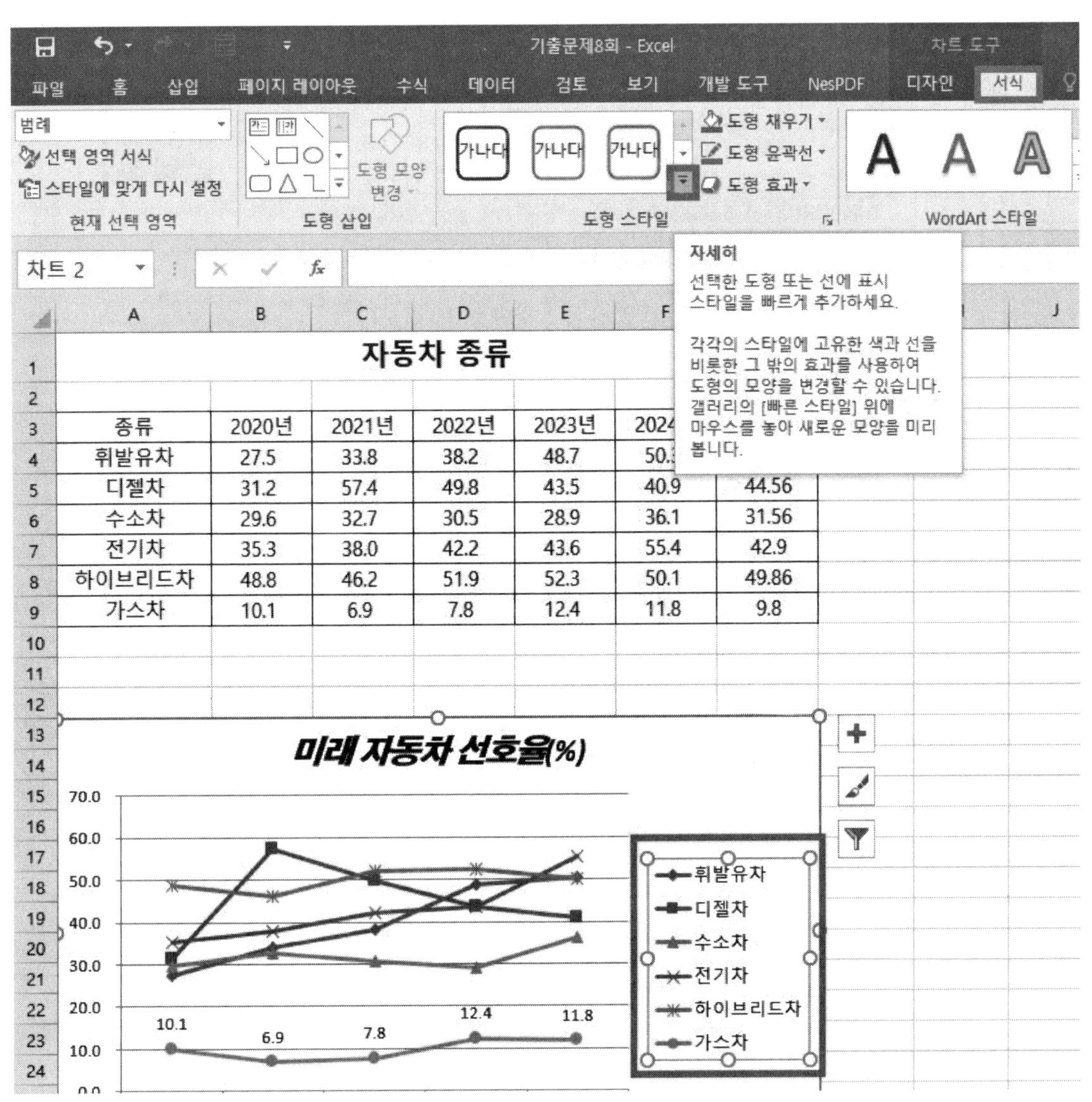


범례를 선택한 다음 [차트 도구]-[서식]-도형 스타일 옆에 있는 〈자세히〉를 눌러서 '미세 효과 - 빨강, 강조2'를 클릭한다.

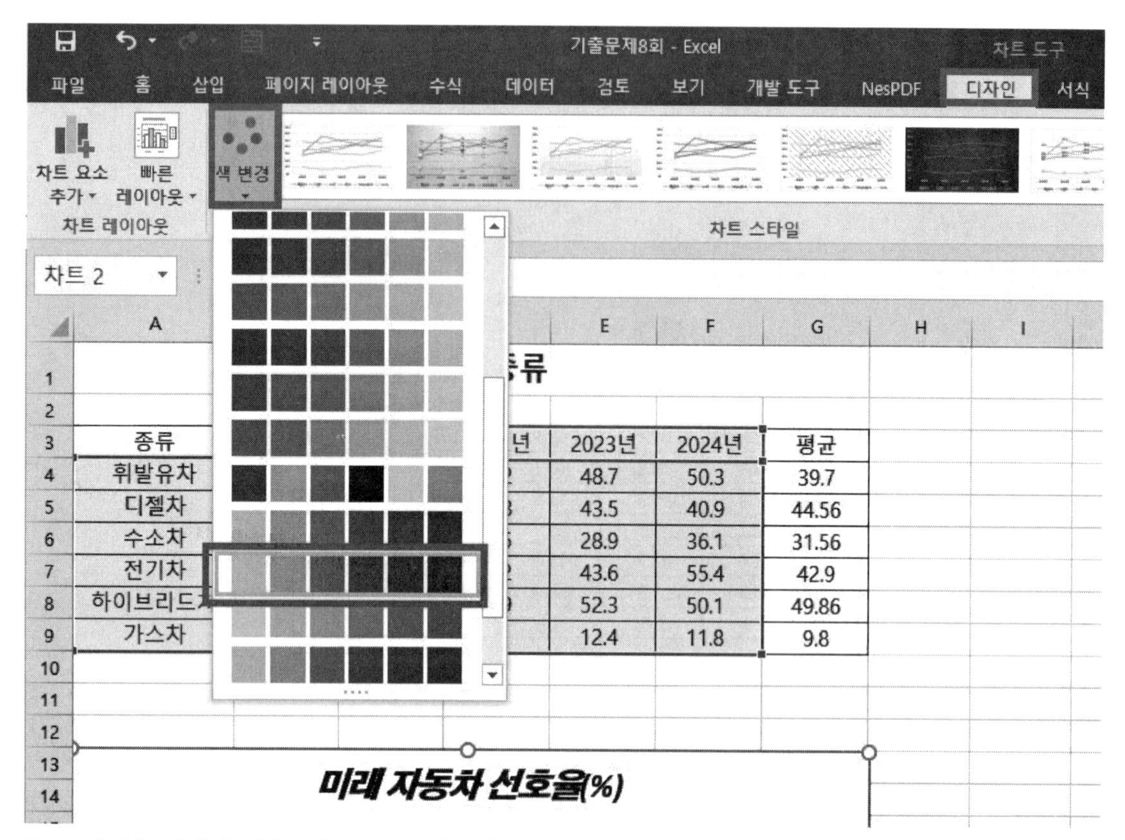


차트 영역을 선택한 다음 [차트 도구]-[디자인]-[색 변경]-'색 13'을 선택한다.

국 가 기 술 자 격 검 정

# 컴퓨터활용능력 실기 실전 예상 기출문제 9회

| 프로그램명 | 제한시간 |
|---|---|
| EXCEL 2021 | 40분 |

수험번호 : ____________________

성　　명 : ____________________

| 2급 | I형 |
|---|---|

## 〈유 의 사 항〉

■ 인적 사항 누락 및 잘못 작성으로 인한 불이익은 수험자 책임으로 합니다.

■ 작성된 답안은 주어진 경로 및 파일명을 변경하지 마시고 그대로 저장해야 합니다. 이를 준수하지 않으면 실격 처리됩니다.

■ 별도의 지시사항이 없는 경우, 다음과 같이 처리 시 실격 처리됩니다.
- ○ 제시된 시트 및 개체의 순서나 이름을 임의로 변경한 경우
- ○ 제시된 시트 및 개체를 임의로 추가 또는 삭제한 경우

■ 답안은 반드시 문제에서 지시 또는 요구한 셀에 입력하여야 하며 다음과 같이 처리 시 채점 대상에서 제외됩니다.
- ○ 수험자가 임의로 지시하지 않은 셀의 이동, 수정, 삭제, 변경 등으로 인해 셀의 위치 및 내용이 변경된 경우 해당 작업에 영향을 미치는 관련 문제 모두 채점 대상에서 제외
- ○ 도형 및 차트의 개체가 중첩되어 있거나 동일한 계산결과 시트가 복수로 존재할 경우 해당 개체나 시트는 채점 대상에서 제외

■ 수식 작성 시 제시된 문제 파일의 데이터는 변경 가능한(가변적) 데이터임을 감안하여 문제 풀이를 하시오.

■ 별도의 지시사항이 없는 경우, 주어진 각 시트 및 개체의 설정값 또는 기본 설정값(Default)으로 처리하시오.

■ 저장 시간은 별도로 주어지지 않으므로 제한된 시간 내에 저장을 완료해야 하며, 제한 시간 내에 저장이 되지 않은 경우에는 실격 처리됩니다.

■ 출제된 문제의 용어는 Microsoft Office 2021 기준으로 작성되어 있습니다.

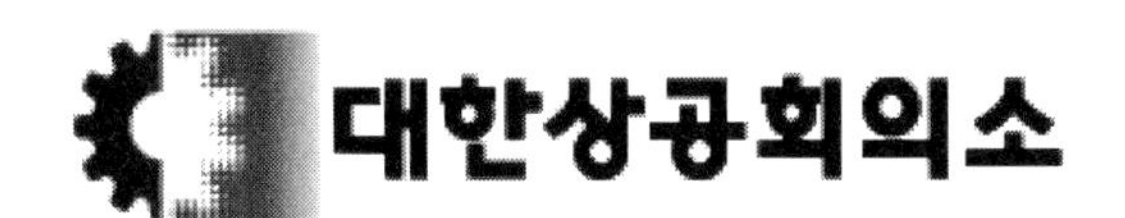

## 문제1 기본작업(20점) 주어진 시트에서 다음 과정을 수행하고 저장하시오.

1. '기본작업-1' 시트에 다음의 자료를 주어진 대로 입력하시오. (5점)

| | A | B | C | D | E | F |
|---|---|---|---|---|---|---|
| 1 | 제습기 모델 | | | | | |
| 2 | | | | | | |
| 3 | 제품명 | 제조사 | 제품코드 | 가격 | 가용면적 | 등록일자 |
| 4 | 뽀송디엑스4 | 큐니스 | QX-413 | 541,030 | 81.6 | 2021-04-01 |
| 5 | 클라윈드와이2 | 커리어 | YC-225 | 222,030 | 65.2 | 2021-04-10 |
| 6 | 회오리디큐 | 엘큐전자 | DQ-115 | 482,880 | 83.9 | 2020-03-05 |
| 7 | 뽀송디엔 | 큐니스 | QN-316 | 322,140 | 70.1 | 2019-01-10 |

2. '기본작업-2' 시트에 대하여 다음의 지시사항을 처리하시오. (각 2점)

① [A1:H1] 영역은 가로 텍스트 맞춤을 '선택 영역의 가운데로' 지정하고, 글꼴 '굴림', 크기 '17', 행 높이 '32'로 지정하시오.

② [A3:H3], [A4:D14] 영역은 텍스트 맞춤을 '가로 가운데'로 지정하고, [E4:E14], [F4:F14], [H4:H14] 영역은 '쉼표 스타일'로 지정하시오.

③ [C4:C14] 영역에 '분류'로 이름정의 하시오.

④ [G4:G14] 영역은 사용자 지정 표시 형식을 이용하여 '01일(금요일)' 형식으로 표시하시오.

⑤ [A3:H14] 영역에 '모든 테두리(⊞)'를 적용하여 표시하시오.

3. '기본작업-3' 시트에서 다음의 지시사항을 처리하시오. (5점)

- '장식품 종합 현황' 표에서 '불량'이 50 미만이거나, '장식품'이 초코이면서 '판매비율'이 70% 이하인 데이터 중에서 '매입량', '판매량', '판매가' 데이터만 나타나도록 고급 필터를 사용하여 검색하시오

▶ 고급 필터 조건은 [A22:E25] 범위 내에 알맞게 입력하시오.

▶ 고급 필터 결과 복사 위치는 동일 시트의 [A27] 셀에서 시작하시오.

## 문제2 계산작업(40점) '계산작업' 시트에서 다음 과정을 수행하고 저장하시오.

1. [표1]에서 출발시간[C3:C10]과 도착시간[D3:D10]을 이용하여 주행기록[E3:E10]에 표시하고 만약 회사[A3:A10]의 오른쪽 3글자가 '자동차'로 끝나면 주행기록[E3:E10]에 2분을 더하여 표시하시오. (8점)
   - ▶ 주행기록=도착시간-출발시간
   - ▶ IF, RIGHT, TIME 함수 사용

2. [표2]에서 국어[H3:H9] 점수가 4번째로 큰 값 이상이고 수학[I3:I9] 점수가 4번째로 큰 값 이상인 개수를 [K12] 셀에 계산하시오. (8점)
   - ▶ 숫자 뒤에 '명'을 표시(표시 예 : 3 → 3명)
   - ▶ COUNTIFS, LARGE 함수와 & 연산자 사용

3. [표3]에서 차이[D14:D21]의 누적 합계가 6,000 이상이면 '골드', 4,000 이상이면 '실버' 나머지는 공백으로 비교 금액[E14:E21]에 표시하시오. (8점)
   - ▶ IF, SUM 함수 사용

4. [표4]에서 파견 시작일[I14:I21]과 파견 기간[J14:J21]을 이용하여 회사 복귀일[K14:K21]을 표시하시오. (8점)
   - ▶ 주말(토요일, 일요일)은 제외함
   - ▶ [표시 예] 파견 시작일이 2023-01-03이고 파견 기간이 3일이면 '1/6'으로 표시
   - ▶ MONTH, DAY, WORKDAY 함수와 & 연산자 모두 사용

5. [표5]에서 몸무게(Kg)[C25:C32]와 키(Cm)[D25:D32]과 BMI(신체 질량 지수)를 이용하여 결과[E25:E32]를 표시하시오. (8점)
   - ▶ BMI(신체 질량 지수)=몸무게$(Kg)/(키(Cm)/100)^2$
   - ▶ BMI(신체 질량 지수)가 20 미만이면 '저체중', 20 이상 25 미만이면 '정상', 25 이상 30 미만이면 '과체중', 30 이상이면 '비만'임.
   - ▶ POWER, HLOOKUP 함수 사용

## 문제3 분석작업(20점) 주어진 시트에서 다음 작업을 수행하고 저장하시오.

### 1. '분석작업-1' 시트에 대하여 다음의 지시사항을 처리하시오. (10점)

'A사 3월 순이익' 표는 판매가[C6], 판매량[C7], 매출액[C8], 기타비용[C9], 기타세금[C10]을 이용하여 판매순수익[C11]을 계산한 것이다. '데이터 표' 기능을 이용하여 판매량 및 기타세금의 변동에 따른 판매순수익의 변화를 [D16:I22] 영역에 계산하시오.

### 2. '분석작업-2' 시트에 대하여 다음의 지시사항을 처리하시오. (10점)

- [부분합] 기능을 이용하여 '계절가전 히트상품 정보' 표에서 분류별로 '판매수량'의 합계와 '원가', '판매금액', '총 매출'의 평균이 나타나도록 계산하시오.
  - ▶ 분류에 대한 정렬 기준은 오름차순으로 하시오.
  - ▶ 합계와 평균은 위에 명시된 순서대로 처리하시오.

계절가전 히트상품 정보

| 제품코드 | 제품명 | 분류 | 제조국 | 등록일 | 판매수량 | 원가 | 판매금액 | 총 매출 |
|---|---|---|---|---|---|---|---|---|
| FW3-301 | 아제브 | 스니커즈 | 베트남 | 2018-11-01 | 205 | 45,000 | 141,000 | 19,680,000 |
| SW6-101 | 빈드너 투밴딩 | 스니커즈 | 중국 | 2019-12-05 | 250 | 15,000 | 45,000 | 7,500,000 |
| SM1-105 | 디즈니 미키 | 스니커즈 | 베트남 | 2020-11-02 | 130 | 20,000 | 56,000 | 4,680,000 |
| | | **스니커즈 평균** | | | | 26,667 | 80,667 | 10,620,000 |
| | | **스니커즈 요약** | | | 585 | | | |
| SU6-312 | 타엘 | 운동화 | 인도네시아 | 2019-10-20 | 124 | 25,000 | 125,000 | 12,400,000 |
| WU4-150 | 링링 | 운동화 | 인도네시아 | 2019-12-05 | 156 | 22,000 | 92,000 | 10,920,000 |
| | | **운동화 평균** | | | | 23,500 | 108,500 | 11,660,000 |
| | | **운동화 요약** | | | 280 | | | |
| PM1-201 | 엘리칸 | 펌프스 | 베트남 | 2018-10-26 | 88 | 35,000 | 156,000 | 10,648,000 |
| WM2-202 | 몰렌트 | 펌프스 | 중국 | 2020-10-20 | 100 | 30,000 | 99,000 | 6,900,000 |
| PW4-120 | 레니브 | 펌프스 | 인도네시아 | 2018-11-15 | 94 | 100,000 | 250,000 | 14,100,000 |
| | | **펌프스 평균** | | | | 55,000 | 168,333 | 10,549,333 |
| | | **펌프스 요약** | | | 282 | | | |
| | | **전체 평균** | | | | 36,500 | 120,500 | 10,853,500 |
| | | **총합계** | | | 1,147 | | | |

## 문제4 기타작업(20점) 주어진 시트에서 다음 작업을 수행하고 저장하시오.

1. '매크로작업' 시트의 [표1]에서 다음과 같은 기능을 수행하는 매크로를 현재 통합 문서에 작성하고 실행하시오. (각 5점)

① [C13:E13] 영역에 합계를 계산하는 매크로를 생성하여 실행하시오.

▶ 매크로 이름: 합계

▶ SUM 함수 사용

▶ [개발 도구]-[삽입]-[양식 컨트롤]의 '단추'를 동일 시트의 [A15:C17] 영역에 생성하고, 텍스트를 '합계'로 입력한 후 단추를 클릭할 때 '합계' 매크로가 실행되도록 설정하시오.

② [F4:F12] 영역에 판매량평균을 계산하는 매크로를 생성하여 실행하시오.

▶ 매크로 이름: 판매량평균

▶ 판매량평균=(1월 판매량+2월 판매량+3월 판매량)÷3

▶ [도형]-[기본 도형]의 '해( ☼ )'를 동일 시트의 [D15:F17] 영역에 생성하고, 도형을 클릭할 때 '판매량평균' 매크로가 실행되도록 설정하시오.

**※ 셀 포인터의 위치에 상관 없이 현재 통합 문서에서 매크로가 실행되어야 정답으로 인정됨**

2. '차트작업' 시트의 차트를 지시사항에 따라 아래 그림과 같이 수정하시오. (각 2점)

**※ 차트는 반드시 문제에서 제공한 차트를 사용하여야 하며, 신규로 작성 시 0점 처리됨**

① 차트 종류를 '도넛형'으로 변경하시오.

② 차트 제목은 '차트 위'로 추가한 다음 [A1] 셀과 연결되도록 하시오.

③ 데이터 레이블 '값'을 추가하는데 '항목 이름'과 '값'이 표시되도록 설정하시오.

④ 차트 영역의 그림자는 '안쪽 가운데'로 지정하고 색 변경 '색 7'을 지정하시오.

⑤ 전체 계열의 쪼개진 도넛을 '55%'로 설정하고 도넛 구멍 크기는 '35%'로 설정하시오.

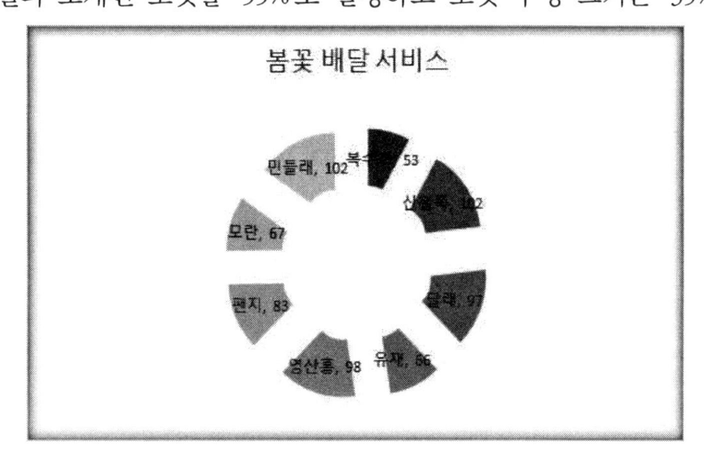

## 정답

기본작업1.

| | A | B | C | D | E | F |
|---|---|---|---|---|---|---|
| 1 | 제습기 모델 | | | | | |
| 2 | | | | | | |
| 3 | 제품명 | 제조사 | 제품코드 | 가격 | 가용면적 | 등록일자 |
| 4 | 뽀송디엑스4 | 큐니스 | QX-413 | 541,030 | 81.6 | 2021-04-01 |
| 5 | 클라윈드와이2 | 커리어 | YC-225 | 222,030 | 65.2 | 2021-04-10 |
| 6 | 회오리디큐 | 엘큐전자 | DQ-115 | 482,880 | 83.9 | 2020-03-05 |
| 7 | 뽀송디엔 | 큐니스 | QN-316 | 322,140 | 70.1 | 2019-01-10 |

기본작업2.

| | A | B | C | D | E | F | G | H |
|---|---|---|---|---|---|---|---|---|
| 1 | 애니멀스낵 4월 매출 현황 | | | | | | | |
| 2 | | | | | | | | |
| 3 | 제품명 | 구분 | 분류 | 무게 | 판매수량 | 판매가격 | 판매일 | 매출 |
| 4 | 오리스테이크 | 무뼈 | 전견종 | 150g | 30 | 3,000 | 04월(토요일) | 90,000 |
| 5 | 소간 육포 | 무뼈 | 전견종 | 50g | 65 | 2,000 | 04월(목요일) | 130,000 |
| 6 | 칠면조 목뼈 | 뼈 | 대형견 | 250g | 10 | 6,000 | 04월(금요일) | 60,000 |
| 7 | 상어연골 | 뼈 | 중/대형견 | 110g | 18 | 5,000 | 04월(화요일) | 90,000 |
| 8 | 카우시링스 | 무뼈 | 전견종 | 70g | 23 | 5,500 | 04월(토요일) | 126,500 |
| 9 | 닭가슴살 져키 | 무뼈 | 전견종 | 40g | 107 | 2,500 | 04월(금요일) | 267,500 |
| 10 | 흑염소뿔 | 뼈 | 중/대형견 | 80g | 33 | 5,500 | 04월(토요일) | 181,500 |
| 11 | 디포리말이 | 무뼈 | 전견종 | 30g | 71 | 4,000 | 04월(화요일) | 284,000 |
| 12 | 카우스틱 | 무뼈 | 전견종 | 20g | 52 | 4,500 | 04월(목요일) | 234,000 |
| 13 | 고구마말랭이 | 무뼈 | 전견종 | 30g | 101 | 2,500 | 04월(월요일) | 252,500 |
| 14 | 돼지통족발 | 뼈 | 대형견 | 300g | 19 | 6,500 | 04월(수요일) | 123,500 |

기본작업3.

| 27 | 매입량 | 판매량 | 판매가 |
|---|---|---|---|
| 28 | 400 | 278 | 1,500원 |
| 29 | 800 | 751 | 2,300원 |
| 30 | 1,200 | 1,152 | 1,400원 |

## 계산작업.

[표1]

| 회사 | 평균 가격 | 출발시간 | 도착시간 | 주행기록 |
|---|---|---|---|---|
| 렉서스 | 37,870,000 | 10:10 | 10:45 | 00:35 |
| 현대자동차 | 26,000,000 | 14:20 | 14:50 | 00:32 |
| TOYOTA | 29,050,000 | 09:15 | 11:10 | 01:55 |
| 리비안 | 75,000,000 | 12:15 | 13:00 | 00:45 |
| 전기자동차 | 60,300,000 | 15:40 | 16:35 | 00:57 |
| 테슬라 | 35,000,000 | 11:50 | 12:05 | 00:15 |
| 기아자동차 | 22,400,000 | 09:05 | 12:40 | 03:37 |
| 대우자동차 | 33,500,000 | 10:25 | 13:35 | 03:12 |

[표2]

| 출석부 | 국어 | 수학 | 합계 | 평균 |
|---|---|---|---|---|
| 최O수 | 74 | 93 | 167 | 83.5 |
| 안O영 | 91 | 77 | 168 | 84.0 |
| 한O수 | 55 | 99 | 154 | 77.0 |
| 문O정 | 67 | 81 | 148 | 74.0 |
| 여O근 | 63 | 72 | 135 | 67.5 |
| 황O영 | 80 | 94 | 174 | 87.0 |
| 이O결 | 78 | 63 | 141 | 70.5 |
| 국어 점수와 수학 점수에서 각각 4번째 큰 값 이상인 개수 | | | | 2명 |

[표3]

| 위치 | 원가 | 감정가 | 차이 | 비교 금액 |
|---|---|---|---|---|
| C동 101호 | 39,000 | 40,000 | 1,000 | |
| A동 201호 | 60,000 | 63,000 | 3,000 | 실버 |
| A동 401호 | 68,000 | 70,000 | 2,000 | 골드 |
| B동 501호 | 61,000 | 60,000 | -1,000 | 실버 |
| A동 601호 | 73,000 | 70,000 | -3,000 | |
| C동 801호 | 78,500 | 81,000 | 2,500 | 실버 |
| A동 901호 | 85,000 | 83,000 | 2,000 | 골드 |
| C동 1001호 | 102,000 | 90,000 | 12,000 | 골드 |

[표4]

| 성명 | 직급 | 파견 시작일 | 파견 기간 | 회사 복귀일 |
|---|---|---|---|---|
| 박O수 | 사원 | 2024-03-15 | 7 | 3/26 |
| 정O철 | 계약직 | 2023-03-22 | 12 | 4/7 |
| 전O미 | 주임 | 2025-03-29 | 5 | 4/4 |
| 성O아 | 사원 | 2023-04-15 | 10 | 4/28 |
| 송O진 | 사원 | 2023-04-06 | 9 | 4/19 |
| 이O래 | 계약직 | 2025-04-01 | 16 | 4/23 |
| 심O현 | 계약직 | 2025-03-18 | 14 | 4/7 |
| 최O기 | 주임 | 2024-03-17 | 11 | 4/1 |

[표5]

| 관리번호 | 성명 | 몸무게(Kg) | 키(Cm) | 결과 |
|---|---|---|---|---|
| DD012 | 최O수 | 83 | 161 | 비만 |
| AC013 | 김O희 | 76 | 182 | 정상 |
| DA014 | 안O영 | 61 | 153 | 과체중 |
| BB015 | 한O수 | 55 | 174 | 저체중 |
| DA017 | 여O근 | 92 | 190 | 과체중 |
| AC018 | 황O영 | 74 | 187 | 정상 |
| BB020 | 이O결 | 50 | 175 | 저체중 |
| DD021 | 현O수 | 88 | 168 | 비만 |

| 비만도 계산법 | | | | |
|---|---|---|---|---|
| BMI(신체 질량 지수) | 0 | 20 | 25 | 30 |
| 결과 | 저체중 | 정상 | 과체중 | 비만 |

## 분석작업1.

| | | 판매량 | | | | | |
|---|---|---|---|---|---|---|---|
| | 1,134,000 | 500개 | 600개 | 700개 | 800개 | 900개 | 1,000개 |
| 세금 | 2.1% | 723,750 | 868,500 | 1,013,250 | 1,158,000 | 1,302,750 | 1,447,500 |
| | 2.4% | 720,000 | 864,000 | 1,008,000 | 1,152,000 | 1,296,000 | 1,440,000 |
| | 2.7% | 716,250 | 859,500 | 1,002,750 | 1,146,000 | 1,289,250 | 1,432,500 |
| | 3.0% | 712,500 | 855,000 | 997,500 | 1,140,000 | 1,282,500 | 1,425,000 |
| | 3.3% | 708,750 | 850,500 | 992,250 | 1,134,000 | 1,275,750 | 1,417,500 |
| | 3.6% | 705,000 | 846,000 | 987,000 | 1,128,000 | 1,269,000 | 1,410,000 |
| | 3.9% | 701,250 | 841,500 | 981,750 | 1,122,000 | 1,262,250 | 1,402,500 |

## 분석작업2.

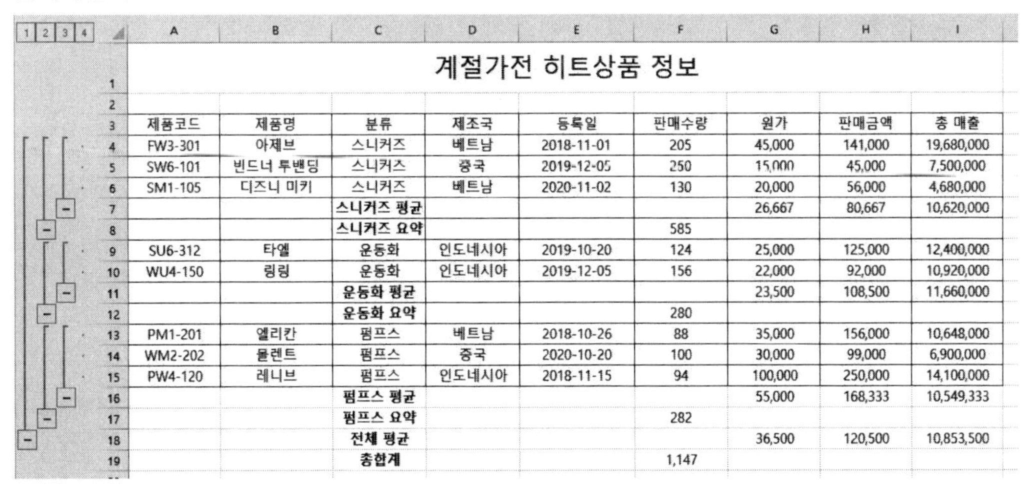

계절가전 히트상품 정보

| 제품코드 | 제품명 | 분류 | 제조국 | 등록일 | 판매수량 | 원가 | 판매금액 | 총 매출 |
|---|---|---|---|---|---|---|---|---|
| FW3-301 | 아제브 | 스니커즈 | 베트남 | 2018-11-01 | 205 | 45,000 | 141,000 | 19,680,000 |
| SW6-101 | 빈드너 투밴딩 | 스니커즈 | 중국 | 2019-12-05 | 250 | 15,000 | 45,000 | 7,500,000 |
| SM1-105 | 디즈니 미키 | 스니커즈 | 베트남 | 2020-11-02 | 130 | 20,000 | 56,000 | 4,680,000 |
| | | **스니커즈 평균** | | | | 26,667 | 80,667 | 10,620,000 |
| | | **스니커즈 요약** | | | 585 | | | |
| SU6-312 | 타엘 | 운동화 | 인도네시아 | 2019-10-20 | 124 | 25,000 | 125,000 | 12,400,000 |
| WU4-150 | 링링 | 운동화 | 인도네시아 | 2019-12-05 | 156 | 22,000 | 92,000 | 10,920,000 |
| | | **운동화 평균** | | | | 23,500 | 108,500 | 11,660,000 |
| | | **운동화 요약** | | | 280 | | | |
| PM1-201 | 엘리칸 | 펌프스 | 베트남 | 2018-10-26 | 88 | 35,000 | 156,000 | 10,648,000 |
| WM2-202 | 울렌트 | 펌프스 | 중국 | 2020-10-20 | 100 | 30,000 | 99,000 | 6,900,000 |
| PW4-120 | 레니브 | 펌프스 | 인도네시아 | 2018-11-15 | 94 | 100,000 | 250,000 | 14,100,000 |
| | | **펌프스 평균** | | | | 55,000 | 168,333 | 10,549,333 |
| | | **펌프스 요약** | | | 282 | | | |
| | | **전체 평균** | | | | 36,500 | 120,500 | 10,853,500 |
| | | **총합계** | | | 1,147 | | | |

매크로작업.

| | A | B | C | D | E | F |
|---|---|---|---|---|---|---|
| 1 | **1분기 과일 총 판매 현황** | | | | | |
| 2 | | | | | | |
| 3 | 과일 | 생산자 | 1월 판매량 | 2월 판매량 | 3월 판매량 | 평균 판매량 |
| 4 | 사과 | 이O빈 | 74 | 237 | 192 | 168 |
| 5 | 딸기 | 윤O린 | 231 | 136 | 178 | 182 |
| 6 | 배 | 송O영 | 85 | 122 | 249 | 152 |
| 7 | 두리안 | 박O희 | 374 | 253 | 300 | 309 |
| 8 | 바나나 | 장O빈 | 162 | 271 | 210 | 214 |
| 9 | 포도 | 차O람 | 100 | 105 | 187 | 131 |
| 10 | 파인애플 | 김O영 | 297 | 294 | 105 | 232 |
| 11 | 코코넛 | 최O혜 | 380 | 77 | 196 | 218 |
| 12 | 수박 | 전O수 | 97 | 160 | 207 | 155 |
| 13 | 판매량 합계 | | 1,800 | 1,655 | 1,824 | |
| 14 | | | | | | |
| 15 | 합계 | | | | | |
| 16 | | | | | | |
| 17 | | | | | | |

차트작업.

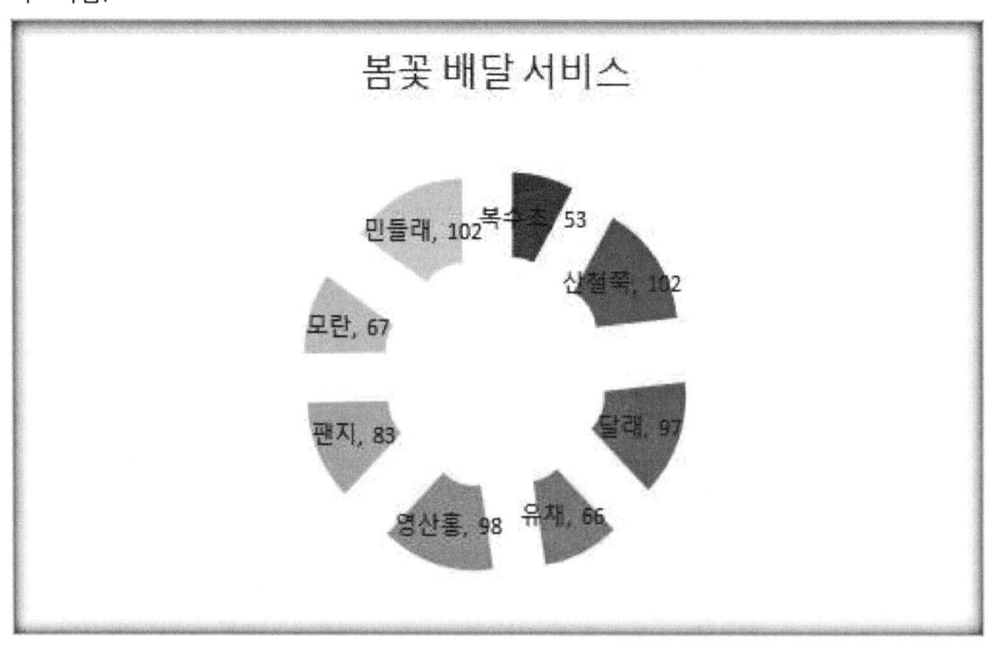

## 해설

기본작업1 : 출력형태와 같이 입력한다.

기본작업2 :

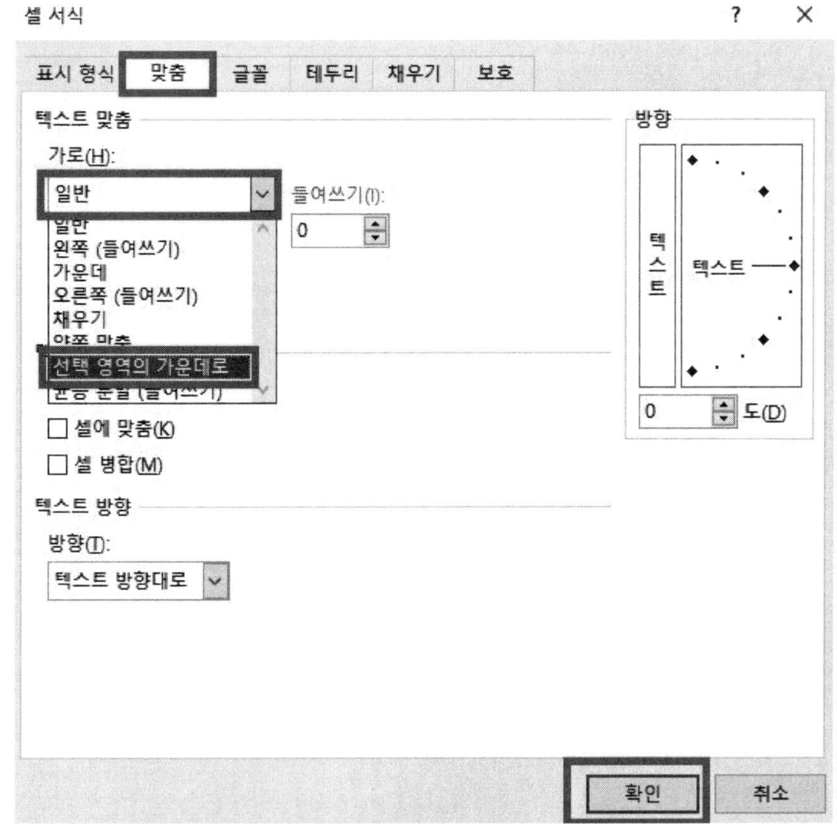


[A1:H1] 영역을 범위 지정한 다음 마우스 우클릭-[셀 서식]을 클릭해서 [맞춤]-[가로]에서 '선택 영역의 가운데로'를 클릭하고 확인 을 클릭한다.

| 분류 | 무게 | 판매수량 | 판매가격 | 판매일 | 매출 |
|---|---|---|---|---|---|
| 전견종 | 150g | 30 | 3000 | 4월 16일 | 90000 |
| 전견종 | 50g | 65 | 2000 | 4월 21일 | 130000 |
| 대형견 | 250g | 10 | 6000 | 4월 29일 | 60000 |
| 중/대형견 | 110g | 18 | 5000 | 4월 5일 | 90000 |
| 전견종 | 70g | 23 | 5500 | 4월 30일 | 126500 |
| 전견종 | 40g | 107 | 2500 | 4월 15일 | 267500 |
| 중/대형견 | 80g | 33 | 5500 | 4월 2일 | 181500 |

[A1:H1] 영역이 범위가 지정된 상태에서 다시 마우스 우클릭-글꼴은 '굴림'을 입력하고 크기는 '17'을 입력한 다음 1행에서 마우스 우클릭-[행 높이]를 클릭한 후 '32'를 입력한다.

| 제품명 | 구분 | 분류 | 무게 | 판매수량 | 판매가격 | 판매일 | 매출 |
|---|---|---|---|---|---|---|---|
| 오리스테이크 | 무뼈 | 전견종 | 150g | | | 4월 16일 | 90000 |
| 소간 육포 | 무뼈 | 전견종 | 50g | 65 | 2000 | 4월 21일 | 130000 |
| 칠면조 목뼈 | 뼈 | 대형견 | 250g | 10 | 6000 | 4월 29일 | 60000 |
| 상어연골 | 뼈 | 중/대형견 | 110g | 18 | 5000 | 4월 5일 | 90000 |
| 카우시링스 | 무뼈 | 전견종 | 70g | 23 | 5500 | 4월 30일 | 126500 |
| 닭가슴살 져키 | 무뼈 | 전견종 | 40g | 107 | 2500 | 4월 15일 | 267500 |
| 흑염소뿔 | 뼈 | 중/대형견 | 80g | 33 | 5500 | 4월 2일 | 181500 |
| 디포리말이 | 무뼈 | 전견종 | 30g | 71 | 4000 | 4월 5일 | 284000 |
| 카우스틱 | 무뼈 | 전견종 | 20g | 52 | 4500 | 4월 28일 | 234000 |
| 고구마말랭이 | 무뼈 | 전견종 | 30g | 101 | 2500 | 4월 11일 | 252500 |
| 돼지통족발 | 뼈 | 대형견 | 300g | 19 | 6500 | 4월 20일 | 123500 |

[A3:H3] 영역을 범위 지정한 다음 Ctrl 을 눌러서 [A4:D14] 영역까지 범위 지정해서 마우스 우클릭-'가운데 맞춤'을 클릭한다.

| 판매수량 | 판매가격 | 판매일 | 매출 |
|---|---|---|---|
| 30 | 3,000 | 4월 16일 | 90,000 |
| 65 | 2,000 | 4월 21일 | 130,000 |
| 10 | 6,000 | 4월 29일 | 60,000 |
| 18 | 5,000 | 4월 5일 | 90,000 |
| 23 | 5,500 | 4월 30일 | 126,500 |
| 107 | 2,500 | 4월 15일 | 267,500 |
| 33 | 5,500 | 4월 2일 | 181,500 |
| 71 | 4,000 | 4월 5일 | 284,000 |
| 52 | 4,500 | 4월 28일 | 234,000 |
| 101 | 2,500 | 4월 11일 | 252,500 |
| 19 | 6,500 | 4월 20일 | 123,500 |

[E4:E14] 영역을 범위 지정한 다음 Ctrl 을 눌러서 [F4:F14], [H4:H14] 영역까지 범위 지정해서 마우스 우클릭-'쉼표 스타일'을 클릭한다.

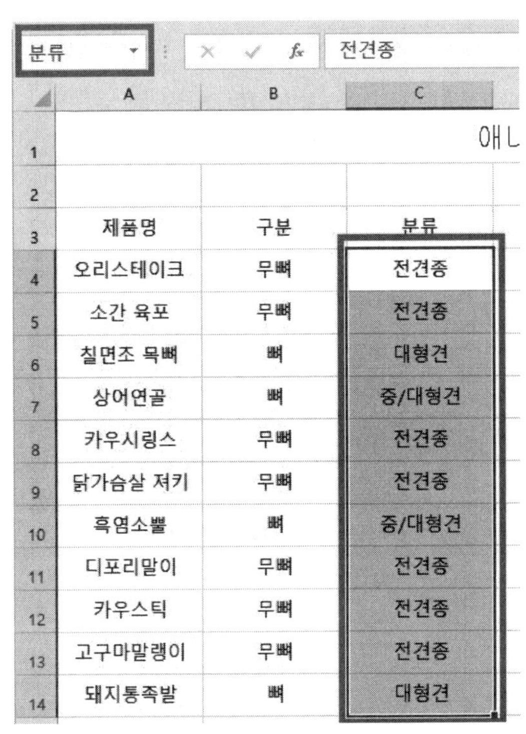


| | A | B | C |
|---|---|---|---|
| 1 | | | 애니 |
| 2 | | | |
| 3 | 제품명 | 구분 | 분류 |
| 4 | 오리스테이크 | 무뼈 | 전견종 |
| 5 | 소간 육포 | 무뼈 | 전견종 |
| 6 | 칠면조 목뼈 | 뼈 | 대형견 |
| 7 | 상어연골 | 뼈 | 중/대형견 |
| 8 | 카우시링스 | 무뼈 | 전견종 |
| 9 | 닭가슴살 져키 | 무뼈 | 전견종 |
| 10 | 흑염소뿔 | 뼈 | 중/대형견 |
| 11 | 디포리말이 | 무뼈 | 전견종 |
| 12 | 카우스틱 | 무뼈 | 전견종 |
| 13 | 고구마말랭이 | 무뼈 | 전견종 |
| 14 | 돼지통족발 | 뼈 | 대형견 |

[C4:C14] 영역을 범위 지정하고 이름 상자로 가서 '분류'를 입력하고 Enter 를 누른다.

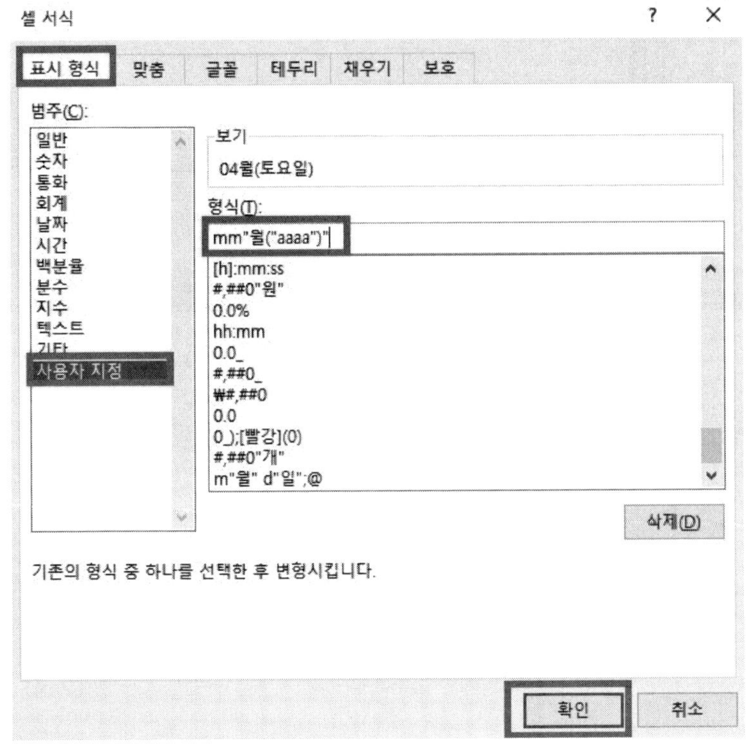


[G4:G14] 영역을 범위 지정한 다음 마우스 우클릭-[셀 서식]-[표시 형식]-[사용자 지정]으로 와서 mm"월("aaaa")"를 입력하고 확인 을 클릭한다.

| 제품명 | 구분 | | | 수량 | 판매가격 | 판매일 | 매출 |
|---|---|---|---|---|---|---|---|
| 오리스테이크 | 무뼈 | | | 30 | 3,000 | 04월(토요일) | 90,000 |
| 소간 육포 | 무뼈 | 전견종 | 5 | | 2,000 | 04월(목요일) | 130,000 |
| 칠면조 목뼈 | 뼈 | 대형견 | 2 | | 6,000 | 04월(금요일) | 60,000 |
| 상어연골 | 뼈 | 중/대형견 | 1 | | 5,000 | 04월(화요일) | 90,000 |
| 카우시링스 | 무뼈 | 전견종 | 7 | | 5,500 | 04월(토요일) | 126,500 |
| 닭가슴살 져키 | 무뼈 | 전견종 | 4 | | 2,500 | 04월(금요일) | 267,500 |
| 흑염소뿔 | 뼈 | 중/대형견 | 8 | | 5,500 | 04월(토요일) | 181,500 |
| 디포리말이 | 무뼈 | 전견종 | 3 | | 4,000 | 04월(화요일) | 284,000 |
| 카우스틱 | 무뼈 | 전견종 | 2 | | 4,500 | 04월(목요일) | 234,000 |
| 고구마말랭이 | 무뼈 | 전견종 | 3 | | 2,500 | 04월(월요일) | 252,500 |
| 돼지통족발 | 뼈 | 대형견 | 3 | | 6,500 | 04월(수요일) | 123,500 |

아래쪽 테두리(O)
위쪽 테두리(P)
왼쪽 테두리(L)
오른쪽 테두리(R)
테두리 없음(N)
모든 테두리(A)
바깥쪽 테두리(S)
굵은 바깥쪽 테두리(T)
아래쪽 이중 테두리(B)
굵은 아래쪽 테두리(H)
위쪽/아래쪽 테두리(D)
위쪽/굵은 아래쪽 테두리(C)
위쪽/아래쪽 이중 테두리(U)
다른 테두리(M)...

[A3:H14] 영역을 범위 지정한 다음 마우스 우클릭-[테두리]-'모든 테두리'를 선택한다.

기본작업3 :

| | A | B | C |
|---|---|---|---|
| 22 | 불량 | 장식품 | 판매비율 |
| 23 | <50 | | |
| 24 | | 초코 | <=70% |
| 25 | | | |
| 26 | | | |
| 27 | 매입량 | 판매량 | 판매가 |

[A22:C24] 영역에 그림과 같이 조건을 입력한 다음 [A27:C27] 영역에 그림과 같이 제목을 복사해서 붙여 넣는다.

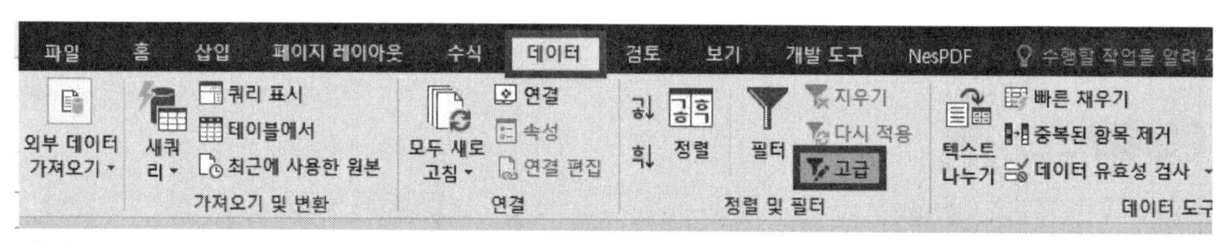


[데이터]-[고급]을 클릭한다.

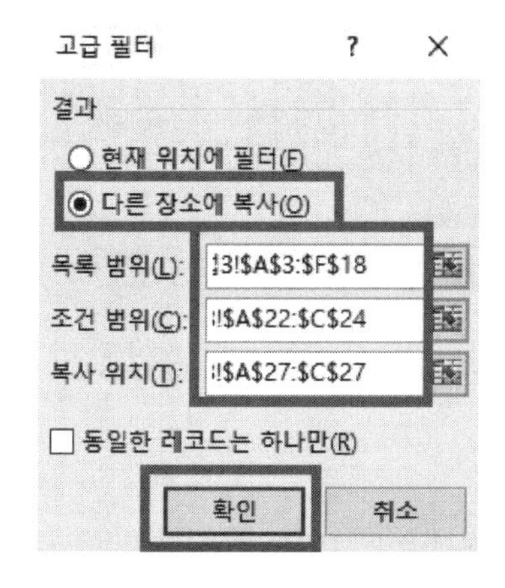


○ '다른 장소에 복사'를 먼저 클릭한 다음
목록 범위 : [A3:F18] 범위 지정
조건 범위 : [A22:C24] 범위 지정
복사 위치 : [A27:C27] 범위 지정을 하고 마지막에 확인 을 클릭한다.

계산작업 :

(1) [E3:E10] 영역을 범위 지정한 다음 =IF(RIGHT(A3,3)="자동차",D3-C3+TIME(0,2,0),D3-C3)를 입력하고 Ctrl + Enter 를 누른다.

(2) [K10] 셀을 클릭한 후 =COUNTIFS(H3:H9,">="&LARGE(H3:H9,4),I3:I9,">="&LARGE(I3:I9,4))&"명"를 입력하고 Enter 를 누른다.

(3) [E14:E21] 영역을 범위 지정한 다음 =IF(SUM($D$14:D14)>=6000,"골드",IF(SUM($D$14:D14)>=4000,"실버",""))를 입력하고 Ctrl + Enter 를 누른다.

(4) [K14:K21] 영역을 범위 지정한 다음 =MONTH(WORKDAY(I14,J14))&"/"&DAY(WORKDAY(I14,J14))를 입력하고 Ctrl + Enter 를 누른다.

(5) [E25:E32] 영역을 범위 지정한 다음 =HLOOKUP(C25/POWER(D25/100,2),$G$25:$K$26,2)를 입력하고 Ctrl + Enter 를 누른다.

분석작업1 :

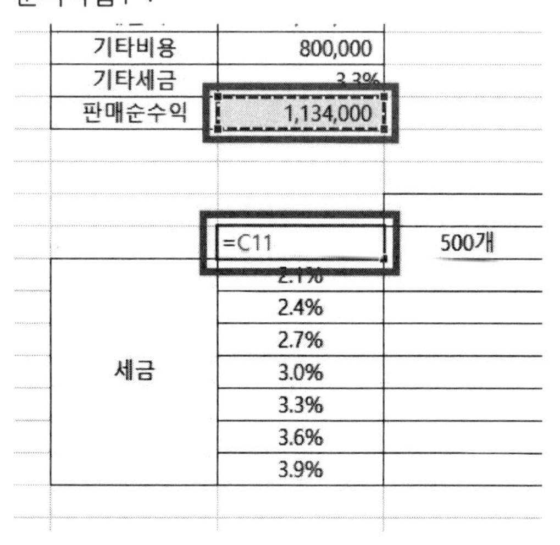


[C15] 셀을 클릭한 다음 =을 입력하고 [C11] 셀을 선택한 다음 Enter 를 누른다.

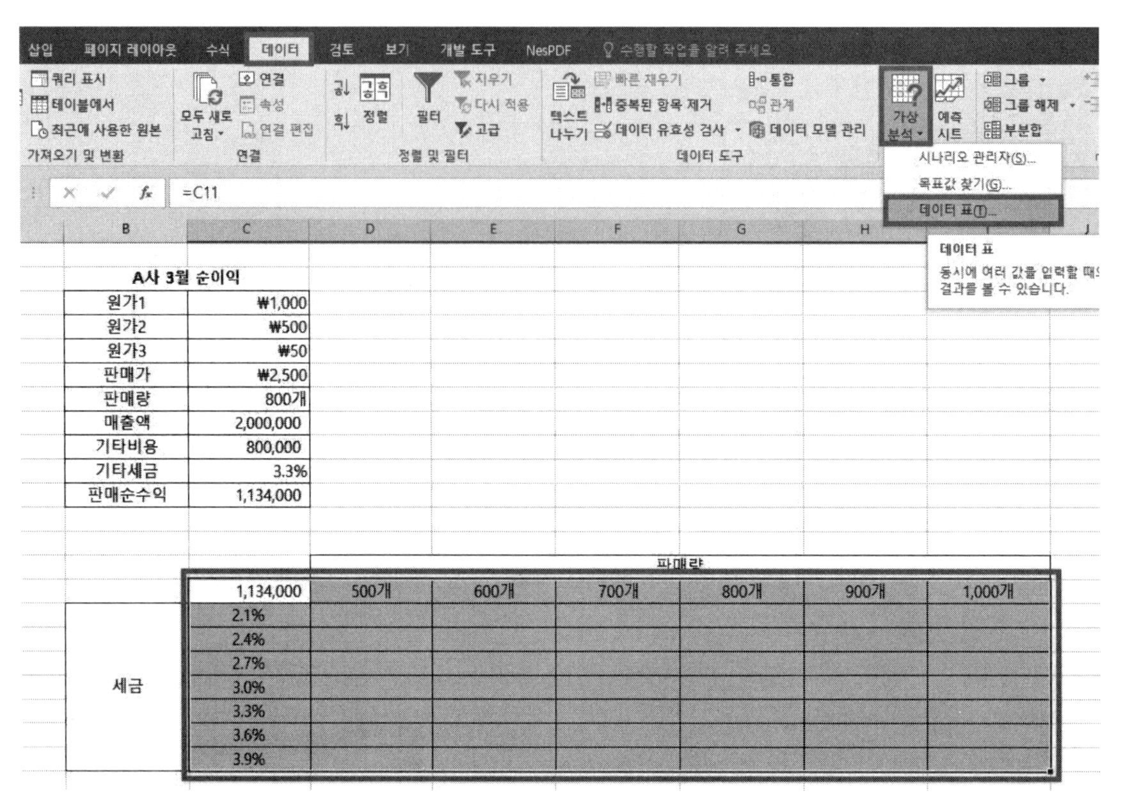


[C15:I22] 영역을 범위 지정한 다음 [데이터]-[가상 분석]-[데이터 표]를 클릭한다.

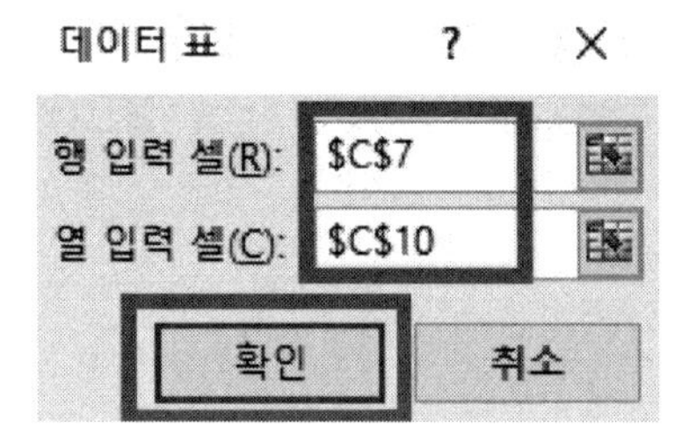


행 입력 셀에 [C7] 셀을 클릭하고 열 입력 셀에 [C10] 셀을 클릭한 다음 확인 을 클릭한다.

분석작업2 :

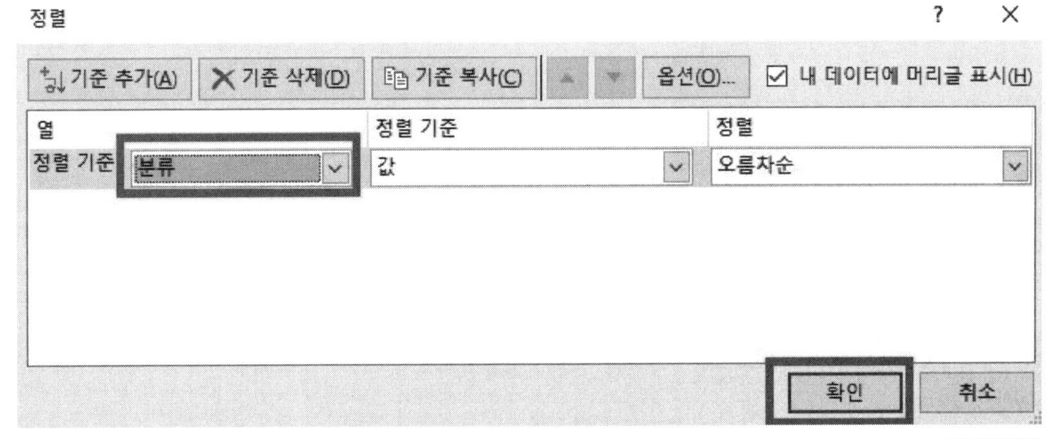


분류[C3] 셀을 클릭한 다음 [데이터]-[정렬]을 클릭해서 정렬 기준은 '분류'를 선택하고 확인 을 클릭한다.

바로 [데이터]-[부분합]을 클릭한다.

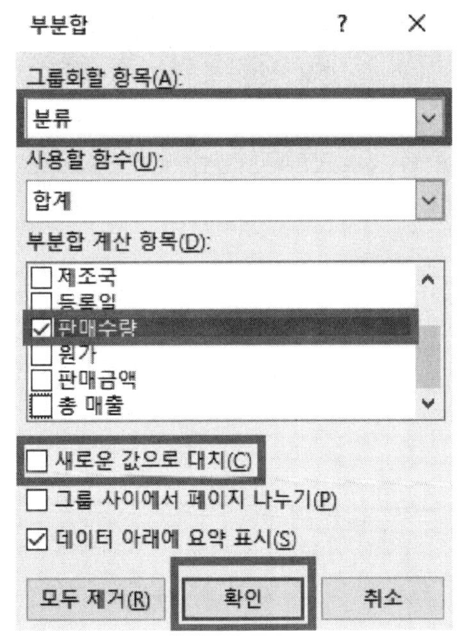


그룹화할 항목은 '분류'를 선택하고 부분합 계산 항목에서 '총 매출'은 체크 해제 후 '새로운 값으로 대치'까지 체크 해제한 다음에 부분합 계산 항목에서 '판매수량'을 체크하고 확인 을 클릭한다. 그리고 다시 [데이터]-[부분합]을 클릭한다.

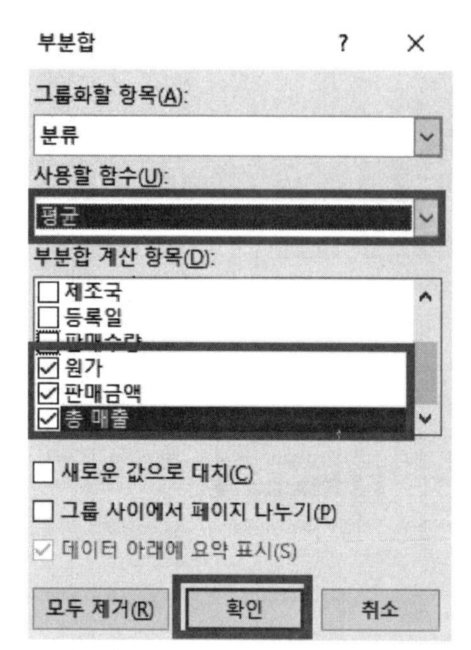


'판매수량'을 체크 해제한 다음 '원가', '판매금액', '총 매출'을 체크해서 사용할 함수는 '평균'으로 바꾼 다음 확인 을 클릭한다.

매크로 :

매크로1.

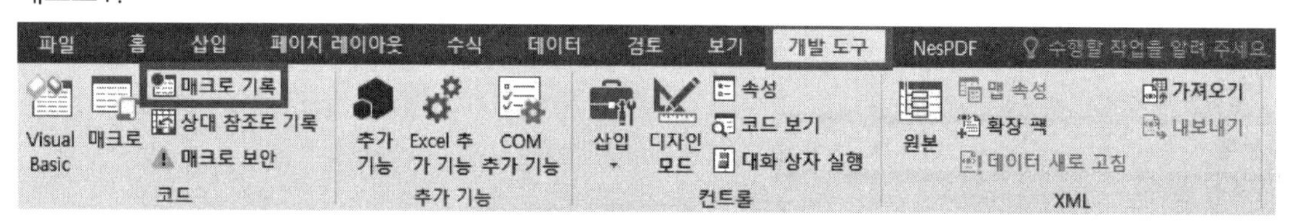


[A1:F13] 영역을 제외하고 아무 곳에서나 셀을 하나 클릭한 다음 [개발 도구]-매크로 기록 을 클릭한다.

매크로 기록
매크로 이름(M):
합계
바로 가기 키(K):
Ctrl+
매크로 저장 위치(I):
현재 통합 문서
설명(D):
확인 취소

매크로 이름에는 '합계'를 입력하고 확인 을 클릭한다.

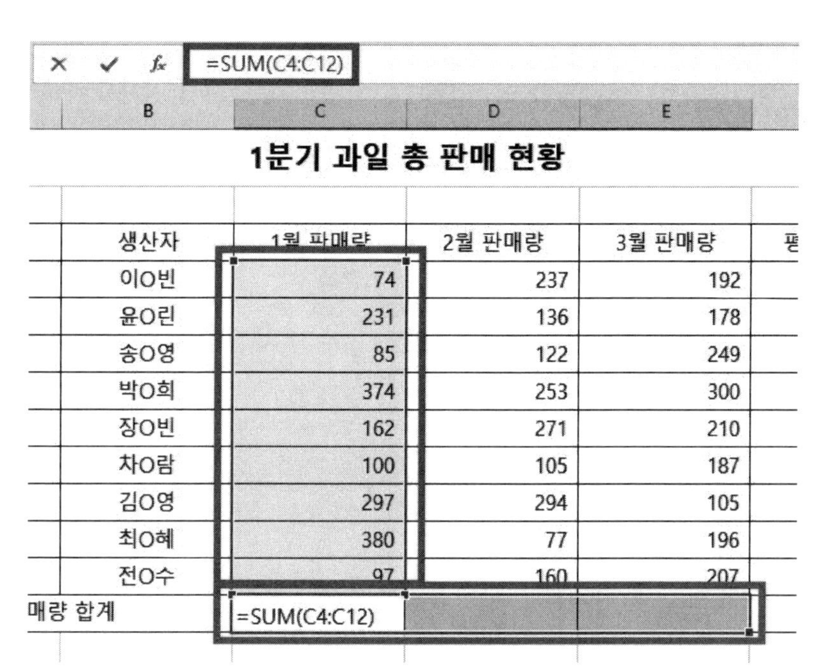


[C13:E13] 영역을 범위 지정한 다음 수식 입력줄에 =SUM(C4:C12)을 입력하고 Ctrl + Enter 를 누른다.

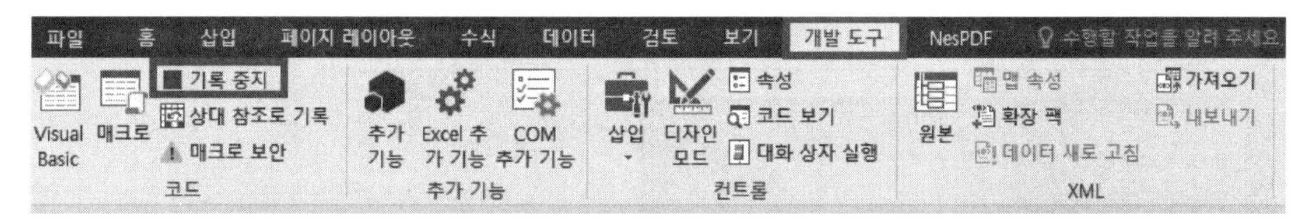


[A1:F13] 영역을 제외하고 아무 곳에서나 셀을 하나 클릭한 다음 [개발 도구]-기록 중지 를 클릭한다.

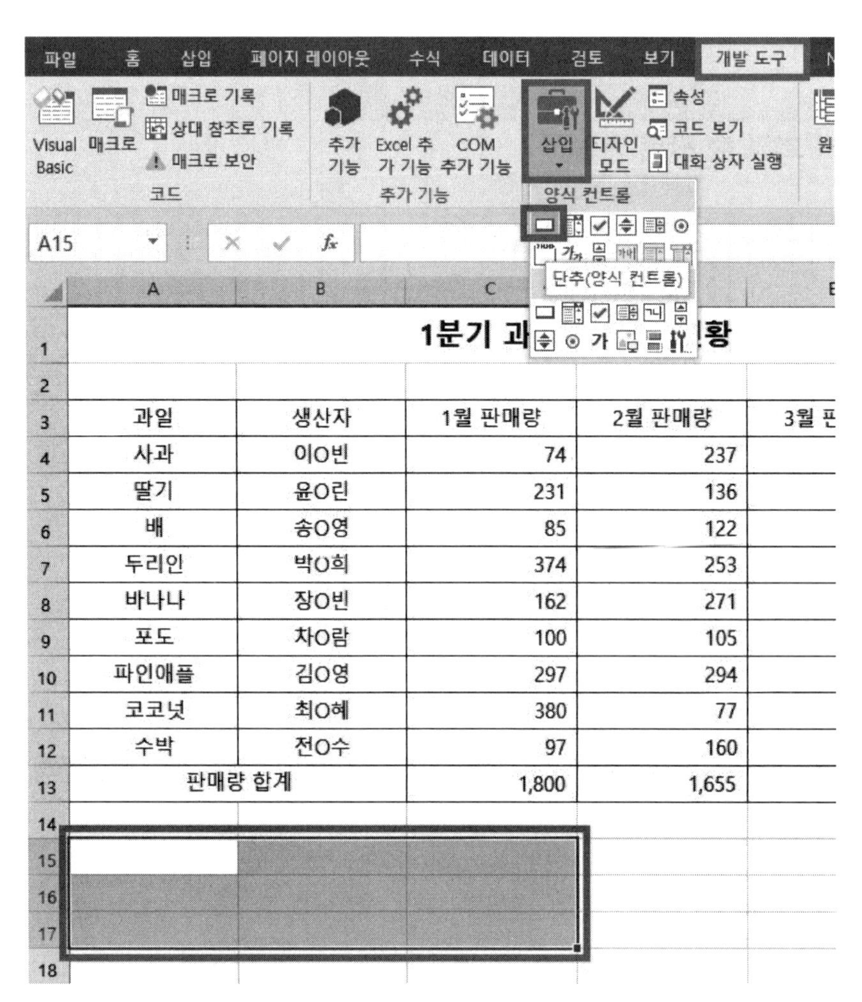


| | A | B | C | D |
|---|---|---|---|---|
| 3 | 과일 | 생산자 | 1월 판매량 | 2월 판매량 |
| 4 | 사과 | 이O빈 | 74 | 237 |
| 5 | 딸기 | 윤O린 | 231 | 136 |
| 6 | 배 | 송O영 | 85 | 122 |
| 7 | 두리안 | 박O희 | 374 | 253 |
| 8 | 바나나 | 장O빈 | 162 | 271 |
| 9 | 포도 | 차O람 | 100 | 105 |
| 10 | 파인애플 | 김O영 | 297 | 294 |
| 11 | 코코넛 | 최O혜 | 380 | 77 |
| 12 | 수박 | 전O수 | 97 | 160 |
| 13 | 판매량 합계 | | 1,800 | 1,655 |

[A15:C17] 영역을 범위 지정한 다음 [개발 도구]-[삽입]-[양식 컨트롤]-'단추'를 선택한 다음 Alt 키를 누른 상태로 마우스로 드래그하여 삽입한다.

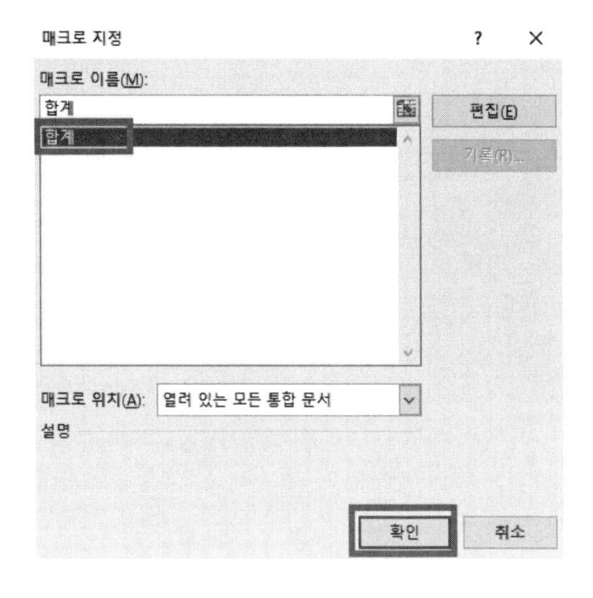


매크로 이름 중 '합계'를 클릭한 다음 확인 을 클릭하고 도형에 '합계'를 입력한다.

매크로2.

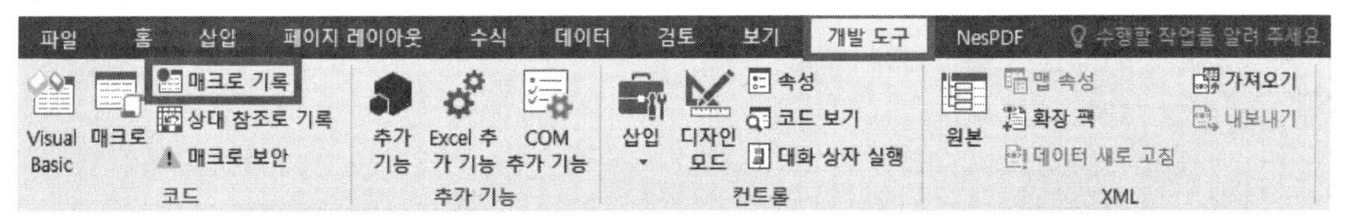


[A1:F13] 영역을 제외하고 아무 곳에서나 셀을 하나 클릭한 다음 [개발 도구]-매크로 기록을 클릭한다.

매크로 기록

매크로 이름(M):

판매량평균

바로 가기 키(K):

Ctrl+

매크로 저장 위치(I):

현재 통합 문서

설명(D):

확인 취소

매크로 이름에는 '판매량평균'을 입력하고 확인을 클릭한다.

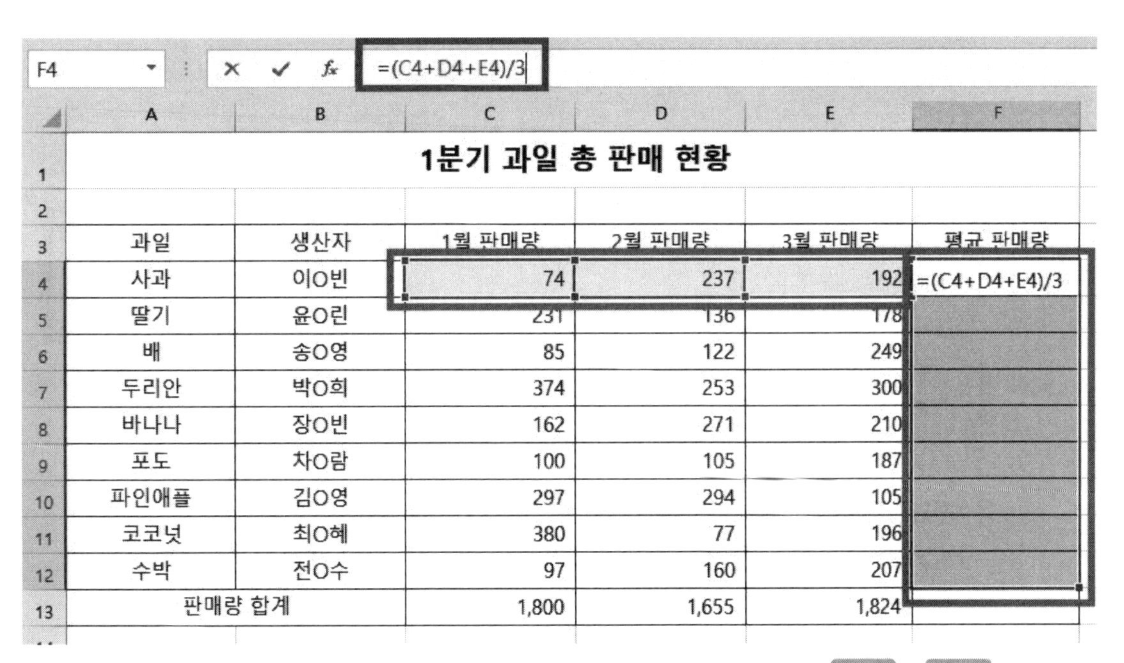

F4 =(C4+D4+E4)/3

| | A | B | C | D | E | F |
|---|---|---|---|---|---|---|
| 1 | 1분기 과일 총 판매 현황 | | | | | |
| 2 | | | | | | |
| 3 | 과일 | 생산자 | 1월 판매량 | 2월 판매량 | 3월 판매량 | 평균 판매량 |
| 4 | 사과 | 이O빈 | 74 | 237 | 192 | =(C4+D4+E4)/3 |
| 5 | 딸기 | 윤O린 | 231 | 136 | 178 | |
| 6 | 배 | 송O영 | 85 | 122 | 249 | |
| 7 | 두리안 | 박O희 | 374 | 253 | 300 | |
| 8 | 바나나 | 장O빈 | 162 | 271 | 210 | |
| 9 | 포도 | 차O람 | 100 | 105 | 187 | |
| 10 | 파인애플 | 김O영 | 297 | 294 | 105 | |
| 11 | 코코넛 | 최O혜 | 380 | 77 | 196 | |
| 12 | 수박 | 전O수 | 97 | 160 | 207 | |
| 13 | 판매량 합계 | | 1,800 | 1,655 | 1,824 | |

[F4:F12] 영역을 범위 지정한 다음 수식 입력줄에 =(C4+D4+E4)/3을 입력하고 Ctrl + Enter를 누른다.

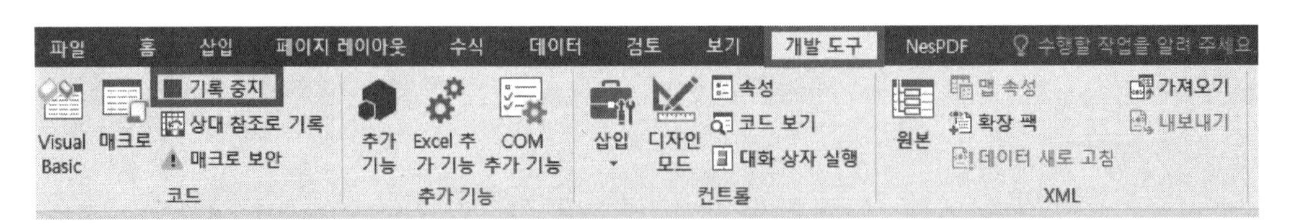


[A1:F13] 영역을 제외하고 아무 곳에서나 셀을 하나 클릭한 다음 [개발 도구]-기록 중지를 클릭한다.

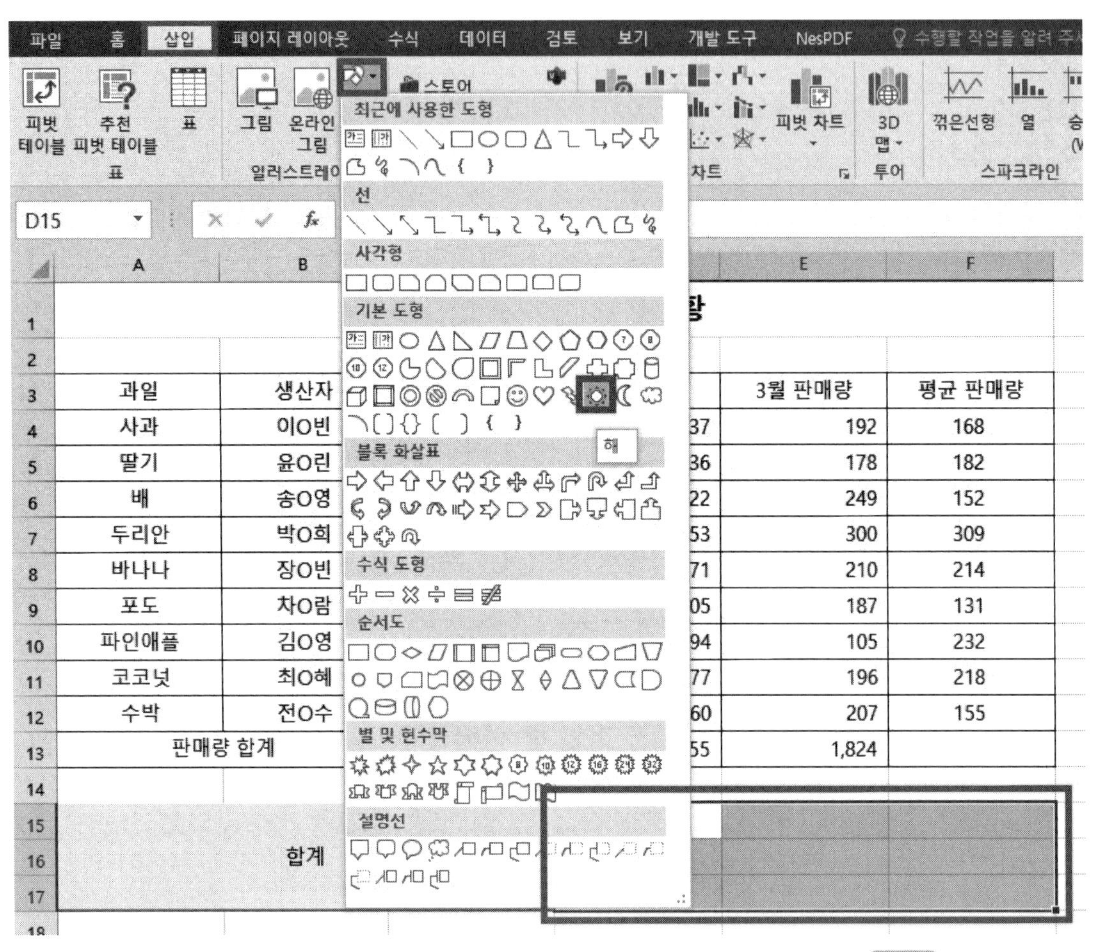


[D15:F17] 영역을 범위 지정한 다음 [삽입]-[도형]-[기본 도형]-'해'를 선택한 다음 Alt 키를 누른 상태로 마우스로 드래그하여 도형을 삽입하고 마우스 우클릭-[매크로 지정]을 클릭한다.

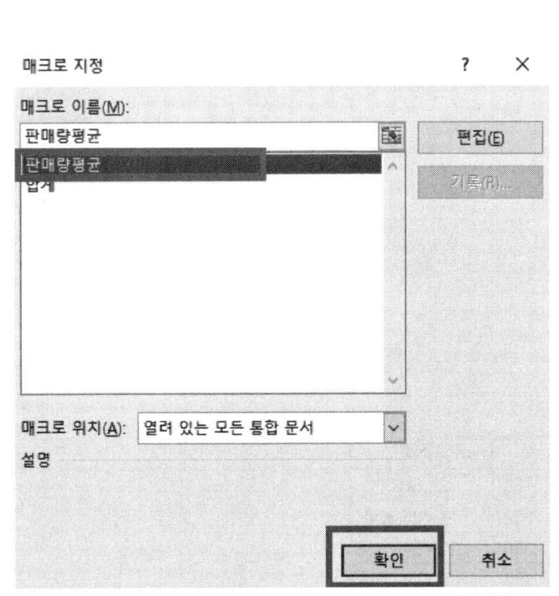


매크로 이름 중 '판매량평균'을 클릭하고 확인 을 클릭한다.

차트 :

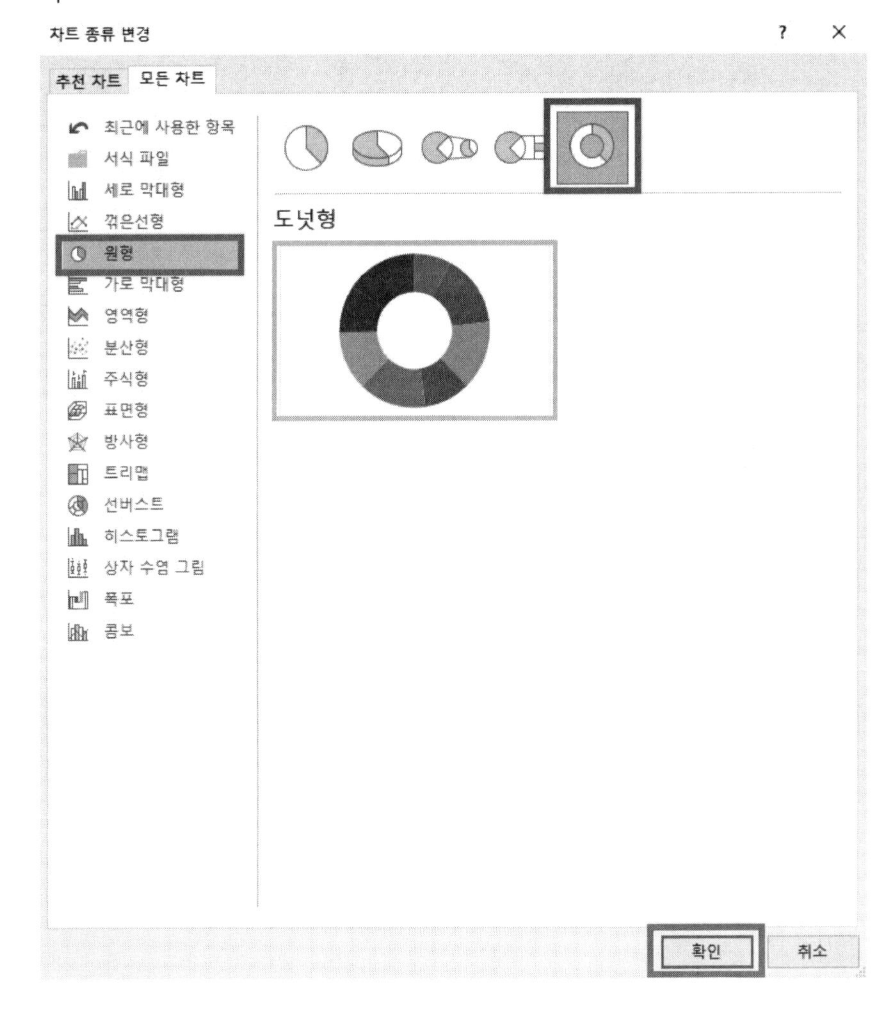


차트 아무 곳에서나 마우스 우클릭-[차트 종류 변경]-[원형]-'도넛형'을 선택한 다음 확인 을 클릭한다.

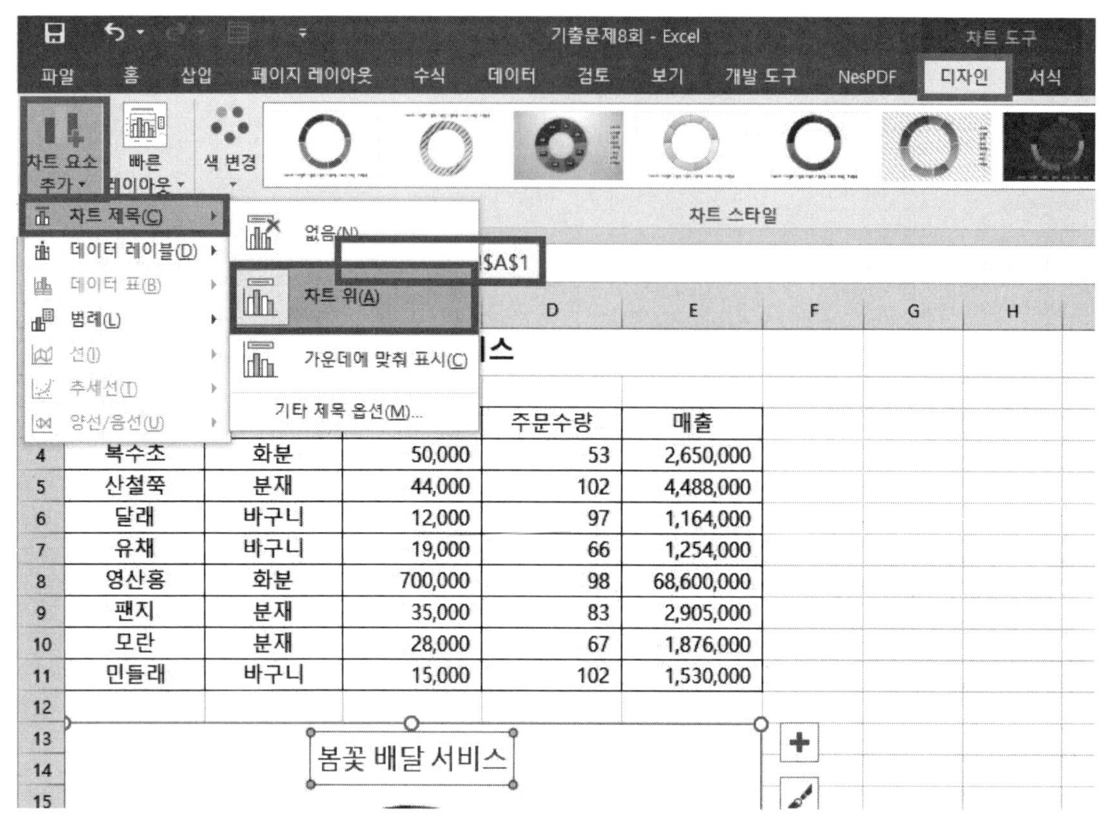


| | | | | 주문수량 | 매출 |
|---|---|---|---|---|---|
| 4 | 복수초 | 화분 | 50,000 | 53 | 2,650,000 |
| 5 | 산철쭉 | 분재 | 44,000 | 102 | 4,488,000 |
| 6 | 달래 | 바구니 | 12,000 | 97 | 1,164,000 |
| 7 | 유채 | 바구니 | 19,000 | 66 | 1,254,000 |
| 8 | 영산홍 | 화분 | 700,000 | 98 | 68,600,000 |
| 9 | 팬지 | 분재 | 35,000 | 83 | 2,905,000 |
| 10 | 모란 | 분재 | 28,000 | 67 | 1,876,000 |
| 11 | 민들래 | 바구니 | 15,000 | 102 | 1,530,000 |

차트 아무 위치에서나 더블 클릭한 다음 [디자인]-[차트 요소 추가]-[차트 제목]-'차트 위'를 클릭하고 수식 입력줄에 =A1셀 클릭 후 Enter 를 누른다.

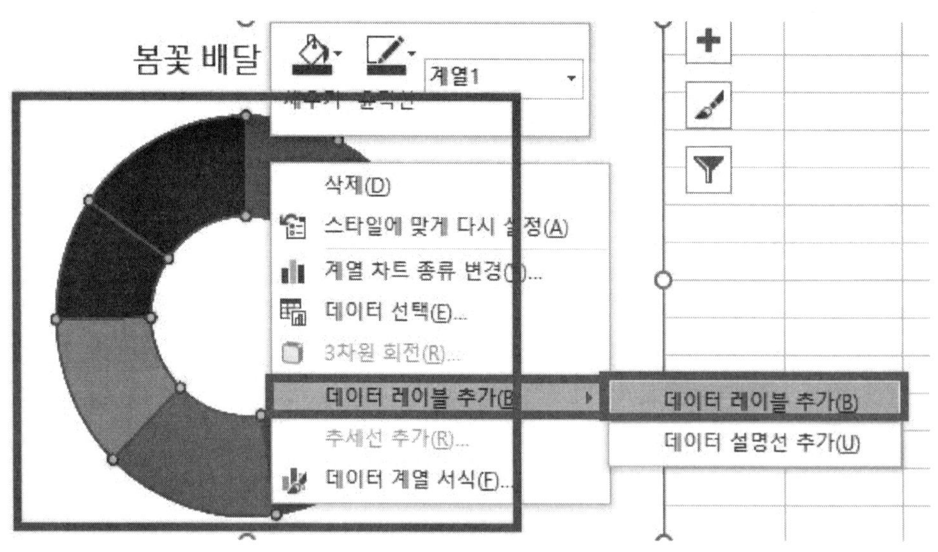


계열을 하나 선택하면 전체가 선택이 되고 마우스 우클릭-[데이터 레이블 추가]-'데이터 레이블 추가'를 클릭한다.

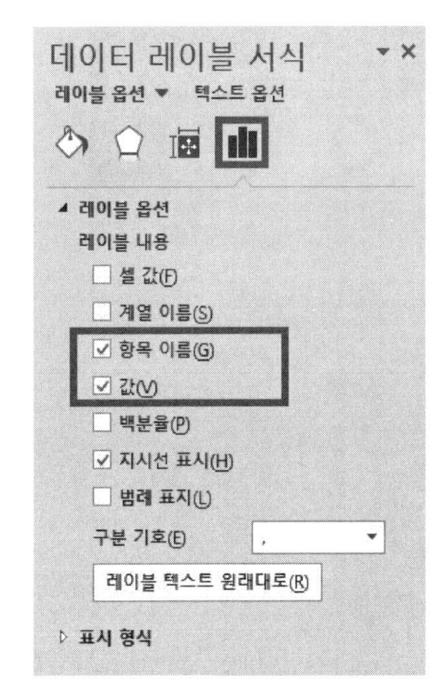


데이터 레이블을 클릭한 다음 오른쪽을 보면 서식 창이 있는데 데이터 레이블 서식-레이블 옵션-'항목 이름', '값'을 체크한다.

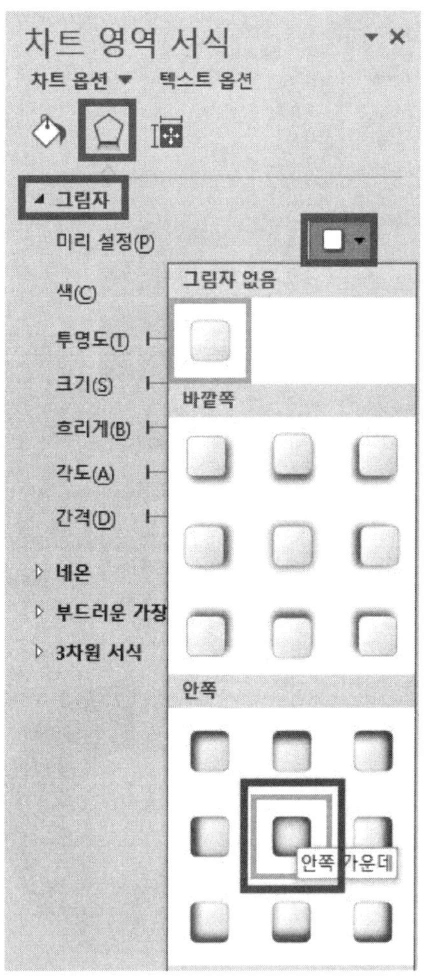


차트 영역 서식 창에서 효과-그림자-미리 설정에서 '안쪽 가운데'를 선택한다.

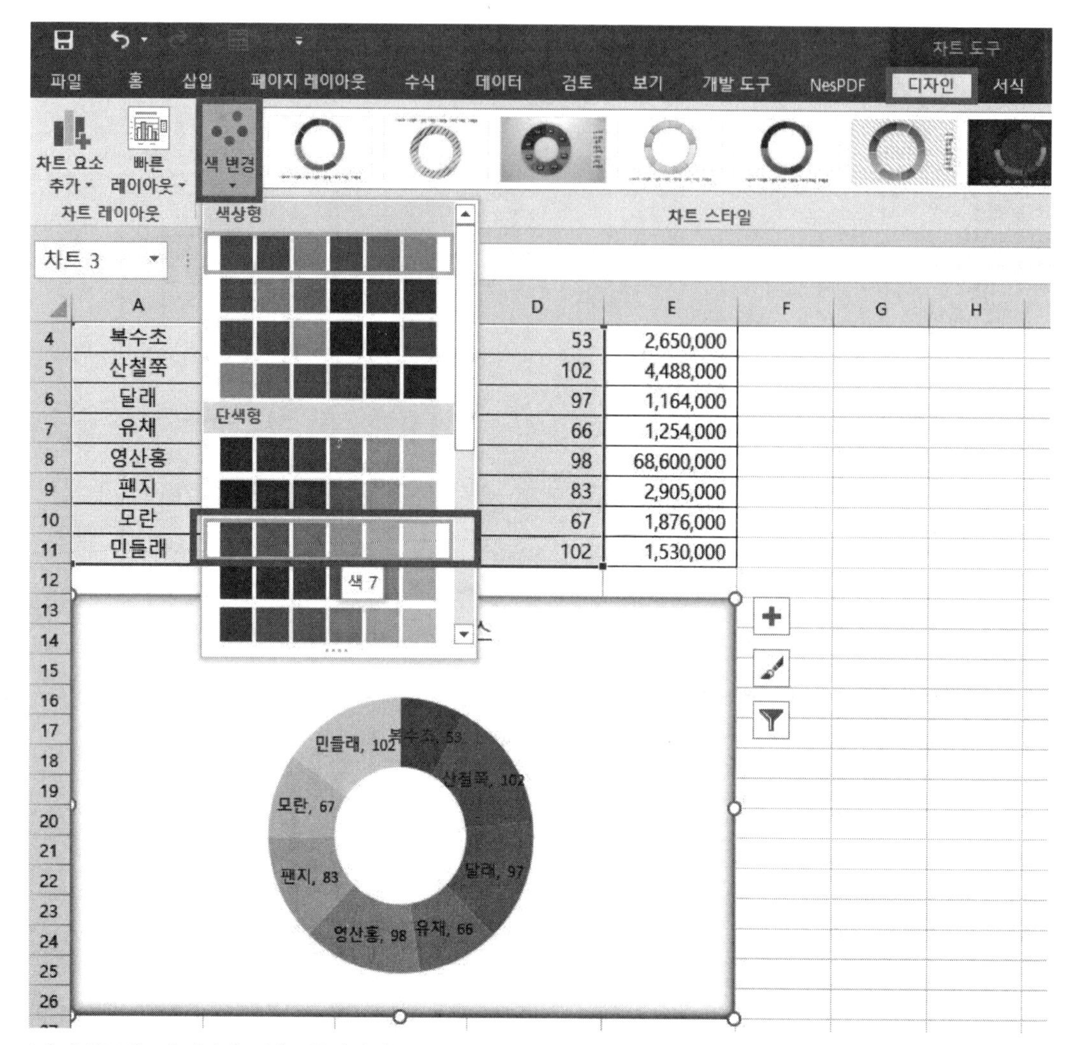


| | A | D | E |
|---|---|---|---|
| 4 | 복수초 | 53 | 2,650,000 |
| 5 | 산철쭉 | 102 | 4,488,000 |
| 6 | 달래 | 97 | 1,164,000 |
| 7 | 유채 | 66 | 1,254,000 |
| 8 | 영산홍 | 98 | 68,600,000 |
| 9 | 팬지 | 83 | 2,905,000 |
| 10 | 모란 | 67 | 1,876,000 |
| 11 | 민들레 | 102 | 1,530,000 |

[디자인]-[색 변경]-'색 7'을 클릭한다.

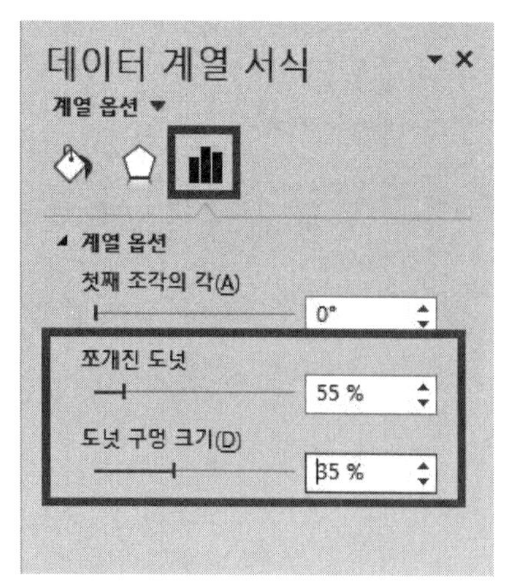


데이터 계열 서식 창에서 계열 옵션-쪼개진 도넛은 '55'를 입력하고 도넛 구멍 크기는 '35'를 입력한다.

국 가 기 술 자 격 검 정

# 컴퓨터활용능력 실기 실전 예상 기출문제 10회

| 프로그램명 | 제한시간 |
|---|---|
| EXCEL 2021 | 40분 |

수험번호 :

성　　명 :

| 2급 | J형 |
|---|---|

〈유 의 사 항〉

■ 인적 사항 누락 및 잘못 작성으로 인한 불이익은 수험자 책임으로 합니다.

■ 작성된 답안은 주어진 경로 및 파일명을 변경하지 마시고 그대로 저장해야 합니다. 이를 준수하지 않으면 실격 처리됩니다.

■ 별도의 지시사항이 없는 경우, 다음과 같이 처리 시 실격 처리됩니다.
○ 제시된 시트 및 개체의 순서나 이름을 임의로 변경한 경우
○ 제시된 시트 및 개체를 임의로 추가 또는 삭제한 경우

■ 답안은 반드시 문제에서 지시 또는 요구한 셀에 입력하여야 하며 다음과 같이 처리 시 채점 대상에서 제외됩니다.
○ 수험자가 임의로 지시하지 않은 셀의 이동, 수정, 삭제, 변경 등으로 인해 셀의 위치 및 내용이 변경된 경우 해당 작업에 영향을 미치는 관련 문제 모두 채점 대상에서 제외
○ 도형 및 차트의 개체가 중첩되어 있거나 동일한 계산결과 시트가 복수로 존재할 경우 해당 개체나 시트는 채점 대상에서 제외

■ 수식 작성 시 제시된 문제 파일의 데이터는 변경 가능한(가변적) 데이터임을 감안하여 문제 풀이를 하시오.

■ 별도의 지시사항이 없는 경우, 주어진 각 시트 및 개체의 설정값 또는 기본 설정값(Default)으로 처리하시오.

■ 저장 시간은 별도로 주어지지 않으므로 제한된 시간 내에 저장을 완료해야 하며, 제한 시간 내에 저징이 되지 않은 경우에는 실격 처리됩니다.

■ 출제된 문제의 용어는 Microsoft Office 2021 기준으로 작성되어 있습니다.

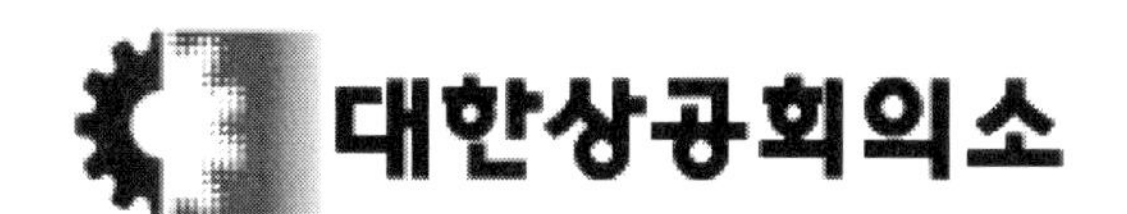

## 문제1 기본작업(20점) 주어진 시트에서 다음 과정을 수행하고 저장하시오.

### 1. '기본작업-1' 시트에 다음의 자료를 주어진 대로 입력하시오. (5점)

| | A | B | C | D | E |
|---|---|---|---|---|---|
| 1 | 지점별 부품 판매 내역 | | | | |
| 2 | | | | | |
| 3 | 지점 | 주문일자 | 부품명 | 판매대수 | 판매가 |
| 4 | 천안지점 | 2024-08-03 | SSD | 28 | 50,000 |
| 5 | 서산지점 | 2024-06-10 | RAM | 36 | 70,000 |
| 6 | 예산지점 | 2024-08-14 | Graphics Card | 61 | 110,000 |
| 7 | 아산지점 | 2024-07-21 | USB | 147 | 30,000 |
| 8 | 당진지점 | 2024-06-29 | Main Board | 95 | 140,000 |

### 2. '기본작업-2' 시트에 대하여 다음의 지시사항을 처리하시오. (각 2점)

① [A1:H1] 영역은 '병합하고 가운데 맞춤', 글꼴 'HY궁서', 크기 '21'로 지정하시오.

② [A3:H3] 영역은 셀 스타일을 '강조색3'으로 지정하시오.

③ [D4:D12] 영역은 '거주지역'으로 이름을 정의하시오.

④ [G4:G12] 영역은 사용자 지정 표시 형식을 이용하여 문자 뒤에 '@korcham.net'이 표시되도록 지정하시오. [표시 예 : korea → korea@korcham.net]

⑤ [A3:H12] 영역에 '모든 테두리(⊞)'를 적용하여 표시하시오.

### 3. '기본작업-3' 시트에서 다음의 지시사항을 처리하시오. (5점)

- [A3:A13] 영역에 생성되어 있는 데이터를 보고 아래의 조건에 따라 [텍스트 나누기]를 실행하시오.
  - ▶ 데이터는 '콜론(:)'으로 구분되어 있음.
  - ▶ 스프레드시트 실무, 데이터베이스 실무 열은 제외할 것.

## 문제2 계산작업(40점) '계산작업' 시트에서 다음 과정을 수행하고 저장하시오.

1. [표1]에서 출석[B3:E9] 영역에서 관리코드별로 비어있는 셀의 개수가 1개면 'B급', 2개면 'C급', 3개면 'D급'으로 하고 비어 있는 셀이 없으면 'A급'으로 최종 점검[F3:F9]에 표시하시오.. (8점)
   - ▶ IFERRPR, CHOOSE, COUNTBLANK 함수 사용

2. [표2]에서 나이[J3:J9]가 '10대'인 학생의 최고 점수와 나이[J3:J9]가 '20대'인 학생의 최저 점수의 평균을 [L9] 셀에 계산하시오. (8점)
   - ▶ 조건은 [L8:M9] 영역에 입력하시오.
   - ▶ 계산된 점수 뒤에 '점'을 표시 [표시 예 : 60 → 60점]
   - ▶ DAMX, DMIN, AVERAGE 함수와 & 사용

3. [표3]에서 합계를 기준으로 순위를 구하여 1등~3등은 각각의 순위가 표시될 수 있도록 하고 나머지는 모두 공백으로 표시하시오. (8점)
   - ▶ 순위는 높은 값이 1등임
   - ▶ 순위 뒤에 '등'을 포함하여 표시 [표시 예 : 1 → 1등]
   - ▶ IF, RANK.EQ 함수와 & 연산자 사용

4. [표4]에서 현재 날짜[L11]와 사번의 오른쪽 두 문자를 사용하여 입사년차[L13:L20]를 계산하시오. (8점)
   - ▶ 입사년차 = 현재 날짜 년도-(입사년도+2000)
   - ▶ 입사년차 뒤에 '년'을 표시하시오. [표시 예 : 10 → 10년]
   - ▶ YEAR, RIGHT 함수와 & 연산자 모두 사용

5. [표3]에서 학년[C24:C32]과 사격 점수[D24:D32]를 이용하여 학년별 사격 점수의 합계를 구하여 등급표[F23:I24]를 참조하여 등급[G29:G31] 영역에 표시하시오. (8점)
   - ▶ 학년별 사격 점수의 합계가 400점 이상 500점 미만은 '초보', 500점 이상 600점 미만은 '아마추어', 600점 이상이면 '프로'로 표시
   - ▶ HLOOKUP, SUMIF 함수와 절대 참조 사용

## 문제3 분석작업(20점) 주어진 시트에서 다음 작업을 수행하고 저장하시오.

1. '분석작업-1' 시트에 대하여 다음의 지시사항을 처리하시오. (10점)

- [부분합] 기능을 이용하여 '지점별 가습기 재고 현황' 표에 〈그림〉과 같이 지점별로 '총 재고량'의 최소값과 '전반기 재고량', '후반기 재고량'의 평균을 계산하시오.
  - ▶ 정렬은 '지점'을 기준으로 '서울-인천-춘천-원주'로 처리하시오.
  - ▶ 최소값과 평균은 위에 명시된 순서대로 처리하시오.

| | A | B | C | D | E |
|---|---|---|---|---|---|
| 1 | 지점별 가습기 재고 현황 | | | | |
| 2 | | | | | |
| 3 | 직원 코드 | 지점 | 전반기 재고량 | 후반기 재고량 | 총 재고량 |
| 4 | VP-0065 | 서울 | 11 | 6 | 17 |
| 5 | XT-0068 | 서울 | 7 | 5 | 12 |
| 6 | QD-0088 | 서울 | 13 | 17 | 30 |
| 7 | | **서울 평균** | 10.33333333 | 9.333333333 | |
| 8 | | **서울 최소값** | | | 12 |
| 9 | IT-0041 | 인천 | 16 | 7 | 23 |
| 10 | RA-0061 | 인천 | 3 | 19 | 22 |
| 11 | WZ-0065 | 인천 | 18 | 4 | 22 |
| 12 | | **인천 평균** | 12.33333333 | 10 | |
| 13 | | **인천 최소값** | | | 22 |
| 14 | LO-0043 | 춘천 | 6 | 9 | 15 |
| 15 | CT-0162 | 춘천 | 12 | 14 | 26 |
| 16 | GY-0063 | 춘천 | 21 | 15 | 36 |
| 17 | WH-0070 | 춘천 | 15 | 8 | 23 |
| 18 | | **춘천 평균** | 13.5 | 11.5 | |
| 19 | | **춘천 최소값** | | | 15 |
| 20 | JN-0045 | 원주 | 8 | 11 | 19 |
| 21 | KQ-0067 | 원주 | 9 | 13 | 22 |
| 22 | BG-0069 | 원주 | 1 | 2 | 3 |
| 23 | | **원주 평균** | 6 | 8.666666667 | |
| 24 | | **원주 최소값** | | | 3 |
| 25 | | **전체 평균** | 10.76923077 | 10 | |
| 26 | | **전체 최소값** | | | 3 |

2. '분석작업-2' 시트에 대하여 다음의 지시사항을 처리하시오. (10점)

- [데이터 통합] 기능을 이용하여 [표1], [표2], [표3]에 대한 제품명별 '총 생산량', '불량품', '출고량'의 평균을 '가전제품 생산 현황(3년)' 표의 [I13:K19] 영역에 계산하시오.

## 문제4 기타작업(20점) 주어진 시트에서 다음 작업을 수행하고 저장하시오.

1. '매크로작업' 시트의 [표1]에서 다음과 같은 기능을 수행하는 매크로를 현재 통합 문서에 작성하고 실행하시오. (각 5점)

① [B11:F11] 영역에 합계를 계산하는 매크로를 생성하여 실행하시오.

▶ 매크로 이름 : 합계

▶ SUM 함수 사용

▶ [개발 도구]-[삽입]-[양식 컨트롤]의 '단추'를 동일 시트의 [B13:C15] 영역에 생성하고, 텍스트를 '합계'로 입력한 후 단추를 클릭할 때 '합계' 매크로가 실행되도록 설정하시오.

② [A3:F3] 영역에 글꼴 색 '표준 색 - 녹색', 글꼴 스타일 '굵은 기울임꼴'으로 적용하는 매크로를 생성하여 실행하시오.

▶ 매크로 이름 : 서식

▶ [도형]-[기본 도형]의 '십자형(✚)'을 동일 시트의 [E13:F15] 영역에 생성하고, 텍스트를 '서식'으로 입력한 다음 도형을 클릭할 때 '서식' 매크로가 실행되도록 설정하시오.

**※ 셀 포인터의 위치에 상관 없이 현재 통합 문서에서 매크로가 실행되어야 정답으로 인정됨**

2. '차트작업' 시트의 차트를 지시사항에 따라 아래 그림과 같이 수정하시오. (각 2점)

**※ 차트는 반드시 문제에서 제공한 차트를 사용하여야 하며, 신규로 작성 시 0점 처리됨**

① '생산량'과 '출고량' 계열만 차트에 표시되도록 데이터 범위를 지정하시오.

② 차트 제목은 '차트 위'로 추가하여 [A1] 셀과 연결되도록 하시오.

③ 그림 영역의 채우기 색은 '황금색, 강조 4, 60% 더 밝게'로 지정하시오.

④ 범례의 위치는 '아래쪽'에 배치하시오.

⑤ 세로(값) 축의 주 단위는 '200'으로 지정하고, 주 눈금선이 보이지 않도록 하시오.

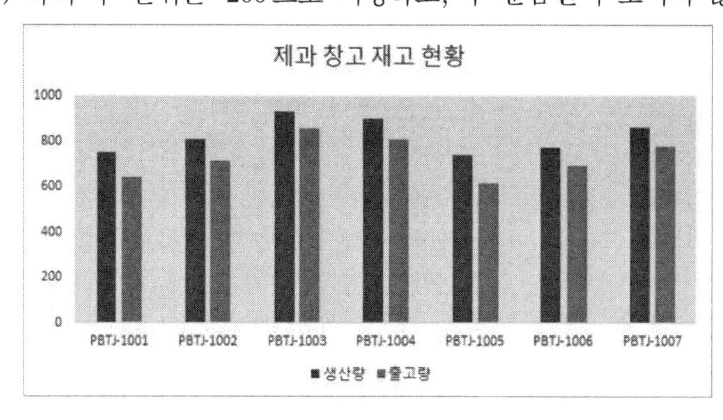

## 정답

기본작업1.

| | A | B | C | D | E |
|---|---|---|---|---|---|
| 1 | 지점별 부품 판매 내역 | | | | |
| 2 | | | | | |
| 3 | 지점 | 주문일자 | 부품명 | 판매대수 | 판매가 |
| 4 | 천안지점 | 2024-08-03 | SSD | 28 | 50,000 |
| 5 | 서산지점 | 2024-06-10 | RAM | 36 | 70,000 |
| 6 | 예산지점 | 2024-08-14 | Graphics Card | 61 | 110,000 |
| 7 | 아산지점 | 2024-07-21 | USB | 147 | 30,000 |
| 8 | 당진지점 | 2024-06-29 | Main Board | 95 | 140,000 |

기본작업2.

| | A | B | C | D | E | F | G | H |
|---|---|---|---|---|---|---|---|---|
| 1 | 요가 회원 출석부 | | | | | | | |
| 2 | | | | | | | | |
| 3 | 성함 | 나이 | 횟수 | 거주지역 | 전화번호 | 직업 | 이메일 | 등록비 |
| 4 | 최호용 | 58세 | 8회 | 노원 | 010-1234-1028 | 자영업 | korea1@korcham.net | 104000 |
| 5 | 이민재 | 26세 | 12회 | 시청 | 010-2657-2038 | 공무원 | korea2@korcham.net | 156000 |
| 6 | 우영기 | 30세 | 20회 | 광화문 | 010-9347-0357 | 주부 | korea3@korcham.net | 260000 |
| 7 | 오수민 | 42세 | 16회 | 도봉 | 010-8871-5235 | 주부 | korea4@korcham.net | 208000 |
| 8 | 곽용철 | 49세 | 4회 | 종로 | 010-4308-9045 | 자영업 | korea5@korcham.net | 52000 |
| 9 | 단미소 | 22세 | 25회 | 서대문 | 010-7528-3985 | 대학생 | korea6@korcham.net | 325000 |
| 10 | 장한나 | 24세 | 6회 | 동대문 | 010-6053-8748 | 공무원 | korea7@korcham.net | 78000 |
| 11 | 차시원 | 33세 | 15회 | 장한평 | 010-3239-4678 | 자영업 | korea8@korcham.net | 195000 |
| 12 | 연미영 | 57세 | 10회 | 왕십리 | 010-5552-6716 | 회사원 | korea9@korcham.net | 130000 |

기본작업3.

| | A | B | C | D | E | F |
|---|---|---|---|---|---|---|
| 1 | 컴퓨터활용능력1급 시험 결과 | | | | | |
| 2 | | | | | | |
| 3 | 수험번호 | 성명 | 1과목 | 2과목 | 3과목 | 합격 여부 |
| 4 | 20040001 | 김표란 | 68 | 94 | 80 | 불합격 |
| 5 | 20040002 | 정희윤 | 90 | 88 | 60 | 합격 |
| 6 | 20040003 | 이진현 | 80 | 90 | 90 | 불합격 |
| 7 | 20040004 | 곽화연 | 64 | 86 | 64 | 합격 |
| 8 | 20040005 | 이수광 | 88 | 40 | 80 | 불합격 |
| 9 | 20040006 | 윤철수 | 82 | 94 | 64 | 합격 |
| 10 | 20040007 | 최미연 | 72 | 58 | 96 | 합격 |
| 11 | 20040008 | 심미래 | 60 | 90 | 68 | 불합격 |
| 12 | 20040009 | 강한울 | 80 | 60 | 86 | 합격 |
| 13 | 20040010 | 권혁찬 | 68 | 60 | 66 | 불합격 |

계산작업.

| | A | B | C | D | E | F | G | H | I | J | K | L | M |
|---|---|---|---|---|---|---|---|---|---|---|---|---|---|
| 1 | [표1] | | | | | | | [표2] | | | | | |
| 2 | 관리코드 | A구역 | B구역 | C구역 | D구역 | 최종 점검 | | 수강자명 | 성별 | 나이 | 점수 | | |
| 3 | YJB-1P | ● | ● | ● | ● | A급 | | 조미순 | 여 | 10대 | 63 | | |
| 4 | YJB-2P | ● | | | | D급 | | 최영란 | 여 | 20대 | 91 | | |
| 5 | YJB-3P | ● | ● | ● | | B급 | | 김훈상 | 남 | 20대 | 74 | | |
| 6 | YJB-4P | ● | ● | ● | ● | A급 | | 손지혜 | 여 | 10대 | 77 | | |
| 7 | YJB-5P | ● | ● | | | C급 | | 황성찬 | 남 | 10대 | 82 | <조건> | |
| 8 | YJB-6P | ● | | | | D급 | | 사영환 | 남 | 20대 | 100 | 나이 | 나이 |
| 9 | YJB-7P | ● | ● | ● | | B급 | | 10대 최고와 20대 최저 점수 합의 평균 | | | 78점 | 10대 | 20대 |
| 10 | | | | | | | | | | | | | |
| 11 | [표3] | | | | | | | [표4] | | | 현재 날짜 | 2024-08-10 | |
| 12 | 응시자명 | 1과목 | 2과목 | 3과목 | 합계 | 순위 | | 사번 | 부서 | 이름 | 입사일자 | 입사년차 | |
| 13 | 이고은 | 71 | 92 | 84 | 247 | | | S15B-07 | 생산부 | 차은영 | 03월 08일 | 17년 | |
| 14 | 남소현 | 68 | 75 | 97 | 240 | | | B10I-16 | 기획부 | 유한중 | 06월 12일 | 8년 | |
| 15 | 강선빈 | 85 | 76 | 91 | 252 | 3등 | | B10I-19 | 기획부 | 김모연 | 12월 09일 | 5년 | |
| 16 | 민우람 | 84 | 77 | 90 | 251 | | | J12R-22 | 총무부 | 박중호 | 07월 25일 | 2년 | |
| 17 | 박명희 | 92 | 80 | 63 | 235 | | | S15B-09 | 생산부 | 단영학 | 04월 20일 | 15년 | |
| 18 | 김영숙 | 69 | 88 | 100 | 257 | 2등 | | D14Y-13 | 관리부 | 소우현 | 10월 17일 | 11년 | |
| 19 | 최은주 | 100 | 61 | 82 | 243 | | | J12R-08 | 총무부 | 이하미 | 01월 04일 | 16년 | |
| 20 | 양향기 | 73 | 99 | 87 | 259 | 1등 | | B10I-21 | 기획부 | 한바다 | 11월 06일 | 3년 | |
| 21 | | | | | | | | | | | | | |
| 22 | [표5] | | | | | <등급표> | | | | | | | |
| 23 | 이름 | 성별 | 학년 | 사격 점수 | | 평균 점수 | 400 | 500 | 600 | | | | |
| 24 | 오채연 | 여 | 1학년 | 178 | | 등급 | 초보 | 아마추어 | 프로 | | | | |
| 25 | 정혜미 | 여 | 3학년 | 209 | | | | | | | | | |
| 26 | 안혜린 | 여 | 2학년 | 204 | | | | | | | | | |
| 27 | 주정석 | 남 | 2학년 | 105 | | 학년별 사격 실력 | | | | | | | |
| 28 | 장수지 | 여 | 3학년 | 193 | | 학년 | 등급 | | | | | | |
| 29 | 진보호 | 남 | 1학년 | 191 | | 1학년 | 아마추어 | | | | | | |
| 30 | 김현지 | 여 | 1학년 | 205 | | 2학년 | 초보 | | | | | | |
| 31 | 김상기 | 남 | 3학년 | 212 | | 3학년 | 프로 | | | | | | |
| 32 | 박기성 | 남 | 2학년 | 137 | | | | | | | | | |

분석작업1.

| | A | B | C | D | E |
|---|---|---|---|---|---|
| 1 | 지점별 가습기 재고 현황 | | | | |
| 2 | | | | | |
| 3 | 직원 코드 | 지점 | 전반기 재고량 | 후반기 재고량 | 총 재고량 |
| 4 | VP-0065 | 서울 | 11 | 6 | 17 |
| 5 | XT-0068 | 서울 | 7 | 5 | 12 |
| 6 | QD-0088 | 서울 | 13 | 17 | 30 |
| 7 | | **서울 평균** | 10.33333333 | 9.333333333 | |
| 8 | | **서울 최소값** | | | 12 |
| 9 | IT-0041 | 인천 | 16 | 7 | 23 |
| 10 | RA-0061 | 인천 | 3 | 19 | 22 |
| 11 | WZ-0065 | 인천 | 18 | 4 | 22 |
| 12 | | **인천 평균** | 12.33333333 | 10 | |
| 13 | | **인천 최소값** | | | 22 |
| 14 | LO-0043 | 춘천 | 6 | 9 | 15 |
| 15 | CT-0162 | 춘천 | 12 | 14 | 26 |
| 16 | GY-0063 | 춘천 | 21 | 15 | 36 |
| 17 | WH-0070 | 춘천 | 15 | 8 | 23 |
| 18 | | **춘천 평균** | 13.5 | 11.5 | |
| 19 | | **춘천 최소값** | | | 15 |
| 20 | JN-0045 | 원주 | 8 | 11 | 19 |
| 21 | KQ-0067 | 원주 | 9 | 13 | 22 |
| 22 | BG-0069 | 원주 | 1 | 2 | 3 |
| 23 | | **원주 평균** | 6 | 8.666666667 | |
| 24 | | **원주 최소값** | | | 3 |
| 25 | | **전체 평균** | 10.76923077 | 10 | |
| 26 | | **전체 최소값** | | | 3 |

분석작업2.

| 가전제품 총 생산 현황(3년) | | | |
|---|---|---|---|
| 제품명 | 총 생산량 | 불량품 | 출고량 |
| 세탁기 | 12,347 | 22 | 12,325 |
| 냉장고 | 9,467 | 17 | 9,450 |
| TV | 13,333 | 24 | 13,309 |
| 청소기 | 8,173 | 15 | 8,159 |
| 에어컨 | 9,400 | 17 | 9,383 |
| 스타일러 | 10,160 | 18 | 10,142 |
| 오븐 | 11,813 | 21 | 11,792 |

매크로작업.

| | A | B | C | D | E | F |
|---|---|---|---|---|---|---|
| 1 | 2024년 항구별 운영 현황 | | | | | |
| 2 | | | | | | |
| 3 | *항구명* | *운항편* | *수화물(단위 : 톤)* | *출발 인원(단위 : 명)* | *추가 인원(단위 : 명)* | *도착 인원(단위 : 명)* |
| 4 | 김해 | 70,528 | 1,057,920 | 1,459,930 | 131,390 | 1,591,320 |
| 5 | 인천 | 143,528 | 2,152,920 | 2,971,030 | 267,390 | 3,238,420 |
| 6 | 목포 | 99,854 | 1,497,810 | 2,066,980 | 186,020 | 2,253,000 |
| 7 | 포항 | 69,715 | 1,045,725 | 1,443,100 | 129,880 | 1,572,980 |
| 8 | 울산 | 72,354 | 1,085,310 | 1,497,730 | 134,790 | 1,632,520 |
| 9 | 여수 | 50,697 | 760,455 | 1,049,430 | 94,440 | 1,143,870 |
| 10 | 제주 | 101,234 | 1,518,510 | 2,095,550 | 188,590 | 2,284,140 |
| 11 | 합계 | 607,910 | 9,118,650 | 12,583,750 | 1,132,500 | 13,716,250 |
| 12 | | | | | | |
| 13 | | | | | | |
| 14 | | 합계 | | | 서식 | |
| 15 | | | | | | |
| 16 | | | | | | |

차트작업.

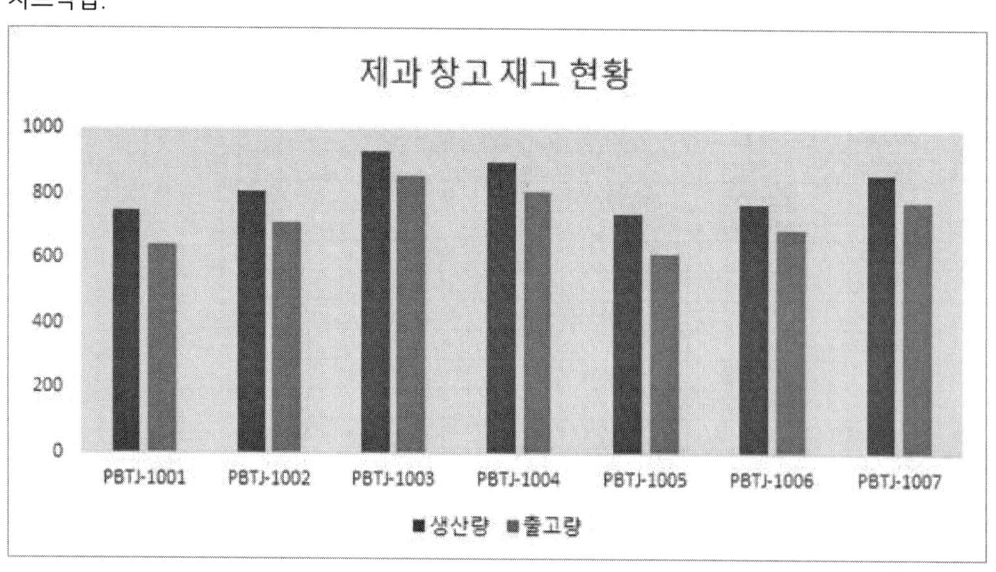

## 해설

기본작업1 : 출력형태와 같이 입력한다.

기본작업2 :

[A1:H1] 영역을 범위 지정한 다음 마우스 우클릭-'병합하고 가운데 맞춤' 클릭, 글꼴은 'HY궁서' 입력, 크기는 '21'을 입력한다.

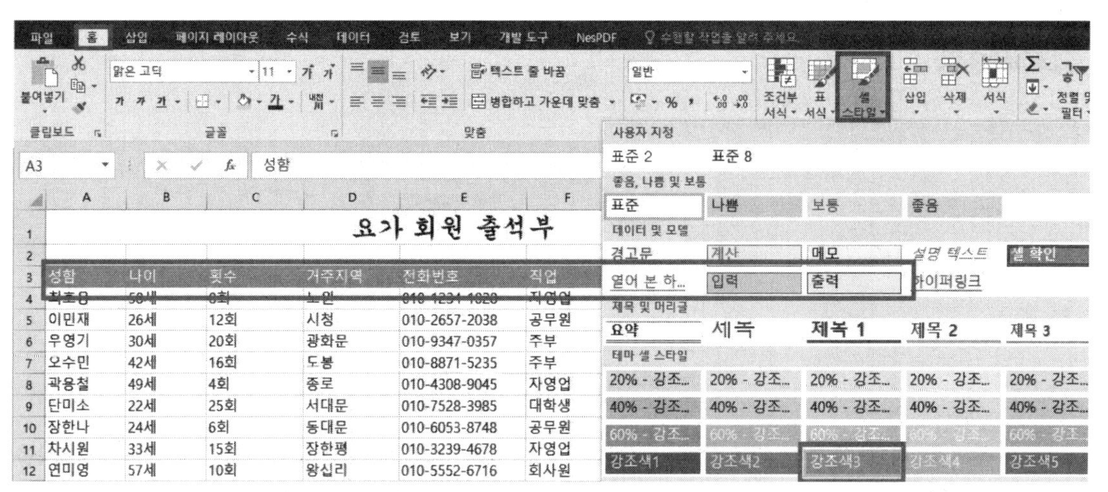

[A3:H3] 영역을 범위 지정한 다음 [홈]-[셀 스타일]-'강조색3'을 클릭한다.

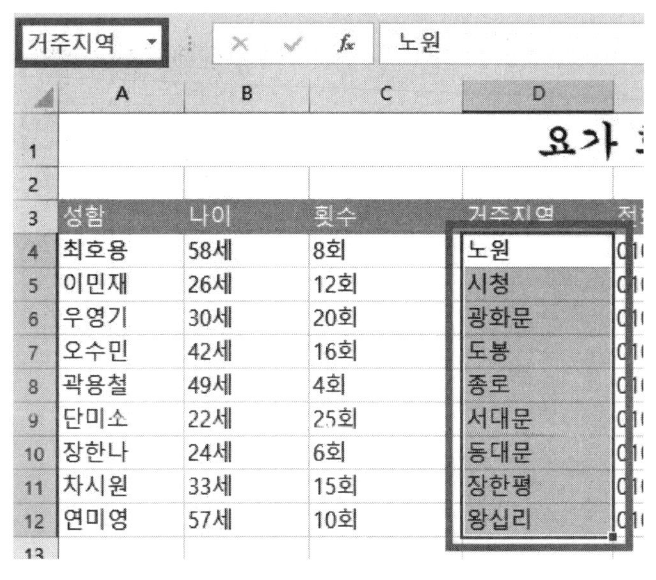

[D4:D12] 영역을 범위 지정한 다음 이름 상자에서 '거주지역'을 입력하고 Enter 를 누른다.

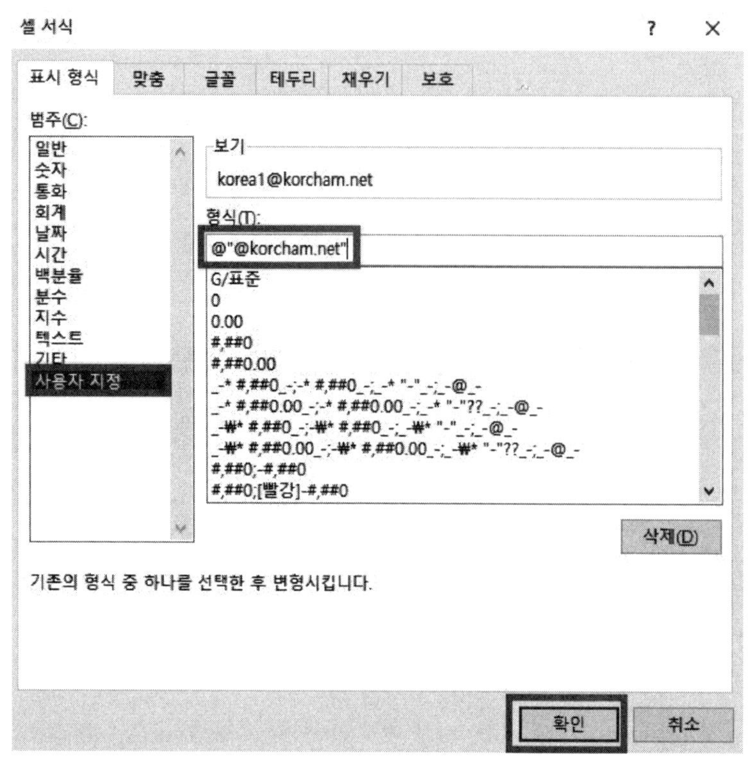


[G4:G12] 영역을 범위 지정한 다음 범위 지정한 곳 안에서 마우스 우클릭-[셀 서식]-[표시 형식]-[사용자 지정]으로 와서 형식에서 'G/표준'을 지우고 @"@korcham.net"를 입력한다.

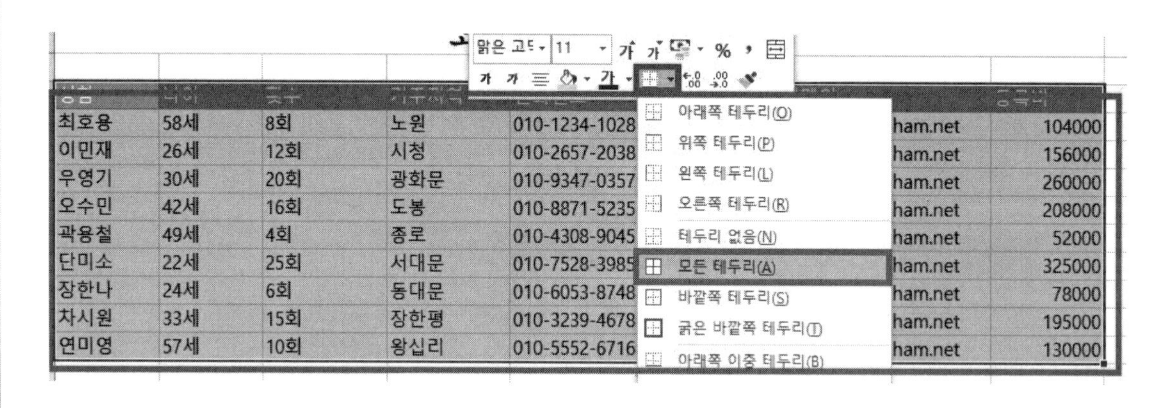

기본작업3 :

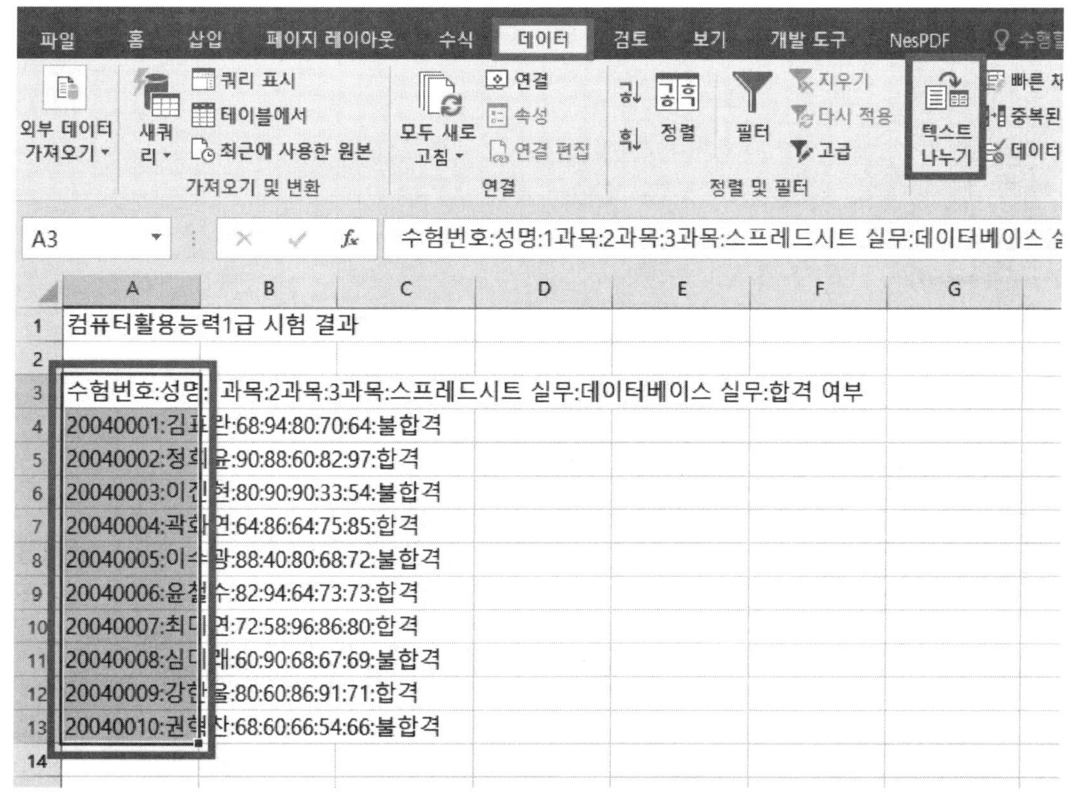


[A3:A13] 영역을 범위 지정 후 [데이터]-[텍스트 나누기]를 클릭한다.

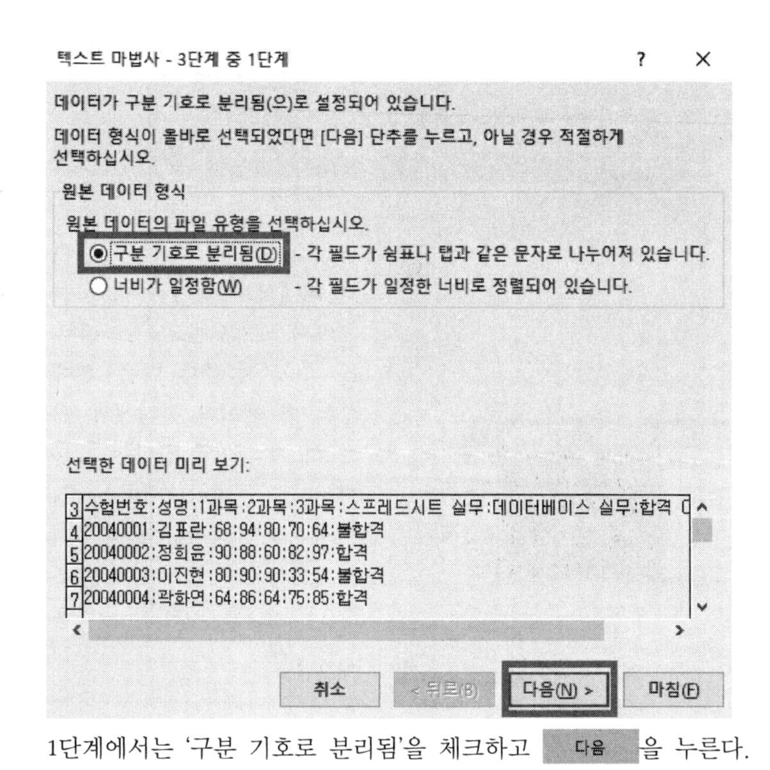


1단계에서는 '구분 기호로 분리됨'을 체크하고 다음 을 누른다.

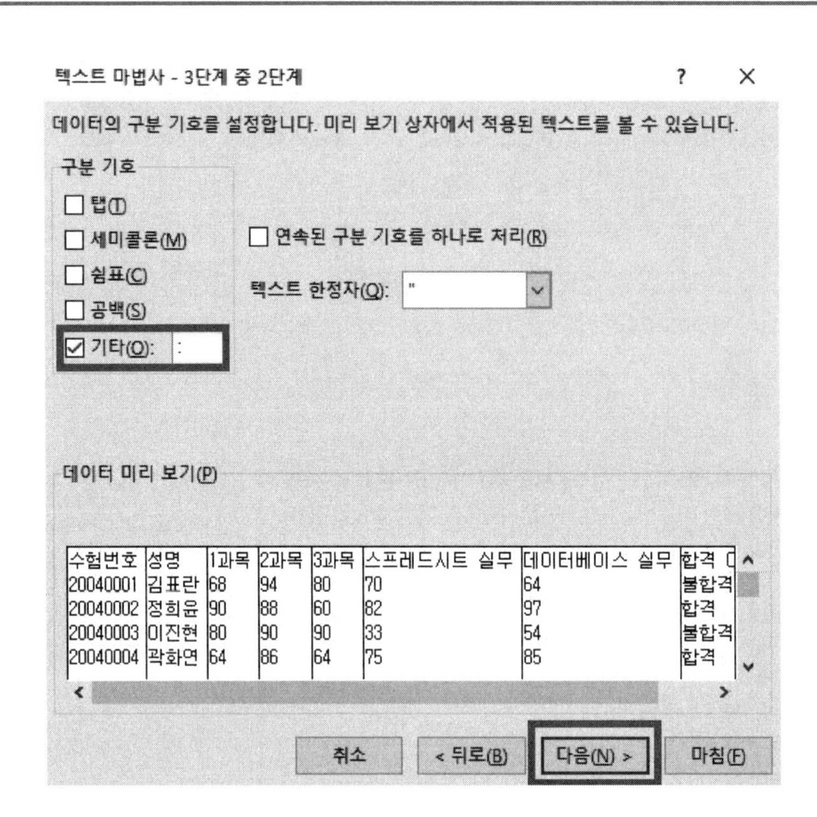


2단계에서는 구분 기호에서 '탭'은 체크 해제하고 '기타'를 체크한 다음 콜론(:)을 입력하고 다음 을 누른다.

텍스트 마법사 - 3단계 중 3단계

각 열을 선택하여 데이터 서식을 지정합니다.

열 데이터 서식

- 일반(G)
- 텍스트(T)
- 날짜(D): 년월일
- 열 가져오지 않음(건너뜀)(I)

[일반]을 선택하면 숫자 값은 숫자로, 날짜 값은 날짜로, 모든 나머지 값은 텍스트로 변환됩니다.

고급(A)...

대상(E): $A$3

데이터 미리 보기(P)

| 일반 | 일반 | 일반 | 일반 | 일반 | 열 건너뜀 | 열 건너뜀 | 일반 |
|---|---|---|---|---|---|---|---|
| 수험번호 | 성명 | 1과목 | 2과목 | 3과목 | 스프레드시트 실무 | 데이터베이스 실무 | 합격 |
| 20040001 | 김표란 | 68 | 94 | 80 | 70 | 64 | 불합격 |
| 20040002 | 정희윤 | 90 | 88 | 60 | 82 | 97 | 합격 |
| 20040003 | 이진현 | 80 | 90 | 90 | 33 | 54 | 불합격 |
| 20040004 | 곽화연 | 64 | 86 | 64 | 75 | 85 | 합격 |

취소 < 뒤로(B) 다음(N) > 마침(F)

3단계에서는 데이터 미리 보기에서 '스프레드시트 실무'를 먼저 선택한 다음 위에 있는 열 데이터 서식에서 '열 가져오지 않음(건너뜀)(I)'를 클릭하고, '데이터베이스 실무'에서도 똑같이 열 데이터 서식에서 '열 가져오지 않음(건너뜀)(I)'를 클릭한 다음 마침 을 누른다.

계산작업 :

(1) [F2:F9] 영역을 범위 지정한 다음 =IFERROR(CHOOSE(COUNTBLANK(B3:E3),"B급","C급","D급"),"A급")를 입력하고 Ctrl + Enter 를 누른다.

(2) [L19:M19] 셀에는 '나이'를 입력하고 [L20] 셀에는 '10대', [M20] 셀에는 '20대'를 입력한 다음, [K9] 셀을 클릭한 후 =AVERAGE(DMAX(H2:K8,K2,L8:L9),DMIN(H2:K8,K2,M8:M9))&"점"을 입력하고 Enter 를 누른다.

(3) [F13:F20] 영역을 범위 지정한 다음 =IF(RANK.EQ(E13,$E$13:$E$20)<=3,RANK.EQ(E13,$E$13:$E$20)&"등","")를 입력하고 Ctrl + Enter 를 누른다.

(4) [L13:L20] 영역을 범위 지정한 다음 =YEAR($L$11)-(RIGHT(H13,2)+2000)&"년"을 입력하고 Ctrl + Enter 를 누른다.

(5) [G29:G31] 영역을 범위 지정한 다음 =HLOOKUP(SUMIF($C$24:$C$32,F29,$D$24:$D$32),$F$23:$I$24,2)를 입력하고 Ctrl + Enter 를 누른다.

분석작업1 :

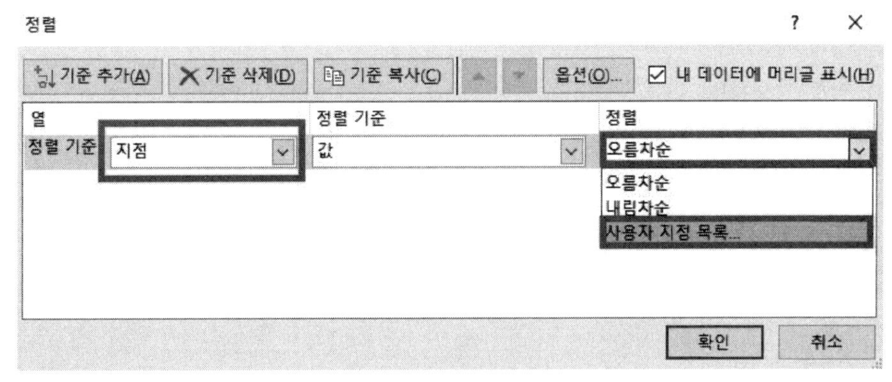


지점[B3] 셀을 클릭한 다음 [데이터]-[정렬]을 클릭해서 정렬 기준은 '지점'을 선택하고 정렬에서 '사용자 지정 목록'을 클릭한다.

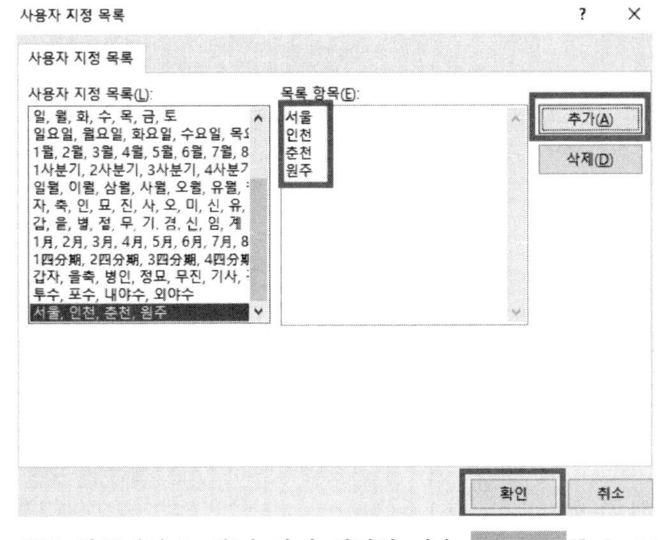


목록 항목에서 [그림]과 같이 입력한 다음 추가 를 누르고 확인 을 클릭한다.

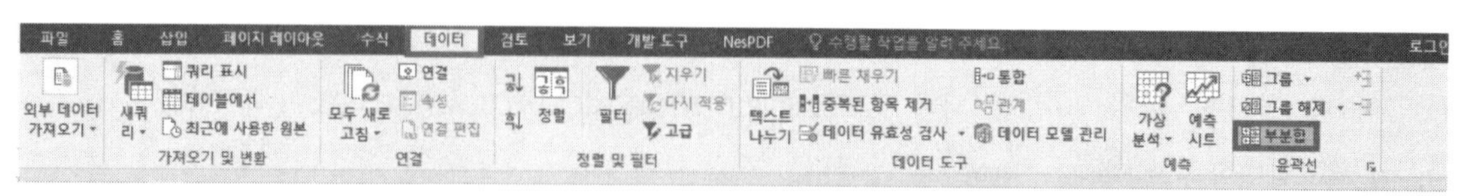


바로 [데이터]-[부분합]을 클릭한다.

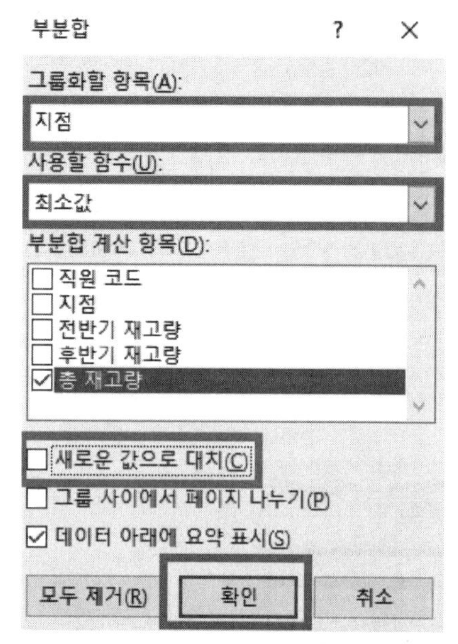


그룹화할 항목은 '지점'을 선택하고 사용할 함수는 '최소값'을 클릭한 다음 '새로운 값으로 대치'는 체크 해제를 하고 확인 을 클릭한다. 그리고 다시 [데이터]-[부분합]을 클릭한다.

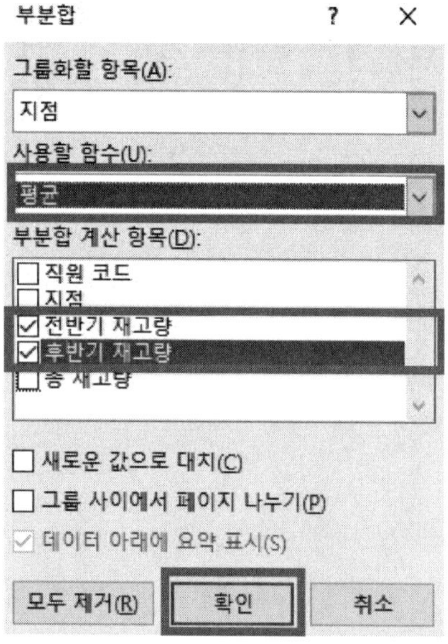


부분합 계산 항목에서 '총 재고량'은 체크 해제하고 '전반기 재고량', '후반기 재고량'을 체크한 다음 사용할 함수는 '평균'을 클릭하고 확인 을 클릭한다.

분석작업2 :

| 제품명 | 총 생산량 | 불량품 | 출고량 |
|---|---|---|---|
| 세탁기 | | | |
| 냉장고 | | | |
| TV | | | |
| 청소기 | | | |
| 에어컨 | | | |
| 스타일러 | | | |
| 오븐 | | | |

[H12:K19] 영역을 범위 지정한 다음 [데이터]-[통합]을 클릭한다.

통합 ? ×

함수(F):
평균

참조(R):
'분석작업-2'!$H$2:$M$9 찾아보기(B)...

모든 참조 영역:
'분석작업-2'!$A$2:$F$9
'분석작업-2'!$H$2:$M$9
'분석작업-2'!$A$12:$F$19
추가(A)
삭제(D)

사용할 레이블
☑ 첫 행(T)
☑ 왼쪽 열(L) ☐ 원본 데이터에 연결(S)

확인 닫기

함수는 '평균'으로 바꾸고 참조에서 [A2:F9] 영역을 범위 지정한 후 추가 를 누르고 똑같은 방법으로 [H2:M9] 영역을 범위 지정 후 추가 , [A12:F19] 영역을 범위 지정 후 추가 를 클릭한다. 그리고 사용할 레이블에 있는 '첫 행'과 '왼쪽 열'을 체크한 후 확인 을 클릭한다.

매크로 :

매크로1.

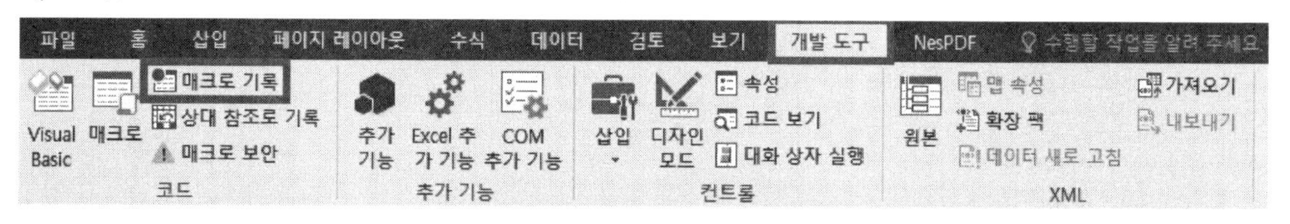


[A1:F11] 영역을 제외하고 아무 곳에서나 셀을 하나 클릭한 다음 [개발 도구]-매크로 기록 을 클릭한다.

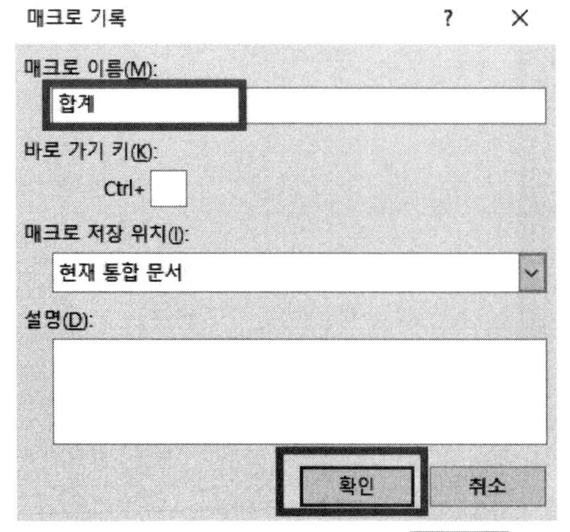


매크로 이름에는 '합계'를 입력하고 확인 을 클릭한다.

B11 =SUM(B4:B10)

| | A | B | C | D | E | F |
|---|---|---|---|---|---|---|
| 1 | 2024년 항구별 운영 현황 | | | | | |
| 2 | | | | | | |
| 3 | 항구명 | 운항편 | 수화물(단위 : 톤) | 출발 인원(단위 : 명) | 추가 인원(단위 : 명) | 도착 인원(단위 : 명) |
| 4 | 김해 | 70,528 | 1,057,920 | 1,459,930 | 131,390 | 1,591,320 |
| 5 | 인천 | 143,528 | 2,152,920 | 2,971,030 | 267,390 | 3,238,420 |
| 6 | 목포 | 99,854 | 1,497,810 | 2,066,980 | 186,020 | 2,253,000 |
| 7 | 포항 | 69,715 | 1,045,725 | 1,443,100 | 129,880 | 1,572,980 |
| 8 | 울산 | 72,354 | 1,085,310 | 1,497,730 | 134,790 | 1,632,520 |
| 9 | 여수 | 50,697 | 760,455 | 1,049,430 | 94,440 | 1,143,870 |
| 10 | 제주 | 101,234 | 1,518,510 | 2,095,550 | 188,590 | 2,284,140 |
| 11 | 합계 | =SUM(B4:B10) | | | | |
| 12 | | | | | | |

[B11:F11] 영역을 범위 지정한 다음 수식 입력줄에 =SUM(B4:B10)을 입력하고 Ctrl + Enter 를 누른다.

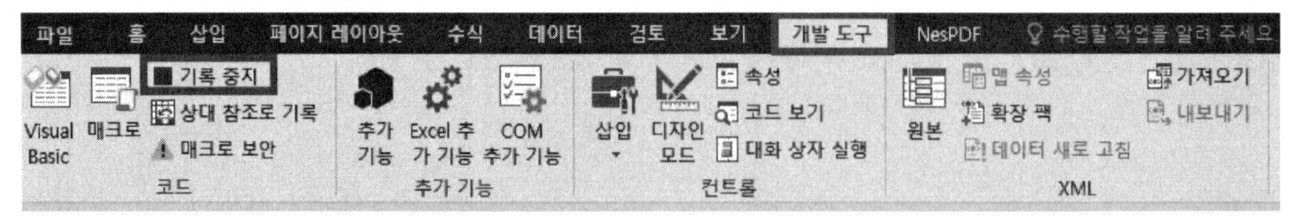


[A1:F11] 영역을 제외하고 아무 곳에서나 셀을 하나 클릭한 다음 [개발 도구]-기록 중지 를 클릭한다.

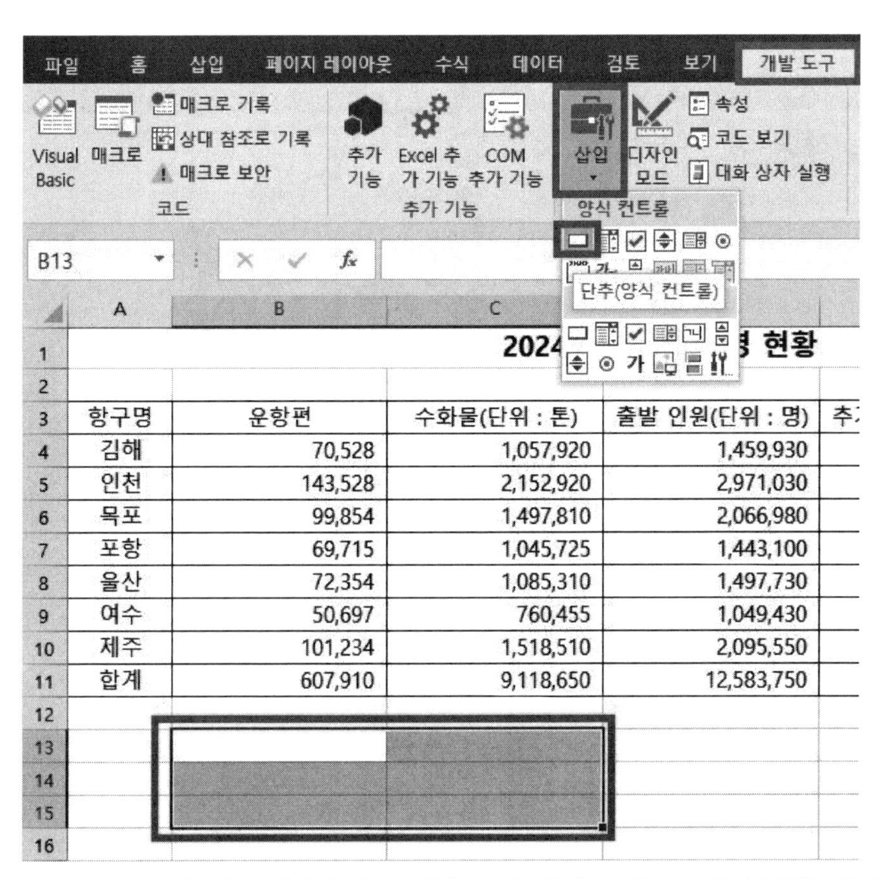


[B13:C15] 영역을 범위 지정한 다음 [개발 도구]-[삽입]-[양식 컨트롤]-'단추'를 선택한 다음 Alt 키를 누른 상태로 마우스로 드래그하여 삽입한다.

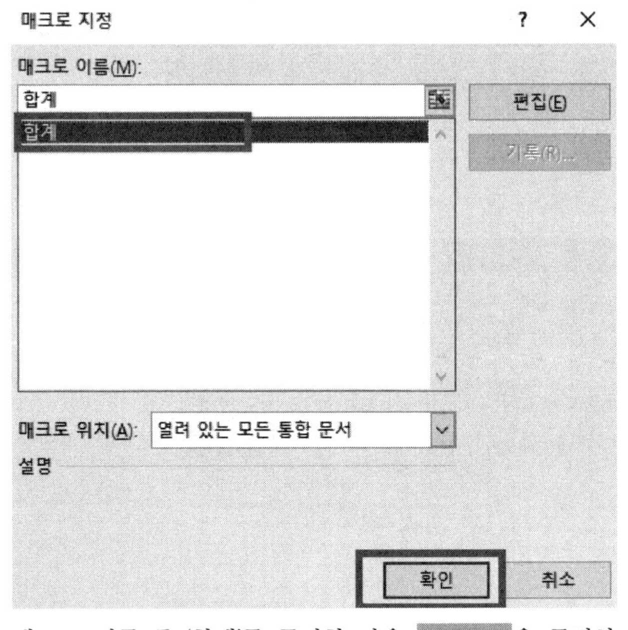


매크로 이름 중 '합계'를 클릭한 다음 확인 을 클릭하고 도형에 '합계'를 입력한다.

매크로2.

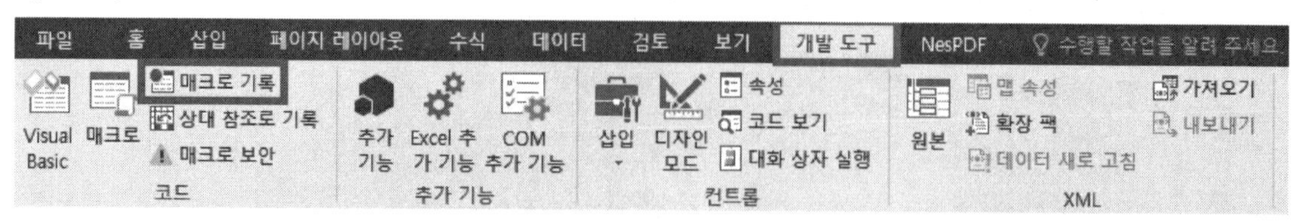


[A1:F11] 영역을 제외하고 아무 곳에서나 셀을 하나 클릭한 다음 [개발 도구]-매크로 기록 을 클릭한다.

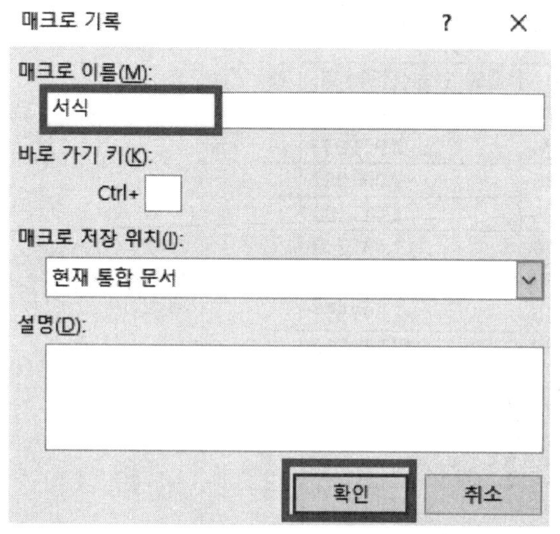


매크로 이름에는 '서식'을 입력하고 확인 을 클릭한다.

[A3:F3] 영역을 범위 지정한 다음 마우스 우클릭-글꼴 색은 '표준 색 - 녹색'을 클릭하고, '굵게', '기울임꼴'을 각각 클릭한다.

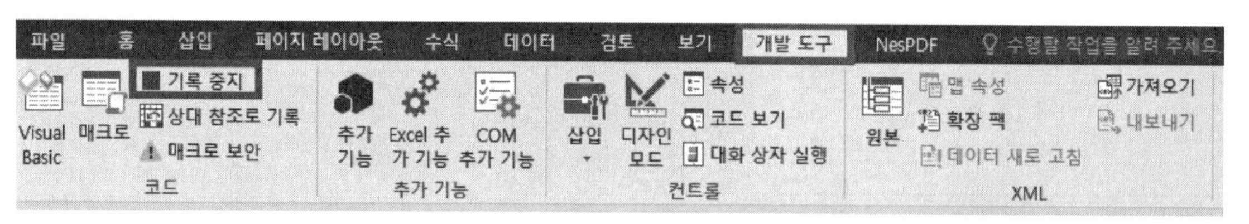


[A1:F11] 영역을 제외하고 아무 곳에서나 셀을 하나 클릭한 다음 [개발 도구]-기록 중지 를 클릭한다.

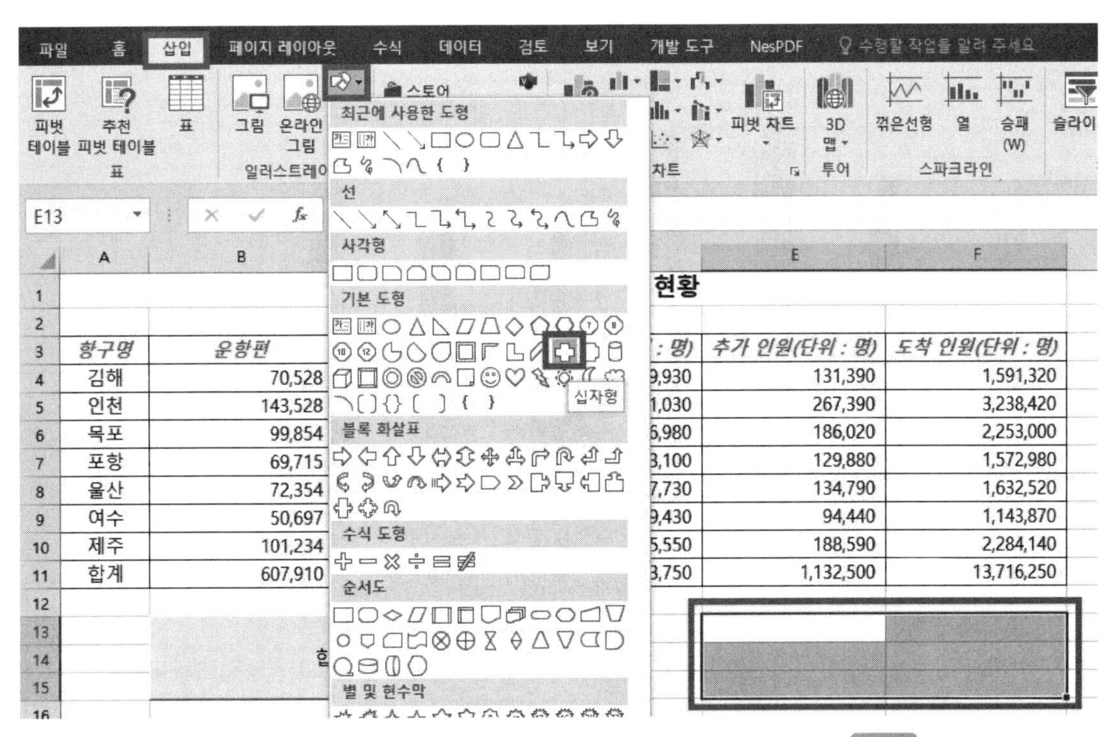

[E13:F15] 영역을 범위 지정한 다음 [삽입]-[도형]-[기본 도형]-'십자형'을 선택한 다음 Alt 키를 누른 상태로 마우스로 드래그하여 도형을 삽입하고 '서식'로 입력하고 마우스 우클릭-[매크로 지정]을 클릭한다.

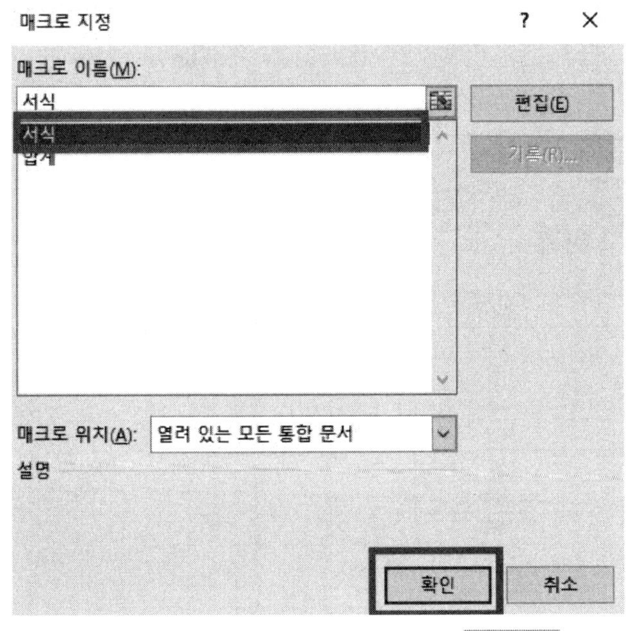


매크로 이름 중 '서식'을 찾아서 클릭하고 확인 을 클릭한다.

차트 :

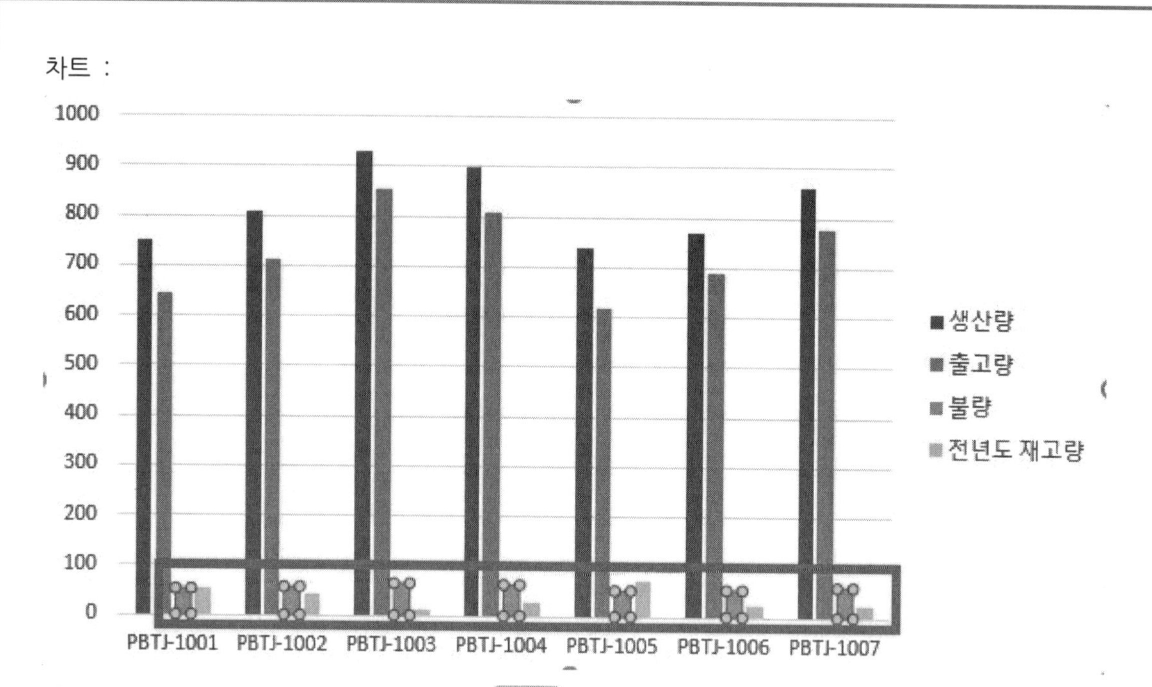


'불량' 계열을 아무거나 하나 선택한 다음 Delete 키를 누르고 '전년도 재고량' 계열도 아무거나 하나 선택한 다음 Delete 키를 누른다.

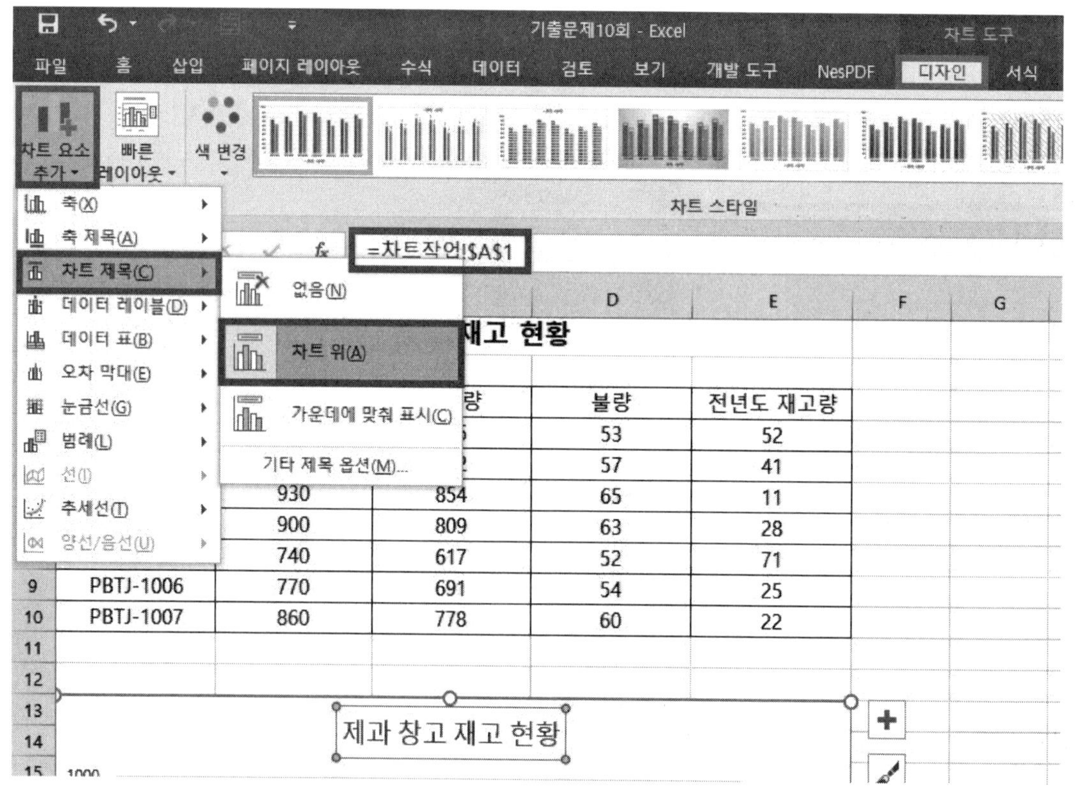


차트 아무 위치에서나 더블 클릭한 다음 [디자인]-[차트 요소 추가]-[차트 제목]-'차트 위'를 클릭하고 수식 입력줄에 =A1셀 클릭 후 Enter 를 누른다.

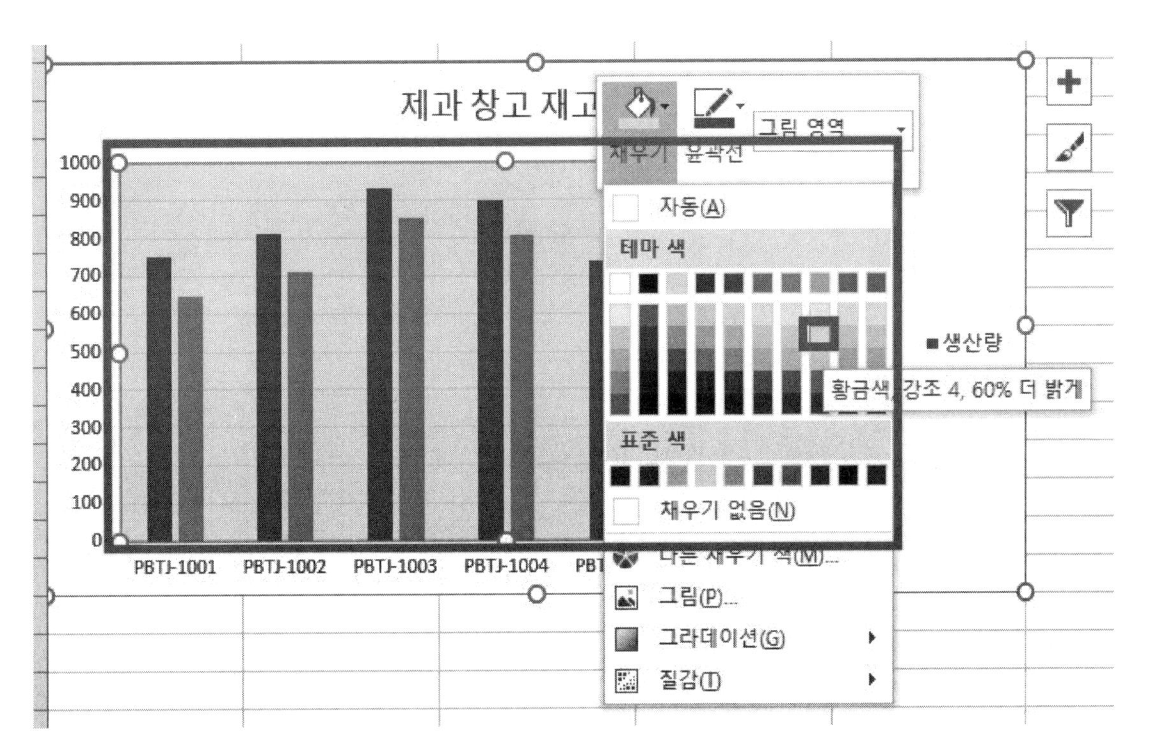


그림 영역에서 마우스 우클릭-채우기-'황금색, 강조 4, 60% 더 밝게'를 클릭한다.

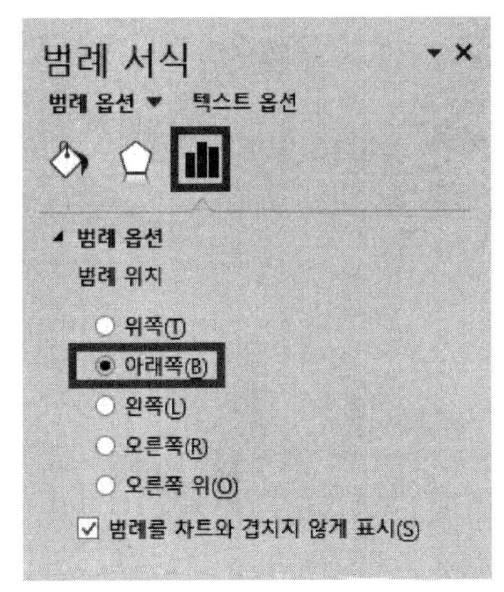


범례를 선택하고 오른쪽을 보면 서식 창이 있는데 범례 옵션-'아래쪽'을 체크한다.

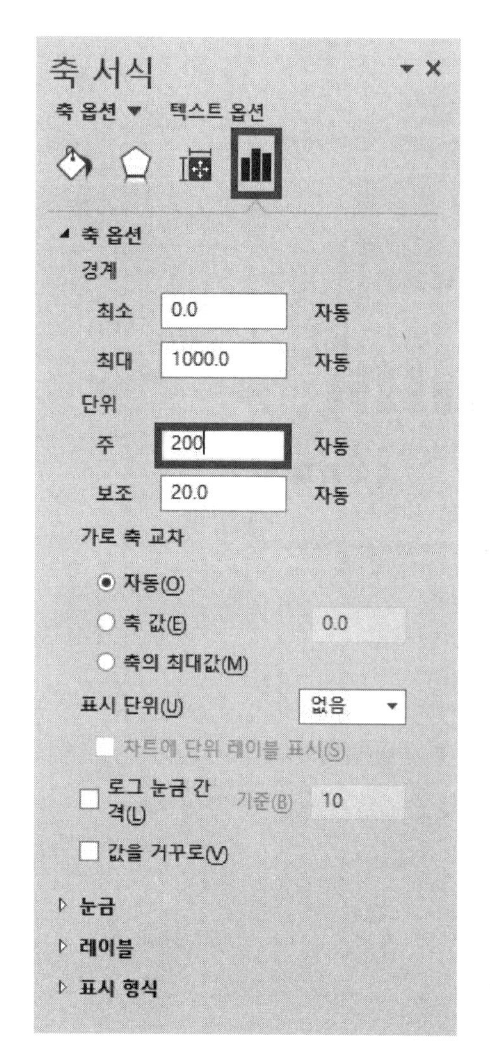


세로 값(축)을 선택하고 오른쪽을 보면 서식 창이 있는데 축 옵션-주 단위-'200'을 입력한다.

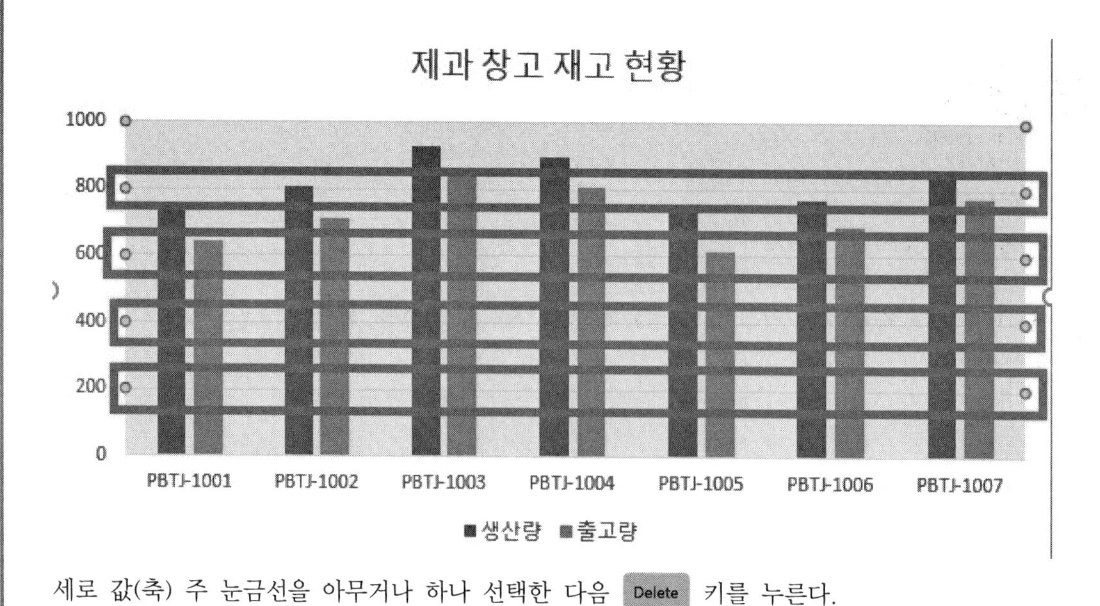


세로 값(축) 주 눈금선을 아무거나 하나 선택한 다음 Delete 키를 누른다.

**컴퓨터활용능력 2급(필기+실기) 한권으로 끝내기**

편　저　자　김재현 편저
제 작 유 통　메인에듀(주)
초 판 발 행　2023년 02월 10일
초 판 인 쇄　2023년 02월 10일
2　　　　쇄　2024년 07월 15일
마　케　팅　메인에듀(주)
주　　　소　서울시 강동구 성안로 115, 3층
전　　　화　1544-8513
정　　　가　32,000원

I S B N　979-11-89357-75-7